SHUIDIAN GONGCHENG WUTAN JIANCE JISHU
YANJIU YU YINGYONG

水电工程物探检测技术
研究与应用

王 波 沙 椿 郭维祥 等◎著

中国三峡出版社

内容提要

本书归纳总结了中国电建集团贵阳勘测设计研究院有限公司、四川中水成勘院工程物探检测有限公司近10年来的工程物探检测技术成果，以及在贵州、四川、西藏地区水电工程施工建设和运行检查工作中的应用成果，是国内第一部全面系统介绍水电工程物探检测的专业书籍。

本书内容共9章。第1章概论，内容包括我国水电工程建设、工程物探检测发展、工程物探检测在水电工程质量监督检查中的地位和程序。第2章主要水工建筑物特点及物探检测主要内容，包括水电工程主要建筑物结构特点分析、工程物探检测内容和工作布置。第3章物探检测方法与技术，包括7大类工程物探检测方法：弹性波类、伪随机电流场、探地雷达、层析成像、钻孔检测、声呐及水下检测、三维成像检测等。第4章基础岩体参数取值与三维建模，包括岩体基本特征分析研究、岩体力学参数及取值分析研究、复杂条件岩体取值方法研究、三维岩体取值建模分析方法。第5章大坝基础检测，以思林、善泥坡、双江口、GP一级、果多、武都等水电站为例，介绍不同地质条件、坝型的大坝基础检查成果。第6章大坝检测，以沙沱、武都、GD、河南天池等水电站为例，介绍不同结构类型、部位的检测成果。第7章引水发电系统检测，介绍不同引水隧道类型的工程物探检测方法和成果。第8章水电工程其他建筑检测，采用工程案例加方式，重点介绍水下检测的工程应用成果。第9章物探检测的信息化与可视化，包括信息化内容和发展展望。

本书可为工程物探专业、水电工程建设和运行技术人员在从事相关工作时参考，也可供水利工程及其他相关大型土木工程的建设管维人员借鉴参考。

图书在版编目（CIP）数据

水电工程物探检测技术研究与应用／王波等著．—北京：中国三峡出版社，2024.4

ISBN 978－7－5206－0270－9

Ⅰ.①水… Ⅱ.①王… Ⅲ.①水利水电工程—地球物理勘探—检测 Ⅳ.①TM698.1

中国国家版本馆 CIP 数据核字（2023）第 013552 号

责任编辑：任景辉

中国三峡出版社出版发行

（北京市通州区粮市街2号院　101100）

电话：（010）59401514　59401531

http://media.ctg.com.cn

北京中科印刷有限公司印刷　新华书店经销

2024 年 4 月第 1 版　2024 年 4 月第 1 次印刷

开本：787 毫米×1092 毫米　1/16　印张：33.5

字数：754 千字

ISBN 978－7－5206－0270－9　定价：198.00 元

《水电工程物探检测技术研究与应用》

编　委　会

序 一

Foreword 1

目前，中国是世界上大坝数量最多并且高坝数量最多的国家，建设过程中突破了许多世界级科学技术难题，取得了一批引领世界的原创成果，建坝水平世界领先。

工程物探作为水电地质勘察、施工及运行期质量检测的一项专业技术，依托近 20 年来微电子技术、计算机技术、信息技术和人工智能的飞速发展，又搭上中国水电开发的快速列车，其设备技术和先进算法得到大力发展，不仅有效提高了探测精度，还开拓了工程检测、监测的应用新领域，为中国的水电建设提供了有力支撑。

工程物探在岩土专业人眼中是地质勘探或质量检查的一个技术手段，尤其是地质专业，就如同医院的主治医生，总希望检查科能事先精准检查出病人的病灶。物探专业的人更多地关心物探仪器和探测成果的处理方法和技术，对探测对象的了解要偏轻一些，尤其缺少与地质和岩土专业人员的沟通。其实，物探与地质（岩土专业）的关系就如同医院里主治医生与检查科医生的关系，两者在对待病灶的问题上具有共同的目标。作为一个岩土工程方面的学者，我非常乐意地看到地质和岩土专业的技术人员能更广泛地了解工程物探的方法和条件，能熟练地运用物探成果。

与石油、矿产等资源物探不同，工程物探，尤其是水电工程物探主要以探测和发现细小地质和工程缺陷为目的，使用的条件和目的更接近于医学的物理检查方法，工程物探按物理方法分为地震及声光电磁核等，重在可靠性和分辨率。弹性波和电磁波方法是目前工程物探技术的主要方法，包含地震波、声波（超声波）、雷达波等方法，它们都是利用波的传播规律进行探测，差异仅在于波的频率、传播距离、分辨率不同。此外，不同尺度大小的异常结构，对不同波长分辨效果是不同的。由于研究对象的差异、观测条件的限制和研究精度的不同，需要采取不同的观测方式和资料处理方法，由此构成了物探方法的多种多样。

本书的作者集中了中国电建集团贵阳勘测设计研究院有限公司、四川中水成勘院物探检测有限公司两家水电物探的尖兵，书中详细介绍了他们自己开发研究及吸收国外的工程物探检测新技术和设备，同时还详细分享了技术应用，尤其在众多不同类型、不同条件及水电建筑物上的成功应用，取得了非常满意的效果；本书作者秉承"总结创新、服务未来"的思想，将我国水电建设中的工程物探检测新技术奉献给广大读者，希望能给广大技术人员一点帮助。

中国工程院院士

2023 年 6 月

序 二
Foreword 2

工程物探是大勘测专业中的一个非常重要的专业和发展最快的探测方法，其在水电勘测等工作中发挥着十分重要的作用，尤其在岩溶、深埋隧道、深厚覆盖层等精确探测方面，以一系列先进的推测方法，与钻探、试验等相互配合，大大提高了工程勘测的效率和质量，推进了水电勘测技术的不断发展。

过去50年，工程物探技术被陆续广泛应用到了水电工程勘测中，并在前期勘测及超前预报、监测检测等工作中，取得了良好的效果，形成了很多先进的技术，如综合层析成像、三维探地雷达、可控源大地电磁测深、声呐成像技术、孔洞三维成像技术、微动勘探、反磁通瞬变电磁技术等。这些技术与其他水电勘测设计及施工新技术一起，构筑起中国水电建设的技术体系，并随着"一带一路"建设而走向国际市场，充分展示了中国水电工程建设及技术进步的发展成果。

近年来，工程物探很好地将自己的技术优势向水电工程建设和运维领域进行了延伸，有效地为工程施工质量检测、运行检查提供了难得的方法，特别在一些条件复杂、检查难度大的灌浆、支护、缺陷等隐蔽工程部位的检查，提供类似医院CT检查的作用，与王复明院士所倡导的工程医院思想相一致。

作为与物探专业并肩战斗多年的地质工作者，到中国电建集团贵阳勘测设计研究院有限公司主管勘察专业的负责人，我有幸亲身经历了工程物探的这段辉煌发展历程，尤其是其对岩溶等问题与隐患的精确探测，令人赞赏；多年来，我一直对物探专业的发展寄予很高的希望，对物探专业技术人员的敬业深感佩服，尽管有时在面对一些复杂的技术问题上对是否采用物探方式有过纠结，但物探方法对"线与面"的规律控制及对"点"的精确探测仍让我对物探技术的发展抱着坚定的理念,希望工程物探专业在新一轮清洁能源建设中,融合大数据、人工智能等新技术,进一步探索更高效更精准的新技术,为数字水电、绿色能源、美丽中国更好的服务。

在水电勘测技术不断发展之际,我们将水电工程物探检测的新技术及应用成果编著成本书奉献给广大读者,希望能为即将到来的高海拔地区水电开发建设者、新一轮抽蓄电站的建设者、海外"一带一路"的建设者,以及在役水电工程的运行人员提供借鉴。

中国电建贵阳院副总经理

2023 年 08 月

前　言
Preface

　　水电是全球公认的优质清洁可再生能源。中华人民共和国成立以来，尤其是改革开放40多年来，我国开发了水能资源理论蕴藏量70%以上的水电水能资源。在这期间，水电建设者们攻克了无数的技术难关，取得了辉煌的成就。水电工程物探是服务于水电建设、运行的一项专业技术，随着我国水电工程物探检测技术的不断进步，从早期专一服务于地质勘探，发展到广泛服务于工程探测、检测和监测的成套技术，使用地震及声光电磁核等先进的仪器，集信息处理、智能算法及大数据技术于一体，为水电工程建设发展发挥了重要作用。其因具有高效、轻便、精确的优点，受到了工程建设者和管理者的喜爱。为总结近年来先进的工程物探技术，更好地服务水电工程运行管理，迎接新一轮抽水蓄能电站及极具挑战性的高海拔地区水电开发，中国电建集团贵阳勘测研究院有限公司（以下简称"贵阳院"）与其他单位联合编写了本书。

　　本书以近十几年来水电工程建设和运行领域的先进工程物探技术为核心，介绍了工程物探检测在水电质量监督管理中的位置和模式、检测对象的特点和内容，重点介绍了各种检测方法及关键核心技术，创新性地引入基础岩体参数与建模技术，最后用大量的工程实例介绍了各种检测方法与技术的应用和效果。本书是完整论述水电工程物探检测技术的专著，其中的许多技术为近年来各编制单位的先进科研成果，有些成果具有国内领先地位，其技术应用范围几乎涵盖了当前国内各种坝型、地域条件和对象，具有较强的引领示范作用。

　　本书可供从事水电工程物探检测、水电工程建设、抽水蓄能电站建设、水电站管理运行工作的技术人员借鉴、参考，也可供水利工程、引水工程、交通隧道工程的建设和运营管理相关人员参考。

　　全书共9章，具体分工如下：前言由王波编写；第1章由王波、楼加丁编写；第2章由王波编写；第3章由韩道林、沙椿、王波、杜松、丁朋、胡清龙、朱红锦、卢安贵、蒋才洋、文豪军、江晓涛、李永铭编写；第4章由郭维祥、王惠明、朱焕春编写；第5章由杜松、孙永清、徐洋、胡清龙、王凡、叶勇编写；第6章由杜松、叶勇、张伟、王凡、李克友、蒋才洋编写；第7章由蒋才洋、胡清龙、何刚、李永铭编写；第8章由蒋才洋、沙椿、李永铭、何刚、胡清龙、刘骅标编写；第9章由杜兴忠编写。

全书由王波统稿，蒋才洋、张伟对第6~8章进行了统稿。

本书在编写过程中得到了主编单位贵阳院副总经理兼总工程师湛正刚、副总经理余波的指导，本书引用和参考了编制单位贵阳院、水电水利规划设计总院、四川中水成勘院工程物探检测有限公司的多项科研成果报告、论文、生产成果报告的内容，还参考了国内外专家学者公开发表的论文、研究成果，在此表示衷心感谢！

受编制人员水平所限，本书中难免存在技术论述的疵点或遗漏，望读者批评指正。

编者

2023 年 6 月

目 录
Contents

第 **1** 章

概 论

1.1 我国水电工程建设进展

　　水电是当前国际上开发占比最大的清洁能源，水电在我国能源体系中占据着重要位置，据博思数据[1]发布的《2016—2022 年中国水电市场趋势预测及行业前景调研分析报告》：世界河流水能资源理论蕴藏量为 40 万亿 kW·h，技术可开发水能资源为 14.37 万亿 kW·h，约为理论蕴藏量的 35.6%；经济可开发水能资源为 8.082 万亿 kW·h，约为技术可开发量的 56.22%，为理论蕴藏量的 20%。我国幅员辽阔，独特的青藏高原孕育了多条大江大河，水力资源非常丰富，技术可开发装机容量约 6.87 亿 kW[2]，位居世界第一。我国水能资源主要在西南地区，约占技术可开发量的 69.3%。2020 年，我国水电装机和发电量分别约占全国发电总装机及总发电量的 16.8% 和 17.1%。水电仅次于火电，是我国第二大电源，支撑着我国能源工业的可持续发展，在我国电力供应中发挥着十分重要的作用。截至 2020 年底，我国水电总装机容量 37 016 万 kW，分别约占全国理论蕴藏量和技术可开发量的 48.79% 和 49.29%；年发电量 13 552 亿 kW·h，分别约占全国理论蕴藏量和技术可开发量的 22.88% 和 45.16%[2]。我国水电装机容量继续稳居世界第一。近 10 年来，我国水电装机容量总体呈现快速增长态势，2005—2018 年年均增长率 8.8%，年均新增装机容量 1807 万 kW[3]。

　　根据我国碳减排目标的中长期规划，2030 年我国可再生能源发电量占全社会用电量比重须达 40% 以上。我国水电的中长期规划是：2025 年底，常规水电装机容量达 3.9 亿 kW，年发电量 1.75 万亿 kW·h，抽水蓄能装机容量达 7500 万 kW，水电开发利用程度 58%；2030 年常规水电装机容量达 4.5 亿 kW，抽水蓄能装机容量 1.2 亿 kW，年发电量 2.16 万亿 kW·h[4]。实际上，水电资源的可开发量还会随着资源普查的深入而不断增加。总之，我国的水电资源不仅十分丰富，而且未来的可发展空间仍然巨大。

　　我国水电的国际化发展前景广阔。近年来，我国水电企业积极响应国家"一带一路"倡议，经过多年的海外经营和发展，已经成功占领了水电工程国际市场。目前，我国水电企业与 100 多个国家和地区建立了水电开发多形式的合作关系，承接了 60 多个国家和地区的电力和河流规划，业务覆盖全球 140 多个国家和地区。预计在"十四五"期间，海外将成为我们水电建设的主战场[5]。

　　经过几十年的高速水电建设实践，有力地提高了我国水电建设的水平。今天我国水电无论是在建设的规模、效益、成就，还是在规划、设计、施工建设、装备制造水平上，都已经是世界领先水平。目前，世界上最大的水电站、最高的碾压混凝土坝、最高的混凝土面板堆石坝、最高的双曲拱坝等一系列世界水电之最都是由我国建造的[3]。"十四五"期间，多项世界水电的纪录还将被我国创造和刷新。例如，已建成和投产的我国白鹤滩水电站，再次把水电机组的世界纪录刷新到 100 万 kW[6]。此外，即将在

"十四五"期间投产的双江口水电站的大坝，高度将达到 312m，建成后将成为全世界第一高坝。建设这世界之最的水电站，需要一系列尖端的工程技术支撑，如高坝工程技术、高边坡稳定技术、地下工程施工技术、长隧洞施工技术、泄洪消能技术以及高坝抗震技术等[7]。可以说，在所有这些工程技术方面，我国都已经走在了世界前列。总之，在"十四五"期间，已经站上了世界巅峰的中国水电还将不断创新发展，再创辉煌。

伴随新一轮电子信息技术及筑坝技术的发展，工程物探技术也获得了较快发展，从原来主要服务于地质勘测专业，发展到服务于水电工程建设及运行期间的质量检测。三维声波成像、三维雷达探测、洞室三维扫描成像检测以及多种无损检测技术加入到物探检测工作中。这些新兴技术呈现无损、快速、准确、检测量大的特点，达到了一般试验检测无法达到的效果，为中国水电建设发展提供了良好的服务。按"双碳"目标的发展要求，包括大量抽水蓄能在内的新一轮水电开发建设已经开始。本轮水电建设的主战场主要位于我国的西南部地区，特殊的地质条件、环境气候和更高的筑坝技术对工程物探检测提出了新要求，物探检测技术也将得到更广泛的应用和发展。

1.2 水电工程物探检测的进展与展望

1.2.1 物探检测发展概述

工程物探是工程地球物理勘探的简称，是地球物理勘探的一个重要分支，是通过激发、观测和研究各种地球物理场的变化特征来进行工程地质探测或工程检测的一类物理探测方法。自 20 世纪 90 年代以来，随着地理勘察技术的不断提高，将计算机与信息技术充分应用到地球物理勘察技术中是科技发展的必然趋势，工程物探检测方法技术也因此得到了有效的发展与进步，已成为解决工程建设地学问题必不可少而且是最有效的高科技手段。近几年来，随着我国工程建设以及各种基础设施建设的不断发展和完善，物探技术已逐渐从当初服务于地质勘探，发展成为集工程勘探、工程检测为一体的汇集众多应用的新方法技术，这从一定程度上反映出工程勘察技术与检测技术水平越来越高，工程物探检测技术与计算机信息技术结合越来越完美，工作效率显著提高。因此，它的作用和意义非常显著，必将成为认知地球内部介质的重要手段。

在岩土工程勘测、施工过程中会遇到非常多的工程地质问题，虽然物探检测技术对许多地质问题有着很好适应性，但各种具体方法都有其应用条件及适用范围，在实际工作中需要因地制宜，合理安排，以获得良好的检测效果，保障工程建设的整体施工质量。组成地壳的不同岩土介质往往在密度、弹性、电性、磁性、放射性以及导热性等方面存在差异，这些差异将引起相应地球物理场的局部变化，称之为异常场。工程物探就是通过专用的仪器观测这些地球物理场的分布和变化特征，加上时间要素的控制，再结合已知地质资料进行分析研究，推断出地下岩土介质的性质和环境资源等状况，从而达到解决地质问题的目的[8]。

由于发达国家的大规模工程建设早于我国，因此其工程物探检测技术的发展比我国更为成熟。现阶段国外发达国家应用工程物探检测技术主要是针对工程病害进行诊断，而且在经济可持续发展的生态观念下，国外很多国家都将应用工程物探技术对环境问题进行检测，如探测核废料的污染范围和对油库泄漏的污染带进行检测与分析等[9]。日本物探工程检测技术的发展就较为成熟，是现阶段物探技术发展较为全面的国家之一，而且在工程检测方面的应用也较为普遍，取得了良好的工程物探检测效果，值得其他国家学习[10]。

我国工程物探检测技术水平和装备水平已居于世界先进行列。随着国家大规模经济建设的进行，国内物探检测行业在20世纪80年代就开始由各自的专业领域向着工程物探检测方面发展，90年代初得以大面积展开，在很多工程领域取得了很好的应用效果，已成为现阶段工程质量鉴定和监测的重要环节。工程物探检测应用范围很广阔，在水利水电、能源交通、城市规划、国防，以及化工等多个领域有着重要的应用意义。例如，对覆盖层风化带基岩面的起伏形态、隐伏断层破碎带、岩溶及裂隙密集带、地下管线、地下工程、古墓，以及其他埋藏物进行探测，对铁路、公路、机场、港口进行基础探测和质量检测等[11,12]。工程物探可以针对工程质量多方面进行检测，其检测的重要性和应用效果也越来越受到重视，随着检测技术的不断优化与创新，工程物探检测有着非常广阔的发展前景。

1.2.2　物探检测方法技术特点

现阶段工程物探检测技术常用的方法主要有电磁波类、弹性波类、放射性类、影像类四大类别。工程物探勘探或检测方法主要包括电磁法勘探、雷达勘探、弹性波测试、地震勘探、层析成像等几种。电磁类勘探按场源性质可分为主动源和被动源；按电磁场的时间特性可分为时间域、频率域和瞬变场；按产生异常电磁场的原因可分为传导类电法、感应类电法。常用电法勘探主要包括直流电法、充电法、自然电场法、激发极化法等；电磁法主要包括音频大地电磁法（AMT/MT）、可控源音频大地电磁测深法（CSAMT）和瞬变电磁法（TEM）等。弹性波测试主要包括声波法、地震波法和瑞雷波法，在声波法中可选用的主要有单孔声波、穿透声波、声波反射等。地震勘探主要包括浅层折射波法、反射波法、瑞雷波法、透视波法和地震多波法。地震波法可选用的主要有穿透地震波速测试、连续地震波速测试、地震测井等；而瑞雷波法根据震源形式可分为稳态和瞬态法两大类。层析成像主要包括声波层析成像、电磁波吸收系数层析成像以及电磁波速度层析成像等方法。放射性类检测主要是检测核辐射场的强度，而检测辐射场强度有三类：一是放射性核素迁移而扩散产生的直接辐射场；二是对放射性核素特殊作用的非放射性矿产改变了直接辐射场；三是人工激发辐射场。工程物探检测中放射性

测量主要包括 γ 测量、α 测量、β 测量、γ-γ 测量等，测量方式有地面、钻孔、洞室、环境空气测量等。影像类检测也是常见的工程物探检测模式，能够根据不同物体自身图像特征的不同，采用摄像设备在设定的光线下进行图像采集工作，通过图像特征分析的模式对工程质量状态进行判断。

工程地球物理勘探是以被检测物体的物理力学性质为基础，运用地球物理学的原理和方法，借用特殊的仪器设备测量介质的物理场引起的差异，分析观测数据，观测数据变化规律，客观评价各类工程的质量及基础地质条件。

工程物探已从初创时期以勘探为主发展成为工程地球物理勘探、检测、监测等相互交叉又各具特点的方法技术。其特点主要体现在以下几个方面：

（1）被探测（或检测）的目的体与围岩介质有不同的物理特性，即主要表现为电、磁、重力、力学性质等方面的差异，根据介质性质的差异，合理选择地球物理方法。

（2）通过仪器观测到的各种场，都带有地下介质的物理信息，对其准确识别和提取，就能准确解析地下介质具体情况和物性参数。

（3）地球物理方法是建立在科学的理论基础之上，历经几十年的发展，具有客观性、系统性、严密性。

（4）物探信息的提取离不开先进的电子设备和数据处理技术，因此，地球物理探测或检测具有先进性、实时性、精确性和客观性，能对细微的物理场作出识别。

（5）地球是一个复杂而庞大的地质体，各种物探方法的应用是有前提条件的，应根据工作的性质、目的，选择合适的物探方法。

（6）物探探测或检测时效性强，得到的成果不仅需要及时提供，而且常被验证，需要对获得的成果质量有足够的信心，经得起实际的检验。

（7）地质学和地球物理学的理论基础决定了物探方法除了具有科学性外，还具有多解性，因此需多种物探方法配合，相互补充，去伪存真。

近年来我国的工程物探技术工作发展迅速，应用领域进一步扩大。弹性波测试技术是岩土工程检测中一种常见的检测技术。弹性波作为一种应力波，在弹性介质中传播，做好弹性波测试分析，就能够获得良好的岩层地质特征反馈效果。该技术在地质勘探、采矿，以及岩土动力学等多个领域中均获得了良好的发展。

仪器设备作为开展工程物探工作的重要前提，也是地球物理工程师的眼睛。首先，仪器设备要符合高灵敏度、高分辨率、高精度"三高"要求。仪器设备只有具备"三高"与更高的测量效率，才能够对检测的结果进行直接处理与分析，提供更加直观的检测结果。其次，资料解释也要达到优化信息、优化预处理、优化显示"三优"标准。就像 CT 与核磁共振技术引起医学界诊断技术一场革命一样，采用计算机技术来进行现场工作的控制，能够有效提升信息处理与分析速度，在第一时间内展示检测的三维立体图，使得物探剖面的图像解释朝着更易懂的可视化方向发展。

较之于传统的钻探模式，工程物探在效率，以及精准度上均有非常大的优势。钻探在测量过程中没有连续性，只能够以点带面，得到部分数据，探测结果的全面性不足。

而工程物探检测方式不仅可以直接获取到地面地层的全面数据，而且还可以保障检测工作的准确度。

1.2.3　物探检测展望

随着我国经济的蓬勃发展，结合我国基础设施建设的现代化步伐，我国仍将处于工程建设的高峰阶段。大力发展工程物探与检测技术，增加工程建设中物探检测的投入，必将极大提高工程建设的质量，降低工程风险和工程建设总费用[13]。工程物探探测与检测技术是随着地球科学技术的发展不断向前推进，未来地球物理技术的发展将从几何地震学发展到物理地震学；仪器装备将由电子机械发展到光电时代。技术的发展与进步，必将提高要解决问题的精度要求。因此，物探检测方法及相关技术在工程建设过程中的应用也将会越来越广泛，物探技术也将朝着"攻深""攻新"和"攻细"的方向发展。在今后的一段时期内，物探技术将会在以下几个方面有所突破：

（1）复杂环境下过水建筑物运行安全检测。为保障已建大坝的运行安全，对大坝进行老化、损伤程度的精确检测与诊断是工程十分关注的课题，也是工程技术的难题，迫切需要开发相应的水下探测技术。由于水工结构物的复杂性和特殊性，传统的结构无损诊断方法大多是局部损伤检测，应用于水工结构损伤检测存在很大的局限性。因此，将动力诊断技术与物探技术相结合将是工程健康性态检测与诊断的必然发展趋势。

（2）高坝地震安全快速诊断技术。工程建设期，尽管已经采取了很多工程抗震措施，但由于梯级电站工程场地范围潜在震源区的最大震级是通过构造类比原则确定，抗震设防烈度多是参考经验公式得到，因此存在一定的局限性。在运行期，如何在地震发生后快速评估地震对大坝等造成的影响是一个非常关键的问题。当发生对坝址区域有影响的强烈地震时，要能够实时获得地震动时程和触发时刻大坝的瞬时变形、应力、渗流等信息，并综合利用三维交互式计算机技术，快速计算工程结构不同部位在地震力作用下的受力情况及可能遭受破坏的程度，建立快速评估系统，为决策部门抗震减灾、防止次生灾害、制定震后工程加固措施等提供科学依据。

（3）微地震监测技术。微震指的是局部范围内岩石由于某种诱发原因，在裂纹开展时以地震波形式产生的微小震动。微震监测技术是通过记录和分析微震波信息从而获得岩体微震活动的时间、震源位置、震级、能量释放及非线性应变区域等数据，从而判断、评估和预报监测范围内岩体的稳定性。而微震监测技术具有在三维空间中全方位监测岩体从裂纹开展、破裂的渐进性累积到破坏失稳的全过程的技术特点，对传统岩体监测技术在时空上给予了极大的延伸。可以预料，微震监测技术为解决大型水电工程建设中遇到的复杂岩体稳定性的评估提供了一条新的途径。

（4）深层检测技术。深层检测普遍面临信噪比低、成像精度低、构造落实程度低等问题。近几年，针对深层探测开展了宽线大组合采集、叠前深度偏移处理等技术攻关，深层成像技术得到了改善。针对西部深层岩体构造，要发展宽频、长排列、超长排列地震信息采集技术，深化复杂区速度场及岩性的各向异性、高斯束偏移、双程波动方程逆时偏移配套处理技术攻关，提高复杂构造的信噪比和偏移成像质量；开展全方位三维地震数据采集、处理，有效提高地震资料品质，开展低频地震采集，提高深层地震反射波能量，采用逆时偏移处理技术提高中深层复杂构造及复杂断裂系统成像精度，提高深层油气勘探成功率[14]。

（5）深海检测技术。该领域面临深海环境和地质方面的许多难题，而国外已广泛应用多缆、高密度、宽频海洋采集技术及全波形速度建模、多次波压制等处理技术。为此，应加强多层、多缆的高端海洋地震采集船舶的建造，加强海洋宽频地震采集技术研究，提高海洋勘探能力；开展消除海上虚反射、速度建模、深度偏移等技术的研究，开展海洋可控源电磁技术研究，提高构造落实程度和烃类检测的可靠性；加快叠前地震资料的解释，全面学习、探索海洋地震勘探理论体系，形成国际先进、具有自主知识产权的地震勘探技术系列。

（6）电磁－地震联合勘探技术。电磁法因其对高阻地层下目标探测效果好于地震勘探，对地层岩性变化反应灵敏、对油气饱和度变化反应灵敏而广受推崇。因此，重、磁、电一直是地球物理学界持续发展并发挥了重要作用的关键技术。

电磁－地震技术联合的应用，在构造带和特殊目标联合解释、油气圈闭联合检测评价等方面发挥了重要作用。目前，地震技术在复杂地区依然面临较大挑战，如上覆地层岩性变化造成速度异常，致使深层成像不准、深层反射信噪比低、成像不清、岩性识别难、无法确定有利目标等问题。为此，应开展电磁－地震联合速度建模技术、地震－电磁联合反演的深层异常目标识别技术、电阻率/极化率/介电常数等敏感参数反演技术等研究，进一步提高油气识别成功率。

面对工程建设工程难度加大、新兴业务发展迅速，物探技术将呈现出越来越快的发展态势。要力争成为国际物探技术的领跑者，必须走国际化科技创新发展的道路。因此，要加速物探技术的发展，体现物探采样密度大、速度快、成本低、科技含量高、服务领域广的特点。依托我国整体优势，建议重点做好以下几个方面的技术研究：

（1）发展新一代开放式一体化全数字物探仪器，集有线、无线、节点等多项能力，以降低高密度、单点采集成本，促进物探新技术的应用。

（2）发展物探数据处理解释一体化系统，使处理解释过程共享、成果共享，达到解释指导处理、处理指导解释的有机互动。

（3）开展物探新技术、新方法等储备技术研究。持续开展地球物理特色技术、速度建模及偏移新技术、多波处理、解释技术、非常规资源地球物理识别技术、微地震监测技术研究，开展针对深层和深海的地球物理关键技术研究。

（4）开展物探配套技术研究。发展以高端装备、集成化采集处理技术为主的海洋地球物理勘探配套技术，以复杂山地、高密度、碳酸盐岩综合物探重点领域配套技术，以可控震源高效采集、高效钻运装备等为前提的高地震采集作业效率配套技术。

电子信息技术随着其自身的不断发展与创新，将更多地应用到工程物探检测技术领域，工程物探检测仪器设备也将继续向"三高""智能"的方向发展[15]，从而使工程物探检测技术能够实现全覆盖、无遗漏的大范围扫描，探测结果也将更加准确，进而有效地提高我国工程物探检测的质量，实现物探详细准确的三维剖面的可视化。

1.3　水电工程质量监督检查与工程物探检测管理

水电工程质量监督检查是我国水电工程质量管理的最高形式。质量监督总站作为国家能源局委托的水电工程建设质量管理的顶层机构，依据国家法律、法规、工程建设标准强制性条文、国家及行业相关规程规范和技术标准开展质量监督工作[16]。水电工程质量监督包括对工程建设各质量责任主体、质量检测单位的质量行为进行监督检查，以及对工程实体质量进行监督检查。水电工程建设各质量责任主体必须接受水电工程质量监督机构的监督。

水电工程物探检测是在水电工程建设期间，由建设单位通过招标等形式引入第三方检测机构，依据国家法律法规、工程建设标准强制性条文、国家及行业相关规程规范和技术标准，独立开展以无损检测为主的质量检测工作。工程物探检测接受建设单位、监理单位、相关质量监督机构的领导，并与设计、施工相协调。

1.3.1　质量监督与物探检测的工作方式

水电工程质量监督分巡视检查和驻站监督两种工作方式。巡视检查又分为不定期现场巡视和阶段性检查两种。巡视检查一般采取查看工程现场、听取工程建设各责任主体的汇报、与工程建设各责任主体座谈、检查工程质量管理体系建立和运行情况、抽查施工记录和质量检测记录、专题研究等形式，对影响工程安全的重要部位、隐蔽工程、质量问题突出部位进行重点检查，必要时，要求进行经质量监督总站认可的第三方检测机构的检查验证和质量评价。重大工程采用驻站监督检查，对建设工程进行全过程质量监督，包括监督检查国家有关质量方针政策、法律法规、工程建设标准强制性条文的贯彻执行情况，各工程质量责任主体质量管理体系建立及运行情况，重大设计变更、重大施工方案履行程序情况，以及现场施工质量的监督检查。驻站监督也组织开展巡视检查。

工程物探检测采用在现场建立检测试验中心的方式，建立相关的检测机构、检测质量管理体系，按合同要求开展特定的日常检测工作，定期向建设单位提供检测成果资料。建设单位定期将物探检测成果与其他检测和监测成果一起整理成相关质量报告报送水电工程质量监督机构。

1.3.2 质量监督与物探检测的工作内容

巡视检查的主要工作内容包括:

(1) 检查工程建设各方的资质、分包情况。

(2) 检查工程质量责任主体贯彻执行有关质量管理方针政策、法律法规、工程建设标准强制性条文情况。

(3) 检查工程质量责任主体工程质量管理体系建立及运行情况。

(4) 检查技术规程、规范和质量标准的执行情况,监督检查工程实体质量状况。

(5) 分析研究工程质量行为、工程实体质量和施工存在的主要问题,客观、公正地编写质量监督报告。

(6) 阶段性巡视质量监督报告还应对工程是否具备阶段性验收条件做出结论。

驻站监督工作内容还包括:

(1) 列席重大设计变更决策会议、重大施工方案讨论会,以及重要质量专题会议。对工程关键部位、隐蔽工程、关键工序的实体质量进行跟踪检查。对主要试验报告、见证取样送检资料及结构实体检测报告等进行抽查。

(2) 及时了解、反馈工程建设过程中的质量状况。对技术复杂、建设难度大的水电工程项目,根据工程现场实际,及时提出开展质量巡视检查的意见和建议。参与所监督工程的质量缺陷或一般质量事故的调查和处理。

(3) 编写质量监督工作月报,以及专项工作报告。

(4) 检查巡视专家组质量监督意见的落实和整改情况。

工程物探检测机构的主要工作内容是[16]:

(1) 参加或及时接收了解与检测任务相关的设计变更、施工方案更改的相关会议和通知。对检测相关的工程关键部位、隐蔽工程、关键工序的实体质量进行跟踪检查。

(2) 及时了解、反馈物探检测涉及的工程建设过程中的质量状况。对技术复杂、建设难度大的水电工程项目,根据工程现场实际,及时提出开展物探检测的意见和建议。参与所涉及的工程质量缺陷或一般质量事故的分析解剖活动,对涉及检测相关的质量事故及时向建设单位报送检测成果报告。

(3) 编写物探检测工作月报以及专项工作报告[17]。

1.3.3 质量监督与物探检测的工作程序

质量监督总站收到质量监督申报书后开展质量监督工作,工程质量监督通知书同时抄报国家能源主管部门及项目所在省(自治区、直辖市)能源主管部门。质量监督总站根据工程进展情况,编制项目的质量监督工作计划,向分站或项目站下达质量监督任务,及时开展质量监督巡视检查或驻站监督工作。质量监督巡视专家组对工程现场进行巡视检查前通知项目法人，以便项目法人组织工程参建各方准备工程质量管理、工程实体质量和安全文明生产状况等有关情况的自查报告和备查资料。根据现场巡视检查情况，巡视专家组应提出质量监督现场巡视报告初稿，由总站或授权的分站对现场巡视报告初稿审定后正式印发给项目法人。项目法人要认真研究质量巡视报告，组织工程建设各方对工程建设中存在的质量问题限期进行整改，2个月内向质量监督机构报告整改落实情况。驻站监督项目站要结合工程建设计划，制定项目监督站工作大纲，经分站或总站批准后，以书面形式通知参建各方。对现场监督检查中发现的质量问题，及时发出监督检查整改通知书，要求质量责任主体单位限期整改。各阶段验收前，由总站或授权的分站出具阶段质量监督报告，作为验收依据之一。按有关规定的要求，完成全部工程质量监督文件的归档工作。

工程物探检测机构工作程序：收集有关工程的相关资料，编制检测方案（方案内容包括确定检测项目、内容和检测工程量），确定相关检测标准，选择检测方法与技术，分析检测重点、难点及对策，确定检测成果的形式、内容及提交，进行检测资源配置（人员配置、仪器设备配置），质量保证措施，与其他承包人间配合与协调措施，检测进度计划及工期保证措施、安全文明与环境保护措施。项目实施期间，工程物探检测机构经建设及监理单位事先将检测方案发至相关施工单位，将检测准备工作、检测辅助要求进行交底。收到监理单位任务通知书后，工程物探检测机构组织检测人员到现场开展检测工作。每完成一个单元或单位工程的检测，及时向建设单位提交检测成果报告。对现场检测中发现的质量问题，及时在周报或月报中向建设或监理单位上报。各阶段验收前，及时向建设单位报送质量监督站所需要的相关检测资料。

参考文献

［1］张博庭．"十三五"规划与我国水电的发展［J］．中国电力企业管理，2017（1）：20－24.

［2］宁传新．落实我国水电发展"十三五"规划的意义［J］．水利水电施工，2019（3）：1－4.

［3］张博庭．中国水电从追赶到引领的嬗变［J］．中国电力企业管理，2018（25）：72－79.

［4］张博庭．中国水电70年发展综述［J］．水电与抽水蓄能，2019，5（5）：1－6，11.

［5］古玉，彭定志，赵珂珂，等．"一带一路"共建国家水电发展状况与潜力［J］．水力发电学报，2020（3）：11－21.

［6］张博庭．我国水电的发展与能源革命电力转型［J］．水力发电学报，2020（8）：3.

［7］张博庭．水电在能源革命中的重要地位和作用［J］．水电与新能源，2019，33（11）：15－21.

［8］刘宝诚，陆基鹄．中国地球物理技术的发展方向［J］．学会，1995（4）：42.

［9］尹剑．水利工程地球物理探测技术发展与展望［J］．水利水电快报2022，43（2）：32－39.

［10］肖秀明．工程物探方法技术应用及展望［J］．工程建设与设计，2017（4）：45－46.

［11］黄梦军．我国工程物探的现状及发展前景［J］．科技风，2009（13）：45.

［12］才致轩．水利水电工程物探新技术的应用与展望［J］．水力发电，1997（11）．

［13］杨午阳，魏新建，何欣.应用地球物理＋AI的智能化物探技术发展策略［J］.石油科技论坛，2019，38（5）：40－47.

［14］李晓光，吴潇.2019地球物理技术发展动向与展望［J］.世界石油工业，2019，26（6）：50－57.

［15］方熠，张慧，朱莹，等.环境与工程地球物理技术研究及应用述评［J］.安全与环境工程，2018，25（6）：8－18.

［16］国家能源局.水电工程岩体质量检测技术规程：NB/T 35058—2015［S］.北京：中国水利水电出版社，2015.

［17］王波.水电工程岩体质量检测技术规程：NB/T 35058—2015［S］.中国水利水电出版社，2015.

第 2 章

主要水工建筑物特点与
物探检测主要内容

2.1 混凝土重力坝

混凝土重力坝是指用混凝土浇筑的拦河坝，是主要依靠坝体自重来抵抗上游水压力及其他外荷载并保持稳定的坝。世界各国修建于宽阔河谷处的高坝，多采用混凝土重力坝；坝轴线一般为直线，断面形式较简单，便于机械化快速施工，混凝土方量较多，施工中需要有严格的温度控制措施；坝顶可以溢流泄洪，坝体中可以布置泄流孔洞。混凝土重力坝具有安全可靠、对地形和地质条件适应性强、泄洪问题容易解决、便于施工导流、方便大体积混凝土施工、结构作用明确等优点，但也有坝体水泥用量多、坝体应力较低、坝体与地基接触面积大、坝体施工期混凝土的温度应力和收缩应力较难控制等缺点。光照水电站的混凝土重力坝如图2-1所示。

图 2-1　光照水电站混凝土重力坝

混凝土重力坝上主要建筑物布置如图2-2所示。溢流坝和泄水孔口布置位置满足泄洪与放水的需要，并与下游平顺连接，不致淘刷坝基、岸坡和相邻建筑物基础。泄水孔口高程和尺寸根据水库调洪计算和水力计算，结合闸门和启闭机条件确定。溢流面要求有较高的流量系数，同时不产生空蚀。坝下设置消能工，要综合地形、地质、枢纽布置和水流条件比较选定其形式和尺寸。一般溢流坝与电站坝分列布置，当河谷狭窄时，也可布置电站厂房顶溢流[1]。

坝体内部要考虑廊道、分缝、止水、排水等结构。

（1）廊道：为了检查坝体内部的工作状态，布设各种量测仪器，满足坝内交通和灌浆、排水的需要，在坝内设置水平或斜向廊道或竖井。廊道沿坝高设置一层或多层，有纵向和横向两种，断面一般为上圆下方的城门洞形。

（2）分缝：为适应地基变形和温度变化，沿坝轴线方向用横缝把坝分成若干个坝段，横缝间距通常为15～20m。横缝缝面根据需要设或不设键槽、灌浆或不灌浆。在施

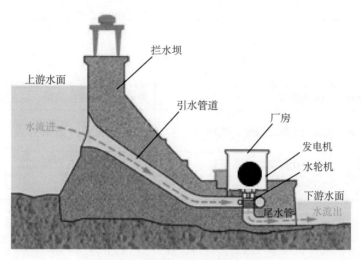

图 2 - 2　混凝土重力坝主要建筑物布置

工中，由于混凝土浇筑能力的限制和温度控制的要求，还要设置施工缝。平行于坝轴线方向的竖向施工缝叫纵缝。纵缝的间距一般为 15 ~ 30m。纵缝可以是直缝、错缝或斜缝。缝面设键槽，并需灌浆。水平向施工缝叫水平缝。水平缝的间距在基础约束范围以内和以外，分别为 1 ~ 3m 和 3 ~ 6m，缝面一般均需进行凿毛处理。

（3）止水：在坝体横缝内、陡坡坝段与基础接触面及廊道和孔洞穿越横缝处的周围，必需设置止水。止水应具有柔性，可以用金属片、橡皮、塑料片或沥青井做成。高坝上游面的横缝止水需用两道止水片，中间设一沥青井。

（4）坝体排水：为了减少渗水对坝体的不利影响，在坝体靠近上游防渗层的下游侧布设一排垂直向排水管。排水管常用多孔混凝土管。排水管间距为 2 ~ 3m，将渗水汇入廊道。

基础处理是采取措施来改善坝基的完整性和均匀性，使其具有较高的承载能力和较均匀的变形，并减少地基的渗水性。通常采取的措施有坝基开挖、固结灌浆、帷幕灌浆，以及进行排水减压和断层破碎带处理等。

混凝土重力坝施工阶段工程物探检测的重点在坝基和帷幕，检测主要针对坝基岩体质量分层检测、隐伏地质缺陷探测、基础补强等方面。坝基检测工作布置呈立体网状，分坝段、高程布置，帷幕先导孔检测和灌后检测沿帷幕线呈剖面布置，检测项目、内容和方法见表 2 - 1。

表 2 - 1　混凝土重力坝施工阶段工程物探检测项目与内容

序号	项目	检测内容	主要检测方法
1	坝基开挖	爆破松弛层厚度、岩体质量、地质缺陷、爆破振动监测	声波、钻孔弹性模量、钻孔全景成像、质点振动监测、探地雷达、CT、表面地震波测试

序号	项目	检测内容	主要检测方法
2	边坡支护	锚杆质量、锚索质量、喷混凝土质量	声波、探地雷达、脉冲回波
3	基础处理	固结灌浆	声波、钻孔弹性模量、钻孔全景成像
4	坝体填筑	碾压质量、裂缝、渗漏	核子密度、探地雷达、声波、钻孔全景成像
5	帷幕	先导孔探测、灌浆质量	CT、声波、钻孔全景成像
6	其他	岩体、混凝土等施工缺陷	无损检测

2.2 拱坝

拱坝（见图2-3）是在平面上呈凸向上游的拱形挡水建筑物，借助拱的作用将水压力全部或部分传给河谷两岸的基岩。与重力坝相比，在水压力作用下坝体的稳定不需要依靠本身的重量来维持，主要是利用拱端基岩的反作用来支承。拱圈截面上主要承受轴向反力，可充分利用筑坝材料的强度，因此拱坝是一种经济性和安全性都很好的坝型。

图2-3 清水河大花水水电站拱坝

拱坝的水平剖面由曲线形拱构成，两端支承在两岸基岩上。竖直剖面呈悬臂梁形式，底部坐落在河床或两岸基岩上。拱坝一般依靠拱的作用，即利用两端拱座的反力，同时还依靠自重维持坝体的稳定。拱坝的结构作用可视为两个系统，即水平拱和竖直梁系统。水荷载及温度荷载等由此二系统共同承担。当河谷宽高比较小时，荷载大部分由水平拱系统承担；当河谷宽高比较大时，荷载大部分由竖直梁系统承担。拱坝比之重力坝可较充分地利用坝体的强度。其体积一般较重力坝为小。其超载能力常比其他坝型为高。拱坝的主要缺点是对坝址河谷形状及地基要求较高[2]。

拱坝的基础处理非常重要，务必查明地质条件的薄弱环节，在工程措施上要不惜代价彻底解决，不能轻率处理。水文、试验等工作应按规程规范办理，这样才能提高设计精度，不然将造成工程失事的遗留病害。所以应保证在安全的前提下寻求经济合理。

拱坝坝址地质条件一般是上部岩石比下部差，左右岸岸坡均有软弱夹层。为了使拱坝传给基岩的推力分散，易于保持稳定，中小型拱坝工程，扩大其拱端尺寸，即将坝布置为变截面圆拱成大头拱坝是有效的。但相对于重力坝，拱坝对坝址岩石基础的要求要少一些。

拱坝的坝面向上游方向凸起，可把上游坝面的水压力、风浪压力等通过拱的作用传给两岸岩体与坝底岩基，利用筑坝材料强度来承担上游水压。拱坝多建在峡谷地带，利用两岸坚固的岩石来承担拱坝传来的压力。

图 2-4（a）是拱坝的侧视图；图 2-4（b）是拱坝的剖面，是从下游方看拱坝。拱坝的垂直剖面也是弧形，凸起面朝向上游，坝体比重力坝要薄很多。拱坝建在山谷中，两边顶住山体岩石，与拱坝接触的两边岩石称为坝肩，也称拱坝的整个岩石基础为拱座；图 2-4（c）是拱坝的俯视图。拱坝凸起面朝向上游，上游水压作用到坝面（蓝色箭头线），拱坝两边对坝肩的作用（红色箭头线）。

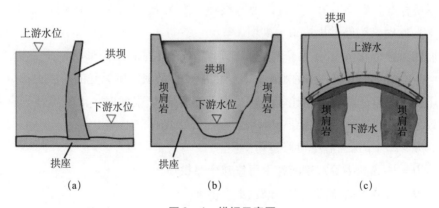

图 2-4 拱坝示意图

（a）侧视图；（b）主视图；（c）俯视图

拱坝分为单曲拱坝和双曲拱坝，如图 2-5 所示。

如果拱坝是桶形，上游面与地面垂直，只有下游面剖面呈弧形，此种拱坝称为单曲拱坝。拱坝上下游垂直剖面都是弧形的拱坝称为双曲拱坝，其中，坝体较薄的称为双曲薄拱坝，在地质坚硬、峡谷较窄的地段可建双曲薄拱坝；坝体较厚的称为双曲厚拱坝。

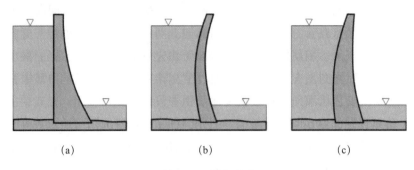

图 2-5 拱坝类型

(a) 单曲拱坝；(b) 双曲薄拱坝；(c) 双曲厚拱坝

单曲拱坝与双曲厚拱坝兼有重力坝的特征，因此也称之为重力拱坝。

拱坝是一种推力结构，能充分发挥坝体材料的抗压强度，坝体厚度薄，对于可建拱坝或重力坝的同一坝址，相同坝高的拱坝要比重力坝节省 1/3 ~ 1/2 的材料；拱坝超载能力强、抗震性好、安全度高。但拱坝对地质条件要求高，两边岩基要坚固可靠，而且拱坝的施工复杂。

拱坝坝身单薄，体形复杂，设计和施工的难度较大，因而对筑坝材料强度、施工质量、施工技术，以及施工进度等方面要求较高。

拱坝水电站具有以下特点：坝址河谷狭窄、两岸高陡、施工难度大；河流洪峰流量大，泄洪布置困难；工程区岩溶发育，防渗工程复杂。

拱坝对地形要求：左右两岸对称，岸坡平顺无突变，在平面上为向下游收缩的峡谷段；坝端下游侧要有足够的岩体支承，以保证坝体的稳定。以"厚高比" T/H 来区分拱坝的厚薄程度。当 $T/H < 0.2$ 时，为薄拱坝；当 $T/H = 0.2 ~ 0.35$ 时，为中厚拱坝；当 $T/H > 0.35$ 时，为厚拱坝或重力拱坝。

坝址处河谷形状特征用河谷"宽高比" L/H 及河谷的断面形状两个指标来表示。L/H 值小，说明河谷窄深，拱的刚度大，梁的刚度小，坝体所承受的荷载大部分是通过拱的作用传给两岸，因而坝体比较薄。反之，当 L/H 值很大时，河谷宽浅，拱作用较小，荷载大部分通过梁的作用传给地基，坝断面较厚。

在 $L/H > 2$ 的窄深河谷中可修建薄拱坝。

在 $L/H = 2 ~ 3$ 的中等宽度河谷中可修建中厚拱坝。

在 $L/H = 3 ~ 4.5$ 的宽河谷中多修建重力拱坝。

在 $L/H > 4.5$ 的宽浅河谷中，一般只宜修建重力坝或拱形重力坝。

左右对称的 V 形河谷最适宜发挥拱的作用，靠近底部水压强度最大，但拱跨短，因而底拱厚度仍可较薄；U 形河谷靠近底部拱的作用显著降低，大部分荷载由梁的作用来承担，故厚度较大；梯形河谷的情况介于这两者之间。

拱坝对地质的要求是：基岩均匀单一、完整稳定、强度高、刚度大、透水性小和耐风化等，两岸坝肩的基岩必须能承受由拱端传来的巨大推力、保持稳定并不产生较大的变形。

　　拱坝的工作特点包括：拱与梁共同作用；稳定性主要依靠两岸拱端的反力作用，因而对地基的要求很高；拱是一种推力结构，承受轴向压力，有利于发挥混凝土及浆砌石材料的抗压强度；拱梁所承受的荷载可相互调整，因此可以承受超载；拱坝坝身可以泄水；不设永久性伸缩缝；抗震性能好；几何形状复杂，施工难度大。

　　控制拱坝形式的主要参数有拱弧的半径、中心角、圆弧中心沿高程的迹线和拱厚。按照拱坝的拱弧半径和拱中心角，拱坝可分为单曲拱坝和双曲拱坝。在拱坝的位置及跨度确定后，拱圈中心角越大，拱圈厚度越小，拱圈内力也越小，因此适当加大中心角是有利的，但过大的中心角将使拱端弧面的切线与河岸等高线的夹角变小，降低拱座的稳定性。

　　作用在拱坝上的荷载主要有水压力（静水压力和动水压力）、温度荷载、自重、扬压力、泥沙压力、浪压力、冰压力和地震荷载（地震惯性力和地震动水压力）等。一般荷载的计算方法与重力坝基本相同，只是拱坝上荷载特点与重力坝存在较大差异（见图 2-6）。

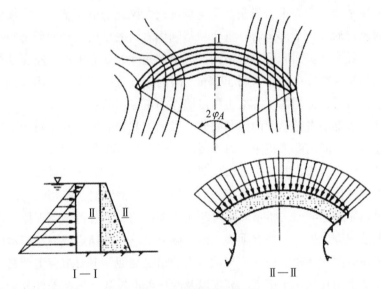

图 2-6　拱坝受力分析

　　拱坝是根据坝址地形、地质、水文等自然条件及枢纽综合利用要求统筹布置，在满足稳定和建筑物运用的要求下，通过调整拱坝的外形尺寸，使坝体材料的强度得到充分发挥，控制拉应力在允许范围之内，而坝的工程量最省。因拱坝型式比较复杂，断面形状又随地形地质情况而变化，故拱坝布置有较多的方案，需进行全面技术经济比较，选择最优方案。最终选定的布置方案，一般需经模型试验论证。拱坝布置步骤如下：

　　（1）根据坝址地形、地质资料定出开挖深度，绘出坝址利用基岩面等高线图。综合考虑地形、地质、水文、施工及运用条件等，选择适宜的拱坝坝型。

　　（2）利用基岩面等高线地形图，试定顶拱轴线的位置。顶拱轴线的半径可参考。

应尽量使拱轴线与等高线在拱端处的夹角不小于30°，并使两端夹角大致相近。按适当的中心角和坝顶厚度画出顶拱内外缘弧线。

（3）初拟拱冠梁剖面尺寸，并拟定各高程拱圈的厚度。一般选取5～10层拱圈，绘制各层拱圈平面图。各层拱圈的圆心连线在平面上最好能对称于河谷可利用基岩面地形图，在垂直面上，这种圆心连线应是光滑的曲线。

（4）切取若干垂直剖面，检查其轮廓是否光滑连续，倒悬是否过大，如不符合要求，应适当修改拱圈及梁的形状尺寸。

（5）根据初定的坝体尺寸进行应力计算及坝肩稳定校核。如不符合要求，应重复以上步骤修改坝体布置和尺寸。

（6）将拱坝沿拱的轴线展开，绘成立视图，显示基岩面的起伏变化，对突变处采取削平或填塞措施。

（7）计算坝体工程量，作为不同方案比较的依据。

拱坝的地基处理和岩基上的重力坝基本相同，只是要求更加严格，对两岸坝肩的处理尤为重要。坝基开挖：高坝一般应开挖至新鲜或微风化的下部基岩；中坝应尽量开挖至微风化或弱风化的中、下部基岩。整个坝基利用岩面的纵坡应平顺而无突变，拱端开挖应注意拱端布置原则。河床覆盖层原则上应全部挖除，如有困难，应在结构上采取措施。例如贵州猫跳河窄巷口拱坝，高39.5m，因河床覆盖层较厚，采用双拱坝体型，以基础拱桥跨过覆盖层，并用两排混凝土防渗墙作为覆盖层防渗。

拱坝坝基一般都要进行全面的固结灌浆，以增加基岩的整体性。对于节理、裂隙发育的坝基，还需扩大固结灌浆范围。对于坡度大于50°～60°的陡壁面，上游坝基接触面以及基岩中开挖的所有槽、井、洞等回填混凝土的顶部，应进行接触灌浆，以提高接触面上的抗剪强度和抗压强度，防止沿接触面渗漏。帷幕灌浆时，帷幕线一般布置在压应力区，并尽可能靠近上游面。帷幕灌浆可利用坝体内的廊道进行；当坝体较薄或未设廊道时，可在上游坝脚处进行。当有坝头绕渗，影响拱座岩体稳定或引起库水的水量损失时，防渗帷幕还应深入两岸山坡内，与重力坝的情况类似，但要求应更严格。在防渗帷幕后应设置坝基排水孔和排水廊道。高坝以及两岸地形较陡、地质条件复杂的中坝，宜在两岸设坝基排水孔和排水廊道。

拱坝施工阶段工程物探检测的重点在坝肩、拱座、重力墩和帷幕，其次是坝体，主要是对承载较集中部位的岩体质量分层检测、隐伏地质缺陷探测、基础补强质量的检测，工作布置呈立体网状，分坝段、高程布置。检测项目、内容与方法见表2-2。

表2-2 拱坝施工阶段工程物探检测项目、内容与方法

序号	项目	检测内容	主要检测方法
1	坝基坝肩、拱座、重力墩基础开挖	爆破松弛层厚度、岩体质量、地质缺陷、爆破振动监测	声波、钻孔弹性模量、钻孔全景成像、质点振动监测、探地雷达、CT、表面地震波测试

序号	项目	检测内容	主要检测方法
2	边坡支护	锚杆质量、锚索质量、喷混凝土质量	声波、探地雷达、脉冲回波
3	基础处理	固结灌浆	声波、钻孔弹性模量、钻孔全景成像
4	坝体填筑	碾压质量、裂缝、渗漏	核子密度、探地雷达、声波、钻孔全景成像
5	帷幕	先导孔探测、灌浆质量	CT、声波、钻孔全景成像
6	其他	岩体、混凝土等施工缺陷	无损检测

2.3 面板堆石坝

面板堆石坝（钢筋混凝土面板碾压堆石坝，见图2-7）是20世纪60年代以后发展起来的。其主要特点包括：

图2-7 洪家渡水电站面板堆石坝

（1）坝坡的稳定性好，坝坡坡脚大致与松散抛填堆石的自然休止角相当，低于碾压堆石的内摩擦角。

（2）防渗面板设于堆石体的上游面，承受水压力的性能好；坝体透水性好，几乎不受渗透力的影响。

（3）坝体具有良好的抗震性能，地震变形小，不会因地震而产生孔隙水压力；地震有可能导致面板裂缝而引起坝体渗漏增加，但不致溃坝。

（4）施工导流与度汛方便。

（5）施工时受气候条件的影响较小。

面板堆石坝主要由堆石体和防渗系统组成，具体包括面板、趾板、垫层、过渡层、主堆石区、次堆石区，如图 2-8 所示。

面板位于上游表面的薄板防渗结构，坝体根据堆石体各部分的工作特性，分别对材料的性质、最大粒径、颗粒级配、压实密实度、变形模量、透水性，以及施工工艺提出不同的要求，充分利用当地材料性能，降低工程造价，方便施工。面板材料有土料、钢筋混凝土、沥青混凝土、木材等。防渗土体可以放在堆石体上游，也可在土斜墙上设置较厚的堆石层[3]。

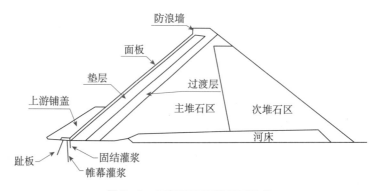

图 2-8　面板堆石坝横断面结构

坝体一般分成 3 个主要区：Ⅰ区为防渗补强区、Ⅱ区为半透水垫层区、Ⅲ区为主堆石区。Ⅰ区由防渗铺盖和盖重组成。防渗铺盖采用黏土或无黏性粉细砂铺填，设在周边缝和高程较低处的面板上面。其作用是当接缝和面板开裂时，防渗土料随水流进入缝中，经面板下垫层料的反滤作用，淤堵裂缝恢复防渗性能。为防止防渗土料失稳，在其上覆盖任意料作为盖重。防渗补强区的设置视具体要求而定。Ⅱ区为垫层区，直接位于面板的下面，要求能为面板和接缝底部止水提供均匀、平整、可靠的支撑面；当面板或接缝止水开裂时，能起第二道防渗的作用；在施工期，当面板未浇筑时，能满足临时坝体挡水度汛的要求。因此，垫层料应具有高抗剪强度、低压缩性、半透水性和良好的施工性能。垫层料选用质地新鲜、坚硬、不易风化的石料，可以是经过加工的石料，也可以是天然砂砾料，或者是两者的混合料。垫层料的级配要求比较严格，最大粒径 75～100mm，小于 5mm 的颗粒含量为 30%～55%。垫层料的渗透系数要求为 $1 \times 10 \sim 1 \times 10$cm/s。垫层区的宽度根据渗透稳定和施工工艺确定，水平宽 2～4 m，当采用反铲、装载机等配合人工辅助铺料时，可采用 1～2 m。垫层一般等宽布置，在基础接触区适当扩大。Ⅲ区为主堆石区，是面板堆石坝的主体，是承受水荷载和其他荷载的主要支撑体，要求土堆石区坝料具有低压缩性、高抗剪强度、良好的运水性和耐久性。根据坝体不同部位的变形特性，Ⅲ区又分为ⅢA（过渡区）、ⅢB（主堆石区）和ⅢC（次堆石区）3 个区，各区间应满足水力过渡要求和变形模量递减的原则。其中，ⅢC 区因远离面板，承受的水荷载较小，相对可用较差的材料填筑。

座垫也称趾板，是布置在面板周边、坐落于地基上的混凝土结构。

接缝为消除有害裂缝和方便施工设置的伸缩缝和施工缝。接缝按其位置和作用可分为周边缝、面板垂直缝、趾板伸缩缝、面板与防浪墙水平缝、防浪墙伸缩缝，以及施工缝；其中，周边缝和面板垂直缝最为重要。

（1）周边缝。周边缝是连接面板和趾板的接缝，缝中钢筋断开，设有嵌缝可压缩材料和 2～3 道止水。由于周边缝两侧结构基础的变形模量相差巨大，在水荷载的作用下，面板与趾板将产生相对位移，因此是面板坝中最薄弱的环节。

（2）面板垂直缝。面板垂直缝是垂直于坝轴线的面板板间接缝，钢筋不穿过接缝。根据面板的受力特点，位于河床中部的垂直缝将受到挤压，称之为压性缝，一般只设一道底部止水，缝中嵌可压缩材料，有的工程设有 2 道止水和不设嵌缝材料；位于岸边坝段的垂直缝，由于面板向中部滞移而受拉，称之为张性缝，缝面涂刷一层防水黏合剂，设 2～3 道止水。垂直缝的间距依河谷形态、温差大小、面板下堆石体可能产生的不均匀沉降及施工条件确定，一般为 12～18m，为减小变形梯度和吸收更多的变形，岸边张性缝的间距经常取压性缝间距的一半。

（3）趾板伸缩缝。为防止基础不均匀沉降和基础强约束使趾板产生不规则的有害裂缝，可设趾板伸缩缝。近期修建的面板坝大多取消了趾板伸缩缝，改为根据混凝土施工分块设施工缝，用钢筋穿过缝面。

（4）面板与防浪墙水平缝。面板与防浪墙水平缝是连接面板与防浪墙的水平接缝，设底部和顶部 2 道止水。由于青海沟后面板堆石坝的案例，我国有关规范规定，面板与防浪墙之间这条水平缝的高程应高于最高静水位。

（5）防浪墙伸缩缝。为防止防浪墙底堆石体不均匀沉降而影响防浪墙的正常使用，设置防浪墙伸缩缝。其间距一般与面板垂直缝间距相同，缝中设止水。

（6）施工缝。高坝的面板浇筑时，通常分期施工，因此面板设水平施工缝，钢筋穿过缝面。

堆石是具有一定级配的散粒体材料，通常指人工爆破开采料和天然山麓堆积的粗颗粒材料，其定义本身原不包含砂砾石，但从面板坝堆石材料来说，由于砂砾石也具有与石料类似的特性，因此通常也将砂砾石包括在内。

对于低坝，面板采用一期施工，即在完成堆石坝体填筑后，集中进行面板浇筑；对于中坝，面板宜采用分期施工，即堆石填筑达到一定高度以后浇筑面板混凝土，在面板浇筑的同时，可以进行堆石填筑。当坝较高、工程量较大时，面板可分期浇筑，否则会因坝坡太长，给施工导流和施工工艺带来较大困难，同时不便于组织流水作业。

面板堆石坝施工阶段工程物探检测的重点在大坝填筑、面板及挤压边墙、趾板基础开挖和帷幕，主要是针对施工质量薄弱、缺陷的质量检测。其检测项目、内容与方法见表 2-3。

表 2-3　面板堆石坝施工阶段工程物探检测项目、内容与方法

序号	项目	检测内容	主要检测方法
1	坝体填筑	堆石体密度	附加质量法、探地雷达

序号	项目	检测内容	主要检测方法
2	面板	面板脱空、面板缺陷	探地雷达、超声横波反射三维成像、红外成像
3	趾板基础开挖	岩体质量、地质缺陷	声波、钻孔弹性模量、钻孔全景成像、CT、表面地震波测试
4	边坡支护	锚杆质量、锚索质量、喷混凝土质量	声波、探地雷达、脉冲回波
5	基础处理	固结灌浆	声波、钻孔弹性模量、钻孔全景成像
6	帷幕	先导孔探测、灌浆质量	CT、声波、钻孔全景成像
7	其他	岩体、混凝土等施工缺陷	无损检测

2.4 心墙堆石坝

心墙堆石坝属于堆石坝的一种，是主体用石料填筑，配以防渗体建成的坝。这种坝的优点是可充分利用当地天然材料，能适应不同的地质条件，施工方法比较简便，抗震性能好等。其不足是一般需在坝外设置施工导流和泄洪建筑物。按心墙类型分，心墙堆石坝的形式主要有黏土心墙堆石坝、沥青混凝土心墙堆石坝两种（见图2-9）。

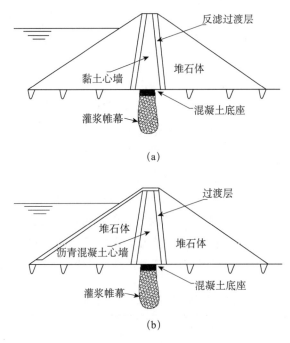

图 2-9 心墙堆石坝横断面结构

（a）黏土心墙堆石坝；（b）沥青混凝土心墙堆石坝

心墙堆石坝的设计与土坝设计基本相似，包括稳定分析、渗流计算、沉陷计算、坝体细部结构设计等。对于高堆石坝还应采用有限元法进行应力应变计算，以了解坝体的应力和变形情况，有无产生拉力和裂缝的区域。坝体稳定计算可根据坝型采用圆弧法和折线法[4]。当两侧堆石体较厚时，也可用堆石的内摩擦角和堆石体坡角的比值直接求出堆石体的稳定安全系数。在地震区，应计入地震荷载。堆石坝的沉陷，当采用码砌或抛填法时，很难用计算确定。根据经验，用抛填法筑坝，竣工后沉陷量可达坝高的 1% ~ 2%。采用振动碾压方法筑坝，施工完毕后，堆石沉陷量很小。如为土心墙，心墙在固结时会产生应力转移，引起心墙起拱作用，产生水平裂缝。如采用钢筋混凝土面板或沥青混凝土斜墙，蓄水后在陡岸处易引起面板沉陷量过大，造成止水破坏。为防止以上现象，除通过有限元法计算分析外，还应从构造上采取措施，防止裂缝的产生[5]。

心墙堆石坝施工阶段工程物探检测的重点在大坝填筑、心墙质量和帷幕，主要是对施工质量薄弱、缺陷的质量检测。其检测项目、内容与方法见表 2 - 4。

表 2 - 4　心墙堆石坝施工阶段工程物探检测项目、内容与方法

序号	项目	检测内容	主要检测方法
1	坝体填筑	堆石体密度	附加质量法、探地雷达
2	心墙	心墙基础及心墙缺陷	核子密度、CT、钻孔全景成像、地震波速
3	边坡支护	锚杆质量、锚索质量、喷混凝土质量	声波、探地雷达、脉冲回波
4	基础处理	固结灌浆	声波、钻孔弹性模量、钻孔全景成像
5	帷幕	先导孔探测、灌浆质量	CT、声波、钻孔全景成像
6	其他	岩体、混凝土等施工缺陷	无损检测

2.5　泄水建筑物

在水利工程中，用来泄放水的水工建筑物称为泄水建筑物。其型式有岸边溢洪道、溢流坝、泄洪隧洞及坝下涵洞四种。

岸边溢洪道主要有正槽溢洪道、侧槽溢洪道和井式溢洪道三种[6]。正槽溢洪道的泄槽与溢流堰轴线正交，过堰水流与泄槽轴线方向一致。侧槽溢洪道的溢流堰设在泄槽一侧，溢流堰轴线与泄槽大致平行。井式溢洪道的进水口在平面上为一环形的溢流堰，水流过堰后，经竖井和隧洞流向下游。溢洪道从上游水库到下游河道通常由引水段、控制段、泄水槽、消能设施和尾水渠五个部分组成。

溢洪道陡槽段底板破坏的主要原因有：衬砌表面不平整，特别是横向接缝处下游块

有升坎；接缝止水不良，施工质量差；地基处理不好，衬砌与地基接触不良；衬砌底板下排水不畅。以上因素都将导致底板下产生很大的扬压力和动水压力，导致底板被掀起破坏。溢洪道下游容易引起冲刷破坏，是由于从溢洪道下泄的水流流速很高，单宽流量大，在泄水槽末端集中了很大的能量。因此，末端必须设置消能设施。在实际中，很多工程因消能设施考虑不当，高速水流与下游河道的正常水流不能妥善衔接，能量没有完全消除，致使下游河床和岸坡遭受冲刷破坏，危及大坝和溢洪道自身的安全。

泄水建筑物大致可分为三种类型：底流消能、挑流消能、面流消能。底流消能的原理是从加强水流的紊动出发，在建筑物下游采取一定的工程措施，控制水跃发生的位置，通过水跃产生的表面漩滚和强烈的紊动以达到消能的目的。挑流消能的原理是利用下泄水流所挟带的巨大动能，因势利导将水流挑射远离建筑物的下游。在挑射过程中，水流受到空气的阻力而扩散，掺入大量空气，降落到下游水面后，又受到下游水体的阻力，形成激烈的漩滚而消能。面流消能的原理是当下游水深较大而且比较稳定时，采取一定的工程措施，将急流导向下游水面，使主流与河床之间由巨大的底部漩滚隔开，可以避免高速水流对河床的冲刷。底流消能的形式主要有以下三种：降低护坦高所形成的消力地消能；在护坦末端修建消力坎所形成的消力池消能；以上两种形式加上趾墩、消力墩、尾槛等辅助消能工程所形成的综合式消力池消能。

对于蓄水工程来说，溢洪道可设闸门，也可以不设闸门。一般情况下，小型工程溢洪道常不设置闸门，大、中型工程溢洪道设置闸门的较多。溢流堰上不设闸门时，堰顶高程就是水库的正常蓄水位。设置闸门时，溢流堰顶高程低于水库的正常蓄水位。闸门控制可根据当地气象预报而定，在汛期提前开闸放水，有利于降低洪水位，减小库区的临时淹没和大坝及其他非溢流建筑物的高度，并可削减下泄的洪峰流量。但设置闸门要增加闸门及启闭设备的投资。由于溢流堰的堰顶高程降低，因此要增加其开挖量，并且汛期还必须加强管理。

泄水建筑物施工阶段工程物探检测的重点在开挖基础岩体质量、填筑质量和基础灌浆补强质量的检测，主要是对施工质量薄弱、缺陷的质量检测。其检测项目、内容与方法见表2-5。

表2-5　泄水建筑物施工阶段工程物探检测项目、内容与方法

序号	项目	检测内容	主要检测方法
1	基础开挖	爆破松弛层厚度、岩体质量、地质缺陷、爆破振动监测	声波、钻孔弹性模量、钻孔全景成像、质点振动监测、探地雷达、CT、表面地震波测试
2	边坡支护	锚杆质量、锚索质量、喷混凝土质量	声波、探地雷达、脉冲回波
3	基础处理	固结灌浆	声波、钻孔弹性模量、钻孔全景成像

序号	项目	检测内容	主要检测方法
4	混凝土浇筑施工	裂缝、渗漏	探地雷达、超声横波反射三维成像、钻孔全景成像
5	渠洞支护	衬砌、灌浆质量	探地雷达、超声横波反射三维成像
6	其他	岩体、混凝土等施工缺陷	无损检测

2.6 引水建筑物

水工隧洞是为了输水或泄洪，穿山开挖建成的封闭式输水道。按其担负任务的不同，水工隧洞可分为放水隧洞和泄水隧洞。放水隧洞用来从水库放出用于灌溉、发电和给水等所需的水量；泄水隧洞可以用于配合溢洪道宣泄部分洪水、泄放水电站尾水、为检修枢纽建筑物或因战备等的需要而放空水库及排沙等。

水工隧洞具有以下工作特点[7]：

（1）为了控制流量和便于工程的检修，蓄水枢纽中的隧洞必须设置控制建筑物，用以安设工作闸门和检修闸门，以及门启闭设备等。

（2）隧洞位于深水下，除承受较大的山岩压力（或土压力）外，还要承受高水压及高速水流的作用力。

（3）隧洞是在岩层中开凿的，开凿后破坏了岩体的自然平衡状态，使得岩体可能产生变形和崩塌，因此往往需要设置衬砌和临时支撑进行防护。

（4）高水头无压泄水隧洞，要求体形设计得当、施工质量好，否则容易产生空蚀破坏，水流脉动也会引起闸门等的振动。

（5）隧洞的断面较小，洞线较长，从开挖、衬砌到灌浆，工序多、干扰大。

水工隧洞的总体布置内容包括：

（1）根据枢纽任务，确定隧洞属专建专用，或是一洞多用。针对不同要求，结合地形和水流条件拟定进口的位置、高程和相应的布置。

（2）在选定线路方案的基础上，根据地形、地质等条件，选择进口段的结构型式，确定闸门在隧洞中的布置。

（3）确定洞身的纵向底坡和横断面的形状及尺寸。

（4）根据地形、地质、尾水位和施工条件等确定出口位置和底板高程，选用适宜的消能方式。

隧洞洞线选择的一般原则和要求是：

（1）洞线直选在沿线地质结构简单、岩体坚硬完整、洞顶以上具有足够的岩层厚度、地下水微弱和围岩稳定的地段，以减小作用于衬砌层上的山岩压力和外水压力。

（2）洞线要与岩层层面、构造破碎带，以及主要节理面有较大的交角。

（3）洞线在平面上应力求短、直，这样不仅可减少工程量、降低造价，而且还可减小水头损失，便于施工，并且具有良好的水流条件。

（4）进出口应选在覆盖层或风化层浅、岩石比较坚固完整的陡坡地段，避开有严重的顺卸荷裂缝、危岩和滑坡地带。

（5）隧洞的纵坡应满足水流条件、运行和维修的要求。

（6）泄水隧洞的出口方向要与下游河道顺畅衔接，以减轻对岸边的冲刷。

（7）洞线遇沟谷时，应根据地形、地质、水文及施工条件，采取绕沟或跨沟方案并进行技术经济比较。

（8）当洞线穿过坝基、坝肩或其他建筑物地基时，要求隧洞与其他建筑物之间留有足够的厚度，以满足结构和防渗的要求。

（9）对于长隧洞，为了增加工作面，加快施工进度和均衡各段的工程量，便于通风，根据地形、地质条件，需要设置一些施工支洞或竖井。

水流充满整个断面的隧洞，称为有压隧洞。洞内水流存在自由表面的隧洞，称为无压隧洞。有压隧洞和无压隧洞在工程布置、水力计算、受力情况及运行条件等方面差别较大，对于有较大消落深度的水库，一般采用有压隧洞。面对低水头的取水坝或消落深度小的水库，一般采用无压隧洞引水。既可以设计成有压的，也可以设计成无压的，这时需要通过技术经济比较后确定。

隧洞断面型式有三种。对于有压隧洞一般采用圆形断面，对于无压隧洞一般采用门洞形或马蹄形。隧洞衬砌的作用是：承受山岩压力、内水压力和其他荷载；填塞岩层裂隙，防止水流、空气和温度变化及干湿度变化对岩石的破坏；防止漏水和减小洞身表面糙率。

压力管道一般采用钢管，混凝土（预制、现场浇筑），木制三种材料。压力管道外压力包括：

（1）当压力管道内的水放空时，因为通气管（阀）的失灵，压力管道内发生真空现象，管壁外受大气压力的作用，压力管道转变为承受外压力。

（2）埋设于地下的钢管，管内的水放空后管壁外承受地下水或土压力。

（3）埋填于混凝土内的部分管段，施工时承受未硬化的混凝土压力。

（4）灌浆压力。

压力钢管焊接件厚度要求小于6mm，焊接接头要求：厚度大于2mm时，为了保证焊透，接头处应留1~2mm的间隙；厚度小于4mm时，只在一面施焊；厚度为5~6mm时，应在两面施焊。焊接V形坡口对接接头适应在6~30mm。一、二类压力钢管应选用超声波或射线等仪器设备进行检查，检查技术要求包括：

（1）超声波探伤的检查长度占焊缝全长：一类焊缝不小于50%，Th类焊缝不少于30%。

（2）射线透照的检查长度占焊缝全长：一类焊缝不少于 20%，二类焊缝不少于 10%。

（3）明管是指暴露于大气中的钢管，如不作水压试验，则其焊缝无损伤的纵缝检查长度为 100%，环缝检查不少于 50%。

引水建筑物施工及运行阶段工程物探检测的重点在隧道施工开挖地质缺陷、岩体质量、支衬砌和围岩灌浆补强的检测，主要是对施工质量薄弱、缺陷的质量检测。其检测项目、内容与方法见表 2-6。

表 2-6　引水建筑物施工及运行阶段工程物探检测项目、内容与方法

序号	项目	检测内容	主要检测方法
1	隧道开挖	围岩松弛层厚度、围岩质量、地质缺陷、爆破振动监测	隧道超前地质预报、声波、钻孔弹性模量、洞室全景三维成像、质点振动监测、探地雷达、表面地震波测试
2	衬砌支护	锚杆质量、衬砌质量、喷混凝土质量	声波、探地雷达、脉冲回波、超声横波反射三维成像
3	围岩补强	固结灌浆	声波、钻孔弹性模量、钻孔全景成像
4	压力钢管	焊缝检测、脱空检测	超声、射线检测、脉冲回波检测
5	其他	岩体、混凝土等施工缺陷	无损检测

2.7　水电站厂房

水电站厂房一般由主厂房、副厂房、变压器场及高压开关站四部分组成。水电站厂房的任务是通过一系列工程措施，将水流平顺地引入及引出水轮机，将各种必需的机电设备安置在恰当的位置，给它们创造良好的安装、检修与运行条件，并给运行人员以良好的工作环境。水电站厂房的基本类型有引水式、坝后式和河床式三种[8]。随着水电技术的发展，每种基本类型又发展出若干型式。例如，从坝后式厂房发展出溢流式和坝内式厂房；从河床式厂房发展出竖轴轴流式机组的河床式厂房；贯流式机组的河床式厂房。泄水式厂房、闸墩式厂房，引水式地下厂房广泛用于水电建设中，已成为一种独特的厂房型式。厂房布置在溢流坝段后，水流通过厂房顶下泄，这样的厂房称为溢流式厂房。主机房布置在坝体空腔内的厂房称为坝内式厂房。

主厂房是指由主厂房构架及其下的厂房块体结构所形成的建筑物，其内布置主要动力设备。副厂房是指为了布置各种辅助设备及工作、生活用房而在主厂房邻近所建筑的房屋。主厂房的布置原则为：

（1）为了缩短压力管道，以节省投资，减小水锤压力，改善机组运行条件，主厂

房的位置，对于坝后式厂房应尽量靠近拦河坝，对于引水式电站厂房应尽量接近前地或调压室。

（2）主厂房的尾水渠应远离溢洪道或泄洪洞的出口，以免下游水位波动对机组运行不利，尾水渠的位置还应使尾水与原河道水流能平顺衔接，不被河道泥沙淤堵，并且在保证这些要求下，尽量缩短尾水渠长度，以减少工程量。

（3）主厂房应建于较好的地基上，其位置还应考虑对外交通与出线的方便，不受施工导流干扰。

（4）下游水位变幅大的水电站，在厂房布置时，应考虑厂房必要的防洪措施。

发电机机墩的作用是将发电机支承在预定的位置上，并为机组的运行、维护、安装、检修创造有利的条件。机墩必须具有足够的强度和刚度，振幅要小，保证弹性稳定。发电机常见的机墩形式主要有圆筒式机墩、框架式机墩、块体机墩、平行墙式机墩、钢机墩。荷载种类包括：结构自重和压力水管、蜗壳、尾水管的水重；厂房内机电设备自重，机组运转时的动荷载；静水压力、尾水压力、基底场压力，压力水管，蜗壳、尾水管的内水压力，永久缝内的水压力，若为河床式厂房，还有上游侧水压力；厂房四周的土压力；吊车运输荷载、人群荷载及运输工具造成的活荷载；温度荷载；风荷载；雪荷载；严寒地区的冰压力；地震力。

电站的排水系统又可分为渗漏水的排水系统和检修排水系统。厂房内的生活用水、技术用水、各种部件及伸缩缝与沉陷缝的渗漏水均需排走，凡能自流排往下游的均自流排往下游，不能自流排除的用水及渗漏水，则先集中到集水井内，再以水泵排往下游，这个系统简称为渗漏排水系统。机组检修时常需放空蜗壳及尾水管，为此需设检修排水系统。

升压站布置原则包括：

（1）升压站（或主变压器）要尽可能靠近发电机或配电设备，以缩短昂贵的发电机电压母线。

（2）主变压器要便于运输、安装及检修。应可将任一台变压器运出来检修而不影响其他各台变压器的正常运行。

（3）要求高压进出线及低压控制电缆安排方便且短，便于维护、巡视及排除故障。

（4）土建结构经济合理，符合防火保安的要求。

（5）当高压出线有不止一个电压等级时，可分设两个或更多的高压开关站。

由于水轮机安装高程较低，厂房尾水渠道常具有倒坡的渠底，特别是靠近尾水管出口的一段。此外由于水流紊乱、漩涡多、流速分布不均匀，因此渠底需要加以砌护，否则会被冲刷淘成深孔，危及厂房稳定。在布置尾水渠轴线的方向时，必须考虑泄洪情况，应避免泄洪时在尾水渠中出现较大的壅高、漩涡和淤积等情况。通常尾水渠斜向下游，必要时加设导墙，以保证泄洪时能正常发电。

水轮机可分为反击式和冲击式两大类。其中，反击式水轮机又分为混流式水轮机（HL）、轴流定桨式水轮机（ZD）、轴流转桨式水轮机（ZZ）、斜流式水轮机（XL）、贯流定桨式水轮机（GD）和贯流转桨式水轮机（GZ）六种。冲击式水轮机又分为水斗式

（切击式）水轮机（CJ）、斜击式水轮机（XJ）和双击式水轮机（SJ）三种。水轮机的基本工作参数有水头、流量、转速、出力和效率。

发电厂房建筑物施工阶段工程物探检测的重点在地下洞室或基础开挖岩体质量、边坡劫掠或灌浆补强质量的检测，主要是对施工质量薄弱、缺陷的质量检测。其检测项目、内容与方法见表2-7。

表2-7 发电厂房建筑物施工阶段工程物探检测项目、内容与方法

序号	项目	检测内容	主要检测方法
1	基础开挖	爆破松弛层厚度、岩体质量、地质缺陷、爆破振动监测	声波、钻孔弹性模量、钻孔全景成像、质点振动监测、探地雷达、CT、微震监测
2	洞室或边坡支护	锚杆、锚索及衬砌质量	声波、探地雷达、脉冲回波、超声横波反射三维成像
3	基础或围岩加固	固结灌浆	声波、钻孔弹性模量、钻孔全景成像
4	其他	发电机蜗壳脱空、肘管脱空、混凝土等施工缺陷	脉冲回波法、无损检测

2.8 其他

船闸是用水力直接提升船舶过坝的一种通航建筑物，船闸组成包括上、下闸首，闸门，闸室等挡水建筑物和能使闸室水位升降的输水系统（见图2-10）。

图2-10 乌江思林水电站通航建筑物

船闸可根据其特征，如闸室数目、位置、功能、输水型式、结构型式及闸门型式等，分为单级船闸与多级船闸（见图2-11）。

图 2 - 11　乌江构皮滩三级船闸

　　船闸主要由闸室、闸首和引航道等三个基本部分及相应的设备所组成[9]。闸室指船闸上、下闸首和两侧闸室墙环绕而形成的空间，作用是供船舶停泊使用，保障过闸船舶的稳定停泊和安全升降，沿闸室墙设有系船设备和辅助设备。闸首是将闸室与上下游引航道隔开的挡水建筑物，分上、中、下闸首，作用是挡水和灌泄水。引航道是连接闸首与主航道的一段航道，分上、下引航道，引航道内有导航建筑物及靠船建筑物，作用包括：保证船舶安全、顺利地进出船闸；供等待过闸的船舶安全停泊；使进出闸船舶能交错避让。

　　船闸的闸首内一般设有输水廊道、闸门、阀门、闸阀门启闭机械及其相应的设备等。因此闸首布置及尺寸与所选用的闸门型式、输水系统及有无帷墙等有密切关系。闸首有整体式结构和分离式结构（按其受力状态）两种类型。在土基上为避免由于边墩不均匀沉降而影响闸门正常工作，一般采用整体式闸首结构；岩基上的闸首，则可采用分离式结构；建于砂岩上，其上闸首均采用分离式结构。当岩石较完整时，可不设底板，只有当岩石裂隙较多或岩石较软弱时，才考虑加设底板或护底，必要时也可采用整体式结构。

　　船闸引航道中设有导航和靠船建筑物以及护坡、护底等结构。船闸导航、靠船建筑形式较多，在已建船闸中用得最多的是重力式导航及靠船建筑结构，其次是墩式、框架式导航及靠船建筑，其他还有桩墩式、浮式、空箱式、扶壁式和连拱式等。导航及靠船建筑物的前沿应做成垂直平整面，以利于船舶停靠及系泊安全。当引航道水位变幅较大时，可在靠船建筑物正面分层设置系船钩。导航及靠船建筑物主要承受船舶撞击力，其尺度一般根据稳定和强度计算确定，并满足系船、照明及信号装置等布置要求。

　　升船机和船闸一样，都是用来克服航道上的集中落差，以便船舶顺利通过的通航建筑物[10]。升船机和船闸的根本不同点是：船闸是直接借闸室的水面升降，使停泊在闸室内的船舶完成垂直运动；升船机则是用机械的方法，升降装载船舶的承船厢，以克服集中落差。升船机的躯体结构上设置有下列设备：驱动承船厢升降的驱动装置；在事故状态下，阻止承船厢运动并支承船厢的事故装置；减少驱动功率的平衡装置；实现承船厢与闸首衔接的拉紧、密封、充水、泄水等设备；保证承船厢在运行过程中平稳地支承导向设备等。

鱼道是供鱼类洄游的通道，这是人类活动影响了鱼类洄游的通道而采取的补救措施，一般通过在水闸或坝上修建人工水槽来保护鱼类的习性。鱼道的设计主要考虑鱼类的上溯习性。在闸坝的下游，鱼类常依靠水流的吸引进入鱼道。鱼类在鱼道中靠自身力量克服流速溯游至上游。鱼道由进口、槽身、出口和诱鱼补水系统组成。

鱼道按结构形式分为池式鱼道和槽式鱼道两类[11]。池式鱼道由一串连接上下游的水池组成，很接近天然河道，但其适用水头小的水利枢纽，并且占地大，所以适用性受限制。槽式鱼道又分为简单槽式、丹尼尔式和横隔板式。简单槽式鱼道为一连接上下游的水槽，水道坡度很缓，适用于水头很小的水利枢纽，实际很少采用。横隔板式鱼道主要由进口、池室和出口组成，是利用隔板将水槽上下游的总水位差，分成许多梯级池室，又称梯级式鱼道或鱼梯。这种鱼道是利用水垫、沿程摩阻及水流对冲、扩散来消能，改善流态，降低过鱼孔的流速，并能调整过鱼孔的形式、位置、尺寸来适应不同习性鱼类的需要。其结构简单，维修方便，近代鱼道大都采用这种形式。

设计鱼道首先要调查确定主要过坝鱼类的品种、习性、洄游能力和过鱼季节。进口在进鱼时须有 1~1.5m 水深，且有适应水位变化的措施。横隔板的形式有溢流堰、淹没孔口和竖缝等。现代鱼道通常将几种形式组合使用，以获得较好的效果。池室的宽度多为 3~5m。池室的长度为宽度的 1.2~1.5 倍。池室由横隔板分隔鱼道水槽而成。每10 块隔板设一休息室，其长度为池室长度的两倍。鱼道出口须适应水库水位的变化；远离溢洪道、厂房、泄水建筑物进口；水流平顺，有一定水深，并须设坚固的网罩以防鸟兽等侵害。此外，鱼道均设观察设施。直接观察可利用观察室和观察箱；间接观察可利用水下电视、声学全息摄影、光电计数器等。在水利枢纽中，鱼道的进口常紧靠泄水闸坝的边孔或电站尾水旁侧，如岸边地形宽阔，则槽身伸至岸坡，经过一定距离，在上游设置出口。这种布置较好，常称此为绕岸式鱼道。如岸边无适宜场地，常呈盘折布置或充分利用空间分层盘折，以使槽身有足够的长度。

船闸和鱼道建筑物施工阶段工程物探检测的重点在基础开挖岩体质量、边坡支护或灌浆补强质量的检测，主要是对施工质量薄弱、缺陷的质量检测。检测项目、内容与方法见表 2 - 8。

表 2 - 8   船闸等建筑物施工阶段工程物探检测项目、内容与方法

序号	项目	检测内容	主要检测方法
1	基础开挖	爆破松弛层厚度、岩体质量、地质缺陷、爆破振动监测	声波、钻孔弹性模量、钻孔全景成像、质点振动监测、探地雷达、CT、微震监测
2	洞室或边坡支护	锚杆质量、锚索质量、衬砌质量	声波、探地雷达、脉冲回波、超声横波反射三维成像

序号	项目	检测内容	主要检测方法
3	基础或围岩加固	固结灌浆	声波、钻孔弹性模量、钻孔全景成像
4	其他	钢结构、混凝土等检测	超声波法、无损检测

参考文献

［1］孙恭尧，王三一，冯树荣．高碾压混凝土重力坝［M］．北京：中国电力出版社，2004．

［2］刘光廷．碾压混凝土拱坝研究与实践［M］．郑州：黄河水利出版社，2004．

［3］沈益源，黄宗营．混凝土面板堆石坝施工技术［M］．北京：中国水利水电出版社，2017．

［4］张宗亮．特高心墙堆石坝筑坝关键技术与创新应用［M］．北京：中国水利水电出版社，2020．

［5］姚福海，杨兴国．瀑布沟砾石土心墙堆石坝关键技术［M］．北京：中国水利水电出版社，2015．

［6］廖仁强．泄水建筑物［M］．武汉：长江出版社，2018．

［7］杨法玉．引水发电建筑物设计［M］．郑州：黄河水利出版社，2006．

［8］国家能源局．水电站厂房设计规范：NB 35011—2016［S］．北京：中国水利水电出版社，2016．

［9］王作高．船闸设计［M］．北京：水利电力出版社，1992．

［10］吴一红，张蕊，陶林．水力式升船机［M］．北京：中国水利水电出版社，2018．

［11］骆辉煌，冯顺新，杨青瑞．鱼道及其他过鱼设施的设计［M］．北京：中国水利水电出版社，2016．

第 **3** 章

物探检测方法与技术

3.1 弹性波测试

弹性波测试是以弹性波在岩土体中的传播特性与岩土体的物理力学参数相关性为基础，利用弹性波的运动学和动力学原理对岩土体性质进行测试。弹性波检测可用于对岩土体裂隙发育程度、充填物性质和岩石强度、风化程度、完整程度等岩体质量评价，基础岩土体处理质量评价和验收，岩土体工程力学参数测试，松动圈和爆破开挖影响范围检测，施工质量缺陷检测，断层和溶洞和破碎带等不良地质体探测等。

3.1.1 弹性波测试分类

根据弹性波的频率特征，弹性波测试可分为声波测试和地震波测试两大类，通常频率为 $n \times 10^0 \sim n \times 10^2 \mathrm{Hz}$ 的称为地震波，频率为 $n \times 10^3 \sim n \times 10^5 \mathrm{Hz}$ 的称为声波[1]。因为声波频率高、波长短，地震波频率低、波长长，所以声波法较地震波法的分辨率和测试精度均高，而地震波法的测试距离或深度要大于声波法。因此，弹性波测试工作中应根据声波法和地震波法的特点和适用范围，结合测试目的与要求选择适宜的测试方法。

3.1.1.1 声波法分类属性

声波是一种机械波，由物体（声源）振动产生，声波传播的空间称为声场。在气体和液体介质中传播时只有纵波，原因是气体和液体（合称流体）不能承受切应力，因此声波在流体中传播时不可能有横波；但在固体中传播时，由于固体不仅可承受压（张）应力，而且也可以承受切应力，因此在固体中可以同时有纵波和横波。

声波测试是一种岩土体测试技术，它根据弹性波的运动学和动力学原理，以声波在岩土体中的传播特性与岩土体的物理力学参数相关性为基础，由仪器声波发射系统（声源）向岩土体发射声波，由接收系统接收。由于岩体的岩性、结构面和节理情况、风化程度、应力状态、含水情况等地质因素都能引起声波波速、振幅（强度）、频率、相位及波形发生变化，因此对仪器声波接收系统（接收换能器）接收在岩土体中传播的带有地质信息的声波进行分析解译，即可了解测试对象的岩土体地质情况并求得岩石物理力学参数（如泊松比、动弹性模量、动剪切模量等）和工程岩体质量指标（如岩体完整性、风化系数等）。

声波根据传播方式分为入射波、直达波（直透波）、折射波、反射波等。根据声波的传播方式和测试方式，声波测试可分为单孔声波法、单孔声波全波列法、表面声波法、穿透声波法、脉冲回波法、反射声波反射法、声频应力波法、超声横波反射三维成像法等测试方法[2]，如图 3 - 1 所示。

（1）单孔声波法：在孔内使用声发射源与接收换能器，测试孔壁介质声波传播特性，获取声波传播速度、振幅和频率等参数的一种方法。

（2）单孔声波全波列法：在孔内放置声发射源与接收换能器，记录声波纵波、横波或斯通利波整个波列，获取声波纵波与横波的传播速度、振幅、频率和相位等参数的一种方法。

（3）表面声波法：在介质表面布置声发射源和接收换能器，测试介质表面声波传播特性，获取声波传播速度、振幅、频率和相位等参数的一种方法。

（4）穿透声波法：通过在两个或两个以上孔中或两临空面分别放置激发和接收能器，测试直透声波的声波波速、振幅、频率、相位等在介质中变化情况的一种方法。

（5）脉冲回波法：在介质表面布置声发射源和接收换能器，测试声波脉冲回波传播特性，获取脉冲回波传播时间、振幅、频率和相位等参数的一种方法。

（6）反射声波法：在介质表面呈直线布置声发射源和接收换能器，测试介质中声波反射波的传播特性，获取声波反射传播时间、振幅、频率和相位等参数的一种方法。

（7）声频应力波法：在一维杆件顶端布置应力波发射源和接收传感器，测试杆件中应力反射波的传播特性，获取声波反射传播时间、振幅、频率和相位等参数的一种方法。

（8）超声横波反射三维成像法：在混凝土表面布置阵列式传感器，激发超声横波，接收其反射波，采用合成孔径聚焦技术重建混凝土内部三维图像，探测混凝土内部缺陷的一种方法。

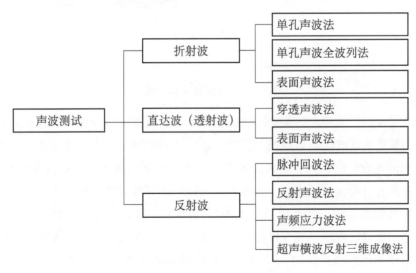

图 3-1　声波测试方法分支

3.1.1.2　地震波法分类属性

地震波是指由震源向四处传播的振动，即指从震源产生向四周辐射的弹性波，这些波的传播遵循惠更斯原理、斯奈尔定律和费马原理，在介质中传播时，遇到不同弹性特性（如速度、密度等）岩层的分界面时，将发生反射、折射和透射[3]，如图 3 - 2 所示。地震波可分为纵波、横波和面波三种类型。

（1）纵波：质点振动方向与波的传播方向平行，引起物体拉伸和压缩，在固体、液体和气体中都能传播，其特点是波速快、振幅小（能量小）、周期短。

（2）横波：质点振动方向与波的传播方向垂直，引起物体切变，因液体、气体的切变模量为零，故其不能在流体中传播，其特点是波速较快、振幅较大（能量较大）、周期长。

（3）面波：是由纵波与横波在地表相遇后激发产生的混合波，只能沿地表面或沿分界面传播，其特点是波速小、振幅大（能量大）、衰减慢。

地震波测试就是以不同岩土间的弹性差异为基础，通过不同的测试方式记录这些具有不同运动学特征（传播速度、路径、时间）和动力学特征（频率、相位和振幅）的各种波，分析研究地震波在地下岩层、土壤或其他介质中的传播规律，从而达到推断有关岩石性质、结构和几何位置等参数或测定岩土体力学参数的目的。

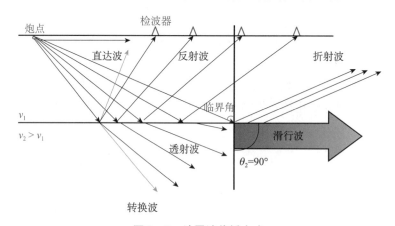

图 3 - 2 地震波传播方式

根据地震波的传播特点、类别和测试方式，地震波测试可分为表面地震波法、单孔地震波法、穿透地震波法、质点振动测试、地脉动测试等方法[2]，如图 3 - 3 所示。

（1）表面地震波法：在介质表面呈直线布置震源和检波器，测试地震波传播特性，获取地震波纵波与横波传播速度、频率、振幅和相位等参数的一种方法。

（2）单孔地震波法：在孔内或孔旁布置震源或检波器，测试孔壁或孔周介质地震波传播特性，获取地震波纵波与横波传播速度、频率、振幅和相位等参数的一种方法。

（3）穿透地震波法：在两个及以上钻孔或两观测面分别布置震源和检波器，测试孔间或观测面间介质地震波传播特性，获取地震波纵波或横波传播速度、振幅、频率和相位等参数的一种方法。

（4）质点振动测试：在距离人工震源一定范围内布置传感器，测试质点振动特性，获取振动速度、加速度和频率等参数的一种方法。

（5）地脉动测试：在地面或地下布置拾振器，测试天然条件下场地卓越周期特性的一种方法。

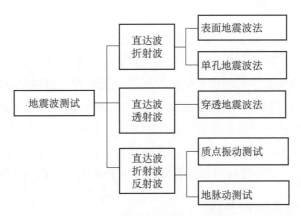

图 3－3　地震波测试方法分支

3.1.2　超声横波反射三维成像法

3.1.2.1　工作原理

超声横波反射三维成像法是近些年发展起来的检测混凝土质量的新方法，与传统超声反射法利用超声纵波不同，它是利用超声横波进行检测。横波不能在流体中传播，它遇到混凝土－空气或液体界面时几乎全部被反射，其反射系数大于超声纵波的反射系数，反射波幅更大。与超声纵波相比，横波检测对混凝土内脱空、缝隙等反应更敏感。

超声横波反射三维成像法主要基于超声反射波理论，通过分析反射波旅行路径和时间来推断混凝土缺陷和界面的埋深，如图 3－4 所示。其利用合成孔径聚焦技术（SAFT）[4]来解决超声反射法中的超声波传播方向性差、易受干扰等问题，以提高空间分辨率。该法通过对不同位置测得的数据进行综合处理，对被测物体进行声学三维成像，逐层显示结构体内部的层断面，达到检测混凝土体质量的目的。

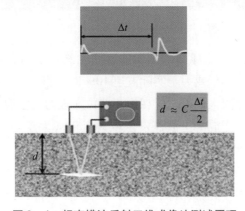

图 3－4　超声横波反射三维成像法测试原理

3.1.2.2 仪器设备

超声横波反射三维成像法应具有阵列式发射和相位天线接收系统，具有采集、处理、存储等功能，可实时显示线、面、三维扫描影像。系统天线由 4×12 点阵列换能器及一个操控换能器的控制单元组成。换能器相继地用作发射或接收装置，具有很高的衰减系数，以产生持续时间很短的脉冲。换能器的控制单元将第一列换能器用作发射，将其余列的换能器用作接收，然后将下一列换能器用于发射，其余各列的换能器用于接收，这个过程会重复进行直到前 11 列都用作过发射器为止。同一传感器既可用作发射换能器，也可用作接收换能器。脉冲发射频率范围为 20Hz~100kHz，工作频率范围为 50~70kHz。

3.1.2.3 应用范围和条件

超声横波反射三维成像法宜用于混凝土内部缺陷及钢筋分布、混凝土构件厚度及脱空缺陷检测等。超声横波反射三维成像法检测构件表面应平整、无浮浆；测试时周围无振动噪声。

3.1.2.4 数据采集

（1）采用多个干式点接触压电换能器呈纵横排列组成的阵列式发射和相位天线接收系统。图 3-5 显示了与一阵列换能器有关的所有波束路径。混凝土平面或构件检测应采用网状布置，测线方向根据测试条件布置，宜垂直缺陷走向，测线间距宜为 10cm；大面积缺陷检测宜采用剖面布置，应根据缺陷的范围和类型布置剖面，测线方向宜垂直缺陷走向，剖面间距宜为 1~5m。

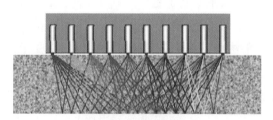

图 3-5　合成孔径聚焦技术工作方法

（2）超声横波反射三维成像测试预设波速和检测频率会影响探测异常的尺寸、形态和成像准确性。当波速小于或大于实际波速 10% 时，将导致对缺陷无法"聚焦"，对缺陷的成像深度也会出现较大偏差。应在检测部位邻近的完整混凝土区域进行多次波速值测定，并取其平均值；当混凝土波速发生较大变化（大于 5%）时应重新测试波速；有已知埋深异常，应进行波速校正试验。

（3）超声横波反射三维成像测试频率对检测异常的埋深和尺寸有影响，频率低时可检测较深部的异常反射，异常图像相对偏大；频率高时检测深度浅，浅部异常明显，异常图像较小。现场工作前应对混凝土内部结构和检测目标的可能埋深、尺寸进行预估，通过预估和试验的方式确定合适的探测频率。此外，可采用不同频率进行多次检测以识别不同尺寸、不同埋深的异常目标；宜根据检测深度，对已知埋深异常进行检测试验，选取合适的频率和测试量程。

（4）在测试前应试验最佳增益、色标，不应出现削波现象。

（5）测试混凝土表面应平整，不平整处应打磨平整，清理干净；测试时换能器与测试表面应紧密贴合。

（6）同一测试网格和剖面应采用同一波速、频率、测试量程、增益和色系等参数，以便于对比分析。

（7）在测试过程中，测试成像图出现异常特征时应进行重复测试，确定该异常非人为因素导致。

3.1.2.5　资料处理

（1）在检测表面上定出相应间隔的网格，设置一系列扫描线，在沿着所有扫描线取得数据后，用合成孔径聚焦技术（SAFT）[4]对不同传感器采集的信号分别加以延时并进行叠加凸显异常反射（见图 3 - 6），重建混凝土构件内部的三维断面图像，利用式（3-1）计算反射界面的深度或厚度。

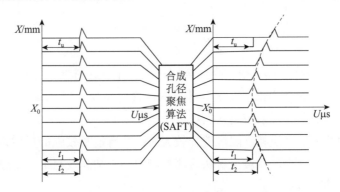

图 3 - 6　信号合成孔径聚焦处理

$$h = \frac{1}{2}\sqrt{(v t_\mathrm{n})^2 - l_\mathrm{n}^2} \qquad (3-1)$$

式中，h 为混凝土缺陷深度或构件厚度；l_n 为收发换能器间距；v 为混凝土横波波速，通过试验确定；t_n 为混凝土缺陷或构件底面反射波旅行时。

（2）资料处理时，增益调整宜突出异常区域和反射界面信息。

3.1.2.6　解译评价

（1）超声横波反射三维成像图中异常只与波速差异有关，空洞、低速缺陷与钢筋的异常都为正值，因此应通过异常形态和工程设计、施工等加以区分。

（2）根据反射波的位置和幅值的变化特征，结合实际工程资料，即可圈定构件厚度及其脱空情况，以及混凝土内部缺陷和钢筋分离情况，评价混凝土质量。混凝土异常的大小可结合测试频率分析确定。

（3）成果图宜绘制立体透射图、立体剖面图、切片图、反射剖面图、解释图等。

3.1.3 声波反射法

3.1.3.1 工作原理

当声波从一种介质（v_1、ρ_1）入射到另一种介质（v_2、ρ_2）时，在两介质的分界面上会发生反射和透射现象。入射声波一部分被反射到原来介质中，称为反射波；另一部分则透过界面进入到另一种介质中，称为透射波。入射波、反射波和透射波的传播方向满足波动理论中的斯奈尔定律。声波反射法是利用声波的反射原理，采用极小等偏移距的观测方式对目的体进行测试，根据反射信息的相位、振幅、频率等变化特征进行分析和解释的一种弹性波测试方法。

根据声学理论，当入射波垂直入射到两种介质分界面时，反射波声压与入射波声压之比称为反射率，透射波声压与入射波声压之比称为透射率。界面两侧的介质特性阻抗分别为 Z_1、Z_2，特性阻抗定义为介质密度 ρ 与声波速度 v 的乘积。声压的反射率 R 计算见式（3-2）。

$$R = \frac{Z_2 - Z_1}{Z_2 + Z_1} \tag{3-2}$$

当 $Z_1 = Z_2$ 时，$R = 0$，即入射的声波全部从第一介质透射到第二介质中；当 $Z_2 \gg Z_1$ 时，$R \approx 1$，即入射声波在界面上几乎全部反射，透射极少；当 $Z_1 \gg Z_2$ 时，$R \approx -1$，即入射声波几乎全部反射，反射波与入射波反相。

可见，界面两侧的介质特性阻抗差异较大时，会有能量较强的反射现象；反之，会出现能量较弱的反射现象。声波反射法检测衬砌混凝土缺陷及衬砌厚度就是利用了这一原理，如图3-7所示。

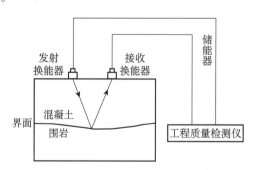

图3-7 声波反射法工作原理

3.1.3.2 仪器设备

声波反射法测试仪器设备与脉冲回波法相同。使用对波动信息反应敏感、对波的续至有较好的衰减效果的高灵敏度、中等阻尼加速度平面换能器，以便于识别反射波；触发宜选择能激发脉冲窄声波，且能量较强、稳定的超磁致伸缩震源或回弹锤等外触发震源。

3.1.3.3　应用范围和条件

声波反射法宜用于隧洞混凝土衬砌体或混凝土面板厚度、脱空和混凝土浅部缺陷检测等。声波反射法测试的层状分布的目的体或缺陷体厚度应大于有效波长的 1/4（垂向分辨率），且与周边介质应有明显的波阻抗差异；工作现场宜无强烈噪声和机械振动干扰。

3.1.3.4　数据采集

（1）宜采用一发一收等偏移距观测系统，偏移距不宜大于 0.5m，测点间距宜为 0.1 ~ 0.2m 直线布置。

（2）测试前应检查仪器设备，保证其技术指标满足相应规程规范要求、性能稳定、工作正常；测试面应清洁平整，测点位置应准确。

（3）仪器参数设置。采样间隔宜为 0.5 ~ 5.0μs，采样点数不宜小于 1024，实际工作中应根据测试目的、深度和精度要求合理选择；增益选择应能保证记录波形完整、无削波，目标体反射波明显、可辨；滤波挡宜使用全通，当需要压制干扰而采用滤波时，应对典型波形记录进行频谱分析后选择适宜的滤波挡。测试时同一测试单元各测点应选择相同仪器参数、触发方式和激发能量，测试记录中波形应完整、无削波，目标体的反射波同相轴清晰、可辨、相位一致。每测点应测试至少 3 次，且所接收的振动波形相似，选择有代表性的记录保存。

（4）当观测数据出现异常现象时（有效波削波或记录长度不足的记录；干扰背景强烈，影响有效波识别或有效波旅行时准确读取的记录；使用了不正确的滤波挡进行滤波的记录），应进行重复观测，发现缺陷位置应加密和追踪观测，应进行不少于总工作量 5% 的检查观测，以保证数据的可靠性。

3.1.3.5　资料处理

声波反射法资料处理时，应先将同一测线各测点时域波形记录按测点顺序排列成共偏移时域波列图，然后再对其进行频谱分析，选择适当滤波频率滤除干扰波，并根据波列图中波形特征、相邻测点波形的相似性、同相轴的连续性识别和追踪混凝土内部缺陷、混凝土底面及脱空缺陷反射波。反射波的旅行时宜读取反射波第一极值时间值，并对该读时进行 1/4 相位校正。

从时域曲线读取直达波走时，根据其偏移距可计算混凝土纵波波速；再根据式（3-3）可计算出混凝土内部缺陷或界面深度。

$$h = \frac{1}{2} \sqrt{[v(t - t_0) \times 10^{-6}]^2 - l^2} \qquad (3-3)$$

式中，h 为反射界面深度，m；v 为反射界面上覆介质速度，m/s；t 为反射波旅行时长，μs；t_0 为发射换能器与接收换能器对零时间，μs；l 为偏移距，m。

3.1.3.6 解译评价

（1）混凝土衬砌体或混凝土面板厚度和内部缺陷。根据各测线波列图时域分析结果，当混凝土均匀、无缺陷时，时域波形剖面图上无反射波同相轴出现；当混凝土存在缺陷时，时域波形剖面图上会出现较明显的反射波同相轴，缺陷区域呈连续分布，续至区波形较杂乱。按式（3-3）进行时-深转换，确定混凝土衬砌或混凝土面板厚度和内部缺陷位置，再根据设计指标评价混凝土衬砌或混凝土面板厚度是否满足设计要求、内部缺陷需处理范围。绘制混凝土衬砌或混凝土面板厚度和内部缺陷分布图。

（2）混凝土衬砌体或混凝土面板脱空。分析各测线波列图，当混凝土面板或衬砌体与下部基岩或围岩接触良好，且无明显波阻抗差异时，时域波形剖面图上无明显反射波同相轴出现；当存在波阻抗差异时，时域波形剖面图上会出现较明显的、呈连续分布的反射波同相轴，续至区波形基本相似；当混凝土面板或衬砌体存在脱空时，时域波形剖面图上会出现能量较强的、呈不连续分布的反射波同相轴，续至区波形较杂乱。据此即可评价混凝土与围岩间是否存在脱空以及脱空范围，为混凝土缺陷处理提供依据。绘制共偏移波列图、成果剖面图和平面图等。

3.1.4 表面声波法

3.1.4.1 工作原理

表面声波测试原理与单孔声波测试原理类似，它是在介质平整表面沿直线布设发射和接收换能器，通过观测到的声波直达波或折射波信号，分析介质近表面声波传播特性，获取声波波速、声幅、频率、相位等参数来达到岩体或混凝土表层声波速度、岩体松动层、混凝土表部损伤层厚度及浅裂缝深度检测等目的[5]。其工作原理如图3-8所示。

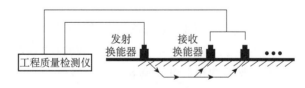

图3-8 表面声波法工作原理

3.1.4.2 仪器设备

表面声波法采用的仪器设备与单孔声波法基本相同，不同的是表面声波法直接采用黄油或石膏等耦合剂将换能器与测试面紧密接触耦合进行声波测试的。其利用的是直达波（直透波）或折射波，一般采用单发单收平面厚度振动换能器，在测试距离较大、声波仪发射能量达不到测试距离时，可采用弹击钢球振源或力锤激发。

3.1.4.3　应用范围和条件

表面声波法宜用于岩体或混凝土表层声波速度测试、混凝土表部损伤层厚度及浅裂缝深度检测等。表面声波法测试岩体和混凝土表面应平整，且测试表面不应有浮渣；声波发射和接收方向不应与混凝土内部的主配筋平行；测试时周围不应有振动噪声。

3.1.4.4　数据采集

（1）测区内发射与接收换能器以一定间距呈直线布置，测点点距宜为 0.1～0.5m。混凝土表面损伤层厚度测试时，测线宜根据混凝土表面损伤情况、外观质量和分布范围，选取有代表性的部位布置，宜采用相遇观测系统，测点间距宜为 0.1～0.2m，测线长度应根据激发能量和测试记录质量来确定。

基岩露头、探槽、竖井、洞室和混凝土表面波速测试时，测线或测点应布置在具有代表性且表面平坦的部位，宜采用一发一收或一发双收观测方式，测点点距宜为 0.2～0.5m。

混凝土浅裂缝检测时，每条裂缝应至少布置 3 条跨缝测线（裂缝延伸较长时，应增加测线；布置 3 条以上跨缝测线是为了检测裂缝深度变化情况）和 1 条不跨缝测线。跨缝测线宜垂直裂缝延伸方向布置在裂缝沿地表延伸长度的 1/3、1/2 和 2/3 处，用于检测裂缝深度。因声波一般不能穿透裂缝或即使穿透裂缝也衰减严重，声波从裂缝一侧传播到另一侧将从裂缝末端绕行，由此可根据声波传播路径长度计算裂缝深度。不跨缝测线宜平行裂缝走向布置在裂缝中部一侧，距离裂缝 0.5～2.0m，用于测试测区混凝土波速，计算裂缝深度。一般裂缝深度大于 0.5m 时，声波可能无法从裂缝末端绕行或因衰减严重而不能检测到有效声波信号，所以检测深度大于 0.5m 的裂缝，一般采用其他方法进行检测。宜采用一发一收观测方式，跨缝测线上检测点一般不少于 8 个，测点间距宜为 0.1m，收发点对称布置于裂缝两侧，测试时收发点距依次从小到大，通过测量各测点声时和观察跨缝测点的首波声幅和相位变化来确定裂缝末端位置；不跨缝测线在裂缝的一侧以 0.1m、0.2m、0.3m、0.4m……收发间距测量声时，绘制时距曲线来求取混凝土声速。声波平测法检测裂缝深度如图 3-9 所示。

（2）表面波测试的换能器安置处应打磨平整、清理干净，换能器与测试面应使用耦合剂耦合，耦合层不宜夹杂泥沙或空气，以免增大声波衰减，确保信号质量及检测数据的准确性。

（3）声波速度测试采样间隔宜为 0.5～1.0μs，采样点数不宜小于 1024；表部缺陷检测仪器采样间隔宜为 1.0～5.0μs，采样点数不宜小于 1024，实际工作中应根据测试目的、距离和精度要求合理选择。远道增益应大于近道增益，当测试距离较大或声波能量衰减较快时，应加大发射功率；仪器滤波挡宜使用全通，当需要压制干扰时，应选择

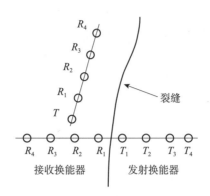

图 3-9　声波平测法检测裂缝深度

适宜的滤波挡，同一测区或测试部位宜使用相同的滤波方式。

（4）记录有效波波形应完整，相位特征明显，延续不宜少于 3 个周期；声波速度测试时，首波初至应清晰可辨，相位一致；声波波幅测试时，应无削波。

（5）当观测数据出现异常现象时，应进行重复观测，发现缺陷位置应加密和追踪观测，应进行不少于总工作量 5% 的检查观测，以保证数据的可靠性。

3.1.4.5　资料处理

A　波的对比分析

根据相邻点波形的相似性、同相性及振幅衰减的规律性等特征识别有效波；有效波对比分析应选择靠近有效波起始相位处，可采用单相位或多相位对比。

B　初至拾取

应将首波调整到初至起跳明显后读取初至，且各测点首波波幅基本一致；采用一发一收观测方式时，应识别触发信号，并对初至时进行校正；初至读取困难时，可读取首波第一个极值时间，并进行 1/4 相位校正得到初至时间。

C　计算分析

（1）一发一收观测方式应按式（3-4）计算波速。

$$v = \frac{s}{t - t_0} \times 10^{-6} \tag{3-4}$$

式中，v 为发射点至接收点间声波速度，m/s；s 为发射换能器与接收换能器中心距离，m；t 为发射点至接收点声波旅行时间，μs；t_0 为发射换能器与接收换能器对零时或仪器系统延时，μs。

（2）一发双收观测方式应按式（3-5）计算波速。

$$v = \frac{l}{t_2 - t_1} \times 10^{-6} \tag{3-5}$$

式中，v 为两接收点间声波速度，m/s；l 为两接收点间距离，m；t_2 为发射点至第二接收点声波旅行时间，μs；t_1 为发射点至第一接收点声波旅行时长，μs。

（3）混凝土表部缺陷层检测按 t_0 法计算。$t_0(x)$ 曲线和 $\theta(x)$ 曲线可按式（3-6）、式（3-7）计算。

$$t_0(x) = t_A(x) - [T_{AB} - t_B(x)] \qquad (3-6)$$

$$\theta(x) = t_A(x) + [T_{AB} - t_B(x)] \qquad (3-7)$$

式中，$t_0(x)$ 为 x 点 t_0 值，ms；x 为观测点距离，m；$t_A(x)$ 为 A 点激发时距曲线观测时间，ms；$t_B(x)$ 为 B 点激发时距曲线观测时间，ms；T_{AB} 为相遇时距曲线互换时间，ms；$\theta(x)$ 为 x 点 θ 值，ms。

缺陷层下伏层速度可按式（3-8）计算。

$$v_2 = \frac{2\Delta x}{\Delta\theta(x)} \times 10^3 \qquad (3-8)$$

式中，v_2 为缺陷层下伏层速度，m/s；Δx 为距离差，m；$\Delta\theta(x)$ 为 Δx 间 θ 值差，ms。

缺陷层深度可按式（3-9）计算。

$$h(x) = \frac{v_1 v_2}{2\sqrt{v_2^2 - v_1^2}} t_0(x) \times 10^{-3} \qquad (3-9)$$

式中，$h(x)$ 为观测点 x 处缺陷深度，m；v_1 为缺陷层速度，m/s；v_2 为缺陷层下伏层速度，m/s；$t_0(x)$ 为 x 点 t_0 值，ms。

（4）表面波法测混凝土浅裂缝深度按式（3-10）、式（3-11）计算。

$$d_{ci} = \frac{l_i}{2}\sqrt{\left(\frac{t_{ci}}{t_i}\right)^2 - 1} \qquad (3-10)$$

$$m_{ci} = \frac{1}{n}\sum_{i=1}^{n} d_{ci} \qquad (3-11)$$

式中，d_{ci} 为第 i 次测试裂缝深度，mm；l_i 为第 i 次测试发射换能器至接收换能器中心点距离，mm；t_{ci} 为第 i 次测试声波跨裂缝的传播时间，μs；t_i 为第 i 次测试声波不跨裂缝的传播时间，μs；m_{ci} 为各测点计算裂缝深度平均值，mm；n 为测点数。

3.1.4.6　解译评价

（1）声波速度测试。根据计算结果绘制速度平面分布图、速度等值线图、速度统计分析图表等，按速度变化对被测介质进行评价，圈定异常范围，确定异常性质。

（2）混凝土表部缺陷检测。根据计算结果绘制混凝土表部缺陷剖面图、平面图和等值线图等，按速度变化确定混凝土缺陷范围及厚度。

（3）混凝土浅裂缝检测。根据计算结果绘制混凝土浅裂缝深度剖面图和平面图等，确定裂缝深度及范围。

3.1.5　脉冲回波法

3.1.5.1　工作原理

脉冲回波法是基于瞬态应力波的反射原理，采用等偏移单发单收观测系统进行检测的一种方法。其通过机械冲击在结构表面施加一短周期应力脉冲，产生应力波向目标体传播，当应力波在传播过程中遇到波阻抗突变的缺陷或边界时，应力波在这些界面发生往返多重反射[6]（见图3-10），且差异越大，反射越强。波在结构表面与界面（或缺陷）之间产生往复反射，将引起结构表面微小的位移响应，接收这种响应并进行时域或频域的频谱分析可获得频谱图，频谱图上突出的峰就是应力波在结构表面与底面及缺陷间来回反射所形成，根据时域的脉冲回波和频域的频率峰值的变化即可判断有无缺陷，并可根据式（3-12）计算缺陷埋深或界面厚度，从而达到检测结构内部缺陷和边界的目的。

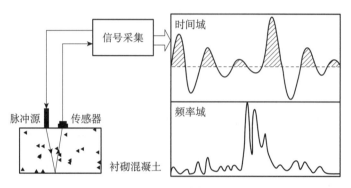

图 3-10 脉冲回波法工作原理

$$H = v_\text{p} \times \frac{t}{2} = \frac{v_\text{p}}{2f} \qquad (3-12)$$

式中，H 为结构厚度或缺陷埋深，m；v_p 为结构体声波波速，m/s；f 为频谱中与厚度（或埋深）相应的峰值频率，Hz；t 为回波旅行时间，s。

3.1.5.2 仪器设备

脉冲回波法测试仪应为接收道数不应少于 2 道的非金属声波仪，具有内、外、信号、稳态触发方式，脉冲回波采集、显示和储存功能，宜有时域和频域预分析功能。采样间隔可选，最小采样间隔不应大于 0.1μs；采样点数可选，不应少于 4096；模数转换精度不应低于 12bit；频率响应范围不宜窄于 2Hz~2kHz。

换能器是直接采用黄油等耦合剂与测试面紧密接触耦合进行测试的，采用的是平面厚度振动声波换能器；震源采用超磁致震源或弹击钢球震源。

3.1.5.3 应用范围和条件

脉冲回波法宜用于隧洞混凝土衬砌体或混凝土面板厚度与脱空、钢板或钢管衬砌脱空和接触灌浆质量检测等。脉冲回波法测试的目的体与周边介质应有明显的波阻抗差异，并可产生多次回波信号；构件或衬砌厚度不应大于 3m；现场测试时应无振动、噪声或其他影响测试的干扰存在。

3.1.5.4 数据采集

（1）观测系统。宜采用一发一收等偏移距观测系统，偏移距不宜大于0.2m，测点间距宜为1～2倍的偏移距。

（2）测试准备。测试前应检查仪器设备，保证其技术指标满足相应规程规范要求、性能稳定、工作正常；测试面应清洁平整，测点位置应准确。

（3）仪器参数设置。板状体厚度或缺陷测试时，仪器采样间隔宜为2.0～10.0μs，设置记录长度时应兼顾时间域和频率域的分辨率，记录长度宜为2～3倍的构件底面反射时间，特殊情况下可设置不同的记录长度分别采集用于时间域和频率域分析的信号。钢管或钢板衬砌脱空缺陷和接触灌浆质量检测时，仪器采样间隔宜为0.5～5.0μs，采样点数不宜小于1024，实际工作中应根据测试目的、深度和精度要求合理选择。增益选择应保证记录波形完整、无削波现象，有效波明显、可辨；仪器滤波挡宜使用全通，当需要压制干扰而采用滤波时，应对典型波形记录进行频谱分析后选择适宜的滤波挡。同一测区或测试部位宜使用相同的滤波挡。同一单元或测区内宜选择相同观测系统、仪器参数、触发方式和激发能量。

（4）测试。激振震源耦合和接收传感器耦合不良将可能导致信号畸变，每测点应测试至少3次，且所接收的振动波形相似，有效波波形应完整、同相轴连续，无削波现象，选择有代表性的记录保存。

（5）记录检查。当观测数据出现异常现象时（有效波削波或记录长度不足的记录；干扰背景强烈，影响有效波的识别或有效波旅行时准确读取的记录；使用了不正确的滤波挡进行滤波的记录），应进行重复观测，发现缺陷位置应加密和追踪观测，应进行不少于总工作量5%的检查观测，以保证数据的可靠性。

3.1.5.5 资料处理

脉冲回波法资料处理时，应先将同一测线各测点波形记录按测点顺序排列成波列图，然后再对各测点的波形进行时域和频域的对比分析。

A 时域分析

波在传播过程中，遇波阻抗界面时，会产生波的反射和透射，反射系数见式（3-13）。

$$R = \frac{\rho_2 v_2 - \rho_1 v_1}{\rho_2 v_2 + \rho_1 v_1} \tag{3-13}$$

式中，R 为反射系数；ρ_1、ρ_2 为界面两侧介质密度，g/cm^3；v_1、v_2 为界面两侧介质纵波波速，m/s。

当 $R > 0$ 时，反射波与入射波相位相反，存在半波损失；当 $R < 0$ 时，反射波与入射波相位相同。

根据各测线波列图波形特征（波幅、频率和相位变化特征）识别脉冲回波

（反射波），回波深度近似于设计厚度的为结构底面回波，回波深度小于设计厚度的为结构内部缺陷回波。脉冲回波的旅行时读取回波第一极值时间减 1/4 相位时间确定。

从时域曲线读取直达波走时，根据其偏移距可计算介质纵波波速；再根据式（3-14）计算出结构缺陷或界面深度。

$$d = \frac{\sqrt{(vt \times 10^{-6})^2 - l^2}}{2} \tag{3-14}$$

式中，d 为结构缺陷或界面深度，m；v 为介质纵波速度，m/s；t 为结构缺陷或界面回波时间，μs。

B 频域分析

对各测点声波时域曲线进行傅里叶变换得到频域曲线，并确定频域曲线的频差值或优势频率，了解结构内部缺陷的反射情况。当无缺陷异常时，频谱为直达波频率形成的单峰状态；当存在一个较强的反射界面时，频谱为直达波和界面反射波频率为主的双峰状态，以此类推。缺陷或界面深度可由式（3-15）计算。

$$d = \frac{v_p}{2f} \tag{3-15}$$

式中，d 为结构缺陷或界面深度，m；v_p 为介质纵波速度，m/s；f 为声波回波的频差或优势频率，Hz。

C 能量分析

在结构表面激发应力波，一部分应力波能量沿结构表面扩散传播，另一部分应力波能量向结构体传播。当遇波阻抗界面（如钢衬与混凝土、钢衬与空气或水）时，应力波将产生不同程度的反射，反射波叠加在直达波上，使质点振动能量有所改变，如直达波能量为 E_1、反射波能量为 E_2，则该点的波动能量 $E = E_1 + E_2$。回波能量按式（3-16）计算。

$$E_i = \sum_{j=1}^{N} \rho v_j^2 \tag{3-16}$$

式中，E_i 为第 i 测点的回波能量，J；ρ 为结构体密度，kg/m³；v_j 为第 j 时刻采样点的质点振动速度，m/s；N 为脉冲回波信号采样点总数。

在同样的激发能量和激发条件下，距激发点相同距离接收点的直达波能量基本一致，则接收点波动能量的差异就反映了反射波能量的差异，而反射波能量主要与结构体及其是否存在脱空等缺陷有关。因此，可通过回波能量来检测结构的脱空等缺陷情况。

3.1.5.6 解译评价

（1）混凝土衬砌体或混凝土面板厚度和内部缺陷。根据各测线波列图时域和频域对比分析结果，按式（3-14）、式（3-15）进行时-深转换，确定混凝土衬砌或混凝土面板厚度和内部缺陷位置，再根据设计指标评价混凝土衬砌或混凝土面板厚度是否满足设计要求、内部缺陷需处理范围。绘制混凝土衬砌或混凝土面板厚度和内部缺陷分布图。

（2）混凝土衬砌体或混凝土面板脱空。综合分析时域曲线和回波能量曲线，可将时域曲线的底板回波能量明显增强并且回波能量超过临界值的测点，判断为混凝土面板脱空异常测点。测区回波能量临界值按式（3-17）计算，并通过钻孔或其他方法验证确定。

$$E_r = E_p + 3\sigma \tag{3-17}$$

式中，E_r 为回波能量临界值，J；E_p 为测区回波能量平均值，J；σ 为测区回波能量平均值均方差，J。

根据判定结果绘制混凝土衬砌体或混凝土面板脱空缺陷分布图，根据设计要求圈定脱空缺陷处理范围。

（3）钢板或钢管衬砌脱空和接触灌浆质量。综合分析频域曲线和回波能量曲线，可将频域曲线出现双峰并且回波能量超过临界值的测点，判断为钢板或钢管衬砌脱空异常测点。钢板或钢管衬砌脱空缺陷程度和接触灌浆质量按表 3-1 评价。测区回波能量临界值按式（3-17）计算，脱空缺陷系数按式（3-18）计算。

$$\delta_i = \frac{E_i}{E_r} \tag{3-18}$$

式中，δ_i 为第 i 测点的脱空缺陷系数；E_i 为第 i 测点的回波能量，J；E_r 为回波能量临界值，J。

表 3-1 脱空缺陷程度定性评价

序号	脱空缺陷系数	脱空缺陷程度
1	$\delta \leq 1$	基本无脱空缺陷
2	$1 < \delta \leq 3$	轻微脱空缺陷
3	$\delta > 3$	较严重脱空缺陷

根据判定结果绘制钢板或钢管衬砌脱空缺陷分布图，确定脱空缺陷范围，并统计分析单个脱空范围大于 $0.5 m^2$ 的脱空缺陷，以便按设计要求进行评价处理。

3.1.6　声频应力波法

3.1.6.1　工作原理

当一维杆件端部受一冲击力作用时，便有弹性波沿杆件传播，在传播过程中杆件几何形状和边界条件的变化，会影响弹性波的传播特性，使弹性波发生变化，即产生反射和透射及能量衰减。具体做法是在一维杆件端部施加一瞬态激振力，应力波沿杆件传播，遇波阻抗（波阻抗 Z 为杆系密度 ρ 与声波速度 v 和截面积 A 的乘积）差异界面产生反射波[7]［反射系数计算见式（3-19）］，由布设在杆件顶端的传感器接收反射信号，对所接收的反射信号进行时域、频域分析（分析方法与垂直单点声波反射法相同），获得需要的参数，并据此对杆件体系质量进行评价。以锚杆无损检测为例，其工作原理如图 3-11 所示。

$$R = \frac{\rho_2 v_2 A_2 - \rho_1 v_1 A_1}{\rho_2 v_2 A_2 + \rho_1 v_1 A_1} \tag{3-19}$$

式中，R 为反射系数；ρ_2、v_2、A_2 和 ρ_1、v_1、A_1 分别为杆系界面两侧的材料密度、纵波波速和截面积。

当杆系出现空浆、不密实、注浆饱满度不足或杆底与基岩胶结不密实时，反射系数为负，反射波相位与入射波相位反向，且波阻抗差异越大，反射波越强。

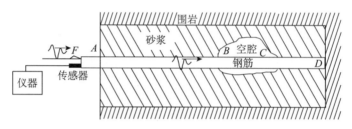

图 3-11　声频应力波法工作原理

3.1.6.2　仪器设备

声频应力波法用于锚杆锚固长度和饱满度检测时，一般采用锚杆检测仪。激振器选用超磁激振器或冲击激振器，激振器激振端直径宜不大于锚杆杆体直径的 1/4，能紧贴杆端。激振器的机制频率应涵盖被检测锚杆的优势频率范围（锚杆的优势频率大多为 1~6kHz），宜为 0.1~50kHz。接收传感器宜使用加速度传感器（体积小、灵敏度高、分辨率较高），也可使用速度传感器；传感器声波接收面直径宜小于 16mm，可通过强力磁座或黏结材料于杆端耦合；传感器响应频率宜为 10~50Hz；在线性响应范围内，加速度传感器电荷灵敏度宜为 10~20pC/（m/s²）；速度传感器电压灵敏度宜为 50~300mV/（cm/s）。声频应力波法用于基桩完整性检测时，一般采用基桩动测仪。瞬态激振设备包括能激发宽脉冲和窄脉冲的力锤和锤垫，传感器尽量选用安装谐振频率较高的加速度传感器。

3.1.6.3　应用范围和条件

声频应力波法宜用于锚杆长度、饱满度和基桩完整性检测。声频应力波法测试的锚杆杆体声波速度宜大于围岩和黏结物的声波速度；锚杆杆体直径宜均匀；锚杆外露端面应平整；锚杆端头应外露，外露杆体应与内锚杆体呈直线，外露段不宜过长；如外露段长度有特殊要求，应进行相同类型的锚杆模拟试验。受检桩混凝土强度至少达到设计强度的 70% ，且不小于 15MPa；桩头的材质、强度应与桩身相同，桩头的截面尺寸不宜与桩身有明显差异；桩径不宜过大，因横向尺寸效应，桩径越大，短波长窄脉冲激励造成响应波形的失真就越严重，难以采用；桩长不宜过短，桩长与桩径比过小就偏离了一维杆件波动理论；桩顶面应平整、密实，并与桩轴线垂直。测试时周围无振动噪声。

3.1.6.4　数据采集

声频应力波法主要用于锚杆锚固质量和基桩完整性检测，其数据采集要求如下。

A　锚杆检测

（1）检测锚杆的砂浆宜达到 3 天以上龄期，因注浆初期的锚杆砂浆强度较低，不能检测出砂浆中的缺陷，但初凝前可较准确检测锚杆长度。

（2）锚杆检测宜采用端发端收方式。大量实践表明，端发端收信号较好，其他方式虽然在一定条件下也能取得较好效果，但存在信号难以解释等缺点。

（3）接收传感器宜安装在锚杆端部，宜采用磁性固定，且接受面应与锚杆轴线垂直；中空型锚杆，接收传感器不得直接安装在托板上，且避免安装在锚杆内腔和孔内的充填物上。宜采用瞬态激振方式，激振器与激振点充分接触，激振力宜试验确定；激振方向应与锚杆轴线平行，激振器不得触击接收传感器；实心锚杆激振点宜在杆端靠近中心位置；中空型锚杆激振点宜在靠近接收传感器一侧的环状管壁上，不得在托板上激振。

（4）激振器激振信号脉宽宜设置为 0.5 ~ 1ms，采样间隔或采样率应根据杆长、锚杆波速和频域分辨率确定；记录长度不宜少于杆底 2 次反射所需时间。

（5）同一工程相同规格锚杆检测仪器参数宜保持一致；锚杆速度参数应根据现场锚杆模拟试验或类似工程的波速值设定。

（6）单根锚杆检测的有效波形记录不应少于 3 个，且应具有较好一致性。

（7）测量并记录被测锚杆的外露长度，描述孔口段注浆情况。

B　基桩检测

（1）传感器安装部位混凝土应平整，传感器安装应与桩顶面垂直，传感器与桩顶面混凝土耦合黏结应有足够的黏结强度；检测点应对称桩中心布置不少于 3 个，以全面反映桩身结果完整性。

（2）激振点与测量传感器位置应避开钢筋笼主筋影响；实心桩激振点应在桩中心［见图 3 - 12（a）］，检测点应安置在距桩中心 2/3 半径处（以减小尺寸效应影响）；空心桩激振点和检测点宜在桩壁厚的 1/2 处［见图 3 - 12（b）］，激振点和检测点与桩中心连线形成的夹角宜为 90°（以减小尺寸效应影响）；激振方向应沿桩轴线方向，以减小激振的水平分量；应通过试验选用合适的激振力锤和软硬合适的锤垫，以获得合适的入射波脉冲宽度及频率成分（力锤质量大或硬度小，冲击入射波脉冲宽、低频成分为主；力锤轻或硬度大，冲击入射波脉冲窄、高频成分为主），宜用宽脉冲获取桩底或桩身下部缺陷反射信号，宜用窄脉冲获取桩身上部缺陷反射信号，激励脉冲有效高频分量的波长与桩径之比不宜小于10。

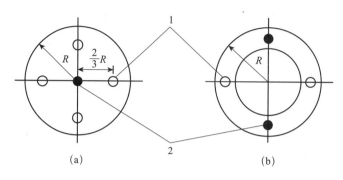

图3－12　传感器安装点、激振点布置

（a）实心桩；（b）空心桩

1—传感器安装点；2—激振点

（3）采样间隔或采样频率应根据桩长、桩身波速和频域分辨率合理选择；采样频率越高，采集的数字信号越接近模拟信号，越有利于缺陷位置的准确判断，在保证测得完整信号（采样点数不宜少于1024，记录的时长应在$2L/c$时刻后延续不少于5ms）的前提下，尽量选用较高的采样频率，但要兼顾频域分辨率，应按采样定理适当降低采样频率或增加采样点数。

（4）每个检测点记录的有效信号数应不少于3个，以提高信噪比；不同检测点及多次测试信号一致性较差时，应分析原因，并增加检测点。

3.1.6.5　资料处理

A　锚杆检测

检测资料分析应以时域分析为主，辅以频域分析，结合施工记录、地质条件和波形特征等因素进行综合分析。

（1）杆体波速和杆系波速平均值按式（3－20）~式（3－23）确定。

$$C_{bm} = \frac{1}{n} \sum_{i=1}^{n} C_{bi} \tag{3－20}$$

$$C_{bi} = \frac{2 L_r'}{\Delta t_e} = 2 L_r' \Delta f \tag{3－21}$$

式中，C_{bm} 为同类锚杆的杆体波速平均值，m/s；n 为参加波速平均值条件的模拟锚杆试验的锚杆数量（$n \geq 5$）；C_{bi} 为第 i 根试验锚杆的杆体波速实测值，且 $\frac{|C_{bi} - C_{bm}|}{C_{bm}} \leq 5\%$，m/s；$L_r'$ 为接收传感器至锚杆杆底距离，端收则为锚杆的实测长度，m；Δt_e 为杆底反射波旅行时间，s；Δf 为杆底谐振峰之间的频差，Hz。

$$C_{tm} = \frac{1}{n} \sum_{i=1}^{n} C_{ti} \tag{3－22}$$

$$C_{ti} = \frac{2 L_r{}'}{\Delta t_e} = 2 L_r{}'\Delta f \tag{3-23}$$

式中，C_{tm} 为注浆饱满度大于 90% 的相同材质和规格同类锚杆的杆系波速平均值，m/s；n 为参加波速平均值条件的模拟锚杆试验的锚杆数量（$n \geqslant 3$）；C_{ti} 为第 i 根试验锚杆的杆系波速实测值，且 $\frac{|C_{ti} - C_{tm}|}{C_{tm}} \leqslant 5\%$，m/s；$L_r{}'$ 为接收传感器至锚杆杆底距离，端收则为锚杆的实测长度，m；Δt_e 为杆底反射波旅行时间，s；Δf 为杆底谐振峰之间的频差，Hz。

（2）锚杆长度按式（3-24）计算。

$$L = L_0 + L_r{}' = L_0 + 0.5 C_m\Delta t = L_0 + 0.5 C_m\Delta f \tag{3-24}$$

式中，L 为锚杆长度，m；L_0 为锚杆自由端杆顶至接收传感器距离，m；C_m 为同类锚杆的平均波速，一般由锚杆试验或同类工程资料分析获得，当锚杆饱满度 $D < 30\%$ 或空浆段集中在孔口段时，$C_m = C_{bm}$；当锚杆饱满度 $30\% < D \leqslant 75\%$ 时，$C_m = 0.5$（$C_{bm} + C_{tm}$）；当锚杆饱满度 $D \geqslant 75\%$ 时，$C_m = C_{tm}$。

（3）缺陷位置和缺陷长度按式（3-25）~式（3-27）计算。

$$x = 0.5 C_m\Delta t_x = 0.5 C_m\Delta f_x \tag{3-25}$$

$$L_{xi} = x_{i1} - x_{i2} \tag{3-26}$$

$$L_x = \sum_{i=1}^{n} L_{xi} \tag{3-27}$$

式中，x 为接收传感器至缺陷界面的距离，m；Δt_x 为缺陷反射波旅行时，s；Δf_x 为缺陷相邻谐振峰之间的频差，Hz；L_{xi} 缺陷长度，m；x_{i1}、x_{i2} 为缺陷底、顶界面至接收传感器的距离，m；L_x 为缺陷总长度，m；n 为缺陷个数。

（4）锚杆饱满度有效长度法按式（3-28）计算，反射波能量法（孔口段缺浆而深部密实除外）按式（3-29）计算。

$$D = \frac{L_s - L_x}{L_s} \times 100\% \tag{3-28}$$

$$D = （1 - \beta\eta）\times 100\% \tag{3-29}$$

$$\eta = E_r / E_0 \tag{3-30}$$

$$E_r = E_s - E_0 \tag{3-31}$$

式中，D 为锚杆饱满度；L_s 为锚杆设计锚固长度，m；β 为锚杆声波波动能量修正系数；η 为锚杆声波波动能量反射系数；E_r 锚杆反射波波动总能量，N·m；E_0 为锚杆入射波波动总能量，N·m；E_s 为锚杆波动总能量，N·m。

（5）当实测信号复杂、无规律，锚杆外露自由端过长、弯曲或杆系截面多变时，锚杆锚固质量宜结合其他检测方法进行分析。

B　基桩完整性检测

当桩长已知、桩底反射信号明确时，应在地基条件、桩型、成桩工艺相同的基桩中，选取不少于 5 根 I 类桩，桩身波速值按式（3-32）、式（3-33）计算其平均值；

无法满足此要求时，可根据本地区相同桩型及成桩工艺的其他桩基工程的实测值结合桩身混凝土的骨料品种和强度等级综合确定。

$$C_{\mathrm{m}} = \frac{1}{n} \sum_{i=1}^{n} C_i \qquad (3-32)$$

$$C_i = \frac{2000L}{\Delta T} = 2L\Delta f \qquad (3-33)$$

式中，C_{m} 为桩身波速平均值，m/s；C_i 为第 i 根受检桩的桩身波速值，且 $\dfrac{|C_i - C_{\mathrm{m}}|}{C_{\mathrm{m}}} \leqslant 5\%$ ；L 为测点下桩长，m；ΔT 为桩底反射波旅行时，ms；Δf 为幅频曲线上桩底相邻谐振峰间的频差，Hz。

桩身缺陷位置按式（3-34）计算。

$$x = \frac{c\Delta t_{\mathrm{x}}}{2000} = \frac{c}{2\Delta f'} \qquad (3-34)$$

式中，x 为桩身缺陷至传感器安装点距离，m；Δt_{x} 为桩身缺陷反射波旅行时，ms；$\Delta f'$ 为幅频曲线上缺陷相邻谐振峰间频差，Hz；c 为受检桩的桩身波速，m/s。

已知桩长由桩底反射波旅行时确定，无桩底反射波由桩身波速平均值替代。

3.1.6.6 解译评价

A 锚杆检测

（1）锚杆饱满度可参照模拟锚杆图谱进行定性评价，即将被检测锚杆的检测波形与模拟锚杆试验样品进行比对，并结合锚杆饱满度波形特征（定性）评判标准（见表3-2），以及施工资料、地质条件综合判定。

表3-2 锚杆饱和度波形特征评判标准

类别	波形特征	时域信号特征	幅频信号特征	饱满度范围
I	波形规则，呈指数快速衰减，持续时间短	$2L_{\mathrm{r}}'/C_{\mathrm{m}}$ 时刻前无缺陷反射波，杆底反射波信号微弱或没有	呈单峰形态，或可见微弱的杆底谐振峰，其相邻频差 $\Delta f \approx C_{\mathrm{m}}/(2L_{\mathrm{r}}')$	$D \geqslant 90\%$
II	波形较规则，呈较快速衰减，持续时间较短	$2L_{\mathrm{r}}'/C_{\mathrm{m}}$ 时刻前有缺陷反射波，或杆底反射波信号较明显	呈单峰或不对称的双峰形态，或可见较弱的谐振峰，其相邻频差 $\Delta f \geqslant C_{\mathrm{m}}/(2L_{\mathrm{r}}')$	$80\% \leqslant D < 90\%$
III	波形欠规则，呈逐步衰减或间歇衰减趋势形态，持续时间较长	$2L_{\mathrm{r}}'/C_{\mathrm{m}}$ 时刻前可见明显的缺陷反射波或清晰的杆底反射波，但无杆底多次反射波	呈不对称多峰形态，可见谐振峰，其相邻频差 $\Delta f \geqslant C_{\mathrm{m}}/(2L_{\mathrm{r}}')$	$75\% \leqslant D < 80\%$

类别	波形特征	时域信号特征	幅频信号特征	饱满度范围
Ⅳ	波形不规则，呈慢速衰减或间歇增强后衰减形态，持续时间长	$2L'_r/C_m$ 时刻前可见明显缺陷反射波及多次反射波，或清晰的、多次杆底反射波信号	呈多峰形态，杆底谐振峰明显、连续，或相邻频差 $\Delta f > C_m/(2L'_r)$	$D<75\%$

注：波形规则、无底部反射波的情况是由于锚杆锚固段波阻抗与锚固岩体波阻抗相近而导致检测信号无杆底反射波。

（2）实测单根锚杆长度达到以下条件，即可判断该锚杆长度合格：

1）岩锚梁等关键部位结构锚杆实测入孔长度不小于设计长度的95%，且不足长度不超过20cm。

2）常规部位永久锚杆实测入孔长度不小于设计长度的95%。

3）临时锚杆实测入孔长度不小于设计长度的95%。

（3）锚杆分级的参考标准如下：

Ⅰ级锚杆，长度合格，锚杆饱满度 $D \geq 90\%$；

Ⅱ级锚杆，长度合格，锚杆饱满度 $90\% > D \geq 80\%$；

Ⅲ级锚杆，长度合格，锚杆饱满度 $80\% > D \geq 75\%$；

Ⅳ级锚杆，长度不合格，或锚杆饱满度 $D < 75\%$。

缺陷部位集中在底部或孔口锚固段，应按以上标准降低一级评定。

（4）单根锚杆锚固质量达到下列级别，可判断为合格：

1）岩锚梁等关键部位锚杆，Ⅰ级。

2）常规部位永久锚杆，Ⅱ级以上。

3）临时性锚杆，Ⅲ级以上。

（5）单项或单元工程锚杆抽检质量达到以下标准，可判断为合格：

1）岩锚梁等关键部位锚杆抽检样本中90%达到Ⅰ级以上，且无Ⅳ级锚杆。

2）常规部位永久锚杆抽检样本中80%达到Ⅱ级及以上，且无Ⅳ级锚杆。

3）临时锚杆抽检样本中80%达到Ⅲ级及以上。

特殊情况可由设计、监理单位根据工程特点对上述标准作出调整。

B　桩身完整性

桩身完整性类别应结合缺陷出现的深度、测试信号衰减特性，以及设计桩型、成桩工艺、地基条件、施工情况，按表3-3、表3-4所列时域信号特征或幅频型号特征进行综合分析判定。

表3-3　桩身完整性分类

桩身完整性类别	分类原则
Ⅰ类桩	桩身完整
Ⅱ类桩	桩身有轻微缺陷，不会影响桩身结构承载力的正常发挥

桩身完整性类别	分类原则
Ⅲ类桩	桩身有明显缺陷，对桩身结构承载力有影响
Ⅳ类桩	桩身存在严重缺陷

表3－4　桩身完整性判定

类别	时域信号特征	幅频信号特征
Ⅰ	$2L/c$ 时刻前无缺陷反射波，有桩底反射波	桩底谐振峰排列基本等间距，其相邻频差 $\Delta f \approx c/2L$
Ⅱ	$2L/c$ 时刻前出现轻微缺陷反射波，有桩底反射波	桩底谐振峰排列基本等间距，其相邻频差 $\Delta f \approx c/2L$，轻微缺陷产生的谐振峰与桩底谐振峰之间的频差 $\Delta f' > c/2L$
Ⅲ	有明显缺陷反射波，其他特征介于Ⅱ类和Ⅳ类之间	
Ⅳ	$2L/c$ 时刻前出现严重缺陷反射波或周期性反射波，无桩底反射波；或因桩身浅部严重缺陷使波形呈现低频大振幅衰减振动，无桩底反射波	缺陷谐振峰排列基本等间距，相邻频差 $\Delta f' > c/2L$，无桩底谐振峰；或因桩身浅部严重缺陷只出现单一谐振峰，无桩底谐振峰

注：对同一场地、地基条件相近、桩型和成桩工艺相同的基桩，因桩端部分桩身阻抗与持力层阻抗相匹配导致实测信号无桩底反射波时，可按本场地同条件下有桩底反射波的其他桩实测信号判定桩身完整性类别。

3.1.7　表面地震波法

3.1.7.1　工作原理

表面地震波法是在介质表面呈直线布置震源和检波器排列，通过测试的地震直达波或折射波信号，分析岩土体近表面地震波传播特性，获取地震波波速，达到检测岩土体完整性、风化程度及厚度、岩体松动层和岩石力学参数等目的[2]。其工作原理如图3－13 所示。

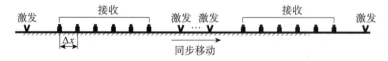

图3－13　表面地震波工作原理

3.1.7.2　仪器设备

仪器通道数不宜少于6道，具有信号增强、延时、内外触发、前置放大、滤波、数据存储与传输等功能。采样间隔可选，最小采样间隔不宜大于 0.025ms；记录长度可选，采样点数不应少于1024；模数转换精度不应低于20bit；动态范围不应低于96dB；

通频带不宜窄于 2～2000Hz；等效内部噪声应小于 2.5μV；系统道间串音抑制比大于 80dB。

检波器之间自然频率允许偏差为 ±10%，灵敏度允许偏差为 ±10%，相位差允许偏差为 ±0.25ms，电阻值允许偏差为 ±10%，绝缘电阻应大于 10MΩ。纵波速度测试宜采用垂直检波器；横波速度测试宜采用三分量检波器。震源宜为锤击或落重。

3.1.7.3 应用范围和条件

表面地震波法宜用于地表或洞室裸露岩土体地震波纵波和横波速度测试，岩体风化厚度或深度、卸荷松弛厚度检测，岩土体质量检测等。表面地震波法测试介质表面应较平整，测试区域不宜有振动和噪声。

3.1.7.4 数据采集

(1) 宜选择相遇观测系统，以利用差数时距曲线特点减少或消除观测面凹凸不平对地震波速度测试的影响，提高测试成果的准确度。

每个排列不宜少于 6 个检波点，排列检波点距宜为 1.0～2.0m，沿测线连续测试时，相邻排列应重复一道。纵波速度测试时，检波器最大灵敏度方向和激发方向应与测线方向一致，激发点到最近检波器的距离不宜小于 2.0m，以减少表部松动岩体对波速测试的影响，使测试成果能真实反映岩体动力学特性。横波速度测试时，检波器最大灵敏度方向和激发方向应与测线方向垂直，激发点到最近检波器的距离宜为纵波激发点距的 2 倍，宜分别进行正反向激发，以便于纵横波分离和识别。

(2) 检波器安置处应平整、无松散物，检波器应粘贴牢固。地表露头岩土体大多破碎、松散，地震波频率相对较低，宜使用 10～40Hz 中低频检波器；洞壁和建基面岩体相对较完整、坚硬，地震波频率相对较高，宜使用 28～100Hz 中高频检波器。

(3) 触发计时宜使用锤击开关。锤击开关触发时间相对稳定，重复性较好，便于进行叠加观测。

(4) 仪器参数设置。纵波速度测试时，采样间隔宜为 0.025～0.050ms，采样点数不宜小于 1024；横波速度测试时，采样间隔宜为 0.05～0.10ms，采样点数不宜小于 1024；仪器滤波挡宜使用全通，当需要压制干扰而采用滤波时，应选择适宜的滤波挡，同一测区或测试部位宜使用相同的滤波方式；信号较弱时，应在原激发点重复激振进行信号叠加，叠加次数不宜超过 5 次。

(5) 有效波波形应完整、相位一致，纵波测试记录各道首波初至应清晰，横波测试记录各道横波特征应明显、无削波、同相轴连续。不正常道数大于排列道数的 1/3，且连续分布，干扰背景强烈，影响有效波识别或有效波旅行时准确读取的记录应重测。

3.1.7.5 资料处理

(1) 波的对比分析。根据波形记录中相邻道波形的相似性、同相性、同相轴的连续性和振幅衰减规律进行对比分析识别有效波，选择靠近有效波的起始相位处采用单相位或多相位进行有效波的对比分析；根据横波频率低、振幅强、旅行时间迟于纵波和正反向激发其相位反向等特征识别横波。

（2）旅行时读取。纵波旅行时应将首波调整到初至起跳明显，且各道首波波幅基本一致后读取；由于横波受纵波续至波的干扰，其初至不易识别或读取，横波旅行时一般读取横波相位第一极值点时间。

（3）表面地震波速度及相关参数计算。

1）表面地震波速度按相遇时距曲线斜率变化分段计算或按两测点间时差计算。相遇观测系统的地震波速度按式（3-35）、式（3-36）计算，两测点间地震波速度式（3-37）计算。

$$\theta(x) = t_A(x) + [T_{AB} - t_B(x)] \tag{3-35}$$

$$v = \frac{2\Delta x}{\Delta \theta(x)} \times 10^3 \tag{3-36}$$

$$v = \frac{x_2 - x_1}{t_2 - t_1} \times 10^3 \tag{3-37}$$

式中，$t_A(x)$ 为 A 点激发时距曲线 x 点处的折射波观测时间，ms；$t_B(x)$ 为 B 点激发时距曲线 x 点处的折射波观测时间，ms；T_{AB} 为相遇时距曲线互换时间，ms；Δx 为两接收点间距，m；v 为测试段岩体的平均波速，m/s；x_1、x_2 分别为激发点至第一道和第二道检波器距离，m；t_1、t_2 分别为激发点至第一道和第二道检波器旅行时间，ms。

2）利用纵波、横波速度和密度按式（3-38）~式（3-42）计算岩石力学参数。

$$\mu = \frac{v_p^2 - 2v_s^2}{2(v_p^2 - v_s^2)} \tag{3-38}$$

$$\lambda = \rho(v_p^2 - 2v_s^2) \tag{3-39}$$

$$E_d = v_p^2 \rho \frac{(1-\mu)(1-2\mu)}{1-\mu} = 2v_s^2 \rho(1+\mu) \tag{3-40}$$

$$G_d = \rho v_s^2 \tag{3-41}$$

$$K = \lambda + 2G_d/3 \tag{3-42}$$

3）岩体风化系数按式（3-43）计算，完整性系数按式（3-44）计算。

$$K_w = \frac{v_p}{v_{pr}} \tag{3-43}$$

$$K_v = \left(\frac{v_p}{v_{pr}}\right)^2 \tag{3-44}$$

式中，v_p、v_{pr} 分别岩体纵波波速、新鲜完整岩块的纵波速度，m/s；K_w 为岩体风化波速比；K_v 为岩体完整性系数。

3.1.7.6 解译评价

（1）根据资料处理计算的各测点波速绘制距离-波速曲线，结合原始记录上有无伴随振幅衰减、波形变化等现象确定低速带与不良地质结构的对应关系。

（2）根据资料处理计算结果绘制距离－波速、距离－完整性系数和距离－风化系数曲线，进行岩体完整程度与风化带及其深度或厚度划分，结合实际地质资料对岩体质量进行评价。

（3）结合原位试验结果进行动量与静量对比分析。

（4）绘制成果平面图、综合剖面图、地震波速度分布统计图和地震波速度平面等值线图，动量与静量相关分析宜绘制相关曲线。

3.1.8　质点振动测试

3.1.8.1　工作原理

在岩土介质中，高能量震源的瞬时激振使岩土体产生剧烈的振动，这种振动在岩土介质中，依靠介质相邻点间的相互作用，以激振点（区域）为中心，以地震波的形式向外围传播。一般而言，地震波的振幅（或能量）随着离开震源的距离增加而减小，这一现象称为振动的衰减。其衰减的原因有两个方面：

（1）地震波离开震源的距离越远，其波阵面越大，即引起振动的区域越大，致使波阵面上能量密度减小，导致振动衰减。

（2）介质发生振动，相邻介质或相邻介质的质点间发生摩擦，将传播至此的动能转变为热能而消耗掉，导致振动衰减。

地震波的传播与衰减，不仅会在三维空间内表现出来，而且也会在时间上表现出来。当沿着离开震源的矢径方向在介质表面布置拾振器时，地震波就会在拾振器上反映出来。通过对监测点拾振信号的研究分析，即可确定地震波的振动速度幅值，从而根据这种已知区的振动，推断爆破施工振动对已有建（构）筑物的影响[8]。

3.1.8.2　仪器设备

（1）质点振动测试仪接收道数不应少于 3 道，且具有信号触发、负延时、多段自动采集和储存等功能；模数转换精度不应低于 16bit；采样点数可选，不应少于 8192；通频带不应窄于 0.1Hz ～ 3.0kHz；采样间隔可选，最小采样间隔不应大于 0.025ms；宜具有量程自适应功能，最大量程不应低于 30cm/s；幅值允许偏差为 ±5%；自动触发可手动设置触发阈值；通道间隔离度不应小于 90dB；信噪比不应小于 96dB。

（2）速度型传感器自然频率应小于 5Hz，频带线性范围宜为 0.5 ～ 500.0Hz，最大量程不应小于 30cm/s；加速度型传感器频带线性范围宜为 0 ～ 3000Hz。

3.1.8.3　应用范围和条件

质点振动测试宜用于获取爆破振动参数，监测爆破有害效应和影响程度等。质点振动测试宜在无强烈振动干扰条件下进行。

3.1.8.4 数据采集

（1）一般水电工程爆破施工重点保护和监测对象主要有坝基、边坡、坝肩、坝体、输水与泄水建筑物、地下工程结构和设备，以及对水库安全运行有重大影响的近坝区岸坡等水工建（构）筑物。当施工区周围有工业与民用建筑物时，还应对其他需保护对象进行监测，如房屋、重要设备等。所以，爆破振动监测点应根据测试目的和要求布置在靠近震源对振动敏感的建筑物或设备基础上。

（2）爆破地震波在介质中传播是一个复杂的力学过程，岩体性质、地质特征和构造、爆破药量、爆破方式，以及其他爆破参数均会影响爆破地震效应。在开展爆破质点振动传播规律试验工作时，测点至震源的距离可根据质点振动传播规律经验公式估算，即测点至震源按近密远疏的对数规律布置，且不少于 5 个测点，以获得符合施工区地形、地质条件的爆破振动传播规律，为编制爆破施工方案提供依据。

（3）每个测点布置一个三分量传感器，分别监测垂向、径向和切向上的振动。传感器径向应水平指向爆炸中心点，角度允许偏差为 ±5°，传感器安装部位表面应清理干净，传感器与被测目标形成刚性连接，传感器与仪器连接完毕后，应对系统进行调试，保证系统处于待触发工作状态，并对传感器及仪器采取安全防护措施。

（4）测量震源和测点位置，并绘制平面布置图。

（5）仪器工作参数设置。采样频率应大于 12 倍被测物理量的主振频率；量程宜按被测物理量预估幅值的 2～3 倍设置，触发电平宜按量程的 1%～10% 设置；采样长度宜大于 1.5 倍被测物理量的振动持续时间。质点振动测试记录波形应完整、无明显其他强烈振动干扰和削波。

3.1.8.5 资料处理

（1）应对径向、切向和垂向三个方向测试时域波列分时段对比分析，并根据振幅、频率变化等特征识别有效波。

（2）当振动波形相对基线出现漂移时，应对峰值振动速度或峰值振动加速度进行零点漂移校正；仪器参数设置不当、数据采集有其他干扰时，会使采集的振动波形出现失真或削波现象，这类记录所反映的被测物理量将产生较大误差，应予以剔除；在爆破质点振动监测时，一些人为活动和机械振动等会导致监测装置在爆破前被触发，为防止使用这种记录，在资料处理时要根据振动波形特征加以区别。

（3）使用振动测试仪配套软件，依据测试系统标定的灵敏度，读取或计算径向、切向和垂向三个方向的峰值振动速度或峰值振动加速度，获取各方向的主振频率。

（4）质点振动传播规律测试，应根据测试数据和已知的距离、药量，按式（3-45）或式（3-46）采用最小二乘法对样点数据进行统计分析和线性回归计算（为了保证统计分析结果的准确性，计算时要有足够样点数据，离散度较大的异常值应剔除），

得出振动常数 K、α、β 值。

$$v = K \left(\frac{Q^{1/3}}{R} \right)^{\alpha} \qquad\qquad (3-45)$$

$$v = K \left(\frac{Q^{1/3}}{R} \right)^{\alpha} \left(\frac{Q^{1/3}}{H} \right)^{\beta} \qquad\qquad (3-46)$$

式中，v 为质点振动速度，cm/s；K、α、β 为与爆破区至测点间的地形、地质条件有关的系数和衰减指数；Q 为炸药量，齐发爆破为总装药量，延时爆破时为对应于 v 值时刻起爆的单段药量，kg；R 为点至爆源的水平距离或在介质中的传播距离，m；H 为测点至爆源的高差，m。

3.1.8.6 解译评价

（1）绘制爆破振动监测各测点的垂向、径向和切向时域振动波形图和成果表。根据《水电水利工程爆破安全监测规程》（DL/T 5333—2021）的相关规定，按表 3-5 进行爆破振动安全评价。

表 3-5 爆破振动安全评价标准

序号	保护对象类型		安全允许振速/m·s⁻¹		
			<10Hz	10~50Hz	50~100Hz
1	一般砖房，非抗震大型切块建筑物		2.0~2.5	2.3~2.8	2.7~3.0
2	钢筋混凝土结构房屋		3.0~4.0	3.5~4.5	4.2~5.0
3	一般古建筑与古迹		0.1~0.3	0.2~0.4	0.3~0.5
4	水工隧洞		7~15		
5	交通隧洞		10~20		
6	水电站和发电厂中心控制室设备		0.5		
7	新浇大体积混凝土龄期/d	初凝~3	2.0~3.0		
		3~7	3.0~7.0		
		7~28	7.0~12.0		

注：1. 表列频率为主振频率，系指最大振幅对应波频率。
　　2. 频率范围可根据类似工程或现场实测波形选取。选取频率时亦可参考下列数据：洞室爆破小于 20Hz，深孔爆破 10~60Hz，浅孔爆破 40~100Hz。
　　3. 选取建筑物安全振速时，应综合考虑建筑物的重要性、建筑物质量、新旧程度、自振频率、地基条件等因素。
　　4. 省级以上（含省级）重点保护古建筑与古迹的安全允许振速，应经专家论证选取，并报相应文物管理部门批准。
　　5. 选取隧道、巷道安全允许振速时，应综合考虑构筑物的重要性、围岩状况、断面大小、埋深大小、爆源方向、地震振动频率等因素。
　　6. 非挡水新浇大体积混凝土的安全允许振速，可根据本表给出的上限值选取。

（2）绘制质点振动传播规律测试垂向、径向和切向时域振动波形图、成果表和统计分析图表等，根据计算的振动常数 K、α、β 值，给出试验区爆破振动特征表达式，结合爆破振动安全评价标准，优化爆破施工方案，保证爆破施工安全。

3.1.9　地脉动测试

3.1.9.1　工作原理

通过三分量拾振器测定建筑场地不同方向因自然震源（风、雨、海浪、火山、人文活动等）引起振幅为 $10^{-7} \sim 10^{-6}$ m、频率为 0.5~20Hz 的一种稳定的非重复随机微振动波群，经频谱分析确定场地地脉动主振频率（卓越周期）谱带宽及其平均振幅，为场地建筑结构抗震设计、场地土类别划分提供资料。

3.1.9.2　仪器设备

测试仪器要求通道数不应少于 3 通道；采样间隔可选，最小采样间隔不宜大于 0.5ms；采样时长不宜小于 5min；模数转换精度不宜低于 20bit；通频带不宜窄于 0.1~100Hz，信噪比应大于 80dB；放大器串音抑制比大于 96dB；动态范围不应低于 96dB。

拾振器要求频带范围应为 0.5~25.0Hz，阻尼系数应为 0.65~0.70，电压敏感度不应小于 30V/m/s，最大可测位移不应小于 0.5mm；自然频率允许偏差为 ±10%，灵敏度允许偏差为 ±10%，相位允许偏差为 ±1ms；应具有良好的防尘、防潮和防水性能。

3.1.9.3　应用范围和条件

地脉动测试宜用于测试场地卓越周期和脉动幅值等波动传播特征。地脉动测试应在场地环境安静条件下进行。

3.1.9.4　数据采集

（1）测试方式及测点布置应根据工程设计、建筑物规模、轴向和地质构造复杂程度确定。每个建筑场地的地脉动测点应均匀分布，且不应少于 3 个测点，测点宜布置在天然土地基处及波速测试孔附近。当同一建筑物场地有不同的地质地貌单元，其地层结构不同时，地脉动的频谱特征也有差异，此时可适当增加测点数量；由于不同土工构造物的基础埋深和形式不同，测点深度应根据工程需要进行布置；地脉动信号微弱，如果测点选择不好，微弱的信号有可能淹没于周围环境的干扰信号之中，给地脉动信号的数据处理带来困难，测点宜布置在较开阔的场地上，应避开地下构筑物，远离人为振动干扰点，与建筑物距离宜大于 20m。

（2）宜使用自然频率不大于 1Hz 的短周期三分量拾振器或单分量拾振器。拾振器托板与地面应紧密接触，拾振器三个分量应按东西、南北、竖向三个方向安置，拾振器放置在托板上时应进行调平。使用单分量拾振器时，每个拾振器之间的距离不宜大于 1.0m。

（3）测试时，在距离观测点 100m 范围内应无振动干扰，宜选择在安静的夜间进行，并详细记录强风、强雨及气温变化等气候情况和地下水位深度等外界自然条件。

（4）脉动信号频率在 1~10Hz 范围内，最低采样频率常取分析上限频率的 3~5 倍，采样间隔宜为 10~20ms，记录时间不宜少于 15min；应根据预估频率范围设置低通滤波频率；为充分保证资料的可靠性，一般要求观测不少于两次。

（5）测试记录波形应完整、无明显干扰和削波。环境干扰较大、有明显高频噪声、记录时间不足的记录应重测。

3.1.9.5　资料处理

（1）数据处理前，在时间域处理时应对零点漂移和记录波形进行校验，处理波形的失真；在频率域处理时应首先按采样定理的要求选择合理的采样频率，采样频率宜按所求频率上限的 3~5 倍选取。

（2）测试数据处理宜采用功率谱分析法，每个样本数据宜采用不少于 1024 个点，采用间隔宜为 10~20ms，并加窗函数处理；频域平均次数不宜小于 32 次。

（3）卓越频率应按图谱中最大峰值所对应的频率确定；当图谱中出现多峰且各峰的峰值相差较小，在谱分析的同时应进行相关谱和互谱分析，对场地脉动卓越频率进行综合评价，卓越周期计算按式（3-47）计算。

$$T_s = \frac{1}{f_s} \tag{3-47}$$

式中，f_s 为卓越频率，Hz；T_s 为卓越周期，s。

（4）脉动幅值应取实测脉动信号的最大幅值；确定脉动信号的幅值时，应充分考虑排除人为干扰信号及外界自然条件变化的影响。

（5）在对场地脉动信号进行振幅谱或功率谱分析的同时，也可进行相关分析或互谱分析，以对同一场地同一测点不同分量或不同测点同一方向的地脉动信号的计算结果进行比较、分析得到可靠的卓越周期。

（6）当需要了解地面上测点和孔中测点的相互关系时，可进行传递函数或互谱分析。

3.1.9.6　解译评价

（1）场地下功率图谱波形简单，为单峰型、主峰突出、频带窄、面积小，不同位置测试的卓越周期变化小，说明场地岩土层结构简单，覆盖层厚度变化较小；场地下功率图谱波形相对复杂，具有多样化，为双峰或多峰型、频带较宽、能量较分散，不同位置测试的卓越周期变化较大，说明场地岩土层较多、结构较复杂，覆盖层厚度变化较大。

（2）关于地震动峰值加速度估算，我国学者彭远黔推导出场地脉动周期 T_s 与地震烈度 I_{MM} 和地震动峰值加速度 a_{MAX} 的经验关系式，见式（3-48）。

$$a_{MAX} = 0.72 \times T_s^{0.124} \times 10^{0.331I_{MM}} \qquad (3-48)$$

在地基厚度相同时，地基越硬，卓越周期越短，对应的短周期刚性建筑物越易损坏；地基越软，卓越周期越长，对应的长周期柔性建筑物越易损坏。

3.2 电法伪随机流场拟合法

3.2.1 伪随机流场拟合法原理

伪随机流场拟合法是中国工程院何继善院士为探测堤坝管涌渗漏入水口而提出的一种特殊的电法勘探方法[9]。一般来说，江、河、库、湖中正常水流分布有一定的规律，即在没有管涌渗漏等情况下，正常流速场可类似于一般电法勘探中的背景或正常场。当存在管涌、渗漏时，将出现两个方面的异常情况：

（1）在正常流场基础上，出现了由于渗漏造成的异常流场，异常流场的重要特征是水流速度矢量指向管涌渗漏的入水口。

（2）渗漏的出现，必然存在从迎水面向背水面的渗、漏通道。管涌时，通道更为明显。

伪随机流场拟合法就是基于以上物理事实，在背水面的堤垸内和迎水面的水中发送特殊波形的电流场去拟合并强化异常水流场的分布，通过测量电流密度分布，拟合管涌渗漏造成的异常水流场分布，从而寻找管涌渗漏入水口。

3.2.1.1 流速场和电流场的关系

从场论和矢量分析的基本规律可知，流速 u 和势函数 ψ 满足的边界条件与电场强度 E 和电位 V 满足的边界条件是相同的。根据唯一性定理，满足相同微分控制方程和边界条件的流速与电场具有相同形式的解。由于水体的电导率十分均匀，水体中的电场与电流密度具有相同的分布规律，因此只要能测定水体中电流密度场的分布，就可以了解水流速度的分布规律，从而查明管涌渗漏入水口[10]（见图3-14）。

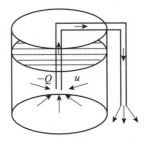

图 3 - 14　水体中渗漏流场模型

3.2.1.2　**伪随机流场拟合法技术特点**

根据流场拟合法理论，为查找管涌渗漏的入水口，必须在入水口处设置电流源，以模拟渗漏流速场的分布规律。由于入水口是未知的，可以将一个电极置于渗漏的出水口，由于渗漏通道的存在，出水口的电流源可以看作是在渗漏的入水口。另一个电极则应该远离入水口，以减少对电流分布的影响。为减少水深对解释的影响，应尽量测量水底的电流密度平面分布，从而提高判断的准确性和分辨率。为提高探测的速度，可以仅测量电流密度的垂直分量，并可以在水中拖曳连续测量，但必须保持探头垂直。因此，相对于传统方法技术，流场拟合法主要技术特点有：

（1）测量参数为电流密度场，而不是传统电法勘探的电位或电场，不存在电导率非均匀性的影响（水的电导率十分稳定）。

（2）传感器在水中靠近水底测量，解决了探测深度与分辨率的矛盾，探测分辨率高、定位精度高。

（3）传感器随船在水中拖曳，探测速度快，可达到 $2 \sim 3 m/s$，远远快于传统方法。

（4）采用伪随机电流波，可以选频测量，因此抗干扰能力强。

（5）方法原理简单，容易推广。

流场拟合法的仪器主要为管涌渗漏检测仪，由发送机（含电源系统）、接收机、探头及连接电缆组成。

3.2.2　伪随机流场拟合法工作方法

开工前，应严格按仪器操作说明书对发送机、接收机、探头、电缆电线等进行全面的校验或检查，以确保仪器工作正常。现场工作中，发送机应放置在地势较高、视野开阔、通信方便且相对安全的地方。供电电极 A 布置在渗漏出水口处，如有多处渗漏，可在每一渗漏处各布置一电极，然后用导线将它们并联起来。供电电极 B 应布置在离待查区域较远的水体一侧。在按图 3-15 连接好发送机、接收机、电极、探头后，可按以下步骤进行野外施工[11]。

（1）测网布置。流场拟合法的测网总是在水面上，因此应参照水上物探的方法设计、布置测网。与常规电法勘探不同的是，由于查漏的特殊要求，流场拟合法的测网往往比较密，线距一般 $1 \sim 5 m$，点距 $0.5 \sim 1.0 m$，需要的成果图的比例尺也比较大，因此要求的定位精度比较高。实际中，可以采用高精度差分 GPS 确定探头的实际位置。在条件不允许的情况下，可用两台以上的经纬仪作前方交会定位。总之，既要保证现场有明确的测点位置，又要保证这些测线和测点能准确地落在工作布置及查漏成果图上。

（2）发送机调试。确认供电电极与供电导线已连接，并与仪器的 A、B 接线柱连接无误后，打开发送机，供电指示灯亮，表明发送机已开始工作。观察发送机面板上的电压指示表和电流指示表。如电压指示表内指针在红色区域内并稳定，表明发送机工作正常。如电流指示表指针在"0"位置不动，应关闭发送机并检查导线和供电电极是否接通、电极接地是否良好。调整接地电阻，可改变发送电流的大小。

（3）检查接收机。将接收机、探头等装载在探测船上，连接探头与接收机，并将探头缓缓放入水中。开启接收机，指示灯亮，表明工作正常。按住接收机面板上探头通断检查按钮，若指示表指针往大数方向摆动，且稳定，说明探头正常；如果指针停留在"0"位置，说明接收探头不通，应检查连接电缆与接头。如果是探头的内部问题，应将其送回仪器厂家进行修理或更换。

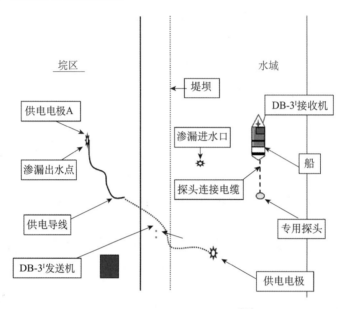

图 3-15　渗漏探测现场布置[10]

（4）测量。发送机供电，探头放置在水中，离水底 5~10cm，且测量中保持垂直，接收机观测并记录读数，每个测点上读数 2~3 次，读数应稳定。供电电流有变化时，应及时记录实际的电流值。

（5）成果整理与解释。由于探头的长度是固定的，且水体的电导率稳定，因此只需要对记录的电位差用电流归一化，就相当于计算出了电流密度。电流密度剖面曲线或平面等值线图就是流场拟合法的成果图件。高于背景值 2~3 倍均方误差的异常可视作可靠异常，一般是管涌渗漏的入水口引起的。

3.3　探地雷达

3.3.1　基本原理

探地雷达（Ground Penetrating Radar，GPR）是利用脉冲电磁波来探测地层或物体内部结构的地球物理方法。其通过发射天线向介质发射电磁波，接收天线接收电磁波。由于不同介质具有不同的电磁特性（介电常数、电导率、磁导率），因此电磁波在介质中传播时，其传播时间、电磁场强度与波形将随所穿过介质的电性（如介电常数 ε_r）及目标体的几何形态的差异而产生变化，对其进行数据处理，研究电磁波的旅行时间、频率、相位、幅度和波形等信息，即可探测目的体的结构和位置信息，并可结合地质资料进行分析解释[12]。

探地雷达的工作频率在几十兆赫兹至上千兆赫兹之间，对于一个偶极子场源场，任意空间点、t 时刻的电磁场强度由式（3-49）表示

$$P = |P|\mathrm{e}^{-\mathrm{j}\omega\left(t-\frac{r}{v}\right)} \tag{3-49}$$

式中，P 为电磁波的场值；ω 为角频率；t 为时间；v 为电磁波速度；$\dfrac{r}{v}$ 为 r 点的场值变化滞后于源场变化的时间。

因为角频率 ω 与频率 f 的关系为 $\omega = 2\pi f$，波长 $\lambda = \dfrac{v}{f}$，所以式（3-49）可以表示为式（3-50）的形式。

$$P = |P|\mathrm{e}^{-\mathrm{j}\left(\omega t-\frac{2\pi f r}{v}\right)} = |P|\mathrm{e}^{-\mathrm{j}\left(\omega t-kr\right)} \tag{3-50}$$

$$k = \frac{2\pi}{\lambda}$$

式中，k 为相位系数，也称传播常数；f 为频率；λ 为波长。

k 是一个复数，由 Maxwell 电磁理论可得出式（3-51）。

$$k = \omega\sqrt{\mu\left(\varepsilon + \mathrm{j}\frac{\sigma}{\omega}\right)} \tag{3-51}$$

式中，μ 为磁导率；ε 为介电常数；σ 为电导率。

将式（3-51）写成 $k = \alpha + \mathrm{j}\beta$ 形式，则有：

$$\alpha = \omega\sqrt{\mu\varepsilon}\sqrt{\frac{1}{2}\left[\sqrt{1+\left(\frac{\sigma}{\omega\varepsilon}\right)^2}+1\right]} \tag{3-52}$$

$$\beta = \omega\sqrt{\mu\varepsilon}\sqrt{\frac{1}{2}\left[\sqrt{1+\left(\frac{\sigma}{\omega\varepsilon}\right)^2}-1\right]} \tag{3-53}$$

将基本波函数 $\mathrm{e}^{\mathrm{j}kr} = \mathrm{e}^{\mathrm{j}\alpha r}\cdot\mathrm{e}^{-\beta r}$ 代入电磁波表达式（3-49），则有：

$$P = |P|\mathrm{e}^{-\mathrm{j}\left(\omega t-\alpha r\right)}\cdot\mathrm{e}^{-\beta r} \tag{3-54}$$

式（3-52）~式（3-54）中，α 为相位系数，表示电磁波传播时的相位项，波速的决定因素；β 为吸收系数，表示电磁波在空间各点的场值随着离场源的距离增大而减小的变化量。

介质电磁波速度 v 由式（3-55）计算：

$$v = \frac{\omega}{\alpha} \tag{3-55}$$

常见混凝土及岩土介质一般为非磁介质，在地质雷达的频率范围内，一般有 $\frac{\sigma}{\omega\varepsilon} \ll 1$ ，于是介质的电磁波速度可由式（3-56）近似计算。

$$v = \frac{c}{\sqrt{\varepsilon}} \qquad (3-56)$$

式中，c 为电磁波在真空中的传播速度，$c = 0.3 \times 10^9 \mathrm{m/s}$。

当雷达波传播到存在介电常数差异的两种介质交界面时，雷达波将发生反射，反射信号的大小由反射系数 R 决定，R 由式（3-57）计算。

$$R = \frac{\sqrt{\varepsilon_1} - \sqrt{\varepsilon_2}}{\sqrt{\varepsilon_1} + \sqrt{\varepsilon_2}} \qquad (3-57)$$

式中，ε_1 为上层介质的介电常数；ε_2 为下层介质的介电常数。

雷达反射波路径遵循波的反射原理，如图 3-16 所示，反射波的到达时间可以由式（3-58）计算。根据雷达波的大小，从已知的上层介质的介电常数出发，可以计算出下层介质的介电常数，结合工程地质及地球物理特征推测其物理特性。

$$t = \frac{\sqrt{4H^2 + x^2}}{v} \qquad (3-58)$$

式中，x 为发射天线与接收天线之间的距离；H 为目标体的埋深。

也可由地下介质的波速 v 和雷达波反射时间 t 计算出目标体深度 H。

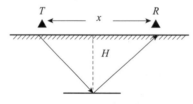

图 3-16 雷达波反射原理

当前，探地雷达大的分类为二维（2D）和三维（3D）两种方式[13]。二维探测也称剖面探测，主要有剖面法和宽角法。

剖面法是发射天线 T 和接收天线 R 以固定间距沿测线同步移动的一种测量方式（见图 3-17）。当发射天线与接收天线间距为零，亦即发射天线与接收天线合二为一时称为单天线形式，反之称为双天线形式。剖面法的测量结果可以用探地雷达时间剖面图像来表示。该图像的横坐标记录了天线在地表的位置；纵坐标为反射波双程走时，表示雷达脉冲从发射天线出发经地下界面反射回到接收天线所需的时间。这种记录能准确反映测线下方地下各反射界面的形态。由于介质对电磁波的吸收，来自深部界面的反射波会由于信噪比过小而不易识别，这时可采用多次覆盖测量方式，主要采用不同天线距的发射-接收天线在同一测线上进行重复测量，然后把测量记录中相同位置的记录进行叠加，这种记录能增强对深部地下介质的分辨能力。

宽角法或共中心点法是雷达的另一种工作方式。一根天线固定在地面某一点上不

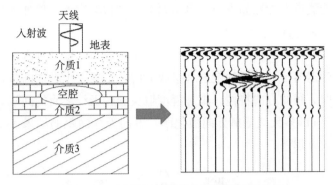

图 3 - 17　剖面法示意图及其雷达图像剖面

动，而另一根天线沿测线移动，记录地下各个不同界面反射波的双程走时，这种测量方式称为宽角法。其测量方式和数据处理方式与反射地震勘探的共中心点（CMP）法和共深度点（CDP）测量方式类似。也可以用两根天线，在保持中心点位置不变的情况下，不断改变两根天线之间的距离，记录反射波双程走时，这种方法称为共中心点法［见图3 - 18（c）］。当发射天线不动，而接收天线移动时则为共深度点测量［见图 3 - 18（a）、（b）］。当地下界面平直时，这两种方法结果一致。这两种测量方式的目的是求取地下介质的电磁波传播速度。

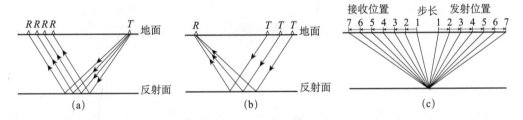

图 3 - 18　共中心和共深度观测方式

(a) 共发射点；(b) 共接收点；(c) 共中心点

　　目前也常用这种测量方式进行剖面的多点测量，与地震勘探类似，测量的结构通过静校正和动校正后，在速度分析的基础上进行水平叠加，获得信噪比较高的探地雷达资料。

　　深度为 D 的地下水平界面的反射波双程走时 t 由式（3 - 59）确定。

$$t^2 = \frac{x^2}{v^2} + \frac{4h^2}{v^2} \qquad\qquad (3-59)$$

式中，x 为发射天线与接收天线之间的距离；h 为反射界面的深度；v 为电磁波的传播速度。

　　地表直达波可看成是 $h = 0$ 的反射波。式（3 - 59）表示当地层电磁波速度不变时，t^2 与 x^2 两者是线性关系。因此可先由宽角法或中心点法测量所得到的地下界面反射波双程走时 t，然后再利用式（3 - 59）求得到地层的电磁波速度。

　　多天线法或天线阵列法是利用多根天线进行测量。每根天线使用的频率可以相同也可以不同。每个天线道的参数如点位、测量时窗、增益等都可以单独用程序设置。多天线测量主要使用两种方式。第一种方式是所有天线相继工作，形成多次单独扫描，多次扫描使得一次测量所覆盖的面积扩大，从而提高工作效率。第二种方式是所有天线同时工作，利用时间延迟器推迟各道的发射和接收时间，形成一个叠加的雷达记录，改善系统的聚焦特性亦即无线的方向特性。聚焦程度取决于各天线之间的间隔。图 3-19 给出了天线间距为 0.5m 的多天线辐射方向极化图。不同天线间距的结果表明，各天线之间间距越大，聚焦效果越好。

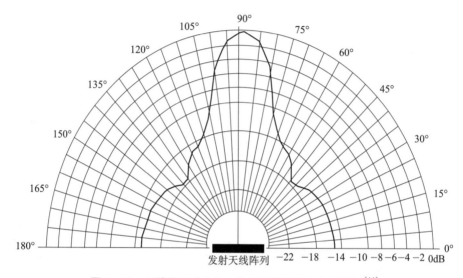

图 3-19　天线间距为 0.5m 的多天线辐射方向极化图[14]

　　探地雷达设备主要包括三个部分：用于发射高频宽频带脉冲波的发射机、用于采集探地雷达回波信号的接收机、用于发送控制命令和数据处理的上位机。探地雷达基于电磁波反射和折射开展工作，首先上位机发出采集命令，主控板接收到上位机发出的指令之后控制发射机开始向地下发送高频宽频带脉冲波，随后接收天线接收回波信号并经主控板上传至上位机，上位机接收到回波信号之后利用相关数据处理算法和成像算法进行处理，最后将处理后的数据以图片的形式通过显示屏进行实时展示。由于探地雷达发射天线和接收天线与地面之间有一段空气填充，因此接收信号不仅包括有用目标的回波信号，还包括地面反射波、耦合波和噪声等。图 3-20 所示为二维探地雷达原理。

　　共偏置探测模式[15]如图 3-21 所示，TX 为发射天线，RX 为接收天线，收发天线分离但间距保持不变，保持一体式沿测线方向移动，首先 TX 向地下发送电磁波，然后 RX 接收反射回来的电磁波并经采样后变成计算机可以识别的数字信号，最后上传到上位机中进行数据处理与可视化。

　　收发天线每次发一次电磁脉冲和收一次回波信号就会完成一道 A-scan 数据的采集，天线沿侧线移动就可以获得由多道 A-scan 数据组成的 B-scan 数据，这便是二维探地雷达采集地下目标回波数据的步骤。对于三维探地雷达而言，多条测线并列安装可同时对探地雷达覆盖区域进行探测，三维探地雷达探测如图 3-22 所示。

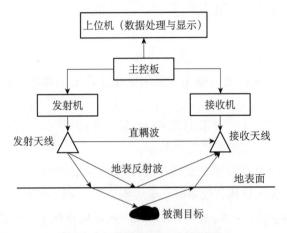

图 3 – 20　探地雷达二维探测原理

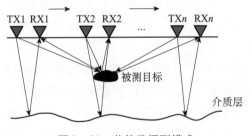

图 3 – 21　共偏移探测模式

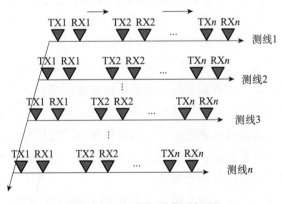

图 3 – 22　三维探地雷达探测

　　三维阵列式探地雷达采用树状结构链接，计算机在整个系统中控制一个或多个雷达天线系统并通过有线或 Wi-Fi 链接。可视化界面控制软件运行在 Windows 系统上，提供所有探地雷达控制和实时显示，同时控制雷达的天线阵发收与测量采集系统。三维阵列式探地雷达通过网络控制器实现控制，通过有线或 Wi-Fi 进行数据传输。当多个网卡必须一起工作时，三维阵列式探地雷达集中控制网卡及其相关雷达装置、电源并同步定位。单个网络控制器支持多个网卡，同时网络控制器可实现多台并联，理论上可连接无限数量网卡、雷达天线系统。这一系统可以实现：

（1）天线全部为数字式天线。

（2）通道数不受限制，配置成任意通道数的三维阵列式雷达可配置单频多根天线或多频多根天线，满足浅、中、深探测的需要。

（3）多极化模式配置：横向极化、纵向极化或任意角度极化高速，机械车辆拖引高速测量。

（4）配置灵活，根据工作要求配置多频、同频不同探深及高分辨的要求。

（5）GPS测线轨迹、实景地图三维显示。

合成孔径雷达成像为 GPR 数据成像领域中主流的成像技术，其主要是各种偏移成像技术。当地下目标复杂且数量较多时，单纯地从 B-scan 数据灰度图中辨别地下目标就极其困难烦琐，而合成孔径成像技术可以实现回波信号能量的准确归位，即能量聚焦到双曲线的顶点位置，经过处理后的信号的反射波和绕射波基本归位到其真实的坐标位置，能够清楚地观测其形状大小和位置信息，有效地提高了 GPR 回波信号的横向分辨率，对 GPR 的工程应用具有重要的意义。有效的合成孔径成像技术包括偏移成像和爆炸反射界面技术。

GPR 记录的地下目标反射回波信号同相轴受电磁波传播的影响及 GPR 记录方式的影响，位置和形状大小等都偏离了真实目标，这就是偏移。为了提高回波信号的横向分辨率，需要设法消除偏移这种现象，消除这种影响的过程就是偏移成像。如图 3-23 所示，测线沿 x 轴正方向，P1 和 P2 代表 GPR 接收天线，点 A 和点 B 代表真实点目标位置，点 A1 和点 B1 分别为 GPR 天线 P1 和 P2 记录的关于点目标 A 和 B 的位置，角度 α 代表地质剖面中的真实反射波倾角，角度 β 代表时间剖面中记录的反射波倾角。从图中可以清楚地看出，在 GPR 接收的回波信号时间剖面中真实界面 AB 会被记录成界面 A1B1，这种情况下就需要经过偏移处理使时间界面 A1B1 收敛到真实界面 AB 位置。可以看出，经过偏移之后，反射界面变陡。真实反射层范围更小，处理之后往上倾方向收敛。偏移成像实质是将接收信号进行重新排列的反演运算，使反射波能量归位，便于后续观测与解释。偏移成像具有众多优点，比如可以提高回波信号的横向分辨率，更好地在成像中辨别断点、尖点等信息；使电磁波场准确归位，由界面弯曲、倾斜造成的误导性辨识得以清除；提高回波信号的信噪比。

波动方程偏移成像分为延拓与成像，延拓即将 GPR 接收到的目标反射回波信号反向外推到地下，将回波信号的记录面从地面换算到地下某一深度。而经过偏移处理之后，要想将所有反射波和绕射波都归位，还要进行成像处理。爆炸反射模型（ERM）成像原理是波动方程偏移成像中最常使用的成像方法。ERM 是将目标反射界面假设为爆炸源，其形态大小和位置等都假设与反射面一样。假设在 $t=0$ 时刻目标反射界面作为爆炸源就会同时爆炸，爆炸产生的脉冲上行波经过地下有耗介质向上传播并由地面上的探测天线接收。由波动方程计算规则将位于地面上的 GPR 采集到的回波数据进行反向延拓，则 $t=0$ 时的数据就是真实反射界面的波场值，这样就实现了波动方程的偏移与成像。假设探地雷达收发天线重合或者天线间距很小，可以忽略，这样探地雷达采集

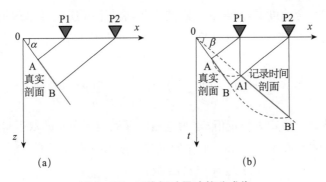

图 3 – 23 三维探地雷达偏移成像

（a）目标反射回波真实剖面；（b）真实剖面与时间剖面关系

到的时间剖面等效为自激自收，因此探地雷达发射的高频电磁波传播到地下的路径和电磁波经反射界面返回到接收天线的路径可以认为是重合的。而 ERM 中只考虑上行波，少了下行波的传播路径，这样波到达路面时间就会减少一半。为了使波到达时间不变，利用 ERM 进行反向延拓和成像时电磁波传播速度应该取实际传播速度的 $1/2$ [15]。爆炸反射模型成像原理如图 3 – 24 所示，其中，图 3 – 24（a）表示实际情况下探地雷达探测过程中的上行波和下行波，图 3 – 24（b）表示爆炸反射模型的上行波，两种模型采集信号所用时间相同。

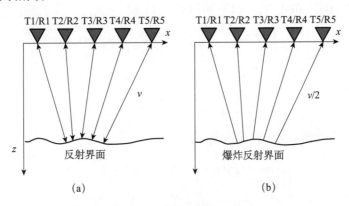

图 3 – 24 爆炸反射面模型

（a）电磁波实际传播；（b）爆炸反射界面

将二维数据 F – K 波动方程偏移合成孔径成像拓展到三维数据 F – K 波动方程偏移合成孔径成像，具体推导过程如下介绍。同样基于爆炸反射面理论推导三维数据F – K波动方程偏移成像算法。首先建立三维直角坐标系 xyz，z 轴垂直向下表示探地深度，x 轴水平向右表示探地雷达测线方向，y 轴与 x 轴同在 $x0y$ 平面内。假设 $P(x, y, z, t)$ 表示接收天线接收到的坐标 (x, y, z) 处的回波信号，则 $P(x, y, 0, t)$ 为三维探地雷达直接采集到的回波数据，即偏移成像处理之前的水平叠加剖面，$P(x, y, z, 0)$ 为地下反射面的真实剖面，即将三维探地雷达记录数据向地下反向延拓到时间为零的数据剖面，这就是经过偏移成像处理后的真实数据剖面。假定地下介质各向同性且均匀，

波速为半速度 $v/2$，全速度 $v=c/\varepsilon_r$ 是电磁波在忽略地下介质磁导率的情况下的近似值，其中 c 代表电磁波在空气中的传播速度。探地雷达接收信号在三维空间中的标量波动方程为：

$$\frac{\partial^2 p}{\partial x^2} + \frac{\partial^2 p}{\partial y^2} + \frac{\partial^2 p}{\partial z^2} = \frac{1}{(v/2)^2} \frac{\partial^2 p}{\partial t^2} \tag{3-60}$$

式中，v 为电磁波速，假定为恒定值；t 为电磁波探测地下介质的双程时间。

对方程（3-60）在 x，y，z，t 上作傅里叶变换得方程式（3-61）：

$$\begin{cases} P(x,y,z,t) \Leftrightarrow \bar{p}(k_x,k_y,k_z,\omega) \\[2mm] \dfrac{\partial^2 p}{\partial x^2} \Leftrightarrow -k_x^2\, \bar{p}(k_x,k_y,k_z,\omega) \\[2mm] \dfrac{\partial^2 p}{\partial y^2} \Leftrightarrow -k_y^2\, \bar{p}(k_x,k_y,k_z,\omega) \\[2mm] \dfrac{\partial^2 p}{\partial z^2} \Leftrightarrow -k_z^2\, \bar{p}(k_x,k_y,k_z,\omega) \\[2mm] \dfrac{\partial^2 p}{\partial t^2} \Leftrightarrow -k_t^2\, \bar{p}(k_x,k_y,k_z,\omega) \end{cases} \tag{3-61}$$

式中，k_x 为 x 方向上波数；k_y 为 y 向上；k_z 为 z 上波数；ω 为角频率。

联合式（3-60）和式（3-61）可得式（3-62）：

$$\left[(k_x^2 + k_y^2 + k_z^2) - \frac{\omega^2}{(v/2)^2} \right] \bar{p} = 0 \tag{3-62}$$

此即为波动方程的频域-波数域方程表达式，由于 $P \neq 0$，故可得：

$$\omega^2 - \frac{v^2}{4}(k_x^2 + k_y^2 + k_z^2) = 0 \tag{3-63}$$

进一步可以推导出 ω 与 k_x、k_y、k_z 满足

$$\begin{cases} \omega = -\,\mathrm{sgn}(k_z)\dfrac{v}{2}\sqrt{k_x^2 + k_y^2 + k_z^2} \\[4mm] \mathrm{d}\omega = -\,\mathrm{sgn}(k_z)\dfrac{v}{2}\dfrac{k_z}{\sqrt{k_x^2 + k_y^2 + k_z^2}}\mathrm{d}k_z \end{cases} \tag{3-64}$$

式（3-65）称为频散关系式。对式（3-60）在（x、y、z）方向上作三维傅里叶变换，设 $k_z^2\,\bar{p}(k_x,k_y,k_z,t)$ 为 $P(x, y, z, t)$ 在 x、y、z 方向的三维傅里叶变换，可得：

$$\frac{v^2}{4}(k_x^2 + k_y^2 + k_z^2)\bar{p} + \frac{\partial^2 p}{\partial t^2} = 0 \tag{3-65}$$

将式（3-63）代入式（3-65），得：

$$\frac{\partial^2 \tilde{p}}{\partial t^2} + \omega^2 \tilde{p} = 0 \tag{3-66}$$

根据爆炸反射面模型可知，在 $t=0$ 时刻即对应目标"爆炸"时刻，此刻的数据即为目标的真实剖面，$\bar{p}(k_x,k_y,k_z,t=0)$ 就是所要求的真实剖面 $P(x, y, z, t=0)$ 的傅

里叶变换，只要求出 A（k_x, k_y, k_z），然后做 IFFT，得到真实剖面 P（x，y，z，$t=0$）。

再对式（3-66）通解的上行波方程中的 $\bar{p}(k_x, k_y, k_z, t)$ 做傅里叶反变换，得：

$$P(x,y,z,t) = \frac{1}{(2\pi)^3} \iiint\limits_{-\infty}^{\infty} A(k_x, k_y, k_z)\, \mathrm{e}^{\mathrm{j}\omega t}\, \mathrm{e}^{\mathrm{j}(k_x x + k_y y + k_z z)}\, \mathrm{d}k_x \mathrm{d}k_y \mathrm{d}k_z \qquad (3-67)$$

其中 P（x，y，$z=0$，t）即为探地雷达采集到的回波信号，设 C（k_x, k_y, ω）为水平叠加剖面 P（x，y，$z=0$，t）在 x、y、t 域的傅里叶变换，则有：

$$C(k_x, k_y, \omega) = \iint\limits_{-\infty}^{\infty} P(x,y,z)\, \mathrm{e}^{\mathrm{j}\omega t}\, \mathrm{e}^{\mathrm{j}(k_x x + k_y y)}\, \mathrm{d}x \mathrm{d}y \mathrm{d}t \qquad (3-68)$$

对应的傅里叶反变换为：

$$P(x,y,z=0,t) = \frac{1}{(2\pi)^3} \iiint\limits_{-\infty}^{\infty} C(k_x, k_y, \omega)\, \mathrm{e}^{\mathrm{j}\omega t}\, \mathrm{e}^{\mathrm{j}(k_x x + k_y y)}\, \mathrm{d}x \mathrm{d}y \mathrm{d}\omega \qquad (3-69)$$

比较式（3-68）、式（3-69），两式的左边都是水平叠加剖面，故右边等式也应该相等。

$$A(k_x, k_y, k_z)\, \mathrm{d}k_z = C(k_x, k_y, \omega)\, \mathrm{d}\omega \qquad (3-70)$$

根据频散关系式（3-64）可得：

$$A(k_x, k_y, k_z) = C\left[k_x, k_y, -\,\mathrm{sgn}(k_z)\, \frac{v}{2}\sqrt{k_x^2 + k_y^2 + k_z^2}\right]\left[-\,\mathrm{sgn}(k_z)\, \frac{v}{2}\, \frac{k_z}{\sqrt{k_x^2 + k_y^2 + k_z^2}}\right]$$

$$(3-71)$$

通过式（3-71）就实现了探地雷达回波数据从 $k_x-k_y-\omega$ 域到 $k_x-k_y-k_z$ 域的转换，得出 $A(k_x, k_y, k_z)$ 与水平叠加剖面 $P(x,y,z=0,t)$ 之间的数值关系，通过 $P(x,y,z=0,t)$ 的傅里叶变换 $C(k_x, k_y, \omega)$ 进行 Stolt 插值运算求出 $A(k_x, k_y, k_z)$，然后对 $A(k_x, k_y, k_z)$ 进行一次傅里叶反变换，便可求得最后的目标偏移剖面 $P(x,y,z=0,t)$。对 $A(k_x, k_y, k_z)$ 作三维傅里叶反变换得到：

$$P(x,y,z=0,t) = \frac{1}{(2\pi)^3} \iiint\limits_{-\infty}^{\infty} A(k_x, k_y, k_z)\, \mathrm{e}^{\mathrm{j}(k_x x + k_y y + k_z z)}\, \mathrm{d}k_x \mathrm{d}k_y \mathrm{d}k_z \qquad (3-72)$$

式中，$P(x,y,z=0,t)$ 就是最后要求取的偏移后的数据剖面。

3.3.2　探地雷达的仪器系统

3.3.2.1　国内外探地雷达技术发展状况

从探地雷达的仪器原理进行划分，探地雷达仪器系统可分为时间域探地雷达仪器系统和频率域探地雷达系统。随着探地雷达运用领域的日益广泛，探地雷达仪器系统也越来越多，如国外 GSSI 的 SIR 系列、EKKO 系列、MALA 系列等，国内的 LTD 系列、GEOPEN 系列等。国内外仪器的开发和研究趋势主要表现在：

（1）从通用的探地雷达系统向单一目标的探测或特殊目标体探测的方向发展，解决某一方面的具体问题，如专用的公路路面监测雷达、三维管线探测雷达、混凝土无损探测雷达等。

（2）探地雷达仪器操作逐渐小型化、集成化、无线化，且固化了高级的信号处理和异常识别功能。

（3）多通道或阵列探地雷达的广泛运用，更容易实现探地雷达的三维、多偏移距数据采集，信号更加稳定、信息量更加丰富。

3.3.2.2　探地雷达系统的主要参数分析

探地雷达以探测、分辨和识别目标体为最终目的，即探地雷达系统的设计参数是以目标体的探测效果为评定标准的。其设计参数主要有深度分辨率、水平分辨率、系统增益、最大探测深度、系统动态范围等。

（1）深度分辨率。深度分辨率取决于区分回波在时间上靠得最近的两个信号能力，用时间间隔表示为：$\Delta t = 1/B_{\mathrm{eff}}$，其中 B_{eff} 为接收信号频谱的有效带宽，转换为深度表示为：$\Delta h = v\Delta t/2 = v/2B_{\mathrm{eff}} = c/2B_{\mathrm{eff}}\sqrt{\varepsilon_{\mathrm{r}}}$。

将探地雷达剖面中能够区分一个以上界面的能力称为深度分辨率。对于层状地层，当地层厚度 h 超过 0.25λ 时，复合反射波形的第一波谷与最后一个波峰的时间差正比于地层厚度，地层厚度可以通过测量地层的顶底反射时间差计算出来。当地层厚度小于 0.25λ 时，已无法从时间差上确定地层厚度，所以，以 h 表示可分辨的最小层厚度，λ 为高频电磁波的波长，则有 $h = 0.25\lambda$ 作为深度分辨率的下限。

（2）水平分辨率。如两个目标体相距为 d，位于同一水平面内，深度为 h，探地雷达系统能否区分这两个目标体将取决于探地雷达系统的水平分辨率。要在时间上分辨出两目标体的回波，接收信号的有效带宽 B_{eff} 应满足式（3−73）或式（3−74）。

$$2\sqrt{h^2 + d^2} - 2h > v/B_{\mathrm{eff}} \tag{3−73}$$

$$d > \sqrt{v/B_{\mathrm{eff}} + vh/B_{\mathrm{eff}}} \tag{3−74}$$

探地雷达向地下传播是以一个圆锥体区域向下发送能量，电磁波的能量主要聚集在能量区，而不是一个单点上。在能量区的中央有一个称为第一菲涅耳带的区域。雷达接收的反射波能量主要来自该区域，因此，反射波信号反映的是反射区内介质的平均效应；也就是说，当水平尺度小于反射区尺度时，雷达是难以分辨的。而反射区的半径 r 主要由电磁波的波长 λ 和反射面的深度 h 决定，其关系为 $r = \sqrt{\dfrac{\lambda h}{2}}$。电磁波频率越高，波长越短，反射区的半径越小，水平分辨率高。即对于探地雷达剖面信号来说，两个水平相邻的异常体要区分开来的最小横向距离要大于第一菲涅耳带半径。

（3）系统增益。系统增益是最小可探测到的信号电压或功率与最大的发射电压或功率的比值，通常用 dB 作为单位来表示。如果以 Q_s 表示系统增益，P_{min} 为最小可探测信号的功率，P_o 为最大发射信号的功率，则有：

$$Q_s = 10\lg(P_o \mid P_{min}) \tag{3-75}$$

（4）动态范围。

$$D = 10\lg(P_{max} \mid P_{min}) \tag{3-76}$$

式中，P_{max} 为接收收入最大允许功率；P_{min} 为杂波背景下的最小可探测的信号功率。

（5）探测深度。探地雷达的探测深度主要由两部分控制，一是探地雷达系统的增益指数和动态范围；二是探测介质的电学性质，特别是电阻率和介电常数。电磁波在地下传播会有能量损耗，这就限制了雷达的探测深度，当介质为均匀时，根据天线的传播特性，接收信号功率损耗由式（3-77）表示：

$$Q = 10\lg(\eta_t\,\eta_r\,G_t\,G_r g\sigma\,\lambda^2\,e^{-4\beta r}/64\,\pi^3\,r^4) \tag{3-77}$$

式中，η_t、η_r 分别为发射天线与接收天线的效率；G_t、G_r 分别为在入射方向与接收方向上天线的方向增益；g 为目标体向接收天线方向的后向散射增益；σ 为目标体的散射截面；β 为介质的吸收系数；r 为天线到目标体的距离；λ 为雷达子波在介质中的波长。

满足 $Q + Q_s \geqslant 0$ 的距离 r 称为探地雷达的探测深度（距离）。

3.3.3　探地雷达应用范围与条件

3.3.3.1　应用范围

探地雷达根据选择不同的天线组合、参数、探测方式等可广泛运用于：

（1）浅层地质勘测，包括覆盖层探测，地下水位线探测，超前地质预报，岩溶、软弱夹层、岩体风化带、隐伏构造破碎带等探测。

（2）工程质量检测，包括混凝土结构、混凝土厚度、脱空、混凝土缺陷、混凝土与围岩接触情况检测，路面质量、厚度、隐伏塌陷检测，钢筋分布、数量检测等。

（3）其他检测，如地下管线、地下埋藏物、地下构筑物探测等。

3.3.3.2　应用条件

（1）探测目标体与周边介质的介电常数存在明显的差异，且电性相对稳定。

（2）目的体深度在探地雷达的可探测范围之内。

（3）目的体几何形态满足探测分辨率要求，包括垂向分辨率、横向分辨率和目标体尺寸与埋深的比值关系。

（4）测区内尽量避免大范围的金属构件或无线电射频等较强的电磁干扰。

（5）单孔或孔间探测时，钻孔无金属套管（可采用 PV 管等非金属套管）。

3.3.4 探测方法

探地雷达根据电磁波的传播方式，常用的有反射法和透射法。其中，反射法主要用于对介质表面进行探测，其根据天线的移动方式分为剖面法、宽角法、共中心点法及天线阵列法（三维探测）等；透射法主要用于钻孔中探测。野外进行探测时，根据探测对象及所处的地质环境选择不同的探测方法。

（1）剖面法：即发射天线和接收天线以固定的间距同步移动的一种探测方法，当发射天线和接收天线间距为零时即为单天线共发共收，反之为双天线形式。剖面数据为横坐标表示天线对应的水平移动位置，纵坐标表示电磁波反射波的双程走时。

（2）宽角法：即一根天线固定不动，另一根天线沿测线移动，仪器记录地下各个不同界面的反射波双程走时。当保持中心点不变，两根天线沿测线向不同方向同时移动时即为共中心点法。宽角法或共中心点法常用来求取表层的电磁波速度。

（3）天线阵列法：即多根天线通过不同的排列方式同时进行探测，天线频率可以相同，也可以不同，每根天线的通道、参数都可以独立设置，并可以通过多天线组合组成三维探测。

（4）孔中雷达探测：利用专门的钻孔雷达天线在两孔中通过不同的观测系统移动天线，对两孔间进行透射或层析；也可用具有收发功能的单天线在单孔中进行移动探测，但单孔探测异常无法确定其具体位置，需用多孔交会定位法进行异常位置定位。

3.3.5 探地雷达数据处理

野外采集的探地雷达原始数据，既包含有用信息，也包含各种无用信息（各种干扰），有些情况下有用信息会被干扰信息覆盖，须经过数据处理才能得到更有利于解释的数据或图像。数据处理的目的就是压制各种干扰，增强有用信号，提高数据的信噪比，以便从数据中提取速度、振幅、频率、相位等特征信息，对数据进行地质分析解释。

探地雷达数据的处理流程一般情况下分为三部分：第一部分为数据编辑，包括文件头编辑、数据的合并连接、废道的剔除、数据观测方向一致化、标记校正、距离归一化等；第二部分为常规处理，包括对数据进行滤波、振幅处理、反褶积、偏移等；第三部分为其他情况处理，包括对数据剖面的修饰处理、显示及异常突出分割等。

探地雷达数据解释的目的是确定探测数据中有意义的介质内部结构、介质特征和分布规律等地质信息，是探地雷达主要探测目标的体现。探地雷达的野外测量设计、数据采集、数据处理和成像等，都是围绕探地雷达的数据解释和确定目标参数及地质意义这一目标而进行的。因此，探地雷达的解释不是一个孤立的环节，而是贯穿于探地雷达应用整个系统问题。

探地雷达的数据解释过程也是一个综合推理过程和反复验证的过程。在进行探地雷达工作之前，需要建立工作目标的地质模型，进而转化为物性模型，最后获得探地雷达的响应模型，在应用地球物理领域通常成为异常响应。在完成数据采集后，对数据进行初步的解释，分析初始地质模型的正确性，然后修改地质模型，并进行数据处理和数据成像等，进一步验证和修改获得的模型。结合多种资料，如地质、钻探、其他探测数据等，综合获得解释结果。可见，探地雷达的数据解释需要探地雷达工作者和相关领域的专家紧密结合。探地雷达的数据解释成果通常包括：获得主要的异常标志和异常响应的主要特征参数；获得探测断面或三维体内的主要介质层或目标体的位置和性质；获得探测断面或三维体的地质结构，推断产生这种结构构造的地质过程；获得地下介质的物性参数，并辅助工程地质或工程质量等的评价。

对探地雷达数据的处理解释应遵循以下原则：

（1）资料的解释与推断应充分结合物探工作范围内的地质、设计和施工资料，在反复对比分析中，总结和分析各种异常现象，得出较为准确的结论。

（2）应遵循野外探测与室内资料处理解释同步进行、室内资料的处理解释结果指导野外的进一步探测工作的原则，现场及时对资料进行初步整理和解释。如果发现原始资料有可疑之处或论述解释结论不够充分时，应做必要的外业补充工作。

（3）解释时应综合资料，充分考虑地质情况和探测结果的内在联系与可能存在的干扰因素，充分考虑地球物理方法的多解性造成的虚假异常。

（4）结论应明确，符合测区的客观地质规律，各种探测方法的解释应相互补充，相互印证；若解释结果不一致，应分析原因，并对推断的前提条件予以说明。

（5）先在原始图像上通过反射波波形及能量强度等特征判断、识别和筛选异常。

（6）通过数据处理对强反射波和强吸收波同相轴进行追踪，或利用异常的宽度及反射旅行时等参数，计算异常体的平面延伸范围和埋深。

3.4　层析成像（CT）

弹性波 CT 是通过对观测到的弹性波各种震相的运动学（走时、射线路径）和动力学（波形、振幅、相位、频率）参数的分析，进而反演由大量射线覆盖的地下介质的结构、速度分布及其弹性参数等重要信息的一种地理物理方法[16]。在弹性波问题中，投影数据是弹性波剖面上接收到的时间和振幅信息，而图像函数是地下介质中的慢度和衰减系数的分布。因此，弹性波勘探中使用层析成像的主要目的是重建地下慢度和衰减系数的分布，其中宏观速度的重建尤为重要。

弹性波层析成像研究按所依据的理论基础一般分为基于射线方程的层析成像和基于波动方程的层析成像。前者按射线追踪时所用的弹性波资料的不同，可分为体波（反射波、折射波）和面波层析成像；按反演的物性参数区分，可分为利用弹性波走时反演弹性波速度的波速层析成像和利用弹性波振幅衰减反演弹性波衰减系数的层析成像。基于射线理论，弹性波走时层析成像方法由于走时具有较高信噪比、无论是柱面波还是球面波走时的规律都相同等优点，相对来说发展较早，技术方法比较成熟，是目前弹性波层析成像的主要方法。但是射线理论只适用于波速在一个波长范围内变化很小的场合，是波动方程的高频近似，因此它有一定的局限性。而基于波动方程的层析成像方法由于需要超大规模的三维数值计算，目前还有许多问题没有解决。但波动方程包含了弹性波场的全部信息，比仅利用走时资料的射线追踪层析成像更能客观地反映地下结构的信息，因此是未来弹性层析成像的主要发展方向。目前弹性波层析成像技术主要包括地震波CT和声波CT两大类。

3.4.1　地震波 CT

地震波CT就是用地震波数据来反演地下结构的物质属性，并逐层剖析绘制其图像的技术。其主要目的是确定地球内部的精细结构和局部不均匀性[17]。相对来说，地震波CT较电磁波CT和电阻率CT两种方法应用更加广泛，这是因为地震波的速度与岩石性质有比较稳定的相关性，地震波衰减程度比电磁波小，且电磁波速度快，不易测量。

地震波CT成像物理量包括波速、能量衰减、泊松比等各种类型，成像方法可以利用直达波、反射波、折射波、面波等各种组合，可利用钻孔、隧道、边坡、山体、地面等各种观测条件，进行二维、三维地质成像。工程地震CT的传统方式是跨孔层析成像，它是CT中最简单的观测方式，射线追踪容易，成像精度高。

3.4.1.1　**放线追踪原理**

地震波在岩体中传播是依据Fermat、Hyngens原理[18]按最小走时或最短路径传播。Fermat原理又称为最小时间原理，其主要内容是地震波总是沿射线传播，并保证波从震源点到达接收点所用走时最小。Hyngens原理则指出，在弹性介质中，已知t时刻波前上的各点，都可以作为从该时刻开始振动的新的震源点，在经过Δt时间后，各子波波前的包络就是t的Δt时刻的新波前面。最小走时射线路径算法就是在这两个原理的基础上提出的。其基本思路是：设t_i为激发点S到第i个接收点的最小走时，则时间方程为：

$$t_i = \min_{i \neq j} |t_j + t_{ij}| \qquad i, j \in \mathbf{N} \tag{3-78}$$

式中，$\mathbf{N}$为包括任意n个节点的弧段集；j为i点前的任意一点；t_{ij}表示从i点到j点的走时。

在激发点S处方程满足初始条件$t_s = 0$，在空间$\mathbf{N}$对于所有的$i \in \mathbf{N}$进行搜索，通过迭代求解可得t_i。

具体实现步骤如下：

（1）创建速度网格和适当密度的射线网格。首先把井间速度模型用固定网格离散化，假设每个网格就是一个速度单元，单元内速度分布为双线性函数，则每一个速度单元内任何一点的速度值 $v(x, z)$ 可由式（3-79）求得：

$$v(x,z) = a_0 + a_1 x + a_2 z + a_3 z \tag{3-79}$$

其中的系数可由式（3-80）和式（3-81）求得网格上的四个角点速度值和四个节点坐标。

$$a_{k-1} = \frac{1}{\Delta} \sum_{l=1}^{4} - l^{1+k} \Delta_{lk} v_l \ (k=1, 2, 3, 4) \tag{3-80}$$

$$\Delta = \begin{vmatrix} l & x_1 & z_1 & x_1 z_1 \\ l & x_2 & z_2 & x_2 z_2 \\ l & x_3 & z_3 & x_3 z_3 \\ l & x_4 & z_4 & x_4 z_4 \end{vmatrix} \tag{3-81}$$

式中，Δ_{lk} 为行列式 Δ 的余子式。

在此基础上在每个速度节点之间内插数个射线节点，形成一张具有速度分布的射线网格图，网格上的每一节点都存在一条从声源到达该点的最小走时射线，根据惠更斯原理，每一节点又可作为新的声源向前传播。因此，在任意两节点之间存在着从声源传播来的波的最小走时，及对应的射线路径。将所有节点按顺序统一编号，以便拾取观测点上的走时和射线路径。

（2）初始化射线网格各节点的走时值。在给定每一个发射点的情况下，用 t_i 表示第 i 个节点的最小走时，为了追踪其射线路径，对射线网格各节点进行统一编号，在开始计算每一个节点的最小走时和记下入射点编号以前，将网格节点按式（3-82）进行初始化。

$$t_i = \begin{cases} 0 \\ \infty \end{cases} \tag{3-82}$$

i 为声源节点序号，将网格节点初始化后，再计算每个节点向周围传播到下一节点的走时，并通过比较找出最小走时及其入射点。

（3）计算从激发点到各射线网格节点的最小走时。从激发点的单元开始，逐步向其周边的单元扩展，计算每一个单元内任意两节点间波的旅行时间：

$$t_{i,j} = t_i + \frac{2 l_{i,j}}{v_i + v_j} \tag{3-83}$$

式中，v_i 和 v_j 为射线节点 i 和 y 的速度值，可由式（3-77）求得；$l_{i,j}$ 为节点 i 和 j 之间的距离；t_i 为第 i 个节点的最小旅行时，第 j 个射线节点上波的最小走时按式（3-84）和式（3-85）选择并记下入射点的编号：

$$t_j = \min\{t_{i,j}, i = 1, \cdots, n\} \tag{3-84}$$

$$\mathrm{pre}(j) = \min\{t_{i,j}\} \tag{3-85}$$

式中，n 为单元上节点的总数；pre (j) 为第 j 个射线节点对应于最小走时的入射节点编号。

（4）观测点上的走时与射线路径的拾取。按上述步骤，求出每个射线节点上从发射点到该点的最小走时及射线路径后，再将观测点对应的节点走时及入射点编号抽取出来，作为理论走时和射线路径，至此就完成了射线追踪过程。

3.4.1.2 成像原理

为简单起见，以二维的情况为例介绍成像原理，但许多概念、理论和方法均可推广到三维或更高维的情况。首先考虑射线是直线的情况。地震勘探中的走时，从数学角度看来，就是平面上一个慢度函数沿射线的线积分，这就是著名的 Radon 变换。它是奥地利数学家 J. Radon 在 1917 年首先提出的，并在理论上讨论了它的反演问题。利用 Radon 变换和 Fourier 变换[19]的反演公式（3−86），可求得 Radon 变换的反演公式（3−87）：

$$f(x,y) = \frac{1}{(2\pi)^2} \iint_{R^2} \check{f}(\omega_1,\omega_2) \mathrm{e}^{\mathrm{j}(\omega_1 x + \omega_2 y)} \mathrm{d}\omega_1 \mathrm{d}\omega_2 \tag{3−86}$$

$$f(x,y) = \frac{1}{(4\pi)^2} \int_0^{2\pi} \mathrm{d}\theta \int_0^{\infty} \left[\int_0^{\infty} Rf(t,\theta) \ \mathrm{e}^{-\mathrm{j}\omega t} \mathrm{d}t \right] \mathrm{e}^{\mathrm{j}\omega(x\cos\theta + y\sin\theta)} \omega \mathrm{d}\omega \tag{3−87}$$

Radon 变换的反演包括求导、Hilbert 变换及对 θ 求平均三种运算，当 $f(x,y)$ 满足适当条件时，由 $\int_0^{\infty} Rf(t,\theta)$ 可以唯一确定。但是要成为数学上适定的问题，还必须满足稳定性的要求。CT 反演算法主要有反投影、Fourier、ART 等多种算法。

A　代数重建法（ART）

ART 是按射线依次修改有关象元图像向量的一类迭代算法。首先对于线性方程组，定义 d_i 为 $\boldsymbol{D}$ 的第 i 行向量的转置，B_i 为向量 $\boldsymbol{B}$ 的第 i 个分量，(d_i, d_i) 为 d_i 的内积，$B_i^{(k)}$ 为第 i 条射线第 k 次迭代理论计算值，$\Delta B^{(k)}$ 为投影观测值 B_i 与第 i 条射线第 k 次迭代理论计算投影值的差值。

$$d_i = (d_{i1}, d_{i2}, \cdots, d_{in})^T \tag{3−88}$$

$$(d_i, d_i) = |d_{i1}|^2 = \sum_{j=1}^{n} d_{ij}^2 \tag{3−89}$$

$$B_i^{(k)} = [d_i, \beta^{(k)}] = \sum_{j=1}^{n} d_{ij} \beta_j^{(k)} \tag{3−90}$$

$$\Delta B^{(k)} = B_i - B_i^{(k)} \tag{3−91}$$

迭代重建算法的主导思想是，首先给定一个初始图像模型 $\beta^{(0)}$，算出其投影数据，进而得到投影数据差（实际观测投影数据与理论计算投影数据之差）。如果残差大于给定的误差级别，则求取图像模型的修改增量 $\Delta\beta$，得到新的图像模型，再计算其投影数据，求取与实际观测投影数据差。如此反复多次，直至图像模型的理论计算投影数据与实际观测投影数据差满足给定的收敛条件为止。

ART 的迭代方程为：

$$\beta^{(k+1)} = \beta^{(k)} + \lambda \Delta\beta = \beta^{(k)} + \lambda \frac{B_i - B_i^{(k)}}{|d_i|^2} d_i \tag{3−92}$$

式中，$\beta^{(k+1)}$、$\beta^{(k)}$ 分别为第 $k+1$ 次和 k 次迭代重建的慢度值；λ 为松弛因子（$0 < \lambda < 2$），修改增量乘以弛豫因子的目的是增加计算的稳定性，松弛因子的选取以保证迭代收敛为原则。

ART 迭代求解的具体过程可以归纳为：对射线依次编号，从第一条射线（$i=1$）到最后一条射线（$i=m$）的象元图像向量修改称为一轮迭代，下一轮迭代从 $i=1$ 重新开始。由给定图像初值模型 $\beta^{(0)}$ 开始，按 $i=1$，2，$\cdots$，m，由式（3 – 92）作第一轮迭代，得到图像模型 $\beta^{(1)}$。若所有射线修改完成后，计算的投影数据差值的模 $|\Delta B^{(k)}|$ 小于给定允许误差 ε，则停止迭代。否则，进入下一轮迭代，直至满足投影数据误差条件为止。ART 法的特点是要求的内存少，迭代收敛性能较差，并依赖于初值选取。

B　联合迭代重建法（SIRT）

SIRT 法是用于改善 ART 算法收敛性能的一种迭代算法。与 ART 重建技术不同，SIRT 法采用的是并行迭代，即只有当所有投影数据都计算完以后，才对图像函数的值进行更新。具体来说，SIRT 算法不像 ART 算法那样逐条射线进行图像函数的修改，而是把第 k 轮迭代中由所有射线得到的图像函数修正值来确定这个像素的平均修正值，这样的平均值可以消除某些干扰因素。与 ART 算法公式（3 – 92）比较，SIRT 算法如下：

$$\beta_j^{(k+1)} = \beta_j^{(k)} + \frac{1}{W_j} \sum_{i=1}^m \frac{B_i - B_i^{(k)}}{|d_i|^2} d_{ij} \qquad (3-93)$$

式中，W_j 为通过第 j 个象元的射线数。

SIRT 算法虽然具有消耗内存大的缺点，但收敛性好，无论方程组是超定还是欠定，都可以使用该方法求解。

C　共轭梯度法（CG）

ART 和 SIRT 方法存在的主要问题是，无法克服图像重建的非唯一性，获得的结果往往是局部最优点，且初始模型及松弛参数较难选择，结果常常存在不同程度的伪像。这就制约了这些算法的应用。

换种思路，可以看作由投影数据 $\boldsymbol{B}$，以及投影矩阵 $\boldsymbol{D}$ 求重建图像 β 的过程，此过程实际上是一个逆问题。如果选取适当的优化准则，则可以克服图像重建的非唯一性问题，即离散问题具有局部唯一的最优解。这种重建方法的数学基础是单目标优化理论，其在图像重建中，有其特殊性。在单目标优化为基础的图像重建问题中，首先被考虑的目标函数应当使图像的再投影尽可能地接近于实际投影数据，即 $\boldsymbol{D\beta}$ 与 B 的方差最小。于是出现了利用二次型函数的约束优化来寻找最优的图像重建的方法，也就是使用平滑矩阵构成二次型标准函数来反映图像场的非均匀性。对于正定矩阵时，二次函数变为：

$$\varphi(\beta) = \frac{1}{2}(D\beta,\beta) - (B,\beta) = \frac{1}{2}\beta^T D\beta - B^T\beta \qquad (3-94)$$

对于一切 $\beta \subset R^n$，有：

$$\nabla\varphi(\beta) = \mathrm{grad}\varphi(\beta) = D\beta - B = -\gamma \qquad (3-95)$$

求解方程（3-92）的问题等价于求 $\min\limits_{\beta \in R^n}\varphi(\beta)$。首先构造向量序列 $\{\beta^{(k)}\}$，使 $\varphi(\beta) \to \min\varphi(\beta)$。具体步骤如下：

第一步，给定初始 $\beta^{(0)}$。

第二步，构造迭代方程，见式（3-96）。

$$\beta^{(k+1)} = \beta^{(k)} + \lambda_k p^{(k)} \qquad (3-96)$$

式中，$p^{(k)}$ 为搜索方向；λ_k 为搜索步长。

第三步，选择 $p^{(k)}$ 和 λ_k 使得 $\varphi[\beta^{(k+1)}] = \varphi[\beta^{(k)} + \lambda_k p^{(k)}] < \varphi[\beta^{(k)}]$，当 $k \to \infty$ 时，有 $\varphi(\beta) \to \min\limits_{\beta \in R^n}\varphi(\beta)$。

第四步，给出迭代误差 ε，直到 $|\beta^{(k+1)} - \beta^{(k)}| < \varepsilon$ 或 $|B - D\beta^{(k)}| < \varepsilon$ 为止。

迭代式（3-96）的关键是搜索方向 $p^{(k)}$ 和搜索步长 λ_k 确定，具体步骤如下：

第一步，搜索方向 $p^{(k)}$ 选择。

共轭梯度法是在点 $\beta^{(k)}$ 处选取搜索方向 $p^{(k)}$，使其与前一次的搜索方向 $p^{(k-1)}$ 关于 D 共轭方程

$$[p^{(k-1)}, D p^{(k)}] = 0 \qquad (3-97)$$

由于 $p^{(k)}$ 的选取不唯一，共轭梯度法中取 $p^{(k)}$ 为 $\gamma^{(k)}$ 与 $p^{(k-1)}$ 的线性组合：

$$p^{(k)} = -\nabla\varphi\beta^{(k)} + \delta_{k-1} p^{(k-1)} = \gamma^{(k)} + \delta_{k-1} p^{(k-1)} \qquad (3-98)$$

由式（3-97）性质，得：

$$p^{(k)}, D p^{(k-1)} = \gamma^{(k)} + \delta_{k-1} p^{(k-1)}, D p^{(k-1)} = [p^{(k)}, D p^{(k-1)}] + \delta_{k-1}[p^{(k-1)}, D p^{(k-1)}] = 0$$
$$(3-99)$$

从而可得：

$$\delta_k = \frac{\gamma^{(k)}, D p^{(k-1)}}{\gamma^{(k-1)}, D p^{(k-1)}} \qquad (3-100)$$

第二步，确定搜索步长 λ_k。

确定 λ_k，使得由 k 步到 $k+1$ 步是最优的，即：

$$\varphi[\beta^{(k+1)}] = \varphi[\beta^{(k)} + \lambda_k p^{(k)}] = \min\varphi[\beta^{(k)} + \lambda p^{(k)}] \qquad (3-101)$$

这就是沿 $p^{(k)}$ 方向的一维极小搜索，$\varphi[\beta^{(k)}]$ 是局部极小。构造一个 λ 的函数 $F(\lambda)$，得方程（3-102）：

$$F(\lambda) = \varphi[\beta^{(k+1)}] = \varphi[\beta^{(k)} + \lambda p^{(k)}] = \varphi\{\beta^{(k)} - \lambda[\gamma^k, p^{(k)}]\} + \frac{\lambda^2}{2}[D p^{(k)}, p^{(k)}]$$
$$(3-102)$$

令函数 $F(\lambda)$ 的一阶导数 $F'(\lambda) = -[\gamma^k, p^{(k)}] + \lambda[D p^{(k)}, p^{(k)}] = 0$，得：

$$\lambda = \lambda_k = \frac{\gamma^{(k)}, p^{(k)}}{D p^{(k)}, p^{(k)}} \qquad (3-103)$$

式中，λ_k 是 $\varphi[\beta^{(k)} + \lambda p^{(k)}]$ 下降的极小值点，即 λ_k 是 k 到 $k+1$ 步的最优步长。

共轭梯度法的计算过程归纳如下：

第一步：给定初始模型 $\beta^{(0)}$ 和允许误差 ε，计算方程式（3-104）。

$$\begin{cases} p^{(0)} = \gamma^{(0)} = -\nabla\varphi[\beta^{(0)}] = B - D\beta^{(0)} \\ \lambda_0 = \dfrac{\gamma^{(0)}, p^{(k)}}{D p^{(0)}, p^{(0)}} \\ \beta^{(1)} = \beta^{(0)} + \lambda_0 p^{(0)} \end{cases} \tag{3-104}$$

第 $k+1$ 步：计算方程式（3-105）。

$$\begin{cases} \gamma^{(k)} = -\nabla\varphi[\beta^{(k)}] = B - D\beta^{(k)} \\ \delta_{k-1} = \dfrac{\gamma^{(k)}, D p^{(k-1)}}{p^{(k-1)}, D p^{(k-1)}} \\ p^{(k)} = \gamma^{(k)} + \delta_{k-1} p^{(k-1)} \\ \lambda_k = \dfrac{\gamma^{(k)}, p^{(k)}}{D p^{(k)}, p^{(k)}} \\ \beta^{(k+1)} = \beta^{(k)} + \lambda_k p^{(k)} \end{cases} \tag{3-105}$$

计算过程中，当 $\gamma^k = 0$ 或 $[p^{(k)}, D p^{(k)}] = 0$ 时停止计算。

D　最小二乘正交分解法 LSQR

LSQR 法是一种解大型稀疏病态方程组的方法，它是利用 Lanczos 方法求解最小二乘问题的一种共轭梯度法。由于在求解过程用到 QE 因子分解法，因此这种方法叫作 LSQR 方法。

QR 分解法就是把一个 $n \times m$ 的矩阵分解为一个正交矩阵 Q 和一个三角矩阵 R。由于 QR 分解法具有较好的稳定性，在求解线性最小二乘问题时特别适用。

Lanczos 方法是一种子空间投影法。

$$D\beta = B \tag{3-106}$$

式中，D 为 $n \times m$ 的对称矩阵。

利用 Lanczos 法求解该方程的过程，就是要产生一系列向量 $\{V^i\}$ 及标量 $\{a_i\}$、$\{b_i\}$，将 D 化为三对角阵。设 V^0，V^1，$\cdots$，$V^{(m-1)}$ 为 n 维空间中 m 个无关向量。令 $V_m = [V^0, V^1, \cdots, V^{(m-1)}]$ 为 $n \times m$ 矩阵，$K_m = \mathrm{span}\{V^0, V^1, \cdots, V^{(m-1)}\}$ 为 V^0，V^1，$\cdots$，$V^{(m-1)}$ 形成的子空间。投影法的基本思路是寻找式（3-106）的近似解 $\beta^{(m)}$，使得方程（3-107）成立。

$$\begin{cases} \beta^{(m)} \in K_m \\ [D\beta^{(m)} - B] \perp V^{\langle j\rangle} j = 0,1,2,\cdots,m-1 \end{cases} \tag{3-107}$$

令 $\beta^{(m)} = V_m y^{(m)}$，其中 $y^{(m)}$ 为 $m \times 1$ 的实向量，则有：

$$V_m^{\mathrm{T}} D V_m y^{(m)} = V_m^{\mathrm{T}} B \tag{3-108}$$

假设有唯一解，则通过求解 $y^{(m)}$，可以得到 $\beta^{(m)}$。如何选择 V^0，V^1，$\cdots$，$V^{(m-1)}$ 使式（3-108）中的矩阵 $V_m^{\mathrm{T}} D V_m$ 具有较简单的形式，以便于求解呢？构造 Lanczos 向量 V^0，V^1，$\cdots$，$V^{(m-1)}$，使得 $V_m^{\mathrm{T}} D V_m$ 具有三对角形式方程式（3-109）。

$$\begin{cases} b_1 \boldsymbol{V}^{(1)} = \boldsymbol{B}, \boldsymbol{V}^0 = 0 \\ \boldsymbol{\omega}^{(m)} = \boldsymbol{D} \boldsymbol{V}^{(m)} - b_m \boldsymbol{V}^{(m-1)} \\ a_m = [\boldsymbol{V}^{(m)}]^{\mathrm{T}} \boldsymbol{\omega}^{(m)} \\ b_{m+1} \boldsymbol{V}^{(m+1)} = \boldsymbol{\omega}^{(m)} - a_m \boldsymbol{V}^{(m)} \end{cases} \tag{3-109}$$

上式中选取的 b_{m+1} 使 $|\boldsymbol{V}^{(m+1)}| = 1$，如果不再存在这样的 b_{m+1}，则停止迭代过程。按照式（3-107）构造的 Lanczos 向量 $\boldsymbol{V}^0$，$\boldsymbol{V}^1$，$\cdots$，$\boldsymbol{V}^{(m-1)}$ 为 m 个标准向量，同时记三对角矩阵 $\boldsymbol{T}_m$ 为：

$$\boldsymbol{T}_m = \begin{bmatrix} a_0 & b_1 & & & \\ b_1 & a_0 & b_2 & & \\ & \ddots & \ddots & \ddots & \\ & & \ddots & \ddots & b_{k-1} \\ & & & b_{k-1} & a_{k-1} \end{bmatrix} \tag{3-110}$$

则式（3-96）等价于式（3-111）：

$$\boldsymbol{D} \boldsymbol{V}_m = \boldsymbol{V}_m \boldsymbol{T}_m + b_m [\boldsymbol{V}^0, \boldsymbol{V}^1, \cdots, \boldsymbol{V}^{(m-1)}] \tag{3-111}$$

对于 $\boldsymbol{V}_m^{\mathrm{T}} \boldsymbol{D} \boldsymbol{V}_m$ 的计算为式（3-112）：

$$\boldsymbol{V}_m^{\mathrm{T}} \boldsymbol{D} \boldsymbol{V}_m = \boldsymbol{V}_m^{\mathrm{T}} \boldsymbol{V}_m \boldsymbol{T}_m + b_m \boldsymbol{V}_m^{\mathrm{T}} [\boldsymbol{V}^0, \boldsymbol{V}^1, \cdots, \boldsymbol{V}^{(m-1)}] \tag{3-112}$$

由于 $\boldsymbol{V}_m^{\mathrm{T}} \boldsymbol{V}_m = 1$ 且 $\boldsymbol{V}_m \perp \boldsymbol{K}_m$，则 $\boldsymbol{V}_m^{\mathrm{T}} \boldsymbol{V}^{(m)} = 0$，所以 $\boldsymbol{V}_m^{\mathrm{T}} \boldsymbol{D} \boldsymbol{V}_m = \boldsymbol{T}_m$，从而式（3-107）化为式（3-113）。

$$\boldsymbol{T}_m \boldsymbol{y}^{(m)} = \boldsymbol{V}_m^{\mathrm{T}} \boldsymbol{B} = b_0 [0, \cdots, 0, \boldsymbol{V}^{(m)}]^{\mathrm{T}} \tag{3-113}$$

上式再通过 QR 分解，可求得 $\boldsymbol{y}^{(m)}$，根据 $\boldsymbol{\beta}^{(m)} = \boldsymbol{V}_m \boldsymbol{y}^{(m)}$ 就可求出 $\boldsymbol{\beta}^{(m)}$。

CG 算法与 LSQR 算法的主要差别在于前者求解的是 $\boldsymbol{D}\boldsymbol{\beta} = \boldsymbol{B}$，而后者求解的是 $\boldsymbol{D}^{\mathrm{T}}\boldsymbol{D}\boldsymbol{\beta} = \boldsymbol{D}^{\mathrm{T}}\boldsymbol{B}$。求解 $\boldsymbol{D}\boldsymbol{\beta} = \boldsymbol{B}$ 时观测数据误差的放大因子是奇异值的倒数，求解 $\boldsymbol{D}^{\mathrm{T}}\boldsymbol{D}\boldsymbol{\beta} = \boldsymbol{D}^{\mathrm{T}}\boldsymbol{B}$ 时观测数据误差的放大因子是奇异值平方的倒数，因此，对于病态问题，LSQR 算法较 CG 算法的效果要好，但当数据误差较大时 LSQR 算法仍会发散。为此对迭代求解过程加入阻尼因子，其最小二乘方程为：

$$\min \left\| \begin{bmatrix} \boldsymbol{D} \\ \lambda I \end{bmatrix} \boldsymbol{\beta} - \begin{bmatrix} \boldsymbol{B} \\ 0 \end{bmatrix} \right\|_2 \tag{3-114}$$

等价于求解式（3-115）。

$$\begin{bmatrix} I & \boldsymbol{D} \\ \boldsymbol{D}^{\mathrm{T}} & -\lambda^2 I \end{bmatrix} \begin{bmatrix} \boldsymbol{\gamma} \\ \boldsymbol{\beta} \end{bmatrix} = \begin{bmatrix} \boldsymbol{B} \\ 0 \end{bmatrix} \tag{3-115}$$

式中，λ 为阻尼因子（$\lambda \geqslant 0$）；$\boldsymbol{\gamma} = \boldsymbol{B} - \boldsymbol{D}\boldsymbol{\beta}$ 为残差向量。

利用 Lanczos 的迭代格式（3-109）来求解方程（3-115），经过 $2k+1$ 次迭代之后有：

$$\begin{bmatrix} I & \boldsymbol{D}_k \\ \boldsymbol{D}_k^{\mathrm{T}} & -\lambda^2 I \end{bmatrix}\begin{bmatrix} T_{k+1} \\ \omega_k \end{bmatrix} = b_0 \begin{bmatrix} 1 \\ 0 \\ M \\ 0 \end{bmatrix} \tag{3-116}$$

$$\begin{bmatrix} \gamma_k \\ \beta_k \end{bmatrix} = \begin{bmatrix} y_{k-1} & 0 \\ 0 & z_k \end{bmatrix}\begin{bmatrix} T_{k+1} \\ \omega_k \end{bmatrix} \tag{3-117}$$

式中，$\boldsymbol{D}_k$ 是 $(k+1) \times k$ 的下双角矩阵，见式（3-118）；ω_k 是方程（3-119）的最小二乘解。

$$\boldsymbol{D}_k = \begin{bmatrix} a_0 & & & & \\ b_1 & a_1 & & & \\ & \ddots & \ddots & & \\ & & \ddots & \ddots & a_{k-1} \\ & & & & b_k \end{bmatrix} \tag{3-118}$$

$$\boldsymbol{D}_k \omega_k = b_0 (1,0,\cdots,0)^{\mathrm{T}} \tag{3-119}$$

将 D_k 进行 QR 分解法求解后得到 ω_k，根据 $\beta^{(m)} = V_m \omega_k$ 式求出 $\beta^{(m)}$。

3.4.1.3　地震波 CT 应用条件与范围

A　应用条件

（1）被探测目标体与周边介质存在波速差异。

（2）成像区域周边至少两侧应具备钻孔、探洞及临空面等探测条件。

（3）被探测目的体应相对于扫描断面的中部，其规模大小与扫描范围具有可比性。

（4）异常体轮廓可由成像单元组合构成。

B　应用范围

地震波 CT 是现代地震数字观测技术与计算机技术相结合的产物，其因分辨率高的特点，主要用于地下精细结构和目标体的探测，如工程线路、场地、隧道、边坡等项目的工程地质勘查和病害整治，解决复杂的地质问题。

3.4.1.4　地震波 CT 优点及局限性

A　地震波 CT 的优点

（1）岩石地震波速度与岩性性质有比较稳定的相关性，易于对地球内部成像；而岩石的电学性质变化范围大，与岩石孔隙中的流体关系密切，因而不利于直接用于岩性和构造的成像，当对找水或确定流体性质时，电磁波层析成像反而效果好。

（2）对于主要探测频段的电磁波，其衰减比地震波大得多，对于地质勘探、采矿工程、勘察工程等来说，目标体一般为几米到几百米，对应地震波的波长约为几十米，频率为数十赫兹。这种频带的地震波在不松散的岩石中传播几公里后衰减一般不超过

120dB，接收起来不费力。相应波长的电磁波频段为 $10^6 \sim 10^8$ Hz，在岩石中传播几十米以后就可能衰减 100dB，难以穿透几百米的岩层。

（3）电磁波速度太快，反映波速的到时参数难以测量。地震波速为每秒几千米，振幅、到时都易于测量，而且在地震记录上可以区分不同的震相，从而得到丰富的地质信息。

B 局限性

（1）必须借助孔、洞或凌空面进行。

（2）孔、洞间距不能太小。

（3）当收、发孔距较近时，会发生绕射现象。

（4）需井液耦合。

（5）地震波 CT 研究大多根据地震记录局部上的单一观测值反演单一物理量，表现出全局性和系统性的不足。

3.4.1.5 仪器设备

地震波 CT 仪器设备主要包括地震仪、数据采集器、井下接收与发射系统，以及辅助设备。

野外数据采集中，测量设备包括井下（或孔内）震源地面控制系统和地震信号采集系统。井下震源主要包括震源主体和电缆（拖缆），由地面控制操作。地面控制系统一般设在现场，由震源升降控制器、激发控制器和操作仪等装置组成，二者构成井间地震排列中的信号激发系统。地震信号采集系统由井下信号接收和地面数据记录两个子系统组成。其中信号接收系统包括检波装置和电缆。数据记录系统通常是地震仪设备，负责控制井下装置和记录数据，主要以计算机为核心，配备记录仪、存储器、输出装置、操作仪和电缆升降控制器。

孔间地震使用的激发系统是适用不同孔间条件和具备无破坏性、宽频带、激发性能可靠及可快速重复激发纵、横波信号的移动式震源系统。

目前孔间信号接收系统主要有多道水听器电缆和单级、多级三分量检波器系统等三种类型。单级三分量检波器系统是在常规 VSP 检波器的基础上改进而成；水听器电缆以井下自由悬挂方式记录液体的压力扰动，具有记录效率高、响应频带宽等特点，但抑制管波能力不强，因此对续至波干扰较大，而且消除工作的难度很大；多级三分量检波器系统是新型检波系统，它以井下推靠方式，记录井壁粒子运动形成的矢量波场，有抑制管波能力，资料用途广泛，但记录中存在机械谐振干扰，需要带通滤波，此外它的记录效率不及水听器电缆。因此，在挑选信号采集系统时，应该着重结合工区条件，包括用井时间、井眼状况，根据成像要求、目的、解决的问题，以及处理能力和成像方法，选择适合工区条件、能够有效解决具体问题的信号接收系统。

3.4.1.6 现场工作

现场工作包括生产前的准备工作和试验工作、工作布置、观测系统的选择、观测、重复观测和检查观测等。

A　准备工作

（1）收集工区地质、地形、地球物理资料，以及以往进行过的成果资料，主要包括钻孔或平洞的地质资料，布置图、孔口（洞口）坐标、高程等。

（2）对仪器设备进行全面的检查。

（3）仪器校零，时钟同步，辅助设备检查，包括绞车、电缆、集流环等环节的绝缘和接触的检查，电缆深度标记的检查，如是否因移位而不准确、是否有脱落或不明显等，以避免点测条件下造成观测结果的深度误差。

（4）了解钻孔情况，包括孔径变化、套管深度、孔斜、孔内是否发生过掉块或丢钻具等事故、有无大洞穴漏水等，以便对预计发生的问题制定预防措施，并使用重锤或探管对全孔段进行扫孔，避免安全事故的发生，同时指导资料成果的解释。

B　工作布置

（1）地震波 CT 剖面应垂直于地层或地质构造的走向；扫描断面的钻、探洞等应相对规则且共面。

（2）孔、洞间距应根据任务要求、物性条件、仪器设备性能和方法特点合理布置。地震波 CT 可根据激发方式和能量大小适当选择；成像的孔、洞深度应大于其孔、洞间距。地质条件较为复杂、探测精度要求较高的部位，孔距或洞距应相应减小。

（3）地震波 CT 的钻孔应进行测斜和声波测井；地震波 CT 的探洞应进行地震波或声波速度测试。

（4）点距应根据探测精度和方法特点确定，地震波 CT 宜小于 3m。

C　试验工作

（1）选择合理激发与接收方式，确定仪器工作参数及观测系统。

（2）观测系统应依据试验结果确定。

（3）生产中遇到激发与接收条件较差或记录质量不好的情况，应分析原因，并通过试验找出原因。

D　观测系统

数据采集过程是弹性波层析成像技术的关键过程。弹性波层析成像观测系统是在两钻孔或两坑道间进行的，在一钻孔或坑道内以适当间距激发弹性波，在另一钻孔或坑道内接收弹性波。地震波 CT 的外业布置系统要求钻孔深度不小于两孔间距，且 CT 剖面宜垂直于地层或地质构造走向，扫描断面的钻孔、坑道等应相对规则且共面。在地震波 CT 断面内，采用一发多收的扇形观测系统并充分利用被测区域周边的激发与接收条件，保持射线分布均匀。

外业观测系统的设计一般根据探测任务要求、物性条件、仪器设备性能和探测方法的特点合理布置，其原则是：在使投影数据尽可能完全的前提下，保证探测目标成像的分辨率。完全的投影数据是指探测区内每一个像元都有从 0°~180° 范围内的多条射线通过。工作布置主要参数包括孔深、孔间距、震源间距和接收器间距。典型的观测系统要求孔深不小于孔间距，当孔深是孔间距2倍时，图像分辨率最好。震源间距和接收器间距应小于探测目的体的线性尺度，一般取探测目的体线性尺度的1/3。考虑到工作效率的原因，一般取震源间距不小于接收器间距。

目前国内地震波CT外业观测方式最常见的采集方法有共激发点和共接收点两种。

（1）共激发点数据采集方法。这种方法以单点激发、多点接收的观测方式采集地震数据。这种采集方式比较适合在震源连续激发性能较差且接收器为多级（道）检波系统情况下使用，具有采集速度快、效率高的特点。获得的共激发点道集可用于透射与衍射层析成像和反射波成像，其中在为透射层析成像处理采集数据时，要求至少有一作业孔（或洞）的孔深超过目的层，且满足目的层覆盖要求。

（2）共接收点数据采集方法。这种方法以移动式多点激发、单点接收的观测方式采集地震数据，适合在震源连续激发性能较好且接收器为单级检波系统情况下使用，但普遍施工效率不高。获得的共接收点道集可用于透射与衍射层析成像和反射波成像，在采集透射层析成像数据时也有孔深要求。

现场设计观测系统时，同时要考虑到以下几点：

（1）当孔壁条件较差，可能出现坍塌的现象时，应在施工前下套管进行护壁。

（2）当采用爆炸震源进行孔间地震波CT时，激发孔下金属套管护壁，自下而上边提升套管，边在管脚下放炮，以防孔壁坍塌。接收孔塑料套管护壁，避免检波器串卡孔。

（3）当接收距离较远时（50~150m），由于弹性波穿透距离长，要求激发能量大，因此常采用高能量炸药激发，高灵敏度检波器接收；当激发孔较深且孔内有水时（100~200m），一般用乳化炸药挤压密实装入圆柱形玻璃瓶内，瓶内底部还要装入300g重的铅块，并留存少量的空气，最后对瓶子做好特殊密封处理，以利于雷管炸药激发。

（4）当激发孔自下而上激发完后，钻孔孔壁可能坍塌，需要进行扫孔，并安排下一组排列进行激发，由此反复数次，直至完成整个孔的地震波CT数据采集。

（5）孔内检波器串接收时，上一个排列与下一个排列检波器应重复一道。

总之，地震波CT可根据激发方式和能量大小进行适当选择，特别是在地球物理条件较复杂、探测精度要求较高的部位，孔距或洞距应相对减小，满足孔内成像精度。

E　现场工作方法

把激发震源置于其中一钻孔内按一定点距进行激发，在另一钻孔中用接收检波串接收，采用多道地震仪进行接收并实时采集记录数据，然后震源或者检波器移动到另一个位置，重复激发和接收过程。这样的观测过程持续到整个目标区被弹性波射线充分覆盖。在整个采集过程中，应随时对采集的数据进行检查，根据现场记录，以及相邻炮点记录的规律性，分析数据的可靠程度，必要时及时采取补救措施。

F　数据采集

弹性波层析成像的数据采集系统主要包括震源、接收器和数据采集器三部分。弹性波层析成像要求震源能量大而稳定、重复性好、频带宽、高频成分丰富。这些要求比较难以满足，可根据不同的任务要求，选用空气枪、电火花、炸药、雷管束、专用可控源等，其中电火花源在钻孔间距不超过 100m 时，使用效率较高，远距离震源可采用炸药进行激发。

弹性波层析成像采集系统中的接收器一般采用高频弹性波检波器或压电陶瓷型接收器，要求具有高灵敏度、宽频带、大动态范围、相位一致性好、谐波失真小、耦合性好等特性，同时要求稳定性好、抗干扰能力强等，为了提高工作效率，常做成检波器串的形式。

数据采集系统常使用 12 道或 24 道弹性波仪或类似的多道工程检测仪，主要技术指标一般为：最小采样间隔 10～50μs，动态范围大于 100dB，16 位以上 A/D，频带为 10～5000Hz。

3.4.1.7　资料处理

A　数据预处理

弹性波层析成像的数据处理过程可简单表述为：根据地质资料假定初始速度模型，进行射线追踪，计算出弹性波理论走时，根据理论值与观测值之间的线性方程，反演速度结构，修改速度模型。重复上述过程，直到获得满意的结果。其处理步骤如下：

（1）原始数据载入。

（2）读取波形旅行时，形成观测文件。

（3）数据核查，观测数据平滑。

（4）速度分布分析。

在进行野外弹性波勘探后，开始拾取各道集的弹性波走时。只要读取出走时，就按照一定的文件格式形成走时观测文件，一般以规则电子表格形式表示。在形成走时观测文件后，为了避免仪器或人为产生的错误，一般对数据进行预处理。预处理步骤如下：

（1）进行观测数据核查。主要检查由于仪器或人为产生的错误。如在各道集中显示的某道走时数据与其相邻道相差太大，应对观测数据进行检查，以查明原因。

（2）数据校正对地震波 CT 成图质量起着重要作用。输入或者读取实测数据之后，首先要绘制观测系统图和实测走时曲线及射线波速曲线，检查测点坐标和走时数据是否正确，了解测区射线分布和波速变化情况。应用共激发点扇形接收数据，可以进一步分析数据质量和校正延迟误差。

（3）观测数据平滑。如果得到的走时数据跳动太大，应对其进行平滑。该步可作可不作，视具体情况或需求所定。

（4）速度分布分析。根据统计数据，分析反演区域的速度分布情况，以便于形成初始速度模型。

B　初始速度模型

在地震波层析成像中，因涉及非线性方程的求解，又由于观测数据的有限性和离散性，并存在误差，满足一定收敛准则的解估计有无限多个。要获得最接近实际的解估计，要求有比较准确的初始速度模型。在实际应用中可以根据拾取的观测走时和已知的工程地质资料，分析反演区域的速度分布情况，建立速度模型。另外，由于越是分辨率低的算法稳定性越好，要求输入的初始信息越少，计算成本越低，因此目前比较流行的一种方法是：利用分辨率低而稳定性好的算法为分辨率高的算法提供比较准确的初始速度模型，以保证在解空间中搜索解估计的过程沿正确的方向进行。

C 射线追踪

在地震波层析成像中，由于成像介质的非均匀性，弹性波在地下沿弯曲路径行进，因此必须考虑弹性波在地层中传播时射线弯曲现象。如要获得地下构造的清晰图像，其关键环节是实现源检之间弹性波射线的定位，即射线追踪。弹性波层析成像射线追踪有直射线和弯曲射线，当介质近似均匀，速度差异小于15%时，直射线方法可以给出较好的近似结果，但实际应用中由于介质的高度不均匀性，如完整围岩与断裂破碎带、溶洞等，速度差异可超过50%，这时必须考虑弯曲射线方法。目前在复杂介质条件下的弹性波层析成像中，应用最多的射线追踪方法是波前法和最短路径法。

常用的射线追踪方法归纳起来分为两大类：一类是初值问题射线追踪（如解析法、打靶法等），另一类是边值问题射线追踪（如弯曲法、扰动法等）。在弹性波层析成像中，首先把初始模型离散化，然后计算震源到每个网格节点的走时，选取到接收点具有最小走时的路径作为弹性波射线路径，求出所有震源和接收点对的最小走时和射线路径后，完成射线追踪。

D CT图像处理输出

弹性波层析成像的速度反演结果可以用色谱图或等值线的形式表示出来，常用的成图软件有Surfer、Graphert AutoCAD等，注意在选择成图参数时，要保持图像的分辨率。图像处理步骤如下：

（1）设置图像参数。此时的一个关键是X网格数和Z网格数的设置一定要和反演时得到的速度文件中数据的列和行数一致。

（2）迭代误差曲线显示。确定选择采用哪一次的迭代反演结果作输出文件，一般是选用最后一次，如果数据误差太大，则要根据曲线和图形，反复对比找到最佳计算结果。

（3）显示射线分布图。从该图可看出射线追踪正确与否，以及观测系统的设置，在此基础上就可初步确定哪些区域的反演结果可靠。如射线很稀少，反演结果的可信度肯定不会很高。

（4）显示速度分布图。该图仅作初步显示用。如果要输出，则需以图像输出，进入Surfer或AutoCAD。

获得速度分布图像后，进入岩土工程解释阶段，只有结合已知岩土工程资料把速度图像转化为能够直接由工程技术人员使用的地质描述或地质剖面，才算完成任务。

E　弹性波层析成像注意事项

（1）探测目的体最好位于两钻孔之间的中部，保证目标区每个像元都有足够的射线穿过。

（2）孔深不小于孔间距，震源间距和接收器间距小于目的体的线性尺度。

（3）保证激发震源和接收器与孔壁的耦合良好，并测量孔斜。

（4）建立地质模型和进行地质解释时都要结合已知岩土工程资料，保证结果的可靠性。

3.4.1.8　成果解释与图件

成果解释主要内容包括：

（1）根据地震波层析成像输出的波速值变化规律可以认为，地震波速的分布规律与实际地质情况关系较为密切，一般而言，致密完整的岩体地震波速较高，而疏松破碎岩体波速较低。

（2）不同的地质条件、不同的地质现象所引起的波速图像（异常体）特征不同，根据波速图像确定波速图像与岩体类型的关系、波速图像与岩体结构的关系、波速图像与物理地质现象的关系等。

（3）对物探解译的各类异常，结合地质、勘探（钻孔、平洞等）资料，进行综合推断分析。

成果图件主要包括如下图件：

（1）根据任务要求，提交工区物探工作布置图。

（2）CT 图像可采用等值线、灰度、色谱等图示方法。

（3）CT 成果地质解释图中应有比例尺、高程、钻孔号、剖面交点、地层代号及岩性等。

（4）同一条剖面的多组 CT 断面可拼接成一幅剖面成果图，成图前，可将所有断面的三维成图数据合并为一个数据文件，以消除各断面独立成图后造成拼接部位的图像错位。

3.4.2　声波 CT

通常用于孔间地震波 CT 技术的地震波频率约为 100Hz。当工程施工、工程地质勘察中探测的异常体规模小，要求的精度高时，孔间地震波 CT 技术难以满足工程地质勘察领域对岩体细结构的勘探精度要求。而超声波（频率超过 20kHz）的波长短，通过采用超声换能器接收到携带波传播路径中介质细结构信息的信号，由层析成像技术就能反演出介质的细结构，这就是超声波 CT。

3.4.2.1　声波 CT 应用条件与范围

声波 CT 应用条件主要为：

（1）被探测目标体与周边介质存在波速差异。

（2）成像区域周边至少两侧应具备钻孔、探洞及临空面等探测条件。

（3）被探测目的体应相对于扫描断面的中部，其规模大小与扫描范围具有可比性。

（4）异常体轮廓可由成像单元组合构成。

超声波层析成像技术主要应用在：

（1）防渗帷幕及堤防隐患探测。

（2）建基岩体质量检测。

（3）喀斯特探测。

（4）岩体风化、卸荷带探测。

（5）灌浆效果检测。

（6）防渗墙质量检测等。

3.4.2.2 声波 CT 的优点及局限性

声波 CT 的优点主要为：

（1）工作频率高（数百周到数千周），因而分辨能力强，当精细测量时，其空间分辨可在 2m 之内。

（2）抗低频干扰能力强，可用于外界干扰较大的工区。

（3）具有记录直达波的观测系统，能在更大程度上利用波动力学特征进行解释，从而更灵敏地反映出非均匀地质体。

（4）采用透射波传播特征，波形单纯，初至清晰，易于波形识别。

（5）无损检测，对构件不产生压缩、变形等破坏。

声波 CT 的局限性主要有：

（1）必须借助孔、洞或临空面进行。

（2）孔、洞间距不能太大，一般不能超过 30m。

（3）点距应根据探测精度和方法特点确定，声波 CT 测试点距应小于 1m。

（4）需井液耦合。

3.4.2.3 现场工作

声波层析成像 CT 法按工作方式，可分为孔—孔、孔—地、面—面等多种方式。孔—孔方式是在一个钻孔中发射声波，在另一个钻孔中接收，了解两个钻孔构成的剖面内目标地质体分布。孔—地方式是在一个钻孔中发射（或接收）声波，在地表沿测线接收（或发射）声波，一般情况下通过敷设不同方向的测线，可以了解钻孔中倒圆锥体范围内目标地质体的分布状况。面—面方式是指两个临空面之间进行声波 CT。声波 CT 常以走时、幅度、相位三个要素进行 CT 成像，目前主要以速度分布 CT 为主。观测系统根据试验现场的工作条件、数据采集系统和震源方案的布置，以浅孔为发射孔、深孔为接收孔，在震源、接收孔设计并实施了相应的观测系统。以发射孔作震源激发，采用共激发点数据采集方法进行接收，依次从孔底向孔口进行，如此这样循环扫描，直到水听器扫描完全部目标段。

声波 CT 仪器主要由地面声波控制设备、井下接收仪传感器、声波震源组成。不同的仪器适应不同的任务，声波 CT 探测仪器要求功率大、灵敏度高、设备轻便及省电，同时还要求探头小、探测距离大、工作频率高等。声波震源种类较多、特性差异大，主要有炸药震源、压电陶瓷震源、磁致伸缩震源、空气枪震源、电火花震源等。孔中远距离、高能量发射震源常采用电火花作震源，可实现高压储能、宽频信号，主要结构包括发射控制机、发射机和放电头等，其最大发射功率达 10 000J，最高工作电压达 4.6kV，高压储能电容容量达 566μF。

接收部分由 PC 机、数据采集仪、井中声波接收探管及声波接收探头组成，主要技术指标和特征包括：

（1）声波传感器转换灵敏度：1000μV/Pa。

（2）系统最大增益：112dB。

（3）具有程控高通、低通滤波及 50Hz 工频陷波器。

（4）A/D 转换：12 位、±1/2LSB、10μs。

（5）具有自同步、信号同步、外同步三种触发控制方式。

（6）具有正负时间预延、自动数据叠加功能。

值得注意的是，声波 CT 测试需要在无钢套管的孔段进行。测试时，若孔内水位低于要求测试孔段时，需向钻孔内送水以达到测试要求。

3.4.2.4　资料处理

声波 CT 层析成像同地震波 CT 层析成像资料处理基本相似，在此不再展开描述，仅对声波 CT 层析成像中资料预处理时的重要步骤作一些描述。

（1）走时的读取。在声波层析成像中，走时拾取的准确性在反演中起着决定性的作用，主要处理内容包括：

1）消除工业电流干扰。记录的信号中存在较高的噪声背景，除了 50Hz 左右的工业电流干扰外，还存在着视周期比信号周期略低、形态不规则的干扰信号，这些干扰信号在时间上具有某种重复性（周期性），它们的存在严重影响走时读取的精度。

2）带通滤波。在走时读取前，一般采用具有多个极点的 Butterworth 滤波器对记录进行滤波，带通范围选为 100 ~ 1000Hz。经过滤波，消除工业干扰的影响，提高信噪比。

3）初至时间拾取。利用计算机程序，可将经过滤波的各道记录显示在同一计算机屏幕上，对比各道记录信号的特点，可直接读出初至到时。初至的读取由于信噪比较低而具有较大的经验性。但由于井间声波层析观测时的距离变化范围较小，射线非常密集，因此走时读取的随机误差，可因反演中的平均效应而得到一定压制。

（2）零时确定。在观测过程中，由于现场条件所限，临时改用手动控制起爆等原因，致使爆炸和采集器的触发未能做到同步，记录的零时无法直接确定。为了解决"零时"问题，在炮井井口安置了井口检波器，检测由炮点沿钢管传至井口的地震波。若已知钢管的波速或能求出其波速，就可确定出零时。

（3）进行必要的测量、测斜及各激发接收点坐标。

3.4.3 电磁波 CT

电磁波 CT 是将电磁波传播理论应用于地质勘察的一种探测方法，是利用电磁波在有耗介质中传播时，能量被介质吸收、走时发生变化，重建电磁波吸收系数或速度而达到探测地质异常体的目的。由于发射面与接收面之间的距离远大于一个波长，因此与感应场不同，该方法研究的是辐射场，是在有损耗介质内传播的波。

电磁波在传播过程中遇到物理性质不同的地质体，会发生透射、反射、折射以及边缘的绕射等现象，以该理论为基础衍生的电磁波 CT 方法称为电磁波走时 CT；同时还伴随着因介质的吸收而发生的能量衰减，这些物理过程使电磁场的分布发生了改变，以此衍生的电磁波 CT 方法称为电磁波吸收 CT。实际工作中，可根据走时以及场的变化达到了解异常体分布的目的[20]。

3.4.3.1 *方法原理*

电磁波走时 CT 的基本原理类似于弹性波 CT。电磁场与介质的关系遵循麦克斯韦方程，该方程全面描述了电磁场在介质中传播的基本规律。从麦克斯韦方程组可推导出电偶极子场，当电偶极子衍射效应可以忽略，测点与发射点距离足够远时，可以将电偶极子场作为辐射场。在均匀无限无源介质中，描述电磁场的麦克斯韦方程组为：

$$
\begin{cases}
\nabla \times \boldsymbol{H} = \boldsymbol{J} + \dfrac{\partial \boldsymbol{D}}{\partial t} \\[2mm]
\nabla \times \boldsymbol{E} = -\dfrac{\partial \boldsymbol{B}}{\partial t} \\[2mm]
\partial \cdot \boldsymbol{B} = 0 \\[2mm]
\partial \cdot \boldsymbol{D} = 0
\end{cases}
\qquad (3-120)
$$

式中，$\boldsymbol{E}$、$\boldsymbol{H}$ 分别为电场强度和磁场强度；$\boldsymbol{B}$ 为磁感应强度，$\boldsymbol{B}$ 和 $\boldsymbol{H}$ 由电介质特性决定，$\boldsymbol{B} = \mu \boldsymbol{H}$（$\mu$ 为介质磁导率）；$\boldsymbol{D}$ 为电感应强度，$\boldsymbol{BD} = \varepsilon \boldsymbol{E}$（$\varepsilon$ 为介质的介电常数）；$\boldsymbol{J}$ 为电流密度。

麦克斯韦方程描述了电荷、电流、电场和磁场随时间和空间变化的规律，它概括了电磁现象的本质。其中，第一式为磁感应定律，它把磁场与传导电流和位移电流联系起来，即传导电流和位移电流产生磁场；第二式为电磁感应定律，说明变化的磁场激发出随时间变化的涡旋电场；第三、四式为高斯定律，在无源空间中，磁力线和电力线为闭合的。根据麦克斯韦方程描述的电磁场的传播规律，在谐波情况下，可由式（3-121）求出 $\boldsymbol{E}$、$\boldsymbol{H}$ 满足的波动方程：

$$\begin{cases} \nabla^2 \boldsymbol{E} + \omega^2\mu\varepsilon(1 - i\dfrac{\sigma}{\omega\varepsilon})\boldsymbol{E} = 0 \\ \nabla^2 \boldsymbol{H} + \omega^2\mu\varepsilon(1 - i\dfrac{\sigma}{\omega\varepsilon})\boldsymbol{H} = 0 \end{cases} \qquad (3-121)$$

或简写成：

$$\begin{cases} \nabla^2 \boldsymbol{E} + k^2\boldsymbol{E} = 0 \\ \nabla^2 \boldsymbol{H} + k^2\boldsymbol{H} = 0 \end{cases} \qquad (3-122)$$

式中，k 为波动系数，简称波数。

偶极子又称为元天线，设元天线长度 l，所考虑的场区任意一点 P 与元天线的距离 $r \gg l$，当天线中通以交变电流时，其中的电荷将作加速运动，形成一元电流，这样在天线周围空间便形成了变化的电磁场。

稳定的电偶极子产生的场分布在偶极子周围，其场强以 $\dfrac{1}{r^2}$ 的关系随距离 r 衰减。这种场好像偶极子自己所携带的场，当偶极子位置变化时，场的分布也随之改变，如果偶极子消失，场也随之消失。因此，这种场称为偶极子的自有场。

对于偶极子附近的场区，交变偶极子的场像稳定偶极子的场一样，场的分布受控于偶极子。其不同特点是：场随时间变化，由于交互感应，电场和磁场同时存在且和波源交换能量。因此，偶极子附近的场仍可称为自有场或感应场。

交变偶极子除了感应场部分外，尚有一部分场远离偶极子向外辐射出去，脱离场源并以波的形式向外传播，这部分场称为自由场或辐射场。一经辐射出去的辐射场，将按自己的规律传播，而与场源以后的状态无关，即便偶极子消失，辐射电磁波仍继续存在并向外传播。随着距离的增加，辐射场强度也随之衰减，但辐射场强度的衰减比自有场慢，以 $\dfrac{1}{r}$ 的关系随距离而衰减。

根据波动方程和给定的边界条件，可以导出在球坐标系中远区电磁场分量的数学表达式（3-123）[21]。

垂直电偶极子时：

$$\begin{cases} E_r = \dfrac{k^3 I l e^{-i\omega t}}{2\pi\omega\varepsilon}\Big[\dfrac{1}{(kr)^2} + \dfrac{i}{(kr)^3}\Big]e^{ikr}\cos\theta \\[2mm] E_\theta = \dfrac{k^3 I l e^{-i\omega t}}{4\pi\omega\varepsilon}\Big[\dfrac{-i}{kr} + \dfrac{1}{(kr)^2} + \dfrac{i}{(kr)^3}\Big]e^{ikr}\sin\theta \\[2mm] H_\varphi = \dfrac{k^2 I l e^{-i\omega t}}{2\pi}\Big[\dfrac{-i}{kr} + \dfrac{1}{(kr)^2}\Big]e^{ikr}\sin\theta \end{cases} \qquad (3-123)$$

式中，E_r 为电场强度径向分量；E_θ 为电场强度纬度切向分量；H_φ 为电场强度经度切向分量；k 为波数；I 为电偶极子电流强度；l 为偶极子长度；ω 为电场角频率；ε 为介电常数；r 为偶极子中心到空间距离；i 为阶数；θ 为径向夹角；φ 为纬向夹角。

E_r、E_θ、H_φ 三个量的关系如图 3-25 所示。

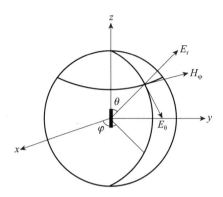

图 3 - 25 球坐标系中 E_r、E_θ、H_φ 的关系

从式（3 - 123）可以看出，三个分量与距离的关系不尽相同，当 kr 很大时，式中的各分量中 kr 的低次方项较重要，故在电磁场的辐射区内可保留 kr 的一次方量而略去其他项，于是辐射区电磁场强近似表达为：

$$\begin{cases} E_\theta = \dfrac{Il\omega\mu}{4\pi r}\sin\theta\cos(\omega t - kr) \\[2mm] H_\varphi = \dfrac{Il\omega\sqrt{\varepsilon\mu}}{4\pi r}\sin\theta\cos(\omega t - kr) \\[2mm] \qquad E_r = 0 \end{cases} \tag{3 - 124}$$

变成指数形式为：

$$\begin{cases} E_\theta = \dfrac{Il\omega\mu}{4\pi r}e^{-\beta r}\sin\theta = E_0\dfrac{e^{-\beta r}}{r}\sin\theta \\[2mm] H_\varphi = \dfrac{Il\omega\sqrt{\varepsilon\mu}}{4\pi r}e^{-\beta r}\sin\theta = H_0\dfrac{e^{-\beta r}}{r}\sin\theta \\[2mm] \qquad E_r = 0 \end{cases} \tag{3 - 125}$$

式中，$E_0 = \dfrac{Il\omega\mu}{4\pi r}$ 为初始电场强度；$H_0 = \dfrac{Il\omega\sqrt{\varepsilon\mu}}{4\pi r}$ 为初始磁场强度；θ 为方位角；β 为吸收系数；Il 为偶极子电距。

在实际工作中，电磁波 CT 通常使用的都是半波天线。这种天线在空间某点的场强可视为天线上许多电流元产生的场的叠加，因此可以从电偶极子辐射场推导出半波天线的辐射场。如图 3 - 26 所示，假设在一井中放置发射天线，在另一钻孔中放置接收天线，则接收天线处的场强为[22]：

$$E' = E_0\frac{e^{-\beta r}}{r}f(\theta) \tag{3 - 126}$$

式中，E_0 为偶极天线的初始辐射常数，见式（3 - 127）；$f(\theta)$ 为偶极天线的方向因子，见式（3 - 128），对于常用的半波天线方向因子为式（3 - 129）。

$$E_0 = \frac{\omega\mu I_0}{4\pi\alpha} \tag{3 - 127}$$

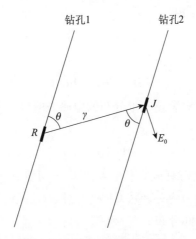

图 3 – 26　孔中天线接收无线电

$$f(\theta) = \frac{\cos(\frac{\alpha l}{2}\cos\theta - \cos\frac{\alpha l}{2})}{\sin\theta} \tag{3 – 128}$$

$$f(\theta) = \frac{\cos(\frac{\pi}{2}\cos\theta)}{\sin\theta} \tag{3 – 129}$$

如果在接收点 J 放置一相同的天线，当两钻孔平行时，场强观测值表达式为：

$$E = E'l_e'\sin\theta = E_0 \frac{e^{-\beta r}}{r}f(\theta)l_e'\sin\theta \tag{3 – 130}$$

式中，l_e' 是接收天线的等效高度。

因为接收天线上每一点的场强不同，故读出的观测值 E 实际上是某种平均值。l'_e 是与场强沿接收天线的分布、接收天线的几何性质，以及接收点周围的介质情况有关的量，场强公式反映了场在空间的分布。由式（3 – 130）进一步导出吸收系数 β 计算公式（3 – 131）。

$$\beta = \frac{1}{r}\ln\frac{E_0 f(\theta)l_e'\sin\theta}{rE} \tag{3 – 131}$$

实际上由于测量数据不可避免地受到电磁波在介质中的散射、多次反射及可能存在的衍射的影响，因此，用观测数据进行反演所得到的只是介质电磁波剖面内的吸收系数的视平均效果，简称视吸收系数。

相对衰减电磁 CT 和绝对衰减电磁波 CT，电磁场包括正常场、背景场、屏蔽系数。正常场是指在无限均匀介质中，在远场区的辐射场；背景场主要是针对局部异常而言，除了局部异常外，曲线的剩余部分都可称为背景场，背景场本身是有变化的，它不要求衰减系数为常数；屏蔽系数是交会法下的一个概念，即是背景场与实测场的比值，在对数方式下为背景场 B 与实测场 A 之差，见式（3 – 132）。

$$C_s = B - A \tag{3 – 132}$$

相对衰减为探测区域内任一点绝对衰减 β_r 与背景衰减（围岩的衰减）β_b 之差，也称为剩余衰减，表示为式（3-133）。

$$\Delta\beta = \beta_r - \beta_b \tag{3-133}$$

建立相对衰减方程组（3-134）。

$$[D][\Delta\beta] = [C_s] \tag{3-134}$$

解上式得到地下介质相对衰减二维分布的电磁波吸收系数重建算法，称为相对衰减 CT 或像对衰减图像重建。

$$[D][\beta_r] = [A] \tag{3-135}$$

式（3-135）被称为绝对衰减方程。解此式得到地下介质绝对衰减二维分布的电磁波吸收系数重建算法，称为绝对衰减 CT 或绝对衰减图像重建。通过式（3-135）求取钻孔间电磁波吸收系数空间分布。

3.4.3.2 电磁波 CT 应用条件与范围

电磁波 CT 应用条件主要包括：

（1）电磁波吸收 CT 要求被探测目的体与周边介质存在电性差异，电磁波走时 CT 要求被探测目的体与周边介质存在电磁波速度差异。

（2）成像区域周边至少两侧应具备钻孔、探洞及临空面等探测条件。

（3）被探测目的体相对位于扫描断面的中部，其规模大小与扫描范围具有可比性。

（4）异常体轮廓可由成像单元组合构成。

（5）外界电磁波噪声干扰较小，不足以影响观测质量。

电磁波 CT 应用范围主要包括：

（1）适用于岩土体电磁波吸收系数或速度成像，圈定构造破碎带、风化带、喀斯特等具有一定电性或电磁波速度差异的目的体。

（2）电磁波 CT 的探测距离取决于使用的电磁波频率和所穿透介质对电磁波的吸收能力。一般而言，频率越高或介质的电磁波吸收系数越高，穿透距离越短；反之，穿透距离越长。对于碳酸盐岩、火成岩及混凝土等高阻介质，最大探测距离可达 60~80m，但此种情况下使用的电磁波频率较低，会影响对较小地质异常体的分辨能力；而对于覆盖层、大量含泥质或饱水的溶蚀破碎带等低阻介质，其探测距离仅为几米。

3.4.3.3 仪器设备与现场工作

A 电磁波 CT 设备

电磁波吸收 CT 设备包括数据采集、井下接收与发射系统以及辅助设备，主要技术指标及特性要求包括：

（1）工作频率：具有一定可选范围，频率稳定。

（2）接收机输入端噪声电平：≤0.2μV。

（3）接收机测量范围为 20~140dB、动态范围为 100dB、测量误差不超过 ±3dB。

（4）发射机瞬间输出功率：≥10W，73Ω 负载。

（5）发射天线：半波偶极天线。

（6）接收天线：半波偶极天线或鞭状天线。

（7）工作方式：单频工作、频段内循环调频、多次覆盖扫描、扫描精度一致等。

（8）井下探管密封性：能够保证工作水深压力下不渗水。

电磁波速度 CT 设备包括数据采集、井下接收与发射系统以及辅助设备，主要技术指标包括：

（1）信号增益控制具有指数增益功能。

（2）模数转换大于 16bit。

（3）具有 8 次以上的信号叠加功能。

B　现场工作

现场工作包括生产前的准备工作和试验工作、工作布置、观测系统的选择、观测、重复观测和检查观测等。

（1）准备工作步骤包括：

1）收集工区地质、地形、地球物理资料及以往进行过的成果资料，钻孔或平洞的地质资料，布置图、孔口（洞口）坐标、高程，并作全面的分析和了解，便于指导和参考。

2）对仪器设备进行全面的检查、检修，各项技术指标应达到出厂规定。

3）仪器校零、时钟同步，辅助设备检查，包括绞车、电缆、集流环等环节的绝缘和接触的检查，电缆深度标记的检查，如是否因移位而不准确、是否有脱落或不明显等，以避免点测条件下造成观测结果的深度误差。

4）了解钻孔情况，包括孔径变化、套管深度、孔斜、孔内是否发生过掉块或丢钻具等事故、有无大洞穴漏水等，以便对预计发生的问题制定预防措施。

5）使用重锤或探管对全孔段进行扫孔，避免安全事故的发生，同时指导资料成果的解释。

（2）工作布置主要技术要求包括：

1）为了避免射线在断面外绕射而导致对高吸收系数异常分辨率的降低，剖面宜垂直于地层或地质构造的走向。

2）为了保证解释结果不失真实，扫描断面的钻孔、探洞等应相对规则且共面。

3）孔、洞间距应根据任务要求、物性条件、仪器设备性能和方法特点合理布置，一般不宜大于 60m，成像的孔、洞段深度宜大于其孔、洞间距。地质条件较为复杂、探测精度要求较高的部位，孔距或洞距应相应减小。

4）为了获得高质量的图像，最好进行完整观测，即发射点距和接收点距相同。但有时为了节省工作量，缩短现场观测时间，作定点测量时，在不影响图像质量前提下，也可适当加大发射点距以优化测量，通常发射点距为接收点距的 5～10 倍。观测完毕后互换发射与接收孔，重复观测一次。

5）接收点距通常选用 0.5m、1m、2m。过密的采样密度只会增加观测量，对图像质量的提高和异常的划分作用并不明显。因此在需探测的异常规模较大时，可适当加大收发点距。但点距过大也会导致漏查较小的异常体。

6）孔（洞）间 CT 可采用两边观测系统，当孔间的地面或洞间边坡条件适宜时，一般采用三边观测系统；在梁柱或多面临空体的情况下，可采用多边观测系统。

7）观测方式可分为两类，即同步观测方式和定点扇形扫描方式，同步又分为水平同步和斜同步，定点也分为定发和定收。同步方式一般用于试验工作，对探洞、钻孔及自然临空面所构成的区域进行 CT 时，则采用定点扇形扫描方式，射线分布均匀，交叉角度不宜过小，扇形扫描的最大角度以不产生明显断面外绕射为原则。

8）一般情况下选择定发方式，当移动接收机出现很强的干扰时，也可采用定收方式。

9）在同一剖面上进行多组孔间或洞间 CT 观测时，观测系统一般保持一致。

（3）现场观测主要技术要求包括：

1）分别使用水平、上斜、下斜三种方式进行全范围扫描观测，初步判断和了解孔间电磁波吸收异常区的中心位置和范围。

2）选择合适的观测系统进行观测。

3）现场工作中应注意：

①对使用电池的发射和接收探头，要确保电池的电压符合要求。

②探头及与其连接的绞车封口管盖较多，容易丢失，打开后应留意存放，否则仪器接口容易损坏、仪器内部容易受潮。

③在进行发射、接收探头的天线连接、封管连接、输出连接时，必须在接头处抹擦防水硅胶并扭紧，以防渗水进入探头内部，损坏仪器电子线路和电子元件。

④连接好的探头要轻拿轻放，避免剧烈碰撞。

⑤井口滑轮须正确安放，防止下井电缆摩擦到孔口或井口套管导致破损。

⑥尽可能平缓移动探头，避免剧烈抖动，确保仪器正常工作，避免井下事故发生。

⑦严格校对探头在井下的深度位置，防止深度记录出现错误。绞车操作人员应依据电缆深度标志向记录员逐点报出探头所在的孔深位置，以便记录员随时校对。

⑧如需互换发射与接收孔位，必须再次进行校零工作，以确保仪器在正常状态下工作。

⑨不可迅猛摇绞车提取井下探头。取出探头后，须擦掉外部的水分及附着渣质，关闭探头电源取出探头内的电池，用封管盖盖好各接口，装箱以备运输。

4）当观测值发生畸变时，应在畸变点内及与周边相邻点之间进行加密观测，以进一步确定观测值的准确性和异常范围。

5）重复观测与检查观测。

①对班报中所记录的仪器观测过程中的异常点、可疑点、突变点进行重复观测。

②收发互换的观测点和重复观测点可作为检查观测点，除异常点、可疑点、突变点之外，其他部位也应该有相当数量的检查点，且尽量均匀分布。

③每对钻孔的检查工作量不少于该对孔总工作量的 5%，这是在异常较少的情况下的数量，异常越多，检查量也应越多。

3.4.3.4　资料处理

电磁波吸收 CT 资料处理主要包括求取背景值、观测结果的预处理、反演计算、剖面连接、绘制成果图与成果地质解释图等。求取初始场强 E_0 或背景吸收值 β_b 时，如要确定异常形态的成像而不考虑物性分布，可选择"相对 E_0 求取方法"求 E_0，也可选择"绝对 E_0 求取方法"求 E_0 并同时求出 β_b，为下一步的反演做准备；如既要分辨异常又要获取物性成像的分布，只用"绝对 E_0 求取方法"求 E_0 即可。由于电磁波绝对物性参数与岩体力学指标相关性不明显，故一般工作中常常使用"相对衰减 CT"方式工作。

A　资料预处理

资料预处理主要内容包括：

（1）滤波。对原始数据进行平滑滤波，一般使用线性平滑而不是二次曲线平滑滤波，其作用有两点：

1）滤去曲线中部分频率较高的振荡式干涉分量，或将那些高频振荡式分量转换成缓变分量以便进行下一步校正。

2）保持异常值相对不变。

（2）成像区背景值 β_b 及每个定发点 E_0 值的求取。

（3）校正，可根据数据特点选择以下方法进行校正或处理。

1）公式法校正侧面干扰波。平滑滤波处理后的侧面波表现为一个随深度而逐渐衰减的缓变分量。由于地表和基岩介质之间的介质变化是相当复杂的，地表面也呈非规则性，因此实际上和侧面波有关的振荡式衰减规律相当不明显，理论上的校正公式在实际工作中应用较少。

2）曲线拟合法校正侧面干扰波。经过平滑滤波、求出 E_0 和 β_b 后，按远场区公式求出每条曲线的平均吸收系数 $\bar{\beta}$，在近地表处，$\bar{\beta}$ 曲线的形态可以通过理论和实验得到，以此为标准校正实测平均吸收系数曲线。

3）地层各向异性和远场区变异校正。在均匀地段，各向异性影响的主要标志是：发、收天线相距最近时不能测到最大的场值，而是引起曲线形态变异。远场区变异在较短的孔段中一般不表现出来，当测试空段较长（如 200m）时就会出现。远场区变异的主要特点是：以发射点为中心，平均吸收系数曲线 $\bar{\beta}$ 向两端变小。同校正地表侧面波、反射波一样，先求出平均吸收系数 $\bar{\beta}$，以过发射点并平行于岩层层面的直线将曲线分成两段，每段依各自的拟合曲线进行校正。

4）剔除坏值。进行电磁波 CT 的数据非常多，对参加反演的原始数据的精度要求也相当高，大量的数据中偶尔出现的误采、误传数据，将对成像过程和成果造成严重影响。因此必须使用合理的方式剔除该部分数据。

B 反演计算

电磁波 CT 资料的反演计算依赖于计算机处理，软件出处较多，处理流程如下：

（1）判别成像区域是规则网还是不规则网。当成像的钻孔（平洞）平行时，可使用规则网，否则使用不规则网。

（2）选择相对或绝对成像方式。工作中使用相对成像方式较多。多频观测的电磁波 CT 吸收系数一般选择相对衰减成像，选择的频率频散明显、数据没有盲区。

（3）根据测量、测斜资料及成像数学模型计算每条射线的激发和接收点坐标。

（4）计算每条射线的平均吸收系数，并分别显示出各个同步和定点的平均吸收系数曲线，以确定参加反演参数的变幅范围。

（5）根据地质地球物理条件、观测系统、成像精度、分辨率和任务要求选择和建立数学物理模型。网格单元尺寸不应小于测点间距，单元总数不宜大于射线条数；模型的约束极值可由已知地质条件、经验值、现场试验计算等方法得出。

（6）选择使用图像重建方法进行反演计算，可选择采用联合迭代（SIRT）、代数重建（ART）、共轭梯度（CG）、最小二乘矩阵分解（LSQR）等方法及其改进而成的其他方法。目前一般使用的以联合迭代（SIRT）类改进的其他方法为多。反演迭代次数应根据射线路径和图像形态的稳定程度确定，也可根据相邻两次迭代的图像数据方差确定。对于两边观测的 CT 数据，可选择具有压缩恢复处理功能的反演软件，以减小图像在垂直观测方向上的伪差。

（7）对于相互连接的 CT 剖面，应采用相同的反演方法、模型和参数。

（8）弯线反演的最终射线分布图可作为成果之一，根据射线疏密情况确定高吸收区或低吸收区的位置和规模，并按 CT 图像参数的变化梯度确定异常范围、延伸方向。

（9）根据 CT 图像中吸收系数的分布规律，结合被探测区域的地层岩性、结构构造、风化卸荷及岩体质量等进行地质推断解释。

3.5 钻孔检测

3.5.1 钻孔检测概述

3.5.1.1 地球物理测井

A 测井意义与方法分类

地球物理测井是在钻孔中进行物理探测的一类地下地球物理方法，主要测试成果为记录钻孔深度方向的多参数曲线。测井的目的是通过对比钻孔不同深度岩层的物性差异来进行地层划分，解决相关的地层构造、岩性分层、含水层探测等工程和环境问题，为工程设计提供基础信息[23]。地球物理测井能获取钻探、取样和试验无法得到的丰富地下信息，测井的意义主要包括：

（1）可连续测试钻孔地层的原位物理和化学参数信息，如井壁、井液和围岩的渗透率、孔隙度、容积密度、电阻率、含水率、出水量等物理参数，以及各种物理源、运动特性、地下水的化学和物理特征、井壁结构完整性等。

（2）采用不同类型的测井探测进行重复和对比测试，以达到识别和划分地层岩性、地下水分布基本的目的。

（3）与受到人为主观经验和技术限制的钻探资料不同，测井可以揭示一些其他方法无法发现的地下隐蔽地质活动、微小地质现象的一些特征信息。

（4）通过地球物理测井数据分析，可以对钻孔地层特征进行横向外推，甚至可以将一个孔的数据延伸到三维方向，从而大大提高其使用价值。

地球物理测井分类主要包括电测井（自然电位、单电极电阻率、标准电极系电阻率、侧向电阻率、聚集电阻率、微电极电阻率、电导率、感应）、核测井（伽马测井、能谱、伽马－伽马测井、中子测井、示踪测井）、声测井（单孔声波测井、声波波形、PS 测井、声速测井、超声成像）、温度测井、光学测井（全景数字成像、钻孔摄影、钻孔录像）、钻孔轨迹测井、地层倾角测井、井径测井[23]。地球物探测井一般都需要采用综合方法，首先这是因为每种测井方法都能提供一个比较特定的地质信息，都是工程地质所需要的，它们共同描述了一个钻孔的全部地质特征。其次，进行的一系列测井工作不仅是基于项目本身，也是基于各种测井方法的综合特性。通过多种测井方法就可以得出答案，但这个答案与多种测井方法均相关，而且每增加一种测井方法都会加深对测井资料系统的全面理解。

B　定性与定量分析

测井的主要目的是利用测井数据，结合相应的地质和水文资料进行岩土分层、识别流体渗漏情况。在定性解释分析的基础上，通过对各层位测试的孔隙度、体积密度、电阻率、波速、渗漏速度等数据进行校准改正，以此达到定量分析。每种测井方法的目标参数都是通过对现场测量参数的关系换算得来的。比如，中子测井并不直接测量孔隙度，现场测量的是氢含量，孔隙度和氢含量之间潜在关联表明隙率的大小及其中束缚水和烃化物的多少。因此，了解测井方法的原理是进行测井资料精确定量解释的前提条件。

C　综合分析

当一个钻孔进行了多种方法的地震物理测井时，分析综合测井资料的关联性是一项非常有意义的工作。通常，从综合测井资料获得的信息远比从孤立单个测井方法的资料多得多。例如，单独的伽马测井或中子测井都不能从硬质岩层中分辨出石膏，但用两种测井方法一起来判断，就可以知道谁是石膏，谁是硬质岩石，虽然它们都有很低的放射性元素，但石膏的结晶水含量显著偏高，所以在中子测井上显示为高孔隙率；相反，硬质岩的中子测井表现为低孔隙率，这两种矿物在测井中都表现为高电阻率。这类潜在关系还可用于测井智能解释，因为识别这两种测井方法的异常很容易做到。

D 计算机分析

当前，地球物理测井计算机解释已被广泛使用，针对某些行业，可以开发出非常好的计算机测井解释软件，大大提高解释效率和精度。一套完整的测井数据量非常大，单靠人脑不可能轻易地完成处理，分析出它们间的相关关系，作出精准识别和解释，但是计算机分析可以实现这种可能。目前，针对油气行业，所有的大型商业测井公司都有相应的数字化测井和计算机处理解释软件。测井数据编辑和资料分析软件包功能都非常强大，可以在具有超大内存、高级图形显示功能的计算机上运行。计算机测井分析具有以下特点：

（1）可以对海量测井数据进行快速校对和快速显示。

（2）可以快速准确修正测井数据，并重新绘制测井曲线。

（3）可以任意改变曲线比例尺。

（4）可以对海量测井数据进行平滑滤波，消除干扰。

（5）可以快速绘制不同类型测井方法的曲线，并绘制有测井数据曲线与钻孔地质柱状图的综合测井成果图。

（6）可以对测井曲线进行校准、参数计算，直接绘制目标参数曲线图。

（7）快速绘制横截面和等厚线图。

（8）建立模型库，开发机器学习和人工智能解释。

E 数字化测井

地球物理测井仪器当前都实现了数字化，在测井现场仪器直接将测量信息数字化，并传输和存储在设备中。大多数测井设备将数据文件及时生成 ASCII 格式，并提供给用户，因为 ASCII 格式可以很容易被大部分计算机读取，并重新生成新格式。一些测井数据，如声波和电视测井，都以其他格式数字化。现场数字化测井需要选择合适的采样间隔和采样时间，通常使用的是 0.15m 的采样间隔，高精度测试时，经常使用小于 0.03m 的间隔。如果采样点记录过多，有些样点的数据随后会被删除，并且可能被平均或平滑掉；如果没有记录足够的样点数据，会造成有用信息的丢失。采样时间要超过所选探头需要的最短采样时间，针对不同的测井方法存在不同的采样时间，有的短到不足毫秒，而核测井探头的采样时间要长至1s以上。

F 井径效应

孔径大小、造孔、完井和测井方式对地球物理测井有很大的影响。测井理论上是获取没有扰动地层岩石的特征数值，如孔隙率、体积密度、声速和电阻值等岩石物理特性，但钻孔过程在很大程度上扰动了钻孔附近的岩石。虽然有些具有井径补偿或校正类型的测井探头，但钻孔孔径大小都在一定程度上影响测试数据。井眼对地球物理测井的影响主要表现为井液、泥浆、孔径，以及钻孔施工工艺。对于测井任务较重要的钻孔，为了获得高精度的测井成果，应控制好以上所有因素和步骤。如果不能保证钻井和完井技术满足测井要求，需要有针对性地选择合适的测井方法和探头，降低对测井精度的影响。

G　测井的校准

采用某一种定量测井方法，监测和分析地下水随时间变化的情况，需要对测井进行校准和标定准确。校准可以在模型标准井中进行，标准井中特征模块的单位数值与岩石物理性能能准确反应实际地层的特性，如孔隙率或声速参数。校准值可以是探头输出的单位数值，如每秒脉冲数，它可以转换为目标参数单位。校正井或者模型都应由专业单位提供。刻度标定是现场检查测井探头响应的过程，通常在测井前或后进行刻度检查。一般使用一些能带到现场的轻便标准物，这些标准物通常只能用于现场检查，并不能代表实际的测试环境条件。经常使用检查标定物对仪器进行标定，为检查仪器的时间漂移和其他可能存在的问题提供了基础。校准间隔应该和仪器使用时间或成果准确度有关，如果要保证精确，校准间隔就应更加短。

3.5.1.2　跨孔检测

A　意义与作用

跨孔测试的主要目的是测试钻孔间地层的物理特性分布，从而获取原位地震波在垂直剖面的详细资料。井间地震波速数据对于评价人工材料、土壤沉积物或岩层是有价值的。地震波可以测试场地某一深度介质的纵波和横波波速，其中一些测试参数可以用于土力学、岩石力学、地基础研究和抗震有关的计算和评价。井间地球物理测试一般用于近地表（上百米）的工程场地，测试介质的 P 波和 S 波速度，并利用介质的原位密度计算动弹性模量值。因此，在可通过试验室测定介质密度的情况下，采用地震测试来分析评价一个场地所需的其他信息也变得较普遍。跨孔测试也可以获得低应变介质的阻尼值和非弹性衰减值，井间测试最主要的目标是测试抗震所需的原位剪切波速度剖面。

井间地震测试有多种用途，如地震波速度可用于评价介质横向和纵向连续性、液化分析、变形分析、研究或调查有关地面强震动的幅值或衰减特性。通常情况下，井间测试被当作详勘阶段的内容（其中，初勘阶段主要包括地表调查、钻孔、槽探、原位取样等）。详勘现场收集的信息对于分析场地特征非常关键，虽然两个阶段的成果都很重要，但最后分析必须整合两个阶段的资料。当第一阶段勘测表明场地介质呈水平层状，并且呈现特殊的垂向变化时，这种条件非常适用跨孔测试技术。当在第一阶段实地调查已发现存在密度或刚度互层时，就可以通过井间地震测试来原位测定每层的速度。井间测试能解释传统地面地震方法检测不到的隐藏层速度异常问题，证明其他地面探测方法（地震或电法），以及其他岩土工程参数的合理性。

B　PS 波测试

井间测试可同时进行 P 波和 S 波测试，在进行一对跨孔测试时，在选定钻孔段的相同深度位置布置和安装发射振源和接收探头。使用具有优先定向排列的接收系统（即轴向取向与激发和接收波的波形/信号相匹配），允许取决于轴向原位接收 P 或 S 波速的测量分量最大效率化。由于沿地震射线路径的粒子运动不同，因此为了获得最佳的井间

PS 记录，关键是采用最佳发射接收系统。因为在跨孔测试时，在发射井只产生体波，没有产生面波，所以不会干扰所记录体波的地震信号。

井间测试可采用不同的震源类型进行激发，获取三个方向的信息。因此，当接收井间 P 波或 S 波地震信号时，采用正交的三分量检波器效果最佳。三分量地震检波器中有一个垂直取向的地震检波器和两个水平方向的地震检波器。对于井间测试而言，一个水平地震检波器保持与钻孔（半径方向）轴向平行，而另一个与钻孔轴线保持垂直（横向取向）。在这种情况下，在整个测试过程中，两个水平轴向地震检波器导向必须保持径向和切向，需要采用定向杆安装或可以自动定向的检波器来完成。

C　现场测试技术

用电火花或小型爆炸装置（不会损坏 PVC 管套）来激发 P 波，地震脉冲压沿直射线路径传播，并向接收孔方向散射。经验已经证明，为了获得最佳的 P 波测量信号，水听器具有对压缩波能量反应最好的压力脉冲灵敏度。另外，水听器不需要贴壁，但接收孔中必须有水，以便将水听器耦合到套管或地层上去。

井间测试产生的 S 波可分为 SV 波和 SH 波两种类型，粒子分别作代表垂直或水平的运动。剪切波具有独特的偏振特性，意味着在被测试介质的两个方向上输入180°反向的 S 波信号（向上或向下、向左或向右）会产生碰撞，震源方向可逆向获取高质量 S 波跨井数据，这种特征非常有利于识别和解释。典型情况下，在大多数井间测试中产生的 S 波是 SV 波，是一个水平传播的垂直极化横波。也就是说，射线路径是水平的，但沿射线路径传播的粒子作垂直运动（剪切）。通过使用可双向冲击（向上或向下）的冲击锤，这些 SV 波是最易激发的，并且因为每个接收孔需要一个垂直取向的地震检波器，它们也最容易记录。另外，SH 波也能在井间测试中被激发和记录，SH 波同样是水平传播，但它的粒子作水平运动（即水平方向传播水平极化的 S 波）。因此，为了激发并记录 SH 波信号，需要水平撞击和检波器水平接收；同时，撞击方向和接收器必须平行，而它们各自保持垂直钻孔轴线方向（横方向）。理论上讲，SV 波和 SH 波的体波速度没有差异，这证明使用简单的垂直地震震源可产生 SV 波，并且用于垂直取向的地震检波器检测信号是合理的。

进行跨孔测试要先安装套管，并在套管与孔壁间进行灌浆密实后才能进行。跨孔测试效果的好坏主要取决于造孔、套管和注浆密实，因为当套管和地层间耦合较差时，会造成地震信号延时、波幅衰减等影响测试精度的情况产生，特别是地震信号为高频 P 波时。采用灌浆密实套管与地层间空隙经常会出现的问题是在注浆时会发生骨料与浆液分离，有时会出现深部孔段没有被浆液充填和密实的情况，会出现空腔。即使是微小的不密实空隙也会对孔距较近的两孔的波束产生较大的影响。一般用于密实套管周边空隙灌浆添加材料有棉子壳、核桃壳碎粒，并加一定量的膨润土，制备一定浓度的浆液，严格确认膨润土/水泥的比例，以便达到固化套管和孔壁间空隙的效果，以此能获得跨孔地震测试的效果。

跨孔测试经常会被忽略的一个关键要素是钻孔孔斜控制，有几种用于孔斜测试的设备和方法，完孔后应该对将要测试的钻孔进行孔深、孔口坐标、孔斜和方位进行测量。利用每个孔的孔径、孔斜、方位、孔距等数据计算和并修正孔间距，便于以后用于地震波速度分析。由于地震波旅行时间要精确到微秒，两钻孔的几何关系也应精确到相应的精度。使用假设钻孔垂直而进行的计算有可能最终导致成果质量没有保证。

井间测试基本使用工程地震仪或非金属声波仪，重点是要求震源脉冲和同步触发记录时间满足测试精度。和时间测量一样，跨孔地震波测试非常依赖于精确的触发时间。具有零延时的接收主机、井下冲击锤的安装质量、加速度传感器探头的安装、触发同步信号质量都是保证地震波初至时间准确的重要因素。当只使用两钻测试时，无法利用隔孔传播时间来进行计算，击锤和同步信号精度变得更关键；在这种情况下，一般只会得到距离除以时间的粗略地震波速度。现在的地震和声波测试设备都具有自动记录、显示和存贮功能，以及滤波、平滑、增益调整功能，并且在分析过程中可进行时间偏移处理。此外，可能会直接进行相干性、优化主频和谱分析的数字信号处理。大量研究表明，地震检波器对测量精度影响并不占主导作用，但要求其输出响曲线平直、一致性好、频率范围大于井间地震波（25～300Hz）的频率范围。要采用贴壁装置使探头贴壁，而不得自由悬挂。贴壁装置不应影响地震检波器的力学响应，也不要影响地面信号连接线。如果选用 SH 波震源，必须使水平检波器进行定向，以便识别 SH 波初至信号。为了使直达 S 波容易识别，测试前应确认检测器极性。采用正反冲击方式激发，获得成对的信号。

D　直达波识别与波速处理

2 孔或 3 孔测试直达波识别和初至时间提取技术：

（1）收集输入钻孔岩性信息。

（2）输入每个钻孔坐标、孔斜、孔距、孔深参数，绘制孔组平面图。

（3）输入 P 波或 S 波在一个或两个接收孔中到达的旅行时。

（4）绘制每个钻孔可使用的偏差探测信息。

（5）在各自钻孔对之间，通过钻孔孔斜、深度差等资料计算校准各射线对间的距离：每个激发点与接收探头的位置和距离。

（6）根据波的初至时间数据，直接计算 P 波和 S 波的速度。

（7）制表和图形包括：钻孔定向测量的数据和图，每个钻孔对 P 波和 S 波速度深度剖面。

（8）以交互方式编辑输入或图形文件和数据集。

（9）后处理地震数据和（或）为其他用途绘制。

遵循典型的现场数据采集过程（即地震资料、钻孔信息、初至时间信息），以便在数据采集时进行交互式计算，进而分析数据。由于实际工作中需要确定最佳测试点距和进行测点加密，采用这种交互式计算非常适用。不同于地面地震技术，井间测试需要对在每个深度的波形做更仔细的解释。例如，在井间测试中，初至并不总是沿直线传播，当遇到地震界面时，会发生折射，会误将折射波当成直达波，这时需要进行速度对比进行识别；当计算的波速远远大于直达波速度，那么在第二个接收器上读到的折射波就被当成了初至波。因此，先利用初至波时间进行系统计算速度，可了解整个剖面间真正的原位速度分布情况。

E 建模和数据处理

通常情况下，井间地震可以采用计算机射线追踪模拟射线路径，进行 CT 反演，识别速度异常区。对于工程应用，由于孔间距较小，CT 成像没有太大的优势，采用简单的直射线路径来计算平均速度更有实用性。此外，在地震数据采集之前，可从探测资料获取地层和介质材料类型等地质信息，对测试的约束或边界条件的取得起到很大的作用，相当于对井间介质的分布设置了现场数据。对于工程应用来说，井间地震测试的数字信号处理类似于最小规模的数字建模。当然，假定现场取得的数据是正确的，并且在记录每个深度的地震数据之前，没有进行滤波或信号叠加。有些数字信号处理技术可利用 P 波或 S 波速度的特征来分辨介质的性能。井间速度分布图还包含以下信息：

（1）通过地震波的谱分析可以确定介质的非弹性性能。

（2）相速度与群速度的相关性频率分析。

（3）从记录的每个地震信号的质量，可以了解接收位置或激发位置的是岩体质量还是耦合的原因，也可进行互换来了解这种原因。

孔间地震波测试的流程较简单，速度计算所需的直接距离和旅行时间是最有用和直接的参数。

3.5.1.3 地面与钻孔穿透

地面与钻孔间地震波穿透可提供与一般地面地震更为有用的成果资料。由地震测井到地震记录合成，可形成垂直地震剖面（VSP）、三分量 VSP、偏移 VSP，以此获得有关钻孔周边地层结构、参数等资料，可解决复杂的地质问题，并非常节约费用。钻孔 VSP 还可为地面地震勘探及其他地面勘探提供解释所需的速度等相关特性参数，而地震测井的波速也会对 VSP 和地面地震勘探提供相应的帮助，相对来说，采用地震测井比 VSP 更具有成本优势。

A 合成地震记录

合成地震记录是地震的重要成果，和所有的理论模型一样，合成地震也要作简单的模型化假设，一般很容易对表面地震测线进行近似拟合，合成地震记录将地震与测井资料综合解释提供了重要环节。

B 速度测量

地震速度测试或地震测井是地球物理重要的测试方法，主要是由布置激发震源和接收器组成相应的观测系统，接收器安置在目标地层以上或附近，以获取地震波穿过目标结构层垂直传播时间，传播时间只使用地震波形记上的初至时间信息即可。

C　时间深度图

将地震波初至时间被转换为垂直旅行时间，并绘制在时间 – 深度图中，计算平均速度、均方根速度和钻孔区间速度。

D　声波测井校准

声波测井主要用于校准地震速度。声波测井的速度一般受多种钻孔效应影响，钻孔效会使测井曲线产生严重变形。在合成地震记录完成前，应拟出地震波速和声波波速间差异（也叫偏差）的修正公式，以防止地震反射或干扰产生的虚假信息。

E　垂直地震剖面

垂直地震剖面充分利用了除初至波时间以外的全部地震波形记录，为了取得孔间地震剖面，在进行穿透的钻孔内安放接收器，安装深度与地震波在地下传播及要测试的深度有关。每个接收器都记录上行和下行波场，回荡波列的下行波可作为深度函数，而且可用于设计反褶积滤波器，这取决于可测量信号的带宽和能量损失的差异。VSP 还具有较好的空间分辨率和时间分辨率，数据处理应注意事项如下：

（1）注意垂直地震剖面法中地震波测试深度范围内产生转换波、多次波，以及衰减等所有产生的变化，对地面地震剖面合成产生较大影响。

（2）通常，垂直地震剖面法的分辨率比传统地面地震剖面法获得的分辨率更高，这是地震波旅行路径变短的主要原因。例如，使用 VSP 方法可以进行高分辨率单道地震映射，可以更准确地估算地下岩石的特性。

（3）有关 VSP 的多次波和明显的衰减信息可以用于提高地面地震剖面法的数据质量，实际上，可利用高质量的 VSP 数据可用于对地面地震剖面的资料再处理。

（4）VSP 地震波路径反转明显揭示了钻孔下方地层波阻抗的变化，这主要是因为钻孔阻抗结构为地震波路径反转提供了物理条件，最常见的是超压区。

（5）偏移 VSP 是为了探测离钻孔较远处的地层结构而开发的，主要用于探测断层和地层尖灭情况。

F　激发与接收

井下激发一般采用炸药内爆装置、空气枪及电火花等源震，这方面的应用也比较成熟。井下震源一般对井壁有破坏作用，大量实验数据表明，钻孔成孔质量与井下震源两者对数据质量产生最直接的影响，甚至影响到资料解释的技术工作。当前，井下接收主要采用井下检波器串，可大大提高现场工作效率和减少成本。

G　速度测量

在钻孔中进行速度测量是地球物理行业中一个行之有效的技术，旅行时间和深度位置可以精确测量，再与传播路径相结合，结合射线路径传播原理，会给物理学家提供所需要的速度，用于将地震时间剖面转换为深度，并正确地进行偏移校正。地震测井需要将声波测井信息相结合，当然，当所需要的钻孔信息达到足够丰富的水平时，才不依赖声波测井数据。在采样率和初至时间判读精度范围内，精确获取地震波旅行时间，并根据声波时间调整地震数据。

为获取设计深度内的地震穿透信号，应选择相应的激发震源，包括爆炸、空气枪、水枪，以及振动器等类型的震源。地面地震数据采集参数设置应与震源和采集参数相匹配，如果接收器间距太近，可能会造成层间速度计算出现较大的误差，这种情况下，初至时间读取精度很少超过1ms。例如，接收器间隔30m、波速3000m/s，1ms的时间误差将造成10%的速度误差。

当把旅行时间转换为垂直旅行时间时，通常假定路径是直线。对于垂直孔而言，可直接利用从震源到孔的水平距离，以及震源到孔中检波器的垂直距离。对于大斜度孔，除了利用垂直距离外，还要利用从震源点到检波器的水平距离。当进行偏差修正时，需要得知震源点的方位。对于偏移或微距激发，在每个移动的激发源位置上应同时测量其坐标。

H　VSP剖面

在计算合成VSP过程中，包含了各种多次波，上行多次波的反射次数是奇数，下行波的反射次数是偶数。对于上行多次波，一阶波可产生3次反射，二阶波有5次，依次类推，下行一阶波有2次反射。合成VSP的地球模型被分为等时层，来自模型中所有层间界面上的每个上行波和下行波都可用于计算分层系统总的地震响应。上升到预先确定顺序的多次波可以作为反射损失函数，包含在总衰减量中。如果尝试用一个实际VSP来合成，正确选择输入小波再次变得很重要。值得注意的是，被随机和规则干扰过的VSP记录很难再进行合成，VSP的现场记录很少清楚地显示多次波。在模型中，初至波的起跳斜面清楚地显示了速度变化，主波幅提供的边界阻抗迹象非常明显。振幅也显示了浅层混响系统产生了许多较强的多次波，在合成VSP中也清晰地显现了多次波源。

3.5.2　单孔声波法

3.5.2.1　工作原理

单孔声波法的工作原理如图3－27所示，其利用声波以一定距离沿孔壁岩体滑行的时间来测定岩体的声波速度。当一发双收探头置于岩体或混凝土钻孔的中心，发射换能器发射的声波满足入射角等于第一临界角时，在岩体或混凝土孔壁的声波折射角等于90°，即声波沿孔壁滑行，又折射回孔中分别被两个接收换能器接收（可称为折射波法），则根据声波到达两个接收换能器的首波时间差和两个接收换能器的间距，即可按式（3－136）计算孔壁附近岩体的纵波波速：

$$v_p = \frac{\Delta S}{\Delta t} \times 10^4 \qquad (3-136)$$

式中，v_p 为测试段孔壁岩体纵波波速，m/s；ΔS 为两接收探头间距，cm；Δt 为声波到达两接收探头的走时差，μs。

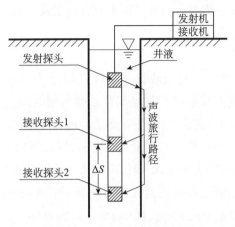

图 3 - 27　单孔声波的工作原理

3.5.2.2　仪器设备

单孔声波法的仪器设备由声波发射系统和声波接收系统两大部分组成。发射系统包括声波发射机和发射换能器。发射机是一种声源信号发射器，它向压电材料制成的换能器输送电脉冲，激励换能器晶片振动产生声波并向岩土体中发射，声波在岩土体中以弹性波形式传播。接收系统包括声波接收机和接收换能器，接收换能器接收来自发射系统发射并在岩土体中传播的声波，再传输到接收机，经放大后在接收机示波屏幕显示声波波形和存储。

声波仪一般要求有一个发射道和两个接收道，具有内、外、信号、稳态触发方式，具波形显示和储存、预分析和数据通信等功能。采样间隔可选，最小采样间隔不应大于 $0.1\mu s$；采样点数大于 512 可选，单孔声波测试点数不应小于 1024；模数转换精度不应低于 12bit；频率响应范围宜为 $10Hz \sim 500kHz$；发射电压宜为 $100 \sim 1000V$；发射脉宽宜为 $1 \sim 500\mu s$；声时测量精度为 $\pm 0.1\mu s$。

声波探头一般为一发双收探头，因单孔声波法是在钻孔中测试，需要向孔壁岩体发射声波，应采用径向柱面振动声波换能器；为了两接收探头既能接收到沿孔壁滑行的折射波，又能保证分辨率（能分辨孔壁岩体裂隙、软弱薄层等地质缺陷发育情况），收发间距一般固定为 30cm 和 50cm；换能器振动主频宜为 $10 \sim 250kHz$；换能器水密性应不小于 1MPa。

3.5.2.3　应用范围和条件

单孔声波法宜用于孔内岩体或混凝土声波速度测试，岩体风化及卸荷松弛厚度、洞室松弛圈、开挖爆破影响深度、软弱夹层、岩体破碎带及岩体质量、混凝土质量和灌浆质量等检测。

单孔声波法应在无套管、宜有井液的钻孔中进行，以便探头与孔壁岩土体良好耦合；对于下斜钻孔应配备扶正器，以使探头居中；对于上斜钻孔应配备辅助耦合装置，以使换能器与孔壁岩体良好耦合；钻孔周围不宜有机械噪声。

3.5.2.4 现场测试

（1）观测系统。一般为一发双收探头，收发间距为 30cm 和 50cm，接收间距为 20cm，为了达到连续无缝测试目的，测点间距一般与接收间距一致为 20cm，以保证裂隙、岩溶、软弱夹层和施工缺陷等测试任务要求的最小异常能准确分辨。

（2）测试准备。测试前应检查仪器设备，保证其技术指标满足相应规程规范要求、性能稳定、工作正常，电缆深度标记正确；应扫孔，保证钻孔深度和畅通。

（3）现场测试。测试时宜从孔底向孔口方向测试，每测试 10 个点或每 2m 应核对一次孔深，终孔时深度偏差不应大于孔深的 1%，以保证测点位置准确。

（4）仪器参数设置。仪器采样间隔宜为 $0.5 \sim 1.0\mu s$，岩体波速较高时，应选择小采样间隔，采样点数不宜小于 1024，实际工作中应根据测试目的和精度要求合理选择，仪器屏幕应完整显示两道首波波形，相位特征应明显，延续不宜少于 3 个周期；孔壁岩体较破碎或钻孔较深电缆衰减较大时，应加大发射功率或采用具有前置放大功能的接收探头，远道增益应大于近道增益，并保证首波初至清晰，易于判读；仪器滤波挡宜选用全通，当压制干扰需要采用滤波时，应选择适宜的滤波挡，且同一测区或测孔宜使用相同的滤波方式，以保证有效波不失真和一致。

（5）长观孔。长观孔应定期进行观测，时间间隔宜为前密后疏。观测时间宜为开挖后第一周的第一、二、三、五天，第一个月内每周，第一个季度内每月，第一年内每个季度，一年后每半年至观测结束。在观测期内，当观测部位附近有较大爆破时，应及时增加观测次数。

（6）记录检查。对不合格的记录（两接收道中有一道工作不正常的记录；干扰背景强烈，影响首波的识别或准确读取首波旅行时的记录；使用了不正确的滤波挡进行滤波的记录）和波形曲线剧变或测点跳变的测段，应重复测试；检查观测应不少于总检测量的 5%，以确保采集数据的可靠性。

3.5.2.5 资料处理

单孔声波法是采用一发双收探头测试孔壁两接收换能器间岩体或混凝土声波波速，再根据岩石裂隙、软弱夹层发育段及施工缺陷部位声波速度低的特点，进行岩土体质量和施工质量评价。主要利用的是声波纵波传播速度快，最先到达，在波形曲线上是首波，而其声波传播距离即探头两接收换能器的距离是固定的，根据速度计算公式（3－136）可知，准确拾取两接收换能器间首波走时差是关键。

（1）走时差拾取。要获得准确的走时差，初至拾取时应将首波波形调整到初至起跳明显，以免初至时间拾取误差，且各道首波波幅应基本保持一致，以免因两道波幅差异使初至起跳点位置一致性差，造成走时差不准确。

当首波初至起跳点不明显时，在两接收道首波频率相近条件下，可在两接收道靠近首波起始相位处读取同相位极值点时间计算走时差。

（2）速度计算。根据各声测点走时差和两换能器间距按式（3-136）计算各测点声波纵波速度，并绘制孔深-声波波速变化曲线图。

3.5.2.6　解译评价

A　岩石风化分带和岩体完整性评价

先在孔深-声波波速曲线上按速度曲线形态和变化趋势进行分段，计算分段波速平均值，再按式（3-137）计算岩体风化波速比，按表3-6评价岩体的风化深度及程度；最后按式（3-138）计算岩体完整性系数，按表3-7评价不同孔段的岩体完整程度。

$$K_W = \frac{v_p}{v_{pr}} \tag{3-137}$$

$$K_v = \left(\frac{v_p}{K_v}\right)^2 \tag{3-138}$$

式中，v_p、v_{pr}分别为岩体纵波波速、新鲜完整岩块的纵波速度，m/s；K_W为岩体风化波速比；K_v为岩体完整性系数。

表3-6　岩石风化程度分类

风化程度	新鲜岩体	微风化	中等化	强风化	全风化
K_W	>0.9	0.9≥K_W>0.8	0.8≥K_W>0.6	0.6≥K_W>0.4	0.4≥K_W>0.2

表3-7　岩体完整程度分类

完整程度	完整	较完整	完整性差	较破碎	破碎
K_v	>0.75	0.75≥K_v>0.55	0.55≥K_v>0.35	0.35≥K_v>0.15	≤0.15

B　开挖影响深度（松弛深度）评价

根据爆前和爆后声波速度相对变化率［按式（3-137）计算］或曲线形态来确定开挖影响深度（松弛深度）。由于爆破开挖导致岩体中产生卸荷裂隙，并使原有裂隙等结构面进一步开裂，使岩体发生卸荷松弛现象，导致岩体物理力学性质发生变化；不同部位因岩体完整性不一致，振动破坏程度不同，其松弛深度也存在差异。为了准确判定岩体爆破影响深度，爆前与爆后声速对比测试最好能在原位进行，不具备条件时，宜选择合适的开挖前后相邻孔对比。当采用开挖前后对比测试时，应将对比孔深度-声波速度曲线绘制于同一张成果中，开挖后钻孔声波速度曲线上连续有3个以上测点的声波速度低于爆前声波速度10%以上，则可将其最深点确定为松弛岩体下限；当只有开挖后声波速度测试时（如洞室开挖松弛深度测试），根据受开挖影响松弛岩体（浅部）声波波速低于未松弛岩体的特点，在深度-声波速度曲线上声波速度由低向高变化的拐点可确定爆破影响深度（松弛深度）。采用长观孔观测岩体卸荷松弛变化规律时，将长观孔每次观测声波速度绘制在同一张图上，逐次对比分析声波速度随时间变化情况，确定围岩卸荷松弛变化规律。

$$\eta = \frac{v_{p(爆前)} - v_{p(爆后)}}{v_{p(爆前)}} \times 100\% \qquad (3-139)$$

式中，$v_{p(爆前)}$、$v_{p(爆后)}$分别为岩土体爆前、爆后纵波速度，m/s；η为爆破后岩体纵波速度变化率，%。

C　灌浆效果评价

不同位置岩体的完整性、质量存在差异，若选择的灌后检测孔与灌前检测孔原岩本身存在质量差异，就不能正确评价灌浆效果，所以灌前灌后检测尽量同孔，不具备条件时，也可采用灌浆前后合适的相邻孔。灌浆效果利用灌浆前后同孔声波速度增长率来评价，资料分析时应对灌前不同速度范围所对应的增长率进行统计分析。增长率的标准通过灌浆试验由设计方确定，一般灌前相对低波速段灌后增长率在5%以上视为灌浆效果达标。灌前与灌后声波速度增长率按式（3-140）计算。在未进行灌前波速测试时，灌后岩体达标情况依据设计文件有关灌浆质量验收标准中的声波速度指标进行评价，或根据灌浆试验结果由地质和设计共同确定的声波速度指标进行评价。

$$k = \frac{v_{p(灌后)} - v_{p(灌前)}}{v_{p(灌前)}} \times 100\% \qquad (3-140)$$

式中，$v_{p(灌后)}$、$v_{p(灌前)}$分别为岩土体灌后、灌前纵波速度，m/s；k为灌浆后岩体纵波速度增长率，%。

D　建基岩体质量评价

通过对建基岩体声波速度统计分析，绘制建基岩体单孔声波波速分段统计图表、建基岩体单孔声波波速沿高程分布频度图表及建基岩体声波波速分布三维模型图等，再采用由设计方根据水工建筑物对岩石力学参数的要求确定的岩土体质量声波速度评价标准，分析评价岩体质量是否满足设计及规范要求，并结合波形变化、振幅衰减、波速值降低等特征确定软弱夹层、裂隙密集带和破碎带等不良地质体的分布情况，以便针对性进行处理。

E　大体积混凝土质量评价

应根据相同骨料、水泥和配比的相同标号、相同施工工艺的大量试块波速，结合混凝土性能试验参数综合评价大体积混凝土质量评价。

3.5.3　单孔声波全波列法

3.5.3.1　工作原理

单孔声波全波列法与单孔声波法的测试原理基本相同。它是由长源距声系（收发间距大于100cm的一发双收或双发双收探头）的声波发射器发射的声脉冲经过井液、地层传播到接收器，通过在时间序列上的全波列采样，用数字技术从全波列波形中提取纵波和横波等参数，获得某深度处受孔壁岩层制约和影响的纵波、横波及斯通利波的速度信息、幅度信息及频率信息，进而达到了解地层的岩石力学性能、岩石裂缝识别、地层渗透性评价及地层岩性鉴别等目的。

单孔声波全波列法与常规单孔声波法的不同之处在于，其是利用岩土体声波纵波速度高、频率高、衰减快，横波速度慢、频率低、衰减慢的特点，通过长源距声系使各成分声波（纵波、横波等）在波形记录中尽量分离便于识别，从而达到能测试出岩土体纵、横波速的目的。全波列法的波形记录如图 3 - 28 所示。各成分波速度计算公式与单孔声波计算公式（3 - 136）相同。

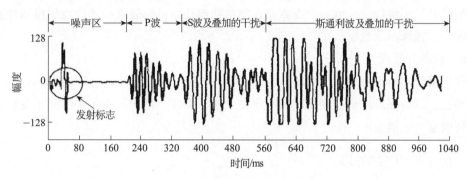

图 3 - 28　声波全波列的波形记录

3.5.3.2　**仪器设备**

单孔声波全波列法仪器设备与单孔声波法仪器设备基本相同，只是仪器的采样点数（记录长度）不得小于 4096，以便记录声波全波列波形（包括纵波、横波和斯通利波等成分声波）；采用的是长源距声系，即收发距大于 100cm 的一发双收或双发双收探头，以便声波全波列波形记录中各成分波（纵波、横波及斯通利波等）尽量分离便于识别。

3.5.3.3　**应用范围和条件**

单孔声波全波列法宜用于孔内岩体纵波和横波速度测试，计算岩石物理力学参数；划分地层岩性和结构，评价岩体完整性；评价地层孔隙率、渗透性及识别裂缝等。

单孔声波全波列法应在无套管、宜有井液的钻孔中进行，以便探头与孔壁岩土体良好耦合；钻孔周围不宜有机械噪声。

3.5.3.4　**数据采集**

A　观测系统

长源距双发双收声系通过各波列的差值计算，利用声系的补偿原理可消除井径变化的影响及传统触发电平法的相位误差和周波跳跃现象，能实现岩石弹性力学参数计算、识别裂缝和评价地层渗透性等精度要求高的测试目的；对于井径变化不大的钻孔和岩性划分则可采用长源距一发双收声系进行测试。为了有效分离全波列中各成分波，要求最小收发距大于 100cm。

单极子声源是压力脉冲源，对于软地层（流体速度大于地层横波速度）不能激发横波；而偶极子源为非对称源，沿径向只在一个方向上产生压力，使井壁产生弯曲振动，从而在地层中激发横波，且软地层中频率变化都较快，但截止频率低、截止频率附近速度随频率变化明显。斯通利波是在流体与井壁界面传播的波，有轻微的频散特性，低频斯通利波对于裂隙发育、渗透性地层非常敏感。故硬地层测量纵横波计算岩石力学参数、识别地层岩性宜采用单极子、高频声源激发；软地层测量纵横波识别地层岩性、识别裂缝宜采用偶极子、低频声源激发；测量斯通利波识别裂缝和评价地层渗透性宜采用单极子、低频声源激发。

B　仪器参数设置

仪器采样间隔不宜大于 1.0μs，在满足测试精度要求的条件下合理选择，记录长度要足够长，以确保声波全波列法测试记录中纵波、横波、斯通利波的波形清晰完整、相位特征明显、不削波。

3.5.3.5　资料处理

A　全波列信息处理

应对全波列声波记录进行波的对比分析，根据波形特征和相邻测点波形的相似性识别和追踪各成分波，提取有效成分波的波至时间及波幅。波的对比分析和有效波提取宜采用波形识别法和慢度－时间相关法。若源距选择适当，在全波列中纵波为首波，波幅小，传播速度快；横波为次首波，波幅较纵波幅度大，传播速度慢；斯通利波为界面波，沿孔壁传播，其相速度略为流体声速的 90% ~ 96%，最后到达。

B　波形识别方法

（1）根据纵横波时差比的变化范围，确定横波的初始波至点，波列中纵横波时差比由式（3－141）决定。

$$\frac{\Delta t_s}{\Delta t_p} = \sqrt{\frac{2(1-\mu)}{1-2\mu}} \tag{3-141}$$

一般岩石，v_s 与 v_p 比值为 1.4 ~ 2.2。

（2）根据纵波传播一周所需时间，利用纵横波传播源距 L 所需时间差值，即可以估计纵波延续 5 ~ 9 个周波后出现横波。

（3）同相轴类比法，一般根据上下围岩纵波、横波波至相位特性，先把纵波波至点连接起来，再把横波波至点连接起来，横波波至的连线类似于纵波。

（4）慢度－时间相关法，通过在一组全波波列中开设时窗，以一定的慢度（时差）移动时窗来寻找纵波、横波、斯通利波，计算一系列相关系数，来确定各成分波的时差，即可估算出各成分波在全波波形上的初至时间。

C 相关计算

利用纵波、横波速度和密度按式（3-142）~式（3-146）计算岩石力学参数：

$$\mu = \frac{v_p^2 - 2v_s^2}{2(v_p^2 - v_s^2)} \tag{3-142}$$

$$\lambda = \rho(v_p^2 - 2v_s^2) \tag{3-143}$$

$$E_d = v_p^2 \rho \frac{(1-\mu)(1-2\mu)}{1-\mu} = 2v_s^2 \rho(1+\mu) \tag{3-144}$$

$$G_d = \rho v_s^2 \tag{3-145}$$

$$K = \lambda + 2G_d/3 \tag{3-146}$$

式中，v_p 为纵波波速，km/s；v_s 为横波波速，m/s；ρ 为岩石密度，kg/m^3；μ 为泊松比；λ 为拉梅常数；E_d 为岩石动弹性模量，MPa；G_d 为岩石动剪切模量，MPa；K 为岩石体积模量，MPa。

3.5.3.6 解译评价

（1）岩石裂缝评价。岩石裂缝可根据声波在岩层中传播的时差变化和各子波的衰减情况进行识别。对于低角度裂缝，声波在岩层中传播要通过裂缝，时差就会增大，且裂缝密度越大声波时差增大就越多。声波通过裂缝的波幅衰减与裂缝倾角和声波全波列中各子波的波形有关。一般来说，垂直裂缝带纵波衰减明显低于横波衰减，中到高角度裂缝纵波衰减明显大于横波衰减，但低角度裂缝纵波衰减又明显低于横波衰减；反射斯通利波信号越强，裂缝越发育。

（2）地层渗透性评价。地层渗透性可根据斯通利波的时差、速度、主频变化和波幅衰减情况进行评价。随地层或裂缝的渗透率增大，斯通利波的时差增大，其速度也相应减小；斯通利波的衰减越显著，斯通利波的主频明显降低。

（3）岩性识别。岩性可参照表3-8所列数值确定。岩石纵横波时差比按式（3-147）计算。

$$DTR = \frac{DT_s}{DT_p} \tag{3-147}$$

式中，DTR 为纵横波时差比；DT_p 为纵波时差，μs；DT_s 为横波时差，μs。

表3-8 常见岩石纵横波时差比值

序号	岩性	DTR	备注
1	砂岩（气层）	1.6	（1）DTR 与孔隙度无关；（2）若岩层由两种岩性混合组成，则 DTR 与两种岩性成分的含量有关
2	砂岩（水层）	1.72	
3	石英岩	1.67 ~ 1.78	
4	砂岩	1.58 ~ 2.05	
5	黏土	1.936	

续表

序号	岩性	DTR	备注
6	石灰岩	1.9	
7	白云岩	1.8	
8	泥灰岩	1.87～2.45	（1）DTR 与孔隙度无关；（2）若岩层由两种岩性混合组成，则 DTR 与两种岩性成分的含量有关
9	盐岩	1.77	
10	玄武岩	1.69	
11	花岗岩	1.63～1.87	
12	石膏	2.49	
13	硬石膏	1.85	

注：表中所列常见岩石纵横波时差比值为大量实测成果。

3.5.4 穿透声波法

3.5.4.1 工作原理

穿透声波法是通过在两个或两个以上孔中或两临空面分别放置激发和接收换能器测试声波波速、振幅、频率、相位等在介质中变化情况的一种方法。以两孔间穿透声波为例，其工作原理如图 3-29 所示。使用单发单收观测方式，由发射探头发射超声波，通过水传播到两孔之间的岩体中，再到达接收探头，由声波仪读取其超声波走时，根据超声波到达接收探头的走时按式（3-148）计算岩体或混凝土波速。

$$v = \frac{L}{\Delta t} \times 10^3 \qquad (3-148)$$

式中，L 为发射、接收探头间距，m；Δt 为声波到达接收探头的走时，ms；v 为测试段两孔间介质的声波波速，m/s。

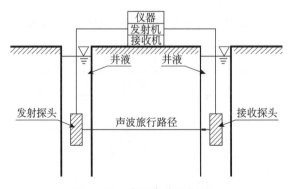

图 3-29　穿透声波工作原理

3.5.4.2　仪器设备

穿透声波测试仪器设备与单孔声波法基本相同。但是只有以下几点不同：

（1）孔间穿透声波探头需要向孔壁岩体发射声波，采用的是单发单收径向柱面振动声波换能器。

（2）两临空面间穿透声波探头是直接采用黄油或石膏等耦合剂将换能器与测试面紧密接触耦合进行声波测试的，采用的是单发单收平面厚度振动声波换能器。

（3）用于基桩完整性和混凝土裂缝检测声波仪还应具有提升装置，其性能指标要求：双向深度计数、记录间隔 2~100cm 可选、深度记录精度小于 1cm、提升速度最大 1m/s、声时声幅测量相对误差不应大于 5%。

（4）大间距穿透可采用电火花激发。

3.5.4.3　应用范围和条件

穿透声波法宜用于岩体和混凝土声波速度测试，岩体风化及卸荷松弛厚度、开挖松弛圈和岩体破碎带探测，岩体质量、混凝土质量、灌浆质量、混凝土裂缝深度和混凝土结构或构件内部缺陷检测等。

穿透声波法宜在成对的、方向相同的临空面或钻孔间测试；孔内测试时应有井液耦合或贴壁装置；钻孔有套管时，应将套管以外的空隙用水、砂土等填实；测试时周围不宜有机械噪声。

3.5.4.4　现场测试

A　观测系统

宜选择 2~3 个孔为一组呈直线或三角形布置，孔距宜为 1~3m，宜采用水平同步、深度同步或斜同步观测方式。发射剖面应与接收剖面共面，以便于计算收发间距；测点距应能分辨测试目的的最小地质缺陷，一般测试点距宜为 0.2~0.5m。

两对立面间测试时，应分别在两对立面布置共面的发射剖面和接收剖面，采用垂直同步、斜同步或扇形扫描观测方式，测试点距点距宜为 0.2~0.5m。

混凝土裂缝检测时，宜呈 L 形布置 3 个检测孔，跨缝检测孔口连线宜垂直裂缝的走向，孔深应大于裂缝预计深度，点距宜为 0.10m（裂缝端部宜加密为 0.05m）。

基桩完整性检测时，声测管应沿钢筋笼内侧呈对称形状布置，声测管设计要求如下：

（1）桩径小于或等于 800mm 时，不得少于 2 根声测管。

（2）桩径大于 800mm 且小于或等于 1600mm 时，不得少于 3 根声测管。

（3）桩径大于 1600mm 时，不得少于 4 根声测管。

（4）桩径大于 2500mm 时，应适当增加声测管数量。

（5）测试点距为 0.2m。

B　测试准备

测试前应检查仪器设备，保证其技术指标满足相应规程规范要求、性能稳定、工作正常，电缆深度标记正确；应扫孔，保证钻孔深度和畅通；应进行钻孔测斜，以便校正收发间距；测量孔口高程和孔间距；测试的岩面或混凝土面应清洁平整。

工作前应测零值，消除收发探头间固有传播时间。柱状发射和接收探头应在水池中按不同间距进行测量，绘制 3 ~ 4 个测点曲线求取零值；平面探头宜用黄油耦合直接测零值。

C　测试

测试时宜从孔底向孔口方向测试，每测试 2m 应核对一次孔深，终孔时深度偏差不应大于孔深的 1%。

D　仪器参数设置

仪器采样间隔和采样点数与测试精度是相互制约的，采样间隔宜为 0.5 ~ 5.0μs，采样点数不宜小于 1024，实际工作中应根据测试目的合理选择，仪器屏幕应完整显示有效波形；增益设置应保证首波初至清晰，易于判读，有效波形完整；仪器滤波挡宜选用全通，当压制干扰需要采用滤波时，应选择适宜的滤波挡，且同一测区或测孔宜使用相同的滤波方式。混凝土裂缝和基桩完整性穿透声波测试时，为了便于声波速度和波幅对比分析，仪器增益等参数设置、触发方式和触发能量应保持相同，原始波形记录中有效波波形应完整、无削波现象。

E　检查记录

当观测数据出现异常现象时（干扰背景强烈，影响有效波的识别或准确读取有效波旅行时的记录；声波振幅测试时，有效波削波或记录长度不足的记录；使用了不正确的滤波挡进行滤波的记录），应进行重复观测，发现缺陷位置应加密和追踪观测，应进行不少于总工作量 5% 的检查观测，以保证数据的可靠性。

3.5.4.5　资料处理

穿透声波法是采用一发一收探头测试孔间或两对立面间岩体或混凝土进行声波测试，再根据声波穿过岩石裂隙、软弱夹层发育段及施工缺陷部位时，速度降低、波幅降低和高频损失的特点，进行岩土体质量和施工质量评价的。其主要利用的是声波纵波，由于声波纵波传播速度快，最先到达，因此分析声波波形曲线上首波的波速、波幅和频率变化，即可达到测试目的。

A　声速计算

根据速度计算公式（3－148），要计算声速，须确定声波传播距离和走时。穿透声波的传播距离由两孔的孔口距离加钻孔测斜资料校正确定或由两对立面间距离加射线斜度校正确定。穿透声波的传播时间由首波初至时间加收发探头零声时校正确定。

（1）初至拾取。要获得准确的初至时间，应将一组波列中各测点首波波形调整到初至起跳明显，以免初至时间拾取误差，且各测点首波波幅应基本保持一致，以免因各测点波幅差异使初至起跳点位置不一致，造成各测点初至拾取不准确。

当首波初至起跳点不明显时，在测点首波频率相近条件下，可在相邻测点靠近首波起始相位处读取同相位极值点时间校正走时。

（2）根据各声测点走时和传播间距按公式（3–148）计算各测点声波纵波速度，并绘制孔深（剖面）–声波波速变化曲线图。

B　声幅处理

采用穿透声波进行混凝土裂缝、混凝土浇筑质量和基桩完整性等测试时，同一对测试孔或构件采用相同的激发能量和增益等仪器参数，资料处理是在不改变波列中各测点波形的情况下，拾取波列中各测点首波波幅并绘制深度（剖面）–波幅曲线进行测试对象缺陷分析。

3.5.4.6　解译评价

（1）混凝土裂缝深度。当声波穿过混凝土裂缝时，声波一部分能量因反射和散射而损失，其中波长较短或频率较高的成分波难以穿过裂缝继续传播，观测到的波形相对未穿过裂缝的波形具有波幅小和频率低等特征，这是波对比分析时判定裂缝是否存在的主要依据，其混凝土声波波速随裂缝宽度不同也存在不同程度的降低。由此根据跨缝声波穿透的深度–波幅曲线和深度–速度曲线及声波频谱图中的波幅、声速、频率的降低起始点即可确定裂缝发育的深度。

（2）混凝土缺陷。声波在混凝土中传播反映了混凝土的弹性性质，与混凝土的强度之间存在相关性。对于组成材料相同、浇筑条件和龄期相同的混凝土，越密实、孔隙越低、强度越高，声波波速就越大；当混凝土中存在裂缝、离析、夹泥、蜂窝等缺陷时，声波在其传播过程中吸收衰减越大，并存在绕射和散射现象，高频成分波衰减更大，导致声波波幅降低、主频向低频端漂移。由此对测区混凝土试块和测试剖面的声波穿透测试的声波波速、波幅和频率进行统计分析，以确定相应参数的临界值，再结合各剖面的深度–波幅曲线和深度–速度曲线及声波频谱图进行分析，即可分别评价混凝土质量及确定混凝土缺陷的情况。

（3）其他检测评价。声波穿透进行的岩石风化分带和岩体完整性、开挖影响深度、建基岩体质量和灌浆质量等检测评价与单孔声波检测评价相同。

3.5.5　单孔地震波法

3.5.5.1　工作原理

单孔地震波法是利用直达波和折射波原理，由震源产生压缩波（纵波）和剪切波（横波），通过地面激发、井中接收、井中激发、地面接收，或同在井中激发、接收方式，测定钻孔附近岩土体沿孔深的地震波速度变化进行地层岩性检层，测定岩土力学参数的一种方法。其工作原理如图 3 - 30 所示。

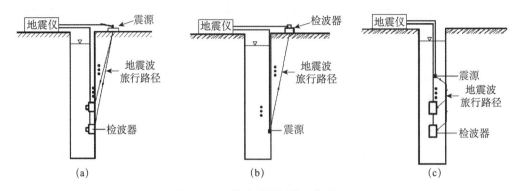

图 3 - 30　单孔地震测井工作原理

（a）地面激发、井中接收；（b）井中激发、地面接收；（c）井中激发、井中接收

3.5.5.2　仪器设备

单孔地震波法测试仪器的要求与表面地震波法基本相同。但只有以下几点不同：

（1）孔内纵波速度测试应使用贴壁式井下检波器或检波器串，地面激发宜使用锤击或落重，孔中激发宜使用电火花震源等。

（2）孔内横波速度测试应使用贴壁式井下三分量检波器，地面激发宜使用扣板或钉耙装置激振。

（3）检波器应有良好的防水性能。

3.5.5.3　应用范围和条件

单孔地震波法宜用于孔内岩土体地震波纵波和横波速度测试、覆盖层分层、土的振动液化判定、建筑场地类别划分、岩体质量检测等。单孔地震波法宜在无金属套管、有井液的钻孔中进行。

3.5.5.4　数据采集

（1）观测系统。孔内纵波速度测试采用一发一收或一发多收（孔内激发孔内接收或孔内激发地面接收或地面激发孔内接收）的观测方式，孔内横波速度测试采用地面激发、孔中接收的观测方式，测试点距 1～3m，当有较薄夹层时，应适当调整，使得薄夹层中至少布置两个测点。

（2）现场测试。孔内纵波速度测试孔内接收时，宜使用贴壁式井下检波器或检波器串，孔内激发宜采用电火花震源，地面激发宜采用锤击或落重震源。孔内横波测试，震源装置使用长约 2m、宽约 0.4m、厚约 0.1m 两头包有铁板的扣板或钉耙，放在平整的地面上。为了减少激发能量损失，保证观测效果，使用扣板时，需在扣板上加足够的重物（大于 500kg）来增加扣板与地面的摩擦力；使用钉耙时，要将钉耙打入土层中，与地面接触牢固。孔口与扣板中心连线长 1～3m，且垂直于扣板长轴。将锥形杆约

40Hz 地震速度检波器插入紧靠激振板中间地面作外触发，然后正反向敲击木板两端，这样木板就给地面一个水平冲击力，激起土层的剪切振动，再采用具有贴壁式三分量井下检波器接收剪切波（横波）。

（3）仪器参数设置。纵波速度测试时，采样间隔宜为 0.05 ~ 0.10ms，采样点数不宜小于 1024；横波速度测试时，采样间隔宜为 0.05 ~ 0.20ms，采样点数不宜小于 1024；滤波挡宜使用全通，当需要压制干扰而采用滤波时，应选择适宜的滤波挡，同一测区或测孔位宜使用相同的滤波方式；纵波测试记录首波波形应完整、初至清晰，横波测试记录波形应完整、特征明显、无削波。

（4）记录检查。对于横波波形不完整或削波的记录、干扰背景强烈影响有效波识别或准确读取有效波旅行时的记录，应该重测。

3.5.5.5 资料处理

A　波的对比分析

将同孔各测点波形按顺序排列成波列图，根据波列中相邻测点波形的相似性、同相性、同相轴的连续性和振幅衰减规律进行对比分析识别有效波，选择靠近有效波的起始相位处采用单相位或多相位进行有效波的对比分析；根据横波频率低、振幅强、旅行时间迟于纵波和正反向激发其相位反向等特征识别横波。

B　旅行时拾取

纵波速度测试应读取首波初至时，初至拾取时应将首波波形调整到初至起跳明显，以免初至时间拾取误差，且各道首波波幅应基本保持一致，以免因各道波幅差异使初至起跳点位置一致性差，造成走时差不准确；当初至点不明显时，宜读取首波第一相位极值点时间进行 1/4 相位时间校正。

剪切波测试（速度检层法）应根据正、反向激发使剪切波相位产生反相的特点来识别剪切波，并利用正、反向两次激发的振动波形图中剪切波相位的交点判读初至时。当剪切波初至点不明显时，宜读取剪切波第一相位极值点时间进行 1/4 相位时间校正。

C　孔斜校准

检波器或震源距孔口有一定距离时，应按式（3-149）将地震波沿斜距旅行时校正为垂距时间。

$$t'_i = \frac{h_i}{\sqrt{d^2 - h_i^2}} \times t_i \qquad (3-149)$$

式中，t_i 为激发点至接收点地震波旅行时间，ms；t'_i 为修正后垂直距离地震波旅行时间，ms；h_i 为接收点深度，m；d 为激发点或检波点至孔口距离，m。

D　声速计算

孔内单点激发孔内单点接收按式（3-150）计算速度，孔内单点激发孔内多点接收按式（3-151）计算速度。

$$v = \frac{s}{t - t_0} \times 10^3 \qquad (3-150)$$

$$v = \frac{\Delta x}{\Delta t} \times 10^3 \qquad (3-151)$$

式中，t 为激发点至接收点地震波旅行时间，ms；t_0 为仪器系统延迟时间，ms；s 为激发点至接收点间距离，m；Δt 为相邻两检波器地震波旅行时差，ms；Δx 为相邻两检波器（观测点）距离（道间距），m。

E　层速度计算

地面激发孔内接收和孔内激发地面接收（检层法）方式，应先按式（3-149）校正为垂距时间，再绘制时深曲线。根据地质钻探资料按实际地层计算各层纵波或横波速度；在没有地质钻探资料时，可根据时深曲线斜率变化分层，并分别按式（3-152）~式（3-154）计算相邻两观测点的速度、第 i 地层速度、土层等效剪切波速度。

$$v_i = \frac{d_i}{t_i} \times 10^3 \qquad (3-152)$$

$$v_{se} = \frac{d_0}{t} \times 10^3 \qquad (3-153)$$

$$t = \sum_{i=1}^{n} \frac{d_i}{v_{si}} \qquad (3-154)$$

式中，t_i 为第 i 层地震波旅行时间，ms；d_i 为第 i 层厚度，m；v_i 为第 i 层地震波速度，m/s；n 计算的地层数或土层数；v_{si} 为第 i 层剪切波速度，m/s；d_0 为覆盖层计算深度，m，取覆盖层厚度和 20m 两者的较小值；t 剪切波在地面至计算深度之间的传播时间，ms；v_{se} 为土层等效剪切波速度，m/s。

F　岩土体物理力学参数计算

岩土体物理力学参数按式（3-142）~式（3-146）计算。

3.5.5.6　解译评价

（1）根据纵波速度变化情况，结合波形对比中首波波幅衰减和频率变化等特征综合分析和判断孔内裂隙、破碎带等不良地质体的发育位置和范围，评价岩体质量。

（2）根据速度－深度曲线变化划分覆盖层与基岩界线、覆盖层分层及风化分带。

（3）水工建筑物场地土的类型和类别按《水电工程防震抗震设计规范》（NB 35057—2015）的相关规定划分（见表3-9）。

表3-9　场地土的类型划分

场地土的类型	剪切波（等效剪切波）速度范围/m·s⁻¹	代表性岩土名称和性状
硬岩	$v_s > 800$	坚硬、较硬且完整的岩石
软岩、坚硬场地土	$800 \geqslant v_s > 500$	破碎和较破碎或软和较软的岩石、密实的砂卵石
中硬场地土	$500 \geqslant v_{se} > 250$	中密、稍密的砂卵石，密实的粗砂、中砂，坚硬的黏土和粉土

续表

场地土的类型	剪切波（等效剪切波）速度范围/m·s^{-1}	代表性岩土名称和性状
中软场地土	$250 \geqslant v_s > 150$	稍密的砾砂、粗砂、中砂、细砂和粉砂，一般黏土和粉土
软弱场地土	$v_s \leqslant 150$	淤泥、淤泥质土、松散的砂土、人工杂填土

注：1. v_s 为土层剪切波波速，如果场地有多层土，则取建基面下各土层等效剪切波波速。
　　2. 覆盖层厚度确定：一般情况下，应按地面至剪切波速大于 500m/s 且其下卧各层岩土的剪切波波速均不小于 500m/s 的土层顶面的距离确定；当地面 5m 以下存在剪切波速大于其上部各土层剪切波速 2.5 倍的土层，且该层及其下卧各层岩土的剪切波速均不小于 400m/s 时，可按地面至该土层顶面的距离确定；剪切波速大于 500m/s 的孤石、透镜体，应视同周围土层；土层中还有硬夹层，应视为刚体，其厚度应从覆盖土层中扣除。

（4）判别土的振动液化按《水力发电工程地质勘察规范》（GB 50287—2016）进行评价，见表 3-10。

表 3-10　场地类别的划分

场地土的类型	覆盖层厚度 d_0/m						
	0	$0 < d_0 \leqslant 3$	$3 < d_0 \leqslant 5$	$5 < d_0 \leqslant 15$	$15 < d_0 \leqslant 50$	$50 < d_0 \leqslant 80$	$d_0 > 80$
硬岩	I$_0$	—					
软岩、坚硬场地土	I$_1$	—					
中硬场地土	—	I$_1$		II			
中软场地土	—	I$_1$		II		III	
软弱场地土	—	I$_1$		II		III	IV

注：场地类别根据场地类型和覆盖层厚度划分为 I$_0$、I$_1$、II、III、IV 共五类。

（5）应绘制地震波速度-深度成果图，并结合地质、钻孔资料进行解释；进行场地类别划分时应绘制场地类别划分成果平面图、剖面图等。

3.5.6　孔间穿透地震波法

3.5.6.1　工作原理

孔间穿透地震波法是利用直达波和折射波原理，由震源产生压缩波（纵波）和剪切波（横波），通过孔间穿透的地震纵波和横波速度判断地层岩性及构造检层，判断软基沙土液化趋势的方法。其工作原理如图 3-31 所示，速度按式（3-155）计算。

$$v = \frac{d}{t - t_0} \tag{3-155}$$

式中，v 为两孔间介质地震波速度，m/s；d 为收发点间距，m；t 为地震波走时，s；t_0 为

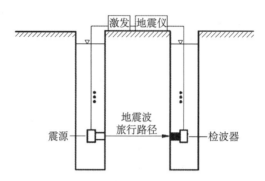

图 3 - 31　孔间穿透地震波法工作原理

系统延迟时间，s。

3.5.6.2　仪器设备

孔间穿透地震波法测试仪器的要求与表面地震波法基本相同，不同的是：孔间纵波速度测试应使用贴壁式井下检波器，激发宜使用超磁震源或电火花震源等；孔内横波速度测试应使用贴壁式井下三分量检波器，激发宜使用井下剪切锤或其他可定向激发激振装置；检波器应有良好的防水性能。

3.6.6.3　应用范围和条件

穿透地震波法宜用于孔间或测试面间岩土体或混凝土地震波纵波和横波测试、覆盖层分层、土的振动液化判定、建筑场地类别划分、岩体或混凝土质量检测。

穿透地震波法宜在成对的、相互平行的临空面、钻孔、平洞、地面与平洞间进行。钻孔内宜有井液，有套管时，套管应与孔壁耦合良好。

3.5.6.4　数据采集

（1）观测系统。宜选择水平同步或深度同步观测方式。孔间距不宜过大，过大时地震波沿高速介质传播，导致地震波速偏高，一般纵波速度测试孔距宜为 5.0 ~ 10.0m，横波速度测试孔距宜为 2.0 ~ 5.0m；测试点距宜为 1.0 ~ 2.0m，当有较薄夹层时，应适当调整测试点距，使得薄夹层中至少布置两个测点。

（2）测试准备。应对钻孔进行测斜校正收发间距，以免造成测试波速偏差。孔中有套管时，应将套管与孔壁之间的空隙用细砂充填密实。孔间穿透测试应使用贴壁式井下检波器，激发宜选择超磁震源或电火花震源等；横波速度测试应使用贴壁式井下三分量检波器，激发应选择井下剪切锤或其他可定向激发激振装置，贴壁式井下检波器应贴壁良好，每个测点应分别进行正、反向激发。

（3）现场测试。采样间隔宜为 0.05 ~ 0.20ms，采样点数不宜小于 1024；仪器滤波挡宜采用全通，当需要压制干扰而采用滤波时，应选择适宜的滤波挡，同一测区宜采用相同的滤波方式；信号较弱时，宜加大激发能量或信号叠加，叠加次数不宜超过 5 次；

波测试记录首波波形应完整、初至清晰，横波波形应完整、特征明显、无削波。

（4）记录检查。对于有明显延时且通过相邻道对比无法校正的记录、剪切波波形不完整或削波的记录、干扰背景强烈影响有效波识别或准确读取有效波旅行时的记录，应重测。

3.5.6.5　资料处理

（1）波的对比分析。根据同一对孔波列中相邻测点波形的相似性、同相性、同相轴的连续性和振幅衰减规律进行对比分析识别有效波，选择靠近有效波的起始相位处采用单相位或多相位进行有效波的对比分析；根据横波频率低、振幅强、旅行时间迟于纵波和正反向激发其相位反向等特征识别横波。

（2）旅行时拾取。纵波速度测试应读取首波初至时，初至拾取时应将首波波形调整到初至起跳明显，以免初至时间拾取误差，且各道首波波幅应基本保持一致，以免因各道波幅差异使初至起跳点位置一致性差，造成走时差不准确，当初至点不明显时，宜读取首波第一相位极值点时间进行 1/4 相位时间校正。

剪切波（横波）测试应根据正、反向激发使剪切波相位产生反相的特点来识别剪切波，并利用正、反向两次激发的振动波形图中剪切波相位的交点判读初至时。当剪切波初至点不明显时，宜读取剪切波第一相位极值点时间进行 1/4 相位时间校正。

（3）参数计算。根据钻孔测斜资料计算激发点至接收点间的距离，按式（3-155）计算地震波波速，岩土体物理力学参数按式（3-142）~式（3-146）计算。

3.5.6.6　解译评价

（1）根据纵波速度变化情况，结合波形对比中首波波幅衰减和频率变化等特征综合分析和判断孔内裂隙、破碎带等不良地质体的发育位置和范围，评价岩体质量。

（2）根据速度-深度曲线变化划分覆盖层与基岩界线、覆盖层分层及风化分带。

（3）根据地震波速、岩石物理力学参数统计分析评价岩土体质量。

（4）绘制孔间孔深-波速、孔深-物理力学参数图，地质缺陷异常解释成果图等。

3.5.7　钻孔全景成像

3.5.7.1　技术原理

A　钻孔图像处理原理

钻孔图像能直观地反映钻孔揭示的地质结构信息，在地质勘探和基础质量检查中都有着广阔的应用。传统的钻孔取岩心在松散、软弱、破碎地层介质中无法获取有效芯样，且芯样环纹理结构易破坏或无法辨识。随着光学技术的发展，摄像技术被应用到地质勘探中，利用钻孔摄像装置，可以直观清晰地对钻孔内地质情况进行观测，弥补了取岩心法的不足。钻孔摄像技术经历钻孔照相、钻孔摄像和数字光学成像 3 个发展阶段[24]。钻孔摄像以前视钻孔窥视仪为代表，其结构简单，利用广角摄像头对钻孔进行前视摄像，成像特征符合人眼观察习惯，可直接对孔壁纹理脉络进行定性判断，但无法对钻孔内壁信息进行定量分析[25]。数字光学成像是在前视窥视仪的基础上，在镜头前方加装锥形反射镜，将孔壁信息反射到镜头成像，由此得到圆环状图像，此类图像由于经过光学反射，图像畸变较大，因此不能直接观察，须转换到直角坐标系下才能观察分析。数字光学成像系统成像清晰，代表了钻孔摄像技术的最高水平[26]，但其结构复杂，需要电子罗盘等装置的辅助，在水平倾斜孔等场景下应用效果差。前视钻孔成像仪虽然在技术上较简单，但应用灵活，结构简单，在很多场景下应用广泛。当前，主要将数字图像处理技术与前视钻孔窥视技术相结合，弥补其在定量分析上的不足，利用简易装置获取图像信息，采用同心圆环展开算法和图像灰度特征相似度最大匹配准则处理图像，得到的全景拼接图符合观察需要，且此过程具有速度快、准确度高的特点。

  B 环形图像展开处理

前视视频具备定性观测条件，如需进行更为精确的定量分析，还需进行展开处理。由于成像原理的特点，前视摄像头获取到的图像无直接的成像边界，直观的只有由近到远的孔壁，以及远端的低光区域。因此，需要运用图像处理技术，自动定位圆心并设置合理的半径，进而划定环形区域，为后续的图像展开奠定基础。由于远端低光而形成的黑色区域，近似圆形，且从灰度级上分析，其区域值与其他区域的值有明显的区分，因此可利用此特点进行圆心定位。

预处理阶段利用中值滤波及灰度调整，突出远端低光区域，同时增强孔壁灰度值。结合取反并去除小面积进行二值化处理。对预处理后的图像近圆形区域求取质心，即可得到精确度较高的圆心位置。设置半径，截取环形区域。

全景图像展开算法主要包括基于光学变换的光路追踪法及其改进算法和基于数学变换的同心圆环展开法[27]。此处采用改进的坐标转换算法，结合插值算法，实现对环形区域的快速展开。同心圆环展开原理如图 3-32 所示，将图中半径为 R' 的虚线圆，沿一定的初始相位展开为直线，$P(x, y)$ 与环形区域中的 $P'(x, y)$ 等同于极坐标与直角坐标的转换关系，按式（3-156）展开。

$$\begin{cases} x = x_0 + (r + y)\sin\alpha \\ y = y_0 + (r + y)\cos\alpha \end{cases} \tag{3-156}$$

式中，α 为弧长与半径的比值；(x_0, y_0) 为 O 点坐标。

展开区域的高度为 $R-r$，宽度为 $2\pi R'$，其中 R' 为 r 至 R 间的任意值，在实际应用中可任意设定。通过极坐标转换公式可看出，展开图中的点与原图中的点存在固定的对应关系，相位角 α 在 $0 \sim 2\pi$ 间变化。由正、余弦函数特性可知，只需计算函数 1/4 区域的值即可得到全区间的函数值，利用此特性可缩短坐标求取时间，提高运算效率。

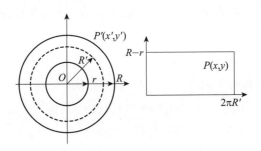

图 3 – 32　同心圆展开原理

　　图像插值，在坐标运算中，α 取 $0 \sim 2\pi$ 间的任意值，因此得到的正、余弦值为浮点数。由于图像像素点的位置均为整数点，求取到的浮点坐标不存在像素值，需要进行插值运算，近似得到此坐标对应的像素值。最临近插值和双线性插值为常用的方法[28]。最临近插值原理如图 3 – 33 所示，即将距离浮点坐标最近的整数点坐标的像素值赋值于浮点坐标。由于此方法在临近像素值有较大改变时，会产生锯齿状效果，成像粗糙，因此采用双线性插值，以达到理想的清晰度。最临近插值与双线性插值效果如图 3 – 34 所示，可以看出，双线性插值较最临近插值在细节上更为平滑，不会出现锯齿状效果。

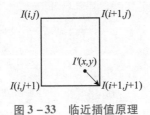

图 3 – 33　临近插值原理

图 3 – 34　临近插值和双线性插值效果

　　线性插值算法根据 (x, y) 点的 4 个相邻点的灰度值，分别在 x、y 两个方向上进行插值，计算出 $f(x, y)$ 的值，形成的插值函数为双曲抛物面方程，见式（3 – 157）。

$$f(x, y) = ax + by + cxy + d \qquad (3 - 157)$$

插值过程由此抛物面和 4 个临近点进行拟合。首先在 x 方向上作线性插值，对上端的两个顶点按式（3 – 158）线性插值：

$$f(x,0) = f(0,0) + x[f(1,0) - f(0,0)] \qquad (3-158)$$

类似的，对于底端的两个顶点按式（3 – 159），有：

$$f(x,1) = f(0,1) + x[f(1,1) - f(0,1)] \qquad (3-159)$$

最后，在 y 方向上按式（3 – 160）作线性插值，有：

$$f(x,y) = f(x,1) + x[f(x,1) - f(x,1)] \qquad (3-160)$$

整理上式，得

$$f(x,y) = x[f(1,0) - f(0,0)] + y[f(0,1) - f(0,0)] +$$
$$xy[f(1,1) + f(0,0) - f(0,1) - f(1,0)] + f(0,0) \qquad (3-161)$$

双线性插值已经考虑到 (x, y) 点的直接相邻点对它的影响，一般可得到较满意的结果，但这种方法具有低通滤波的特性，使高频分量受到损失，图像轮廓有一定的模糊，如果需要得到更精确的插值效果，应采用高阶插值[29]。图 3 – 35 为展开效果，运用的就是双线性插值法。

图 3 –35　双线性插值法展开效果图

C　图像匹配拼接

图像序列通过加入时间属性实现了对拍摄场景的空间和时间上的信息融合存储，序列中的每帧图像只反映了某一时间、空间的局部信息，而序列整体在时间、空间上又有很大的冗余，因此，利用图像拼接技术可减少表示场景所需数据量，提高利用效率。

将展开后的矩形区域拼接成完整的全景图，图像匹配为此过程的前提和关键。其方法大致可分为两类：一类为基于图像灰度信息的匹配；另一类为基于图像特征的匹配。基于图像特征的匹配主要代表为基于特征点的图像匹配，此类方法匹配精度高，且具有平移旋转不变性等优点，但运算时间长，资源消耗大，效率低。根据孔壁图像灰度变化单一且图像复杂度低的特点，采用基于图像灰度信息的匹配方法，能够快速准确地完成图像匹配。

　　由于前视摄像探头在钻孔内会做轴向运动和旋转运动，因此，表现在矩形展开图上即为 x 和 y 轴方向上的平移。进行图像匹配，即匹配出两轴方向上的偏移量，利用横向偏移量修正 x 轴方向上的平移，再利用纵向偏移量进行拼接，图像偏移如图 3－36 所示。

　　基于灰度投影法的图像灰度信息匹配方法，是把二维的图像灰度值投影到已知坐标轴，从而形成一维数据，再在此一维数据上进行匹配，此过程通过降维来达到提高匹配速度的目的[29]。例如，某 t 时刻的图像 f，其尺度为 $M \times N$，在 x 轴方向上及 y 轴方向上做灰度投影并计算均值，可表示为：

$$\begin{cases} F_t(x_0) = \dfrac{1}{N} \sum_{y=1}^{N} f_t(x_0, y), x_0 = 1, 2, \cdots, M \\ F_t(y_0) = \dfrac{1}{M} \sum_{x=1}^{M} f_t(x, y_0), y_0 = 1, 2, \cdots, N \end{cases} \quad (3-162)$$

式中，$F_t(x_0)$ 和 $F_t(y_0)$ 分别为 t 时刻图像的灰度值。

　　垂直灰度投影如图 3－37 所示。

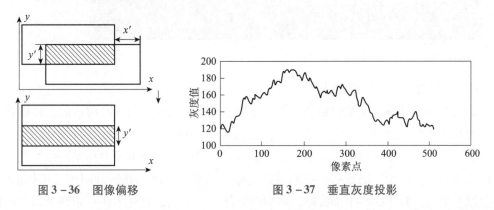

图 3－36　图像偏移　　　　　　图 3－37　垂直灰度投影

　　以在 y 轴方向上的投影匹配为例，利用灰度直方图选取灰度特征变化明显的区域 $S_1 = \{s_1, s_2, \cdots, s_i \mid 1 < i < M\}$ 作为参考域，其序列长度为 S_1，在前一帧 y 轴方向上的灰度投影区间内建立比对 $S_2 = \{s_1, s_2, \cdots, s_M\}$，其序列长度为 S_2，$|S_1| < |S_2|$。结合参考域和比对域建立相似性度量模型 $C = \{s_1 \cdot s_2\}$，统计 S_2 内与 S_1 等长序列的相似度，并比对出度量最大值所对应的序列，即可得出运动参数相似度计算为：

$$r = \frac{\sum_{i=1}^{n} (x_i - \bar{x})(y_i - \bar{y})}{\sqrt{\sum_{i=1}^{n} (x_i - \bar{x})^2 \times (y_i - \bar{y})^2}} \quad (3-163)$$

　　得到位移匹配参数后，即可进行全景图的生成。由于亮度变化和灰度变化等因素的干扰，直接生成的全景图会有明显的缝隙，影响观测，可在拼接过程中运用加权融合方法，按照一定的权值比例进行融合[29]，此方法适用于对细节信息要求严格的场合。设两幅图像为 i_1 和 i_2，拼接后的图像为 i_3，权值因子为 $d(0 < d < 1)$，有 $i_3 = d \times i_1 +$

$(1-d) \times i_2$。也可在拼接后利用滤波处理，模糊缝隙及噪声，此方法适用于以分析全局信息为主的情况，利用采集的钻孔孔壁图像及模拟的孔壁模型图像进行实验，全景图如图 3-38 所示。后期可结合相关设备，精确得到地质构造信息。

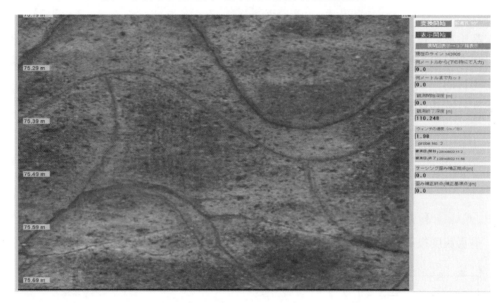

图 3-38 全景图

D 图像构造产状识别和计算

钻孔内揭示的构造主要包括破碎带、裂隙、夹层、层间裂隙等，构造的定量描述主要为产状和宽度。数字钻孔摄像技术中，对裂隙产状和宽度的计算在展开图像中进行。原位孔壁上的裂隙被锥面镜反射经光学变换形成全景图像，经重建为孔壁图像，然后沿北极裁开为展开图像。图 3-39 中的裂隙是标准的平面裂隙，在展开图中呈正弦曲线，并且没有宽度。对于标准平面裂隙，由裂隙上任意三个点，只要不在一条线上，都可以计算出该裂隙的倾向，而且由不同点算出的倾向都是相同的。

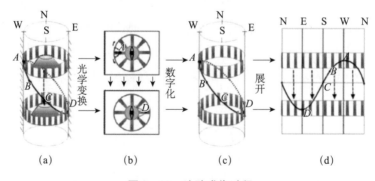

图 3-39 孔壁成像过程

（a）原位孔壁；（b）全景图像；（c）重建孔壁；（d）平面展开图

图 3-40 所示为厚度为 d 的平面构造被钻孔所交切，并为钻孔摄像技术所量测的过

程。图 3 - 40（b）中，上界面 $\overset{\frown}{A'B'C'D'}$ 和下界面 $\overset{\frown}{ABCD}$ 为平面构造与钻孔的交切面，图中灰色块体表示平面构造在孔内揭露的情况。图 3 - 40（c）中的弧线 $\overset{\frown}{ABCD}$ 和弧线 $\overset{\frown}{A'B'C'D'}$ 分别对应上界面 $\overset{\frown}{ABCD}$ 和下界面 $\overset{\frown}{A'B'C'D'}$，二者围成的区域（填充灰色）即为平面构造在孔内揭露的孔壁的图像。从图中看，显然有式（3 - 164）：

$$\overline{D'D} = \overline{C'C} = \overline{B'B} = \overline{A'A} \tag{3-164}$$

量测曲线上对应两点之间的距离算出的宽度称为视隙宽。一般情况下，视隙宽（D）和真实宽度（d）满足式（3 - 165）。

$$d = D\cos\theta \tag{3-165}$$

图 3 - 40、图 3 - 41 所示为一宽度为 d 的裂缝图像，理论做法是在曲线上一点作对应曲线的垂线，取所得的线段长度为 d。实际中，这样计算由于人为取点误差并不常用。而经由视宽度换算真实宽度，步骤麻烦但比较实用。展开图中的 N、E、S、W 四条竖线，可作为辅助线，而且在最高点和最低点等转折点特征较强的地方取点，减少误差。

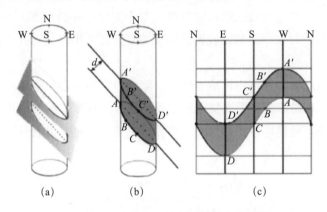

图 3 - 40　宽度为 d 的平面裂缝构造模拟

（a）原位孔壁；（b）孔壁抽象示意；（c）结果图像展开图

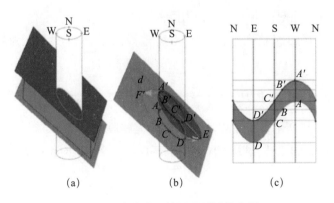

图 3 - 41　宽度为 d 的平面裂缝构造展开

（a）原位孔壁；（b）孔壁抽象示意；（c）结果图像展开图

另一种厚度也为 d 的平面构造，它和完整孔壁不同，尽管还是标准形态平面构造，但可看见孔壁内的情况。图 3 – 41（a）中，红色平面代表上表面，棕褐色平面代表下底面，中间蓝色带为平面构造。图 3 – 41（b）所看到的范围要宽，自最高点至最低点之间的范围内，可看到孔壁径向一定距离的图像（绿色箭头所指）。蓝色区域形态相同，但区域内的点的意义不同。前者是孔壁上点，这里的点不在孔壁柱面上。这种类型在破碎带中还是比较常见的。标准平面构造在平面展开图上为标准的正弦曲线，且边缘特征明显，易于取点识别进行计算。更常见的非标准的平面构造和非平面构造中，裂隙宽度变化较大，最宽处与最窄处相差几倍甚至十几倍。

实际测试无法知道裂隙宽度变化是由裂隙本身原因造成的还是由钻进扰动造成的，也无法来衡量钻进扰动到底造成多大影响。并且，在建立坐标系时孔壁被假定为圆柱面，在钻孔孔壁侧向扩径数值，或者说孔壁块有多少厘米，是不能准确量测的。

因钻进扰动影响，岩芯的钻孔完整性评价方法所得值比实际情况要低，而数字钻孔摄像方法所得图像比取芯更符合实际情况。为此，提出基于钻孔孔壁图像对岩体进行完整性评价，称为孔壁完整指标（Wall Integrity Designation，WID）；其基本思路是在分析孔壁图像的基础上，通过量测孔壁扣除造成孔壁不完整、不连续地段的原因（如破碎、溶蚀、裂隙等）后所得面积占该段孔壁总面积的百分比。WID 是对孔内破碎段破碎程度的一种定量描述。

除标准平面裂隙外，还有不标准的平面裂隙，但它们可用裂隙倾向倾角和宽度来简单描述。而对于孔内破碎带，需要描述的主要是其破碎程度，继续沿用简单裂隙观点从产状和宽度角度是不能描述这一特征的。将孔壁完整指标定义为展开图中完整区域面积占该段总面积的百分比，即：

$$WID = \frac{S_0}{S + S_0} = 1 - \frac{S}{\pi DH} \tag{3 – 166}$$

式中，S 为孔壁不完整段在平面展开图中的面积；S_0 为孔壁完整段在平面展开图中的面积；$S + S_0$ 为孔壁在平面展开图中的面积；D 为钻孔直径；H 为该段孔壁长度。

参与面积计算的孔壁长度，又可分为两种：

（1）当参与计算的完整孔壁段大于不完整段的纵向长度，称为绝对 WID，见式（3 – 167）。

$$WID_\alpha = \frac{S_0}{S + S_0} = \frac{S_0}{\pi DH} = - \frac{S}{\pi DH} \tag{3 – 167}$$

如图 3 – 42（a）所示，长度 H 大于实际不完整段的长度。

（2）当参与计算的完整孔壁段小于或等于不完整段的纵向长度，称为相对 WID，见式（3 – 168）。

$$WID_r = \frac{S_0}{S + S_0} = \frac{S_0}{\pi Dh} = - \frac{S}{\pi Dh} \tag{3 – 168}$$

如图 3 – 42（b）所示，长度 h 为实际不完整段的长度。当不完整段内还有完整块体时，其面积必须加上，这时 WID 计算公式为：

$$WID_r = \frac{S_0 + S_1 + S_2 + S_3}{S + S_0 + S_1 + S_2 + S_3} = \frac{S_0 + S_1 + S_2 + S_3}{\pi Dh} = -\frac{S}{\pi Dh} \quad (3-169)$$

如图 3-42（c）所示，长度 h 为实际不完整段的长度，S_1、S_2 和 S_3 分别为不完整段内的完整块体的面积。

WID 的提出，主要是为了解决对孔壁破碎程度的描述问题。但上面所计算的 WID，所用的 h 就是破碎带的高度。将 WID 的计算高度扩大到对一段孔壁（如 5m）的完整情况进行定量描述，可能是工程更为关心的问题。为此，需要将该段内的各个破碎带的完整带的面积累加起来和整段的孔壁面积作比较。为了计算方便，实际先采用累加各个破碎带面积再与整段面积相比的办法，此处采用的就是这种简单累加的办法。要讨论如何累加的问题，先来看看破碎带的几个属性：

（1）破碎带的倾向。一个钻孔中存在不同倾向的破碎带，倾向不同，工程影响不同。图 3-43 给出两种不同倾向的破碎带，要区分不同倾向对工程的影响，WID 怎样描述不同的倾向，对不同方向的倾向进行多大程度修正。

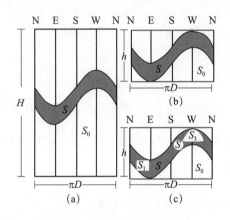

图 3-42　孔壁完整性计算模型

（a）完整区为主图窗；（b）完整区占主图窗；
（c）目标图像完整图窗

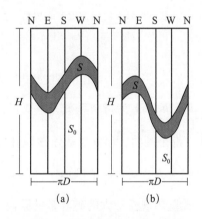

图 3-43　裂缝产状对 WID 的影响

（a）E 低 W 高倾斜裂隙；（b）E 高 W 低
倾斜裂隙

（2）破碎带的间距。图 3-44 为间距的示意图，其中图 3-44（b）中的间距比图 3-44（a）的要大些。多个密集的破碎带对孔壁完整的影响肯定要比稀疏的破碎带对孔壁完整的影响大，将不同间距的破碎带直接叠加，虽简化计算，但没有确切反映孔壁实际情况，显然是不合适的。因此要考虑：使用什么参数来描述不同的间距，对不同的间距对孔壁完整指标进行多大程度的修正。

（3）多个破碎带的组合方式。要使孔壁完整指标适用于较长的一段孔壁，除了倾向、间距小，还要考虑不同组合形式的影响。例如图 3-45 中，同样的一大两小破碎带，却有两种不同的组合，应考虑组合方式的影响。

（4）破碎带的类型。不同类型的破碎带对孔壁完整程度的影响是不同的。

考虑上述因素影响的孔壁完整指标，解决方法可以归结到式（3-170）中：

$$WID_\alpha = \frac{\sum S_\alpha}{\pi DH} = 1 - \frac{\sum S}{\pi DH} = 1 - \sum \frac{S}{\pi DH} = 1 - \sum_{i=1}^{n} \frac{k_i S_i}{\pi D h_i} \qquad (3-170)$$

式中，WID_α 为绝对孔壁完整指标；H 为分段孔壁的高度；S_α 为孔壁完整带的面积；S 为展开图中破碎带的面积；h 为破碎带的高度；k_i 为各破碎带的修正系数，见式（3-171）。

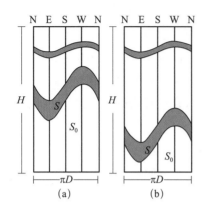

图 3-44　裂缝宽度影响模型

（a）密集裂隙；（b）疏松裂隙

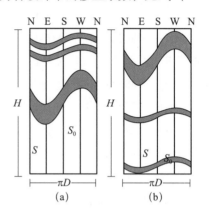

图 3-45　裂缝组合形式 WID 的影响

（a）密集裂隙组合；（b）疏松裂隙组合

$$k_i = k_1 \cos(\theta - \theta_{max}) + k_2 \frac{d - d_{max}}{H} + k_3 \frac{1}{N} \qquad (3-171)$$

式中，k_1、k_2 和 k_3 为折减系数，主要目的是控制值域；θ_{max} 表述不同倾向对 WID 的影响，θ 和 θ_{max} 都是倾向，但 θ_{max} 表示该段孔壁内规模最大的破碎带的倾向；$\frac{d - d_{max}}{H}$ 表述不同间距和组合方式对 WID 的影响；d 为破碎带的距离（距该段孔壁的上端开始计算）；d_{max} 为该段孔壁内规模最大的破碎带的距离；$\frac{1}{N}$ 表述破碎带内块体情况。

3.5.7.2　仪器设备

全景图采集主要结构有探头（摄像头、光源等）、深度仪、缆绳，以及地面上的图像采集卡和主机。前视全景图像采集和处理硬件系统如图 3-46 所示。钻孔全景成像技术利用广角摄像头，配合光源并结合深度仪，可摄取孔壁前视全景图像。广角摄像头可在较大的角度内摄取图像或视频，但视角过大的超广角镜头焦距短且会造成较大的图像畸变，不利于观察及后期的处理。前视摄像模型及实际成像图如图 3-47 所示。

光学成像模型如图 3-48 所示。由于摄像头有固定的焦距，因此在 $ABCD$ 孔壁上成像清晰，BC 圆以下的区域也有成像，但其受摄像头焦距及光亮度的影响，信息度低。此成像过程模拟人眼成像，可直接获取钻孔内壁部分信息。同时，经过展开拼接等图像处理技术，还可进行精确的定量分析。数字光学成像是在前视成像的基础上，加装锥面反射镜，将孔壁经过反射镜成像，锥面镜中心区域为成像盲区。此方法可以提高成像的精度，但图像发生很大畸变，无法直接观察，须经过展开与拼接处理方可进行分析，因

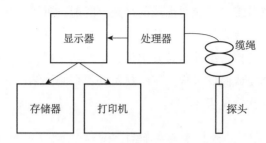

图 3 – 46　钻孔全景图像系统组成

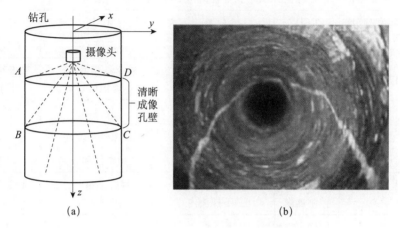

图 3 – 47　钻孔全景成像探头模型

（a）前视摄像模型；（b）实际成像图

此其应用很大的限制。

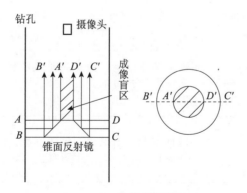

图 3 – 48　光学成像模型

　　智能钻孔电视成像软件由一整套硬件支撑，包括电缆、主机、探头、深度计数滑轮和三角支架。探头钢化玻璃罩内安装有 CCD 摄像头和光源，玻璃罩上部的不锈钢密封腔内有 CCD 控制器和电子罗盘，探头顶端为密封接头，通过电缆与线架相连。主机后侧有三个接口，一个连接线架、一个连接深度计数器、一个为 USB 接口，用于将存储的数据传输到 PC 机上。主机内高度集成了图像采集与处理器（DSP）、嵌入式微处理器（ARM）、大容量存储卡（CF 卡）、液晶显示器、探头发光强度调节器和高能镍氢可充电电池。整个主机自成系统，完成对图像的采集、匹配、拼接、显示和存储功能。

在实际检测过程中，首先调节好三角支架，将探头安置在深度计数滑轮上，使探头位于测孔的中心，正确连接各组件，打开主机，校准电子罗盘，启动采集，此后只需匀速下放探头，系统自动完成测试过程，实时显示并保存测试结果，直至检测结束。

几种钻孔电视综合比较见表 3 – 11。

表 3 – 11 几种钻孔电视综合比较

技术指标	钻孔照相	钻孔摄像	数字式全景钻孔照相	数字式全景钻孔摄像	智能钻孔电视成像
感光器件	感光胶片	CCD	CCD	CCD	CCD
摄像头	—	—	锥面摄像头	锥面摄像头	广角摄像头
传输单元	—	—	一个像环，数字信号	整个视频像环，模拟信号	整个视频像环，模拟信号
显示设备	无	监视器	监视器	监视器	液晶显示
存储设备	无	录像机	录像机	录像机和硬盘	CF 卡
存储单元	—	视频图像	视频图像	视频图像和数字	数字
图像采集器及其位置	—	视频采集卡，控制器内	视频采集卡，井下探头内	视频采集卡，控制器内	DSP，集成在主机内
中央处理器	—	图像采集控制器	计算机	计算机	ARM 嵌入式微处理器
视角	侧面或端面	侧面或端面	360°全景	360°全景	360°全景
反光器件	直接成像	直接成像	锥面反射镜	锥面反射镜	直接成像
焦距调节	—	—	—	人工调焦	无需调焦
深度测量器件及记录方式	无	—	深度测量装置，由字符叠加器叠加到图像上	深度测量装置，由字符叠加器叠加到图像上	光电编码器，直接存储到 CF 卡上，与图像分离
方位测量器件及方位记录	—	—	磁性罗盘，拍摄到图像上	磁性罗盘，拍摄到图像上	电子罗盘，直接存储到 CF 卡上，与图像分离
数字化水平	无	无	部分数字化	图像完全数字化	所有信息完全数字化
三维图像	无	无	无	有	有
水平分辨率	—	—	795 像素	795 像素	795 像素
垂直分辨率	—	—	0.375mm	0.16mm	0.1mm
探测速率	—	—	2.5m/min	1.5m/min	12m/min
工作电源	—	交流 220V	交流 220V	交流 220V	直流 12V

3.5.8　钻孔弹性模量测试

3.5.8.1　原理与方法

A　硬岩活塞式钻孔弹性模量仪

硬岩活塞式钻孔弹性模量仪是根据 Goodman 钻孔千斤顶的原理设计而成[30]，主要由加压系统和位移测试系统组成。钻孔弹性模量试验是利用仪器内部的 4 个千斤顶活塞，推动两块刚性承压板对钻孔壁岩体施加一项对称的条带荷载，承压板上装有 LVDT[31]线性差动变压器式位移传感器，用来测量钻孔孔壁岩体在加载时的径向变形。由于钻孔弹性模量仪对孔壁施加的压力是分布在两个对称的 2β 区域内的单向压力（见图 3 - 49），因此钻孔受力模型可分解为 2 个比较简单的受力模型。模型 1（见图 3 - 49 中 A）在 2β 区域内受径向压力作用；模型 2（见图 3 - 49 中 B）在 2β 区域内受径向压力与周边剪力共同作用。先分别解这两个模型，再将结果叠加，从而可以求得钻孔岩体的变形模量值。

模型 1 在径向压力作用下，径向位移 U_x 满足：

$$2Ge\frac{U_x}{dP} = -2\beta\sum_{n=1}^{\infty}\frac{1}{n}\Big[\frac{3-4\mu}{2n-1}+\frac{1}{2n-1}\Big]\cos2n\theta\sin2n\theta \qquad (3-172)$$

模型 2 在径向压力和剪力共同的作用下，径向位移 U_x 满足：

$$2Ge\frac{U_x}{dP} = -2(3-4\mu)\beta\cos2n\theta$$

$$\sum_{n=1}^{\infty}\frac{1}{n}\Big[\frac{3-4\mu}{2n-1}\cos2n(n+1)\theta+\frac{1}{2n-1}\cos2(n-1)\Big]\sin2n\theta \qquad (3-173)$$

将式（3 - 172）和式（3 - 173）结果叠加，可以得到：

$$E = k(\mu\beta)\frac{\ddot{A}Q}{\ddot{A}D} \qquad (3-174)$$

国际岩石力学学会推荐[32]按式（3 - 175）进行计算：

$$E = AHDT(v,\beta)\frac{\ddot{A}Q}{\ddot{A}D} \qquad (3-175)$$

式中，A 为二维公式计算三维问题的影响系数；H 为压力修正系数；D 为钻孔直径，mm；$\ddot{A}Q$ 为压力增量，MPa；$\ddot{A}D$ 为变形增量，mm；$T(v,\beta)$ 为泊松比和 β 加压区域大小的影响系数。

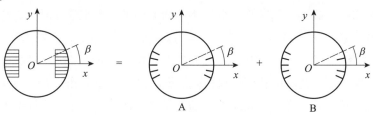

图 3 - 49　钻孔受力分析

由于岩体中存在不连续面和胶结较差等原因，岩体不是理想的完全弹性体。通过测试所得曲线是一条存在塑性变形的有滞弛的曲线。图 3 - 50 所示是钻孔受压变形的典型曲线，它可以分为 4 段：

（1）初始段，为孔壁岩体与钻孔千斤顶间密切耦合，承压板可能压碎孔壁凹凸不平的部分，此段曲线斜率很低，继续加压后进入第二段。

（2）孔壁受压变形，但岩体由于初始裂隙、空隙等的存在，受压后产生压密，因此此段不是线性的。

（3）当压力增加到某个值后，张开裂隙闭合，曲线表现为线性。

（4）卸压段，当压力卸到零时，可以看出岩石存在一定量的塑性变形，一般计算钻孔岩体的弹性模量时，式（3 - 174）中的 $ÄQ$、$ÄD$ 取压力变形曲线高压部分的线性段增量值。计算变模时，式（3 - 175）中的 $ÄQ$、$ÄD$ 分别为压力变形曲线的全过程的变化量值。

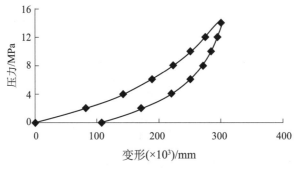

图 3 - 50　典型压力 - 位移曲线

B　软岩活胶囊式钻孔弹性模量仪

钻孔弹性模量试验属于钻孔荷载试验，使用的是一个圆柱形的径向膨胀探头，通过量测探头总体积变化来确定变形。这个方法与得到良好实践证明的旁压仪的工作原理是一样的。其提供的试验结果代表大尺寸岩体的平均模量，它不会像卡钳测试探头那样受局部包裹体的影响。其通过监测活塞位移而测试到探头体积变化。这种结构消除了管路以及压力泵系统的寄生膨胀量。其原理是利用胶囊的体积膨胀，即在预定的试验孔段，放入弹性模量仪，以水压给橡皮腔内按预估极限压力值分 8 ~ 10 级逐级加压，橡皮腔膨胀使围岩发生径向变形，随着压力的提高，岩体依次呈现出弹性变形、塑性变形和拉裂。记录压力与钻孔的径向变形，经过各种修正后可得到应力 - 变形曲线（见图 3 - 50），由此曲线可确定各特征应力的大小。初始压力 p_0 是加载初期将卸载变形的岩体挤压至原始位置时对应的压力，工程上认为是地层的水平压力。临塑压力 p_f 相当于 $p - s$ 直线段末端的临塑荷载，当侧向压力由 p_0 逐渐增大到某一界限值 p_t 时，岩体内部产生径向裂缝，此时孔壁处 $\sigma_1 = \sigma_r = p_t$、$\sigma_3 = \sigma_\theta = 2p_0 - p_t$。当 $p > p_t$ 时，岩体产生径向裂缝，环向应力 σ_θ "释放" 为零。拉裂区内，裂缝把岩体割成楔形岩块。岩块处于径向压缩时仍可视为弹性变形。此时的孔壁位移由楔形岩块的压缩变形和拉裂区与弹性区边界的弹性位移组成，随着 p 的增大，径向裂缝随之扩展。当 $p = p_t$ 时，径向受压的侧壁岩体即将被压碎。

极限荷载 p_L 对应于 $p-s$ 曲线的最大趋近值。当 $p > p_f$ 时，被压碎的岩体形成破碎区。在破碎区内，原有的径向裂隙被挤紧，环向应力又从零逐渐增加，破碎区岩体处于完全塑性状态。当 p 继续增大，破碎区范围不断扩大，p 也趋于 p_L。根据实测曲线，进行仪器橡皮工作腔的束力和变形修正。根据小孔扩张理论，在已测得附加荷载与相应孔壁变形基础上，按式（3-176）反算岩体原位侧向弹性模量和变形模量[33]。

$$E = (1 + \mu) R \frac{P}{\delta} \tag{3-176}$$

式中，μ 为泊松比；R 为钻孔半径；δ 为孔壁变形量；P 为施加于孔壁的应力。

3.5.8.2　仪器设备

A　胶囊式钻孔弹性模量仪

胶囊式钻孔弹性模量仪是一个圆柱形径向膨胀的钻孔型探头，用于现场确定岩石弹性模量，适用于软岩。它适于直径 76mm（NX）钻孔，最大工作压力可达 30 000kPa。这种操作方便而且可靠的试验方法，是多年使用钻孔旁压仪经验积累的直接结果。设备部件组成如图 3-51 所示，包括装在钢质圆柱芯外的膨胀膜；液压部件，包括双联活塞，以及气缸套件，用于使膨胀膜胀缩；测试模块，含一个线性位移传感器，监测注水体积；液压管线及导线；手动液压泵及压力表；数字式读数仪；可选的压力传感器。

探头连接端与 B 型尺寸套管或类似管子用螺纹连接，然后放到钻孔里要求的测试深度。在稳定的浅孔里试验，也可以用连在钻机绞索上的连接件扣住探头，放到钻孔里的测试位置。这种试验是用应力控制的，用手动压力泵分级施加压力增量。探头的可压缩性是用厚壁气缸标定试验确定出来的。测试数据的解释方法与旁压试验的资料解释方法是一样的，它是基于拉梅方程的解答而得到的一个所试验岩体的变形模量。

胶囊式钻孔弹性模量仪的技术规格见表 3-12。

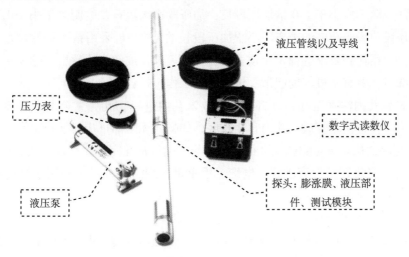

图 3-51　胶囊式钻孔弹性模量仪部件组成

表 3-12　胶囊式钻孔弹性模量仪主要指标

探头参数		读数仪参数		
直径		型号	ACCULOG-X	PRO-LOG
最小（收缩时）	73mm	功能	体积读数	压力~体积读数
最大（膨胀时）	82.5mm	显示	液晶数字	液晶数字
—	—	电源	可充电电池组	可充电电池组
荷载	水压	分辨率	0.1	0.1
最大压力	30 000kPa	直径变化	0.1cc	—
有效长度	460mm	压力测试	0.25% F.S.	0.1% F.S.

B　液压千斤顶式钻孔弹性模量仪

液压千斤顶式钻孔弹性模量仪主要由地面主机、地面液压部件、井下探头 3 部分组成，适用于硬岩。其主要技术指标如下：

探头直径 $\phi75mm$；承压板为对称有效行程，最大位移行程 12.5mm；承压区面积 $29mm×272mm$；探头最大工作压力 100MPa，承压区平均压力 80MPa，最大出力 800kN，拉回力 4MPa；压力传感器精度 0.1% F.S；位移传感器精度 0.01um；活塞直径 $\phi50mm$，活塞数量 3 个；操作温度 $-10~60℃$；防水深度 300m；接触角（2β）45°；视频监控采集（选购）：1/4in（in = 2.54cm），PAL 制式，720 线高清，低照，真彩，灯光可调。液压泵最大压力 100MPa；压力分辨率 $±0.25\%$ F.S。

3.5.8.3　现场工作

A　试验准备

试验孔采用金刚石钻头钻进，保持孔壁平直光滑，用水冲洗孔壁，清理孔内残留的岩心与石渣，孔口应保护。孔径要满足仪器的要求。试验段岩性要均一。两试点加压段边缘之间的距离不应小于 1.0 倍加压段长；加压段边缘距孔口的距离不小于 1.0 倍加压段长；加压段边缘距孔底的距离不小于加压段长的 1/2。可采用钻孔录像检查孔壁地质结构情况。根据任务要求选择千斤顶式硬岩弹性模量仪或胶囊式软岩弹性模量仪。当测试孔段较深时，要有钻机辅助起吊。试验准备工作包括：

（1）向钻孔内注水至孔口，将扫孔器放入孔内进行扫孔，直至上下连续三次收集不到岩块为止。将模拟管放入孔内直至孔底，如畅通无阻即可进行下频工作。

（2）使用钻孔录像对测试孔进行全孔观测，确认钻孔完整性符合测试要求。

（3）连接安装好探头液压管、电缆、承重钢丝绳，在井口旁利用仪器配置的率定钢砧对仪器进行检查。

（4）按仪器使用要求，将探头放入孔内预定深度，操作地面仪器控制器或加压装置，给探头膨胀胶囊或承压板施加 0.5MPa 的初始压力将其固定在孔壁上，读取初始读数。

B　测试

（1）试验最大压力根据需要而定，可为预定压力的 1.2 ~ 1.5 倍。压力可分为 5 ~ 10 级，按最大压力等分施加。

（2）加压方式宜采用逐级一次循环法或大循环法。

（3）采用逐级一次循环法时，加压后立即读数，以后每隔 3 ~ 5min 读数一次，当相邻两次读数差与同级压力下第一次变形读数和前一级压力下最后一次变形读数差之比小于 5% 时，可认为变形稳定，即可进行退压。

（4）采用大循环法时，每级过程压力要稳定 3 ~ 5min，并测读稳定前后读数，最后一级压力稳定标准同第（3）步。变形稳定后，即可进行退压。大循环次数不应少于三次。

（5）退压后的稳定标准与加压时的稳定标准相同。

（6）每一循环过程中退压时，压力要退至初始压力。最后一次循环在退至初始压力后，应进行稳定值读数，然后全部压力退至零并保持一段时间，再移动探头。

（7）试验要由孔底向孔口逐段进行。

（8）仪器完成全孔测试回到地面后，要在检查钢砧中检查合格。

3.5.8.4　数据处理与成果评价

A　条件分析

钻孔弹性模量测试可深入岩体或混凝土体内部，达到体积效应，为减小开挖和试件制备时对岩体的破坏及暴露面的松弛影响，试点处岩体基本上可以保持原状；同时其因为试验周期短、经济，所以可以广泛开展，结果更具有代表性。目前钻孔弹性模量法主要用于测试岩体变形特性、评价岩体卸荷特征、检测岩体质量、检测固结灌浆效果等。使用此法时，要充分分析测试点工程地质岩体结构特点或加固处理要求。测试点的深度直接影响测试数据，开挖表面受爆破及卸荷的影响，模量值会降低。

B　数据分析与计算

首先要整理分析测试数据，按仪器说明书要求计算、绘制各个测点的压力 - 变形曲线。压力 - 变形曲线总体上要符合变形曲线特征要求，分析曲线的弹性、弹塑性、塑性段。该类曲线加压段压力与变形近似线弹性关系，回弹时表现为非线性关系[34]。

弹性模量以径向弹性变形进行求解。在岩体的实际变形过程中，弹性变形与塑性变形是同时发生的，不易区分出弹性变形[34]。如果认为回弹曲线不包括塑性变形，利用回弹曲线计算弹性模量不失为一种方法。而实际上，裂隙节理较发育的岩体在低压时都会伴随有一定程度的裂隙闭合与张开。径向的全变形包括了初始加压段中由于岩体裂隙的闭合造成的变形，这部分变形在计算变形模量中要进行校正。

实际上，试验结果的成功主要取决于试验开始前的设计和试验过程中的循环次数，最大压力按以下原则确定：

（1）岩体设计承载力的 1.2 ~ 1.5 倍。

（2）对于较坚硬的块状岩体适当提高试验压力，以扩大压力在岩体中的影响范围。

（3）为消除孔径效应引起的误差，适当提高试验压力。

（4）仪器设计工作压力的要求。

根据以上原则，确定试验的最大压力，控制加载方向使条状荷载的方向与设计荷载的方向一致。

3.6 声呐与水下检测

3.6.1 水下机器人

3.6.1.1 水下机器人的系统组成

水下机器人（Remotely Operated Vehicle，ROV）是无人水下航行器（Unmanned Underwater Vehicle，UUV）的一种。典型的 ROV 系统由水面设备部分和水下设备部分组成，两部分通过脐带缆连接，如图 3-52 所示。其中，水上部分主要包括甲板控制单元、绞缆车、释放回收设备、电源以及导航与数据采集系统等[35]；水下设备部分则主要由潜水器、成像系统、水下声学定位跟踪系统以及机械臂等部分组成。

图 3-52 ROV 系统组成

3.6.1.2 推进及定位导航系统

一台 ROV 通常有三组推进器，分别用来推动潜器在横向、纵向和垂向三个方向的运动。推进器的数量与功率需根据 ROV 的自身重量和作业水域环境等因素确定。

目前，ROV 的推进系统主要有槽道推进型和矢量推进型两大类。槽道推进型需要三组推进器，分别负责潜水器在前后、左右和上下三个方向的运动，故也称三轴推进。槽道式推进器的推力方向固定并通过潜器重心。矢量推进器通过调整推水角度和转速来获得额外操纵力矩，输出指定方向的推力，在垂直面分解后垂直方向的力用于调节纵倾，水平方向的力用于保持速度，因而也称为全方向推进。与槽道式推进器不同，矢量推进器的推力可调且不一定通过潜水器的中心。

矢量推进具有航行阻力小、动力效率高、可高速低耗行驶的优点，代表了推进技术的主流发展方向。使用矢量推进器替代槽道推进，还可以使潜器更加轻量化、小型化，改善潜器内部布置，更好地满足其操纵性能的要求。但槽道式推进的三组推进器由于可以独立执行前后、左右和上下三个方向的运动，因此在静水区域完成高精准的动作有一定优势。如果能使用以矢量推进技术为主、槽道式侧推为辅的混合式推进系统，ROV 的操控性能可能会得到进一步改善。

动力定位系统成本较高，又考虑水下定位精度、时间延迟及运载潜器的随动性等因素，观察型 ROV 一般不配备动力定位系统。但是，自动定向和自动定深功能是观察型 ROV 系统必须具备的性能，否则 ROV 的系统操控将极为不便。

单一的导航装置或方法都有各自固有的缺点，在实际应用中已经越来越少使用。组合导航技术能够糅合多个导航设备的优点，提高导航精度，具有无可比拟的优势，成为导航领域越来越重要的发展趋势。

精确的导航与定位是 ROV 成功执行任务的基本要素。受水下机器人非线性动力学特性及水介质的特殊性等因素的影响，实现水下机器人远距离、长时间、大范围内的精确导航是一项艰难的任务。目前可水下导航的技术分为惯导、航位推算、声学导航、地球物理导航几类。单一导航方法的精度、可靠性都还无法满足水下机器人发展的需要，因此将多种导航系统进行组合成为了水下机器人导航技术的重要发展方向。通常，ROV 的导航主要采用声学导航、视觉导航、惯性导航这几种方式。但是由于水下的声学导航系统会受到水的密度分布不均和水中噪声的影响，惯性导航系统随着时间的增长测量误差会越来越大，视觉导航系统存在实时性的问题。

声学定位于导航技术主要包括长基线（LBL）定位技术、短基线（SBL）定位技术和超短基线（USBL）定位技术三种[36]。

长基线定位技术借助长基线系统来完成。LBL 分为载体部分和水下部分，其中，水下部分包括多个声学信标，布设于海底；载体部分包括数据处理系统及换能器。其主要原理为通过声学测距获得换能器至应答器的几何距离，通过距离交会的方法确定声学信标的绝对坐标，如图 3 - 53 所示。首先通过船载 GNSS 天线坐标及 GNSS 天线在船体坐标系下的坐标，结合船体姿态数据进行坐标转换，获得换能器在地理坐标系下的坐标；然后根据声信号自换能器至信标的传播时延，利用声速数据求得换能器与信标之间的空间距离；最后结合已求得的换能器绝对坐标，通过距离交会定位即可获得水下信标的绝对位置（见图 3 - 53）。

（超短）短基线定位技术借助短基线系统来完成。SBL 的水下部分仅为一个水声应答器，而船台部分则为安置于船底的一个水听器基阵和一个换能器，水听器及与换能器之间的相互关系精确测定，并组成声基阵坐标系基阵。

USBL 与 SBL 的区别仅在于船底的水听器阵和换能器，USBL 以彼此很短的距离（小于半个波长，仅几厘米），按直角等边三角形布设在一个很小的壳体内，并构成

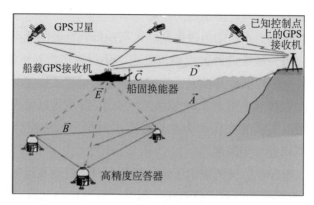

图 3 – 53　导航组网

声基阵坐标系。其测量方式为船体换能器发射信号，信标收到信号后发射应答信号至水听器基阵，安装在船底部的基阵接收到应答信号后，即可根据信号到达时间获得声学信号传播时延及信标相对于换能器的方位角 θ，结合声速信息即可获得换能器至信标的几何距离 S，利用外部传感器观测值，如 GNSS 确定的换能器位置、动态传感器单元（MRU）测量的船体姿态、罗经（Gyro）提供的船位，计算得到海底点的大地坐标。

　　声学定位数据处理流程：首先对观测数据进行质量控制，包括船位坐标、应答器相对换能器的距离和方位、换能器的姿态数据，可采用中值滤波等方法除去粗差。随后进行声速改正，将声线跟踪时间与实际时间比较，确保两者相等，以获得准确的观测距离。最后进行坐标转换，通过测量目标的方位角和距离，进而计算得到应答器在基阵坐标系内的坐标，因换能器存在安装偏差，即基阵坐标系与船体坐标系存在原点和轴向偏移，需要进行平移改正和欧拉角旋转改正，计算应答器在船体坐标系下的坐标，并借助 GNSS 天线的绝对位置、船体姿态及方位角确定应答器在地理坐标系下坐标。

3.6.1.3　目标观察系统

　　作为观察型 ROV 的重要系统，目标观察系统一般分为光学和声学两大类。

　　A　光学成像系统

　　（1）像场与景深。受水体清晰度等条件的影响，通过光学手段观察海底目标时，一般都需要尽量靠近目标才能获取比较好的成像质量。但是，距离目标太近，就很难获得目标的整体轮廓，进而影响目标整体及细部的辨认。因此，在配备光学成像系统时，需要选择尽量大的像场及更大的景深。

　　根据光学成像原理可知，有效感光区域越大、焦距越小，则像场角[37]就越大。在给定的允许的模糊圈直径的条件下，景深与对光调焦的物距和所取的光圈号数成正比，与摄影物镜的焦距成反比。表 3 – 13 所列为传统 135 相机在不同物距、焦距及光圈下获得的像场与景深范围。

表 3 - 13　像场与景深关系

焦距/mm	光圈	物距/m	像场角/°	景深/m
25	4	6	82	3 ~ 11.5
15	4	6	107	3 ~ 25
10	11	6	—	—

可见，为了获取较大的像场与景深，需要选择感光元件面积大、焦距小的相机，并配合较小光圈使用。鱼眼镜头由于超短焦距等独特结构设计，其视角可以达到甚至超过180°，用于观察目标的全貌具有独特的优势。

（2）水体情况与低照度相机选择。水下的自然光环境一般都比较差，特别是峡谷深沟及密闭空间，这就需要光学成像系统可以满足更低的照度（即正常成像所需最暗发光强度）要求，其主要取决于镜头的进光量和感光器件的敏感度。目前，主流低光相机的实验室划线平板灵敏度可以达到 0.0001lux/F1.4，甚至更低，现场灵敏度也低于 0.01lux。

B　声学成像系统

（1）前视声呐。前视声呐是主动声呐的一种，可以在探测方位的二维平面内发射一定频率的探测声波，同时接收该范围内的回波信号，通过成像系统可视化及图像镶嵌处理分析，得到环境物体的方位、大小和形态等信息，进而可以达到目标探测和避碰作用。

双频识别声呐也可以归并为前视声呐的一种，其工作频率为兆赫兹级。系统利用超声波声学聚焦成像原理，获得高分辨率的清晰水下目标图像，范围可以达到数十米。相关资料和试验表明，双频识别声呐可清晰识别水下构筑物等细小的特征物标。

（2）聚焦多波束。聚焦多波束也称多波束成像系统，它是一种聚焦多波束扫描声呐，聚焦波束宽可小于1°，条带波束数达数百个，形成一定开角的扫描扇区，量程分辨率达厘米级，最大量程超过百米。聚焦多波束与双频识别声呐相比，量程更大；与常规的前视声呐相比，扫描精度更高。

声学成像系统不受水体的光学指标影响，非常适合光学成像系统不能使用的水体浑浊、光照困难的水域。

C　照明系统

在数十米峡谷或密闭水下黑暗空间的背景下，光源是光学相机清晰成像的重要因素。大部分 ROV 配置的是石英卤素灯，功率范围从几瓦特到数百瓦特。光源是 ROV 基本配置，但用户可根据需要另配光源，与基本配置的石英卤素灯共同为水下光学成像提供照明。需要特别说明的是，不是发光强度越大，成像效果越好。发光强度太大，可能会造成图像超饱和现象。所以，照明系统应由固定亮度的灯源和可调亮度的灯源共同组成，两者协同工作，以便提供适宜的发光强度。

3.6.2　多波束声呐

3.6.2.1　**多波束声呐原理**

多波束探测是由多波束声呐换能器基阵头向探测区域发射一个平行于航迹方向上窄的、垂直于航迹线方向宽的扇形照射声波[38]，如图 3 − 54 所示；同样，换能器接收基阵同样存在平行于航迹线方向上宽的、垂直于航迹线方向的窄的扇形接收区域；发射的声波，遇到基底时发生反射，反射回的脉冲声波会被换能器接收并处理，一次阵列声波发射和接收应可得到 N 个回声值，再经过定位、姿态、声速等各种校正处理，即可得出探测物的三维声波点区图像[39]。

多波束直接测到的值为波束从换能器到达目的点的时间和波束相对于换能器偏角的角度值。要得到波束脚印在特定坐标系空间的坐标，需要对波束进行必要的船位、姿态、声速、角度等参数进行归位计算[40]，如图 3 − 55 所示，形成声束点脚印的三维点云图像。图 3 − 55 中，r_i 为换能器到波束脚印距离，θ_i 为波束角，z_i 为水深，ψ_T 为发射波束角，ψ_R 为接收波束角。

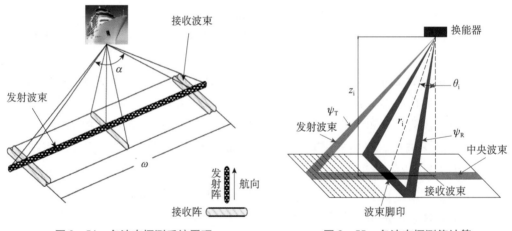

图 3 − 54　多波束探测系统原理　　　　图 3 − 55　多波束探测值计算

多波束脚印点空间归位模型与大地坐标的关系确定可用图 3 − 56 表示，表面声速和波束角关系和校正几何关系如图 3 − 57、图 3 − 58 所示。

3.6.2.2　**多波束测深系统基本组成**

多波束测深系统通常由发射和接收换能器阵及其外围电路、信号处理模块、主控模块，以及辅助设备四大部分组成。其中，发射和接收换能器阵及其外围电路负责波束的发射和接收；辅助设备主要包括高精度全球定位系统（Global Positioning System，GPS）及姿态传感器、电罗经和声速剖面仪等，实现测量船的位置、姿态、航向，以及水中声速等的测定；信号处理模块完成接收的声信号向数字信号的转换以及波束形成、底检

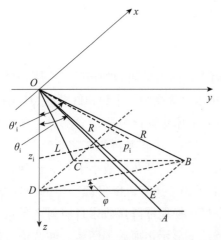

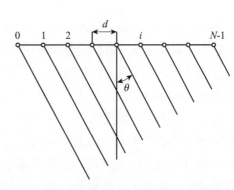

图 3-56　大地坐标下波束脚印点归位关系　　　图 3-57　大地坐标下波束脚印点归位关系

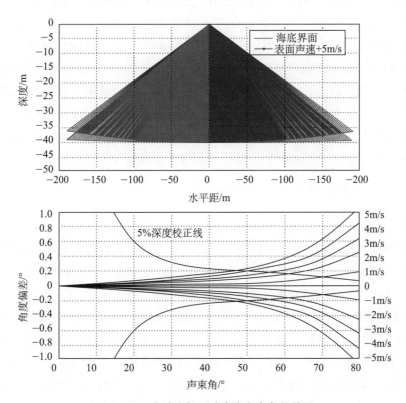

图 3-58　大地坐标下波束脚印点归位关系

测处理，获得波束脚印的位置和深度；主控模块结合声速、船的位置、姿态等信息，完成各种补偿处理，并绘制底部平面或三维地形地貌图像产品[38]。

　　覆盖范围或扫幅宽度多表示为测深剖面的宽度与水深的比值，如倍水深。覆盖范围与波束开角航向与航迹夹角的大小有关。当航向与航迹一致时，覆盖范围最大，等于半扇区开角正切值与接收基阵下方水深乘积的两倍[39]。当航向与航迹不一致时，覆盖范围随两者夹角的增大而减小。

3.6.3 侧扫声呐

侧扫声呐是由 Side – Scan Sonar 一词翻译而来，国内也叫旁扫声呐、旁视声呐。侧扫声呐有许多种类型，根据发射频率的不同，可以分为高频、中频和低频侧扫声呐；根据发射信号形式的不同，可以分为 CW 脉冲和调频脉冲侧扫声呐[41]；另外，还可以划分为舷挂式和拖曳式侧扫声呐、单频和双频侧扫声呐、单波束和多波束等。

波束平面垂直于航行方向，沿航线方向束宽很窄，开角一般小于 2°，以保证有较高分辨率；垂直于航线方向的束宽较宽，开角为 20°~60°，以保证一定的扫描宽度。工作时发射出的声波投射在水底的区域呈长条形，换能器阵接收来自照射区各点的反向散射信号，经放大、处理和记录，在记录条纸上显示出海底的图像。回波信号较强的目标图像较黑，声波照射不到的影区图像色调很淡，根据影区的长度可以估算目标的高度。

侧扫声呐的工作频率通常为几十千赫到几百千赫，声脉冲持续时间小于 1ms，仪器的作用距离可为十几米到数百米，拖曳体的工作航速达数节。侧扫声呐近程探测时仪器的分辨率很高，能发现上百米远处直径几厘米的电缆。进行快速大面积测量时，仪器使用微处理机对声速、斜距、拖曳体距水底高度等参数进行校正，得到无畸变的图像，拼接后可绘制出准确的水底地形图。从侧扫声呐的记录图像上，可判读出水下构筑物的细微结构。利用数字信号处理技术获得的小视野放大图像能分辨目标的细节[42]。

3.6.3.1 基本原理

A 侧扫原理

侧扫声呐的工作原理如图 3 – 59 所示。左、右两条换能器具有扇形指向性。在航线的垂直平面内开角为 θ_V（也称垂直波束角），水平面内开角为 θ_H（也称水平波束角）。换能器发射一个声脉冲时，可在其左右侧照射一窄梯形海底，如图 3 – 59（b）左侧梯形 ABCD，可看出梯形的近换能器底边 AB 小于远换能器底边 CD。当声脉冲发出之后，声波以球面波方式向远方传播，碰到海底后反射波或反向散射波沿原路线返回到换能器，距离近的回波先到达换能器，距离远的回波后到达换能器；一般情况下，正下方海底的回波先返回，倾斜方向的回波后到达。这样，发出一个很窄的脉冲之后，收到的回波是一个时间很长的脉冲串。硬的、粗糙的、突起的水底回波强，软的、平坦的、下凹的水底回波弱。被突起水底遮挡部分的水底没有回波，这一部分叫声影区。这样回波脉冲串各处的幅度大小不一，回波幅度的高低就包含了水底起伏软硬的信息。一次发射可获得换能器两侧一窄条水底的信息，设备显示成一条线。工作船向前航行，设备按一定时间间隔进行发射/接收操作，设备将每次接收到的一线线数据显示出来，就得到了二维水底构筑物结构的声图[43]。声图以不同颜色（伪彩色）或不同的黑白程度表示水底构筑物结构的特征，操作人员由此可以知道水底的构筑物结构。

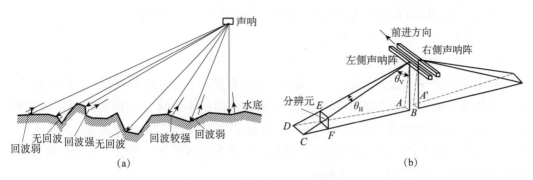

图 3-59　侧扫声呐与波束角分布

（a）侧扫声呐；（b）波束角分布

B　侧扫图像结构及特征

图 3-60（a）显示了侧扫声呐的 Ping 回波接收过程，点 1 是发射脉冲，拖鱼正下方海底为点 2，依距离按 2-3-4-5-6-7-8-9-10 顺序接收声波。侧扫声呐在发射声波后一段时间内即接收回波，由于声波在水体中往返传播需要耗时，假设水体中无其他悬浮物体，则在海底回波返回之前的一个短时间内没有接收到任何水体回波，在图像中表现为声空白区，即水柱区（Water column）[44]。对于接收到的第一个来自拖鱼正下方的回波，由于传播距离较短，能量损失较小，其回波强度最强，在图像中表征为该 Ping 的海底点；随后接收到的回波依次排列，形成 Ping 扫描线。随着测量载体的运动和换能器的连续发射、接收波束，Ping 扫描线依次记录成如图 3-60（b）所示分布，海底点时序连接形成海底线。实测侧扫声呐瀑布图像如图 3-60（c）所示。

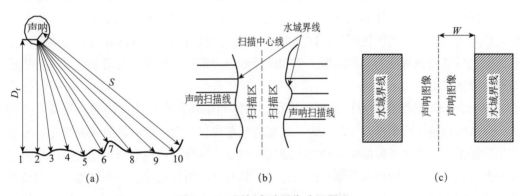

图 3-60　侧扫声呐图像分区原理

侧扫声呐图像分区如图 3-60（b）所示，具体描述如下：

（1）扫描中心线，表征为拖鱼运动的轨迹也即航迹线的位置，它是量取拖鱼至目标距离的基准线。

（2）水底界线，可提供拖鱼距海底高度，是斜距改正、辐射畸变改正及目标量测的重要参数。

（3）扫描区，表明侧扫声呐为二维数据成图，扫描线各区域成图质量往往不同，较容易进行目标探测和识别的区域位于单侧声图的1/3～2/3之间。

侧扫声呐系统独特的工作和成像原理决定了其特殊的图像特点，深入了解其图像特点是后续进行图像处理的前提和基础。其图像特点分析如下：

（1）侧扫声呐图像的几何关系。侧扫声呐图像显示的是从拖鱼到水底的倾斜距离，而不是从拖曳船航迹在水底的投影到某一点实际的水平距离（一般通过斜距改正得到）。海底凸起的物体将遮挡声波，导致图像上存在阴影区域。在图像上量出相关距离，根据几何关系可大致计算出目标高度。声图判读者只有谨慎地注意这个几何斜距关系，才能更好地完成图像目标的解译判读。

（2）侧扫声呐图像的回波信号种类。侧扫声呐接收到的信号有目标回波、混响和水域环境噪声等。混响来自于水体中大量的随机分布的散射体（如气泡、泥沙颗粒等）对声波的散射，形成机理复杂。当声波照射到这些杂乱无章的介质时，声波一部分继续往远处传播，而另一部分反射回换能器并被接收记录，同一时刻反射波的叠加形成混响。混响一般可分为三类[45]：

1）体积混响，由存在于水体中的散射体引起。

2）水面混响，由水面对声波的散射形成。

3）水底混响，为复杂海底地形地貌对声波产生的散射。

（3）侧扫声呐图像中目标的明暗变化及其表征。侧扫声呐图像是由Ping扫描线记录的回波强度值经一定处理后，连续若干Ping连接组合形成，接收到的回波是多种因素相互作用的结果[46]。不同的水底具有不同的回波特征，一般硬的、粗糙的、凸起的水底回波强；软的、平坦的、下凹的水底回波弱；被凸起目标遮挡的部分没有回波。水底目标同样存在凸起和凹洼两种情况，凸起目标在声图上呈现前部为强灰度的亮色图像，后部为目标阴影的黑色图像，即为前白后黑。凹洼目标则呈现前部为目标阴影的黑色图像，后部为强灰度的亮色图像，即为前黑后白。根据这些图像明暗变化可进行水底结构的异常探测。

（4）侧扫声呐图像中目标的形状特征。水体和水底存在复杂多样的自然及人造物体，且水底地貌形态多样。一般认为，水底背景图像仅呈现一定明暗的灰度变化，不会产生目标形状；自然目标的边缘趋向不规则，声学阴影没有明显的结构，且声阴影多趋向于圆形；人造目标的形状规则且棱角分明，具有强的图像亮度表征并伴随有轮廓线明确、清晰的声学阴影区域，且阴影往往可比目标亮区提供更多形状细节。目标与阴影区域的位置关系也将指示目标位于水底表面还是水体中。

3.6.3.2　设备性能指标和系统组成

侧扫声呐的主要性能指标包括工作频率、最大作用距离、波束开角、脉冲宽度及分辨率等，这些指标都不是独立的，相互之间都有联系。侧扫声呐的工作频率基本上决定了最大作用距离，在相同的工作频率情况下，最大作用距离越远，其一次扫测覆盖的范围就越大，扫测的效率就越高。脉冲宽度直接影响分辨率，一般来说，宽度越小，其距离分辨率就越高。水平波束开角直接影响水平分辨率，垂直波束开角影响侧扫声呐的覆盖宽度，开角越大，覆盖范围就越大，在声呐正下方的盲区就越小。只要了解了这些指标，就基本了解了侧扫声呐的性能。

侧扫声呐基本系统的组成一般包括工作站、绞车、拖鱼、热敏记录器或打印机（可选件）、GPS 接收机（可选件）及其他外部设备等。

工作站是侧扫声呐的核心，控制整个系统的工作，具有数据接收、采集、处理、显示、存储及图形镶嵌、图像处理等功能。它由硬件和软件两部分组成，硬件主要包括一台高性能的主计算机及接收机，软件包括系统软件和应用软件。

绞车是侧扫声呐必不可少的设备，由绞车和吊杆两部分组成，其主要的作用是对拖鱼进行拖曳操作。绞车有电动、手动和液压等几种型号，它们各有利弊，可以根据实际的使用环境来选择。一般在浅海小船作业时，可以选择手动绞车，手动绞车体积小，质量轻，搬运比较方便，而且不需要电源。在深海大船使用时，可以选择电动或液压的绞车，液压绞车收放比较方便，但价格一般都比较贵，电动绞车在性能价格比上有一定的优势。

拖曳电缆安装在绞车上，其一头与绞车上的滑环相连，另一头与侧扫声呐的鱼体相连。拖缆有两个作用：第一是对拖鱼进行拖曳操作，保证拖鱼在拖曳状态下的安全；第二是通过电缆传递信号。拖缆有强度增强的多芯轻型电缆和铠装电缆两种类型。沿岸比较浅的海区，一般使用轻型电缆，其长度从几十米到一百多米。轻型电缆便于甲板上的操作，可由一个人搬动。其负荷一般在 400～1000 kg 之间，取决于内部增强芯的尺寸。铠装电缆用于较深的海区，大部分侧扫声呐铠装电缆是"力矩平衡"的"双层铠装"，这意味着铠装电缆具有两层反方向螺旋绕成的金属套，铠装层可以水密，也可以不水密，由铠装的材料来决定。但不管铠装层水不水密，导线还得由绝缘层来水密。

侧扫声呐的拖鱼是一个流线型稳定拖曳体，它由鱼前部和鱼后部组成。鱼前部由鱼头、换能器舱和拖曳钩等部分组成；鱼后部由电子舱、鱼尾、尾翼等部分组成。尾翼用来稳定拖鱼，当它被渔网或障碍物挂住时可脱离鱼体，收回鱼体后可重新安装尾翼。拖曳钩用于连接拖缆和鱼体的机械连接和电连接。根据不同的航速和拖缆长度，把拖鱼放置在最佳工作深度。

GPS 接收机是侧扫声呐的外部设备，主要是为侧扫声呐数据提供定位数据，用户可以根据需要，配置不同型号和不同功能的 GPS，系统留有标准接口，可以方便地与有 NMEA－0183 标准接口的定位设备连接。

3.6.4　水下检测其他技术

水利水电工程水下建筑物无损检测工作近些年才逐步多起来。因此在水下机器人作业系统方面应用还相对较少。水下实际的工作环境很多时候比较复杂。且经过长期的运行，水下建筑物表面很多时候覆盖有青苔、泥沙等附着物，甚至覆盖有石块、建筑垃圾等较大物体。在这种情况下，常规的多波束、视频检测等就受到了极大的限制，无法检测水下建筑物实际情况。特别是在堆石坝大坝迎水面、消力池等泥沙、石块容易沉积的区域（见图3-61、图3-62），在这种情况下就需要首先将水下建筑物表面附着的物体清理之后再进行检测。水电站迎水面检测中对迎水面表面附着物清理前后检测情况对比见图3-63，可见表面附着物清理之后检测效果确实得到了很大的改善。

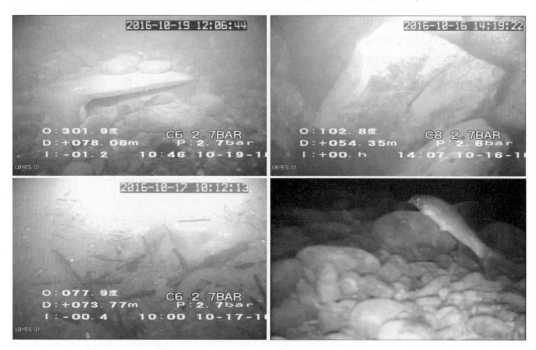

图3-61　某水电站消力池底板附着物情况（建筑垃圾、石块、泥沙等）

图3-62　某水电站大坝迎水面检测水下爬行机器人入水前后情况对比

（1）水下冲砂设备（见图3-64）。在迎水面、消力池水下检测中，由于迎水面和消力池表面附着有青苔、泥沙等，严重影响视频观测，必须通过水下冲砂设备将混凝土表面的泥沙、青苔冲散，以便视频可以观测到下面的缺陷。

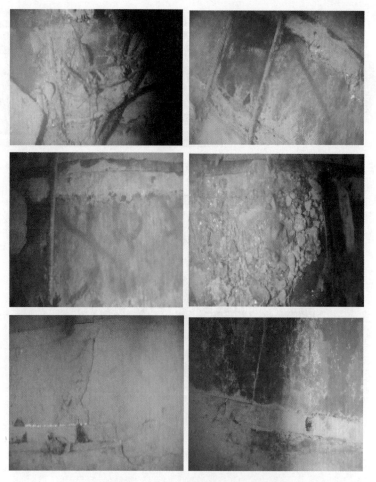

图 3 - 63 某水电站大坝迎水面检测中清理表面附着物检测前后情况对比

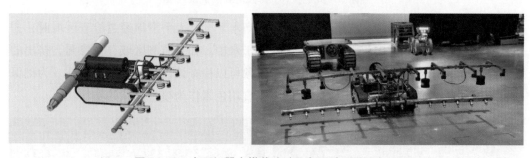

图 3 - 64 水下机器人搭载冲砂设备设计图及实物图

（2）液压系统刷（见图 3 - 65）。刷子通过液压动力驱动，刷掉水下建筑物表面附着的青苔，以供摄像头观测。

（3）液压推铲（见图 3 - 66）。水下建筑底部除了各种建筑垃圾外，还存在很多鹅卵石，导致无法观测到水下底板的缺陷情况，只有通过液压推铲将这些鹅卵石和建筑垃圾推到旁边，才能清楚地观察到水下建筑物真实情况。

（4）喷墨系统。水下机器人搭载一个喷墨系统，喷墨系统处于摄像镜头视野下，

图 3 - 65　水下机器人搭载刷子系统设计图及实物图

图 3 - 66　水下机器人搭载推铲系统

对检查区域进行渗漏验证，如图 3 - 67 所示。当水下机器人平滑地经过检查区域时，如果监测区域无渗漏，挤出的喷墨漂浮后缓慢溶于水中。如果监测区域存在渗漏，挤出的喷墨会随着渗漏水流吸入渗漏处。根据这个现象可以检查该区域是否存在渗漏。为确保喷墨的墨汁对水质环境不造成污染，专门定制食用色素作为喷墨测试的墨汁。

图 3 - 67　水下机器人搭载喷墨系统工作

3.7 表面三维成像检测技术

3.7.1 成像原理

三维数字成像是利用距离传感器获取目标表面的距离图像，实现对目标表面几何形状的测量，距离图像的每个像素对应的是目标表面的三维坐标。三维图像是根据目标表面所反射回的光辐射强度的大小来确定目标表面相对于成像系统的空间位置，能够反映目标的层次信息。传统的二维图像通常被称为强度图像。它所获取的目标特征信息在很多领域发挥重要作用，如在机器人视觉、计算机视觉、自动导航等。但由于缺少精确的距离及其他一些主要信息，基于强度图像的成像方法所作出的决策是不准确的。和强度图像相比，三维图像可以直接提供更为丰富的信息如距离、方位、大小和姿态等，大大改进了对目标识别和分类的性能，因而应用会更加广泛。

3.7.1.1 几何原理

几何法测距是利用发射光线、反射光线分别与光源及探测器连线所形成的三角几何关系测量目标的三维坐标，因此几何法通常又称为三角法。为了有效提高图像的空间分辨率，应该采用激光光源，实现衍射限探测，使投射至目标表面的光斑尽可能小。由高斯光波传播规律[47]式（3 – 177）表示：

$$\omega(Z) = \omega_0 \left[1 + \left(\frac{\lambda}{2\,\omega^2} \right)^2 \right]^{1/2} \tag{3 – 177}$$

从图 3 – 68 中光源与探测器、测量点之间的三角几何关系确定点 A 的坐标，见式（3 – 178）~式（3 – 180）。

$$x = \frac{d\tan(\alpha + \beta)}{\cos\gamma + \tan(\alpha + \beta)} \tag{3 – 178}$$

$$y = \frac{d\cos(\alpha + \beta)}{\cos\gamma + \tan(\alpha + \beta)} \tag{3 – 179}$$

$$z = \frac{d}{\cos\gamma + \tan(\alpha + \beta)} \tag{3 – 180}$$

式中，d、α、γ 都是已知量；β 可以通过测量像点的坐标计算得到。实际测量时要选择适当的 α、γ 的值，成像原理示意图如 3 – 68（b）所示。

要获取目标表面的三维图像，可逐点扫描获取目标表面的空间坐标，也可采用结构光获取目标表面空间坐标，结构光法可以大大提高成像速率。几何法测距可选用 CCD 或 PSD（位置敏感探测器）作为探测器。利用 CCD 作为探测器，需要将所获得的从目标表面反射回的光斑进行图像处理，以确定光斑的中心位置，并给出该中心位置在探测

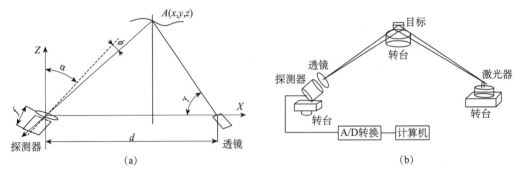

图 3 – 68　几何测距与光三维成像原理

（a）几何测距；（b）成像原理

器光敏面上的坐标。PSD 是一种更为新型的探测器，专门用于高精度测量光斑在探测器光敏面的位置，它所响应的是光斑的"质心"，与光斑大小、光斑形状等没有关系，无须进行针对于光斑的图像分析和处理，可直接获得光斑在探测器光敏面的坐标。

3.7.1.2　三维数字重建

数字重建（Image Mosaic）是一个日益流行的研究领域，已经成为照相绘图学、计算机视觉、图像处理和计算机图形学研究中的热点。数字重建解决的问题一般是，通过对齐一系列空间重叠的图像，构成一个无缝的、高清晰的虚拟模型，它具有三维立体信息的特点，建立的三维数字模型可完成相关技术分析和展示的功能。数字重建技术主要分为三个主要步骤：图像预处理、图像配准、图像融合与边界平滑，图像预处理主要指对图像进行几何畸变校正和噪声点的抑制等，让参考图像和待重建图像不存在明显的几何畸变。在图像质量不理想的情况下进行数字重建，很容易造成一些误匹配现象。

早期的数字重建研究一直用于照相绘图学，主要是对大量航拍或卫星的图像进行整合。近年来随着数字重建技术的研究和发展，数字重建成为对可视化场景描述（Visual Scene Representaions）的主要研究方法：在计算机图形学中，现实世界的图像过去一直用于环境贴图，即合成静态的背景和增加合成物体真实感的贴图，数字重建可以从一系列真实图像中快速绘制具有真实感的新视图。

A　匹配点提取

目前基于特征的匹配算法较多，包括 Moravec、Har – ris、Susan、Sift 等算法，其中 Sift 算子由于具有尺度、旋转、仿射、视角、光照不变性的优势而广泛应用于图像匹配工作中，因此此处采用 Sift 算法实现图像序列匹配。Sift 算法包括以下 3 个步骤：

（1）尺度空间极值检测，构建高斯图像差分金字塔 GOD，并在 GOD 度空间中检测同时满足在像素坐标和尺度坐标上均为极值的点，此即为特征点。

（2）特征方向确定，统计特征点邻域像素的梯度直方图，取其最大值为特征点的特征方向。

（3）特征向量计算，以特征点的特征方向为基准，取特征点 4 × 4 邻域范围再次采用梯度直方图统计生成 128 维 Sift 向量。

B 图像重建

数字重建作为这些年来图像研究方面的重点之一，国内外研究人员对其提出了很多算法。数字重建的质量主要依赖图像的配准程度，因此图像的配准是重建算法的核心和关键。根据图像匹配方法的不同，数字重建算法一般可以分为以下两种算法：

（1）区域相关的重建算法。基于区域的配准方法是从待重建图像的灰度值出发，对待配准图像中一块区域与参考图像中的相同尺寸的区域使用最小二乘法或者其他数学方法计算其灰度值的差异，对此差异比较后来判断待重建图像重叠区域的相似程度，由此得到待重建图像重叠区域的范围和位置，从而实现数字重建。也可以通过 FFT 变换将图像由时域变换到频域[48]，然后再进行配准。对位移量比较大的图像，可以先校正图像的旋转，然后建立两幅图像之间的映射关系。当以两块区域像素点灰度值的差别作为判别标准时，最简单的一种方法是直接把各点灰度的差值累计起来。但这种办法效果不是很好，常常由于亮度、对比度的变化及其他原因导致重建失败。另一种方法是计算两块区域的对应像素点灰度值的相关系数，相关系数越大，则两块图像的匹配程度越高。该方法的重建效果要好一些，成功率有所提高。

（2）特征相关的重建算法。基于特征的配准方法不是直接利用图像的像素值，而是通过像素导出图像的特征，然后以图像特征为标准，对图像重叠部分的对应特征区域进行搜索匹配，该类重建算法有比较高的健壮性和鲁棒性。基于特征的配准方法有两个过程：特征抽取和特征配准。首先从两幅图像中提取灰度变化明显的点、线、区域等特征形成特征集。然后在两幅图像对应的特征集中利用特征匹配算法尽可能地将存在对应关系的特征对选择出来。一系列的图像分割技术都被用到特征的抽取和边界检测上，如 Canny 算子、拉普拉斯高斯算子、区域生长[49]。抽取出来的空间特征有闭合的边界、开边界、交叉线，以及其他特征。特征匹配的算法有交叉相关、距离变换、动态编程、结构匹配、链码相关等算法。

3.7.2 三维数字成像扫描设备

平洞摄像自动移动装置主要包括机构系统和控制系统两部分。设计中，装置采用模块化设计方法，将机构设计为易于拆装的模块化部件，对控制部件进行功能冗余设计，便于平洞作业野外环境中装置的搬运、使用和维护。

3.7.2.1 **机构系统**

平洞摄像移动装置的机构系统设计方案如图 3 – 69 所示。整个系统采用四轮移动车体作为基础平台，根据所采用的轨道尺寸设计能够适应轨道跨距和轨道直径的轮式结构，并选用耐磨阻尼材料进行驱动轮加工，增大驱动轮的驱动力。移动车体采用箱式结构，箱体内部放置动力电池、控制板、驱动轮电机、减速机等主要部件，箱内部件在布局时考虑车体的重心平衡因素，使装置整体重心位于前后轮中间位置，提高装置运行中的平稳性。驱动轮电机通过传动机构带动两侧的驱动轮进行正反转，就可以实现装置平台沿轨道的前进/后退运动。

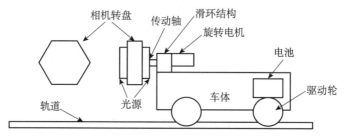

图3-69　平洞摄像移动装置机构

相机旋转机构是该装置实现自动摄像功能的重要组成部分，为了实现全角度的平洞摄像，将相机转盘置于车体前方，使之在旋转时不会因车体自身而遮挡相机的摄像范围，同时将旋转机构设计为能够360°连续旋转的全覆盖摄像机构系统，并将相机转盘设计为正六边形结构，最多可以同时安装6台相机进行同步摄像，大大提高装置的工作效率。在相机转盘前后各安装一个光源装置，光源采用双色LED，形成连续发光圆盘，可确保平洞摄像时光照的均匀度，保证摄像质量。相机转盘机构通过传动轴和滑环结构与固定在车体上的旋转支架及旋转电机相连接，从而保证相机转盘的连续旋转。

3.7.2.2　控制系统

为了实现移动装置的遥控操作和运动控制功能，需设计具有良好可靠性和便于操作的专用控制系统。其控制系统结构如图3-70所示，主要包括主控制器和遥控器两部分。

主控制器是置于车体内部的用于实现装置主要运动功能的控制单元，由嵌入式控制器实现电机驱动、车灯调节、相机控制、人机交互、无线通信等功能。采用直流无刷电机驱动器进行电机的驱动控制，通过RS-485接口进行运动控制命令的实时传输。采用压控恒流源电路进行光源调节控制，实现光源颜色和亮度的连续准确调节。通过DO输出信号连接到6台相机的快门控制线上，实现摄像的准确同步控制。通过无线模块与遥控器进行实时通信，实现遥控功能。具有真彩色液晶屏和多功能按键，能够实时显示装置控制参数、系统运行状态、电池剩余电量等情况，同时也能实现在遥控器故障情况下通过主控制器按键的本地直接运动控制。

遥控器是为了便于操作人员使用而设计的便携式控制部件，采用低功耗嵌入式处理器构成，主要包含按键、显示屏、无线模块、电池等部件。它将操作人员的控制指令传递给主控制器，并将相关运行状态和运行参数在遥控器上显示出来，实现与操作人员的信息交互。使用遥控器后，在平洞摄像时操作人员就无需跟随摄像装置一同进入平洞，方便了装置的操作使用过程。

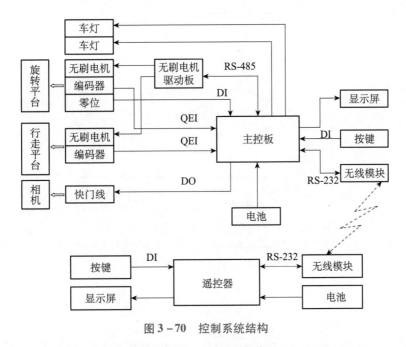

图 3 - 70　控制系统结构

移动装置设计为四轮驱动的小车结构，内部安装电池、控制驱动板卡、电机、离合器等，在小车平台上再设计相机旋转机构，带动摄像机平台进行旋转运动。

下面对主控制器过程设计进行介绍。

A　主控制器功能设计

平洞摄像移动装置主控制器主要功能有 3 个：电机控制、通信、IO 口检测。电机控制任务完成电机的运动控制和状态读取功能；无线通信任务完成和遥控器的数据传输，实现对平洞小车的控制和小车状态信息的传输；IO 检测任务完成主控制器上的按键功能检测、LCD 显示内容的切换、LED 亮度的调节、相机拍摄等功能。

电机控制任务的软件控制流程如图 3 - 71 所示，具体运行过程为：电机控制任务通过实时检测消息邮箱里的内容进行；当检测消息邮箱不为空时，解析消息邮箱中的指令，按消息指令控制电机动作；电机控制任务还同时实时读取电机的位置和速度等状态信息，帮助辅助控制。

IO 检测任务的软件控制流程如图 3 - 72 所示，具体过程为：IO 检测任务实时读取按键的状态，判断按键是否按下；当 IO 检测任务检测到按键按下时，读取按键的 ID，根据按键的指令，执行相应的动作，实现对 LED 亮度、相机拍摄和 LCD 显示的控制。

无线通信任务的软件控制流程如图 3 - 73 所示，具体运行过程为：无线通信任务实时检测串口的数据接收；当检测到串口接收到数据之后，对串口数据进行解析，并根据相应的指令，实现对小车底层的控制（电机、LED 等），或者向遥控器发送小车的状态信息。

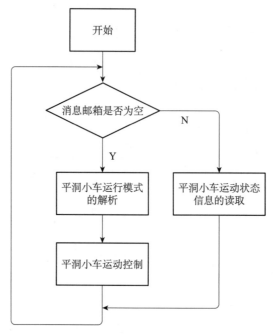

图 3 – 71　电机控制任务的软件控制流程

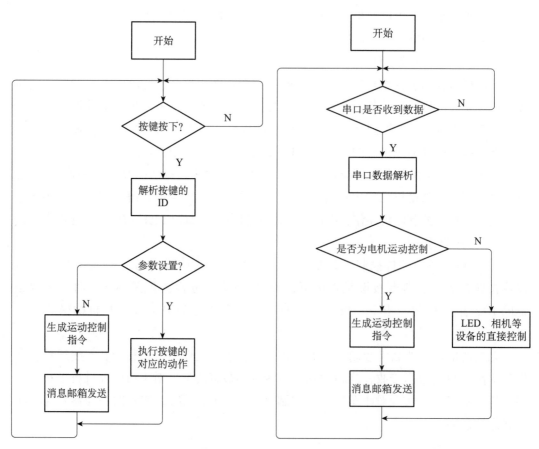

图 3 – 72　IO 检测任务的软件控制流程　　　　图 3 – 73　无线通信任务的软件控制流程

三个任务以消息邮箱为纽带，具体为：IO 检测任务控制实现对底层的控制，在进行电机运动控制的时候，IO 检测任务会通过消息邮箱发送相应的消息给电机控制任务；同时，无线通信任务也会解析遥控器的数据，并根据数据指令内容通过消息邮箱发送消息给电机控制任务，电机控制任务根据消息邮箱的内容实现对平洞小车电机的控制。

B　软件开发环境与主板设计

功能软件采用 CooCox IDE（版本号：1.7.8）集成开发环境，该开发环境支持 C 语言与汇编语言混合编程，本系统主要以 C 语言编程为主。为了提高编程效率与程序可读性，在设计中采用嵌入式实时多任务操作系统 CoOS，该实时操作系统具有高度的可靠性、移植性和安全性，在嵌入式控制领域应用广泛。

主控板以 Cortex M4 处理器为核心，控制软件固化在 Cortex M4 处理器中，根据图 3 - 70 所示的控制系统结构进行相应的功能模块电路单元设计，构成主控制器电控系统，在 STM32F4 芯片的基础上设计复位电路、启动模式控制电路，构成最小系统，将处理器的 IO 引脚进行扩展引出，根据具体外设功能进行详细电路设计。

3.7.3　成像处理

3.7.3.1　工作流程

A　流程结构

平洞三维数字成像工作主要分为数据采集、数据处理、成果编辑输出三个步骤。具体流程如图 3 - 74 所示。

B　精度影响分析

摄影测量精度会受一些因素的影响而有较大的波动，主要影响因素有：

（1）相机的分辨率及性能。

（2）被测物体的尺寸。

（3）拍摄相片的数量。

（4）拍摄方位及相片之间的相对几何位置。

C　提高精度的措施

针对以上影响精度的因素，可以分别采取以下措施来提高精度，保证成果质量。

（1）尽可能选用分辨率高的相机。相机分辨率越高，同等摄影情况下图像中一个像素所代表的实际点位半径越小，三维坐标计

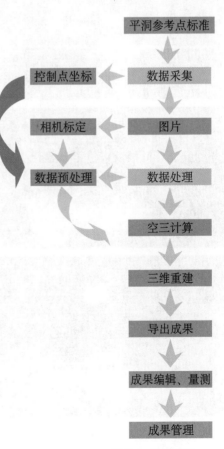

图 3 - 74　平洞三维数字成像流程

算结果越精确。镜头质量好不仅可以获得更清晰的图像，而且畸变小，能有效地减小误差。

（2）采用提取特征点的方法确定像点坐标。图像中的特征点一般都具有较高的稳定性和可识别性，十分有利于像点精确定位和对应点的准确匹配。采用提取特征点的方法确定像点坐标对提高精度十分有效。

（3）增加图像的数量。确定一个目标点至少需要两幅图像，增加图像的数量可以提高测量精度。对同一个目标点，应从不同的位置拍摄 3 ~ 4 幅图像。增加图像的数量不仅能提高测量的精度，而且可以提高测量的可靠性。

（4）合理布置拍摄点。拍摄时，相机之间的交会角应设置为接近 90°，以便获得最小的误差。摄影距离越长，精度越低。因此应尽可能地靠近目标拍摄，对于大的目标可以将其分成几个小的部分分别进行拍摄。这样，每一个小部分可以获得较高的测量精度，总的目标的测量精度也可以因此而得到提高。同时适当调整被摄物体的照明条件，以获得较好的图像质量（见图 3 - 75）。

图 3 - 75　设备现场工作情景照片

D 数据处理

照片是由一群像素点组成的二维图像，每张照片的像素点都有其独特的像素点特征。这些像素点特征包括了每个像素点的位置、颜色等信息，多个像素点构成了每个区域模块的形状特征。由于在数据采集过程中保证了两张照片之间有75%以上的重复率。因此，在重复率内的点云具有相同的特征，通过这些点云自动识别特征点，建立一个三维的点云模型，在此基础上添加网格而生成圆滑的三维骨架，最后生成纹理形成真实的三维平洞影像。在数据处理上的主要步骤如下：

（1）影像照片导入及控制点坐标输入。

（2）量测三维影点真实建模系统搜索照片上的共同点以相匹配，以及计算相机的角度和位置，解算参数，其结果会得到一个物体的特征点云和一组拍摄位置。

（3）建立几何模型。根据拍摄位置参数和拍摄对象的特征点云，构建几何模型。量测三维影点真实建模系统提供四种参数可供调整应用于三维网格生成，即任意 – 平滑、任意 – 锐、高度场 – 平滑和高度场 – 锐。对于建好的三角网可能有必要对其进行编辑，做一些修正，如网状抽取、去除分离的组件、闭合孔的网格等。

（4）通过纹理化映射生成正射影像。纹理映射模式决定物体的质感，正确选择纹理映射模式，有助于获得好的物体质感。

（5）若发现建立的模型有问题，可在第三位软件上编辑处理，再把模型导入到软件中重复步骤（4）。

3.7.3.2 相机检校

传统的相机标定方法主要是利用标定模板与拍摄图像上特征点对之间的对应关系来建立包含相机参数的线性方程组，从而求解出相机的内外参数。根据实际应用场合中的不同要求，对相机的标定有两种方案：

（1）直接建立相机参数与图像对称性之间的关系模型。该方案的优点是参数物理意义明确，计算速度快，但由于相机内参与外参的量纲不同，本方案在同时计算内外参时稳定度较差。因此比较适合一些内参已定，需要实时监测外参变化的标定场合。

（2）先建立单应矩阵（Homography）与图像对称性之间的关系模型，然后利用灭点原理从已求出的单应矩阵中解析出相机内外参数。该方案避免了直接使用内外参进行优化时所带来的数值不稳定性问题，但由于需要从单应阵中间接求取内外参，因此计算复杂，速度较慢，适合于对实时要求不高，希望同时获取相机内外参数的标定场合。

摄影测量的性质决定了必须对照相机进行检校（标定），以便消除误差。相机的检校（标定）过程，实际上就是建立图像坐标与空间三维坐标的映射关系。相机检校（标定）的方法有两种：一种是先对拍摄位置进行检校（标定）而后再测量，另一种是边测量边检校（标定），后者称为自我检校（标定）。对于使用非量测数码相机的平洞三维重建系统来说，检校（标定）是从二维图像获取三维空间中物体的几何信息必不可少的步骤。常用的检校方法有三角测量法、后方交会法、自我标定法、成组调整法（前方交会法）。

三维到二维的映射如图 3 – 76 所示。

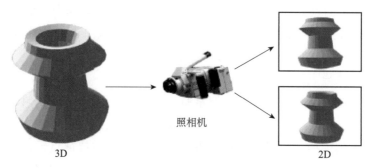

3D   照相机   2D

图 3 – 76　三维到二维的映射

相机在加工、安装和调试过程中难免存在一定的残余像差，引起物镜的光学畸变（非线性畸变），这是近景摄影测量误差的主要来源。这些非线性畸变是因实际像点坐标偏离理论像点的位置坐标而产生的，可以把这种畸变分解为径向畸变误差和切向畸变误差。切向畸变差大致为径向畸变差的 $1/7 \sim 1/5$，因此一般只考虑径向畸变差，并对其影响进行处理。

3.7.3.3　图像采集

A　原始图像

高质量的相片与合理的拍摄方式是三维建模的基础。获取高质量的相片是保证摄影测量精度的关键一步，要获取一幅高质量的相片必须同时兼顾视场、聚焦和曝光三个方面。一般来说镜头的视场和它的精度会有一个折中，虽然广角镜头不需要被摄物体周围有较大空间也能把它全部拍下来，但是它的拍摄精度会随视场的扩大降低。在摄影测量时保证精度是首要的，高质量、长焦距的镜头能很好地兼顾视场和摄影精度，使二者达到和谐统一。

正常摄影时要考虑的因素之一是调整镜头聚焦使物体清晰，并要求被摄物体在一定距离范围内仍能维持可以接受的清晰度，这个范围称为景深。影响景深的因素很多，如镜头焦距、相机至被测物体的距离、被测物体的大小、镜头的 f 数（焦距与镜头直径的比值）等。可见，景深是一个复杂的函数关系。在平洞的试验中我们发现，灯光的亮度及均匀度也是影响照片质量的重要因素。

近景摄影测量中基本的摄影方式有正直摄影方式和交向摄影方式。摄影时相片对两相片的主光轴彼此平行，且垂直于摄影基线的摄影方式称为正直摄影方式；摄影时相片对两相片的主光轴大体位于同一平面但彼此不平行，且不垂直于摄影基线的摄影方式称为交向摄影方式。根据摄影过程中使用的基线的数量，数字近景摄影测量系统也可以分为单基线系统和多基线系统。因此，结合正直摄影和交向摄影两种方式，摄影方式共有平行多基线正直摄影、旋转多基线正直摄影、简单多基线交向摄影、旋转多基线交向摄影四种多基线摄影测量类型。

B　图像匹配

图像匹配实际上是用数学的方法利用计算机来模拟识别图像的过程。但图像影像上每一个像素的灰度是摄影瞬间被摄目标的反射光的强弱度，而被摄目标的反射光的强弱不但跟目标本身的材质有关，还与入射光的入射角度及光源本身有关，所以摄影影像是一个随机的向量场。数字影像匹配中主要存在以下问题：

（1）信息量损失严重。三维目标经摄影形成二维影像后，信息量严重损失。这种信息量的严重损失会导致没有完美的方法将二维的影像重建为三维目标，比如影像中被阴影覆盖的部分。

（2）中心投影的几何变形。由于摄影过程中存在倾斜误差和地物起伏误差，所以地物投影到像片上后有几何变形。比如一个矩形可能会变成一个四边形。

（3）由于光照、大气压、颜色等反射引起的辐射变形。

（4）地物面的复杂性和多样性。这在影像匹配的时候会导致不确定（如阴影）或多义性（如在同名区有重复纹理）。

因此，至今没有一个数字影像匹配方案能够100%地解决各种类型的影像的同名点识别问题。但是作为数字摄影测量的核心部分，数字影像匹配的问题必须要得到解决，否则它将成为数字摄影测量发展的瓶颈。数字影像匹配的三大指标是精度、速度和可靠性。数字影像匹配按搜索方案可以分为一维搜索和二维搜索，人们常用的一维搜索是沿核线搜索。数字影像匹配按样本基础可以分为基于灰度的匹配、基于特征的匹配和基于结构的匹配。此外，数字影像匹配还可以根据算法来分，如相关系数法、最小二乘法等。

3.7.3.4　图像处理

由于勘探平洞几何形状不规则（洞径变化、洞形变化、洞向变化、洞壁变化，如凹凸不平等特点），因此在摄影过程中，由于光线问题，不规则面容易无法与附近连接体连接起来。由于洞室不规则，在人工光源照射下，难以保证摄影范围内光照亮度均匀，此时应打开相机自然光的闪光灯，且保持拍摄面与相机垂直，通过加密拍摄照片，以获得比较理想的效果。拍摄的图片经相应的软件处理后，能真实还原洞室的原貌，实现在三维图中的各种量测。

光线束平差法就是利用成像关系中的光束约束条件及其他各种可利用的约束关系，在给定初值的基础上，对选定的参数进行优化，使其成像系统达到最优化。其基本原理是：以一束光线作为一个平差单元，以中心投影的共线方程作为平差的基础方程，通过各光线束在空间的旋转和平移，使模型之间的公共光线实现最佳交会，将整体区域最佳地纳入控制点坐标系中，从而确定加密点的地面坐标及像片的外方位元素。其中待优化求解的参数称为平差参数，平差参数有物点、光心、像点等。光线束法平差的计算首先列出共线方程作为描述基本观测关系的观测方程（或是描述各种附加约束条件的约束方程）；这个方程一般是非线性的，要通过泰勒公式对其进行线性化，再逐步迭代计算各种平差参数的改正数。如果算法收敛，迭代计算的各平差参数的改正数将会逐步趋于零，当改正数满足一定条件时，就认为成像关系得到很好的纠正，可得到较高精度的计算结果。

摄影测量中的三维重建是利用具有足够重叠度的两张以上影像，应用摄影测量的共线条件方程对物方上的点和线进行三维重建，并对其进行量测。用共线方程可以由像点坐标和摄影相机的外方位元素求解像点对应的物点坐标，但是只有单张影像无法用共线方程来求解物方的三维坐标。要完成物方点的空间定位工作，必须利用具有足够重叠度的两张以上的影像，采用一定的数学模型来实现。双像解析摄影测量就是利用立体像对与被摄物体之间的数学关系，通过计算的方式确定物方点的三维坐标。

在真实感图形学中，为了使模型具有视觉上的真实感，常常在一个纹理空间上预先定义一个纹理图案，通过某种映射算法建立物体表面的点和纹理空间点的对应关系将纹理覆盖到三维表面上，对三维表面进行渲染，这一过程就称为纹理映射。

3.7.4　三维表面实景模型

三维表面实景建模是基于图像的三维重建，它是从单幅图像或图像序列中反求出物体的三维模型。图像含有检查结构物的丰富的几何、物理及视差信息，在水工建筑物表观检测中，可以实现表面结构精细化检查。

图 3-77 所示为搭载在水面船只上扫描水电站水下的多波束声呐三维图像，可以相对直观地检测结构情况；同时，还可以利用强大的图像分析功能对局部或整体结构作详细分析和评价。

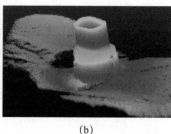
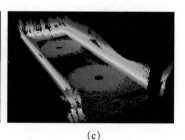

(a)　　　　　　　　　(b)　　　　　　　　　(c)

图 3-77　水下构筑物多波束三维图像

（a）坝前泄洪闸；（b）水下桥墩；（c）闸室水下结构

图 3-78 所示为借助搭载在无人机、车载平台上的高精度相机进行的扫描成像，也可采用手持相机实现对水工建筑物三维实景建模，其高精度三维实景建模有效地用于直观、精度高表面检查。

 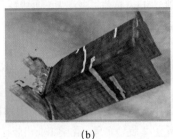 

(a)　　　　　　　　　　　(b)　　　　　　　　　　　(c)

图 3 - 78　光学三维实景模型

(a) 溢洪道反弧段；(b) 大坝中孔；(c) 大坝侧面结构

参考文献

[1] 魏培君. 弹性波理论 [M]. 北京：科学出版社，2021.

[2] 国家能源局. 水电工程弹性波测试技术规程：NB/T 35101—2017 [S]. 北京：中国电力出版社，2018.

[3] 牛滨华，孙春岩. 半无限空间各向同性黏弹性介质与地震波传播 [M]. 北京：地质出版社，2007.

[4] 栗宝鹃，张美多，刘康和，等. 水工混凝土构件裂缝检测方法及应用 [J]. 工程地球物理学报，2021，18 (1)：128 - 135.

[5] 中国工程建设标准化协会. 超声法检测混凝土缺陷技术规程：CECS 21：2004 [S].

[6] 住房和城乡建设部. 冲击回波法检测混凝土缺陷技术规程：JGJ/T 411—2017 [S]. 北京：中国建筑工业出版社，2017.

[7] 住房和城乡建设部. 锚杆锚固质量无损检测技术规程：JGJ/T 182—2009 [S]. 北京：中国建筑工业出版社，2010.

[8] 中国工程建设标准化协会. 爆破安全监测技术标准：T/CECS 986—2021 [S]. 北京：中国建筑工业出版社，2022.

[9] 何继善. 堤防渗漏管涌"流场法"探测技术 [J]. 铜业工程，2000 (1)：5 - 8.

[10] 何继善，邹声杰，汤井田，等. 流场法用于堤防管涌渗漏实时监测的研究与应用 [C] //当代矿山地质地球物理新进展. 长沙：中南大学出版社，2004：225 - 229.

[11] 中国水利电力物探科技信息网. 工程物探手册 [M]. 北京：中国水利水电出版社，2011.

[12] 杨峰，彭苏萍. 地质雷达探测原理与方法研究 [M]. 北京：科学出版社，2010.

[13] 国家能源局. 水电工程探地雷达探测技术规程：NB/T 10133—2019 [S]. 北京：中国水利水电出版社.

[14] 张丽丽. 探地雷达信号分辨率提高方法研究 [D]. 长春：吉林大学，2012.

[15] 王绪松，钱雪峰，李波涛. 第一菲涅耳带半径与地震资料的横向分辨力 [C] //中国科学院地质与地球物理研究所 2006 年论文摘要集. 北京：中国科学院地质与地球物理研究所，2007：91.

[16] 陈文华，侯靖，黄世强，等. 弹性波层析成像技术开发及其工程应用 [M]. 北京：中国水利水电出版社，2021.

［17］孙小东，曲英铭．地震成像基础［M］．杭州：浙江大学出版社，2020.

［18］Helgason，Sigurdur. Integral Geometry and Radon Transforms［M］．New York：Springer PG，2014.

［19］牛滨华，杨宝俊，张中．地震波传播理论与应用各向同性固体连续介质与地震波传播［M］．北京：石油工业出版社，2002.

［20］吴以仁，邢凤桐．钻孔电磁波法［M］．北京：地质出版社，1982.

［21］单志勇．电磁场理论与计算［M］．2版．北京：化学工业出版社，2020.

［22］楚泽涵，黄隆基，高杰，等．地球物理测井方法与原理［M］．北京：石油工业出版社，2015.

［23］国家能源局．水电工程地球物理测井技术规程：NB/T 10225—2019［S］．北京：中国水利水电出版社，2020.

［24］王川婴，LAW K Tim. 钻孔摄像技术的发展和现状［J］．岩石力学和工程学报，2005，24（19）：3440－3448.

［25］伍法权．统计岩体力学原理［M］．武汉：中国地质大学出版社，1993.

［26］徐光黎．岩体结构模型与应用［M］．武汉：中国地质大学出版社，1993.

［27］王川婴，葛修润，白世伟．数字式全景钻孔摄像系统及应用［J］．岩土力学，2001，22（4）：522－525.

［28］陆敬安，伍总良，关晓春，等．成像测井中的裂缝自动识别方法［J］．测井技术，2004，28（2）：115－117.

［29］John H Williams，Carole D Johnson. Acoustic and optical borehole－wall imaging for fractured－rock aquifer studies［J］．Journal of Applied Geophysics，2004，55：151－159.

［30］石林珂，孙文怀，郝小红．岩土工程原位测试［M］．郑州：郑州大学出版社，2003.

［31］SHI Linke，SUN Wenhuai，HAO Xiaohong. Geotechnical Engineering In－Situ Testing［M］．Zhengzhou：Zheng zhou University Press，2003.

［32］YIN Jianmin，AI Kai，LIU Yuankun，et al. Unloading Characteristic Evaluation of Xiaowan Hydropower Station's Foundation Rock Mass by Borehole Elasticity Modulus Method［J］．Journal of Yangtze River-Scientific Research Institute，2006，23（4）：44－46.

［33］方丹，黄太平，姜荣梅．钻孔弹性模量计及声波仪检测岩体质量的试验研究［J］．电力勘测设计，2003，6（3）：18－21.

［34］FANG Dan，HUANG Taiping，JIANG Rongmei. Research on Testing the Quality of Rock Mass with Boring Elastic Modulus Instrument and Acoustic Wave Instrument［J］．Electric Power Survey & Design，2003，6（3）：18－21.

［35］任福君，张岚，王殿君，等．水下机器人的发展现状［J］．佳木斯大学学报，2000（4）：105－112.

［36］杨坤德．水下声源定位理论与技术［M］．北京：电子工业出版社，2019.

［37］袁连喜．水下智能机器人声视觉成像可视化技术研究［D］．哈尔滨：哈尔滨工程大学，2002.

［38］丁迎迎．海底物体回波模型与图像生成技术研究［D］．西安：西北工业大学，2006.

［39］阮锐，邵海涛．多波束测深系统内部参数的检测与分析［J］．海洋测绘，2001（4）：

51 – 54.

［40］李家彪，郑玉龙，王小波，等 . 多波束测深及影响精度的主要因素［J］. 海洋测绘，2001（1）：26 – 32.

［41］Berkson J，Clay C. Transformation of side – scan sonar records to a linear display［J］. The International Hydrographic Review，2015，50（2）：55 – 59.

［42］孙宇佳，刘晓东，张方生，等 . 浅水高分辨率测深侧扫声呐系统及其海上应用［J］. 海洋工程，2009，27（4）：96 – 102.

［43］阳凡林，刘经南，赵建虎 . Multi – beam Sonar and Side – scan Sonar Image Co – registering and Fusing［J］. Marine Science Bulletin，2003（1）：16 – 23.

［44］郭军，马金凤，王爱学 . 基于 SVM 算法和 GLCM 的侧扫声呐影像分类研究［J］. 测绘与空间地理信息，2015，38（3）：60 – 63.

［45］董庆亮，欧阳永忠，陈岳英，等 . 侧扫声呐和多波束测深系统组合探测海底目标［J］. 海洋测绘，2009，29（5）：51 – 53.

［46］王闰成，卫国兵 . 多波束探测技术的应用［J］. 海洋测绘，2003（5）：20 – 23.

［47］吴震，缪欣 . 高斯光波和平面光波聚焦特性的评价［J］. 华中理工大学学报，1995（S1）：14 – 18.

［48］王波，姚宏宇，李弼程 . 一种有效的基于灰度共生矩阵的图像检索方法［J］. 武汉大学学报：信息科学版，2006，31（9）：761 – 764.

［49］钟梦圆，姜麟 . 超分辨率图像重建算法综述［J］. 计算机科学与探索，2022，16（5）：972 – 990.

第 4 章

基础岩体参数取值与三维建模

4.1 岩体基本特征

4.1.1 岩石类型

按成因，岩石分为岩浆岩、沉积岩和变质岩[1-3]，其中，变质岩按照母岩成因类型又分为正变质岩和副变质岩。从成因上讲，岩浆岩和变质岩在形成过程即处于地震运动相对活动的条件，沉积岩则形成于相对稳定的环境中，地应力环境与岩石成因存在内在联系。

在 20 世纪 90 年代初，朱焕春等人[4-7]收集了全球范围内的 322 组地应力测试成果，并按照测试点对应的岩石成因类型进行分类统计，获得地应力大小随深度线性变化假设条件下的分布参数（K 斜率）和截距（T），统计结果如图 4-1 所示。

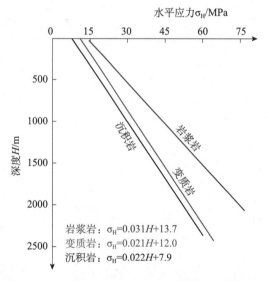

图 4-1　三大类岩石中最大水平主应力测试结果统计

统计结果显示，岩浆岩条件下最大水平主应力的 K 和 T 相对最高，沉积岩中最低。变质岩系母岩经过温度、应力改造的结果，显然，母岩的性质会影响变质岩中地应力状态。统计结果显示，变质岩中测试数据分散性也相对最大，或许体现了母岩成因上的差异。当然，岩石成因类型只是影响岩体目前地应力状态的因素之一，构造和地表地质作用也是常见的影响因素，统计参数 T 更直接地体现了后者的作用。理论研究和工程实践均表明，剥蚀条件下 T 值相对升高，沉积条件下则相反，T 值相对降低（从理论上讲，K 维持不变）。

岩石成因类型还从总体上决定了岩石物质组成。岩浆岩主要由硬质矿物结晶组成，岩石强度普遍较高但变形性能差。沉积岩中黏土类矿物含量较高时，岩石强度特征普遍较低而易于变形。在地壳运动改造过程中，性质相对软弱的岩石在地应力作用下往往出现变形而不是破裂，在自然中表现为褶皱等变形迹象普遍而节理裂隙等破裂形式不发育。良好的变形性能也使得软岩中难以积累较大的应力差，因此，软岩条件下地应力的基本特征是三个主应力大小相对接近，表现出静水压力状态的基本特点。与之相反，硬岩在构造运动、河谷下切改造过程中变形性差而破裂现象普遍，破裂往往是剪切应力作用的结果，意味着硬质岩石可以赋存更高的剪应力，即主应力差值相对较大，这也是工程活动中导致岩爆等剧烈破坏的一个基本要素。

岩石组成决定了岩石强度特征和地应力赋存条件。在 300 ~ 800m 深度范围内，灰岩—页岩—灰岩互层岩体中的地应力测试结果（见图 4 - 2）显示，三个岩性层中自重应力大小与上覆岩体重量基本相符，而灰岩中最大和最小水平主应力均显著高于自重，应力差高。页岩中最小水平主应力和自重基本相当，略低于最大水平主应力，主应力差值较小。

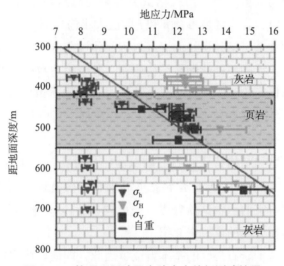

图 4 - 2　软硬互层地层中地应力特征测试结果

4.1.2　岩石强度

岩石颗粒组成和胶结状态是沉积岩特有的特征。经典的摩尔 - 库仑强度准则中包含两个强度参数 c 和 f，分别为黏结力（或称黏结强度）和摩擦系数（或称摩擦强度），是材料强度的两个基本组成。就工程应用而言，黏结力体现了介质固有的承载力，摩擦力对承载力的贡献大小直接受围压（正应力）条件的影响，围压为零时，摩擦力并不能发挥作用。因此，了解岩石强度基本组成及其工程作用的差异，可以进一步帮助认识岩体强度组成和服务参数取值。Hoek 等人[8]从大量的混凝土和岩石室内单轴和三轴试验成果发现：即便是单轴抗压强度基本相同的岩石，随着围压的增大，其峰值强度增长幅度并不相同。受围岩对岩石峰值强度的影响主要与摩擦系数相关，摩擦系数随颗粒粒径增大而增大，单轴强度相同的岩石，岩石结构也明显地影响岩石强度，如图 4-3 所示。

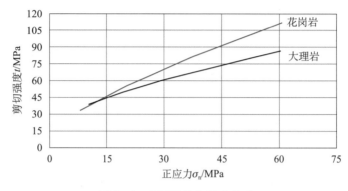

图 4-3　岩石结构与强度关系

通过对不同粒径的大量岩石室内三轴试验结果的总结和分析，Hoek 认为，即便单轴抗压强度基本相同时，岩石强度参数 c 和 f 取值大小与岩石成因决定的颗粒形态和颗粒大小之间存在密切关系。结晶良好的岩浆岩因晶体棱角分明、晶体颗粒较大而具备较高的摩擦系数，反之，结晶不好的细粒结构岩石，其摩擦系数相对较低。因此，在经验估计岩石峰值强度指标 c 和 f 时，不仅需要考虑岩石的物质组成（基本强度），而且还需要考虑岩石的结构特征（颗粒大小），其基本特征是：其他条件相同时，较大颗粒岩石的摩擦系数相对较高。

在对大量不同类型和结构特征岩石三轴试验结果分析基础上，Hoek 提出了岩石材质指标（m_i）的概念[9]，用以表示基本物质组成和结构特征对岩石剪切强度的影响。这一指标可以通过岩石室内三轴试验获得，与此同时，Hoek 给出了代表性岩石 m_i 取值的统计结果，具体将在后面的章节中介绍。

完整岩体主要继承了岩石强度的基本特征，因此，即便岩体质量基本相同时，由于岩石性质和结构的差异，其摩擦系数取值结果也会不同。显然，如果当岩石性质和结构的影响达到一定程度时，采用岩体质量分级结果估计岩体强度指标时，应该考虑岩石材质差异的影响。

4.1.3　岩石力学特性

岩石（或称岩性）是岩体的基本物质组成之一，也是影响岩体工程地质和力学特性的基本要素，在如下两种条件下，岩体特性主要受到岩石性质的控制：

（1）岩石性质软弱，此时结构面作用相对弱化，岩体的变形和强度特征等都主要取决于岩石本身。塑性变形和流变、地基承载力是软弱岩石条件下工程关注的主要问题，体现了软弱岩石力学特性的工程影响。

（2）岩性相对坚硬，但结构面不发育时，硬质岩石固有的特性如破损特性、脆性特性等可以发挥重要作用，成为导致工程问题的基本条件之一。

下面以硬质岩石为对象，侧重于其固有的力学特征，总结性地叙述岩石基本力学特性的相关认识，即影响岩石力学特性的因素：围压条件、岩石尺寸和时效特性。

岩石和岩体的最大差别在于后者包括结构面，与岩体相比，岩石可以被认为是没有任何结构面的完整岩体。被认为是连续介质的岩石力学基本特性往往采用小尺度试件的岩石室内试验开展研究，岩石应力－应变关系曲线成为描述岩石基本力学特性的常用方式，图 4－4 所示即为经典的试验成果。该图以硬质岩石为例给出了经典的荷载－变形关系和对应的岩石力学意义，并将硬质岩石的基本力学特性划分成 5 个区[10]：

①区：弹性区，虽然开始加载阶段岩石往往存在一个压密过程，但从工程设计和实践的角度，这一阶段并不产生明显影响。在民用工程设计中，最大设计荷载往往低于弹性极限，以维持围岩的安全性。在弹性阶段，岩石总体上遵循线弹性行为，因此也可以采用连续介质力学方法描述岩石的基本力学特性。

②区：损伤区，当荷载超过岩石弹性极限时，岩石内部开始较多地出现细小的损伤并改变岩石的宏观力学特性。从本质上讲，这一阶段岩石的力学行为不再服从经典的连续介质理论，破裂损伤的出现代表了非连续力学行为，因此往往需要采用细观非连续力学理论描述岩石的损伤特性。

③区：破坏区，当荷载水平达到峰值强度时，岩石开始出现严重的局部破损现象并可以导致岩石解体破坏，这一阶段也称非线性阶段。注意这种破坏和解体并不是均匀的，而是在不同部位存在较大的差别，称之为局部化现象。局部化现象可以帮助解译现场很多现象，如破裂（天然结构面）按一定间距分布。

④区和⑤区：划分出这两个区的目的在于说明岩石的力学特性不仅取决于岩石自身的材料组成等，而且还与加载条件密切相关。在试验室，在荷载达到岩石峰值强度以后，加载系统实际上开始卸荷。当采用刚性加载系统时，加载系统的卸荷刚度大于岩石试样的刚度，此时加载系统释放的能量低于试件可以消耗的能量，岩石出现渐进式破坏；反之，如果采用柔性加载系统，加载系统快速释放的能力大于岩石试件可以消耗的量值，岩石产生剧烈型的破坏方式。现场岩爆破坏就是后一种形式的表现，即岩爆不仅和岩石自身特性相关，还与所处环境（加载系统）相关，后者可以随开挖过程不断变化。

当从三轴压缩试验角度讨论岩石的上述基本力学特性时，上面讨论的应力对应于最大（轴力）和最小（围压）主应力之差，当围压为零时，即为单向压缩情形。然而，当围压水平不断增加时，岩石的基本力学特性特别是峰后曲线形态可能出现显著的变化，其中的基本规律是从相对较陡的脆性转化为相对较缓的延性，即所谓脆－延转换特性。

从理论上讲，脆－延转换是几乎所有中等强度以上岩石所具有的共同特征，最能引

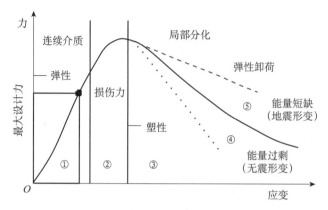

图 4-4 岩石经典应力-应变关系曲线

起工程界关注的实例是非常规页岩气开采。一般而言，带有脆性特征的页岩不仅具备更好的储存条件，而且具备更好的开采条件，开采过程中需要采用的压裂技术就利用了页岩的脆性特征，在压裂过程中井壁围岩产生破裂而不是塑性变形。然而，这种脆性是有条件的，随着围压的增高脆性特征会不断降低，这是岩石力学特性围压效应的一般规律。

与岩石力学特性的尺寸效应和围压效应相比，人们对岩石基本力学特性时间效应及其机理的认识相对更少，这一问题的提出源于核废料深埋封存的需要。核废料封存场地安全要求以万年计算，涉及场地未来长期安全问题，而回答这一问题的关键正是岩石力学特性的时间效应，比如强度如何随时间变化而衰减。

图 4-5 表述了岩石力学特性时间效应，当时间为零时（即瞬时效应），岩石应力-应变关系和试验室成果相符，即试验成果对应于历时长度为零的情形。随着时间增长，岩石应力-应变曲线的一个基本特征是峰值强度降低、峰后包线变缓（脆性减弱），即考虑荷载长期作用时，岩石峰值强度（工程岩体长期安全性）和响应方式都将发生变化。当然，这些变化是否影响工程设计，则主要依赖于时效表现方式和程度。

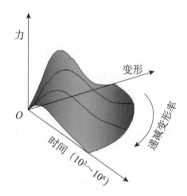

图 4-5 岩石基本力学特性的时间效应

岩石的破损特性可以概述为：

（1）硬质岩石在荷载达到大约 40% 的岩石单轴抗压强度时，岩石内部即开始出现微裂纹（对应的应力水平即称为启裂强度），破裂现象可以被声发射仪所接收。

（2）当荷载达到大约 80% 的强度时，裂纹开始急剧增长，声发射次数相应急剧增长，称为破裂强度，至此之前岩石仍然处于理想弹性状态。

随后的加载使得宏观破裂面开始形成，岩石的宏观力学特性（应力－应变关系曲线形态）也开始出现变化，如不再处于弹性状态。

描述脆性岩石破损特性的启裂强度和损伤强度都明显低于峰值强度，因此也不满足传统的强度准则。此外，破裂的发生和发展可以出现在弹性阶段，使得传统的力学概念、理论和描述方法难以描述破裂行为。

以上的研究采用没有围压的单轴压缩试验，微破裂对应于低围压高轴压的加载条件，因此，这些破裂现象基本都表现出张性特征。工程现场坝基岩体、洞室开挖面附近岩体都处于高轴压、低围压的受力状态，具备导致岩体产生破裂的应力条件。当开挖岩体的最大主应力水平超过 40% 的岩石单轴抗压强度时，完整岩石内部即可以出现破损现象，即工程中俗称的"松弛"。与岩爆等剧烈型高应力破坏相比，岩石破裂松弛所需要的应力水平要低很多，破裂松弛发生时，岩石仍然处于弹性状态。从理论上讲，岩石破裂属于细观力学行为，弹性状态属于宏观连续力学介质范畴，二者适用的理论体系存在差异。相比较而言，后者属于经典理论范畴，被工程界广泛接受和应用。由此可见，当岩石细观破损特性成为工程中关心的问题时，传统理论的适用性会受到局限。

当岩石表现出破损特性时，破裂程度会随时间不断加剧，这种现象称之为破裂扩展时间效应。在工程实践中表现为开挖后完整性相对良好的岩体，在经历一段时间以后，表面岩体出现剥落、开裂现象，在外界条件不变的条件下，破裂程度随时间加剧，工程中称之为"松弛的时效性"。

1985 年，R. H. Schmidtke 等人以加拿大 URL 项目为背景，对其细粒花岗岩首次系统性地开展了破裂扩展时间效应的室内试验研究工作，试验岩样全部来源于 URL 现场同一岩块。岩样均被加工成直径 31.7mm、高 63.4mm 圆柱形试样，然后在实验室内长期施加恒定的荷载（低于岩石单轴抗压强度），且控制岩样的温度和湿度（饱水）水平，直到岩样出现破坏，研究加载水平和破坏时间之间的关系。国内阴伟涛研究了高温三轴应力下粗、细粒花岗岩力学特性[11]。

图 4-6 汇总了 112 个细粒花岗岩试样的试验结果，并与其他研究人员对同样岩石有围压条件下试验结果（LdB2）进行对比；研究成果显示，当轴压相对较低时，岩样内部裂纹扩展、最终导致岩样破坏所经历的时间相对较长，二者之间的关系称为"破裂扩展本构"。

在水电工程实践中，深埋洞室开挖以后围岩普遍出现了破损现象，且时效性非常突出。为此，施工科研中开展了大理岩破裂扩展时间效应特性的试验研究工作，在白山组和盐塘组大理岩一共完成 176 块试样的试验，累计获得 87 组有效试验数据，整个试验耗时长达 5 个月，试验结果如图 4-7 所示，横坐标为破坏历时时间（对数坐标），纵坐标为破坏应力（对数坐标）。当试样施加的应力水平相对较高时（仍低于峰值强度），

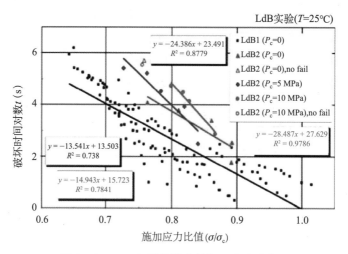

图 4-6　URL 细粒花岗岩长期强度试验成果

加载后到发生破坏所经历的时间相对较短一些，反之较长。

以上研究表明：当水电工程坝基岩体具备产生破损的条件时，开挖后暴露期间岩体温度特别是地下水条件的变化，往往会加剧破裂扩展。

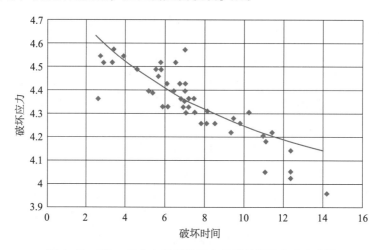

图 4-7　GP 二级水电站岩塘组大理岩长期强度试验成果

4.1.4　岩体质量分级

目前国际工程界应用最普遍的岩体质量系统包括 RMR、Q 和 GSI（即地质强度指标并非独立的岩体质量评价体系，主要服务于 Hoek 参数取值和 HB 强度准则的应用）[12]，水电地下工程岩体质量分级系统 HC（水电）在国内也普遍应用。

RMR、Q 和 HC 这三种主要的岩体质量分级方法具备基本相同的思想，均分别考察岩石、结构面、赋存环境三个方面的因素，通过简单可行的试验、现场编录和测试方式获得这三个方面的单项指标值，然后对每个指标赋予不同权重，获得岩体质量综合分值。

表 4-1 列出了几种岩体质量分级方法（基本值）所考察的具体指标，GSI 仅仅考察了结构面几何和结构面状态，没有考虑岩石强度和赋存环境，这与提出 GSI 的意图密切相关。GSI 是 HB 强度准则的参数之一，并不是真正意义的岩体质量评价指标，岩石强度和特性的作用在 HB 准则中另行考虑，因此没有重复计入 GSI 中。

表 4-1　常用岩体质量分级方法考察的指标对比

分级方法		Q	RMR	HC	GSI
岩石		无	天然强度	饱和强度	—
结构面	几何	RQD	RQD	考虑岩性差异的波速特性（完整性系数）	密度
		节理组数	线密度		镶嵌程度
	状态	粗糙度	粗糙度	粗糙度	粗糙度
		蚀变或充填	张开度	起伏度	蚀变或充填
		—	充填度	张开条件	—
		—	风化度	充填条件	—
赋存环境		地下水	地下水	地下水	—
		地应力	—	—	—

注：水电分级中结构面状态指标取值时考虑了岩性的影响。

GSI 考察的指标某种程度受到 Q 系统的影响（两位创始人之间存在师生关系），因此，GSI 关于结构面状态的描述基本沿用了 Q 系统。不过，2013 年 Hoek 等人提出了新的 GSI 确定方法，采用了 RMR（1989 年版）中的结构面状态指标和 RQD。

在 Q、RMR、水电 3 种常见分级系统中，Q 系统和其他两者存在一定差别，最大差别在于没有考察岩石强度但考虑了地应力水平，前者一直是长期被质疑的环节，后者则体现了 Q 系统的设计意图：地下工程围岩支护设计。这是因为岩体质量主要描述了岩体的工程承载能力，而地应力代表了地下工程荷载，二者之间的矛盾程度决定了支护需求。

RMR 和水电分级之间还存在一些具体差别，比如，二者对结构面状态、地下水条件具体评价方法和权重分配之间存在一定差异，在这些环节上，水电分级更加明确地体现了水电行业需求。

概括地，岩体质量分级具有如下两个方面的用途：

（1）评价岩体承载能力等工程基本性能，服务于参数取值和进一步的力学分析等。此时岩体质量分级结果一般采用其基本值，不考虑具体工程特点和条件（如结构面与工程之间的方位关系）。

（2）评价具体工程岩体的稳定条件甚至是设计要求，因此需要考虑工程具体特点和条件，修正基本值是常用的实现途径。

第一个方面的应用相对具有一般性特点，侧重于解决成熟力学分析理论方法（如连续力学有限元或有限差分、非连续力学离散元或块体理论等）引用到岩体工程时存在的现实问题，重点是把复杂、不确定性的地质体转换为力学分析所依赖的定量性依据，尤其是其中节理岩体力学参数的尺寸效应问题。在这一环节上，岩体质量分级具有如下两个方面的基本特点：

（1）岩体质量分级是帮助解决力学分析所需要参数值问题的方式之一，随着技术进步，还可能出现其他手段。

（2）从某种程度上讲，天然地质体和成熟力学理论体系之间相互独立，目前岩体工程界使用的力学分析理论来源于针对金属材料为主的其他学科，在引用到天然岩体以后，二者之间有很多方面的问题，岩体质量分级是帮助解决其中某些基本环节的问题，这决定了岩体质量分级帮助开展参数取值时的局限性和适用范围。

岩石（包括完整岩体）材料的基本力学特性是应力－应变关系曲线的峰前段，描述这一基本特性的参数包括弹性模量和峰值强度。除此之外，岩石（体）峰前段的破损特性、峰后段非线性等都可以引起工程问题甚至起到控制性作用。岩体质量分级目前只针对相对均质岩体的峰前力学特性，还无法帮助描述相对复杂的其他力学特性。

常规工程对岩体承载力等特性的要求是设计工作的理论基础，当通过岩体质量分级获得岩体质量的评价结果以后，就有可能完成这类常规性工程的相关设计，成为岩体质量分级的另一种工程应用方式。岩体质量分级应用于工程设计的基本途径是在"基本值"基础上考虑工程因素的影响，通过修正基本值的方式实现，相对于力学分析而言，这一过程相对非常宏观，本质上是给定条件下专家经验的体现。

岩体质量分级体现应用于边坡工程时，最常见的方式是把优势结构面产状和坡面之间的关系作为修正（折减）系数，即考虑边坡结构条件对边坡稳定的影响。比如，逆向坡认为稳定性最好，此时可以不折减岩体质量基本值；而顺向坡时折减程度最高，边坡稳定性也相对最差。显然地，这种评价方式的最大优势是快速，但局限性也很明显，如只针对结构面控制的岩质边坡的整体稳定特征，当条件发生变化，如逆向坡中反坡陡倾结构面发育、存在倾倒变形风险时，基于岩体质量分级的评价体系目前还不能深入到这种程度。由于边坡潜在破坏类型和控制因素的变化性非常突出，现实中往往依赖针对具体条件的具体分析，这使得基于岩体质量分级的稳定评价体系很少应用于边坡工程。

与边坡所不同，地下工程问题相对单一，主要是岩体承载力和地应力之间的矛盾，矛盾促使了系统支护设计需要的产生。而岩体承载力是岩体质量分级结果的内在指标，因此，将岩体质量分级延伸到地下工程围岩稳定评价和支护设计，具有更好的可能性。当然，在具体实施过程仍然需要明确几个概念和认识，第一是如何针对地下工程不同的潜在类型问题；第二是如何实现。

地下工程围岩存在三种潜在不同性质的基本问题，分别为软岩大变形、硬岩高应力破坏，以及结构面控制的块体破坏。其中前两类问题的潜在风险程度和支护要求取决于岩体峰值强度和地应力水平之间的矛盾，后者由结构面控制。因此，岩体质量分级体现在应用于评价地下工程围岩稳定和帮助开展支护设计时，也相应采取了两种途径：

（1）在基本值基础上考虑地应力的修正。这主要是针对埋深相对较大时的高应力问题，从理论上讲，岩体质量基本值描述了岩体承载能力，如峰值强度。而地应力属于外部荷载，二者之间的矛盾决定围岩稳定和支护需求。在岩体质量基本分值基础上，根据地应力水平的修正，成为宏观表达二者之间矛盾的方式，也成为基于岩体质量稳定评价和支护设计的内在依据。显然，这种途径的宏观性和经验性非常典型，对地下工程开挖的核心环节——围岩力学响应——采取了"绕开"的处理方式。

（2）在基本值基础上考虑结构面和洞室轴线方位关系的修正。这与岩质边坡基本相同。

由此可见，岩体质量分级基本值仍然是核心和基础，当岩体质量分级结果不直接应用于工程岩体稳定评价和支护设计时，无须考虑具体工程因素，其核心是评价岩体自身的承载能力。当希望将岩体质量分级结果直接应用于工程稳定评价和支护设计时，则需要考虑具体工程条件如方位特征和埋深条件等，这一基本特征将直接用于指导相关的程序设计。

4.1.5　SRM 技术

SRM[13]是英文 Synthetic Rock Mass 的缩写，意思为（人工）合成岩体，是 21 世纪初正式提出和命名的一种概念，并开发出与之相应的技术手段，即 SRM 技术，简称 SRM。简单地，SRM 把岩体理解为岩石（块）和结构面网络的组合体；其中，岩块形如混凝土材料，在外力作用下可以发生变形和破裂，结构面可以发生张开和滑移等非连续变形，二者共同作用，结构面变形往往给块体提供外部荷载边界，块体的变形和破坏则可以反过来改变结构面的变形方式，直到新的平衡。由此可见，SRM 的基本思想完全依照现实，也是从岩块和结构面两个角度描述岩体组成。这一环节上，SRM 与岩体质量分级完全相同，二者的差异在于：

（1）SRM 把环境因素如地下水、地应力、温度等作为外部条件考虑，按照现实存在方式模拟，在这一环节上二者的差异体现在处理方式上。

（2）SRM 采用完善的力学理论体系，这是与岩体质量分级的根本性差别。

尤其可以认为，SRM 自动体现和包含了岩体质量分级，而且采用严密的力学过程描述岩体质量分级中岩石、结构面相关指标的作用方式和程度，而不是经验性和恒定性的权重值。

SRM 通过计算机模拟的方式实现。目前水电工程界采用的计算机模拟计算仍然主要依赖传统连续介质力学理论，有限元就是建立在这一理论上的经典方法。离散元、DDA 则是建立在非连续介质力学理论基础上，特别是针对岩体包含大量结构面的固有特点设计，比传统有限元方法更有适应性，同时应用技术要求也更高一些。非连续介质力学方法中的非连续是指结构面变形的非连续性，可以张开和错动而不需要服从连续性原则（如变形协同）；对于结构面之间的岩体，仍然采用连续介质力学理论，认为内部的变形必须连续协同。由此可见，非连续力学方法并非推翻此前的基础，而是有所改进和突破。

虽然非连续介质力学方法解决了结构面之间的非连续变形问题，但对于块体仍然采用连续介质理论假设。在大多数情况下，只有岩块不发生局部破裂进而影响结构面变形时，这种假设才不影响其现实合理性。但是，现实中工程岩体规模很大（如边坡达到千米级）时，内部结构面变形的驱动力可以很高，且结构面变形的不均匀性很容易导致块体受力极度不均匀，这使得在对结构面变形起到约束作用的部位应力异常升高，出现块体破损、岩桥破坏等现象。在这种条件下，对块体的连续介质假设可能存在很大偏差，依据这种假设的计算分析结果也会偏离现实。解决这一问题需要引入细观力学理论，它可以从很小的尺度（如厘米级）考察连续介质的破裂，实现从连续到非连续全过程的自然模拟。

SRM 对结构面仍然沿用了宏观非连续力学方法，而对岩块则采用了细观非连续力学理论。由此可见，SRM 并不是颠覆任何已有理论和技术手段，而是进一步深化和针对更复杂的力学响应。

我国水电行业计算机模拟的现实条件是 FLAC3D 等基于连续介质力学理论的方法手段仍然广泛应用，而基于非连续力学理论的 DDA 因为没有商业发行，应用范围受限。同样采用非连续力学理论开发的离散元方法程序 UDEC 和 3DEC，因为应用技术要求更高、但离散元程序应用基本未列入高等学校教育课程等现实原因，仅仅在极少数单位具备真正意义的应用条件，也影响了在水电行业的认知和接受程度。SRM 已经超越了传统非连续力学方法，可以预计，被水电行业应用和接受的周期可能更长，但不影响该技术自身的能力和前景。

SRM 所依赖的细观力学理论在应用时遇到的现实问题是对计算机性能要求很高。这是因为岩块破裂尺度很小，即便简化以后，工程应用时希望把可以模拟的最小裂纹控制在低于 30cm 的量级，这类似于有限元中单元尺寸不超过 30cm，比现实中数米的单元尺寸低一个量级，由此对计算机容量提出了相对很高的要求。为此，目前 SRM 的直接工程应用往往限于二维或数十米量级的小尺度三维问题，针对大尺度问题的三维分析，常见的应用方式是采用 SRM 进行数值试验，获得大尺度岩体相关参数以后采用常规分析手段，此时 SRM 实际起到的是参数取值的作用。

硬岩边坡倾倒的力学机制包括结构面非连续变形和块体破裂，如果计算时不允许块体破裂，结构面变形会受到抑制，几乎不可能正确体现大变形但不失稳的倾倒特征。

SRM 开发过程中采用了该边坡作为检验依据，与上述数值试验相似，在完成岩块的模拟以后，重点是进行结构面网络模拟，然后在网络内采用形如"浇筑"混凝土的方式构建出节理岩体。

SRM 模拟采用二维计算，表 4-2 列出了现场编录获得的 2 组优势节理、8 组断裂产状、间距、迹长的统计结果和在模型中的模拟结果，在计算采用的二维模型内，累计模拟了 2890 条断裂和 37 335 条节理。

图 4-8 所示为 SRM 二维边坡模型（局部）中的结构面分布、块体形态和块体组成。如放大效果所示，岩块由一系列的颗粒胶结形成（不显示胶结物），颗粒之间可以出现细小裂纹，当这些裂纹不断扩展或相互连接贯通即可形成宏观破裂。在硬岩倾倒过程中，反坡陡倾节理形成的块体折断对倾倒持续发展、形成大变形具有重要作用。

表 4-2　边坡结构面参数和模拟结果

组别	间距/m		82°倾角/°		迹长/m		模拟结构面条数
	实例	模拟	实例	模拟	实例	模拟	
节理 1	5	4.95	81	83	16.6	16.2	13 381
节理 2	5	5.0	34	34	16.6	16.2	23 954
断裂 A	50	45.5	82	71	320	260	96
断裂 B	48	41.7	67	67	220	197	134
断裂 C	48	55.6	70	61	265	236	123
断裂 D	140	125.0	82	77	538	441	15
断裂 E	26	22.7	80	87	74	84	602
断裂 F	15	14.7	73	80	112	119	666
断裂 G	26	28.8	75	59	74	83	613
断裂 H	15	16.1	84	89	112	119	541

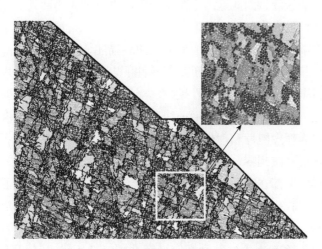

图 4-8　SRM 二维边坡模型（局部）中的结构面和块体

图 4-9 为 SRM 模拟结果，它清晰地揭示了倾倒变形的基本特征——沿反坡陡倾节理的反向错动和对应的块体旋转变形趋势；与此同时，边坡内岩块出现新的破裂现象和折断破坏特征。

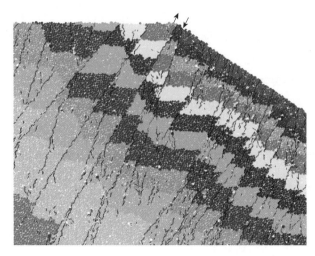

图 4-9　边坡倾倒的 SRM 二维模拟（坡顶局部放大）结果

4.2　岩体力学参数与取值

　　岩石和结构面是岩体的基本物质组成，含结构面岩体力学特性总体受到岩石和结构面两个基本因素的控制，相关参数如强度大小介于二者之间。但由于岩石和结构面力学特性如强度差别非常悬殊，因此这两个基本因素所占权重大小起到实质性作用，而结构面受力状态是决定权重大小的核心因素。

　　岩石的基本力学特性通过应力–应变关系曲线描述，以曲线峰值点为界，曲线分为峰前段和峰后段。其中的峰值点对应于给定条件下岩石具备的峰值强度，峰前段描述了岩石变形性能、斜率大小及对应的弹性模量。当岩石应力达到峰值点时，岩石内部结构可能发生显著变化，变化程度通过峰后曲线形态得到表现，强度因此会受到不同程度影响。两种极端形式为理想脆性和理想塑性。前者表示峰值强度以后岩石强度在没有任何新增变形条件下直接衰减到零；后者则认为岩石强度不发生任何变化，而变形可以不断增长。这两种极端情形都在室内试验中出现，但绝大多数情况下，峰后曲线形态介于两种之间，统称为应变软化。

　　随围压（埋深）增大，岩石峰值强度不断增高，这是围压对峰值强度的贡献，描述二者之间关系的数学表达式被称为峰值强度准则。围压增高还可能改变峰后曲线形态，如从脆性改变为塑性，是围压改变岩石力学特性的典型表现。但是，围压变化不改变峰前段形态如斜率大小，即岩石的弹性模量。

　　试验研究表明，岩石的峰值强度和试件尺寸呈负指数关系，试件尺寸增大时强度降低，这一特点称为岩石强度的尺寸效应。导致岩石强度随试件尺寸变化的内在原因是岩石内部结构。大部分岩石由不同大小矿物颗粒组成，颗粒（或晶体）之间接触部位

（如晶面）强度和颗粒存在差异，相对较弱的成分被视为缺陷，这是导致尺寸效应的关键所在。

以上总结了岩石力学特性，包括峰前变形特性、峰前破损特性、峰值强度（随岩石块体尺寸变化）、峰后特性（脆性、应变软化、塑性）、峰值强度、峰后特性随围压变化的基本特征。

岩体总体上继承了岩石的上述基本力学特性，如峰前段变形特性和破损特性等。不过，岩体对岩石力学特性的继承程度受到两个基本因素的影响，即受结构面发育特征（几何特性和结构面状态）和岩体受力条件的影响。由于结构面的强度往往和岩石差异悬殊，在岩体中以地质缺陷的方式存在，因此，岩体强度等指标的尺寸效应更加突出。除此以外，结构面对岩体影响程度（所占权重）与受力方向密切相关，从而导致岩体力学特性如强度等在不同方向可以显著变化，即导致了各向异性特征。

4.2.1　岩体力学参数取值

岩体力学参数的合理确定一直是岩土工程界的重要研究课题。许多学者基于大量工程实践，提出了多种确定岩体力学参数的思路，研究手段包括现场地质描述、物理试验、数值仿真试验、经验分析法等。岩体力学参数与岩体力学模型相关联，对于弹性模型，一般采用变形模量和泊松比加以描述；对于常用的 Mohr – coulomb[14] 和 Drucker – Prager 弹塑性模型[15]，则采用变形模量、泊松比、黏聚力和内摩擦角等参数来表征其变形和强度特征；对于时间相关的流变模型，岩体力学参数主要在于确定其流变参数。由此可见，岩体工程分析采用的力学模型不同，所需确定的参数也不同，但无论是哪一种力学模型，其取值与岩体所处的地质环境条件密切相关[16]。

在水电行业实践应用时，主要采用摩尔 – 库仑强度准则[14]，该准则需要获得相应的强度参数指标 c 和 f。最常见的方法是获得研究对象的试样，开展直接剪切或者三轴试验，通过试验结果按照强度准则关系式进行拟合，即可得到强度参数 c 和 f。

该准则确定强度参数值采用了非常直观简洁的技术路线，利用小尺度岩体原位试验结果推广到工程大尺度，推广的实际效果是折减，折减依据为岩体结构和质量特征，具体是岩体质量和强度参数之间关系的既往经验。这一技术路线的最大优点是原始依据来源于原位岩体，岩石、结构面乃至赋存环境的影响都可以在很大程度得到比较真实的体现[17]。其最大问题在于解决尺寸效应问题的工作方式，缺乏足够的定量性，且局限于既往经验积累。一旦所研究对象超出既往经验范畴时，成果的可靠性难以得到保证。

对于岩体结构面参数取值，首先必须开展大量现场调查和地质分析工作，找出可能的控稳结构面，然后通过进一步分析找出最危险滑面，有针对性地建立地质模型，进而研究参数取值和进行稳定性评价，据以得到相对可靠的结构面强度参数；对于岩体参数取值，在查明工程岩体地质结构特征的基础上，要根据岩体的主要地质特征和工程地质条件，尤其是岩体结构特征，对岩体的工程地质力学性质进行研究，并将工程地质、岩体力学及工程建筑物的实际情况密切结合起来，即：一方面要详细了解岩体地质特征，使整个工作具有明确的目的性和足够的代表性；另一方面要全面地了解建筑物的特点及其与岩体的相互关系，使研究工作具有明显的工程针对性。

室内试验和现场试验原理、方法基本一致，只是尺寸不同，为了充分考虑岩体结构的力学效应，常常要求进行野外试验，通常采用典型地质单元野外原位试验与中小型室内试验相结合的方法，充分利用室内试验作为抗剪强度参数确定的重要参考，可以在保证取样的代表性、试件数量足够多、试验环节原状性等方面采取相应的措施[18]。另外，无论是室内试验还是现场试验，多数情况下都不能完全代表工程岩体实际的力学性质。解决这个问题的正确方法是把典型地质单元岩体力学试验与岩体结构地质研究结合起来，通过对岩体结构的力学效应研究，对成果进行综合分析、评价，给出大致可以表征工程岩体的力学性质。而实际岩体的力学性质，可在现场通过原型观测和监控进一步探索。在施工过程中，对岩体变形、应力进行观测和监测，通过反分析进一步研究岩体的变形及应力特性。

4.2.2 岩体变形参数取值

4.2.2.1 变形原位试验与数据整理

水电工程实践中岩体变形模量往往采用刚性承压板法测试[19]，测试要求和流程已经在很多文献中介绍，这里不重复叙述。一般认为，刚性承压板法适用于各类岩体，而柔性承压板法适用于完整、相对完整的岩体。采用刚性承压板方法获得相关数据读数后，即可以按照式（4-1）计算岩体变形模量。

$$E = \frac{\pi}{4} \cdot \frac{(1 - \mu^2)pD}{W} \qquad (4-1)$$

式中，μ 为岩体泊松比；p 为承压板应力；D 为承压板面积；W 为对应于 p 的变形测值。

注意式（4-1）是建立在均质、连续、各向同性材料半无限体弹性解的基础上，这些条件决定了利用该式计算变形模量的最佳适用范围。在获得承压板试验荷载-变形曲线以后，该曲线应该为理想的直线，且加载段和卸载段重合[20]，否则，试件将不同程度偏离上述假设，若仍然按照上述公式计算岩体变形模量，可能存在一系列的现实问题。

BHT 水电站前期对大坝拱肩一带柱状节理玄武岩进行了大量的现场原位承压板试验。开展大量试验的重要原因是试验曲线类型相对复杂，给参数取值造成一定困难，取值结果可靠性也是现实问题之一。试验单位在总结大量承压板试验结果以后，将试验曲线划分为 5 种不同类型，如图 4-10 所示，分别为直线型、上凹型、下凹型、长尾型和陡坎型，并对这 5 种曲线类型形成如下认识：

（1）直线型：无层面及其他大型结构面的影响，裂隙短小且分布均匀，在试验压力范围，岩体表现出均质体的变形特性，变形与压力成比例。按试验荷载及相应变形计算变形模量，割线模量与切线模量相近。

（2）上凹型：表层存在松弛层或者性状较差的岩体，随压力增加，表层逐渐被压密，变形减速增长。本类型曲线一般出现于变形模量较低的试验点。

（3）下凹型：承压板下一定深度存在软弱夹层，随荷载增加，压力影响深度增加，变形加速增长。按最高压力与初始压力间的压力差及相应变形计算变形模量，其值高于最高荷载处的切线模量。

（4）长尾型：岩体表层性状差，在第一级或前二级压力下，表层变形显著。随压力增加，一方面表层被压密，另一方面压力影响深度增加，表层变形在总变形中的比重减小，岩体显现出均质体的变形特性，变形呈直线变化。本类型曲线一般出现于变形模量较低的试验点。按直线段的压力差及相应变形计算变形模量。

（5）陡坎型：岩体具有初始应力或初始结构强度。按直线段的压力差及相应变形计算变形模量。

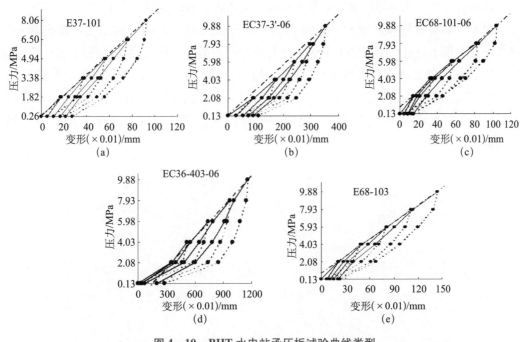

图 4 - 10　BHT 水电站承压板试验曲线类型

（a）直线型；（b）上凹型；（c）下凹型；（d）长尾型；（e）陡坎型

验证上述解释是一个复杂的过程，需要深入了解试件所在环境、试件制作过程、试样具体地质条件、试验过程等，目前很难考证。从上述解释看，直线型试验曲线被认为是比较理想的情形，其直线段主要指加载过程荷载和变形量的线性关系。不过，即便是最理想的试验结果，依然存在如下几个特点：

（1）卸载段并非呈线性关系，且明显偏离加载曲线，即加、卸载曲线不重合。

（2）每个加载循环下荷载为零时都存在变形不回零的情况，残余变形量随加载次数不断累积。

（3）分级卸载时，维持在相对较高荷载水平下的荷载－变形曲线最陡。随着卸载继续到较低荷载水平时，斜率不断变缓，即卸载过程试件的变形模量随加载水平变化。

上述几种现象存在于所有类型的曲线中，明确指示试件偏离均质、连续、各向同性假设，这种偏离导致了试验曲线形态的变化性和参数取值困难。虽然水电工程实践中针对每种曲线类型给出了相关解释和相应的参数取值方法，但不论是理论严密性还是实践性都缺乏足够的保障。对试验曲线形态变化性的解释侧重于柱状节理起伏特性、起伏体在荷载作用下的响应形式等，Brady 等人推荐采用卸荷段曲线计算岩体变形模量，认为一定荷载条件下卸荷段代表了岩体的真正力学特性[21]。

虽然上述试验结果来源于柱状节理玄武岩，但在西部工程实践中仍然存在一定的普遍性，并非仅仅是柱状节理影响的结果，其中需要考虑的一个重要因素是平洞开挖以后围岩破损、结构面变形导致的扰动。BHT 水电站厂房平洞，尤其是右岸厂房平洞内可以比较普遍地出现片帮现象，虽然试验部位避开了片帮部位，但平洞开挖引起的围岩损伤很可能无法避免，成为导致试验曲线变化和异常不可忽略的原因之一。

图 4－11 所示为 BHT 水电站均质岩体变形试验结果，荷载－变形曲线形态揭示，早期荷载作用下的试件变形基本为无法恢复的塑性变形，与理想的线性关系差异十分悬殊，与 BHT 柱状节理玄武岩承压板试验结果存在高度相似性。注意，这种试验曲线并非个案，而是十分普遍，证明西部水电工程平洞承压板试验岩体条件与该试验基本理论假设之间存在显著偏差，承压板试验的适用性，或者说试验成果取值已经成为现实问题。

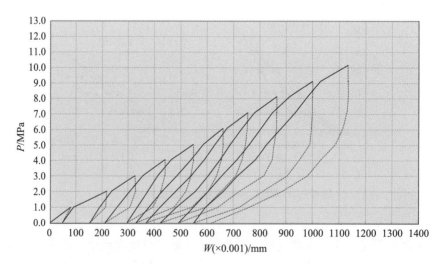

图 4－11　BHT 工程 Z111 变形试验曲线

图 4－11 显示，在完成任何一级加、卸载过程中，加载曲线斜率都低于卸荷时，且每次加载都产生不可恢复变形。加、卸载过程曲线斜率的差异表明加载过程压密岩体，这部分变形不可恢复，加载后岩体密实程度提高，卸荷变形模量增大。当下一次加载循

环的应力不超过上次的最高荷载水平时，荷载导致的变形仍然集中在压密后的深度范围内，只有当荷载水平更高时，更深部岩体才受影响。由于试验加载水平相对较低，变形深度没有超过松弛区，因此，每次荷载都产生压密现象，但不可恢复变形量逐步减小。

4.2.2.2　承压板试验与取值

国际上使用承压板试验时往往都要求采用中心孔法测试变形，采用不同深度下的变形计算岩体变形模量。国内的刚性承压板试验列举了两种测试方式，即承压板变形测试和中心孔测试。在 1979 年国际岩石力学学会颁布的承压板试验方法中，变形模量计算公式显示岩体变形模量可能随深度发生变化，不是一个常量[22]。采用中心孔法测试的显著优势是能够获得变形模量随深度的变化，给工程设计提供更多和更合理的数据。

图 4 - 12 给出了某实际试验获得的变形量测结果和计算得到的变形模量随深度分布。在 0.5m 及其以下的深度，岩体的变形模量在 25～30GPa 的范围内，而表面量测到的变形指示的模量值约 13GPa，为其下部岩体变形模量值的一半左右。当现场岩体变形模量随深度发生变化时，显然地，刚性承压板方法不可能获得如图 4 - 12 所示的结果，计算获得的是综合变形模量。

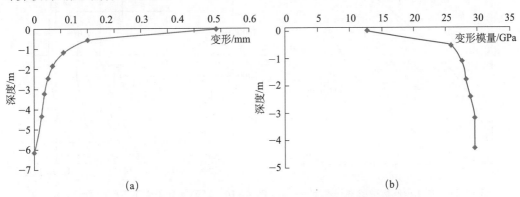

图 4 - 12　承压板试验变形量测结果和计算获得的变形模量

(a) 承压板试验变形测量结果；(b) 计算获得的变形模量

变形模量随深度变化是因为土压力随深度变化，并影响到土体的孔隙度。针对岩体，变形模量随深度变化的普遍解释是节理等地质结构面的存在；显然，当平洞表面一定范围内存在劈裂松弛现象时，变形模量会随深度变化。当岩体结构面相对发育或者风化相对严重时，变形模量随深度的变化性比较突出，需要采取中心孔法量测加载过程中不同深度的变形，由此获得变形模量随深度的变化。依据表面变形量测结果计算获得的结果显然为岩体变形模量的下限值，该值作为设计依据时，会低估岩体实际变形模量。承压板试验可以获得各量测点部位的荷载 - 变形关系曲线，或者换算成为应力 - 应变关系曲线。早在 20 世纪 70 年代，国际上一些学者总结和归纳了现场承压板试验成果[23]，将荷载 - 变形关系曲线类型归纳为三类（见图 4 - 13）：

（1）直线型：代表了线弹性响应，体现了试件以线弹性特征占主导地位的一种相对理想情形。

（2）下凹型：也称为应变硬化型。当把荷载－变形曲线上任意一点切线的斜率定义为切线模量时，应变硬化型曲线的特点是随着荷载增大，切线模量不断增大，最后可能趋向于一个定值。这种类型一般认为是加载过程中岩体内一些结构面不断被压密的结果，特别是荷载较低时典型的下凹段，这一特点也可以出现在室内试验中。

（3）上弯型：与下凹型相反，随荷载增大切向模量不断降低，试件加速变形。这类曲线类型内在原因的解释相对较多，下面将进一步讨论。

需要指出的是，现实中的承压板试验往往采用循环加载的方式，以上的曲线形态实际是循环加载曲线的峰值包络线，完整的循环加载曲线包含更多的信息。

图 4－14 是 20 世纪 70 年代以前国外某工程承压板试验结果，为浅层岩体出现松弛以后造成的下凹型，每个加载循环中加载段的割线模量不断增大，揭示了试验过程中岩体不断被压密、变形模量因此不断升高的特点。除包线总体形态的下凹特征揭示的压密作用以外，另外有两点值得注意：

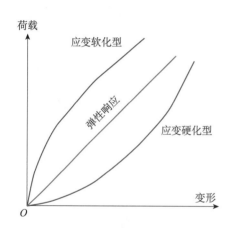

图 4－13　岩体承压板试验曲线类型

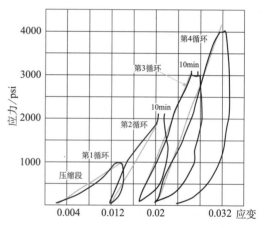

图 4－14　循环加载条件下下凹型曲线完整形态

（1）每个加载循环卸载到较低水平时曲线斜率相对较低，表示卸荷降低到低水平时卸荷浅层岩体出现较显著的回弹现象。现实中这种现象的显著程度可能还与加载方式（刚性与柔性）、卸荷速率等相关。

（2）每个加载循环中开始卸荷时的卸荷段曲线斜率很高，现实中甚至出现卸荷时变形继续增加的现象（斜率为负值），对于这一现象有多种解释：

1）承压板刚度不足，在卸荷时承压板变形量较大，约束了试验岩体的回弹变形。由于承压板上部界面受到荷载的约束，承压板较大的变形甚至对试验岩体起到加载作用。承压板刚度对试验结果和破坏机制的影响多见于 20 世纪中期关于岩石力学试验技术、岩爆机理的相关研究成果中。20 世纪 80 年代美国针对柱状节理玄武岩力学特性的室内研究中出现过卸荷过程变形压缩继续增长的现象，结果显示是承压板刚度不足的结果[24]。

2）节理岩体中岩块和节理对卸荷响应的不一致性。开始卸荷时节理仍然受到约束，岩块发生回弹变形，使得卸荷早期阶段的斜率较高。当荷载降低到一定水平以后，节理开始发挥作用，斜率降低，体现了岩体非连续和非线性响应。不过，一般不认为节理岩体会导致卸荷段曲线斜率出现"负值"的现象。

图 4 – 15 就是上弯型曲线形态的实例，试验岩体为绿泥石片岩，加载方向垂直于片理。相对于松弛导致的下凹特征而言，承压板试验应力 – 应变关系曲线呈现上弯则要少见一些，但确实存在于世界不同地区的试验结果中。

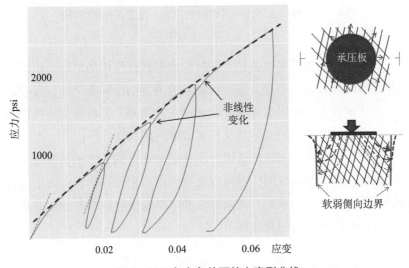

图 4 – 15　复杂条件下的上弯型曲线

对于上弯的总体认识是应变软化，即随着变形加大、岩体性质不断减弱，变形模量降低。导致这一现象的原因很多，迄今形成的认识可以概述为：

（1）地应力的影响。这是早期形成的观点，认为地应力对岩体具有固结作用，当试验加载水平超过起固结作用的地应力水平时，岩体性质开始弱化。这一基本认识还被用来帮助确定岩体地应力水平。

（2）特定条件下岩体中结构面的影响。总体而言，随荷载增加更多节理受到影响和不断产生非连续变形时，变形模量不断降低。这可能包括两种情形：

1）加载方向和密集优势性结构面近垂直，荷载的增大使得更大范围内节理压缩变形。在循环加载过程中，上一个循环起到（预）压密作用，当下一个循环的荷载水平不超过上一个循环的峰值，（预）压密作用使得此时加载段斜率相对较高；一旦荷载水平超出前一阶段的峰值时，更深部位结构面的作用开始显现，导致斜率降低。

2）加载方向和特定优势结构面呈一定夹角，导致加载过程中岩体沿该结构面发生滑移变形。单一结构面直剪试验获得的荷载 – 变形曲线往往呈比较典型的上弯型曲线形态［见图 4 – 16（b）］，承压板试验过程中荷载导致优势结构面剪切变形时，其作用也可以以上弯形态体现在荷载 – 变形曲线中。

（3）试验岩体边界条件的影响。如图 4 – 16（b）所示，当试件存在软弱边界时，加载导致侧向变形也可以出现上弯形态。

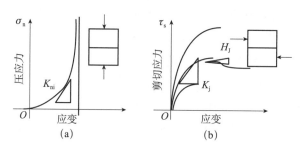

图 4-16　结构面压缩和剪切时的应力 – 应变关系曲线形态

（a）压缩；（b）剪切

　　总之，上弯型曲线形态更多地被认为是结构面起显著作用的结果，试验曲线中的不可恢复变形往往也因此较大。不过，鉴于自然条件的复杂性和变化性，仅仅就承压板试验结果而言，虽然试验曲线可以总体划分成上述三种类型，但每种类型中曲线的具体特征差异显著，内在原因和指示的实际意义需要具体问题具体分析。

　　另外，上述对下凹和上弯曲线的认识并不一定全部得到了详细试验结果的论证。比如，下凹的压密效应得到普遍认同，也可以在室内试验中得到论证；而上弯曲线的地应力固结作用解释并没有坚实的依据，其余原因的解释也带有很多的推测分析成分，依据并不是非常充分，是需要补充的具体环节。

4.2.3　结构面特性参数取值

　　结构面力学特性主要取决于结构面厚度、充填特征、起伏程度和风化程度等几个方面的因素。结构面按照厚度特征往往分为有厚度和无厚度两大类，前者一般对应于规模较大的确定性结构面，后者则多为小规模节理裂隙。

　　与岩体相同，结构面力学参数包含变形和强度两个方面。对于充填结构面而言，变形参数既可以是充填物变形模量，也可以是刚度。不含充填物节理裂隙变形特征采用刚度表示，强度也包含峰值强度和残余强度，但由于峰值强度往往不高，二者之间的差别一般不是特别突出。

　　影响含充填物结构面力学特性的主要因素包括充填厚度、充填物类型、充填厚度和起伏程度的比值关系，前两个因素在水电相关技术文件中明确规定，查明结构面充填厚度和充填物类型是勘察工作的重点内容。很多规模相对较大、含充填物的结构面也可以呈起伏状，如图 4-17 所示；某水电站层间错动带不仅含充填物，而且空间起伏特征十分明显，起伏波长一般在 2~4m，起伏体高度 20cm。现场直剪试验试件尺寸一般为 0.5m，仅为一个起伏波长的 1/8~1/4，显然地，层间错动带的起伏特征对强度的影响并不能被直剪试验所体现。

　　不含充填物的节理裂隙刚度和强度特征主要取决于岩性特征、起伏程度和风化程度，节理裂隙长度影响也非常明显。

图 4 – 17　某水电站左岸 C4 起伏特征

与确定岩体力学参数相似，确定结构面力学参数也包括物理试验、经验方法和数值方法等。在水电工程实践中，与确定岩体力学特性相同，直剪试验被广泛应用帮助确定结构面强度（但忽略刚度），水电行业经验性的推荐值也起到十分重要的作用。和 Hoek 取值相似，针对节理裂隙的 Barton – Bandis 经验性取值方法在国际上的应用十分普遍，数值方法在近年越来越多地发挥作用[25]。

工程中对结构面的关注主要是结构面切割块体的稳定性，此时结构面变形指标（变形模量或刚度）实际不发挥作用，强度起控制作用。不过，刚度指标取值结果的合理性对失稳前临界变形量、支护受力有着显著影响，当分析工作涉及这两个环节，尤其是支护安全性时，变形参数取值的重要性也十分突出。

4.2.3.1　结构面强度准则

到目前为止，我国水电行业关于结构面强度的描述非常广泛地采用摩尔－库仑表达方式，此时的 c 和 φ 分别表示结构面的黏聚力和内摩擦角。

结构面通常并不是平直的，起伏结构面在剪切过程中的强度特征，甚至破坏方式都可能发生变化。在大量试验基础上，Patton（1966）提出了锯齿状规则起伏无充填结构面抗剪（摩擦）强度的表达式：

$$\tau = \sigma_n \tan(\varphi_b + i) \tag{4-2}$$

式中，τ 和 σ_n 分别是结构面发生破坏时的剪应力和法向应力；φ_b 为结构面的基本摩擦角；i 为锯齿状起伏体的起伏角。

式（4 – 2）成立的一个条件是法向应力 σ_n 相对不高，剪切变形过程中块体能沿起伏体产生剪胀变形（即剪切过程中的法向变形，导致体积增大）。

作用在结构面上法向应力的增加使得剪切过程中的剪胀变形（或爬坡效应）得到抑制，如图 4 – 18 所示；当法向应力增加到一定程度后，起伏的咬合作用加强，起伏体的强度发挥作用，剪切过程中的爬坡效应转化为剪断起伏体的剪断效应，结构面强度特

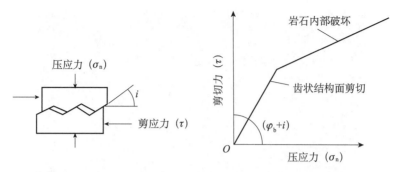

图 4 – 18　法向应力增高时锯齿状结构面强度特征的变化（据 **Patton**）

征也会发生显著变化；这一特点同时说明了结构面强度特征也会显著地受到围压的影响。

在广泛研究了结构面强度及其影响因素以后，Barton 等人于 1973 年首次提出了下述结构面强度表达式：

$$\tau = \sigma_n \tan\left(\varphi_b + JRC \log_{10} \frac{JCS}{\sigma_n}\right) \qquad (4-3)$$

式中，*JRC* 为结构面粗糙系数；*JCS* 为结构面（壁）单轴抗压强度。

显然，如何确定 *JRC* 和 *JCS*，这两个参数指标值成为该抗剪强度公式实际应用的重要环节。

粗糙系数主要用来反映结构面上任意不规则起伏现象对结构面强度的影响，其大小在 0 ~ 20 之间。开始时 Barton 等人提出了如图 4 – 19 左下表示的方法，即建立了 10 种标准的剖面形态用于现场比较，实际工作中初学者很难掌握这一方法，同时不同露头上结构面出露长度和具备的起伏特征也可能不一致。为更客观准确地确定 *JRC*，20 世纪 80 年代甚至到 90 年代的相当长一段时间内，很多研究人员都开展了这方面的工作，包括国内所熟知的分形测量方法。1992 年，Barton 等人定义了图 4 – 19 左上所描述的结构面形态参数和右侧的 *JRC* 换算方法，确定 *JRC* 具有更好的可操作性和可靠性。

现场测量图 4 – 19 左上所示的结构面起伏高度显然是确定 *JRC* 最重要、也是最困难的一个环节，过去的人工测量，效率和精度都可能受到现场条件的严重影响。对于这种不确定环境下的小尺度对象的几何测量，21 世纪刚刚开始得到应用的三维数码照相技术具有比激光扫描更好的测量精度，毫米级的采样精度可以满足结构面起伏高度测量的精度要求，该技术已经被一些研究人员用来进行结构面起伏程度测量和 *JRC* 计算。

图 4 – 20 是针对 BHT 水电站层间错动带 C4 底面开展的三维数码照相测量成果，图 4 – 20（a）已经数字化，在照片上任意位置作剖面以后，即可获得该剖面上结构面起伏特征的定量测量结果，进而计算节理面 *JRC* 值。

JCS 是 Barton – Bandis 强度准则中的另一个基本指标。在很多情况下，结构面（壁）的单轴抗压强度与岩石单轴抗压强度相当，不同的情况出现的结构面存在渲染、

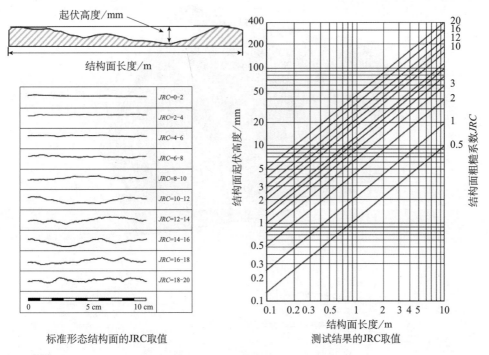

图 4-19　*JRC* 的确定方法（据 **Barton**）

膜状充填、风化等情形。在这种条件下，国际岩石力学学会建议采用施密特锤击测量方法测试 *JCS*，具体可参阅相关文献［26］。

　　取结构面基本摩擦角为 30°（硬质岩石地区绝大部分新鲜节理的基本摩擦角都可以取为 30°）、*JCS* = 120MPa、*JRC* = 10，此时结构面的 Barton 强度包线如图 4-21 的实线，是一条通过原点的曲线。对应于某一法向应力条件下的切线则代表了结构面在该法向应力（围压）条件下的摩尔-库仑强度，显然，当围压越低时，切线的截距越小（*c* 值越低），而斜率（内摩擦系数 *f*）越高，这也说明了结构面强度参数 *c* 和 *f* 是随围压水平变化的变量。如图 4-21 所示，结构面特性发生明显变化的围压水平为法向应力大约等于 0.5MPa，与岩体强度特性的围压效应相比，结构面强度特征的围压效应显然要更容易发生一些。

　　结构面摩尔-库仑强度参数随围压变化的特征说明，即便是同样一条结构面，在处于边坡表面的浅部低围压和处于边坡一定深度围压增高的环境下，其强度参数取值可以不一致。原则上，那些处于表面一带的结构面，其黏聚力较低，而内摩擦角可以高一些；反之，黏聚力可以相对高一些而内摩擦角要低一些。从本质上讲，这种取值方式反映了岩体结构面的固有力学特点，即岩体结构面摩擦角和黏结强度的激发方式的不同。从工程效果上讲，这种取值方式是安全的，因为摩擦角的贡献还需要围压起作用，浅部岩体围压水平低，即便高一些的内摩擦角，对强度的总贡献不会高估。相反，如果采用低围压条件下的强度参数去估计相对高一些围压条件的结构面强度时，其结果是高估结构面强度。

(a)

(b)   (c)

                                       (d)

图 4 – 20 节理面起伏特征的三维数码照相测量结果

（a）生成的 DTM 三维实体表面测量示意；（b）生成的 CAD 三维剖面测量示意；

（c）一维轮廓起伏曲线测量；（d）二维起伏曲线族测量示意

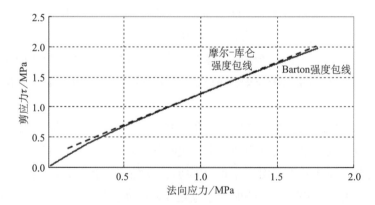

图 4 – 21 结构面强度摩尔 – 库仑准则和 Barton 准则的比较

4.2.3.2 充填起伏结构面强度特征分析

如前所述，含充填物结构面强度不仅仅取决于充填厚度和充填物基本性质，当含充填结构面呈起伏状态时，还与起伏体（相对于充填厚度）高度密切相关。

Goodman 早年进行过人工起伏节理充填度对节理强度影响的物理试验，其中的节理为规则的锯齿状，充填物为云母片。试验结果显示，充填度小于 100% 时，充填物和起伏对结构面摩擦系数大小共同起作用，当充填度达到大约 130% 以上时，充填物起到控制作用。

起伏体高度对含充填结构面强度影响的研究还可以通过数值试验方式得到进一步深化，为证明数值试验的可靠性，数值试验先以不含充填物、仅包含规则起伏的结构面为对象，由于其强度特征符合 Partton 模型，如果数值试验结果也与 Partton 模型相同，就证明了数值试验在研究起伏结构面强度时的可行性[27]。图 4 - 22 给出了采用 UDEC 开展的相关试验假设条件和成果。试验对象为连续规则起伏体的无充填刚性结构面，取结构面的直线长度为 10m，一个完整起伏波长为 4m，基本摩擦角 20.81°、基本黏结力 0.07MPa。在假设起伏体最大高度分别为 0、0.05m、0.10m、0.15m、0.20m（对应的起伏角分别为 2.96°、6.01°、8.70°、11.65°）条件下，在模型中模拟物理直剪试验过程，如图 4 - 22 左所示，数值试验中采取的剪切面法向应力范围为 0.5 ~ 4.0MPa，与边坡主要结构面可能的围压范围接近，加载级差 0.5MPa。

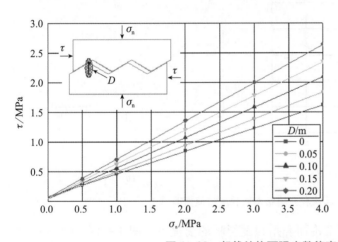

计算输入条件

起伏差 D/m	摩擦角 $phi+i$/°	起伏角 i/°
0.00	20.81	–
0.05	23.77	2.96
0.10	26.82	6.01
0.15	29.51	8.70
0.20	32.46	11.65

计算输出结果

起伏角 i-analytics/°	起伏角误差 E_r/%	C /MPa
–		0.0700
2.86	3.32	0.0492
5.71	5.17	0.0505
8.53	1.97	0.0592
11.31	3.04	0.0592

图 4 - 22　起伏结构面强度数值直剪试验

图 4 - 22 左是剪应力 - 法向应力关系曲线，即结构面的摩尔 - 库仑强度包线，由这些包线得到不同起伏程度下结构面的总摩擦角和黏结力，将总摩擦角减去起伏差为零时的结构面基本摩擦角即为数值试验获得的结构面起伏角，如图 4 - 22 右下所示；数值剪切试验获得的结果与结构面的实际起伏情况非常接近，误差一般都在 5% 以内。

将上述起伏节理之间"添加"充填物以后，即可以开展含充填物起伏结构面强度特征的数值试验，试验模型中取结构面长度为 30m，单个起伏的波长为 4m，取起伏差 0.2m（BHT 水电站 C4 为原型）。试验中取充填物质的强度参数 $f = 0.212$（摩擦角 12°）和 $c = 0.05$MPa。数值试验过程中采取充填度（充填物厚度与起伏体高度之间的比值）来描述充填和起伏之间的关系，数值试验中考察了 0、20%、50%、100%、150%、

200%、250%和350%几种方式。

图4-23（a）表示了试验所模拟的几种充填度情况下结构面的摩尔-库仑强度包线的数值试验结果。随着充填度的增加，同等围压条件下的结构面剪切强度开始显著下降，但当充填度达到一定数值以后，充填度对结构面的强度影响开始减弱。

充填对结构面强度的影响可以同时体现在摩擦强度和黏结强度两个方面，过去的研究主要集中在摩擦强度上；根据图4-23（a），当充填度增加摩擦强度降低时，黏结强度的变化可能缺乏必然的规律，这一特点在图4-22所示的成果中也得到反映。结构面强度$\tau - \sigma_n$关系更适合于用曲线方式描述，采用直线方程描述结构面强度（如摩尔-库仑强度准则）是研究这一问题时需要关注的环节。

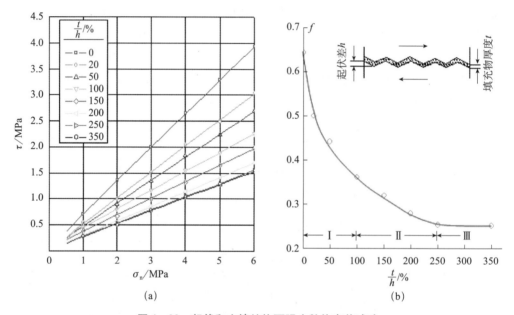

图4-23 起伏和充填结构面强度数值直剪试验

在暂且不讨论起伏和充填对结构面黏结强度影响的前提下，图4-23（b）表示充填度对结构面摩擦系数的影响，根据数值试验结果：当充填物厚度与起伏高度相当（充填度100%）时，结构面具备的综合摩擦系数是充填物摩擦系数的大约1.5倍；当充填度增加到200%左右，即充填物厚度是起伏高度的2.5倍时，充填物开始起到完全控制作用。

4.2.3.3 充填结构面强度取值

在水电工程实践中，结构面充填物划分为四种类型，即泥质充填型、泥夹岩屑型、岩屑夹泥型、岩屑岩块型。工程实践中针对这四种类型结构面开展大量的直剪试验，获得相应的试验结果，见表4-3。在此基础上，《水力发电工程地质勘察规范》（GB 50287—2016）给出了各类结构面强度参数建议值。

表 4-3　充填结构面强度参数试验值和建议值汇总表

充填类型	f		c	
	建议值	试验值	建议值	试验值
泥型	0.18~0.25	0.27	0.002~0.01	0.007
泥夹岩屑	0.25~0.35	0.32	0.01~0.05	0.05
岩屑夹泥	0.35~0.45	0.54	0.05~0.10	0.06
岩块岩屑	0.45~0.55	0.80	0.10~0.20	0.13

表 4-3 的统计结果显示，f 值除泥夹岩屑型的试验值在建议值范围内外，其他类型结构面的试验值均超过建议值上限，c 值均基本处于建议值范围内，从统计角度，这说明相对于试验结果而言，建议值存在良好的安全储备。显然，当分析评价采用建议值范围的中值时，分析结果总体偏向于低估岩体实际安全系数。当工程岩体安全储备相对较高时，只要低估后的安全性仍然满足工程要求，相对较低的取值也可以被工程所接受，这种情形在中、东部地区水电工程中相对常见。不过，在西部条件下，地质条件相对恶化，岩体安全储备降低，采用建议值的相关分析结果往往不能满足相关规范的要求，此时需要更准确地把握结构面强度参数取值。

图 4-24～图 4-27 分别表示了四种充填类型结构面直剪试验统计成果，其中以泥质和泥夹岩屑两种类型结构面试验结果统计精度相对最高，即这两种条件下试验数据的分散性较低，统计结果的可靠度相对较高一些。

相比较而言，不论是岩屑夹泥型还是岩块岩屑型，充填物性质变化程度相对较大，反映为试验数据的分散性和统计误差较大。注意到岩屑夹泥型试验统计获得的 c 值处于建议值的下限，但 f 值明显高于建议值上限，究其原因，是这类充填类型试验结果数据相对分散，一些试验数据剪切强度突变现象突出，影响了统计精度。

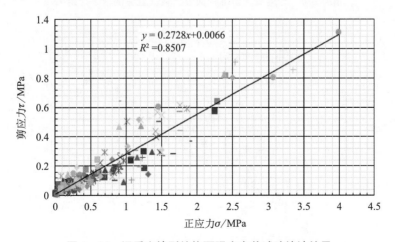

图 4-24　泥质充填型结构面强度直剪试验统计结果

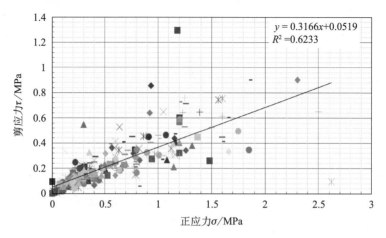

图 4 – 25　泥夹岩屑型结构面强度直剪试验统计结果

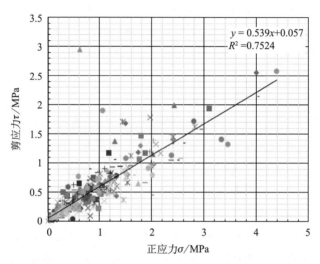

图 4 – 26　岩屑夹泥型结构面强度数值直剪试验统计结果

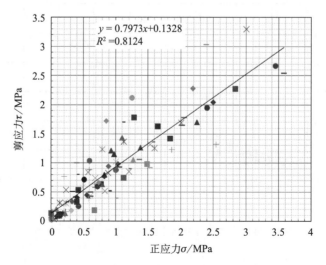

图 4 – 27　岩块岩屑型结构面强度数值直剪试验统计结果

4.2.3.4　节理强度参数取值

水电规范也给出了无充填刚性结构面（节理裂隙）强度参数建议取值范围，具体分无胶结和胶结两种情形，其峰值强度参数分别为：

（1）无胶结时，$c = 0.05 \sim 0.15 \text{MPa}$，$f = 0.45 \sim 0.70$。

（2）胶结时，$c = 0.10 \sim 0.25 \text{MPa}$，$f = 0.60 \sim 0.80$。

也就是说，水电规范给出的节理强度取值范围中 c 为 $[0.05, 0.25]$；f 取值范围为 $[0.45, 0.80]$。

Barton – Bandis 强度准则认为节理面起伏程度 JRC 对强度参数影响非常明显。在BHT 工程的前期科研工作中，以 BHT 玄武岩内发育的新鲜节理为对象，相关人员专门研究了节理强度参数 c、f 的可能取值范围，相关结果如图 4 – 28 所示。在法向应力为 1MPa 条件下，当 JRC 在 $2 \sim 18$ 之间变化时，结构面的 c 和 φ 大小分别在 $0.022 \sim 1.153 \text{MPa}$ 和 $33.3° \sim 52.6°$（f 取值范围 $[0.66, 1.31]$）之间变化。相比较水电规范建议值而言，二者的差别在于：

（1）水电规范中 c 的取值范围相对偏窄，Barton – Bandis 强度准则描述的节理 c 值下限可以低于规范建议范围的下限值，而上限可以高更多。总体而言，水电规范的 c 值相对偏低。

（2）对于新鲜节理而言，规范推荐的 f 值明显偏低，水电规范建议值相当于起伏程度相对较低的情形；或者说，起伏的贡献被作为"安全储备"处理，没有充分体现在取值结果中。

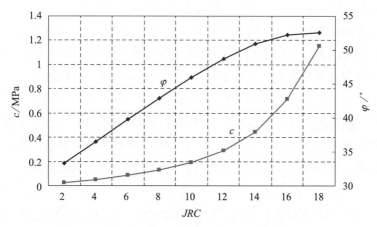

图 4 – 28　不同起伏条件下结构面摩尔 – 库仑强度参数值的变化特征

4.3 复杂条件岩体 Hoek 方法取值

4.3.1 基于 Hoek 方法的大型边坡岩体参数取值

4.3.1.1 基本条件和假设

如前所述，西部深切河谷地区一个基本特点是边坡规模大、坡形陡峭，与常规岩质边坡相比，边坡几何尺寸和形态的变化导致两个环节的差异：一是中上部浅层岩体的强烈卸荷，二是坡脚一带岩体局部应力异常可能导致的结构面扩展、岩桥破坏、结构面贯通等现象，即俗称剪断破坏，后者可以严重影响边坡变形破坏机制和稳定性。边坡岩体力学参数取值因此涉及两个方面，一是中上部浅层强卸荷岩体参数取值，二是针对坡脚一带复杂地应力条件下岩体剪断问题的参数取值，后者和洞室、坝基岩体在一些环节上具有共性。

众所周知，岩质边坡，包括西部深切河谷大型边坡最普遍和最核心的问题是结构面控制的变形和破坏，计算分析过程正确反映控制性结构面的作用是基本要求，从繁杂的地质条件中甄别控制性结构面是核心工作任务之一。控制性结构面可以是大型确定性结构面（如滑动面、张开面等潜在破坏区边界），也可以是优势性节理（如硬岩倾倒问题），它们的受力状态和力学行为决定了边坡潜在破坏机制。由此可见，对于岩质边坡而言，勘察工作的首要任务是查明结构面分布和甄别控制性结构面，从而判断边坡潜在破坏机制和控制性因素。岩体力学参数取值的重点是结构面，尤其是针对控制性结构面。岩体力学参数取值结果往往用于帮助评价"岩体剪断、结构面贯通"假设条件下边坡整体稳定性。

在明确结构面的控制性作用以后，边坡岩体力学参数取值涉及三个主要环节问题：

（1）岩体参数取值结果和计算分析中对结构面模拟程度的关系，如不模拟任何结构面，只模拟确定性结构面、确定性和优势性结构面时，结构面之间岩体性状存在一定差别。

（2）中上部强卸荷岩体参数取值，突出强卸荷状态对参数取值结果的影响。

（3）坡脚等存在高应力作用、局部岩块（桥）剪断破坏部位岩体力学参取值，即岩体赋存地应力条件的影响。

上述第（1）个问题存在理论意义，工程影响并不突出，因此往往被忽略。根据Itasca 对高边坡问题的既往研究经验，对模拟和不模拟结构面、重要结构面的模拟程度对分析结果的影响要远大于参数取值的贡献。

图 4-29 表示了以 GP 一级左岸坝肩边坡为对象的计算分析结果，从左至右分别为

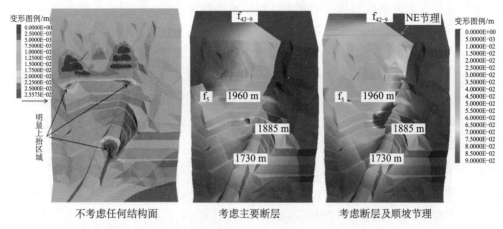

图 4 – 29　不同假设条件下 GP 一级左岸边坡变形计算结果

不考虑任何结构面、考虑主要断层、考虑断层和顺坡节理三种假设条件。其中，最左侧不考虑结构面时，最大变形量为 25mm 左右，较大的变形受临空条件控制；考虑主要断层以后，变形分布发生质的变化；增加考虑顺坡节理时，计算结果量级（100mm 量级）和分布特征进一步靠近现场监测成果。研究工作中展开了对结构面而非岩体参数取值的敏感分析，这是因为后者的影响要小很多。由此可见，大型岩质边坡分析需要正确确定控制性结构面的分布，尽可能可靠地把握结构面参数，而岩体力学参数值处于相对次要的地位。

虽然边坡岩体力学参数取值的现实意义不如结构面分布和结构面参数取值，但仍然影响边坡安全性评价成果，因此也需要讨论边坡中上部浅层卸荷岩体和局部高应力区岩体参数取值问题。

深切河谷岸坡中上部卸荷岩体形成于地质历史时期，对于工程建设而言是客观存在的一种原位状态，岩体卸荷特征主要表现为结构面密度和性状、岩体结构特征的变化，这些特征都是获得 GSI 所需要考虑的因素。从岩体力学参数取值的角度，GSI 可以用来描述岸坡卸荷特征，因此，Hoek – Brown 取值方法具备用于岸坡卸荷岩体参数取值的基础[28]，需要考虑的现实问题是水电工程岸坡卸荷程度和特征是否超出了 GSI 的应用范畴，是否需要根据西部水电工程岸坡卸荷特点适当修正 GSI 取值。

上一节已经专门叙述到超大型硬岩边坡岩块（桥）破裂、结构面连通性变化对边坡岩体变形和稳定性的影响，针对完整岩体（块）局部破坏问题，目前采用传统连续介质力学理论和细观非连续力学理论开展分析。这两种方法都需要获得岩体峰值强度参数，差别在于对峰后特性的不同模拟方式，所依赖的参数有所不同。

毫无疑问，局部完整岩块（桥）的破坏是局部高应力作用的结果，高应力形成于两种机制：一是受河床高应力影响的坡脚部位，分布范围相对确定；二是岸坡内结构面变形受阻，在"锁固"部位形成应力异常，这种局部性的异常既可以出现在坡脚一带，也可以出现在其他部位，但往往以岸坡中下部较普遍，以潜在剪断面附近最普遍。

受河床高应力影响的坡脚应力集中区围压水平相对较高，因此，参数取值时采用摩尔－库仑强度参数时，从理论上讲需要考虑参数值的围压效应。但现实中坡脚部位相对较高围压作用下岩体的强度也较高，难以产生剪断破坏，现实中剪出口也因此明显高于坡脚。剪出口及其以上部分是工程评价关注区域，其围压水平较低，虽然局部"锁固"部位围压也可以很高，但毕竟范围很小，不对总体围压条件造成影响；因此，即便高陡边坡存在高应力和潜在的高围压，现实中并不考虑对岩体力学参数取值的影响，仍然作为低围压条件处理。

在忽略高陡边坡岩体应力集中区围压对参数取值影响以后，针对岩块（桥）破坏问题力学参数取值的关键环节之一是如何描述岩桥破坏，对于这种小范围局部岩体破裂行为，数值分析过程中采取三种方式：

（1）采用局部单元大应变屈服破坏的方式描述，此时需要给出岩体峰值强度和残余强度，即通常意义的岩体剪断破坏，与地下工程相同。

（2）采用局部单元边界开裂的方式描述，此时要求的参数是边界开裂前后的刚度和强度，开裂前和岩体等同，开裂后取节理参数。

（3）采用任意开裂方式描述，在给定岩体峰值强度条件下通过数值试验获得细观力学参数，对勘测工作没有特殊要求。

这三种方式中并没有显示出特别要求，结构面组合形式是导致局部应力变化程度的关键因素，其意义超出针对岩桥破坏问题的参数取值本身；因此，在工程实践中，考虑岩桥破坏的岩体力学参数取值不是研究过程的重点环节。

4.3.1.2 高陡边坡卸荷岩体参数取值

大型高陡边坡除存在沿结构面变形和破坏的风险以外，另外普遍存在的问题是浅表卸荷岩体内小规模裂隙非常发育，岩体风化和卸荷严重，岩石强度降低，结构面之间岩块承载能力不足，边坡浅层岩体破坏，尤其是山脊地形解体现象在现实中普遍存在。这种解体很可能不沿特定结构面产生，分析评价过程中往往假设为整体性剪切破坏，此时要求获得浅表强烈松弛卸荷岩体的强度参数。

从时间顺序角度看，边坡浅层卸荷岩体形成于地质历史时期，对于工程建设而言，属于客观存在的"原位"状态。虽然工程活动可能会导致这部分岩体状态发生变化，但除特殊情况（如倾倒大变形）以外，工程活动期间岩体性状的变化可以忽略。也就是说，稳定分析评价主要建立在"原位"岩体特性基础上，忽略工程活动期间岩体性状变化。

高陡边坡卸荷岩体力学特征主要取决于岩块和结构面的组合，从基本原理上讲，具备采用 Hoek－Brown 经验方法进行参数取值的基本条件[29]。在水电工程应用过程中，该方法所需要的三个基本输入参数取值方法和需要注意的环节体现了应用过程的关键。具体而言：

（1）岩石单轴抗压强度指标可以采用室内试验或现场点荷载试验获得，试验结果体现了河谷演化过程中岩石强度特征的变化，包括河谷岸坡应力变化历史屈服、风化作用对岩石强度特性的影响，因此，常规方法获得的这一指标可以体现深切河谷改造作用。

（2）应该说 Hoek 建议的岩性指标 m_i 取值范围中基本没有考虑深切河谷岸坡岩块风化卸荷对岩石结构特征，即岩性指标 m_i 的影响，因此，m_i 的建议值是否适用于深切河谷高边坡，是值得考虑的重要环节之一。现实应用过程需要进行现场取样，通过室内三轴试验的方式获得高陡边坡卸荷岩性指标，从而正确体现地质改造的作用。

（3）Hoek 取值方法针对地下工程发展起来，也多用于地下工程和矿山边坡。这些工程条件下原位岩体结构面状态和深切河谷岸坡卸荷岩体结构面状态可以差别较大，GSI 能否合理描述高陡边坡卸荷岩体结构面状态，是值得注意和需要检验验证的具体环节[30]。

Hoek（2013）建议直接引用 RMR 中结构面状态描述方式进行 GSI 编录，即 RMR 中结构面状态取值结果直接用于计算 GSI。表 4 - 4 和表 4 - 5 给出了 RMR 岩体质量分级中结构面状态取值标准，该指标的取值范围在 ［0，30］ 区间内，对于任意一条结构面可以如下采用两种方式确定具体取值：

（1）宏观性判断，按表 4 - 4 的描述，综合粗糙、连续性、闭合度和风化程度四个方面的条件给出一个综合值。在具备一定现场工作经验以后，往往采取这种方式。

（2）单一指标打分方式，按表 4 - 5 分项评分，求和得出最终取值。刚刚进场工作时建议采取这种评分方式，在获得经验以后使用宏观判断综合评分方法。

不论是在钻孔还是在平洞内进行结构面状态编录，都难以获得结构面长度指标，实际工作需要事先了解不同类型和不同产状结构面的延伸范围，再结合现场观察到的尖灭与否、结构面宽度特征给出估计结果。其余指标的评分在平洞编录过程中相对直观，但在钻孔岩芯编录时仍然存在一定偏差。

注意，表 4 - 4 中结构面状态指标中张开度的描述相对较详细，张开度超过 5mm 时该分项指标的取值为零。高陡边坡卸荷岩体中随机结构面可能普遍张开，但小规模节理裂隙的张开度一般不超过 5mm，而规模相对较大的长大结构面张开宽度可能更大一些。这种条件下计算分析时一般要求对长大结构面单独模拟，岩体力学参数取值针对发育节理裂隙的块体，这种条件下表 4 - 4 和表 4 - 5 具有良好的适用性。当然，如果计算分析采用传统连续介质理论，要求把数量较少、张开宽度或充填厚度较大的结构面等效成岩体中的一部分时，表 4 - 4 和表 4 - 5 的适用性会大大降低甚至不再适用。事实上，这种条件下也不宜采用连续介质理论进行分析评价。

以上的初步分析认为，Hoek 参数取值方法适用于高陡边坡卸荷岩体，不过，当岩体完全处于散体结构时，该方法的适用性值得进一步探讨。

表 4 – 4   RMR 分级中结构面状态取值

结构面状态	很粗糙，不连续，闭合，未风化	较粗糙，张开度 <1mm，微风化	较粗糙，张开度 <1mm，风化	镜面或夹泥 <5mm，或张开度 1~5mm，连续	夹泥厚 >5mm 或张开度 >5mm，连续
R_4	30	25	20	10	0

表 4 – 5   节理面评分 R_4 的分项细则

不连续结构面长度（R_4 – A）	<1m	1~3m	3~10m	10~20m	>20m
R_4 – A 评分	6	4	2	1	0
张开度（R_4 – B）	无	<0.1mm	0.1~1mm	1~5mm	>5mm
R_4 – B 评分	6	5	4	1	0
粗糙度（R_4 – C）	很粗糙	粗糙	轻微粗糙	光滑	镜面摩擦
R_4 – C 评分	6	5	3	1	0
充填物（R_4 – D）	无	坚硬填充物 <5mm	坚硬填充物 >5mm	软弱填充物 <5mm	软弱填充物 >5mm
R_4 – D 评分	6	4	2	2	0
风化作用（R_4 – E）	未风化	微风化	弱风化	强风化	分解
R_4 – E 评分	6	5	3	1	0

4.3.2   地下工程松弛围岩强度 Hoek 取值

4.3.2.1   松弛机制与损伤因子取值

受深切河谷高应力的作用，西部水电站建设地下工程和坝基岩体开挖过程中往往出现"松弛"现象，开挖前后岩体状态发生变化，这种变化往往需要采取一定的工程措施，以保证松弛岩体仍然处于稳定状态且不影响工程运行安全。工程措施设计的基本原则是利用未松弛"原位"岩体承载，并在某种程度上改善"松弛"状态。因此，分析设计工作不仅需要了解原位岩体，而且还需要评价松弛岩体力学特性和进行相应的力学参数取值。

西部水电工程开发中，地下工程和坝基岩体"松弛"的内在原因是高应力导致完整坚硬脆性岩体的破损，是脆性岩石破裂特性的具体表现，这是问题的内在力学机制。因此，松弛岩体力学参数取值的本质是如何描述岩体内部破损程度对宏观参数的影响，Hoek – Brown 参数取值方法中的损伤因子 D 具备描述这种机制的基本能力，从原理上讲，损伤程度可以通过 D 的取值大小体现出来，从而采用考虑损伤的 Hoek – Brown 参数取值方法获得不同损伤程度岩体的力学参数值[31]。

损伤因子 D 用来考察爆破作业或迎来作用导致的围岩破损松弛，描述围岩从原位状态因爆破或高应力作用损伤导致的变化程度。高应力条件洞室开挖以后，尤其是水电工程爆破控制相对严格（较矿山和交通工程），导致围岩松弛破坏的首要因素往往不是爆破，而是应力，此时 D 的取值可以更专注于地应力的影响。

图 4-30 表示了 Hoek 就地下工程 D 取值的三种典型情形：

（1）$D=0$：现场观察不到损伤现象。

（2）$D=0 \sim 0.5$：良好支护时无损伤松弛现象，但没有支护部位可以出现比较严重的松弛。典型情形为分幅开挖隧洞，上台阶开挖支护以后围岩松弛不明显，而往往不支护的底板围岩出现典型松弛特征。

（3）$D=0.8$：隧洞围岩出现普遍、严重的松弛现象，松弛区深度 $2 \sim 3m$（不过，Hoek 没有给出该典型案例中的隧洞尺寸）。

对于大型矿山边坡而言，由于开挖过程卸荷和生产大爆破的影响，矿山边坡岩体松弛现象非常普遍。大量研究表明，忽略损伤的岩体力学参数取值会高估岩体强度和稳定条件，Hoek 建议此时 D 取 $0.7 \sim 1.0$。

隧洞和边坡工程中 D 取值差异的另一个原因是边坡岩体往往缺乏约束，松弛深度相对较大。相比较而言，坝基岩体介于洞室和边坡之间，坝基开挖后边界约束对松弛的制约作用显然不如洞室，但也不会像高边坡那样突出。

损伤因子 D 的上述取值方法来源于施工现场观察对比，存在明显的可操作性问题，特别是对于水电工程前期阶段而言，无法观察到岩体开挖以后的状态，需要采用其他途径。

早在 20 世纪 50 年代，Hoek 等人就总结了深埋矿山巷道开挖以后围岩高应力松弛破坏程度和岩体初始条件的关系，所提出的应力强度比概念在 20 世纪 80 年代被陶振宇等人引进国内，至今仍被水电行业所接受和应用[32]。

20 世纪 90 年代，一些研究人员在总结矿山、深埋试验室建设实践基础上，对硬岩条件下高应力松弛损伤发生条件进行了更深入研究。21 世纪我国西部如 GP 二级和 BHT 水电站的开发过程中，出现了普遍的高应力松弛破坏现象，在总结这些实践的基础上，朱焕春提出了围岩高应力松弛损伤程度的经验判断关系和标准。

图 4-31 给出了隧洞围岩高应力松弛损伤程度判断方法，左图中倾斜的直线表征了不同取值范围对应的隧洞围岩破坏风险等级。从基本原理上讲，图 4-31 所示的判断标准和图 4-30 所示 D 取值大小之间存在本质联系，至少就硬质围岩而言，是同一问题的两种不同表达方式。

后文中还介绍了如何利用 SRF 估计隧洞开挖以后围岩松弛损伤深度，对于 10m 直径的隧洞而言，当 $SRF=0.9$ 时，后文介绍估计方法给出的深度为 3m 左右，这一结果可以通过 GP 二级和 BHT 工程得到验证，这里不深入讨论。

由此可见，对于隧洞工程而言：

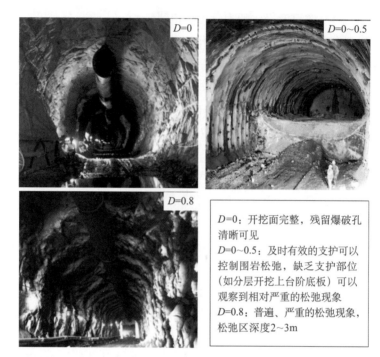

$D=0$：开挖面完整，残留爆破孔清晰可见

$D=0\sim0.5$：及时有效的支护可以控制围岩松弛，缺乏支护部位（如分层开挖上台阶底板）可以观察到相对严重的松弛现象

$D=0.8$：普遍、严重的松弛现象，松弛区深度2~3m

图4-30　隧洞工程实践中 D 的代表性取值

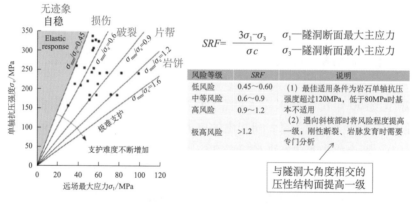

$$SRF = \frac{3\sigma_1 - \sigma_3}{\sigma c}$$

σ_1—隧洞断面最大主应力

σ_3—隧洞断面最小主应力

风险等级	SRF	说明
低风险	0.45~0.60	（1）最佳适用条件为岩石单轴抗压强度超过120MPa，低于80MPa时基本不适用
中等风险	0.6~0.9	
高风险	0.9~1.2	（2）遇向斜核部时将风险程度提高一级；刚性断裂、岩脉发育时需要专门分析
极高风险	>1.2	

与隧洞大角度相交的压性结构面提高一级

图4-31　隧洞围岩高应力松弛损伤程度判断方法和标准

（1）当 SRF 不超过 0.45 时，围岩基本不发生损伤，$D=0$。

（2）当 SRF 介于 0.45~0.6 之间时，围岩高应力破坏风险程度较低，常规支护一般可以有效抑制松弛现象和造成工程影响。但当 SRF 接近 0.6 时，具备产生片帮的条件，不支护或支护不及时条件下可以观察到典型的松弛现象。此时对应的 D 应在 0.5 以内。

（3）当 SRF 介于 0.6~0.9 时，中等破坏程度风险意味着松弛现象可以相对普遍出现，围岩支护一般只能减缓，并不能消除松弛现象，对应的 D 值应介于 0.5~0.8 之间。

（4）当 SRF 到达 0.9 左右时，存在岩爆风险，此时的松弛损伤现象普遍存在，对于 10m 直径的洞室而言，松弛深度和 D 值为 0.8 时相当。

以上对比关系给出的 SRF 和 D 之间关系总结如下：

$SRF \leqslant 0.45$　　　　　　　$D = 0$

$SRF = 0.45 \sim 0.6$　　　　　　$D = 0 \sim 0.5$

$SRF = 0.6 \sim 0.9$　　　　　　　$D = 0.5 \sim 0.8$

$SRF = 0.9 \sim 1.2$　　　　　　　$D = 0.8 \sim 1.0$

$SRF \geqslant 1.2$　　　　　　　　$D = 1.0$

上述取值主要针对开挖跨度在 10m 量级，一般不超过 15m 的隧洞工程。同等地质条件下，开挖尺寸增大，应力导致的松弛程度会有所增强（主要是围压降低范围更大和分步开挖的扰动次数更多，并非应力集中更强烈）。针对厂房等大型洞室而言，可以考虑在 [0，1] 区间内将 D 值提高 $0.05 \sim 0.1$，但这是考虑开挖尺寸影响的建议，目前还缺乏相关资料的支持。

图 4-31 所示的标准建立在工程实践基础上，其最佳适用范围受到既往工程条件的影响，这一指标和标准相对由于早期的应力强度比（或强度应力比），在实际应用时仍然存在较大误差。针对前期阶段缺乏工程现象的情形，当进入工程施工阶段后，应避免使用公式计算，而是直接利用现场现象作为 SRF 和 D 的取值判断标准，其原因是初始地应力往往存在很大的不确定性。提出 SRF 指标的目的用于判断岩体松弛程度，当施工现场已经出现松弛现象时，原则上应该采用现场现象，而不是计算公式确定 SRF 值。以隧洞为例，图 4-31 中给出了损伤、破裂、片帮、岩爆四种典型破坏类型对应的 SRF 取值范围。这四种划分方式参照了国际上的惯例，其中的岩爆和其他几种形式存在内在力学机制的差异，这与水电工程规范统一用岩爆术语、以强弱等级划分存在差异。

后文中以照片的形式给出了损伤、破裂、片帮、岩爆四种现象的现场表现，一般而言，由于坝基岩体围压水平不高，不利于能量集中，因此很难形成岩爆级别的破坏松弛，以破裂形式相对常见，严重时可以出现片帮级的破裂松弛现象。为此，对于坝基岩体而言，岩体松弛程度及对应的 D 值可以初步定义如下：

（1）轻微损伤：$D = 0.1 \sim 0.4$，现场出现轻度的薄皮现象，沿平缓结构面没有明显错动。

（2）中度损伤：$D = 0.4 \sim 0.6$，开始出现片状剥落现象，监测仪器可以明确指示坝基平缓结构面的错动和端部的破裂扩展。

（3）严重损伤：$D = 0.6 \sim 0.8$，片状破坏相对常见和严重，不仅沿构造面出现变形，而且完整岩体中还出现新的破裂面。

4.3.2.2　基于屈服假设的围岩松弛围岩参数取值

JP 电站深埋工程实践中，深埋洞段大理岩开挖以后普遍出现了松弛损伤现象，在引入损伤因子 D 以后，按照 Hoek-Brown 建议方法可以获得松弛损伤岩体的力学参数。不过，施工期揭露的现象为采用数值拟合方式确定复杂条件下岩体力学参数创造了条件，从而可以对比不同取值方法获得的结果。

为采用数值拟合方式获得复杂岩体力学参数，现场选择典型断面位置进行岩体松弛圈深度的测试，通过计算结果和实测吻合的标准，获得岩体力学参数取值，如果该取值结果在后续掘进过程中其他断面位置也能够得到印证，则可进一步证明取值合理性。

表4-6所列为以 JP 电站Ⅱ类和Ⅲ类大理岩为对象，基于 Hoek 方法获得的不同松弛程度岩体力学参数取值结果，其原位状态下的参数值和表4-6完全相同；但不论假定哪种残余状态，取值结果与表4-6的数值拟合结果差异非常悬殊，强烈松弛岩体仍然保持相对很高的 c 值，而 f 值则相对过低。应该说，这一经验性取值结果合理性存疑。

表4-6 基于 Hoek-Brown 方法的Ⅱ类和Ⅲ类大理岩力学参数值

松弛程度 D	Ⅱ类			Ⅲ类		
	E/GPa	c/MPa	$\varphi/°$	E/GPa	C/MPa	$\varphi/°$
0.6	26.20	9.00	29.00	8.30	4.90	22.20
0.8	22.40	8.10	27.20	7.10	4.10	19.20
1.0	18.70	7.00	24.50	5.90	3.25	15.50

图4-32表示了专门配合参数取值研究开展的现场测试，测试断面埋深1733m，为典型Ⅱ类大理岩。工程实践的既往经验表明，上台阶开挖完成以后图中左下侧底脚（或右上侧拱肩）一带松弛现象最突出。考虑到测试方便性，松弛圈深度测试布置在左下底脚部位，采用5个扇形布置钻孔进行声波测试，确定该部位松弛圈形态和深度。为对比起见，实施过程中在图中右下底脚部位也进行了测试，测试结果证明了先期判断结果。

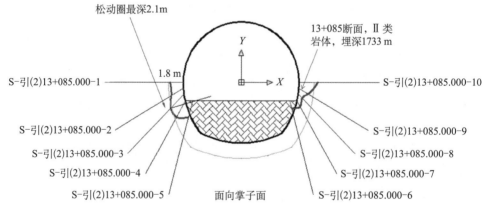

图4-32 GP 二级深埋隧洞开挖以后典型断面松弛深度测试

参数拟合过程考虑了大理岩具备的脆-延转换特性，因此表4-7所示的拟合结果包含三种状态，即原位状态（对应峰值强度，位于洞壁深部），脆性破坏残余状态（洞壁浅层完全松弛），延性破坏残余状态（介于完全松弛和原位之间）。针对Ⅱ类围岩的这组复杂参数来源于1733m 埋深断面测值的拟合/反演分析，在后续工程实践中，可以和更大埋深洞段开挖后的测试结果基本吻合，证明了其基本合理性。

表4-7显示的一个基本特点是，当围岩出现强烈松弛时，变形模量和 c 值都迅速

降低，如Ⅱ类围岩这两个参数分别从 31.62GPa、11.4MPa 降低到 7.75GPa、2.1MPa，与上述两种经验方法揭示的基本规律相符。不过，拟合得到的 φ 值却呈现增长关系，即松弛岩体的 φ 值高于原位状态，且差异明显，这一结果与既往一般认识相反。

表 4 - 7　不同状态下Ⅱ类和Ⅲ类大理岩力学参数数值拟合结果

岩体类别	围岩状态	强度参数					弹性模量/GPa
		HB 强度准则			MC 强度准则		
		UCS/MPa	m_i	GSI	c/MPa	φ/ °	
Ⅱ类	峰值状态	140	9	70	11.4	32.6	31.62
	脆性破坏残余	60	40	50	2.1	49.9	7.75
	延性破坏残余	90	30	57	5.3	43.8	14.20
Ⅲ类	峰值状态	110	9	55	6.1	29.1	13.33
	脆性破坏残余	35	60	32	1.2	47.0	2.1
	延性破坏残余	36	50	38	1.3	47.1	3.0

事实上，高应力作用下松弛岩体力学参数取值是近年来的研究热点之一，室内科学实验已经证明了与表 4 - 7 相一致的规律，即应力型松弛岩体变形模量和 c 值都严重衰减，但 f 值可以升高。Hoek 等人也在致力于符合这一规律的松弛岩体参数取值方法研究，但到目前为止，还没有取得能够符合科学规律、满足实践需要的成果。事实上，表 4 - 7 所示的拟合结果中，残余状态的 m_i 值远高于原位状态，但对于松弛大理岩而言，m_i 是否可以高达 40 ~ 60 的水平，显然也是存在悬念的具体环节之一。

4.3.2.3　基于时效假设的参数取值探讨

现实中围岩破裂扩展（时效松弛）会直接影响岩体性状，包括变形模量和强度参数的变化，计算分析因此也需要体现这种变化特征。由于破裂扩展以后会反过来影响围岩应力分布，而围岩应力分布形式需要满足上述的脆 - 延转换本构关系；因此，和现实一致的，GP 一级电站厂房围岩变形稳定研究需要同时体现脆 - 延转换和破裂扩展，二者相互影响，呈现"耦合"或"迭代"的复杂变化模式。

计算分析实现上述关系的过程十分复杂，计算流程如图 4 - 33 所示：

（1）厂房开挖以后围岩服从脆 - 延转换本构进行二次应力场分布、变形计算。

（2）当围岩应力满足一定条件、可以导致破裂扩展（时效松弛）时，启动破裂扩展本构关系，计算给定时间步长范围内围岩力学参数（变形和强度指标）的变化。

（3）采用变化后的参数进行平衡计算，此时启用脆 - 延转换本构。

（4）重复上述过程，直到整个模型达到新的平衡。

式（4 - 4）描述了单位时间长度内岩体力学特性的变化程度。

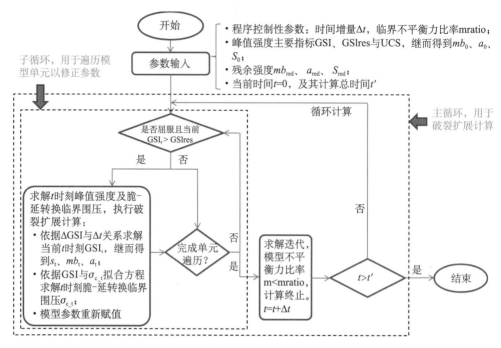

图 4 - 33　GP 一级电站厂房围岩松弛区特征和数值模拟结果

$$\frac{d(GSI)}{dt} = \begin{cases} 0 \text{ 单元处于弹性状态} \\ -\beta_1 \cdot e^{\beta_2 \cdot \gamma} \cdot \Delta t \text{ GSI 降低激活判据:单元屈服} \end{cases} \qquad (4-4)$$

　　式（4-4）中岩体力学特性采用 GSI 表示，当指标发生变化（降低时），围岩的变形模量相应降低，强度参数（内在的摩擦强度和黏结强度）也发生变化。GSI 是 Hoek - Brown 强度准则中的输入参数，即这种描述方式直接建立在 Hoek - Brown 强度理论基础上。

　　式（4-4）中的 γ 取决于应力状态，是计算结果。需要输入的参数为 β_1 和 β_2，这两个参数采用试算的方式确定，实际工作过程中根据既往经验事先选定了 5 种组合条件进行计算，然后与监测成果对比确定合理的参数取值，用于其他工况的分析（如支护长期安全）。这 5 组参数组合为：

$$\beta_1 = 5.0E-30、5.0E-28、5.0E-30、5.0E-28、5.0E-29$$
$$\beta_2 = 65、58、60.5、54、55$$

　　上述 5 种参数组合计算结果的对比分析显示，其中的第 3 种组合条件下（$\beta_1 = 5.0E-30$、$\beta_2 = 60.5$）计算结果与现场吻合程度最好，可以用于开展相关评价。图 4-34 为该组参数的试算结果，揭示了下游拱肩变形发展趋势和现实充分接近。

4.3.3　坝基松动岩体参数 Hoek 取值

　　在明确损伤因子取值原则以后，可以采用考虑损伤的 Hoek - Brown 取值方法获得坝基岩体力学参数值。其中 $D=0$ 相对于开挖之前的原位状态，不为零的 D 值大小意味着

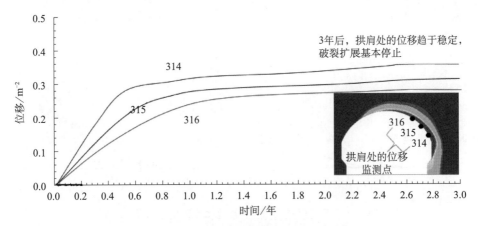

图 4 - 34　计算结果揭示的拱肩围岩表面变形历时曲线

松弛程度的差异。

Hoek 等人根据大量承压板试验结果归纳出岩体变形模量（Hoek 方法中没有特别区分变形模量和弹性模量的差别，认为二者等同）的经验性计算公式，考虑松弛影响以后，岩体变形模量 E_m（GPa）计算公式为：

$$E_m = \left(1 - \frac{D}{2}\right)\sqrt{\frac{\sigma_{ci}}{100}} \, 10^{[(GSI-10)/40]} \qquad (4-5)$$

式中，σ_{ci} 为岩石单轴抗压强度，对于坝基岩体而言，应取饱和值；D 为损伤因子，目前条件下可参考上述建议取值。

式（4-5）显示，岩体变形模量取决于岩石强度、岩体完整程度和岩体松弛损伤程度三个因素。

图 4-35 所示为不同质量岩体变形模量和松弛损伤程度之间的关系，图中横坐标 GSI 小于 40 大致和水电分级中的 Ⅳ、Ⅴ 类岩体相当。此时由于岩石强度相对较低，或者结构面相对较发育，岩体开挖过程荷载变化往往导致岩石或结构面变形，缺乏导致松弛损伤的物质条件。这一基本特征体现在图 4-35 中，完整性较差岩体的变形模量相对较低，受岩体松弛损伤的影响也较小。

工程实践中强烈的松弛损伤出现在完整性好的硬质岩体中，图 4-35 显示，此时岩体变形模量受损伤程度的影响非常突出，对于 Ⅲ 类偏好和 Ⅱ 类岩体而言，变形可以降低到原位条件下的 1/4 左右。

需要说明的是，Hoek - Brown 方法获得的变形模量应与试验值对比，这是因为上述公式系有效试验值回归获得。

除需要特别处理的软弱构造带以外，工程实践中坝基极少出现 Ⅴ 类岩体，Ⅰ 类岩体也相对少见。考虑到这些现实原因，以及便于与前面介绍的 Ⅱ、Ⅲ、Ⅳ 类岩体试验结果对比，表 4-8 列出了不同条件下坝基岩体取值结果。

与水电规范建议值相比，Hoek 方法获得的取值结果相对偏高，其主要原因：一是 Hoek 取值结果与试验值相对应，因此总体高于水电建议值；二是 Hoek 取值方法考虑的

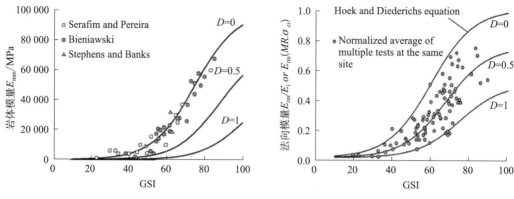

图 4 - 35　不同质量和损伤程度岩体变形模量（据 Hoek）

因素和水电规范存在差异。表 4 - 8 对应于饱和抗压强度为 80MPa、$m_i = 17$、最大围压不超过 1.9MPa 的情形，其中的围压和直剪试验相当。当改变这些条件时，Hoek - Brown 取值结果会发生变化，但不影响水电规范建议值结果。

Hoek 方法获得的变形模量与围压和岩石类型无关，与水电规范建议值假设条件相同，因此，两种方法获得的变形模量具有更好一些的可比性。相比较而言，Ⅱ类岩体水电建议值低于 Hoek 取值结果，Ⅲ和Ⅳ类岩体基本相当，其中Ⅲ类岩体 Hoek 方法的上限高于水电方法，而Ⅳ类岩体变形模量下限以 Hoek 取值结果偏低一些。

根据 JP 水电工程Ⅱ、Ⅲ、Ⅳ类岩体直剪试验结果，其峰值强度平均值可以用来比较水电规范建议值和 Hoek - Brown 取值结果的差异程度，表 4 - 9 给出了对比结果。

表 4 - 8　坝基岩体不同方法取值结果与对比

岩体分级	取值方法	变形模量/MPa		c/MPa			f			备注
		最小	最大	最小	最大	均值	最小	最大	均值	
Ⅱ	试验值	—	—	0.62	4.23	2.14	0.90	2.10	1.66	—
	规模建议	10.0	20.0	1.50	2.00	1.75	1.20	1.40	1.30	原位
	Hoek - Brown 取值	15.9	50.3	1.59	4.19	2.89	1.43	1.46	1.45	原位
		12.7	40.2	1.26	3.62	2.44	1.32	1.42	1.37	轻度松弛
		11.13	35.2	1.11	3.33	2.22	1.25	1.39	1.32	中度松弛
		9.54	30.2	0.95	3.03	1.99	1.14	1.34	1.24	严重松弛
Ⅲ	试验值	—	—	0.22	3.95	1.67	0.68	2.76	1.35	—
	规模建议	5.00	10.00	0.70	1.50	1.10	0.80	1.20	1.00	原位
	Hoek - Brown 取值	5.03	15.9	0.78	1.59	1.19	1.26	1.43	1.35	原位
		4.02	12.7	0.60	1.26	0.93	1.09	1.32	1.21	轻度松弛
		3.52	11.13	0.52	1.11	0.82	0.98	1.25	1.12	中度松弛
		3.02	9.54	0.43	0.95	0.69	0.84	1.14	0.99	严重松弛

续表

岩体分级	取值方法	变形模量/MPa		c/MPa			f			备注
		最小	最大	最小	最大	均值	最小	最大	均值	
IV	试验值	—	—	0.01	5.0	0.85	0.36	2.10	1.06	—
	规模建议	2.00	5.00	0.30	0.70	0.50	0.55	0.80	0.68	原位
	Hoek–Brown 取值	1.59	5.03	0.42	0.78	0.60	1.00	1.26	1.13	原位
		1.27	4.02	0.31	0.60	0.46	0.80	1.09	0.95	轻度松弛
		1.11	3.52	0.26	0.52	0.39	0.67	0.98	0.83	中度松弛
		0.95	3.02	0.20	0.43	0.32	0.53	0.84	0.69	严重松弛

表 4–9　岩体峰值强度经验取值和试验平均值比值关系统计

参数	II 类	III 类	IV 类	II 类	III 类	IV 类
	规划值/试验值			HB 值/试验值		
C	0.82	0.66	0.59	1.35	0.71	0.74
f	0.78	0.74	0.64	0.87	1.00	1.07

水电规范建议值是在试验值基础上折减的结果，因此，规范建议值均低于试验值。II 类岩体 c 和 f 建议值与试验值之比在 0.8 左右，随着岩体质量降低，建议值和试验值差别越来越大。相比较而言，c 值差异比 f 更大一些，反映了岩体的基本特性，即岩体质量降低时 c 值衰减幅度更大。

就给定的条件而言，Hoek 取值结果和试验值之间关系相对复杂一些。对于 II 类岩体而言，Hoek 取值结果的 c 偏高而 f 偏低，其他两类岩体 c 偏低、f 相当。总体而言，Hoek 取值结果揭示的岩体峰值强度应略低于试验结果，特别是 III、IV 类岩体相对更明显。

当将经验取值结果作为设计依据时，原则上岩体强度经验值应低于试验结果，以体现岩体强度的尺寸效应。问题在于定量上的合理性，即经验值和试验值差多少时合适。相比较而言，水电建议值低于 Hoek–Brown 取值结果，意味着前者隐含的安全储备更大一些。不论是国内还是海外，大坝设计时对坝基变形和稳定性都有明确的安全性要求，即设计过程已经考虑了必要的安全储备，参数取值过程的安全储备主要体现了岩体参数取值存在不确定性，这是一个复杂问题，将在后文中进一步讨论。

由于 Hoek–Brown 取值方法广泛用于海外水电工程实践，当对同一海外工程采用上述两种方法取值时，水电取值方法的工程安全储备相对更高，工程造价也会相应上升。从另一个角度看，与海外水电实践相比，我国水电工程实践中参数取值结果相对保守，应有潜力可挖。在最近几年的西部水电工程实践中，设计、地质专业就参数取值问题出现的工作交集也更频繁，其中的可能原因是水电规范建议值偏于保守。

表 4 - 8 所示还列出了 Ⅱ、Ⅲ、Ⅳ 类岩体发生不同程度松弛损伤以后对应的力学参数，对于同一质量类型岩体，随着损伤程度的增加，Hoek - Brown 取值方法获得的岩体变形模量、c 和 f 均同步降低，但以变形模量和 c 值降低幅度较大，f 值降幅相对要小一些，这一定性规律与水电建议值相符。

4.4　基于地质三维的岩体参数取值

4.4.1　ItasCAD 三维地质平台

图 4 - 37 所示为 ItasCAD 平台及其与其他专业设计平台协同工作时的整个系统构架，包括三大部分：针对勘察专业的 ItasCAD 平台，其他专业计算机辅助设计平台（如 Civil3D、Catia 等），满足一定数据交互标准的服务器数据库。在整个系统中，数据交互服务器起到中转作用，进入该服务器的图形等数据满足指定的标准以后，实现专业平台之间数据的交互。此时并不需要指定某个专业平台为"主平台"，平台之间没有主次之分，只有功能的区别。

从管理的角度，任何一个平台具备所需要的显示、查询、成果输出等功能以后，即可以起到管理平台的作用。而数据安全和权限设置等环节的具体要求，则通过两级管理实现：系统级的管理功能通过部署在系统服务器上的系统数据库实现，而专业的校审和技术管理等工作则通过专业内使用的数据库实现，如 ItasCAD 配置的勘察数据库。

ItasCAD 勘察数据库（后文简称数据库）由服务器端和终端两个专业内容相同的独立数据库组成，其中的服务器版部署在服务器上，通过网络和终端通信。服务器端数据库主要起到数据储存和管理两大方面的作用，其中的管理既包括数据管理，也包括由用户自行扩充后实现校审流程的管理。

终端数据库既可以安装在移动端用于现场数据采集，也可以安装在 PC 端用于数据处理、建模和分析应用。

从工程应用的角度，ItasCAD 包含三大功能模块（见图 4 - 37），即数据库、建模与数据处理、应用与成果输出。其中的数据库对应于日常工作中勘察资料的采集、保存、业内整理；建模与数据处理是引入三维工作模式以后的一个中转平台，其作用是勘察资料转化成包括地质边界和岩土力学特性的"含属性地质三维模型"；应用与成果输出对应于日常工作特定问题的分析评价和工程设计，以及不同专业之间协作所需要的数据交互。

数据库的基本功能是为构建含属性地质三维模型提供基础资料。由于不同行业需求和资料采集方式存在差异，因此数据库具有行业特性。与之相似，应用功能和成果输出

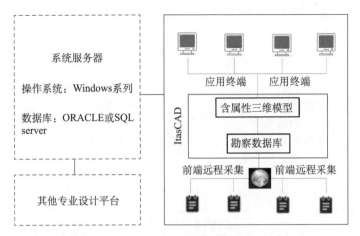

图 4 - 36　ItasCAD 平台与协同应用系统构架

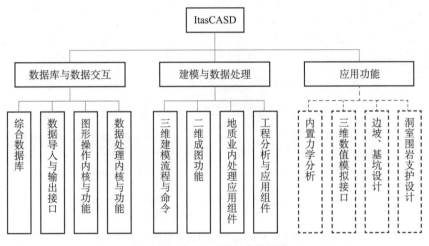

图 4 - 37　ItasCAD 功能组成

方式与行业需求、技术标准和规范密切相关。因此，这两个部分的具体功能需要体现行业特点，ItasCAD 满足水电行业的需求。

图 4 - 38 给出了 ItasCAD 的应用流程和 V3.0 所具备的主要应用功能，该软件的应用流程包括三个阶段：

（1）建立数据库：这是相对比较烦琐的工作阶段，但十分关键。正所谓"磨刀不误砍柴工"，完善数据库自身功能可以大大提高工程地质内业整理的效率，而且这也是建模和模型应用的基础。

（2）创建含属性地质三维模型：创建的模型不仅需要包含地质体空间几何形态特征，而且还需要包含岩土工程分析和设计需要的基本信息（即为力学参数值）。前者不仅可以服务二维成图，而且还包含了工程分析设计的地质边界，后者则是研究的内容。

（3）模型应用：包括二维成图、岩土体专题问题分析、岩土工程设计三大方面。ItasCAD 包含相关专题问题的经验分析和解析法分析，但不包括数值分析。

　　ItasCAD V3.0 是一个复杂的大型平台，本处岩体力学参数取值的研究主要应用其中的数据库（储存岩体质量分级的单指标采样资料）和数据处理功能（立方网），后者实现不同岩体质量分级的单指标求和运算和对应的岩体力学参数取值。

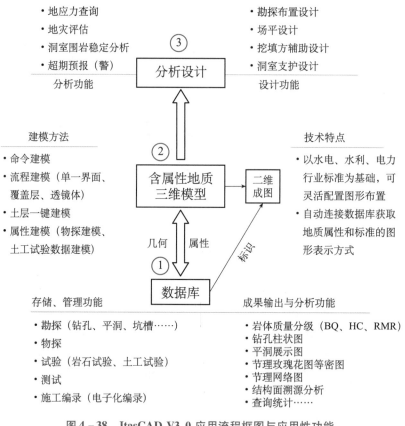

图 4-38　ItasCAD V3.0 应用流程框图与应用性功能

4.4.2　技术路线与实现流程

4.4.2.1　技术路线

　　岩体质量分级采用两种方式实现。一种方式是在数据库直接获得岩体质量分级结果（分值表示），然后作为样本值输出到三维地质模型，在地质单元体内进行插值处理，获得三维空间的岩体质量分级结果。另一种方式是数据库只输出单指标值，完成插值以后进行求和。两种方法不影响资料采集，差别在于实现方式，前者针对沿钻孔和平洞能够获得完整资料（各单指标值）的情形，后者在这方面的要求较低一些，可以互补性地利用不同钻孔和平洞的基础资料。

　　基于水电工作流程的常规岩体力学参数取值实现流程建立在如下几个基本前提条件基础上：

（1）岩体质量分级和参数取值是勘察数据库的重要分析功能，但不是数据库的全部。数据库同时服务地质三维建模，为三维地质建模工具提供地质界面几何位置信息、产状、时代、地质性质等地质属性信息，从而帮助建立地质三维模型和划分出地质单元体；岩体质量分级和参数取值是对三维地质模型的补充，给出地质单元体内岩体力学特性，建立含属性地质三维模型从而服务工程分析与设计。

（2）就岩体质量分级和参数取值功能而言，使用数据库不改变勘察工作的基本流程和主要内容，不影响目前现行技术标准和工作习惯，其变化仅体现在少数环节上：

1）相关资料以数据库的形式保存，以保证各单项资料数据之间的内在关联关系，体现基础资料的系统性。基础数据录入过程可以通过常用 Excel 表单、图形文件等方式建立数据库和日常工作的衔接，不要求在数据录入方式上"一步到位"。

2）最大的变化是小规模节理裂隙现场编录方式，其次还包括节理密度和地下水状态，要求严格按照岩体质量分级的规定标准化编录和描述，即严格执行岩体质量分级体系中的单指标评分求和方式，尊重岩体质量分级体系的基本思想。

（3）岩体质量分级和参数取值功能同时符合国内水电和海外工程需要，并不导致重复工作，在现场工作量和成果质量之间寻求最佳平衡。具体而言：

1）数据库同时具备采用 BQ、HC、RMR 三种分级方法，前两者针对国内工程建设需要，后者服务海外工程实践。

2）三种岩体质量分级中的单指标均作为字段出现在数据库中，对于重复出现的指标，如节理面状态、地下水状态等，采用取"最大公约数"的原则合并，使得现场一次编录以后服务多种用途。

3）鉴于节理面状态指标包含了张开度、起伏度、风化度等相关具体内容，因此，对节理面状态描述方式标准化的合理设计还可以帮助开展岩体卸荷程度、节理力学特性、岩体风化程度等方面的分析评价，帮助强化现场编录资料的应用。

4）与 HC 和 RMR 两者方法对应的，对于同一岩体，其力学参数取值同时采用水电规范建议方法和 Hoek – Brown 建议方法，并同时给出对比性结果。

（4）实现方式和成果不仅满足地质专业的需要，更重要的，需要满足复杂地质条件下采用现代技术手段和技术路线开展高水平分析评价的要求，体现岩体力学特性空间变化性、参数取值不确定性等固有特征，为开展相关分析、实现破坏概率评价等工作提供可靠的基础资料。

图 4 – 39 所示为满足上述前提的数据库技术路线和流程框图，其基础是勘探、物探、试验测试获得的基本资料。其中确定性结构面（地层、断层、覆盖层等）空间几何位置和地质属性资料用于创建地质三维模型，岩体指标分级中的节理裂隙密度（RQD、线密度等）和节理面状态、地下水状态等单指标来源于对平洞或钻孔岩芯的编录，沿钻孔和平洞的岩体纵波速来源于物探，岩块波速、岩石单轴抗压强度等指标来源于室内试验。按照水电勘察工作流程获得上述单指标结果以后，从原理上讲，即具备沿钻孔、平洞采用单指标计分求和的方式获得岩体质量分级结果，继而获得岩体力学参数

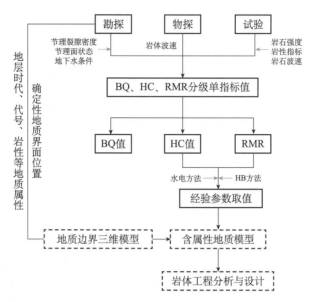

图 4-39　基于数据库技术的参数取值技术路线与流程框图

取值。

4.4.2.2　实现流程

虽然 RMR、HC、BQ 三种岩体质量分级方法都简单明了，但通过程序实现时需要考虑用户友好性，尤其是避免现场重复编录和数据重复输入。以节理面状态和地下水条件为例，虽然二者都是共同指标，但在不同分级方法中的取值标准有所差异，实现一次录入、按各自标准取值的不同使用方式，是实现过程的基本宗旨和要求。

水电规范中的力学参数方法比较简单，通过岩体质量分级结果即可通过表格查找到对应的取值区间。相比较而言，当采用 Hoek 取值方法换算成摩尔-库仑强度参数 c 和 f 时，需要考虑岩性和围压水平，后者要求引入埋深、侧压力系数等指标，而埋深显然是针对特定对象和地表之间的关系，使得过程相对复杂一些，是 Hoek 参数取值时需要解决的具体问题。

岩体质量分级和参数取值的目的是服务特定建筑物工程岩体的变形稳定分析和工程设计，最终需要落实到建筑物如地下厂房洞室群围岩等，后者系人工设计的结果，其位置可以发生变化。这一现实要求对计算程序化工作提出两点要求：分级和参数取值工作与结果需要能够适应于建筑物位置变化，此外，分级还可能需要建立与特定建筑物的关系，即根据建筑物类型和特点进行修正。

为此，在岩体分析和参数取值的程序化实现过程中采用了如下方式和策略：

（1）分级先只针对岩体质量基本值，即侧重于围岩基本质量和能力，不考虑建筑物影响。

（2）视数据完整程度，岩体质量分级采用两种方式：

1）通过数据库沿钻孔和平洞完成，将分级结果作为附着在钻孔平洞上的成果输出到地质单元体再进行处理。这种分级方式的条件是沿单个钻孔、平洞的原始资料非常完善，除岩石强度指标以外，可以采集到所有其余指标。这一要求往往成为影响现实可行性的不足，其优点是指标配套性好，均为实际结果。

2）当单个钻孔和平洞的指标缺项（如平洞无 RQD）时，则需要将各单指标输出到三维空间，按地质单元体进行单项插值，起到相互补充的作用。

（3）不论哪种方式，岩体分级都需要使用立方网、在地质单元体内完成，同时可以利用地质单元体包含的岩性和埋深信息，完成 Hoek 方法的参数取值。此时立方网不仅完成插值和运算，而且起到中转站的作用。

（4）把岩体质量基本值或参数取值结果从立方网"映射"到待分级的建筑物中，相当于把建筑物"泡入"立方网，从各立方网单元内拾取出岩体质量分值和对应的岩体力学参数值。

（5）针对边坡和地下工程进行必要的岩体质量修正值，服务工程评价。评价工作依赖的岩体质量基本分值仍然来源于立方网，而修正的结果则赋给指定的建筑物，用以宏观评价给定建筑物的稳定性。

4.4.3　岩体分级指标取值

4.4.3.1　取值标准

节理面状态和地下水条件指标的取值标准随分级方法而异。从技术上讲，针对不同分级方法要求现场采用不同的标准进行重复编录是解决问题的途径之一，但缺乏足够的现实可行性。数据库设计时按照最大公约数原则建立统一取值标准、一次编录后用于不同分级方法的处理方式，这可能会出现一定程度的"误差"。但是，任何一种岩体质量分级的基本出发点不是追求精度，而是采用大量数据统计结果最大程度体现岩体特性的变化性和不确定性特征，编录误差属于岩体质量分级所充分考虑的现实因素之一。

根据结构面张开度、平直起伏度、起伏度、充填物类型，水电岩体质量分级指标取值分为 13 档，分别对应水电分级中 13 类描述，其中张开度小于 5mm 分 11 档（针对节理裂隙）。RMR 分级中对节理面状态同样考察了张开度、起伏度、充填物特征等几个方面的具体指标，同时还考虑节理面风化特征等，共分 5 个档次，针对张开度小于 5mm 的小型节理裂隙分 4 个档次。综合而言，水电分级中对结构面状态的分级结果相对更详细，现场编录可以按照水电标准执行，同时建立 RMR 和水电取值标准的关系，见表 4 - 10。

注意，表 4 - 10 中不仅给出了节理面状态指标一次描述后在 HC 和 RMR 两种分级方法中的取值标准，而且还增加了张开度 10 ~ 20mm、超过 20mm 两种情形，目的是考虑丰富结构面张开度的编录数据，用于开展卸荷程度分析评价。

与之相似，地下水条件在 BQ、HC、RMR 分级也采用不同等级和标准，其中以 RMR

分级中最详细，因此以 RMR 分级为基础，针对三种分级方法建立的取值标准见表4-11。

表4-10 HC 分级和 RMR 分级中结构面状态取值关系

编号	描述	HC	RMR	备注	编号	描述	HC	RMR	备注
1	闭合起伏粗糙	1	VR	—	9	微张泥质起伏粗糙	9	SS	—
2	闭合平直光滑	2	SR	—	10	微张泥质起伏光滑或平直粗糙	10	SS	—
3	微张（<5mm）无充填起伏粗糙	3	SR	—	11	微张泥质平直光滑	11	SS	—
4	微张无充填起伏光滑或平直粗糙	4	SR	—	12	张开（5~10mm）岩屑	12	SG	—
5	微张无充填平直光滑	5	SRW	—	13	张开泥质	13	SG	—
6	微张岩屑起伏粗糙	6	SRW	—	14	松弛（10~20mm）	13	SG	卸荷分带
7	微张岩屑起伏光滑或平直粗糙	7	SRW	—	15	强/深卸荷（>20mm）	13	SG	卸荷分带
8	微张岩屑平直光滑	8	SS	—	—	—	—	—	—

注：VR、SR、SRW、SS、SG 系 RMR 分级中的5档取值。

表4-11 三种分级方法中地下水条件取值标准

分级	描述	水量（10m）/L·min^{-1}	水压/m	BQ	HC	RMR
1	干燥	无	无	1	1	1
2	潮湿	<10	<10	1	2	2
3	湿润	10~25	<10	1	2	3
4	滴水	25~100	10~100	2	3	4
5	流水	>125	>100	3	4	5

4.4.3.2 实现方式

以上的叙述是实现这两个指标一次编录、分别使用的依据，不排除彼此对应关系可能存在一定的误差，但注意到岩体质量分级是对某个长度段内岩体条件的综合描述，其中一般包含多条节理。一般而言，由于地质条件的变化性和不确定性，不同人员对现场条件把握的差异程度可以超过上述潜在的偏差，弥补这些误差（包括上述取值误差）的有效因素是大量的现场采样，这也是岩体质量分级的初衷之一：获得大量样本数据降低各种偏差对最终成果的影响。

上述两个公共的分级指标出现在钻孔岩芯编录表、钻孔节理编录表、平洞节理编录表和平洞测线法编录表中，程序开发时将这两个指标取值固定，使用时只能从下拉列表中选取（见图 4-40），以保证统一性和严格遵循分级要求。下拉列表中对这两个指标取值均采用了文字叙述方式，目的是能够方便现场工作中对比，比较准确地描述节理面状态和地下水条件。一般而言，即便是刚毕业参加工作的生手，在经过短暂的现场培训以后，也可以比较准确地进行单指标取值，这与在现场直接给出岩级结果相比，大大降低了对现场一线人员经验要求，从改变工作方式的角度保障成果质量。

节理面状态和地下水条件指标被设置为固定的字典值，且通过专业术语描述，便于现场编录时对比

图 4-40 节理面状态和地下水条件指标取值的程序实现方式

现场采集的原始数据以原始值（如地下水分别取 1、2、3、4、5）输出到立方网，然后根据选定的岩体质量分级方法换算成对应的分值，再对分值进行空间插值和求和运算。由此可见，现场数据采集过程实际与采取的岩体分级方法无关，体现采集结果和分级方法之间关系，即指标分值计算在后续数据处理过程实现，这种处理方式基本上最大程度降低了现场数据采集工作量，使得岩体质量分级可以在"不经意"中实现。

4.4.4　基于数据库的岩体分级

在按照数据库的要求完成钻孔平洞相关编录、物探和相关试验资料的录入工作以后（可以通过标准的 Excel 分别录入后再集中导入数据库），岩体质量分级可以有两种方式，其中之一是直接通过数据库实现，将成果输出到三维空间再进行插值处理（从钻孔、平洞映射到建筑物）。这种处理方式适合于沿钻孔、平洞获得的基础资料比较全的情形，除岩石强度指标以外，沿单个钻孔和平洞收集了其他指标（RQD、线密度、纵波速、节理面状态、地下水条件等）。数据库中在工程、阶段、部位三种对象的右键菜单中都设计有岩体分级命令，就是分别选择指定工程、工程阶段、工程部位中全部或部分钻孔平洞进行岩体质量分级。

4.4.5　基于立方网的岩体分级

4.4.5.1　技术路线

如前所述，利用数据库记录的基本资料直接沿钻孔、平洞开展岩体质量分级的前提条件是资料完整性好，单一钻孔或平洞记录了分级所需要的单指标值。当基础资料不满足这一要求时，则需要通过立方网进行单指标插值再求和实现，这一过程实际上是把不同钻孔和平洞的资料进行相互补充，必要时还可以人工干预（具体在后文叙述）。

目前的水电工程勘察工作并没有按照岩体质量分级方法"单指标求和"的要求采集数据，因此，迄今为止的勘察成果都不足以按照直接沿钻孔和平洞开展岩体质量分级的需要，即便是沿平洞采用水电分级时，还是缺少结构面状态指标值。改进现场工作方式、满足岩体质量分级"单指标值求和"要求，是目前工程实践中需要考虑作出改变的具体环节。在此之前，就岩体质量分级而言，解决问题的方式之一是实现过程提供弥补性的技术措施，具体包括：

（1）利用钻孔 RQD、线密度等指标弥补平洞资料的缺失。

（2）人工干预，即根据统计或者判断结果，按照一定规则赋值，补充缺失的单项指标。

在钻孔、平洞资料不全时，岩体质量分级实现过程的核心是立方网，从应用的角度，其不仅实现数据处理和求和运算等，更重要的方面，还作为"中转站"，把数据库记录的原始资料转化成为给定建筑物岩体质量分级结果和力学参数值。

图 4-41（a）以框图的形式表示了基于立方网进行岩体质量分级的技术路线，图 4-41（b）为对应的效果，其中的立方网起到中转站的作用，把储存在数据库的原始资料转化成体现建筑物轮廓岩体质量差异的工程成果。立方网在系统中起到数据处理引擎作用，系统三维建模技术侧重解决地质边界的模拟，而立方网则实现工程地质和力学特性分析，二者同等重要。系统对二者采取了一体化处理方式，即几何形态可以转换成数据值，数据可以同图形表现（如物探属性建模），区别于行业内任何其他三维平台。

4.4.5.2　实现过程

技术路线的实施过程相对简单明了，主要包括三个操作步骤：

（1）在操作对话框中，从数据库将附着在钻孔平洞的各单指标值输出到 ItasCAD 图形浏览器。

（2）通过立方网中的岩体分级功能，引导完成单指标数据值导入、插值、求和等操作，在地质单元体内完成岩体质量基本值计算，并视需要完成针对指定边坡和地下工程的修正（可选项）。

（3）将分级结果映射到建筑物模型，从而获得建筑物轮廓岩体质量分值的空间分布，直观表达各部位的岩体质量。

4.4.6　参数取值与应用

4.4.6.1　问题与解决途径

在获得岩体质量分级结果以后，既可以按照水电规范建议的参数取值，也可以采用

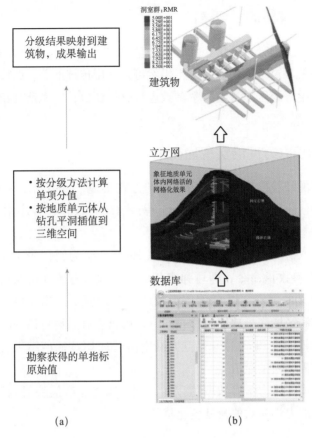

图 4 - 41　岩体质量分级的程序化过程技术路线框图与实施效果

(a) 技术路线框图；(b) 实施效果

Hoek 方法取值。以隧洞为例，参数取值结果针对指定断面还是针对整个隧洞轴线，这两种情况是有所不同的。前者相当于埋深、岩性等条件相对固定，适合于针对特定部位具体条件的取值和分析；后者则需要考虑沿轴线方向各种条件的变化性，可以更好地给出宏观分布和变化特征。

　　提供 RMR、HC、BQ、Q 四种体系的经验换算功能，针对只采用其中一种分级方法（如水电）的工程，当希望采用 Hoek 取值方法进行对比，或在海外工程建设中给出 Hoek 取值结果时，可以依据水电分级成果获得 Hoek 方法的参数值。

　　不论是针对哪种对象和采用何种表达方式，系统都提供 Hoek 方法和水电方法，随时都可以进行对比，并能从异同，尤其是明显的异同引发一些思考和采取措施。系统中四种体系之间的换算关系分两个渠道。第一个渠道是 HC、BQ、RMR 三者之间能够彼此分区间线性插值换算，从而可以将 HC、BQ 换算成 RMR，用于 Hoek 方法的参数取值。第二个渠道是通过 RMR 换算成 Q，该换算相对成熟，接受程度比较高，HC、BQ 换算成 Q 时，通过 RMR 中转。

4.4.6.2　指定部位的实现途径

参数取值服务于工程分析评价，而分析方法和技术路线与所研究对象的复杂程度、工程重要性密切相关。对于常规性问题，仍然可以采用传统的分析路线，即概化地质条件进行材料分区，给每个区赋一组力学参数进行分析评价，这里所介绍的"指定部位的实现途径"指这种情形。

4.4.6.3　基于立方网的实现途径

不同分级结果的经验换算功能采用游标的方式实现，目前给出了水电分级和 RMR 的换算关系，为方便应用 Q 系统进行地下工程围岩支护设计，程序中也列出了 Q 换算结果，具体已经在上面介绍。

岩体力学参数取值的操作也非常简洁，以 Hoek 方法为例，在立方网对象的数据主菜单下点击【Hoek 参数】命令，即可弹出相应对话框。对话框要求指定地表面，目的是计算立方网各单元的埋深，以自重作为围压。对话框中给出了区域（地质单元体）列表，当区域名称和区域底板地层名称相同时，可以通过点集对话框右侧的【连接数据库】获取对应的岩性信息和 m_i 值。当立方网中保存有 UCS 插值结果时，列表中的 UCS 会自动计算，否则需要人工赋值。

在立方网上完成岩体力学参数取值以后，也可以将参数值映射到洞室群轮廓面上，直观展示开挖边界的力学参数值及其变化特征。

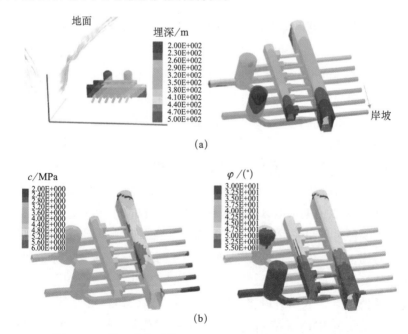

图 4 - 42　基于岩体质量 RMR 分级结果的岩体力学参数取值

图 4 - 42 左下和右下分别表示了洞室轮廓面上 c 和 φ 的分布，通过将立方网中的

Hoek 方法参数取值结果映射到面对象后的结果。为便于理解，图 4 - 42 左上和右上表示了洞室群不同部位埋深变化，厂房外端墙顶部埋深为 180m 左右，而内端墙底部达到 500m，埋深变化意味着不同部位围压差别较大，会影响岩体力学参数取值结果。受到岩性和埋深影响，图 4 - 42 显示靠近岸坡外侧砂岩 f 值相对较高，但 c 相对偏低。特别地，c 取值总体上明显高于水电经验值（最高不超过 2.5MPa），体现了 Hoek 取值结果的合理性。能体现围压影响的 Hoek 取值方法已经被我国一些复杂水电工程所接受和应用，比如，GP 二级工程在招标设计阶段引用了 Hoek 方法，取值结果被用于工程实践，并列入工程验收成果。

4.4.7　工程应用

4.4.7.1　围岩质量分级实现过程

围岩质量分级以某水电站地下厂房洞室群为背景，地层和断层模型也来源该工程实际资料，但缺乏该工程的钻孔和平洞编录资料，采用了来自如美工程的数据，并根据电站的地形条件进行一定的编辑。因此这些数据缺乏实际可靠性，本节的目的在于介绍实现过程。

采用本系统实现岩体质量分级的关键并不在于操作过程，而是在于基础资料的完善程度。如前所述，水电工程流程中往往在现场直接给出岩体质量，而不是采集单指标值。系统采用了单指标求和的工作方式，这是系统和现实的最大差异。当然，系统也可以直接导入现场岩体质量分级结果，但这种处理方式无法帮助克服现实工作存在的弊端。

与水电行业日常的平洞编录相比，本系统中平洞的"节理编录表"强调了对每条节理面状态和地下水条件的描述，这是平洞编录的优势，可以弥补钻孔编录在这个环节上存在的缺陷。为此，在分级过程中应用数据时，可以视钻孔和平洞密度与空间关系有倾向性地使用，比如，地下水条件可以只采用平洞编录结果，具体可以通过两种方式控制：一是不从数据库输出，二是输出后导入到立方网过程中不选择来源与钻孔的地下水条件指标值。

平洞"测线法编录"对传统"节理编录"起到补充作用，要求现场编录时设置一条测线（或沿一侧边墙固定高度位置开展工作），沿该测线记录相关内容。测线法编录往往比较快捷，最大优势是可以估计平洞 RQD，为 RMR 分级提供该指标。

与平洞"节理编录"对应，数据库针对钻孔也设计了"节理编录"表，可以更详细地编录节理面状态和开展相关的统计分析。从岩体质量分级的角度，节理编录表记录的内容更全面地描述了节理面状态。除此之外，还可以帮助开展节理统计分析。因此，按照节理编录表开展钻孔编录，虽然会增加现场工作量，但从资料完整性和钻孔利用率的角度，仍然是值得的。

本例中针对地下厂房洞室群所在区域岩体质量分级采用了 7 个钻孔（修改后的编号为 ZK61、ZK62、ZK63、ZK64、ZK89、ZK90 和 ZK91），以及 5 个平洞（修改后的编号为 PD05、PD09、PD17、PD23 和 PF47）内。具体介绍如下：

（1）RQD 储存在钻孔内，供 RMR 分级使用。当采用测线法编录平洞时，也可以获得平洞 RQD 值（本例中没有编录结果）。

（2）岩体波速、节理面状态、地下水条件、节理间距（线密度）四个指标同时存在于钻孔和平洞，其中平洞内节理线密度为原始记录换算结果，波速记录值在【物探】对象中相应的钻孔和平洞中。

（3）岩石强度（天然样和饱和样）记录在【试验】对象下的相应表单。由于试验取样点往往很少，分级时一般使用试验统计结果，因此该表的数据并不直接输出用于分级，应用方式上与前面几个指标有所差异。

在具备这些资料后，岩体质量分级和参数取值实现过程非常简洁直观，操作如下：

（1）从数据库中将相关资料输出到 ItasCAD V3.0 图形，对节理面状态和地下水条件两个指标，注意输出界面上根据编录方式选择对应的数据来源。

（2）在 ItasCAD 图形中创建立方网，定义岩体质量分级范围，并视地质边界面（通常为风化卸荷面、特性差别明显的岩性或地层分界面）进行分区，代表不同的地质单元体（划分单元体后，需要注意每个单元体内是否都包含完整的原始数据）。

（3）选择【岩体分级】命令，按照该命令对话框要求选择分级方法和本次分级针对的范围，导入对应的单指标值，对各单指标插值处理后自动求和，即完成岩体质量分级。

图 4 - 43 所示岩体质量分级所划分的立方网。立方网大小主要根据建筑区范围而定，同时参考了该范围内钻孔平洞分布特征。确定的分级范围内 T2 - 1 为砂岩和大理岩分界，这两种岩性对应的 m_i 值（Hoek 取值方法中的岩性指标）差别较大，因此在分级时将 T2 - 1 作为分区边界，即用 T2 - 1 地层面将立方网分两个区域（代表两个地质单元体）。本案例的分区不用于岩体质量分级（T1 地层资料不足），但用于力学参数取值，因此分区也可以在完成岩体质量分级以后进行。

注意本次划分地质单元体时没有采用卸荷带/风化带为依据，一方面是资料不足，另一方面是卸荷程度的差异也体现在岩体质量指标值的变化上，如卸荷程度高时，节理密度和状态往往出现偏差，岩体质量相应偏低。

图 4 - 43 还表示了从数据库导出、作为钻孔或平洞数据值保存的分级指标（岩石强度指标除外），是岩体质量分级单指标取值依据。注意从数据库输出的是原始值，在分级过程中视选取的分级方法，各单指标对应不同的取值结果。

由于数据处理和岩体分级按照地质单元体进行，因此，分级前需要先划分地质单元体，即立方网区域划分。本例的区域划分非常简单，在立方网的区域右键菜单中点击用"多个面切换划分"命令，引出图 4 - 44 左侧所示对话框，选择洞室群立方网，用 T2 - 1 地层面划分，即可得到图 4 - 44 右上所示的结果。

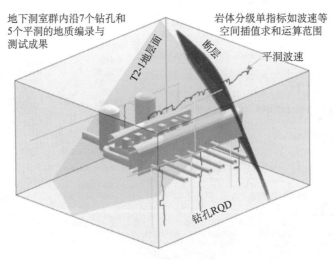

图 4 – 43　厂房洞室群围岩分级范围和原始资料

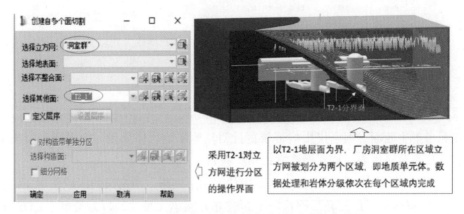

图 4 – 44　厂房洞室群围岩区域划分操作界面和结果

图 4 – 45 所示为岩体质量分级操作界面，此时立方网内为空单元，需要将各级指标导入立方网，作为已知数据（约束条件）进行空间插值。视外部已知数据的特点，岩体质量分级提供两种导入数据的方式，即人工赋值和导入（针对点集和勘探对象数据）。

图 4 – 45 右上为人工赋值操作界面，不论是哪种岩体分级方式，建议岩石单轴抗压强度都采用人工赋值。其中的"数值单元百分比"指在所选区域范围内被赋值的网格比例，建议该比例不超过 50% 。所赋的数据在插值过程中将作为约束使用，过高的比例意味着太多的网格单位系人工赋给的"固定值"，当赋值区间最大、最小值差别较大时，可能会使相邻网格岩石强度差别过大而急剧变化，不符合地质单元体内地质条件变化的一般规律（断层可以导致急剧变化，但断层的影响可以单独处理）。

每完成一个指标的导入以后，图 4 – 45 左界面下方会自动勾选该指标，提示已经完成。此时单击【应用】键，即可对该区域（地质单元体）完成岩体质量分级，然后针对另一个区域重复上述操作。

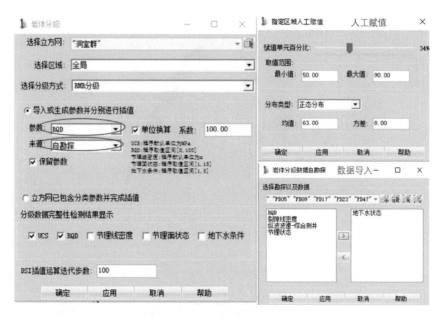

图 4 - 45　岩体质量分级命令操作界面

4.4.7.2　断层影响带修正

规模相对较大的 F_1 断层通过厂房洞室群所在部位，该断层带厚度相对不大，建模时可以只考虑主断面，但断层影响带较宽且明显地影响岩体质量。为强化和突出 F_1 断层对岩体质量分级影响，修正操作方式和流程如下：

（1）对 F_1 断层定义区域和加密区域内的三角形网格，所定义的区域系 F_1 通过立方网的范围。断层面 F_1 的三角形网格应不超过立方网单元尺寸，目标是每个立方网至少对应有一个三角形节点。

（2）对 F_1 定义一个数据（如 RMR），人工赋 15～25 范围数据和进行插值（插值可以针对整个断层面，或者仅针对所建立的区域）。

（3）调用【立方网】对象【数据】菜单下的自面集传递命令，将断层面内的 RMR 数据值传递到立方网（注意不选择插值处理），完成该操作以后即可体现断层对岩体质量分级结果的影响。

图 4 - 46 所示为包含厂房洞室群的立方网岩体质量分级结果，其中，左图是没有表达 F_1 断层影响的结果，右图则表达了该断层的影响。云图表示的 RMR 范围为 50～85，相当于水电的Ⅲ类中等至Ⅱ类偏好。图 4 - 47 显示，在洞室群周边一定范围内，围岩质量总体上以下游方向偏好、上游偏差一些，除断层影响部位以外，下平洞段围岩质量普遍相对偏差一些，其次是 F_1 断层上盘靠岸里一带；不过，即便如此，RMR 值都不低于 55。

按照上述操作完成的岩体质量分级结果仍然储存在立方网内，其应用之一是传递到洞室群。其操作原理与上述体现断层影响非常相似，具体是在【面】对象【数据】菜

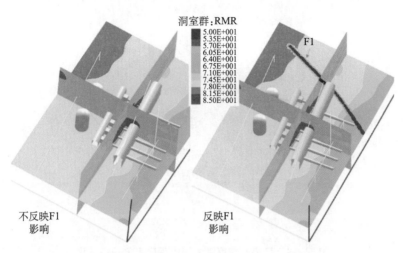

图 4 - 46　修正前和修正后的岩体质量分级结果

单中，选择【赋值】命令，将立方网内的 RMR 指传递到厂房。注意此时厂房是面模型，RMR 储存在面模型三角形网格点上，还需要注意厂房模型网格的均匀性，必要时进行加密或局部加密处理。

图 4 - 47 是把立方网的岩体质量分级结果（RMR）映射到洞室群开挖轮廓面上的结果，直观和详细展示了不同部位围岩质量 RMR 的变化，通过调整图例（上下限和间隔值），也可以转换成水电行业习惯的五级制，比如用［0，100］为区间采用 5 个间隔，则与五级结果相当。不过，五级标准间隔相对过大，一般情况下的视觉效果不佳。

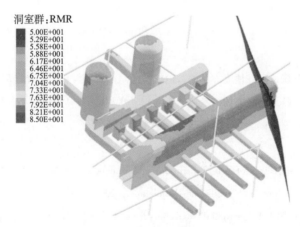

图 4 - 47　厂房洞室群围岩 RMR 分布

在图 4 - 48 所示操作界面上将分级方法选项从 RMR 切换到水电分级，非常相似的操作即可完成洞室群围岩水电分级，实现一套数据分别采用两种方法独立地获得两种分级成果，满足本系统研究融合国内国际方法、用国内生产流程获得符合国际标准成果的要求。

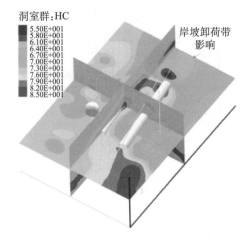

图 4 - 48　厂房洞室群围岩岩体质量水电分级结果

参考文献

[1] 地质矿产部. 岩石分类和命名方案　火成岩岩石分类和命名方案：GB/T 17412.1—1998 [S]. 北京：中国标准出版社，1998.

[2] 地质矿产部. 岩石分类和命名方案　沉积岩岩石分类和命名方案：GB/T 17412.2—1998 [S]. 北京：中国标准出版社，1998.

[3] 地质矿产部. 岩石分类和命名方案　变质岩岩石的分类和命名方案：GB/T 17412.3—1998 [S]. 北京：中国标准出版社，1998.

[4] 朱焕春，余启华，赵海滨. 河谷地应力测值的数值检验 [J]. 岩石力学与工程学报，1997 (5)：471 - 477.

[5] 朱焕春，赵海斌. 河谷地应力场的数值模拟 [J]. 水利学报，1996 (5)：29 - 36.

[6] 张有天，胡惠昌. 地应力场的趋势分析 [J]. 水利学报，1984 (4)：31 - 38.

[7] 郭怀志，马启超，薛玺成，等. 岩体初始应力场的分析方法 [J]. 岩土工程学报，1983 (3)：64 - 75.

[8] R Baker. Stability Chart for Zero Tensile Strength Hoek - Brown Materials—The Variational Solution and its Engineering Implications [J]. Soils and Foundations，2004，44：3 - 125.

[9] Hoek E，Brown E T. Underground excavations in rock [M]. London：Institution of Mining & Metallurgy，1980.

[10] 张黎明，王在泉，石磊. 硬质岩石卸荷破坏特性试验研究 [J]. 岩石力学与工程学报，2011，30 (10)：2012 - 2018.

[11] 阴伟涛，赵阳升，冯子军. 高温三轴应力下粗、细粒花岗岩力学特性研究 [J]. 太原理工大学学报，2020，51 (5)：627 - 633.

[12] 蔡斌，喻勇，吴晓铭.《工程岩体分级标准》与 Q 分类法、RMR 分类法的关系及变形参数

估算 [J]. 岩石力学与工程学报，2001（S1）：1677 – 1679.

[13] 赵伟华，黄润秋. 基于 SRM 的裂隙岩质边坡潜在失稳路径分析 [J]. 岩石力学与工程学报，2018，37（8）：1843 – 1855.

[14] 贾善坡，陈卫忠，杨建平，等. 基于修正 Mohr - Coulomb 准则的弹塑性本构模型及其数值实施 [J]. 岩土力学，2010，31（7）：2051 – 2058.

[15] 袁小平，刘红岩，王志乔. 基于 Drucker - Prager 准则的岩石弹塑性损伤本构模型研究 [J]. 岩土力学，2012，33（4）：1103 – 1108.

[16] 任自民，马代馨，沈泰，等. 三峡工程坝基岩体工程研究 [M]. 武汉：中国地质大学出版社，1998.

[17] 董育坚. 重力坝基础软弱夹层抗滑安全系数的概率分析 [J]. 水力发电，1982（2）：20 – 24.

[18] Robert G Sexsmith. Probability - based safety analysis—value and drawbacks [J]. Canadian Geotechnical Journal，1999，21（4）：303 – 310.

[19] 陈祖煜，徐佳成，陈立宏，等. 重力坝抗滑稳定可靠度分析：（二）强度指标和分项系数的合理取值研究 [J]. 水力发电学报，2012，31（3）：160 – 167.

[20] 光耀华. 岩土工程参数概率统计的几个问题 [J]. 广西水利水电，1991（3）：10 – 18.

[21] G. Balmer. A general analytical solution for Mohr's envelope [C] //Proceedings of 55th annual meeting of ASTM. New York：American Society of Testing and Materials，1952：1260 – 1271.

[22] Bieniawski Z T. Engineering rock mass classifications [M]. New York：A Wiley - Interscience Publication，1989.

[23] 光耀华. 岩石抗剪强度指标的可靠性分析 [C] //中国岩石力学与工程学会第三次大会论文集. 北京：中国岩石力学与工程学会，1994.

[24] 杨强，陈新，周维垣. 抗剪强度指标可靠度分析 [J]. 岩石力学与工程学报，2002，21（6）：868 – 873.

[25] 闫蓉，茜平一，湛维涛. 修正的抗剪强度参数可靠度分析方法 [J]. 武汉大学学报（工学版），2005，38（2）：69 – 71.

[26] 徐高巍. 岩体力学参数取值研究及数据库系统的完善 [D]. 武汉中国科学院武汉岩土力学研究所，2006.

[27] 冯树荣，赵海斌. 工程岩体力学参数的状态相关性研究及其应用 [D]. 中国电建集团中南勘测设计研究院有限公司，2014.

[28] Carranza - Torres C，Fairhurst C. The elasto - plastic response of underground excavations in rock masses that satisfy the Hoek - Brown failure criterion [J]. International Journal of Rock Mechanics and Mining Sciences，1999，36（6）：777 – 809.

[29] Hammett R D，Hoek E. Design of large underground caverns for hydroelectric projects with reference to structurally controlled failure mechanisms [C] //Proc. American Soc. Civil Engrs. Int. Conf. on recent developments in geotechnical cngineering for hydro projects. New York：Water Science And Technology，1981：

192 – 206.

[30] Hoek E, Brown E T. The Hoek – Brown failure criterion – a 1988 Update [C] //Proceedings of 15th Canadian Rock Mechanics Symposium. Toronto: University of Toronto, 1988, 45 (6): 981 – 988.

[31] Hoek E, Wood D, Shah S. A modified Hoek – Brown criterion for jointed rock masses [C] // Hudson J A. Proceedings of the Rock characterization, symposium of ISRM. Lodon: British Geotechnical Society, 1992: 209 – 214.

[32] Hoek E, Carranza – Torres C, Corkum B. Hoek – Brown failure criterion – 2002 edition [C] // Hammah R, Bawden W F, Curran J, et al. Proceedings of the 5th North American Rock Mechanics Symposium. Toronto: University of Toronto Press, 2002: 267 – 273.

第 **5** 章

大坝基础检测

5.1 乌江思林水电站碾压混凝土重力坝基础检测

5.1.1 工程概况

思林水电站位于贵州省思南县境内的乌江上，是乌江干流的第八级梯级电站，距乌江河口重庆市涪陵区366km。枢纽布置为拦河坝，采用碾压混凝土重力坝，坝身表孔泄洪，戽式消力池消能防护；右岸布置引水发电系统，厂房为地下式布置；左岸布置单级垂直升船机。水库库容12.05亿 m^3。碾压混凝土重力坝最大坝高117m，坝顶全长326.5m。溢流堰面设计为WES实用堰面曲线，弧形闸门前设置一道检修闸门门槽。电站总装机容量105万kW。左岸设置单级垂直升船机，整个通航建筑物由上游引航道、中间通航渠道，垂直升船机本体段和下游引航道等四个部分组成，全长约1100m。

坝址区范围包括思林粮站至下游 F_4 断层长1.6km的峡谷河段。坝址区处在塘头向斜的倒翼（NW翼）。从上游至下游，老地层覆盖新地层，岩层产状：N40°E，NW∠70°。向斜轴线在 F_4 下游120m横穿乌江两岸；倒转翼转折轴见于 F_4 断层上游侧，轴面走向N45°E，向上游倾斜∠17°。软弱夹层为 T_1y^1 软岩地层。在褶皱形成时期除伴生次生小断层外，岩层与岩层之间也相互产生错动，以适应新的应力平衡。坝址区主要发育了 f_{j1} – f_{j6} 等6条规模较大的层间错动，均沿弱面产生，并具逆冲错动擦痕。坝基检测范围内仅发育了 f_{j1}、f_{j2}。f_{j1}、f_{j2} 均发育于 T_1y^{2-2} 内。f_{j1} 左岸较明显，沿结构面发育 Sj – 1泉点；f_{j2} 两岸均明显，左岸沿结构面发育 K31 主管道，右岸沿结构面发育 K29，地形上形成一凹槽或沟槽。坝区岩体裂隙是北东向构造的伴生物。与构造应力相配套，具有明确的分组规律。坝区裂隙可归纳为三组，规律明显。

5.1.2 检测方法与工作布置

大坝的检测内容：

（1）对坝基岩体进行检测，为复核原设计建基面，确定是否对原设计建基面进行适当调整提供基础资料。

（2）检测坝基岩体力学强度值，为确定坝基表面和一定深度范围的岩体物理力学参数能否满足原大坝设计要求、地基灌浆处理提供设计参数。

（3）检测一定深度范围内是否存在影响坝基变形、沉降的隐伏溶洞。

根据上述检测目的，坝基检测采用物探和室内实验相结合。其中物探测试包括地质雷达、孔间大功率声波 CT、电磁波 CT、建基面地震波测试、钻孔原位变形模量测试。
思林水电站坝基检测工作布置如图 5 - 1 所示，检测工作量见表 5 - 1。

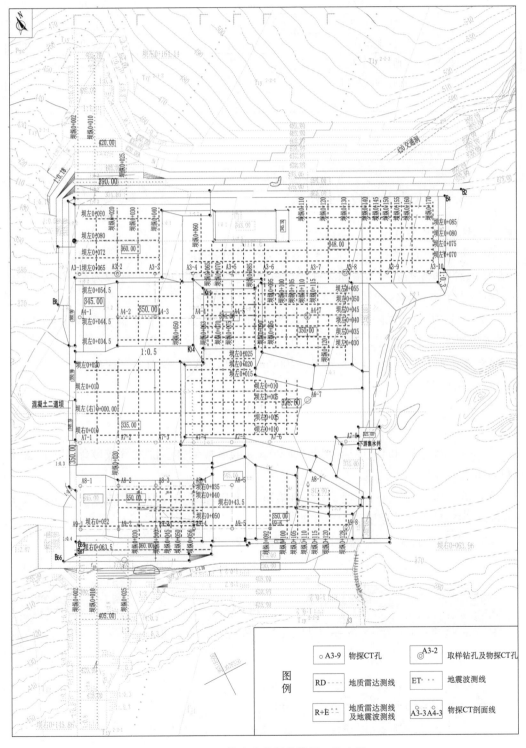

图 5 - 1　思林水电站坝基检测工作布置

表 5-1   思林水电站坝基检测物探工作量统计总表

编号	检测方法	单位	数量
1	大功率声波 CT	m/对孔	532/28
2	电磁波 CT	m/对孔	60/3
3	探地雷达	m/条	4139/114
4	地震波测试	m/条	1219/22
5	钻孔弹性模量	组	28
6	室内力学试验	组	96

5.1.3   检测成果

5.1.3.1   大功率声波 CT 检测

A   坝右 350 平台

A9-1 ~ A9-2 ~ A9-3 ~ A9-4 ~ A9-5 ~ A9-6 剖面：基岩声速为 2400 ~ 6400m/s，声速小于 3200m/s 的区域为溶蚀发育区；声速为 3200 ~ 4000m/s 的区域为裂隙发育或破碎；声速大于 4000m/s 的区域岩体较完整。

A8-1 ~ A9-1 剖面：声速小于 3200m/s 的区域溶蚀发育；声速为 3200 ~ 4000m/s 的区域为裂隙发育或破碎；声速大于 4000m/s 的区域岩体较完整。

A8-2 ~ A9-2 剖面：声速 3200 ~ 4000m/s 的区域岩体裂隙发育或破碎；声速大于 4000m/s 的区域岩体较完整。

A8-3 ~ A9-3 剖面：声速 3200 ~ 4000m/s 的区域岩体风化溶蚀；声速大于 4000m/s 的区域岩体较完整。

A8-4 ~ A9-4 剖面：声速 3200 ~ 4000m/s 的区域岩体裂隙发育或破碎；声速大于 4000m/s 的区域岩体较完整。

A8-5 ~ A9-5 剖面：声速 3200 ~ 4000m/s 的区域岩体裂隙发育或破碎；声速大于 4000m/s 的区域岩体较完整。

350m 高程平台大功率声波 CT 成果如图 5-2 ~ 图 5-4 所示。

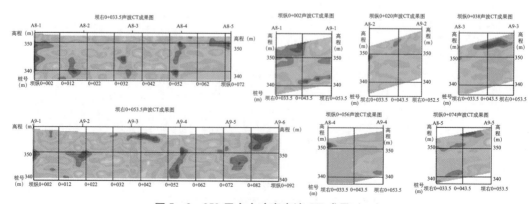

图 5-2   350 平台大功率声波 CT 成果（一）

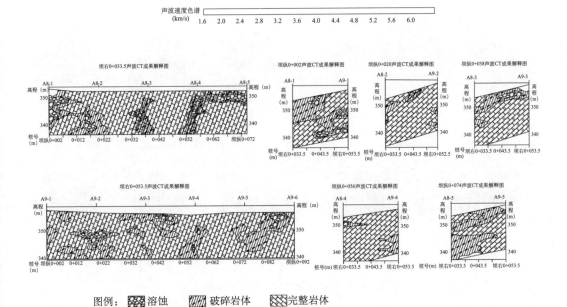

图 5 - 2　350 平台大功率声波 CT 成果（一）（续）

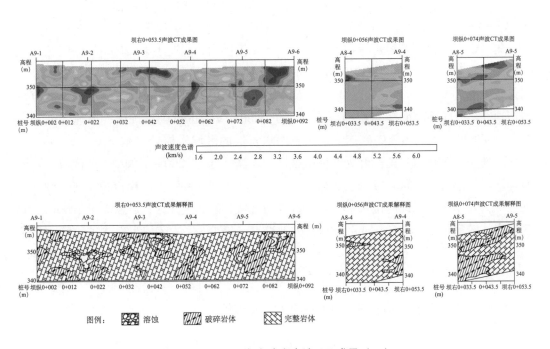

图 5 - 3　350 平台大功率声波 CT 成果（二）

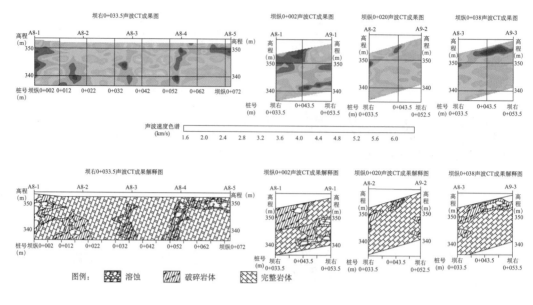

图 5 – 4　350 平台大功率声波 CT 成果（三）

B　左岸坝基大功率声波 CT

A4 – 1 ～ A4 – 2、A4 – 2 ～ A4 – 3、A4 – 3 ～ A4 – 4、A4 – 4 ～ A4 – 5 构成一个 CT 剖面。A3 – 3 ～ A4 – 3、A3 – 4 ～ A4 – 4、A3 – 5 ～ A4 – 5 分别构成 CT 剖面。A3 – 3 ～ A3 – 4、A3 – 4 ～ A3 – 5、A3 – 5 ～ A3 – 6、A3 – 6 ～ A3 – 7、A3 – 7 ～ A3 – 8、A3 – 8 ～ A3 – 9、A3 – 9 ～ A3 – 10 剖面基岩声速在 2800 ～ 6400m/s 范围内，声速小于 3200m/s 的区域为岩体溶蚀发育区；声速为 3200 ～ 4000m/s 的区域为岩体破碎区；声速大于 4000m/s 的区域岩体较完整。A4 – 1 ～ A4 – 2、A4 – 2 ～ A4 – 3、A4 – 3 ～ A4 – 4、A4 – 4 ～ A4 – 5 剖面基岩声速在 2400 ～ 6400m/s 范围内，声速小于 3200m/s 的区域为溶蚀区；声速为 3200 ～ 4000m/s 的区域为岩体破碎区；声速大于 4000m/s 的区域岩体较完整。A3 – 3 ～ A4 – 3 剖面声速小于 3200m/s 的区域为岩体溶蚀区；声波波速为 3200 ～ 4000m/s 的区域为岩体破碎区；声速大于 4000m/s 的区域岩体较完整。A3 – 4 ～ A4 – 4 剖面声速小于 3200m/s 的区域为岩体溶蚀区；声速 3200 ～ 4000m/s 的区域为岩体破碎区；声速大于 4000m/s 的区域岩体较完整。A3 – 5 ～ A4 – 5 剖面声速 3200 ～ 4000m/s 的区域为岩体破碎区；声速大于 4000m/s 的区域岩体较完整。

左岸大功率声波 CT 成果如图 5 – 5 所示。

5.1.3.2　坝右 350m 平台电磁波 CT 检测

ZKB1 ～ ZKB2 电磁波 CT 剖面中，视吸收系数大于 0.9dB/m 的区域为溶蚀区；视吸收系数为 0.8 ～ 0.9dB/m 的区域为岩体破碎区。ZKB3 ～ ZKB4 电磁波 CT 剖面中，视吸收系数为 0.8 ～ 0.9dB/m 的区域为溶蚀裂隙发育区；视吸收系数在 0.7 ～ 0.8dB/m 的区域为岩体破碎区。ZKB5 ～ ZKB6 电磁波 CT 剖面，视吸收系数为 0.8 ～ 0.9dB/m 的区域

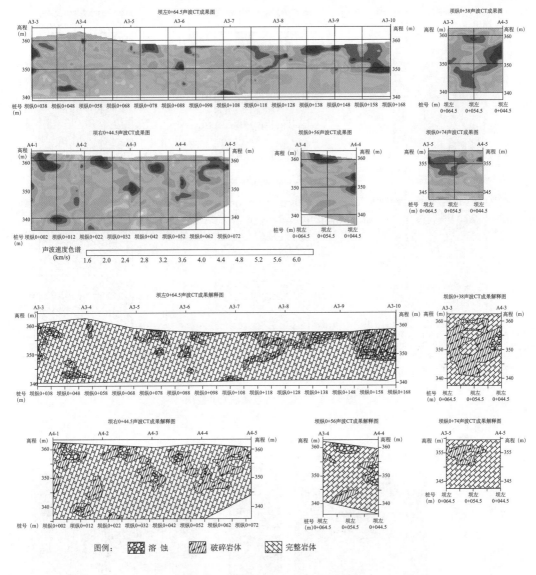

图 5 - 5　左岸大功率声波 CT 成果

为溶蚀裂隙；视吸收系数在 0.7~0.8dB/m 的区域岩体破碎。

坝右 350 平台电磁波 CT 成果如图 5 - 6 所示。

5.1.3.3　探地雷达检测

A　坝右 350、360 平台

在坝基右岸 350 平台共布置了 18 条地质雷达测线。检测出溶蚀发育区 5 处、隐伏溶洞 30 处、岩体破碎或裂隙密集发育区 50 余处，主要典型成果如图 5 - 7~图 5 - 10 所示。

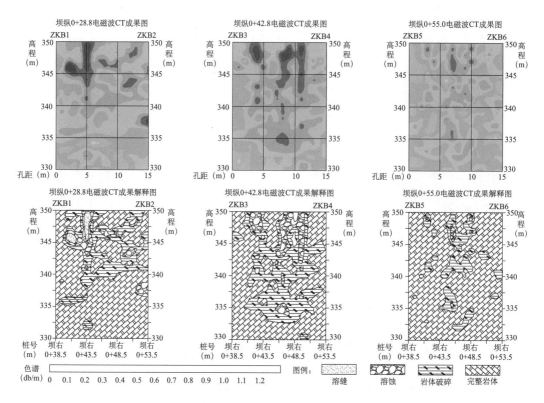

图 5-6　350 平台电磁波 CT 成果

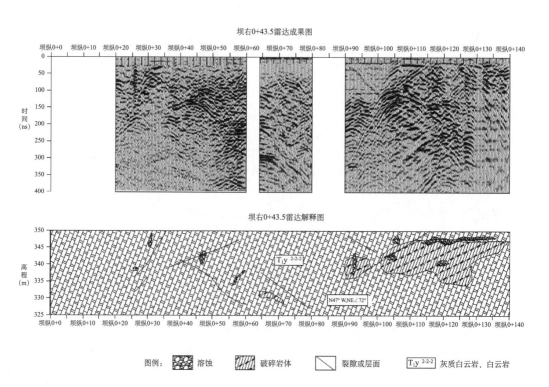

图 5-7　坝右 350 平台雷达探测成果（一）

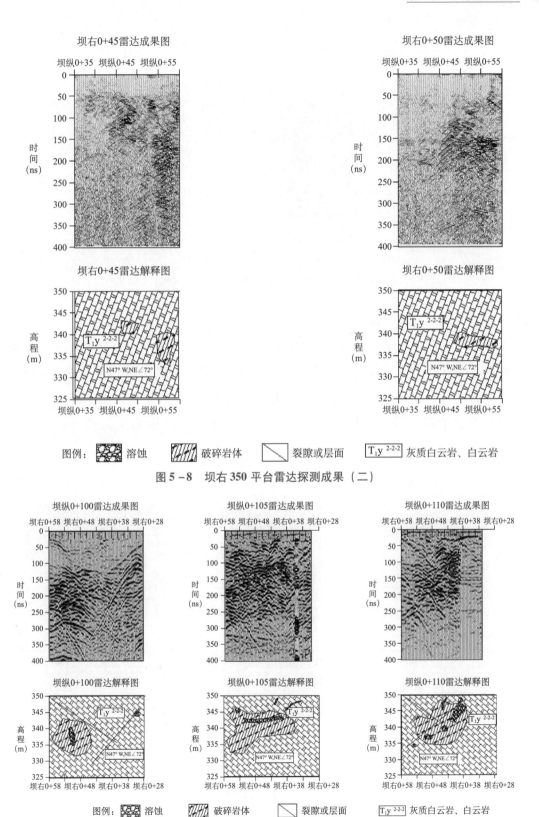

图 5-8 坝右 350 平台雷达探测成果（二）

图 5-9 坝右 350 平台雷达探测成果（三）

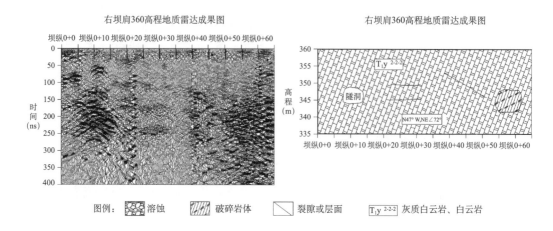

图 5-10　坝右 360 平台雷达探测成果（四）

B　坝中 335 平台检测

在坝基 335 高程平台共布置了 10 条地质雷达测线，检测出隐伏溶洞 2 处、溶蚀发育区 7 处、岩体破碎或裂隙密集发育区 20 余处，主要典型成果如图 5-11 ~ 图 5-13 所示。根据雷达解释图可以看出，坝基 335m 高程平台以下 25m 范围内发育少量溶蚀裂隙，局部岩体破碎，测试区域底部 25m 范围内无大的溶蚀溶缝或溶洞。

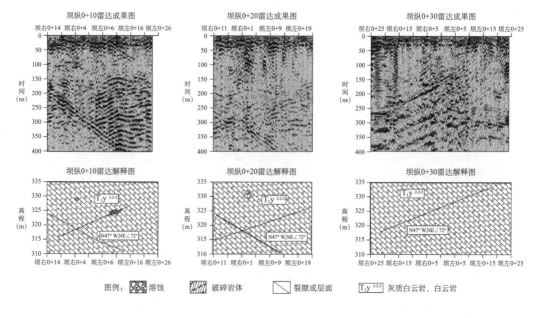

图 5-11　坝中 335 平台雷达探测成果（一）

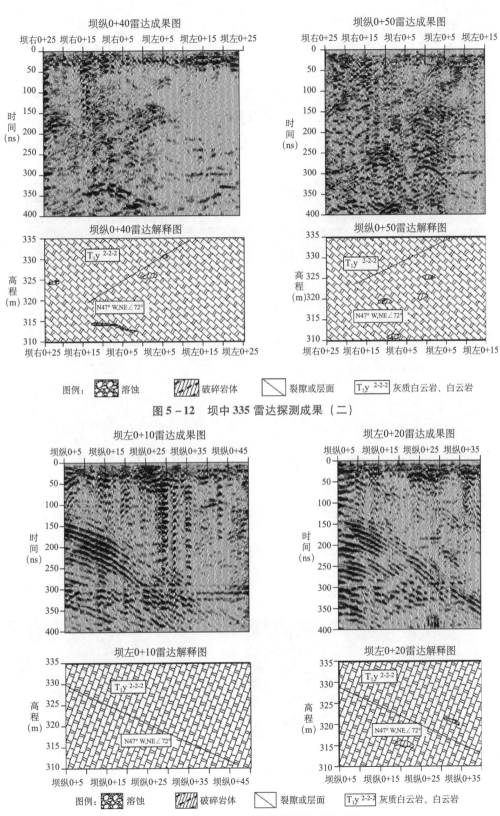

图 5 - 12　坝中 335 雷达探测成果（二）

图 5 - 13　坝中 335 平台雷达探测成果（三）

C 坝基 328 平台检测

在坝基 328 高程平台共布置了 18 条地质雷达测线，检测出隐伏溶洞 1 处、溶蚀发育区 15 处、岩体破碎或裂隙密集发育区 20 多处，主要典型成果如图 5－14～图 5－16 所示。坝基 328m 高程平台局部裂隙发育；坝右 0＋10m～坝左 0＋25m、坝纵 0＋50m～0＋80m，高程 313～323m 区域内部分岩体较破碎；测试区底部 25m 范围内无大的溶蚀溶缝或溶洞。

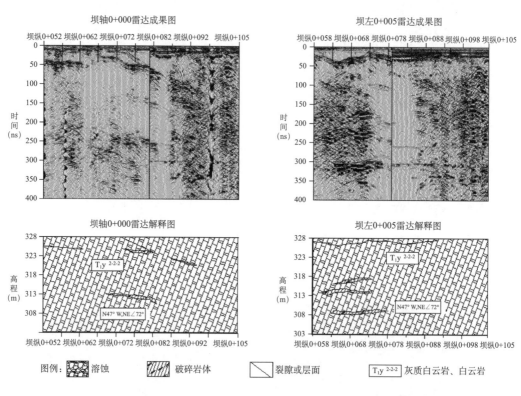

图 5－14　坝基 328 平台雷达探测成果（一）

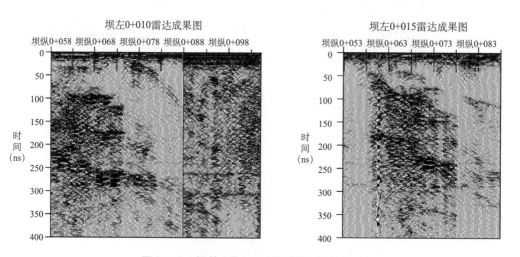

图 5－15　坝基 328 平台雷达探测成果（二）

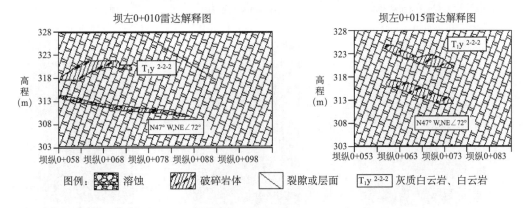

图 5-15　坝基 328 平台雷达探测成果（二）（续）

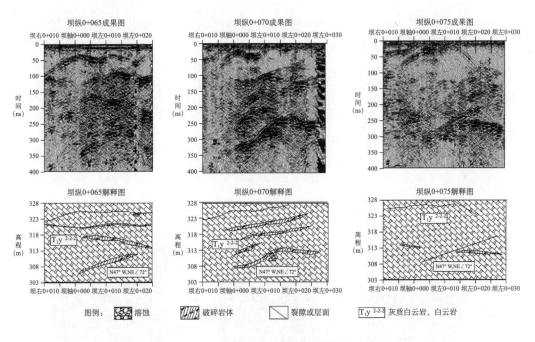

图 5-16　坝基 328 平台雷达探测成果（三）

D　坝基 334 平台

在坝基 334 高程平台共布置了 11 条地质雷达测线，检测出隐伏溶洞 1 处、溶蚀发育区 9 处、岩体破碎或裂隙密集发育区超过 13 处，主要典型成果如图 5-17～图 5-19 所示。坝基 334m 高程平台在局部沿裂隙发育溶洞或溶蚀；局部岩体破碎，334 平台坝纵 0+68m～0+75m、坝左 0+35m～0+55m 段，高程为 315～325m 区域发育溶蚀破碎带。

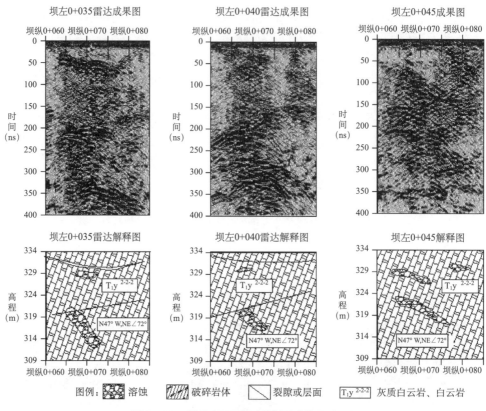

图 5-17　坝基 334 平台雷达探测成果（一）

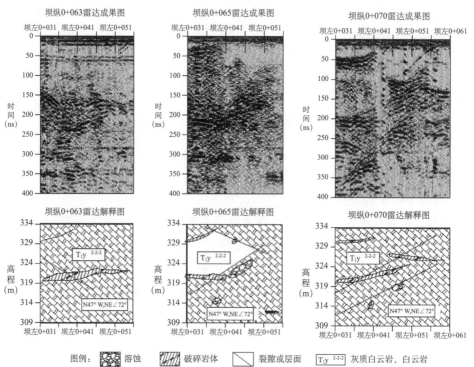

图 5-18　坝基 334 平台雷达探测成果（二）

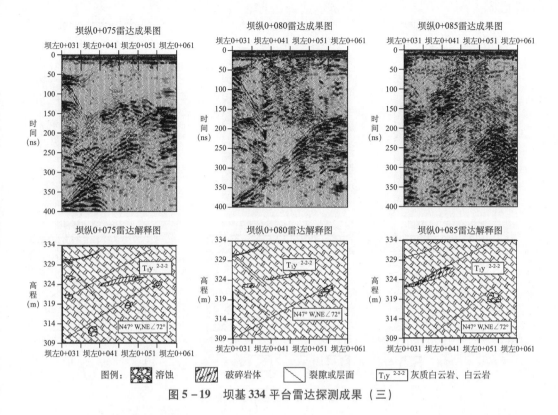

图例： ▨ 溶蚀　▨ 破碎岩体　╲ 裂隙或层面　T_1y^{2-2-2} 灰质白云岩、白云岩

图 5 - 19　坝基 334 平台雷达探测成果（三）

E　坝左 350 平台检测

坝左岸 350 平台上游布置了 7 条，下游平台布置了 15 条，共计 22 条地质雷达测线。检测出溶蚀发育区 6 处，岩体破碎或裂隙密集发育区 20 处。坝左 350 上游平台，岩体完整性较好，测试区域 25m 范围内，无溶洞和溶蚀溶缝发育，仅在局部发育少量裂隙。坝左 350 下游平台，岩体完整性相对较好，测试区域 25m 范围内，仅在坝左 0 + 40 ~ 0 + 45 桩号、坝纵 0 + 125m ~ 0 + 127.6m，331.0 ~ 332.0m 高程发育 0.5 ~ 1.0m 的溶洞或溶蚀溶缝，局部发育裂隙、岩体破碎。主要典型成果如图 5 - 20 ~ 图 5 - 23 所示。

F　坝左 360 下游平台检测

在坝基 360 高程平台共布置了 8 条地质雷达测线。坝基 360m 高程平台以下 25m 范围内仅在局部发育裂隙；在桩号坝纵 0 + 60 ~ 0 + 40、坝左 0 + 75m ~ 0 + 95m 和坝左 0 + 72m ~ 0 + 90m、坝纵 0 + 50m ~ 0 + 40m，355 ~ 360m 高程岩体破碎。测试区域底部 25m 范围内无大的溶蚀溶缝或溶洞发育。主要典型成果如图 5 - 24、图 5 - 25 所示。

G　坝左 348 平台地质雷达成果解释

坝基 348 高程平台共布置了 24 条地质雷达测线。检测到溶蚀发育区 7 处，裂隙密集及破碎岩体发育 26 处。坝基 348m 高程平台沿断层、裂隙发育溶洞或溶蚀强烈；局部岩体破碎。在 348 平台坝纵 0 + 75m ~ 0 + 85m 区域，受断层影响，裂隙发育，沿裂隙面溶蚀或发育溶洞；在坝纵 0 + 150m 方向、坝左 0 + 70m ~ 0 + 79m，高程 326.5 ~ 329.0m 处发育较大溶蚀区域或溶洞。主要典型成果如图 5 - 26 ~ 图 5 - 29 所示。

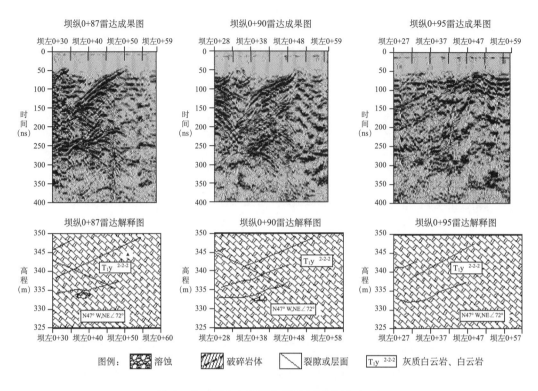

图 5-20 坝左 350 平台雷达探测成果 (一)

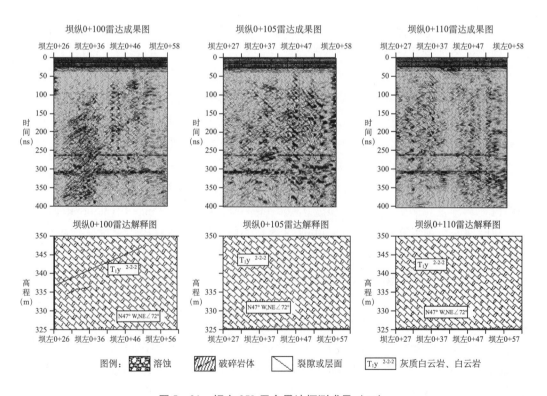

图 5-21 坝左 350 平台雷达探测成果 (二)

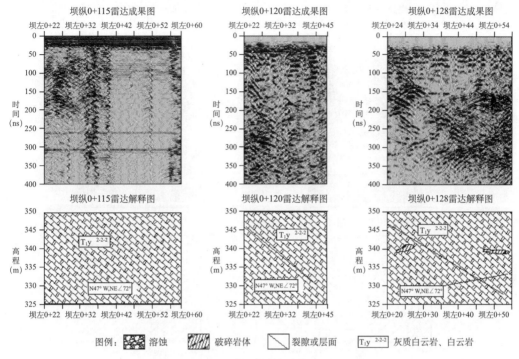

图 5－22　坝左 350 平台雷达探测成果（三）

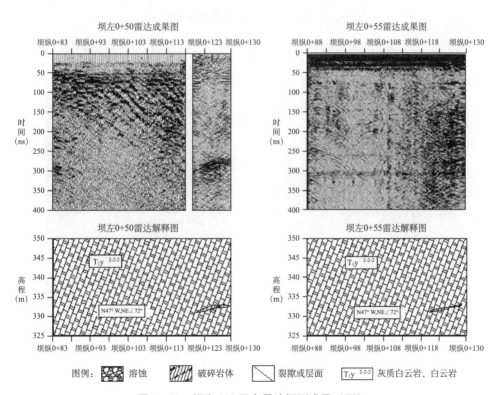

图 5－23　坝左 350 平台雷达探测成果（四）

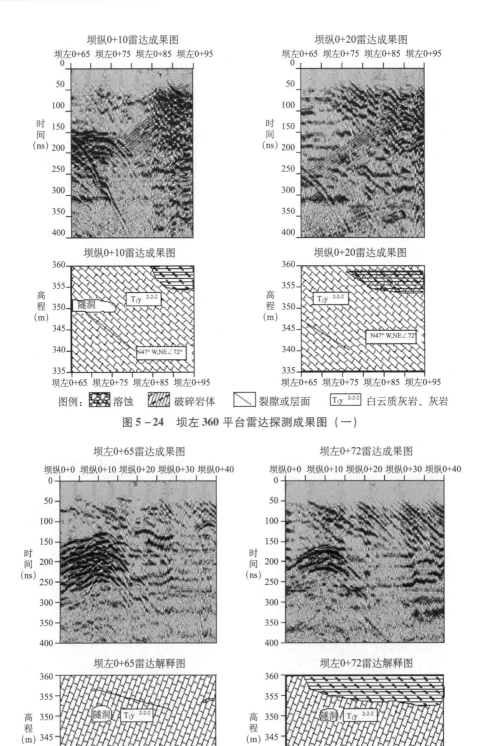

图 5 – 24　坝左 360 平台雷达探测成果图 （一）

图 5 – 25　坝左 360 平台雷达探测成果 （二）

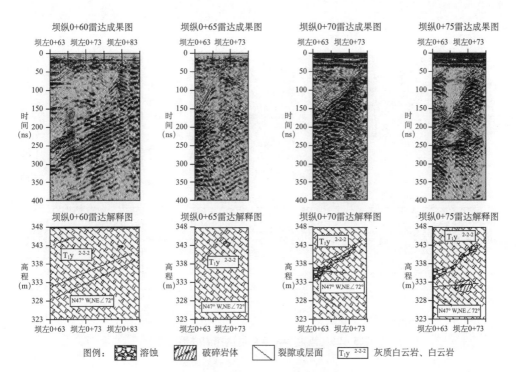

图 5 - 26　坝左 348 平台雷达探测成果（一）

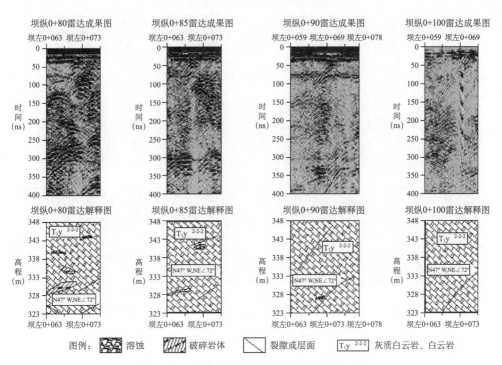

图 5 - 27　坝左 348 平台雷达探测成果（二）

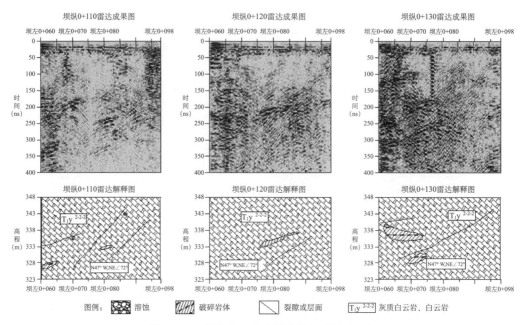

图例：[溶蚀] 溶蚀　[破碎岩体] 破碎岩体　[裂隙或层面] 裂隙或层面　T_1y^{2-2-2} 灰质白云岩、白云岩

图 5-28　坝左 348 平台雷达探测成果（三）

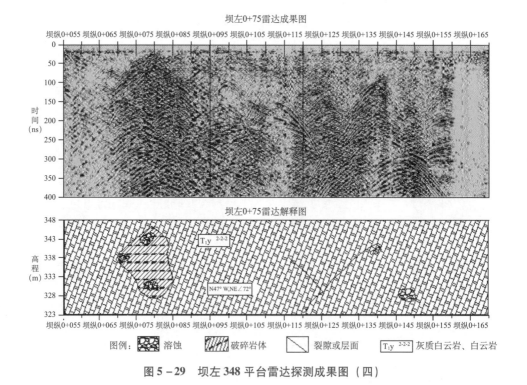

图例：[溶蚀] 溶蚀　[破碎岩体] 破碎岩体　[裂隙或层面] 裂隙或层面　T_1y^{2-2-2} 灰质白云岩、白云岩

图 5-29　坝左 348 平台雷达探测成果图（四）

5.1.3.4　地震波测试

左坝肩、坝基、右坝肩典型地震波测试成果如图 5-30～图 5-35 所示。

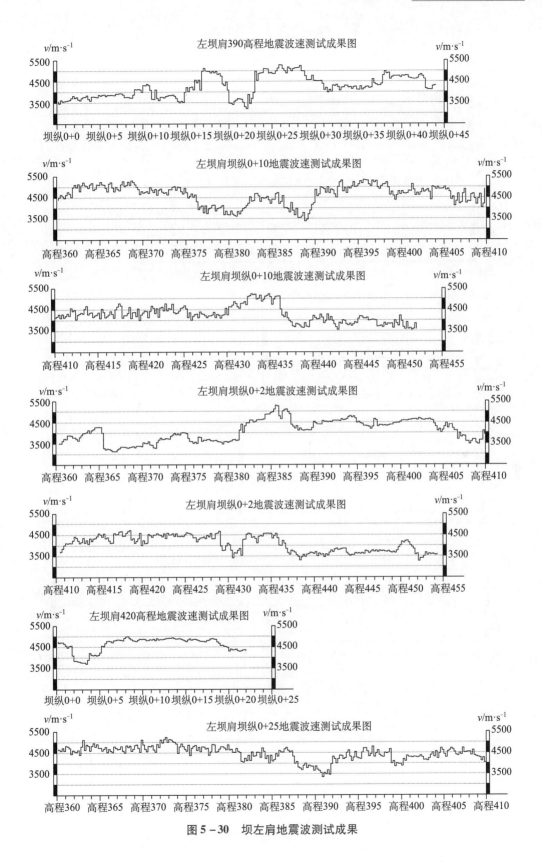

图 5-30　坝左肩地震波测试成果

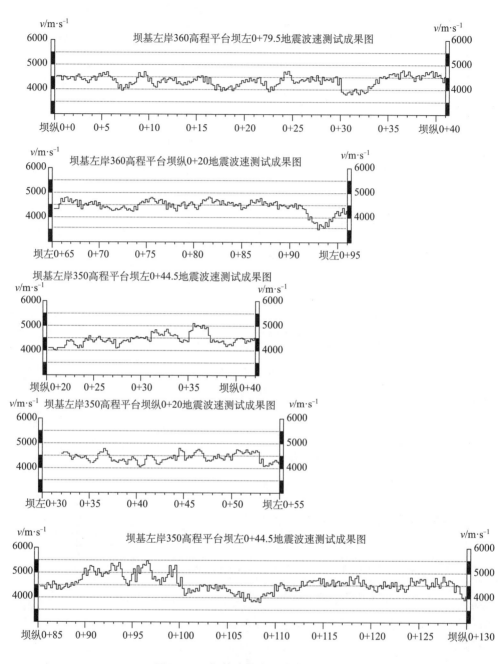

图 5-31　坝基地震波测试成果（一）

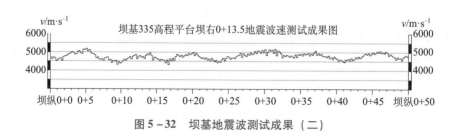

图 5-32　坝基地震波测试成果（二）

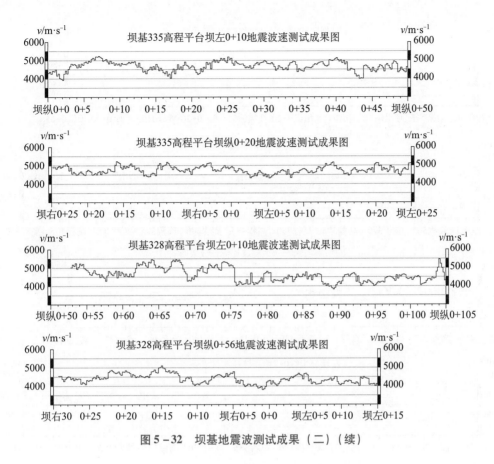

图 5–32　坝基地震波测试成果（二）（续）

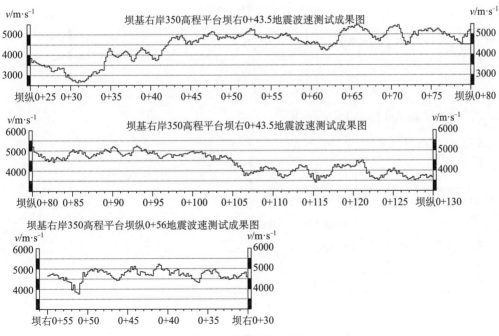

图 5–33　坝基地震波测试成果（三）

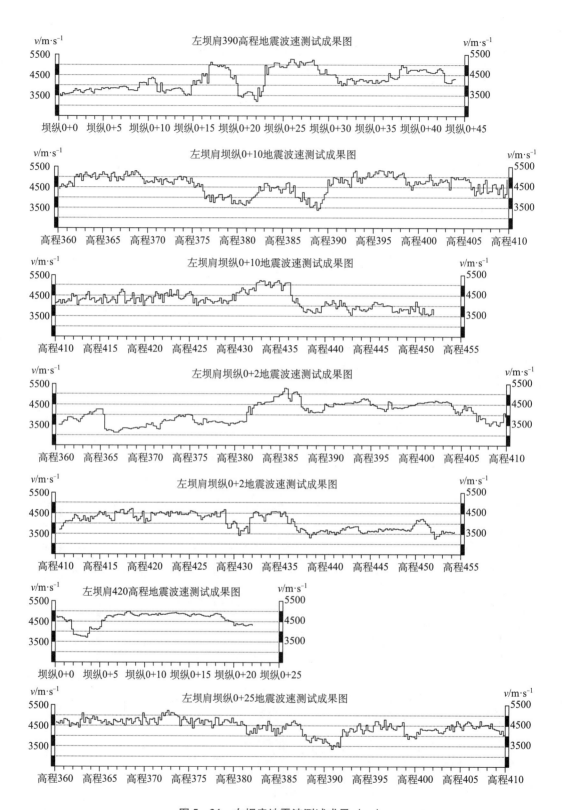

图 5-34　右坝肩地震波测试成果（一）

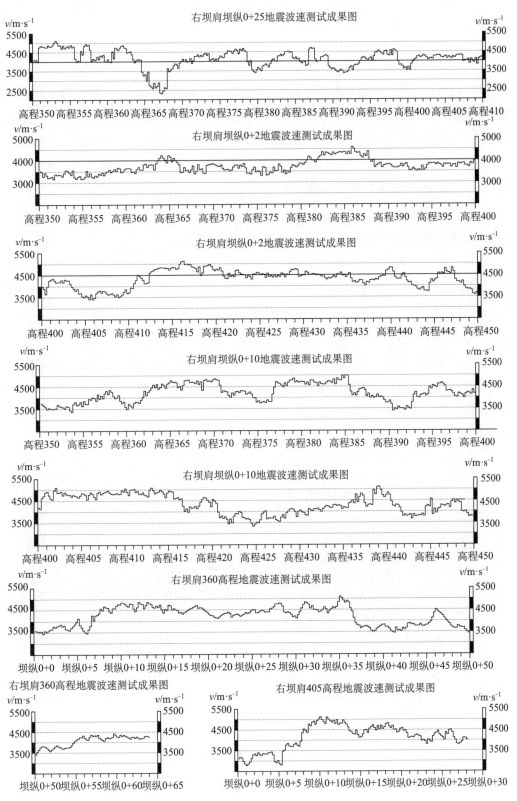

图 5-35 右坝肩地震波测试成果（二）

5.1.3.5 钻孔变模及岩石试验

大坝建基面变形模量原位测试孔为 A3-2、A3-8、A4-7、A9-2、A9-8，其中，A3-8、A4-7、A9-2 为灰岩，A9-8、A3-2 为泥灰岩。通过 5 个钻孔 28 组的孔内原位变模测试（加压到 25 GPa）和相应钻孔的声波测试成果，在有限的数据基础上，建立起本工区测试段钻孔变模与声波速度的关系（注：在波速变化范围较大的岩石中，本关系不一定具有代表性，特别是对于低波速的岩体），即以同一深度的声波速度 v_p 为横坐标，变模 E_0 为纵坐标作散点图，得出回归计算方程式（5-1）。

$$E_0 = a \cdot v_p^b \tag{5-1}$$

式中，E_0 为变形模量，GPa；v_p 为声波速度，m/s。

测试成果所得相关方程的对应系数：灰岩为 $a = 4.57 \times 10^{-14}$、$b = 3.887\,302\,985\,4$（拟合试验适用范围：波速在 3800~6250m/s），E_0 与 v_p 的相关系数 $r = 0.8995$；泥灰岩为 $a = 4.0 \times 10^{-10}$、$b = 2.779\,762\,429$（拟合试验适用范围：波速在 3800~5500m/s），E_0 与 v_p 的相关系数 $r = 0.8973$。

根据上述回归方程绘制思林水电站坝基钻孔 $E_0 \sim v_p$ 相关关系曲线，如图 5-36、图 5-37 所示。大坝建基面检测钻孔原位变模测试成果表，按灰岩、泥灰岩分组统计其平均值、标准差、变异系数和标准值等。

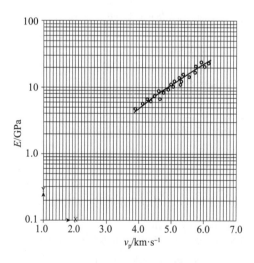

图 5-36 灰岩变模与声速关系曲线

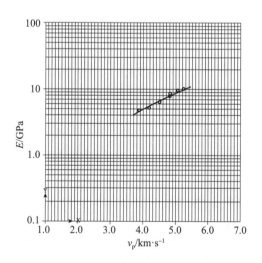

图 5-37 泥灰岩变模与声速关系曲线

坝基泥灰岩岩块声波速度为 3950~5300m/s，平均值为 4769m/s；钻孔原位变形模量为 4.6~11.2GPa，平均为 8.0GPa。坝基灰岩岩块声波速度为 4170~6070m/s，平均值 5163m/s；钻孔原位变形模量为 5.9~22.1GPa，平均为 12.6GPa。

取钻孔岩芯样 96 组进行室内岩石物理力学指标试验。对岩石物理力学参数按岩性（灰岩、泥灰岩）分别统计其平均值、标准差、变异系数和标准值等。坝基泥灰岩岩块密度 ρ 为 2.60～2.70g/cm^3，平均为 2.66g/cm^3；饱和吸水率 W_s 为 0.36%～0.84%，平均为 0.60%；饱和抗压强度 R_b 为 16.4～90.1MPa，平均为 42.6MPa；弹性模量 E 为 12.2～20.5GPa，平均为 15.30GPa；泊松比 μ 为 0.29～0.34，平均为 0.31；抗剪系数 c 为 0.81～1.51MPa，平均为 0.99MPa；f 为 0.89～1.25，平均为 1.02。

坝基灰岩岩块密度 ρ 为 2.65～2.72g/cm^3，平均为 2.69g/cm^3；饱和吸水率 W_s 为 0.11%～0.47%，平均为 0.26%；饱和抗压强度 R_b 为 39.8～130.8MPa，平均为 86.1MPa；弹性模量 E 为 42.6～88.0GPa，平均为 64.2GPa；泊松比 μ 为 0.18～0.33，平均为 0.29；抗剪系数 c 为 0.83～1.91MPa，平均为 1.39MPa；f 为 0.89～1.47，平均为 1.23。

5.1.4 检测结论

（1）大功率声波 CT 测试、电磁波 CT 测试和地质雷达成果揭示，除 f_{j1} 断层影响带岩体破碎，溶蚀强烈及坝右 350 平台、坝左 334 平台、坝左 348 平台局部岩体溶蚀外，其余部分坝基岩体较完整。

（2）坝基地表岩体地震波速为 3190～5460m/s，除局部低速外，一般为 3800～5200m/s，坝基岩体较完整。左右坝肩地表岩体地震波速为 2350～5110m/s，大部分为 3200～4600m/s，坝肩岩体完整性差。

（3）坝基泥灰岩岩块声波速为 3950～5300m/s，平均值为 4769m/s；钻孔原位变形模量为 4.6～11.2GPa，平均为 8.0GPa。坝基灰岩岩块声波速为 4170～6070m/s，平均值为 5163m/s；钻孔原位变形模量为 5.9～22.1GPa，平均为 12.6GPa。

（4）坝基室内岩块试验主要指标：泥灰岩饱和抗压强度 R_b 为 16.4～90.1MPa，平均为 42.6MPa；弹性模量 E 为 12.2～20.5GPa，平均为 15.30GPa。

灰岩饱和抗压强度 R_b 为 39.8～130.8MPa，平均为 86.1MPa；弹性模量 E 为 42.6～89.0GPa，平均为 64.2GPa。

（5）在建基面检测范围内，主要有 f_{j1} 影响带岩体破碎，充填黄泥及泥页岩，影响范围 10～15m，沿影响带发育溶蚀型岩溶；f_{j3} 影响带主要在右岸下游 350 平台，影响范围 5～10m，发育充填或半充填的溶蚀型岩溶。

图 5-38 为思林水电站坝基检测缺陷分布情况。

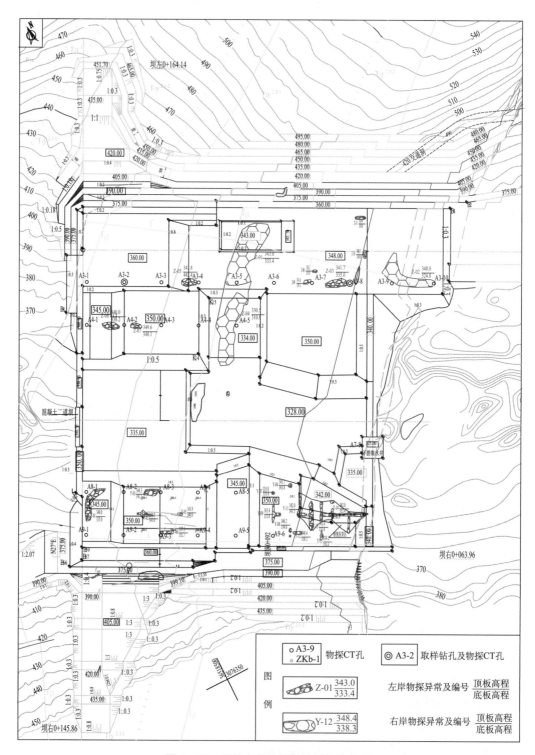

图 5-38　思林水电站坝基检测缺陷分布

5.2　善泥坡水电站双曲拱坝基础检测

5.2.1　工程概况

善泥坡水电站位于北盘江干流中游河段贵州省六盘水市水城区顺场乡境内，是北盘江流域综合规划中的第八个梯级电站，距贵阳市 362km。工程以发电为主。电站水库正常蓄水位 885m，总库容 0.850 亿 m^3。电站总装机容量 185.5MW，其中主厂房装机容量 180MW，保证出力 20.78MW，多年平均发电量 6.788 亿 kW·h。电站由拦河坝、坝身泄洪系统、右岸引水系统、调压井和地下厂房等组成。电站为三等中型工程，大坝为 2 级建筑物，引水发电系统为 3 级建筑物。2014 年 9 月下闸蓄水，2015 年 1 月投产发电。拦河大坝为抛物线双曲拱坝。拱坝坝顶高程 888.00m，坝底高程 768.60m，最大坝高 119.40m。

坝轴线上河床及两岸地层为二叠系下统栖霞组第二段（P_1q^2）深灰色、灰色厚层灰岩，局部含少量燧石结核。河床 735m 高程以下为栖霞组第一段（P_1q^1）薄层夹中厚层灰岩、泥炭质灰岩夹泥页岩。下伏梁山组（P_1l）石英砂岩及泥页岩，顶部见辉绿岩侵入岩床。河床覆盖层厚一般为 10～15m，成分为冲积砂卵砾石及大块石。两岸坡脚有少量崩塌堆积块石夹碎石、黏土，左岸向上游变厚，右岸向下游变厚。岩层产状为 N10°W，SW∠10°～15°，缓倾上游偏左岸。坝轴线上未见断层分布，主要发育 N40°～70°E，NW（SE）∠65°～85°、N10°～25°W、NE∠75°～85° 及 N65°～85°W，SW∠75°～85° 三组裂隙，剪性，长度一般大于 5m，宽 0.1～1.5cm，间距 0.5～1m，连通率 40%，充填物主要为方解石，面多平直稍粗糙。河床钻孔未揭露较大的溶洞，仅见溶蚀裂隙，两岸坝肩平洞中揭露的溶洞不多，且规模不大。坝轴线 P_1q^2 灰岩弱风化水平深度约 18～25m，河床弱风化下限约 8～16m。两岸水平卸荷深度 18～25m，其中强卸荷带水平深度 6m 左右，弱风化岩体裂隙及层面多夹泥。

物探检测的主要目的是检测大坝建基面岩体质量，查明大坝建基面以下一定深度范围内是否存在影响坝基变形、沉降的隐伏溶洞，以及岩溶发育程度、规模、空间分布和裂隙密集带及缓倾角结构面。通过对测区内基岩和部分异常体的物性参数进行测试，各岩体物性参数见表 5-2，从表可见，岩层中不良地质发育带（裂隙、溶蚀、溶洞等）与围岩有较大的物性差异，具备较好的地球物理条件。

表 5 -2　坝基岩体物性参数

目标类别	声波速度/m·s⁻¹	地震波速/m·s⁻¹	变形模量/GPa
强风化灰岩	3000 ~ 4000	2000 ~ 3500	< 5.0
中风化灰岩	3500 ~ 5000	3000 ~ 4500	5.0 ~ 15.0
微新岩体	4500 ~ 6500	4000 ~ 5500	10.0 ~ 25.0
完整灰岩	4000 ~ 6500	—	—
破碎岩体	2000 ~ 4200	—	—
强溶蚀或溶洞	< 3000	—	—
裂隙发育或爆破松动层	2500 ~ 4200	—	< 10.0

5.2.2　检测方法与工作布置

检测内容和目的如下：

（1）对坝基岩体进行检测，对原设计建基面的岩层及结构面分布、岩体质量及相关力学与强度参数进行复核，并根据检测资料确定对原设计建基面进行适当调整的可能性。

（2）检测坝基是否存在影响坝基变形、沉降和水流渗漏的隐伏溶洞、溶缝、溶槽。

（3）复核断层带的破碎区范围、宽度、充填物性质、影响带及产状的变化情况，沿断层的岩溶发育特征。

（4）测定爆破影响松弛带厚度，为坝基岩石开挖确定预留保护层厚度。

物探检测工程量见表 5 -3，工作布置如图 5 -39 所示。

表 5 -3　善泥坡水电站坝基检测工作量

序号	项目	单位	标准工作量
1	物探钻孔	m/孔	838.9/33
2	单孔声波测试	m/孔	739.0/29
3	钻孔成像	m/孔	314.5/13
4	钻孔变形模量测试	组/孔	63/13
5	地震波速测试	点/m	408/204
6	声波 CT	检波点·炮/对孔	29 590/29

检测分三部分：

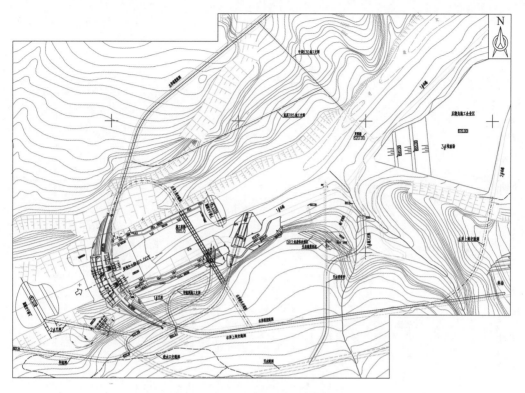

图 5 – 39 善泥坡水电站枢纽布置

（1）开挖前单孔声波检测。检测爆破松动（影响）层厚度，实时跟踪并指导大坝坝肩槽开挖。坝肩原地面位于 U 形峡谷边，为陡峭山壁，因此开挖前声波检测布置于逐层开挖过程中的开挖平台上（见图 5 – 40），斜向山体，距离坝边线约 8m，角度 60°，深度超过设计开挖边界，为 20m，以测试建基附近未受爆破影响时的声波数据；与开挖完成后检测结果对比分析，评价建基岩体质量，同时孔口附近检测结果实时体现爆破松弛影响深度，指导施工方调整爆破参数，最大限度保护建基面岩体。

（2）坝基物探检测。当坝基开挖至 785m 高程后，进行综合物探检测，根据检测成果拟定合适的建基面高程；该工程设计坝基建基高程为 768.6m，当河床覆盖层岩体完全开挖完成后至约 785m，在此开挖面布置钻孔（见图 5 – 41），孔深超过原设计高程，为 30m，进行综合物探检测方法，对坝基岩体质量进行超前预判，拟定最优建基面高程。岩溶地区影响大坝结构稳定最为重要的不利地质情况包括断层、隐伏溶洞、溶缝、溶槽等现象，为此，必须通过综合物探检测技术对建基进行检测，包括单孔声波、声波 CT、钻孔原位变模测试、钻孔全景成像。

（3）开挖后（固灌前）物探检测。坝基及坝肩开挖至设计高程（边界）后进行物探检测，分析爆破松动（影响）范围，复核坝基岩体质量及相关力学与强度参数。

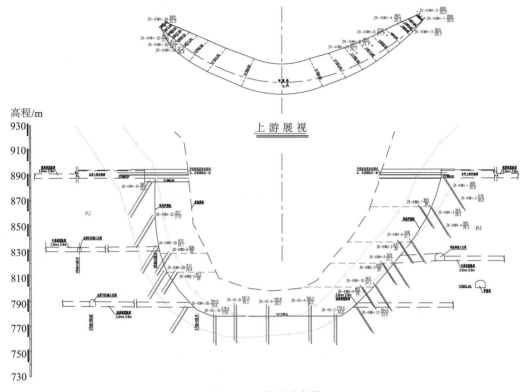

图 5－40　检测孔布置

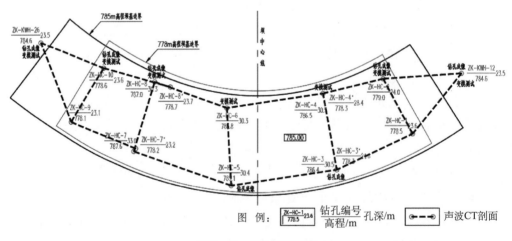

图 例：　钻孔编号／高程/m　　声波CT剖面

图 5－41　CT 剖面布置

对于两坝肩，随着窑洞式开挖面降低，在已开挖完成的建基面布置钻孔（见图 5－42），通过单孔声波、声波 CT、钻孔原位变模测试、钻孔全景成像检测方法，检测坝肩岩体质量。在河床坝基部位，通过超前预判综合物探检测，拟定合适的建基面高程，在施工时为保护建基岩体进行小药量薄层开挖方式，通过现场地质情况及物探检测成果的综合分析，评价整个建基面岩体质量。

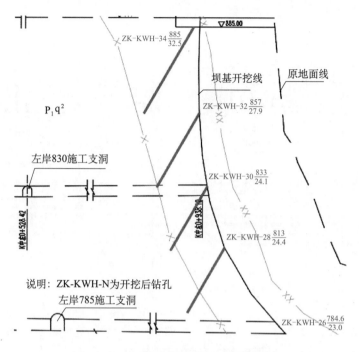

图5-42　坝肩开挖后岩体质量检测布置

5.2.3　检测成果

5.2.3.1　开挖前检测

开挖前单孔声波测试在坝肩开挖过程中实施，测试成果（见图5-43、图5-44）及时反馈给工程施工单位，指导调整爆破参数。

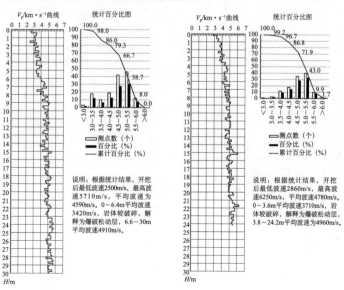

图5-43　左岸爆破松弛测试成果

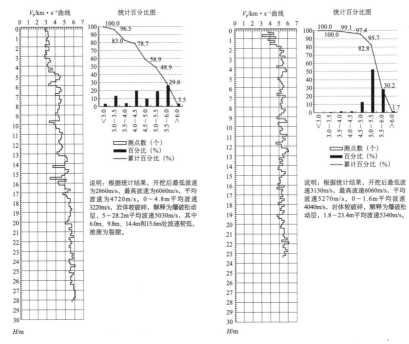

图 5-44　右岸爆破松弛测试成果

根据声波成果，以 3800~4200m/s 之间出现明显拐点作为判断爆破松动（影响）圈的特征点，爆破松动（影响）圈孔内深度为 2.2~5.8m，平均波速为 2720~3200m/s，爆破松动（影响）圈以下平均波速为 4870~5190m/s。爆破松动（影响）圈垂向厚度为 1.9~5.0m（见表 5-4）。随着开挖高程降低及爆破参数调整，爆破质量得到提高。

表 5-4　开挖前声波检测爆破松动层统计

序号	钻孔编号	孔口高程/m	爆破松动层检测参数			松动层以下平均波速/ m·s^{-1}
			钻孔深度/m	径向深度/m	平均波速/ m·s^{-1}	
1	ZK-KWQ-1	右岸 865	5.8	5.0	3170	4940
2	ZK-KWQ-2	右岸 837	4.4	3.8	3200	5140
3	ZK-KWQ-3	右岸 820	3.4	2.9	2720	5140
4	ZK-KWQ-4	右岸 802	2.8	2.4	3150	5190
5	ZK-KWQ-5	左岸 813	2.2	1.9	2940	4870
6	ZK-KWQ-6	左岸 828	3.4	2.9	2930	4990

5.2.3.2　坝基检测

A　单孔声波检测

河床坝基声波测试如图 5-45 所示。

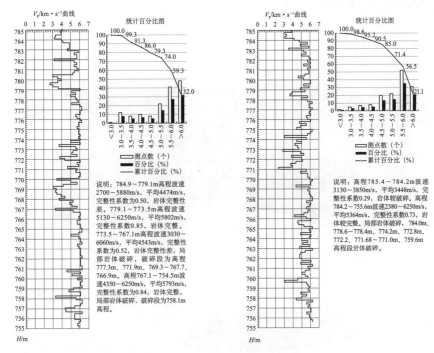

图 5－45　河床坝基测试成果

对所有钻孔的单孔声波波速值按高程进行分段统计分析，测试高程范围内，不同高程波速大于 4600m/s 的比例占 56.7%～95.8%，低比例出现在 779～780m，占 56.7%，随高程降低，波速大于 4600m/s 的比例上升并趋于平稳。由图 5－46 可以看出，小于 3800m/s 的波速主要分布于 778m 以上，分段比例在 12.5%～23.3% 之间，778m 以下小于 3800m/s 的波速比例小于 7.7%，且 778m 以下大于 4600m/s 的波速比例大于 87.2%，并呈上升趋势。

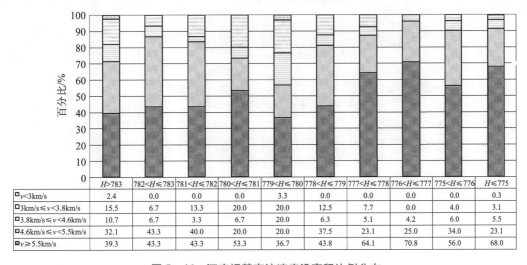

	$H > 783$	$782 < H \leqslant 783$	$781 < H \leqslant 782$	$780 < H \leqslant 781$	$779 < H \leqslant 780$	$778 < H \leqslant 779$	$777 < H \leqslant 778$	$776 < H \leqslant 777$	$775 < H \leqslant 776$	$H \leqslant 775$
$v < 3km/s$	2.4	0.0	0.0	0.0	3.3	0.0	0.0	0.0	0.0	0.3
$3km/s \leqslant v < 3.8km/s$	15.5	6.7	13.3	20.0	20.0	12.5	7.7	0.0	4.0	3.1
$3.8km/s \leqslant v < 4.6km/s$	10.7	6.7	3.3	6.7	20.0	6.3	5.1	4.2	6.0	5.5
$4.6km/s \leqslant v < 5.5km/s$	32.1	43.3	40.0	20.0	20.0	37.5	23.1	25.0	34.0	23.1
$v \geqslant 5.5km/s$	39.3	43.3	43.3	53.3	36.7	43.8	64.1	70.8	56.0	68.0

图 5－46　河床坝基声波速度沿高程比例分布

B 声波 CT 及三维建模

对河床坝基所有声波 CT 进行反演、三维建模，建立坝基声波波速三维分布情况，如图 5 – 47、图 5 – 48 所示。

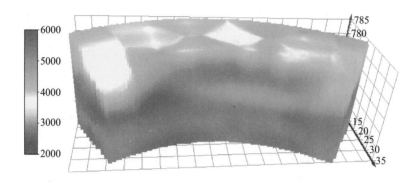

图 5 – 47 河床坝基声速分布三维模型

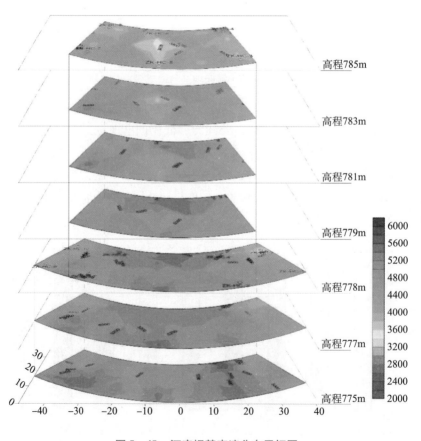

图 5 – 48 河床坝基声速分布平切图

坝基 785m 以下测试范围内声波波速在 3100 ~ 6000m/s 之间，坝基岩体未发现较大规模岩溶现象。除表面爆破松动层或爆破裂隙波速较低外，测试范围内存在局部低波速

区域，波速范围在 3300~4600m/s，为破碎区域或夹层

C 钻孔全景成像

从钻孔全景成像图 5-49 中可见，部分孔段裂隙、夹层较为发育。ZK-HC-3 孔在高程 778.6m、ZK-HC-5 号孔在 778.2m 高程以上和 772~766.5m 高程岩体破碎段较为集中。

D 钻孔原位变模测试

对河床下游侧 5 个钻孔进行变模测试，测试点距为 5m 左右，共计获取 24 个测点变模值（见表 5-5、表 5-6）。河床坝基岩体为 P_1q^2 灰岩，钻孔变模为 3.8~24.9GPa，平均为 15.8GPa。

N K S V N N K S V N N K S V N N K S V N

图 5-49 坝基 ZK-HC-3 钻孔全景成像测试成果

表 5-5 坝基钻孔变模测试统计表

孔号	高程/m	地层岩性	波速/$m \cdot s^{-1}$	变模/GPa	孔号	高程/m	地层岩性	波速/$m \cdot s^{-1}$	变模/GPa
ZK-HC-2	774.0	P_1q^2 灰岩	5630	19.0	ZK-HC-4	785.5	P_1q^2 灰岩	5440	15.2
	769.0		5720	19.2		781.5		4506	7.2
	764.0		5430	16.2		776.5		5290	13.2
	759.0		5290	15.7		771.5		6026	24.9
	—		—	—		766.5		4908	10.1
	—		—	—		761.5		5628	16.4
ZK-HC-6	779.8	P_1q^2 灰岩	5478	14.6	ZK-HC-8	782.0	P_1q^2 灰岩	5794	17.6
	774.8		5918	18.9		777.0		6026	24.8
	770.8		3568	3.8		772.0		4420	7.9
	765.8		6026	24.3		767.0		5658	15.4
	761.8		5410	14.7		762.0		5092	12.1
ZK-HC-10	775.0	P_1q^2 灰岩	4440	10.8		—	—	—	—
	770.0		5500	16.6		—		—	—
	765.0		5440	18.2		—		—	—
	760.0		5780	22.3		—		—	—

表5-6 坝基钻孔变模分段统计

高程范围/m		785.5~779.8	777.0~774.0	772.0~769.0	767.0~764.0	762.0~759.0
变模/GPa	区间	7.2~17.6	10.8~24.8	3.8~24.9	10.1~24.3	12.1~22.3
	平均	13.7	17.3	14.5	16.8	16.2

5.2.3.3 开挖后检测

坝基及坝肩开挖至设计高程（边界）后进行物探检测，分析爆破松动（影响）范围，复核坝基岩体质量及相关力学与强度参数。对于两坝肩，随着窑洞式开挖面降低，在已开挖完成的建基面布置钻孔，如图5-42所示，通过单孔声波、声波CT、钻孔原位变模测试、钻孔全景成像检测方法，检测坝肩岩体质量。在河床坝基部位，通过超前预判综合物探检测，拟定合适的建基面高程，在施工时为保护建基岩体进行小药量薄层开挖方式，通过现场地质情况及物探检测成果的综合分析，评价整个建基面岩体质量。

A 单孔声波

开挖后钻孔位于已开挖的坝基（肩）不同高程，垂直于坝基或角度不小于60°。根据单孔声波成果（见表5-7），以3800~4200m/s之间出现明显拐点作为判断爆破松动（影响）圈的特征点，爆破松动（影响）圈孔内深度为3.4~7.4m，平均波速为3160~3710m/s，爆破松动（影响）圈以下平均波速为4930~5260m/s。爆破松动（影响）圈垂向厚度为3.1~6.2m，随着开挖高程降低及爆破参数调整，爆破松动（影响）圈厚度减小。

表5-7 开挖后单孔声波测试爆破松动层统计

序号	钻孔编号	孔口高程/m	爆破松动层检测参数			松动层以下平均波速/m·s⁻¹
			钻孔深度/m	垂向厚度/m	平均波速/m·s⁻¹	
1	ZK-KWH-1	右岸888	4.6	6.2	3700	5130
2	ZK-KWH-2	右岸888	5.8	6.1	3160	5080
3	ZK-KWH-3	右岸865	4.8	3.7	3220	5030
4	ZK-KWH-4	右岸865	5.6	3.7	3710	5140
5	ZK-KWH-6	右岸838	3.6	3.2	3430	5260
6	ZK-KWH-8	右岸820	3.6	3.3	3580	5240
7	ZK-KWH-10	右岸803	3.4	3.2	3700	5200
8	ZK-KWH-28	左岸813	3.6	3.1	3710	4960
9	ZK-KWH-30	左岸833	6.4	4.1	3630	5020
10	ZK-KWH-32	左岸857	7.4	4.1	3550	4960
11	ZK-KWH-34	左岸885	6.4	5.0	3420	4930

B　声波 CT

根据声波 CT 测试成果，除爆破松动（影响）圈以外，波速 4000～5300m/s，坝肩岩体未发现明显溶蚀、溶洞（波速低于 3000m/s），整体较完整；左岸 808.6～813.0m、深度 5.9～8.0m，右岸 816.0～821.0m、深度 5.6～10.4m 存在局部破碎区域（波速 3000～4000m/s）；河床部分左岸高程 772m、右岸高程 763m 存在局部岩体破碎区或夹层，如图 5-50 所示。

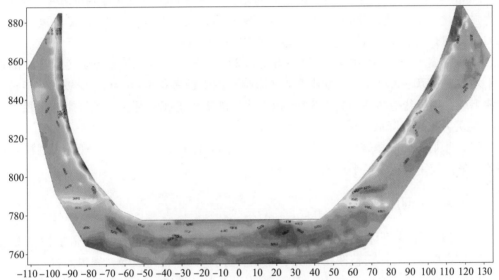

图 5-50　坝基开挖后 CT 测试成果

根据声波 CT 成果，将坝肩爆破松动（影响）半径按高程 5m 一段，分段进行统计，爆破影响半径随高程下降呈减小趋势，785m 以下按保护层开挖，爆破影响半径在 1m 左右；爆破影响半径较大值出现在坝肩开挖初期，高程 830m 以上或与灌浆廊道相交部位，爆破影响半径大于 3m。

C　钻孔原位变模测试

通过坝肩 39 组孔内原位变模测试（河床部位钻孔原位测试后进行了保护

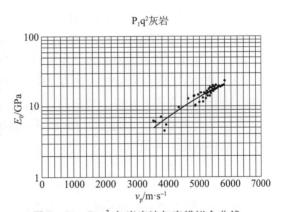

图 5-51　P_1q^2 灰岩声波与变模拟合曲线

层开挖，因此不作为拟合样本），结合相应钻孔的声波测试成果，在有限的数据基础上，建立起本工区测试段钻孔变模与声波速度的关系，如图 5-51 所示。

通过幂函数拟合，得出坝址区 P_1q^2 灰岩声波与变模的拟合关系，见式（5-1）。

$$E_0 = 4.248\ 797 \times 10^{-10} \times v_p^{2.839\ 462} \tag{5-1}$$

相关系数 $R^2 = 0.868\ 696$，波速拟合范围 3540～5790m/s，在一定波速范围内，可用声波波速估算变模。

5.2.4　检测结论

5.2.4.1　左右岸坝肩

（1）左岸窑洞起始桩号为67m，67～72m之间为弱风化，地震波速平均为3650m/s；72～118m为微风化，地震波速平均为5080m/s。右岸窑洞起始桩号为74m，74～79m之间为强风化，地震波速平均为3150m/s；79～88m之间为弱风化，地震波速平均为4200m/s。88～125m为微风化，地震波速平均为5070m/s。

（2）坝肩爆破松动（影响）圈平均波速2720～3710m/s，爆破松动（影响）圈以下平均波速4870～5260m/s。爆破松动（影响）圈半径为0.8～6.2m。爆破影响半径较大值出现在坝肩开挖初期，高程830m以上或与灌浆廊道相交部位，爆破影响半径大于3m。随着开挖高程降低及爆破参数调整，爆破松动（影响）圈厚度减小。

（3）坝肩岩体除爆破松动（影响）圈及局部岩体破碎以外，未发现较大规模岩溶现象，整体较完整；变模平均值14.1GPa。

5.2.4.2　河床坝基

（1）河床坝基岩体单孔声波波速在2380～6250m/s之间，平均完整性系数在0.28～0.88之间，岩体完整性在较破碎－完整之间，局部岩体破碎，裂隙发育。岩体破碎，裂隙发育孔段主要分布在ZK－HC－3的784.4～778.4m高程和763.8～760.6m高程、ZK－HC－4的785.3～778.1m高程、ZK－HC－5的784.9～779.1m高程和773.5～767.1m高程，以及ZK－HC－6的776.0～768.8m高程范围内；小于3800m/s的波速主要分布于778m以上，778m以下大于4600m/s的波速比例大于87.2%。

（2）河床坝基钻孔变模值在3.8～24.9GPa之间，平均为15.8GPa。

（3）声波CT测试声波波速值在3100～6000m/s之间，未发现较大规模岩溶现象；在测试剖面表面存在爆破裂隙或破碎区域，在高程770m左右存在破碎区域或夹层。

从钻孔成像结果看，高程778m以下岩体整体较完整，部分孔段裂隙、夹层较为发育，夹层多夹泥，并涌水。

5.3　双江口水电站砾石土心墙坝基础质量检测

5.3.1　工程概况

双江口水电站是大渡河流域水电规划3库22级开发方案的第5级。双江口水电站采用坝式开发，开发任务以发电为主。水库总库容为28.97亿 m^3，调节库容19.17亿 m^3。电站装机容量200万 kW。

工程区地震烈度为Ⅶ度。坝址区两岸山体雄厚，河谷深切，谷坡陡峻；出露地层岩性主要为似斑状黑云钾长花岗岩和二云二长花岗岩。河床覆盖层一般厚48～57m，最大厚度达67.8m。基本地质条件好，经相应工程处理后具备修建300m级高坝的地形地质条件。双江口水电站工程为一等大（1）型工程。枢纽工程由拦河大坝、泄洪建筑物、引水发电系统等组成。拦河土质心墙堆石坝，最大坝高312m，坝顶高程2510.00m。泄水建筑物包括洞式溢洪道、直坡泄洪洞、竖井泄洪洞和放空洞，其中洞式溢洪道、直坡泄洪洞及利用2号导流洞改建的放空洞位于右岸，利用3号导流洞改建的竖井泄洪洞位于左岸。引水发电系统布置于左岸，发电厂房采用地下式。双江口水电站枢纽布置图如图5-52所示。

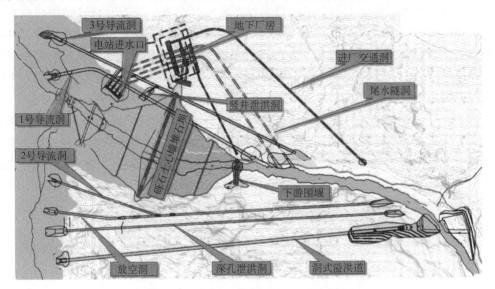

图5-52 双江口水电站枢纽布置平面图

坝轴线布置于上坝址横Ⅲ勘探线下游30m处，河谷左岸地形稍缓，右岸地形较陡，河谷形态为略不对称的Ⅴ形谷，正常蓄水位2500m高程，谷宽589m。两岸地形较完整，无大的冲沟切割。

大坝心墙部位及两岸堆石区坝基岩体均为似斑状黑云钾长花岗岩，岩石致密坚硬较完整，岩体风化较弱。除大坝心墙部位外，上、下游堆石区河床均为覆盖层坝基。河床覆盖层一般厚48～57m，最大厚度67.8m，从下至上（由老至新）可分为3层：第①层为漂卵砾石层，第②层为（砂）卵砾石层，第③层为漂卵砾石层。

左岸坝肩边坡总长约300m，总体走向N50°～60°W，自然坡度35°～53°，下游侧为崩坡积物覆盖，崩坡积物厚度10.1～32.70m。2600m高程以上基岩裸露，大部分区域为光壁，产状N40°～80°W/SW∠20°～50°。岩性为可尔因花岗岩杂岩体——燕山早期木足渡似斑状黑云钾长花岗岩。无区域性断裂通过，地质构造以次级小断层、节理裂隙为主。

右岸坝肩基岩裸露，坡段总长约340m，总体走向N65°～75°W，自然坡度一般45°～60°，2400.00m高程以下基岩陡壁坡度达70°～75°，坡脚上、下游分布倒石堆，为块碎石层，大小混杂，结构松散，稳定性差。右岸基岩主要为木足渡似斑状黑云钾长花岗岩。右岸坝肩虽发育规模较大的F_1断层，但其产状陡立。此外，右岸边坡岩体中其他结构面和岩脉较发育。

5.3.2 检测方法与工作布置

（1）心墙建基面爆破振动监测。根据大渡河双江口水电站坝肩边坡及河床基坑开挖支护施工技术要求，为防止爆破造成建基岩体较大损伤，在爆破开挖过程中，需进行爆破振动监测，通过监测成果不断优化爆破参数。

（2）心墙建基面爆破松弛深度检测。依据双江口水电站大坝心墙混凝土盖板基础开挖质量控制标准，鉴于大坝心墙的重要性，需对其混凝土盖板基础开挖提出较高标准，严格控制开挖质量，保证大坝安全。明确要求对大坝心墙混凝土盖板左岸 2340m 高程、右岸 2360m 高程以下建基面岩体进行爆前、爆后波速测试。爆破质量控制标准为：距离建基面 1m、2m、5m 范围内的岩体爆前、爆后声波波速衰减率不得大于 10%，否则判断为爆破破坏。

（3）河床心墙基础岩体质量物探检测。根据双江口水电站对河床心墙基础检测设计要求，河床心墙基础已经开挖揭露出较完整的花岗岩，岩体缓倾角裂隙较发育，在地表发现有新增开裂和裂隙扩展现象，属于上覆深厚覆盖层被挖除后高地应力在河床底部集中引起基底岩体的卸荷回弹。为了更加准确地探知上述河床心墙基础面的卸荷深度，合理地确定固结灌浆深度，需对其补充进行孔内成像及声波测试。测试孔合计 9 个孔，孔深 10~20m，方向沿基础面法向方向（垂直基础面）设置。

（4）心墙松弛深度长观检测。依据双江口水电站对大坝建基心墙基础进行物探长观检测，鉴于大坝填筑周期长，左岸高边坡暴露时间长，且已逐渐出现明显的卸荷现象，特别是廊道两侧岩体松弛明显，卸荷裂缝的延伸、间距及张开度均在扩展，为掌握大坝填筑前、后心墙地基岩体的松弛卸荷发展情况，需对其进行物探长期观测，分析心墙岩体松弛时效效应。如图 5-53 所示，钻孔布置沿左右岸齿槽每 40m 高程布置一个钻孔，孔深 20~25m，钻孔方向沿基础面法向方向。每 3 个月进行一次钻孔声波及钻孔全景图像检测。

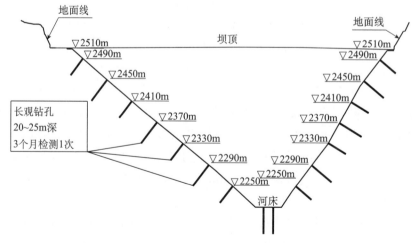

图 5-53 心墙建基面长观松弛深度检测钻孔

5.3.3　检测成果

5.3.3.1　心墙建基面爆破地震效应分析

在大坝两岸坝肩边坡开挖过程中，承建方进行多次爆破试验，试验过程中进行爆破振动监测，通过监测成果反馈逐步优化爆破参数，使爆破质量得到最优控制。两岸坝肩边坡爆破振动监测主要成果见表 5－8。

表 5－8　两岸坝肩边坡爆破振动监测主要成果

序号	爆破梯段	主要成果
1	左坝肩心墙下游侧高程 2340m	1～3 号监测点振动速度最大分别为 7.905cm/s、5.074cm/s、3.495cm/s，各个质点爆破振动成果均符合安全允许标准值
2	右坝肩上游侧边坡 2340～2330m 高程	1～10 号监测点振动速度最大分别为 37.354cm/s、8.692cm/s、8.693cm/s、0.436cm/s、0.168cm/s、23.641cm/s、6.629cm/s、2.981cm/s、1.453cm/s、2.624cm/s，局部超过设计标准
3	右坝肩心墙上游侧边坡 2330～2320m 高程	1～10 号监测点振动速度最大分别为 7.469cm/s、5.467cm/s、8.941cm/s、0.424cm/s、0.275cm/s、25.430cm/s、4.118cm/s、3.396cm/s、2.160cm/s、1.934cm/s，局部超过设计标准
4	右坝肩心墙下游侧边坡 2330～2320m 高程	1～10 号监测点振动速度最大分别为 14.571cm/s、6.746cm/s、2.553cm/s、0.241cm/s、0.125cm/s、13.723cm/s、11.872cm/s、3.624cm/s、1.350cm/s、16.713cm/s，局部超过设计标准
5	右坝肩心墙下游侧高程 2320m	1～10 号监测点振动速度最大分别为 10.910cm/s、5.467cm/s、1.954cm/s、0.229cm/s、0.212cm/s、26.695cm/s、9.584cm/s、2.825cm/s、2.702cm/s、8.875cm/s，局部超过设计标准
6	右坝肩心墙下游侧高程 2310m	1～10 号监测点振动速度最大分别为 3.544cm/s、2.543cm/s、1.903cm/s、0.328cm/s、0.109cm/s、17.122cm/s、2.816cm/s、3.378cm/s、1.664cm/s、1.620cm/s，局部超过设计标准
7	右坝肩心墙下游侧高程 2300m	1～10 号监测点振动速度最大分别为 2.090cm/s、0.152cm/s、0.705cm/s、3.879cm/s、0.182cm/s、6.949cm/s、1.223cm/s、0.923cm/s、0.815cm/s、1.493cm/s，各个质点爆破振动成果均符合安全允许标准值
8	左坝肩心墙上游侧 2285.6m	1～10 号监测点振动速度最大分别为 10.301cm/s、2.440cm/s、2.884cm/s、1.405cm/s、1.010cm/s、6.129cm/s、4.036cm/s、5.926cm/s、1.684cm/s、0.677cm/s，局部超过设计标准
9	右坝肩心墙上游侧 2300m	1～10 号监测点振动速度最大分别为 7.465cm/s、1.579cm/s、2.647cm/s、0.448cm/s、0.239cm/s、1.893cm/s、1.949cm/s、1.100cm/s、1.624cm/s、1.185cm/s，各个质点爆破振动成果均符合安全允许标准值
10	右坝肩心墙下游侧 2295m	1～10 号监测点振动速度最大分别为 3.655cm/s、2.714cm/s、3.415cm/s、0.206cm/s、0.179cm/s、11.017cm/s、4.095cm/s、3.966cm/s、0.572cm/s、3.068cm/s，局部超过设计标准

序号	爆破梯段	主要成果
11	右坝肩心墙下游侧 2287.5m	1~10 号监测点振动速度最大分别为 1.096cm/s、1.244cm/s、0.812cm/s、 0.789cm/s、 0.399cm/s、 8.463cm/s、 3.383cm/s、1.478cm/s、1.431cm/s、1.409cm/s，各个质点爆破振动成果均符合安全允许标准值
12	左岸坝肩心墙上游侧高程 2250~2242m	1~10 号监测点振动速度最大分别为 5.954cm/s、5.570cm/s、0.406cm/s、 0.667cm/s、 0.165cm/s、 1.811cm/s、 3.442cm/s、1.244cm/s、1.498cm/s、1.678cm/s，各个质点爆破振动成果均符合安全允许标准值
13	右坝肩心墙上游侧高程 2257.5~2250m	1~10 号监测点振动速度最大分别为 15.228cm/s、4.655cm/s、2.087cm/s、 2.547cm/s、 2.108cm/s、 33.127cm/s、 22.717cm/s、6.572cm/s、5.845cm/s、5.447cm/s，局部超过设计标准
14	左坝肩心墙上游侧高程 2220.0~2212.5m	1~10 号监测点振动速度最大分别为 6.68cm/s、3.49cm/s、5.37cm/s、16.45cm/s、 11.79cm/s、 13.62cm/s、 5.27cm/s、 8.80cm/s、3.80cm/s、1.59cm/s，局部超过设计标准
15	左岸心墙下游侧高程 2212.5~2205.0m	1~5 号监测点振动速度最大分别为 11.13cm/s、6.99cm/s、9.74cm/s、7.42cm/s、5.76cm/s，局部超过设计标准
16	右岸心墙上游侧高程 2207.0~2198.0m	1~3 号监测点振动速度最大分别为 6.57cm/s、3.82cm/s、3.73cm/s，各个质点爆破振动成果均符合安全允许标准值

心墙建基面爆破开挖过程中，通过爆破振动监测反馈爆破效果，控制对建基面岩体的扰动，期间局部爆破梯段振动速度超过设计标准，通过及时优化爆破参数，有效控制了爆破质量。

5.3.3.2 心墙建基面爆破松弛深度分析

为跟踪大坝建基开挖爆破质量，不断优化爆破参数，大坝心墙混凝土盖板基础开挖，按爆破梯段布置声波检测孔组，分别进行爆前爆后声波检测，检测孔深入建基面5m，方向垂直于建基面。爆破质量控制标准为：距建基面 1m、2m、5m 范围内的爆前、爆后声波波速衰减率不得大于 10%，否则判断为爆破破坏。

A 左坝肩高程 2340m 以下爆破松弛深度

左坝肩爆破松弛深度 0.4~1.9m，总体平均 1.0m，爆破松弛层波速 3542~4847m/s，平均波速 4087m/s，松弛深度以下波速 3910~5410m/s，平均波速 4680m/s。建基面 0~1m 范围内平均波速衰减率 4.5%~12.3%，1~2m 范围内平均波速衰减率 0.5%~3.1%，2~5m 范围内平均波速衰减率 0.1%~0.6%，局部超过设计控制标准。随着爆破开挖，及时调整爆破参数，最终爆破松弛深度稳定在 1.0m 左右，波速衰减率在设计控制标准以内。左坝肩爆后声波波速随深度的关系如图 5-54 所示。

由统计结果可以看出：

（1）左坝肩高程 2340m 以下在建基面深度 0.5m 范围以内，波速小于 4000m/s 的比

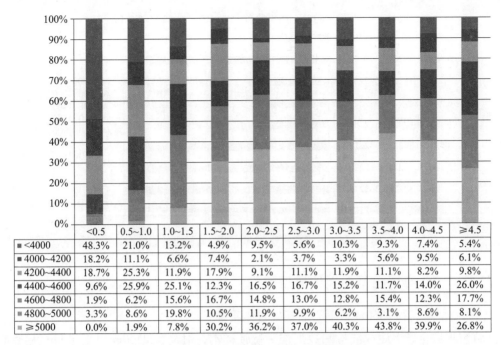

	<0.5	0.5~1.0	1.0~1.5	1.5~2.0	2.0~2.5	2.5~3.0	3.0~3.5	3.5~4.0	4.0~4.5	≥4.5
■ <4000	48.3%	21.0%	13.2%	4.9%	9.5%	5.6%	10.3%	9.3%	7.4%	5.4%
■ 4000~4200	18.2%	11.1%	6.6%	7.4%	2.1%	3.7%	3.3%	5.6%	9.5%	6.1%
■ 4200~4400	18.7%	25.3%	11.9%	17.9%	9.1%	11.1%	11.9%	11.1%	8.2%	9.8%
■ 4400~4600	9.6%	25.9%	25.1%	12.3%	16.5%	16.7%	15.2%	11.7%	14.0%	26.0%
■ 4600~4800	1.9%	6.2%	15.6%	16.7%	14.8%	13.0%	12.8%	15.4%	12.3%	17.7%
■ 4800~5000	3.3%	8.6%	19.8%	10.5%	11.9%	9.9%	6.2%	3.1%	8.6%	8.1%
■ ≥5000	0.0%	1.9%	7.8%	30.2%	36.2%	37.0%	40.3%	43.8%	39.9%	26.8%

图 5-54 左坝肩高程 2340m 以下波速随深度概率分布

例占 48.3%。随着深度增加，低波速占比减小。深度 1.0~1.5m 时，波速小于4000m/s 的比例占 13.2%；深度 1.5~2.0m 时，波速小于4000m/s 的比例仅占 4.9%；之后波速小于 4000m/s 的比例基本小于 10%。

（2）左坝肩高程 2340m 以下在建基面深度 0.5m 范围以内，波速小于 4400m/s 的比例占 85.2%；深度 1.0~1.5m 时，波速小于 4400m/s 的比例占 31.7%；深度 1.5~2.0m 时，波速小于 4400m/s 的比例占 30.2%；深度 2.0~2.5m 时，波速小于 4400m/s 的比例占 20.6m/s；之后波速小于 4400m/s 的比例在 20% 上下浮动。

（3）由于爆破声波检测孔孔深为 5m，统计样本孔深较浅，统计结果显示在 5m 范围内波速小于 4000m/s 和小于 4500m/s 的测点均占一定比例。

为分析波速沿开挖高程分布特点，根据爆破松弛深度检测梯段，分别统计每梯段的波速分布进行，如图 5-55 所示。

由统计结果可以看出，左坝肩高程 2235m 以上梯段，波速大于 4600m/s 的占 76%~88.7%；随着爆破梯段下降，波速小于 4000m/s 的比例增加，占16.1%~46.7%。

B 右坝肩高程 2360m 以下爆破松弛深度

右坝肩爆破松弛深度 0.4~1.6m，总体平均 1.1m，爆破松弛层波速 3589~4791m/s，平均波速 4438m/s；松弛深度以下波速 3878~5510m/s，平均波速 5141m/s。建基面 0~1m 范围内平均波速衰减率 5.2%~9.1%，1~2m 范围内平均波速衰减率 0.2%~2.8%，2~5m 范围内平均波速衰减率 0%~1.2%，满足设计控制标准。随着爆破开挖，及时调整爆破参数，最终爆破松弛深度稳定在 1.0m 左右。

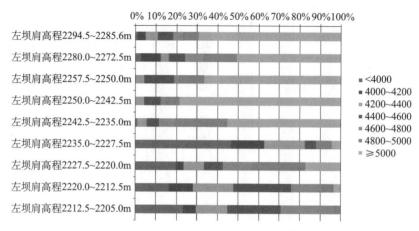

图 5-55　左坝肩高程 **2340m** 以下各梯段波速分布

5.3.3.3　心墙建基面岩体质量评价

A　右坝肩高程 2360m 以下心墙基础岩体质量

将右坝肩全部爆后声波检测数据作为统计样本，对高程 2360m 以下进行全局综合分析，如图 5-56 所示。由统计结果可以看出：

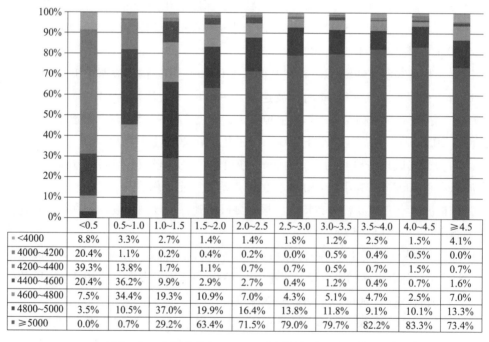

图 5-56　右坝肩高程 **2360m** 以下波速随深度概率分布

（1）右坝肩高程 2360m 以下在建基面深度 0.5m 范围以内，波速小于 4000m/s 的比例占 8.8%。随着深度增加，低波速占比减小。深度 0.5~1.0m 时，波速小于 4000m/s 的比例占 3.3%；之后波速小于 4000m/s 的比例基本小于 5%。

（2）右坝肩高程 2360m 以下在建基面深度 0.5m 范围以内，波速小于 4400m/s 的比例占 68.6%；深度 1.0～1.5m 时，波速小于 4400m/s 的比例占 4.6%；之后波速小于 4400m/s 的比例基本小于 5%。

（3）由于爆破声波检测孔孔深为 5m，统计样本孔深较浅，统计结果显示在 5m 范围内波速小于 4000m/s 和小于 4500m/s 的测点均占一定比例。

为分析波速沿开挖高程分布特点，根据爆破松弛深度检测梯段，分别统计每梯段的波速分布进行，如图 5 - 57 所示。

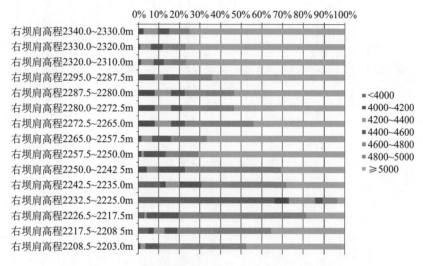

图 5 - 57　右坝肩高程 2360m 以下各梯段波速分布

由统计结果可以看出，右坝肩高程 2250m 以上梯段，波速大于 5000m/s 的占 44%～77.1%；随着爆破梯段下降，波速小于 5000m/s 的比例增加，占 52.6%～96.5%。

B　河床心墙基础岩体质量

河床心墙基础岩体质量检测钻孔布置及孔深如图 5 - 58 所示。

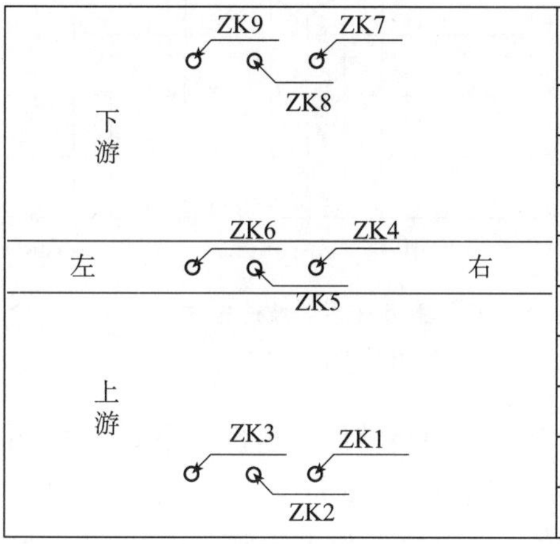

孔号	孔深/m
ZK1	10
ZK2	10
ZK3	10
ZK4	20
ZK5	20
ZK6	20
ZK7	10
ZK8	10
ZK9	10

图 5 - 58　河床心墙基础岩体质量检测钻孔布置及孔深参数

各孔波速曲线如图 5 - 59～图 5 - 61 所示。

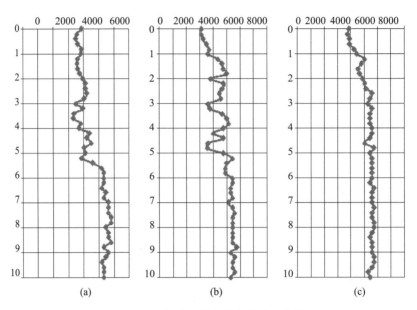

图 5 - 59　河床心墙上游断面波速曲线

（a）ZK3；（b）ZK2；（c）ZK1

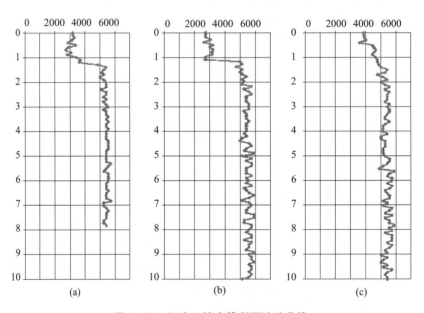

图 5 - 60　河床心墙齿槽断面波速曲线

（a）ZK6；（b）ZK5；（c）ZK4

　　通过声波曲线可以看出，各孔存在较明显的低波速带，根据波速分段统计，低波速带深度在 1.4～5.4m 之间，平均波速 2654～4740m/s，低波速带以下平均波速 5366～5574m/s。低波速带岩体完整性破碎 - 较完整，为岩体风化或卸荷松弛带。将河床基础声波检测数据作为统计样本，对河床基础进行全局综合统计分析，如图 5 - 62 所示。

　　从统计结果可以看出：

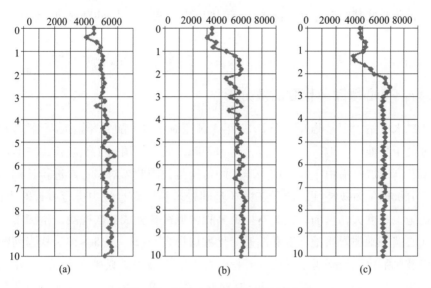

图5-61　河床心墙下游断面波速曲线

（a）ZK9；（b）ZK8；（c）ZK7

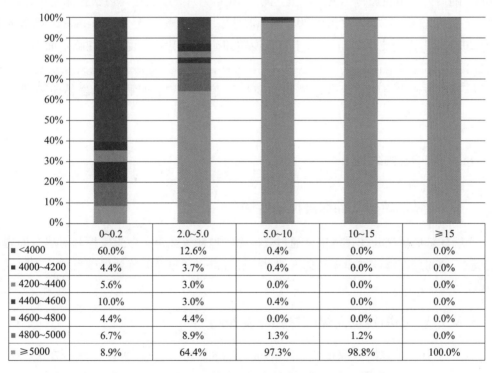

	0~0.2	2.0~5.0	5.0~10	10~15	≥15
■ <4000	60.0%	12.6%	0.4%	0.0%	0.0%
■ 4000~4200	4.4%	3.7%	0.4%	0.0%	0.0%
■ 4200~4400	5.6%	3.0%	0.0%	0.0%	0.0%
■ 4400~4600	10.0%	3.0%	0.4%	0.0%	0.0%
■ 4600~4800	4.4%	4.4%	0.0%	0.0%	0.0%
■ 4800~5000	6.7%	8.9%	1.3%	1.2%	0.0%
■ ≥5000	8.9%	64.4%	97.3%	98.8%	100.0%

图5-62　河床心墙基础物探检测波速随深度概率分布

（1）河床心墙基础在建基面深度2m范围以内，波速小于4000m/s的比例占60.0%。随着深度增加，低波速占比减小。深度2.0~5.0m时，波速小于4000m/s的比例占12.6%；深度5.0~10.0m时，波速小于4000m/s的比例仅占0.4%；深度10m之后波速小于4000m/s的比例基本为0。

（2）河床心墙基础在建基面深度 2m 范围以内，波速小于 4400m/s 的比例占 70.0%；深度 2.0~5.0m 时，波速小于 4400m/s 的比例占 19.3%；深度 5.0~10.0m 时，波速小于 4400m/s 的比例占 0.8%；深度 10m 之后波速小于 4400m/s 的比例基本为 0。

5.3.3.4　心墙卸荷松弛时效分析

双江口水电站大坝基础开挖于 2019 年 3 月完成验收，随后开始进入大坝填筑阶段。由于工区处于高地应力地区，最大应力达 38MPa，而大坝填筑工期较长，左右岸坡开挖形成的岩石高边坡极易由于高地应力产生卸荷松弛，因此需对左右岸进行长期的松弛深度检测，分析松弛时效特征，便于在大坝基础处理和填筑过程中进行有针对性的处理。由于钻孔施工难度大，目前，仅左右岸低高程区域钻孔完成数次检测，检测工作仍在持续。大坝心墙基础围岩松弛深度和波速变化数据见表 5-9、表 5-10。从当前统计结果并结合爆破松弛检测结果可以看出，开挖阶段左右岸坡爆破松弛深度在 1m 左右，爆破开挖阶段集中在 2018 年，2019 年初开挖较少，到 2019 年 9 月，历经不到一年后，河床松弛深度达到 7.2~8.4m，产生了明显的卸荷回弹。到 2020 年 7 月河床松弛深度达到 9.0m，随后大坝填筑进行了覆盖压重。到 2020 年 7 月，左右岸岸坡松弛深度达到2.8~4.2m，随后 ZKC-Z2250 钻孔在 2020 年 12 月松弛深度变化至 18.0m，ZKC-Y2290 钻孔在 2021 年 1 月变化至 7.6m。以上特征说明卸荷松弛现象多数集中在临空面形成后一年之内，局部持续时间较长。截至 2022 年 3 月，已施工的钻孔松弛深度没有明显变化，松弛层波速没有明显降低，说明卸荷松弛趋于稳定，且松弛层岩体没有进一步劣化。

5.3.4　检测结论

5.3.4.1　心墙建基面爆破振动监测

心墙建基面爆破开挖过程中，通过爆破振动监测反馈爆破效果，控制对建基面岩体的扰动，期间局部爆破梯段振动速度超过设计标准，通过及时优化爆破参数，有效控制了爆破质量。

5.3.4.2　心墙建基面爆破松弛深度检测

（1）左坝肩爆破松弛深度 0.4~1.9m，总体平均 1.0m，爆破松弛层波速 3542~4847m/s，平均波速 4087m/s；松弛深度以下波速 3910~5410m/s，平均波速 4680m/s。建基面 0~1m 范围内平均波速衰减率 4.5%~12.3%，1~2m 范围内平均波速衰减率 0.5%~3.1%，2~5m 范围内平均波速衰减率 0.1%~0.6%，局部超过设计控制标准。随着爆破开挖，及时调整爆破参数，最终爆破松弛深度稳定在 1.0m 左右，波速衰减率在设计控制标准以内。

表 5 - 9　大坝心墙基础围岩松弛深度统计

观测时间	ZKC-Z2490	ZKC-Z2450	ZKC-Z2410	ZKC-Z2370	ZKC-Z2330	ZKC-Z2290	ZKC-Z2250	HJ3-1	HJ14-3	ZKC-Y2250	ZKC-Y2290	ZKC-Y2330	ZKC-Y2370	ZKC-Y2410	ZKC-Y2450	ZKC-Y2490
2019.9	—	—	—	—	—	—	—	8.4	7.2	—	—	—	—	—	—	—
2019.12	—	—	—	—	—	—	—	—	8.6	—	—	—	—	—	—	—
2020.3	—	—	—	—	—	—	—	—	8.6	—	—	—	—	—	—	—
2020.7	—	—	—	—	—	4.2	2.8	—	9.0	3.4	4.0	—	—	—	—	—
2020.10	—	—	—	—	2.6	4.2	—	—	—	—	4.0	3.0	—	—	—	—
2020.12	—	—	—	—	—	—	18.0	—	—	4.0	—	—	—	—	—	—
2021.1	—	—	—	—	—	5.0	18.0	—	—	4.0	7.6	3.2	—	—	—	—
2021.3	—	—	—	—	5.4	7.6	18.6	—	—	6.8	7.8	3.8	2.2	—	—	—
2021.6	—	—	—	—	5.6	7.6	18.6	—	—	6.8	7.8	4.0	—	—	—	—
2021.9	6.8	—	—	—	5.8	7.6	18.6	—	—	6.8	7.8	4.0	2.4	—	—	—
2021.12	6.8	4.2	3.2	—	—	7.6	18.6	—	—	6.8	7.8	4.0	—	—	—	—
2022.3	6.8	4.2	3.2	—	—	7.6	—	—	—	—	7.8	4.0	2.4	—	—	—

表5-10 大坝心墙基础围岩松弛层平均波速统计

观测时间	ZKC-Z2490	ZKC-Z2450	ZKC-Z2410	ZKC-Z2370	ZKC-Z2330	ZKC-Z2290	ZKC-Z2250	HJ3-1	HJ14-3	ZKC-Y2250	ZKC-Y2290	ZKC-Y2330	ZKC-Y2370	ZKC-Y2410	ZKC-Y2450	ZKC-Y2490
2019.9	—	—	—	—	—	—	—	4010	4170	—	—	—	—	—	—	—
2019.12	—	—	—	—	—	—	—	—	4160	—	—	—	—	—	—	—
2020.3	—	—	—	—	—	—	—	—	4130	—	—	—	—	—	—	—
2020.7	—	—	—	—	—	3950	4490	—	4060	4480	4460	—	—	—	—	—
2020.10	—	—	—	—	2210	3800	—	—	—	—	4390	4150	—	—	—	—
2020.12	—	—	—	—	—	—	3570	—	—	3570	—	—	—	—	—	—
2021.1	—	—	—	—	—	3720	3670	—	—	3670	3000	3710	—	—	—	—
2021.3	—	—	—	—	2910	3460	3160	—	—	3160	2980	3610	3810	—	—	—
2021.6	—	—	—	—	2910	3410	3700	—	—	4260	2930	3600	—	—	—	—
2021.9	4150	—	—	—	2870	3410	3700	—	—	4260	2930	3600	3800	—	—	—
2021.12	4120	3810	3320	—	—	3410	3850	—	—	4230	2930	3590	—	—	—	—
2022.3	4140	3760	3300	—	—	3440	—	—	—	—	2910	3510	3790	—	—	—

（2）右坝肩爆破松弛深度 0.4~1.6m，总体平均 1.1m，爆破松弛层波速 3589~4791m/s，平均波速 4438m/s；松弛深度以下波速 3878~5510m/s，平均波速 5141m/s。建基面 0~1m 范围内平均波速衰减率 5.2%~9.1%，1~2m 范围内平均波速衰减率 0.2%~2.8%，2~5m 范围内平均波速衰减率 0%~1.2%，满足设计控制标准。随着爆破开挖，及时调整爆破参数，最终爆破松弛深度稳定在 1.0m 左右。

5.3.4.3　河床心墙基础岩体质量物探检测

（1）左坝肩高程 2340m 以下在建基面深度 0.5m 范围以内，波速小于 4000m/s 的比例占 48.3%。随着深度增加，低波速占比减小。深度 1.0~1.5m 时，波速小于 4000m/s 的比例占 13.2%；深度 1.5~2.0m 时，波速小于 4000m/s 的比例仅占 4.9%；之后波速小于 4000m/s 的比例基本小于 10%。建基面深度 0.5m 范围以内，波速小于 4400m/s 的比例占 85.2%；深度 1.0~1.5m 时，波速小于 4400m/s 的比例占 31.7%；深度 1.5~2.0m 时，波速小于 4400m/s 的比例占 30.2%；深度 2.0~2.5m 时，波速小于 4400m/s 的比例占 20.6m/s；之后波速小于 4400m/s 的比例在 20% 上下浮动。高程 2235m 以下波速有整体减小趋势。

（2）右坝肩高程 2360m 以下在建基面深度 0.5m 范围以内，波速小于 4000m/s 的比例占 8.8%。随着深度增加，低波速占比减小。深度 0.5~1.0m 时，波速小于 4000m/s 的比例占 3.3%；之后波速小于 4000m/s 的比例基本小于 5%。建基面深度 0.5m 范围以内，波速小于 4400m/s 的比例占 68.6%；深度 1.0~1.5m 时，波速小于 4400m/s 的比例占 4.6%；之后波速小于 4400m/s 的比例基本小于 5%。高程 2250m 以下波速有整体减小趋势。

（3）河床心墙基础存在较明显的低波速带，深度在 1.4~5.4m 之间，低波速带平均波速 2654~4740m/s，低波速带以下平均波速 5366~5574m/s，结合钻孔图像成果，低波速带岩体完整性破碎－较完整，为岩体风化或卸荷松弛带。河床心墙基础在建基面深度 2m 范围以内，波速小于 4000m/s 的比例占 60.0%；深度 2.0~5.0m 时，波速小于 4000m/s 的比例占 12.6%；深度 5.0~10.0m 时，波速小于 4000m/s 的比例仅占 0.4%；深度 10m 之后波速小于 4000m/s 的比例基本为 0。深度 2m 范围以内，波速小于 4400m/s 的比例占 70.0%；深度 2.0~5.0m 时，波速小于 4400m/s 的比例占 19.3%；深度 5.0~10.0m 时，波速小于 4400m/s 的比例占 0.8%；深度 10m 之后波速小于 4400m/s 的比例基本为 0。

5.3.4.4　心墙松弛深度常观检测

（1）河床开挖揭露后到 2019 年 9 月，历经不到一年后，松弛深度达到 7.2~8.4m；2020 年 7 月最后一次检测，河床松弛深度达到 9.0m，随后大坝填筑进行了覆盖压重。

（2）2020 年 7 月，左右岸岸坡松弛深度 2.8~4.2m，ZKC－Z2250 钻孔在 2020 年 12 月松弛深度变化至 18.0m，ZKC－Y2290 钻孔在 2021 年 1 月变化至 7.6m。以上特征

说明卸荷松弛现象多数集中在临空面形成后一年之内，局部持续时间较长。截至2022年3月，已施工的钻孔松弛深度没有明显变化，松弛层波速没有明显降低，说明卸荷松弛趋于稳定，且松弛层岩体没有进一步劣化。

5.4 GP 一级水电站坝基物探检测

5.4.1 工程概况

GP 一级水电站位于四川省凉山彝族自治州盐源县和木里县境内，是雅砻江干流中下游水电开发规划的控制性水库梯级，在雅砻江梯级滚动开发中具有承上启下重要作用。本工程规模巨大，开发任务主要是发电，结合汛期蓄水兼有分担长江中下游地区防洪的作用。枢纽主要建筑物由混凝土双曲拱坝、坝身4个表孔+5个深孔+2个放空底孔与坝后水垫塘、右岸1条有压接无压泄洪洞及右岸中部地下厂房等组成，如图5-63所示。电站装机容量3600MW，大坝为世界第一高混凝土双曲拱坝，GP 一级水电站混凝土双曲拱坝坝顶高程1885m，建基面高程1580m，最大坝高305m，正常蓄水位以下库容77.6亿 m^3。

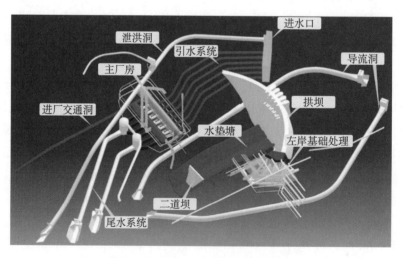

图5-63 GP 一级水电站枢纽布置

中国西南地区地形、地质条件复杂，受青藏高原隆升影响，该地区河谷深切狭窄，谷坡陡峻，地应力水平高，岩体卸荷强烈，地质灾害发育，地质构造复杂，地震烈度较高。GP 一级水电站具有高坝、大库、泄洪流量大的特点，在正常蓄水位下其拱坝结构承受的库水压力高达约 $1.3 \times 10^8 kN$。此外，GP 一级水电站坝址区地形、地质条件极其复杂，其左岸高程1730m以上混凝土垫座建基面开挖揭示规模较大的 f_8、f_5、f_{38-2}（f_{LC3}）、f_{38-6} 断层和规模较小的 $f_{LC1} \sim f_{LC2}$、$f_{LC4} \sim f_{LC11}$、f_{LD1} 断层；右岸高程1885~1580m梯段坝基

及抗力体开挖揭示 f_{13}、f_{14}、f_{18}、f_{18-1}、f_{RC1}、f_{RC2}、f_{RC3}、f_{RC4} 断层；建基面高程 1730 ~ 1580m 出露前期勘探揭示的 f_2 断层及新揭示的 f_{LC12}、f_{LC13}、f_{LC14} 断层，如图 5 - 64 ~ 图 5 - 67 所示。其抗力体岩体（尤其是左岸）卸荷强烈，松弛破碎，岩体质量差，且发育有独特的深部裂缝。拱坝通过水平拱的作用将库水的大部分水平推力传递至两岸坝肩山体，并靠悬臂梁的作用将剩余荷载传递到坝基中。坝基的稳定性、均匀性和变形协调性对大坝的安全有着非常重大的影响，如果处理不当则可能引起坝肩失稳、坝基破坏、渗漏甚至坝体破坏等事故。

图 5 - 64　左岸砂板岩中高程 1885 ~ 1870m f_5 断层

图 5 - 65　右岸坝基高程 1885 ~ 1880m
梯段 f_{13} 断层破碎带

图 5 - 66　左岸建基面高程 1620 ~
1610m f_{LC13} 断层

图 5 - 67　高程 1680 ~ 1670m
梯段层间挤压错动带

5.4.2　物探检测内容与目的

（1）大坝建基面岩体质量检测。目的是评价和复核岩体质量是否达到设计的各种物理力学指标、检测开挖后的爆破影响深度、应力释放前后坝肩岩体质量变化、确定需要预留保护层厚度及岩体分级等；查明边坡岩体开挖卸荷松弛卸荷深度范围、软弱结构面发育展布情况。

（2）地下厂房洞室群围岩质量检测。目的是查明洞室上层初期开挖后上层洞室围岩松弛范围测试，中下层开挖后中下层洞室围岩松弛范围及上层洞室围岩松弛范围变化趋势，开挖全部完成后洞室围岩松弛范围，支护进行中及完成后的洞室围岩松弛范围变化趋势。

（3）左岸边坡微震监测。目的是采用理论分析、现场微震监测、数值模拟相结合的综合分析方法，探讨岩石高边坡渐进破坏诱致失稳过程中的微震活动演化规律及其破坏机理。

5.4.3 建基面岩体质量检测

GP 一级水电站拱坝右岸坝基于 2007 年 5 月开始，按 10m 一个梯段开始爆破开挖，截至 2009 年 8 月底右岸坝基已开挖至高程 1580m。左岸高程 1730m 以上混凝土垫座建基面于 2007 年 10 月开始，按 7.5m 一个梯段开始爆破开挖，截至 2008 年 11 月开挖完成；左岸高程 1730m 以下坝基于 2008 年 11 月开始，按 10m 一个梯段开始爆破开挖，截至 2009 年 8 月底开挖至高程 1580m。其相应的建基面岩体质量检测、建基面开挖爆破及卸荷松弛检测等物探检测工作及时跟踪开挖进行，并于 2009 年 8 月底全面地完成了大坝工程建基面开挖阶段岩体质量物探检测工作。大坝工程建基面开挖阶段物探检测主要包括建基面岩体质量检测、建基面开挖爆破及卸荷松弛检测。检测采用单孔声波、对穿声波、钻孔变模、钻孔全景图像和承压板变形实验，孔位布置如图 5-68 所示。

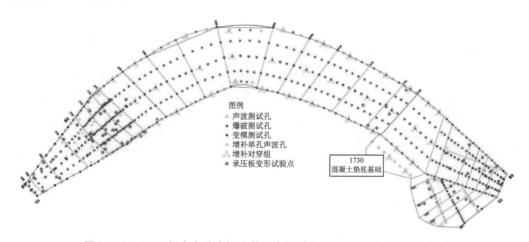

图 5-68　GP 一级水电站大坝建基面岩体质量检测爆破测试孔孔位布置

5.4.3.1　爆破松弛检测

大坝开挖过程中岩体爆破松弛测试分爆前测试和爆后测试。爆前测试孔造孔时预留约 5.0m 保护层，爆破至设计坡面后扫孔进行爆破测试。坝基爆破损伤检测孔以均匀布置为原则，确保每个开挖梯段有一定数量检测孔。GP 一级水电站岸坡段以 7.5m 等高差布设检测剖面，河床段以均匀为原则布设检测剖面，每剖面分别于大坝中心线与坝踵线中间、大坝中心线、大坝中心线与坝趾线中间布置 3 个检测孔。以 GP 一级水电站右岸 1645～1637m 梯段为例，该梯段岩体爆破松弛深度主要集中在 0.6～2.2m 间，检测成果见表 5-11，检测成果曲线如图 5-69 所示。

表 5-11　GP 一级水电站右岸建基面 1645～1637m 梯段岩体岩体爆破损伤检测成果

钻孔编号	1m 处爆前、爆后声波速度/m·s⁻¹		衰减率 η/%	爆破松弛卸荷深度/m
	爆前值	爆后值		
YBP1645B1	5618	5435	3.26	1.0
YBP1645B2	5747	5208	9.38	1.4
YBP1645B3	6098	5682	6.82	1.0
YBP1637B1	6329	6313	0.25	0.6
YBP1637B2	5208	4717	9.43	1.6
YBP1637B3	5618	4902	12.74	2.2

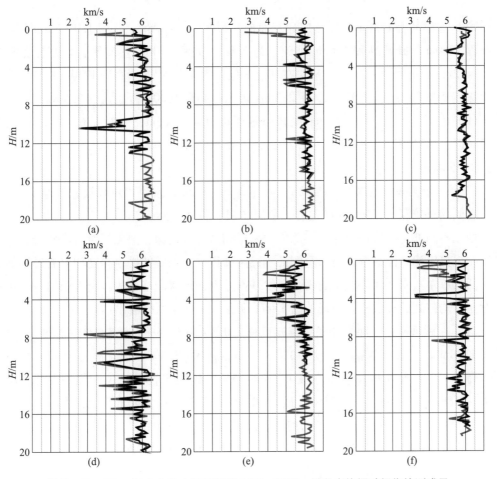

图 5-69　GP 一级水电站右岸建基面 1645～1637m 梯段岩体爆破损伤检测成果

（a）YBP1645B1；（b）YBP1645B2；（c）YBP1645B3；（d）YBP1637B1；（e）YBP1637B2；（f）YBP1637B3

受开挖爆破、应力释放、卸荷作用、时间效应等综合因素影响，开挖完成的建基面浅表层存在不同程度的松弛。坝基不同部位松弛深度等值线如图5－70所示。从图中可以看出：

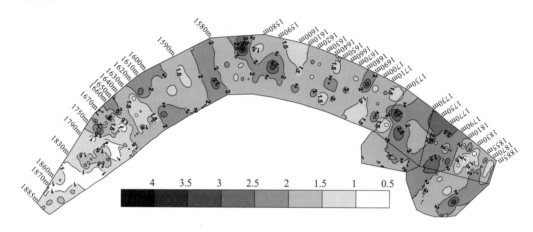

图5－70　左右岸及河床坝基岩体松弛深度等值线

（1）左岸高程1730m以上垫座建基面松弛深度0.5～3.8m，一般1.0～2.6m，最深在高程1780m坝趾及高程1750m坝踵，为3.8m；高程1730m垫座平台地基松弛深度0.8～4.2m，一般1.4～2.4m，最深在坝上部位，为4.2m；左岸高程1730～1580m坝基松弛深度0.8～3.5m，一般为1.2～2.2m，最深在高程1690m坝上，为3.5m。

（2）右岸高程1885～1580m坝基松弛深度0.4～4.6m，一般0.6～2.2m；高程1725m以上相对较浅，一般0.6～1.2m；以下相对较深，一般1.2～2.2m，最深部位在高程1645坝趾，为4.6m。

（3）河床坝基松弛深度1～4.2m，一般1.0～2.2m，左侧相对较浅，普遍1.4m左右，右侧相对较深，普遍1.6m左右，最深在坝下左侧，为4.2m。

坝基不同部位岩体松弛深度，总体上左岸相对右岸较深，河床相对右岸较浅，其中又以左岸垫座建基面最深，河床左侧最浅；高高程左岸坝基的松弛深度相对右岸明显较深，低高程左右岸及河床坝基的松弛深度基本相当，河床坝基略浅。松弛圈岩体爆破前后对比平均声波的衰减率等值线如图5－71所示。从图中可以看出：

（1）左岸坝基松弛圈岩体平均声波衰减率0.3%～57.5%，一般1%～35%。其中，高程1730m以上垫座建基面一般1.3%～35%，最大57.5%，位于高程1862m坝下部位；高程1730m垫座地基平台一般1.3%～35%，最大50.6%，位于坝中内侧；高程1730～1580m坝基一般5%～25%，最大40.4%，位于高程1645m坝上部位。

（2）右岸坝基松弛圈岩体平均声波衰减率0.3%～59.4%，一般1.1%～20%。其中，高程1730m以上一般1.2%～10%，以下一般1.1%～20%，最大声波衰减率59.4%，位于高程1810m坝中部位。

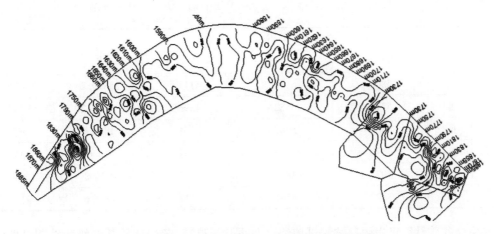

图 5 - 71　坝基松弛圈岩体平均声波衰减率等值线

（3）河床坝基松弛圈岩体平均声波衰减率 6.0% ~ 18.6%。不同部位对比，松弛圈岩体平均声波衰减率总体上左岸较大，右岸及河床较小，其中又以左岸高程 1730m 平台及以上垫座建基面为最大，右岸高程 1730m 以上坝基为最小。

5.4.3.2　岩体质量检测

A　声波测试

坝基岩体质量检测孔以均匀布置为原则，对新开挖揭示地质缺陷补充增加检测孔。GP 一级水电站岸坡段以 7.5m 等高差布设检测剖面，河床段以均匀为原则布设检测剖面，每剖面分别于坝踵、坝中心线、坝趾布置 3 个检测孔；综合坝基各级岩体声波波速值，汇总统计分析，分析成果见表 5 - 12。

表 5 - 12　GP 一级水电站左右岸坝基各级岩体单孔声波（v_p）统计

分类	岩级	单孔波速 $v_\mathrm{p}/\mathrm{m \cdot s^{-1}}$			段长/m	点数
		平均值	大值平均	小值平均		
大理岩	Ⅱ	5800	6146	5111	5819.2	29 096
	Ⅲ1	5371	5883	4394	3041	15 205
	Ⅲ2	5166	5838	4119	114	570
	Ⅳ1	4270	4995	3254	46.6	233
	Ⅳ2	3659	4628	2831	178.2	891
	Ⅴ1	3551	4378	2714	102.2	511
砂板岩	Ⅲ1	5377	5901	4576	61.2	306
	Ⅲ2	4860	5484	3819	1184.4	5922
	Ⅳ2	4227	4995	3084	240.8	1204
	Ⅴ1	3627	4573	2794	79	395

续表

分类	岩级	单孔波速 v_p/m·s^{-1}			段长/m	点数
		平均值	大值平均	小值平均		
综合	Ⅱ	5800	6146	5111	5819.2	29 096
	Ⅲ1	5371	5882	4396	3102.2	15 511
	Ⅲ2	4852	5487	3761	1406.0	7031
	Ⅳ1	4270	4995	3254	46.6	233
	Ⅳ2	3971	4881	2937	446.8	2234
	Ⅴ1	3523	4381	2718	183.6	918

综合各质量等级岩体声波测试曲线（见图5-72）。各岩体质量等级声波测试曲线表明：

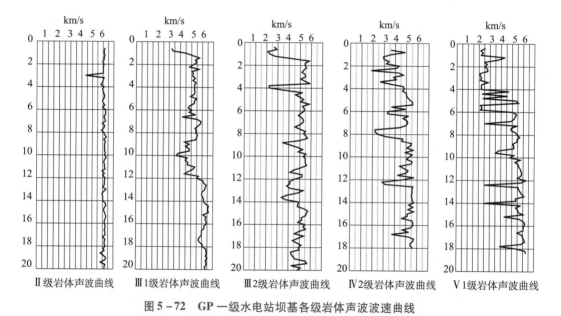

图5-72　GP一级水电站坝基各级岩体声波波速曲线

（1）Ⅱ级岩体波速分布集中，声波曲线均匀、平滑，岩体均一性好。

（2）Ⅲ1级岩体波速分布较集中，声波曲线局部较稍有起伏，整体平稳，岩体均一性较好。

（3）Ⅲ2级岩体声波分布范围较广，少量低波速锯齿出现，起伏较明显。

（4）Ⅳ2级岩体声波分布范围较广，低波速锯齿带比例增加，起伏明显。

（5）Ⅴ1级声波曲线整体出现较大跳跃，低波速锯齿连成带状，构成低波速带。

汇总GP一级坝基岩体质量声波测试数据，绘制坝基15m深度处岩体声波波速等值线如图5-73所示。由等值线图可知：坝基岩体15m深度处低波速部位主要集中在河床靠右侧及左岸垫座下游侧，主要受右岸河床f$_{18}$断层及垫座下游侧F$_5$、F$_{38-6}$断层影响，其他部位坝基15m深度处岩体声波波速均匀，主要集中在5500m/s左右。

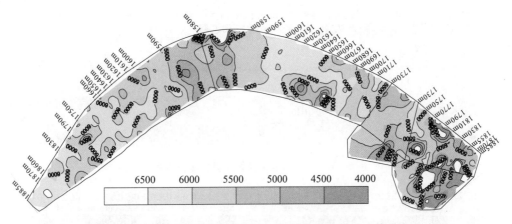

图 5 - 73　GP 一级水电站坝基 15m 深度岩体声波波速等值线

B　钻孔全孔壁全景成像测试

Ⅱ级岩体典型钻孔全景图像特征如图 5 - 74 所示，总体孔形完好，无空洞、空腔；孔壁平整度好、平滑，说明岩体均一性好；可见明显的层面裂隙发育但多闭合、个别微张，岩体完整、嵌合紧密；局部可见明显的各种绿片岩透镜体，微新、弱风化均有；局部裂隙面有锈染，微张。

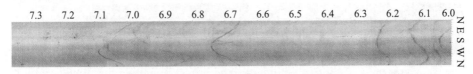

图 5 - 74　Ⅱ级岩体典型钻孔全景图像特征

Ⅲ1 级岩体典型钻孔全景图像特征如图 5 - 75 所示，总体孔形完好，无空洞、空腔；孔壁平整度好、平滑，说明岩体均一性好；条带状大理岩，岩体中裂隙发育较少，多闭合无充填，为微风化 - 新鲜岩体。

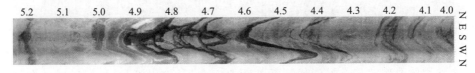

图 5 - 75　Ⅲ1 级岩体典型钻孔全景图像特征

Ⅲ2 级岩体典型钻孔全景图像特征如图 5 - 76 所示，总体孔形完好，无空洞、空腔；孔壁平整度总体较好、较平滑；可见明显的第②组裂隙发育，裂面轻锈 - 新鲜，普遍微张 - 张开；位于河床部位第 2 层大理片岩、绿片岩与大理岩互层的Ⅲ2 级岩体，总体孔形完好，无空洞、空腔；孔壁平整度总体好、平滑，无节理裂隙发育，岩体新鲜完整，挤压紧密。

Ⅳ1 级岩体典型钻孔全景图像特征如图 5 - 77 所示，总体孔形较完好，局部可见小空洞、空腔，为 f_{13} 断层上下盘影响带，普遍弱风化、局部强风化，性状较差。

Ⅳ2 级岩体典型钻孔全景图像特征如图 5 - 78 所示，总体孔形较差，有明显的空洞

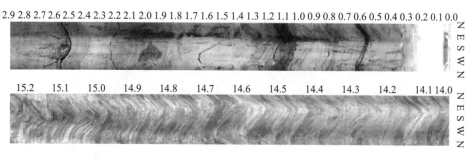

图 5-76　Ⅲ2 级岩体典型钻孔全景图像特征

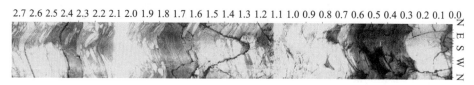

图 5-77　Ⅳ1 级岩体典型钻孔全景图像特征

或空腔；孔壁不平整，粗糙，多凹坑；岩体较破碎，明显松弛，出现掉块后形成的空洞或空腔，多张开裂隙，呈现缝隙或宽缝。

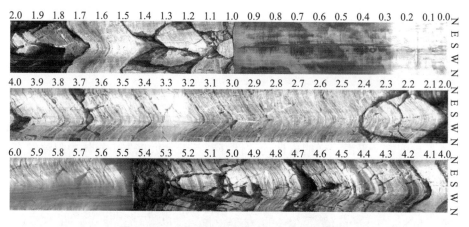

图 5-78　Ⅳ2 级岩体典型钻孔全景图像特征

Ⅴ1 级岩体典型钻孔全景图像特征如图 5-79 所示，层间挤压错动带的孔形较完好，无空腔；孔壁较平整，较粗糙，白色为方解石团块及角砾，褐黄色显粗糙的为风化的糜棱岩、片状岩。断层的孔形差，有明显空腔；孔壁凹凸不平；碎裂结构特征明显，风化痕迹明显。

　　C　变模测试

　　GP 一级水电站钻孔变模测试孔岸坡段以 15m 等高差布设检测剖面，河床段以均匀为原则布设检测剖面，每剖面分别于坝踵、坝中心线、坝趾布置 3 个检测孔，检测孔孔向铅垂；承压板变形试验点结合开挖地质条件合理布设。

　　左右岸坝基各级岩体钻孔变模（E_{ok}）成果按大理岩、砂板岩、综合分岩级进行统计，各岩级岩体钻孔变模（E_{ok}）成果统计见表 5-13。

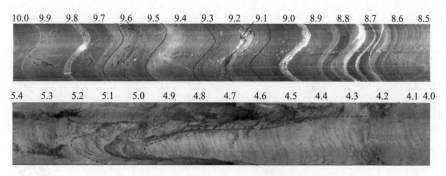

10.0 9.9 9.8 9.7 9.6 9.5 9.4 9.3 9.2 9.1 9.0 8.9 8.8 8.7 8.6 8.5

5.4 5.3 5.2 5.1 5.0 4.9 4.8 4.7 4.6 4.5 4.4 4.3 4.2 4.1 4.0

图5-79　V1级岩体典型钻孔全景图像特征

表5-13　左右岸坝基各级岩体钻孔变模（E_{ok}）统计表

分类	岩级	钻孔变模 E_{ok}/GPa				统计样本/段
		平均值	小值平均值	0.5分位值	0.2分位值	
大理岩	Ⅱ	16.76	10.30	14.22	8.24	563
	Ⅲ1	10.77	6.94	9.53	6.17	172
	Ⅲ2	7.03	—	—	—	3
	Ⅳ1	3.34	—	—	—	5
	Ⅴ1	3.56	—	—	—	1
砂板岩	Ⅲ1	9.06	—	—	—	6
	Ⅲ2	6.94	4.44	6.04	3.81	82
	Ⅳ2	2.61	1.55	2.30	1.47	15
综合分岩级	Ⅱ	16.76	10.30	14.22	8.24	563
	Ⅲ1	10.71	6.82	9.45	6.09	178
	Ⅲ2	6.94	4.43	6.04	3.81	85
	Ⅳ1	3.34	—	—	—	5
	Ⅳ2	2.61	1.55	2.3	1.47	15
	Ⅴ1	3.56	—	—	—	1

根据对两岸坝基及左岸抗力体的钻孔变模 E_{ok} 初筛后的 $E_{ok}-v_p$ 数据对，作出散点图，舍去孤点或离散性大的数据点后，获得1466个数据对，其中大理岩段1183个数据对、砂板岩段283个数据对。按大理岩、砂板岩、综合分别作 $E_{ok}-v_p$ 数据对散点图，如图5-80所示。从图可以看出，$E_{ok}-v_p$ 数据点绝大部分位于可招 $E_{o50}-v_{cp}$ 曲线的右下方，总体上表现为高波速（v_p）低模量（E_{ok}）的特征。在低波速区数据点接近可招曲线，在高波速区则偏离可招曲线较远。

5.4.3.3　坝基岩体卸荷松弛时效检测

坝基岩体卸荷松弛时效检测孔以坝中心线均匀布置，检测频率在前期观测成果的基

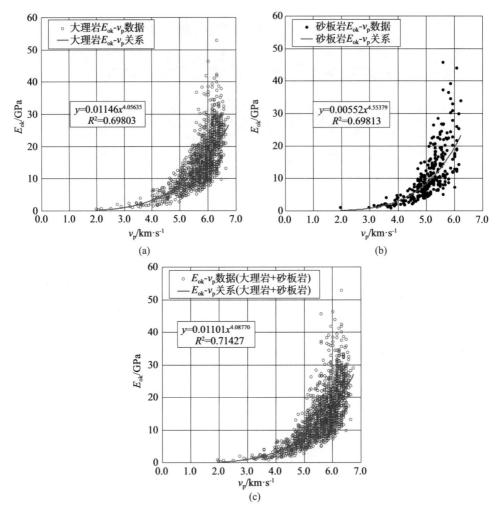

图 5-80 两岸坝基及左岸抗力体岩体 $E_{ok} - v_p$ 关系

（a）大理岩关系（1183 点）；（b）砂板岩关系（283 点）；（c）综合关系（1466 点）

础上总结调整。GP 一级水电站以坝中心线为基础，岸坡段以 7.5m 等高差布设检观测孔，河床段以均匀为原则布设观测孔。以右岸 1825~1802m 高程梯段为例，其建基面岩体不同深度声波波速与时间的关系如图 5-81 所示。测试成果表明：

（1）松弛深度一般 5m 左右；其中小于 2m 孔段强烈松弛，2~5m 孔段中等-轻微松弛，5~10m 孔段大部分基本无松弛，局部轻微松弛。

（2）从松弛发展进程看，本梯段小于 2m 孔段除个别测孔松弛呈持续缓慢发展外，其余大部分测孔松弛至一定时间即趋于停止，松弛持续时间一般为 12~15 个月，短者 6~9 个月，长者达 18 个月；2~5m 孔段松弛持续时间一般也为 12~15 个月，少部分测孔为 4~7 个月；5~10m 孔段松弛发展极为缓慢，看不出明显的松弛持续时间。

（3）本梯段小于 2m 孔段 v_p 衰减率平均为 34.9%，属强烈松弛；2~5m 孔段 v_p 衰减率平均为 9.0%，属轻微松弛；5m 以内孔段 v_p 衰减率低于 4.0%，属基本无松弛。

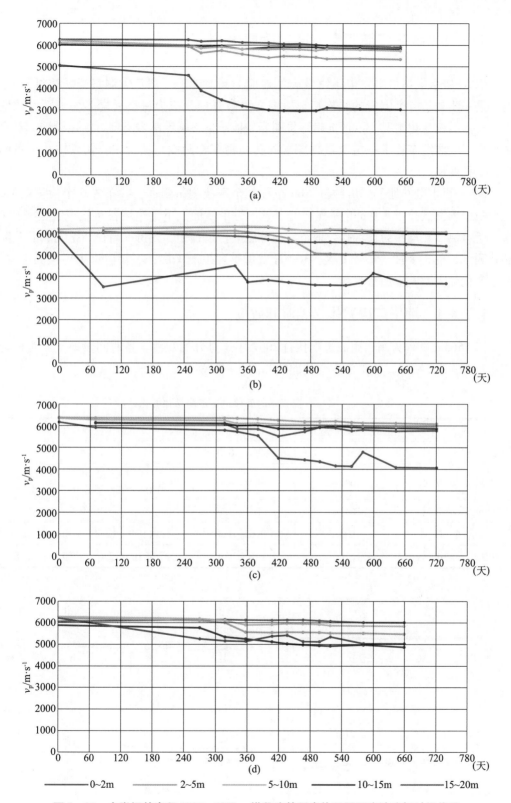

图 5 - 81　右岸坝基高程 1825 ~ 1802m 梯段建基面岩体不同深度波速与时间关系

（a）YBP1825B2N；（b）YBP1817B2；（c）YBP1810B2；（d）YBP1802B2

5.4.4 地下厂房洞室群围岩质量检测

GP一级水电站引水发电系统区天然地应力高，地下厂房三大洞室群开挖过程中，为了进一步查明各类围岩的结构特征，围岩爆破开挖及应力调整后岩体松弛圈变化情况、岩体结构变化情况，以便准确评价围岩岩体质量，确定围岩类别，优化设计，对地下厂房三大洞室布置了一定数量物探观测孔，物探检测以声波为主，辅以钻孔全景图像、钻孔变模。

GP一级水电站地下厂房约每30m布置1个声波测试断面，共布置6个检测断面，每个断面内测试孔以8.0m等高程均匀布置，每个断面上下游边墙各布置声波检测孔6个，所有测试孔均作为长观孔。地下厂房分层开挖过程中，在每一高程开挖完成后及时钻孔测试，前3个月，每月1次；3个月后每季度检测1次；一年后每半年检测1次。波速变化较大时，应加密观测。

5.4.4.1 地下厂房岩体松弛时间效应

以1665m高程为例，声波长观孔自2007年3月开始观测，各时间段地下厂房松弛变化趋势见表5-14，松弛深度变化曲线如图5-82所示。

表5-14 1665m高程各时间段地下厂房松弛变化趋势

时间	开挖底板高程/m	上游侧松弛深度/m	下游侧松弛深度/m
2008年4—6月	1665	3.0~6.0	2.0~4.0
2008年7—9月	1643	4.0~8.0	0~080松弛深度7.0~9.0；080~195松弛深度2.0~4.0
2009年1—3月	1640	4.0~8.0	5.0~9.0
2009年4—10月	1634	9.0~10.0	普遍9.0~12.0，局部大于12.0
2009年10—11月	1628	9.0~10.0	普遍10~12.0，局部大于12.5

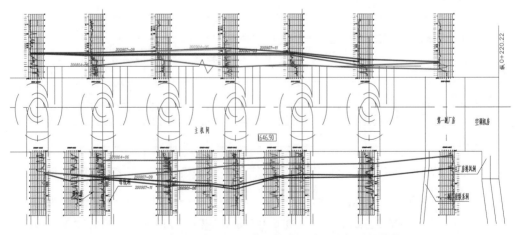

图5-82 地下厂房1665m高程围岩松弛深度与时间的关系

分析地下厂房系统长观孔声波测试成果，不难发现地下厂房围岩松弛发育趋势与实测地应力及经力学定性分析推测的偏压应力下洞室应力集中区基本一致。表 5 – 15 为1665m 高程松弛深度变化及声波波速衰减率等因素综合统计表。

表 5 – 15 地下厂房 1665m 高程围岩声波波速时效变形综合分析成果

高程/m	部位	分段/m	2007 年 3 月		2007 年 12 月		2008 年 12 月		2009 年 12 月		2010 年 5 月	
			波速/ m·s⁻¹	衰减率/%	波速/ m·s⁻¹	衰减率/%	波速/ m·s⁻¹	衰减率/%	波速/ m·s⁻¹	衰减率/%	波速/ m·s⁻¹	衰减率/%
1665	上游侧	0 ~ 5	6195	—	5934	4.2	5304	14.4	4891	21.0	4700	24.1
1665	上游侧	5 ~ 10	6490	—	6358	2.0	6195	4.5	5955	8.2	5924	8.7
1665	上游侧	10 ~ 20	6437	—	6358	1.2	6259	2.8	6126	4.8	6098	5.3
1665	下游侧	0 ~ 5	6182	—	6067	1.9	4604	25.5	4296	30.5	4095	33.8
1665	下游侧	5 ~ 10	6358	—	6298	0.9	5300	16.6	5083	20.1	4592	27.8
1665	下游侧	10 ~ 20	6304	—	6241	1.0	5828	7.6	5563	11.8	5463	13.3

注：表中的衰减率是相对第一次声波波速的平均衰减。

根据长观孔声波测试成果，有效地观测随高地应力条件下超大地下洞室群开挖过程，判断围岩松弛范围，围岩声波波速时效性，以及各洞室群岩体变形与松弛深度变化过程。

5.4.4.2 高地应力围岩卸荷松弛特征

以 GP 一级水电站地下厂房为依托，总结地下高地应力条件下厂房洞室群围岩开挖卸荷松弛波形，岩体松弛变形主要集中在 ≥6m 孔段。高地应力条件下深部变形主要表现为以下几种类型：

（1）无衰变型。岩体爆破开挖后短时间内，边墙岩体受爆破破坏和应力调整变化较小，边墙浅部岩体基本完整，岩体声波波速无衰变特征。

（2）浅渐变型。岩体爆破开挖初期，岩体受轻微爆破破坏和应力调整变形影响，在边墙 0 ~ 6m 孔段岩体声波波速出现渐变式衰变，表现出离临空面越近岩体声波波速衰变越大的特征。

（3）深渐变型。岩体爆破开挖中、后期，岩体受爆破破坏和应力调整变形影响，在边墙不低于 6m 孔段岩体声波波速出现渐变式衰变，表现出离临空面越近岩体声波波速衰变越大的特征。

（4）深突变型。岩体爆破开挖后期，岩体受爆破破坏和应力调整变形影响，在边墙不低于 6m 孔段岩体声波波速出现陡坎式突变衰变，岩体声波波速衰减显著。

（5）波动型。岩体受爆破破坏、应力调整变形及岩体结构、构造综合影响，岩体声波波速曲线表现为锯齿状起伏波动型，其中岩体自身的结构、构造为主要影响因素。

GP 一级水电站地下厂房岩体开挖卸荷松弛典型声波曲线如图 5 – 83 所示。岩体卸荷松弛主要以深渐变为主，开挖卸荷松弛深度主要表现为爆破损伤和应力卸荷松弛叠加，其中地应力破坏较严重；地下厂房中高程部位岩体卸荷松弛基本大于 6m，低高程部位主要表现为浅部变形（岩体松弛变形不超过 6m）破坏。

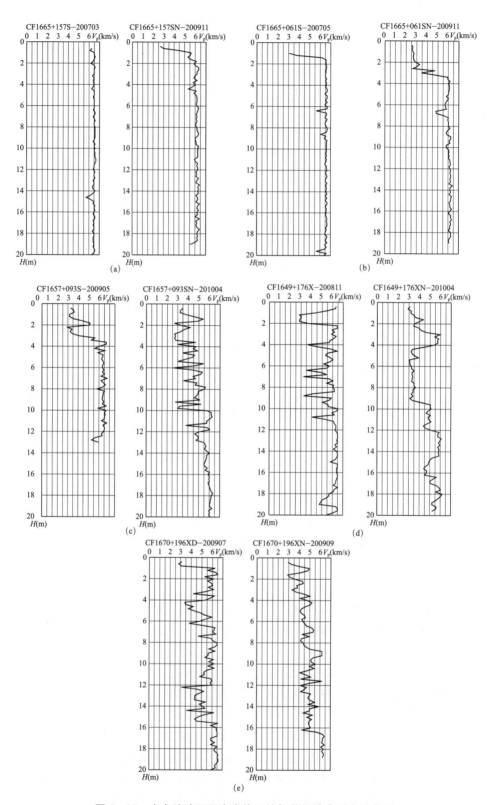

图 5-83 水电站地下厂房岩体开挖卸荷松弛典型声波曲线

（a）无衰变型；（b）浅渐变型；（c）深渐变型；（d）深突变型；（e）波动型

图 5 - 84 为地下厂房 1666m 高程 0 + 124m 桩号下游侧典型全景图像成果图。

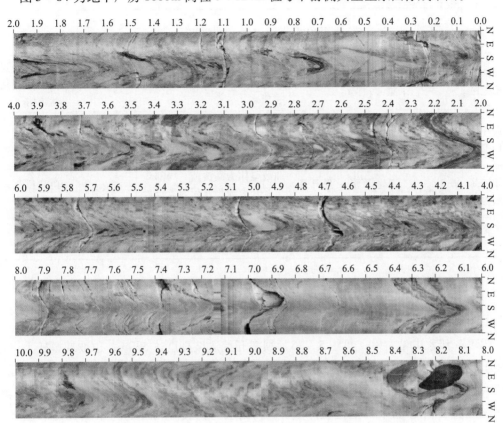

图 5 - 84　地下厂房 1666m 高程 0 + 124m 桩号下游侧典型全景图像成果

5.4.4.3　高地应力围岩卸荷松弛划分研究

综合分析高地应力岩体卸荷松弛的声波波速及钻孔全景图像特征（见图 5 - 85），将高地应力条件下地下洞室卸荷松弛岩体定义为以下 4 种类型：强卸荷松弛区、弱卸荷松弛区、微卸荷松弛区、完整岩体区。总结其典型声波特征及钻孔全景图像特征，见表 5 - 16。

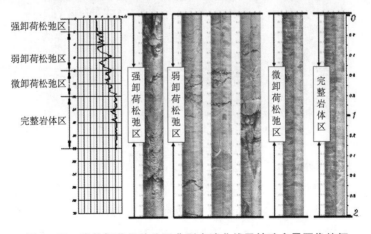

图 5 - 85　岩体卸荷松弛分区典型声波曲线及钻孔全景图像特征

表5-16　地下洞室岩体卸荷松弛典型特征

名称	裂隙间距/cm	裂隙胶结、张开程度	声波曲线特征	波速衰减率/%	结构类型
强卸荷松弛区	<50	新生微张-张开裂隙，无胶结	曲线整体较平稳，无明显起伏跳跃变化，整体低波速表现	30~60	裂隙块状结构、碎裂块状结构
弱卸荷松弛区	50~200	新生微张-张开裂隙，无胶结	曲线整体为低波速，局部岩块波速高，表现为大锯齿状高波速畸变点	15~30	裂隙块状中厚层状结构
微卸荷松弛区	>200	新生微张-张开裂隙，无胶结	曲线整体为高波速，局部新生张开裂隙，表现为大锯齿状低波速畸变点	3~20	块状厚层状结构
完整岩体区	—	少量或无新生张开裂隙	岩体整体较平稳，无剧烈起伏变化，岩体整体波速较高	<5	整体状巨厚层状结构

5.4.5　左岸边坡微震监测

GP一级水电站左岸（见图5-86）坝肩开挖边坡高度达530m，边坡规模较大。左岸为反向坡，坡体地质结构复杂，上部为砂板岩，下部为大理岩，发育有 f_5、f_8、f_{42-9} 等对坡体稳定不利的断层；左岸坝肩部位砂板岩中，2000m高程以上倾倒变形显著，2000m高程以下砂岩中松弛拉裂严重，f_{42-9} 断层与拉裂隙构成的左岸坝头变形拉裂岩体，形成潜在大型滑动块体，对工程边坡的安全稳定影响十分突出。

GP一级水电站左岸边坡外观如图5-86所示。

图5-86　GP一级水电站左岸边坡外观

综合考虑GP一级水电站左岸边坡工程地质、现有工程条件、采用的微震监测系统性能指标、震源定位精度和该工程微震监测目的，GP一级水电站左岸边坡微震监测系统要求的传感器空间优化布置方案如图5-87所示。2009年6月至2011年5月，共采集到岩石微破裂事件为1364个。其中岩石微破裂事件主要集中在1500~1785m之间高程，2009 年在空间上沿大坝拱肩槽呈条带状分布，2010 年、2011 年开始逐渐有向雾化区边坡下部和下游移动的趋势（见图 5 – 88）。

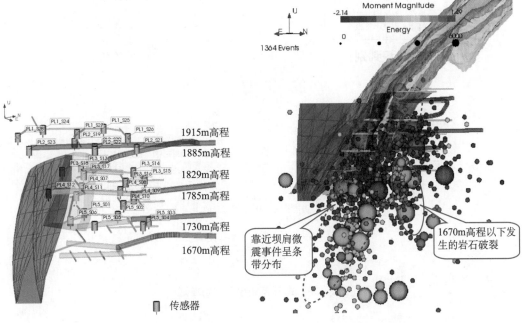

图 5 – 87　5 个高程传感器空间优化布置　　　　图 5 – 88　微震事件空间分布形态

　　岩石高边坡预警体系概念复杂、内容繁多，深入理解边坡监测预警体系涉及的相关概念和定义，根据从上而下细化及分解和由下而上的升华及组合，形成较完善的边坡工程失稳监测预警体系，如图 5 – 89 所示。根据微震监测信息处理分析，用于预警的指标参量主要有时段频率、区段频率、视体积、震级、b 值等 5 个指标。微震系统的 5 个判别准则如图 5 – 90 所示。

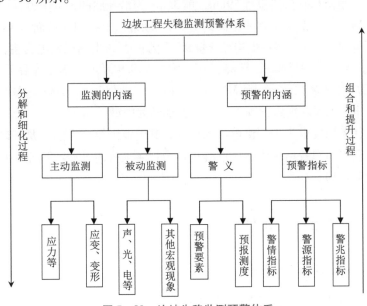

图 5 – 89　边坡失稳监测预警体系

图 5 – 90　微震系统预警判别准则

5.5　果多水电站坝基固结灌浆质量检测

5.5.1　工程概况

果多水电站位于西藏自治区昌都市境内，为扎曲水电规划"两库五级"中第二个梯级电站。坝址距昌都县公路里程59km，前55km为沿扎曲的317国道，后4km为进场公路至业主营地。距玉龙铜矿直线距离约75km。坝址以上控制流域面积33 470km²，坝址多年平均流量303m³/s，多年平均径流量95.7亿 m³。该电站以发电为主，水库正常蓄水位为3418m，死水位3413m。正常蓄水位以下库容7959万 m³，调节库容1746万 m³，具有周调节性能，电站装机容量160MW（4×40MW），保证出力33.54MW，年发电量8.319亿 kW·h。工程等别为三等工程，工程规模为中型。

电站开发任务以发电为主，供电昌都地区，其中亚洲第二大的玉龙铜矿二期是主要电力负荷。工程枢纽布置格局为碾压混凝土重力坝＋坝身泄洪冲沙系统＋左岸坝身引水系统＋坝后地面厂房。

5.5.2　检测方法与工作布置

5.5.2.1　灌浆试验区检测

果多水电站固结灌浆试验于2013年9月在试验1区和2区进行灌前检测，检测方法有单孔声波、声波 CT、钻孔全景图像和钻孔变模测试。2013 年 10 月在试验 1 区和试验 2 区进行灌后检测，检测方法有单孔声波、声波 CT、钻孔全景图像和钻孔变模等方法。具体检测工作量见表 5-17。钻孔平面布置如图 5-91 所示。

表 5-17　建基岩体固结灌浆试验区物探检测工作量

工作方法	单位	工作阶段	工作量	合计	备注
单孔声波	m	灌前	106.2	212.4	S1-1（12.8m），S1-2（13.6m）72S1-3（10.4m），S1-4（14.0m）S2-1（13.8m），S2-2（13.8m）S2-3（14.0m），S2-4（13.8m）
单孔声波	m	灌后	106.2	212.4	
声波 CT	射线对	灌前	10 890	21 780	
声波 CT	射线对	灌后	10 890	21 780	
钻孔全景图像	m	灌前	90	121.5	
钻孔全景图像	m	灌后	31.5	121.5	
钻孔变模测试	点	灌前	72	144	
钻孔变模测试	点	灌后	72	144	

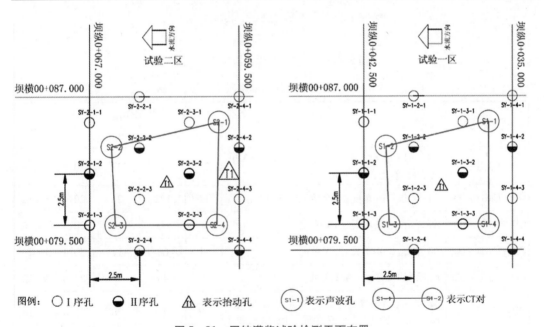

图例：○ I 序孔　◑ II 序孔　⚠ 表示抬动孔　(S1-1) 表示声波孔　(S1-1)—(S1-2) 表示CT对

图 5-91　固结灌浆试验检测平面布置

5.5.2.2　坝基灌浆检测

建基岩体固结灌浆质量检测自 2014 年 3 月至 2015 年 4 月，共完成单孔声波检测 1337m，钻孔变模测试 237 点，提交检测成果简报 11 期。固结灌浆质量检测工作量见表 5-18，钻孔布置如图 5-92 所示。

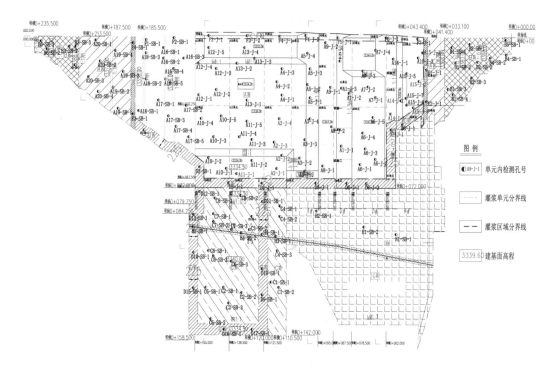

图 5-92　坝基固结灌浆检测平面布置

表 5-18　建基岩体固结灌浆质量检测工作量

检测批次	检测单元	检测方法及工作量			报告日期
		孔数	声波/m	变模/点	
GD-GJGJ-001	A9~A13 单元、D3 单元、D4 单元、F3 单元、F5 单元、F6 单元	27	214	37	2014-3-13
GD-GJGJ-002	A1 单元、A6 单元、D5 单元、D6 单元	12	122	21	2014-3-14
GD-GJGJ-003	A7 单元、A8 单元、F4 单元	8	60	10	2014-3-16
GD-GJGJ-004	A3 单元、A4 单元、A5 单元	11	66	11	2014-3-16
GD-GJGJ-006	F_3 断层 H1 单元、H2 单元	3	45	9	2014-3-22
GD-GJGJ-007	A2 单元、A14 单元、A15 单元、E1 单元、E2 单元、F7 单元、D7 单元、D8 单元	19	160	28	2014-6-16
GD-GJGJ-008	A16~A18 单元、D1 单元、D2 单元、E3 单元、E4 单元、F1 单元、F2 单元	19	166	29	2014-7-3
GD-GJGJ-010	A19 单元	4	24	4	2014-10-13
GD-GJGJ-011	B1 单元、B2 单元	7	42	7	2014-10-23
GD-GJGJ-012	A20 单元、B3 单元	7	42	7	2014-11-14
GD-GJGJ-013	B 区 4~6 单元、C 区 1~8 单元、D 区 9~17 单元、H 区 3~5 单元	39	396	74	2015-4-10

续表

检测批次	检测单元	检测方法及工作量			报告日期
		孔数	声波/m	变模/点	
合计	大坝：A 区（1~20 单元）、B（1~6 单元）、C 区（1~8 单元）、D 区（1~17 单元）、E 区（1~4 单元）、F 区（1~7 单元）、H 区（1~5 单元）	156	1337	237	

5.5.3　检测成果

5.5.3.1　试验区检测

A　单孔声波检测

试验 1 区检测钻孔 4 个（S1-1、S1-2、S1-3、S1-4）。灌后声速比灌前提高了 1.5% ~13.4%。低速带在灌后有很大提高，灌浆效果明显。检测成果见表 5-19 和图 5-93（典型图）。

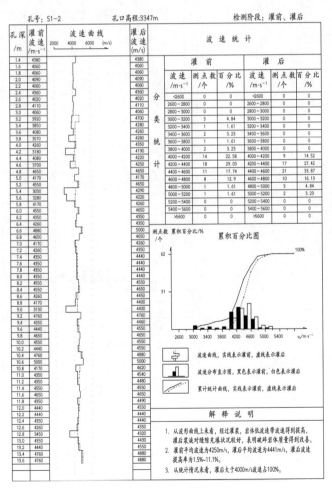

图 5-93　试验 1 区 S1-2 单孔声波检测成果

表 5-19　试验 1 区单孔声波测试成果统计

钻孔编号	灌前				灌后			
	最小波速 /m·s^{-1}	最大波速 /m·s^{-1}	平均波速 /m·s^{-1}	波速大于4000m/s 比例/%	最小波速 /m·s^{-1}	最大波速 /m·s^{-1}	平均波速 /m·s^{-1}	波速大于4000m/s 比例/%
S1-1	3330	5410	4132	72.2	4000	5410	4388	100
S1-2	3030	5000	4250	85.5	4020	5000	4441	100
S1-3	3230	5710	4207	74.0	4020	5710	4408	100
S1-4	3130	5410	4122	73.4	3990	5410	4314	98.4

　　试验 2 区检测钻孔 4 个（S2-1、S2-2、S2-3、S2-4）。灌后声速比灌前提高了 0.4%~13.1%。低声速带在灌后有很大提高，灌浆效果明显。检测成果见表 5-20 和图 5-94（典型图）。

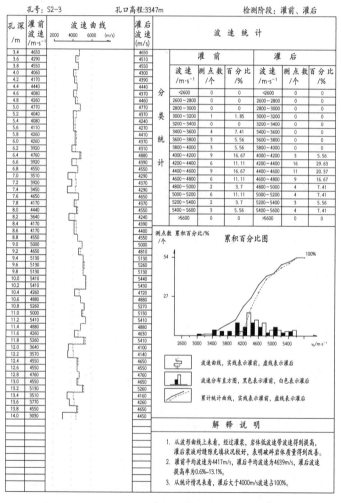

图 5-94　试验 2 区 S2-3 单孔声波检测成果

表 5 – 20　试验 2 区单孔声波测试成果统计

钻孔编号	灌前				灌后			
	最小波速 /m·s^{-1}	最大波速 /m·s^{-1}	平均波速 /m·s^{-1}	波速大于 4000m/s 比例/%	最小波速 /m·s^{-1}	最大波速 /m·s^{-1}	平均波速 /m·s^{-1}	波速大于 4000m/s 比例/%
S2 – 1	3510	5260	4484	95.0	4030	5260	4607	100
S2 – 2	3390	5560	4590	86.9	4000	5560	4766	100
S2 – 3	3030	5410	4417	79.6	4100	5440	4639	100
S2 – 4	3130	4880	4160	76.6	3940	5000	4318	96.9

B　全景图像检测

试验 1 区检测钻孔 4 个（S1 – 1、S1 – 2、S1 – 3、S1 – 4）。通过对比分析，岩体破碎和裂隙发育部位被混凝土充填，灌浆效果较好。具体解释见表 5 – 21。

表 5 – 21　试验 1 区钻孔全景图像异常解释统计

钻孔编号	高程/m	灌前解释	灌后解释
S1 – 1	3342.4 ~ 3341	岩体破碎	—
	3340.2 ~ 3339.9	发育裂隙	—
	3339.4 ~ 3339	岩体破碎	—
	3337.3 ~ 3336.1	岩体破碎	—
S1 – 2	3344.1 ~ 3340.5	岩体破碎	混凝土充填
S1 – 3	3344 ~ 3337	发育裂隙	混凝土充填
	3337 ~ 3336.3	岩体破碎	混凝土充填
	3336.3 ~ 3335.5	发育裂隙	混凝土充填
S1 – 4	3342.1 ~ 3339.9	岩体破碎	—

试验 2 区检测钻孔 4 个（S2 – 1、S2 – 2、S2 – 3、S2 – 4）。具体解释见表 5 – 22。

表 5 – 22　试验 2 区钻孔全景图像异常解释统计

钻孔编号	高程/m	灌前解释	灌后解释
S2 – 1	3347 ~ 3342.3	混凝土	—
	3342.3 ~ 3333.7	岩体完整	—
S2 – 2	3347 ~ 3344	混凝土	—
	3341.8 ~ 3339.5	裂隙发育	—
	3335.5 ~ 3334.6	裂隙发育	—
S2 – 3	3347 ~ 3344.3	混凝土	—
	3343.8 ~ 3343.7	发育裂隙	—
	3341.8 ~ 3341.4	岩体破碎	—

钻孔编号	高程/m	灌前解释	灌后解释
S2-4	3347~3342.3	混凝土	—
	3342.3~3333.5	岩体完整	—

C　声波 CT 检测

试验 1 区检测了 4 对声波 CT（S1-1~S1-2、S1-2~S1-3、S1-3~S1-4、S1-4~S1-1）。波速在 3500m/s 以下的区域灌前为 1.9%，灌后为 0%；波速在 3500~4000m/s 的灌前为 1.9%，灌后为 0%；波速在 4000~4500m/s 的灌前为 42.8%，灌后为 72.7%；波速在 4500m/s 以上的灌前为 15.2%，灌后为 23.3%；低波速区域得到改善，灌浆效果较好。检测成果如图 5-95 所示。

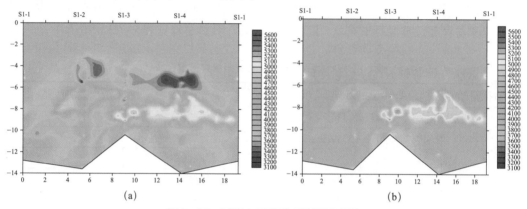

图 5-95　试验 1 区声波 CT 测试成果

（a）灌前；（b）灌后

试验 2 区检测 4 对声波 CT（S2-1~S2-2、S2-2~S2-3、S2-3~S2-4、S2-4~S2-1）。波速在 3500m/s 以下的灌前为 0.9%，灌后为 0%；波速在 3500~4000m/s 之间的灌前为 11.9%，灌后为 0.7%；波速在 4000~4500m/s 的灌前为 53.2%，灌后为 52.5%；波速在 4500m/s 以上的灌前为 34.3%，灌后为 46.8%；低波速区域得到改善，灌浆效果较好。检测成果如图 5-96 所示。

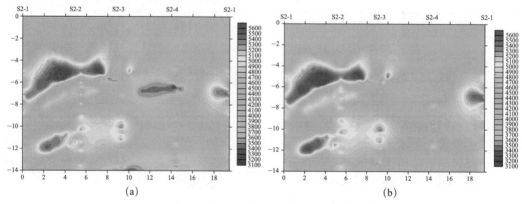

图 5-96　试验 2 区灌浆前声波 CT 测试成果

（a）灌前；（b）灌后

D　钻孔变模检测

1 区灌后变模值提高率为 16.6% ~ 38.6%，具体数值见表 5 - 23。

表 5 - 23　试验 1 区各钻孔变模值统计表

钻孔编号	灌前/GPa			灌后/GPa			平均增幅比例/%
	最小变模	最大变模	平均值	最小变模	最大变模	平均值	
S1 - 1	7.1	9.8	8.1	8.3	10.7	9.5	17.3
S1 - 2	7.8	9.5	8.8	8.5	11.6	9.8	16.6
S1 - 3	7.0	10.4	8.5	8.5	11.6	9.7	38.6
S1 - 4	6.5	9.2	8.1	8.4	10.2	9.3	24.7

2 区灌后变模值提高率为 8.0% ~ 11.4%，具体数值见表 5 - 24。

表 5 - 24　试验 2 区各钻孔变模值统计表

钻孔编号	灌前/GPa			灌后/GPa			平均增幅比例/%
	最小变模	最大变模	平均值	最小变模	最大变模	平均值	
S2 - 1	8.9	10.8	10.0	10.1	11.8	10.8	8.0
S2 - 2	8.9	12.0	10.5	9.9	12.5	11.7	11.4
S2 - 3	7.6	11.6	9.6	9.0	12.3	10.4	8.3
S2 - 4	7.3	10.1	8.5	8.2	11.2	9.4	10.6

E　试验检测结论

检测方法采用单孔声波和变模。检测孔布置：大坝、厂房基础检测岩体波速检测孔为灌浆孔数的 5%，孔径不小于 75mm。固结灌浆后岩体波速检测标准为：灌后岩体纵波波速原则上砂岩 $v \geqslant 4000\text{m/s}$，泥岩集中区 $v \geqslant 3600\text{m/s}$；同时，灌后声波 85% 的测点须达到设计标准，波速小于设计标准 85% 的测点不超过总测点数的 3%，且不集中，灌浆质量可评定为合格。岩体波速测试工作宜在该部位固结灌浆结束 14 天后进行，钻孔变模测试工作宜在该部位固结灌浆结束 28 天后进行。

5.5.3.2　坝基检测

建基岩体固结灌浆质量检测工作于 2014 年 2 月 27 日开始，至 2015 年 3 月 22 日结束。大坝基础完成 A 区 20 个单元、B 区 6 个单元、C 区 8 个单元、D 区 17 个单元、E 区 4 个单元、F 区 7 个单元、H 区 5 个单元 156 个钻孔单孔声波及变模检测工作。

A 区各钻孔最大波速范围为 4650 ~ 5880m/s，最小波速范围为 3080 ~ 4170m/s，平均波速范围为 3700 ~ 4770m/s；砂岩波速大于 4000m/s。泥岩波速 3600m/s，占比 86.2% ~ 100%。钻孔变模范围为 6.49 ~ 14.23GPa，检测合格。检测成果如图 5 - 97 所示。

B 区各钻孔最大波速范围为 4260 ~ 5130m/s，最小波速范围为 3230 ~ 4160m/s，平均波速范围为 3860 ~ 4540m/s；波速大于 4000m/s 比例为 93.6% ~ 100%，钻孔变模范

钻孔编号：A6-J-5　　　　　　钻孔位置：A区6单元　　　　　　测试阶段：固结灌浆后

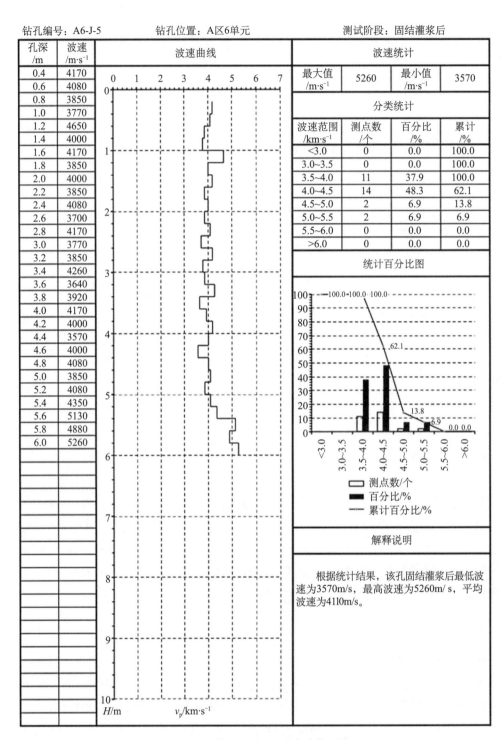

孔深/m	波速/m·s⁻¹
0.4	4170
0.6	4080
0.8	3850
1.0	3770
1.2	4650
1.4	4000
1.6	4170
1.8	3850
2.0	4000
2.2	3850
2.4	4080
2.6	3700
2.8	4170
3.0	3770
3.2	3850
3.4	4260
3.6	3640
3.8	3920
4.0	4170
4.2	4000
4.4	3570
4.6	4000
4.8	4080
5.0	3850
5.2	4080
5.4	4350
5.6	5130
5.8	4880
6.0	5260

波速统计

最大值/m·s⁻¹	5260	最小值/m·s⁻¹	3570

分类统计

波速范围/km·s⁻¹	测点数/个	百分比/%	累计/%
<3.0	0	0.0	100.0
3.0~3.5	0	0.0	100.0
3.5~4.0	11	37.9	100.0
4.0~4.5	14	48.3	62.1
4.5~5.0	2	6.9	13.8
5.0~5.5	2	6.9	6.9
5.5~6.0	0	0.0	0.0
>6.0	0	0.0	0.0

解释说明

　　根据统计结果，该孔固结灌浆后最低波速为3570m/s，最高波速为5260m/s，平均波速为4110m/s。

图 5 – 97　坝基 A6 – J – 5 孔声波检测成果

围为 6.40 ~ 11.2GPa，检测合格。检测成果如图 5 – 98 所示。

　　C 区各钻孔最大波速范围为 4650 ~ 5410m/s、最小波速范围为 3770 ~ 4170m/s、平均波速范围为 4310 ~ 4700m/s，波速大于 4000m/s 比例为 97.0% ~ 100%，钻孔变模范

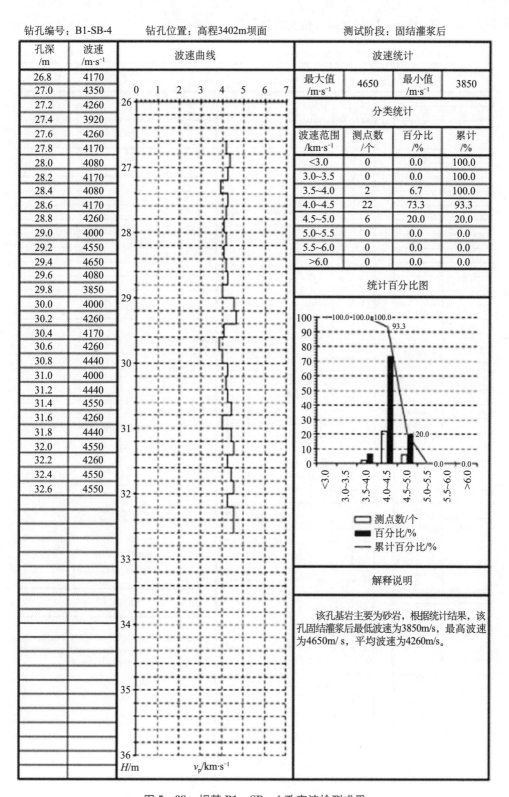

图 5 – 98 坝基 B1 – SB – 4 孔声波检测成果

围为 7.40～12.1GPa，检测合格。检测成果如图 5－99 所示。

钻孔编号：C5-SB-1　　钻孔位置：坝横0+150.000　坝纵0+119.375　　　　测试阶段：固结灌浆后

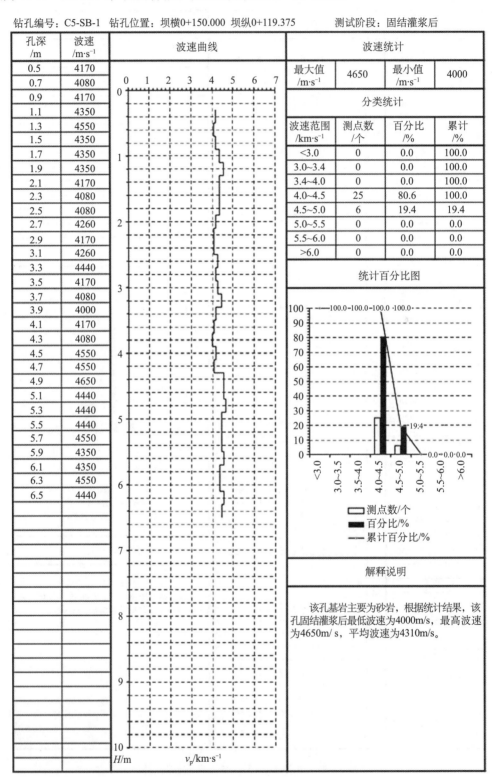

图 5－99　坝基 C5－SB－1 孔声波检测成果

D 区各钻孔最大波速范围为 5000 ~ 5880m/s、最小波速范围为 2780 ~ 4080m/s、平均波速范围为 4490 ~ 4700m/s，波速大于 4000m/s 比例为 85.9% ~ 100%，钻孔变模范围为 7.45 ~ 14.21GPa，检测合格。检测成果如图 5 – 100 所示。

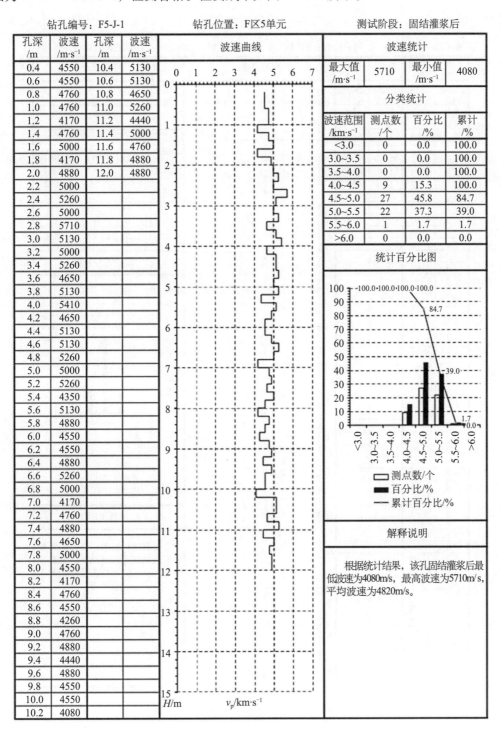

图 5 – 100　坝基 F5 – J – 1 孔声波检测成果

E区各钻孔最大波速范围为4880~5440m/s、最小波速范围为3170~4080m/s、平均波速为4920~4520m/s，波速大于（砂岩）4000m/s比例（%）、（泥岩）3600m/s（%）比例为86.4%~100%，钻孔变模范围为6.15~12.1GPa，检测合格。检测成果如图5-101所示。

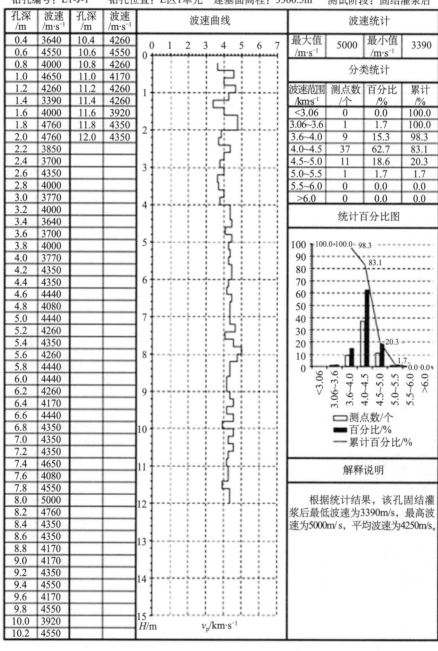

钻孔编号：E1-J-1　　　钻孔位置：E区1单元　　建基面高程：3360.5m　　测试阶段：固结灌浆后

孔深/m	波速/m·s⁻¹	孔深/m	波速/m·s⁻¹
0.4	3640	10.4	4260
0.6	4550	10.6	4550
0.8	4000	10.8	4260
1.0	4650	11.0	4170
1.2	4260	11.2	4260
1.4	3390	11.4	4260
1.6	4000	11.6	3920
1.8	4760	11.8	4350
2.0	4760	12.0	4350
2.2	3850		
2.4	3700		
2.6	4350		
2.8	4000		
3.0	3770		
3.2	4000		
3.4	3640		
3.6	3700		
3.8	4000		
4.0	3770		
4.2	4350		
4.4	4350		
4.6	4440		
4.8	4080		
5.0	4440		
5.2	4260		
5.4	4350		
5.6	4260		
5.8	4440		
6.0	4440		
6.2	4260		
6.4	4170		
6.6	4440		
6.8	4350		
7.0	4350		
7.2	4350		
7.4	4650		
7.6	4080		
7.8	4550		
8.0	5000		
8.2	4760		
8.4	4350		
8.6	4350		
8.8	4170		
9.0	4170		
9.2	4350		
9.4	4550		
9.6	4170		
9.8	4550		
10.0	3920		
10.2	4550		

波速统计

最大值/m·s⁻¹	5000	最小值/m·s⁻¹	3390

分类统计

波速范围/km·s⁻¹	测点数/个	百分比/%	累计/%
<3.06	0	0.0	100.0
3.06~3.6	1	1.7	100.0
3.6~4.0	9	15.3	98.3
4.0~4.5	37	62.7	83.1
4.5~5.0	11	18.6	20.3
5.0~5.5	1	1.7	1.7
5.5~6.0	0	0.0	0.0
>6.0	0	0.0	0.0

解释说明

根据统计结果，该孔固结灌浆后最低波速为3390m/s，最高波速为5000m/s，平均波速为4250m/s。

图5-101　E1-J-1孔声波检测成果

F区各钻孔最大波速范围为5260~5710m/s、最小波速范围为3510~4170m/s、平均波速范围为 4460～4950m/s，波速大于（砂岩）4000m/s 比例（％）、（泥岩）3600m/s（％）比例为 93.2%～100%，钻孔变模范围为 6.46～12.77GPa，检测合格。典型检测成果如图 5-102 所示。

钻孔编号：F2-SB-1　　　　钻孔位置：F 区 2 单元　　　　测试阶段：固结灌浆后

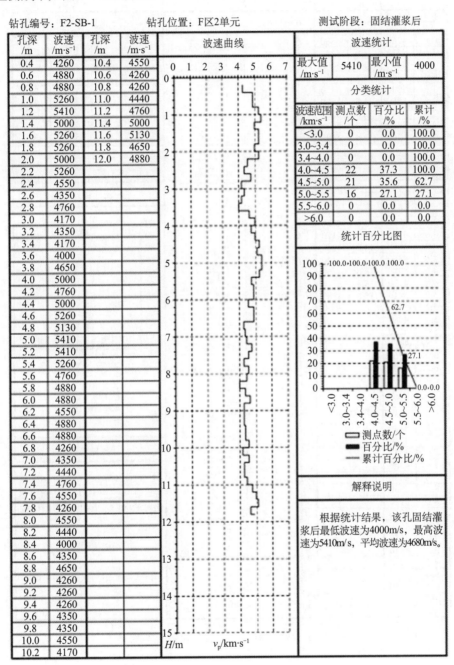

孔深/m	波速/m·s⁻¹	孔深/m	波速/m·s⁻¹
0.4	4260	10.4	4550
0.6	4880	10.6	4260
0.8	4880	10.8	4260
1.0	5260	11.0	4440
1.2	5410	11.2	4760
1.4	5000	11.4	5000
1.6	5260	11.6	5130
1.8	5260	11.8	4650
2.0	5000	12.0	4880
2.2	5260		
2.4	4550		
2.6	4350		
2.8	4760		
3.0	4170		
3.2	4350		
3.4	4170		
3.6	4000		
3.8	4650		
4.0	5000		
4.2	4760		
4.4	5000		
4.6	5260		
4.8	5130		
5.0	5410		
5.2	5410		
5.4	5260		
5.6	4760		
5.8	4880		
6.0	4880		
6.2	4550		
6.4	4880		
6.6	4880		
6.8	4260		
7.0	4350		
7.2	4440		
7.4	4760		
7.6	4550		
7.8	4260		
8.0	4550		
8.2	4440		
8.4	4000		
8.6	4350		
8.8	4650		
9.0	4260		
9.2	4260		
9.4	4260		
9.6	4350		
9.8	4350		
10.0	4550		
10.2	4170		

波速统计

最大值/m·s⁻¹	5410	最小值/m·s⁻¹	4000

分类统计

波速范围/km·s⁻¹	测点数/个	百分比/%	累计/%
<3.0	0	0.0	100.0
3.0~3.4	0	0.0	100.0
3.4~4.0	0	0.0	100.0
4.0~4.5	22	37.3	100.0
4.5~5.0	21	35.6	62.7
5.0~5.5	16	27.1	27.1
5.5~6.0	0	0.0	0.0
>6.0	0	0.0	0.0

解释说明

根据统计结果，该孔固结灌浆后最低波速为4000m/s，最高波速为5410m/s，平均波速为4680m/s。

图 5-102　F2-J-1 孔声波检测成果

H 区各钻孔最大波速范围为 4880～5880m/s、最小波速范围为 3390～3770m/s、平均波速范围为 4240～4650m/s，波速大于 4000m/s 比例为 85.1%～94.7%，钻孔变模范围为 7.41～11.76GPa，检测合格。检测成果如图 5-103 所示。

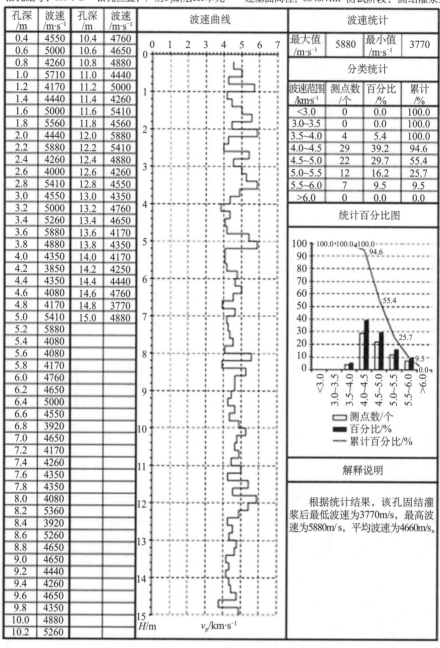

图 5-103　H1-J-2 孔声波检测成果

5.5.4　检测结论

大坝建基固结灌浆 A 区 20 个单元、B 区 6 个单元、C 区 8 个单元、D 区 17 个单元、

E 区 4 个单元、F 区 7 个单元、H 区 5 个单元，共计 7 区、67 个单元、156 个钻孔单孔声波及变模检测工作。

大坝建基固结灌浆检测最小波速为 2780~4170m/s，最大波速为 4260~5880m/s，平均波速为 3860~4950m/s。

根据灌后测试波速统计情况，灌浆后个别低波速值未达到 3600m/s，但均为分散分布，未集中在同一区域。

固结灌浆质量较好，检测结果满足设计要求。

5.6　武都水库防渗帷幕灌浆质量检测

5.6.1　工程概况

武都水库位于四川省江油市境内的涪江干流上，是涪江流域规划确定进行开发的以防洪、灌溉为主，结合发电兼顾城乡工业生活及环境供水等综合利用的大（1）型水利工程。枢纽由碾压混凝土重力坝与坝后式厂房组成，最大坝高 120.14m，坝顶高程 660.14m，正常蓄水位 658m，总库容 5.72 亿 m³，装机容量 150MW。

枢纽主要建筑物有碾压硅重力坝及坝后式厂房。其主要建筑物（水库拦河坝及坝身泄水建筑物）级别为 1 级，坝后式厂房为 3 级，临时建筑物为 4 级。本工程总体布置从左岸至右岸依次为：左岸非溢流坝段共 12 段长 293m、厂房坝段共 3 段长 55m、表孔底孔坝段共 3 段长 70m，右岸非溢流坝段共 12 段长 309m，总共 30 个坝段。大坝的坝顶高程 660.14m，坝顶长度 727.0m，建基面最低高程 541.0m，最大坝高 119.14m，坝体设计为 RCC 碾压混凝土重力坝。

工程坝址区为强岩溶发育区，左右岸坝基内岩溶发育强烈，密度高、规模大，岩溶复杂程度在国内外已建工程中绝无仅有。坝址区泥盆系中统白石铺群观雾山组（D2gn）为区内主要可溶岩地层，受岩性、构造因素的控制，在地下水溶蚀侵蚀作用下，岩溶强烈发育。岩溶形态主表现为溶蚀洼地、溶蚀冲沟、落水洞、水平溶洞、溶蚀带、溶隙、溶蚀孔洞等类型。特别是左右两岸分别发育的观涪洞岩溶系统（K108）和摸银洞岩溶系统（K7），对工程建设和安全运行影响重大，是控制工程成败的关键性重大地质缺陷：

（1）左岸 K108 岩溶系统由水平溶洞（两层结构）和垂直、倾斜的落水洞组成，在空间上的分布范围水平长 450m，宽约 200m，垂直高度超过 100m，呈树枝状展布于左岸山体内。

（2）右岸 K7 岩溶系统主要由水平溶洞和落水洞组成，平面展布长 1350m（指 K7 至灯笼沟 K501 落水洞），宽约 370m，平面上呈帚状展布，垂直发育高度超过 120m。对工程的主要影响是坝基承载力、岩溶洞穴稳定问题和岩溶渗漏问题。

防渗帷幕分大坝和坝肩两部分。大坝防渗帷幕系统一部分为沿坝轴线的主灌浆帷幕，另一部分为 11 ~ 20 号坝段下游及两侧的抽排帷幕。防渗帷幕线在坝基部分与坝轴线平行，在左岸穿过观涪洞主洞 K108 及其支洞 K108 - 3、5、7 支洞并穿过 F_{11} 断层与隔水层 D12 泥质粉砂岩和粉砂质泥岩夹石英状砂岩岩层（全厚 100m 以上），右岸沿坝轴线延伸后转折垂直穿过 F_5 挤压断层，插入 S2 - 3 页岩隔水层（全厚 250 ~ 500m）。地基内相对不透水层（透水率 $q = 1Lu$）界线较清楚，故帷幕深度一般按深入相对不透水层 10m 计，考虑到本工程岩溶发育状况，设计帷幕深度主要考虑岩溶在深度上的分布状况结合地下水情况而有所降低，以截断岩溶渗透途径。在河床段幕底高程为 425m，在左右岸逐步抬高。

灌浆平洞根据岩溶在高程上的分布特点、施工水平及各国内外已建成工程的经验进行设置，左岸坝肩设灌浆平洞 3 层，右岸坝肩设灌浆平洞 2 层，断面均为城门洞形。左、右岸灌浆平洞分层如图 5 - 104 所示。顶层平洞与中层平洞中心线之间、中层平洞与底层平洞中心线之间彼此错开 5m，中层平洞与底层平洞分别与坝体顶层廊道、中层廊道连接，以利帷幕线

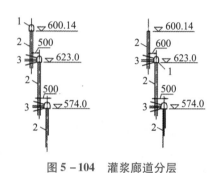

图 5 - 104　灌浆廊道分层

1—灌浆平洞；2—帷幕灌浆；3—放射状连接帷幕

的交错封闭。左、右岸的中间和底层平洞分别通过观涪洞主洞 K108 及其支洞 K108 - 3、5、7 支洞和摸银洞岩溶系统，有利于溶洞处理的施工。在各层灌浆平洞之间还设置有上下连接斜井，以便于平洞之间的交通与连接。

5.6.2　检测方法与工作布置

采用 CT、压水试验、单孔声波、钻孔全景数字成像等方法，对大坝帷幕灌浆质量进行灌前、灌后检测，以确保水库的防渗质量。顶层防渗主帷幕幕体的透水率 $q \leqslant 3Lu$；中层、底层灌浆帷幕的防渗主帷幕及搭接帷幕的透水率 $q \leqslant 1Lu$；封闭帷幕的透水率 $q \leqslant 3Lu$。检查孔接触段及其下一段的透水率合格率应为 100%，其余段的合格率不小于 90%。不合格试段的透水率值不超过设计规定值的 200%，且不得集中。帷幕灌浆检测孔数按帷幕灌浆自检孔数的 15% ~ 25% 的比例抽检，检测钻孔深度与灌浆深度一致。检测孔布置原则为：

（1）原坝基检测揭示存在不良地质缺陷部位（如溶洞、破碎带、断层）。

（2）单位注入量大的地段或者对灌浆质量有疑问的地段。

（3）建基面下不同深度灌浆区。

（4）原帷幕灌浆不同次序孔。

（5）各帷幕灌浆单元的检测孔应具有一定代表性。

帷幕灌浆自检孔共有513个，检测孔共有126个，占自检孔24.6%。检测孔布置如图5-105、检测工作量见表5-25。

表5-25　灌浆检测工作量

检测顺序	检测部位		检测方法	单位	工作量
灌前	574廊道		单孔声波测试	m/孔	4385.6/34
			孔间电磁波CT	对孔	33
			钻孔全景录像	m/孔	3078.7/24
灌后	左岸帷幕	660廊道	压水试验	段/孔	45/6
			单孔声波	m/孔	—
			钻孔全景成像	m/孔	—
			钻孔测斜	孔	6
		623廊道	压水试验	段/孔	124/17
			单孔声波	m/孔	—
			钻孔全景成像	m/孔	9.7/1
			钻孔测斜	孔	11
		574廊道	压水试验	段/孔	199/24
			单孔声波	m/孔	140/3
			钻孔全景成像	m/孔	140/3
			钻孔测斜	孔	10
	坝基帷幕	坝基廊道	压水试验	段/孔	243/18
			单孔声波	m/孔	120/3
			钻孔全景成像	m/孔	308/5
	右岸帷幕	660廊道	压水试验	段/孔	45/10
			单孔声波	m/孔	—
			钻孔全景成像	m/孔	—
			钻孔测斜	孔	10
		623廊道	压水试验	段/孔	181/26
			单孔声波	m/孔	—
			钻孔全景成像	m/孔	—
			钻孔测斜	孔	16
		574廊道	压水试验	段/孔	415/34
			单孔声波	对孔	200/3
			声波CT	孔对	3
			钻孔全景成像	m/孔	—
			钻孔测斜	孔	18

注：压水试验采用三级压力（0.3MPa、0.6MPa、1.0MPa）、五个阶段（0.3MPa、0.6MPa、1.0MPa、0.6MPa、0.3MPa），段长2~7m，平均段长5m。

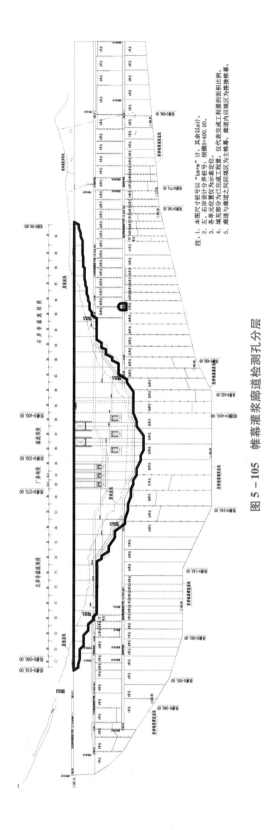

图 5 – 105　帷幕灌浆廊道检测孔分层

5.6.3　检测成果

5.6.3.1　灌前检测

A　电磁波 CT

在帷幕最核心的中层 574 廊道，共完成大坝底层防渗帷幕线上的 33 对电磁波 CT 剖面，岩溶异常分布如图 5－106、图 5－107 所示。

B　钻孔压水试验

左岸 574 廊道共压水 280 段，弱透水岩体主要分布在 0＋0m～0＋234m 桩号间，透水曲线如图 5－108 所示。大坝底层廊道共压水 247 段，弱透水岩体主要分布在 0＋0m～0＋246.0m 桩号间，透水曲线见图 5－109 所示。右岸坝基底层廊道和右岸 574 廊道共压水 358 段，弱透水岩体主要分布在右岸底廊道 0＋0m～0＋368m 段，如图 5－110 所示。

C　单孔声波及钻孔全景成像

左岸 574 廊道 10 孔，波速值小于 4000m/s 的占 0～6.3%，4000～4500m/s 占 2.0%～10.8%，4500～5000m/s 占 9.6%～19.6%，5000～5500m/s 占 27.2%～47.5%，大于5500m/s 占 31.7%～55.9%。坝基底层廊道 9 孔，波速值小于 4000m/s 占 0.2%～6.4%，4000～4500m/s 占 0.3%～10.1%，4500～5000m/s 占 1.5%～23.2%，5000～5500m/s 占 19.3%～45.7%，大于 5500m/s 占 19.0%～78.7%。右岸 574 廊道 15个，波速值小于 4000m/s 占 0～48.9%，4000～4500m/s 占 0.4%～27.7%；4500～5000m/s 占 4.4%～30.2%，5000～5500m/s 占 4.4%～51.3%，大于 5500m/s 占1.0%～68.0%。

大坝底层 574 廊道 5 号孔、10 号孔、11 号孔至 22 号孔、25 号孔至 34 号孔，26 号孔高程 518.5～508.2m、29 号孔高程 472.7～471.4m、30 号孔高程 487.0～478.1m、31号孔高程 534.6～528.3m 发育溶洞，其余钻孔岩溶发育微弱，发育有少量宽度为 0.1～3.0cm 的裂隙，裂隙以充填方解为主。33 号孔 553.5m 以下为 F_5 断层破碎带，岩体完整性差；34 号全孔段为 F_5 断层破碎带，岩体完整性差。

D　帷幕渗透性分析

将帷幕区分为 Ⅳ区（强透水，$q \geqslant 100\text{Lu}$），Ⅲ区（中等透水区，$10\text{Lu} \leqslant q < 100\text{Lu}$），Ⅱ区（弱透水区，$1\text{Lu} \leqslant q < 10\text{Lu}$）和Ⅰ区（微透水区，$q < 1\text{Lu}$）。

5.6.3.2　灌后检测

A　压水试验

左右岸及坝基压水试验成果统计与分布另如图 5－111～图 5－113 所示，在少量地质条件较差的孔段存在透水率大于 1Lu 的情况，其余均达到设计要求。

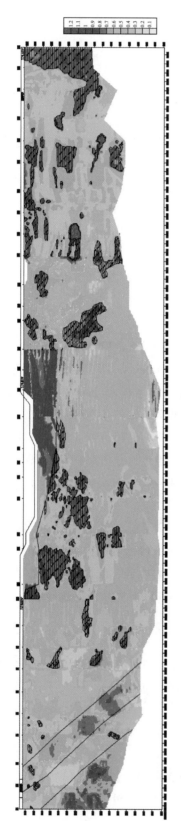

图 5 – 106 574 廊道帷幕灌前 CT 成果

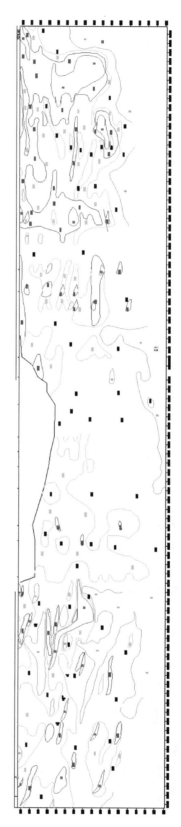

图 5 – 107 574 廊道帷幕灌前渗透分区

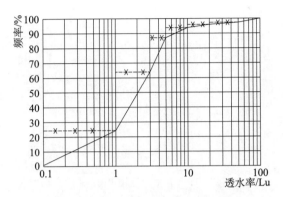

图 5-108　左岸 574 廊道透水率曲线

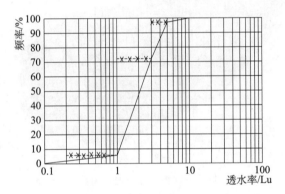

图 5-109　坝基廊道透水率曲线

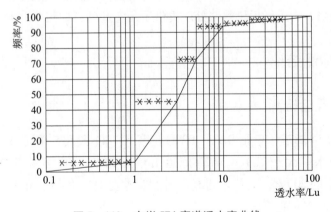

图 5-110　右岸 574 廊道透水率曲线

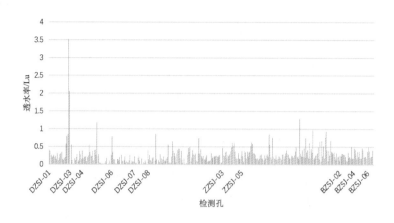

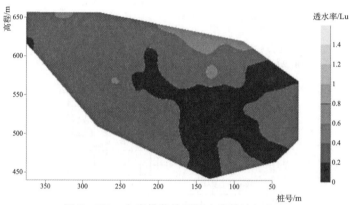

图 5 - 111　左岸帷幕检测透水率统计与分布

B　单孔声波及钻孔全景数字成像

针对地质条件差、透水率较高的部位，进行声波和钻孔全景成像，见证了较高透水率部位的地质缺陷，为进行后续灌浆处理提供了翔实基础，如图 5 - 114 所示。

5.6.4　检测结论

5.6.4.1　灌后检测

左岸帷幕，574 廊道 3 单元 DZSJ - 02 号孔第 10 ~ 11 段及 8 单元 DZSJ - 05 号孔第 1 段（接触段）透水率大于 1.0Lu，623 廊道 1 单元 ZDSJ - 01 号孔第 2 段透水率大于 1.0Lu，小于要求的 200%，上述段进行了补强灌浆处理。各检测孔段压水试验透水率均满足设计低于 1.0Lu 的要求。

底层帷幕在主廊道左 21 单元 ZLD - SJ2 号孔有 2 段（不连续）大于 1.0Lu，左 22 单元 ZLD - SJ3 号孔有 10 段大于 1.0Lu，左 24 单元 ZLD - SJ4 号孔有 10 段大于 1.0Lu，右 34 单元 YLD - SJ1 号孔有 1 段（接触段）大于 1.0Lu，其余孔段均低于 1.0Lu。对于底层主廊道透水率较大且段次较多的区域（左 21 单元 ZLD - SJ3、左 22 单元 ZLD - SJ4

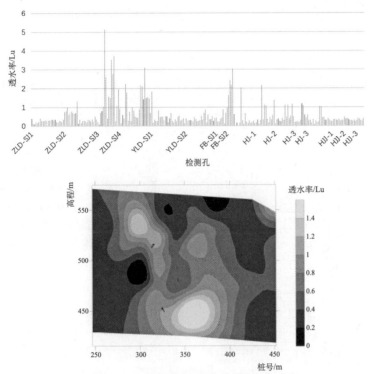

图 5 – 112　坝基帷幕检测透水率统计与分布

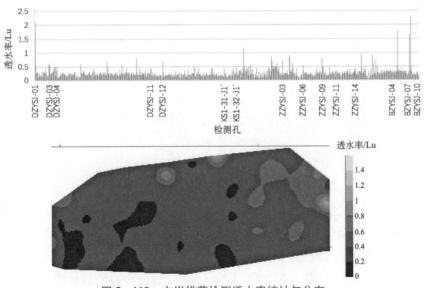

图 5 – 113　右岸帷幕检测透水率统计与分布

号孔共有 20 段透水率大于 1.0Lu，最大为 5.14Lu）进行化学灌浆处理后透水率已降低至 0.26 ~ 0.50Lu 之间，低于 1.0Lu，满足设计要求。封闭廊道压水试验透水率在 0 ~ 3.04Lu 之间，其中左 4 单元 FB – SJ2 号孔共作压水试验检测 6 段，有 1 段（第 5 段）透水率为 3.04Lu，除小于要求的 200% 外，其余均低于 3.0Lu，满足设计要求。

右岸 574 主帷幕除 3 单元 DZYSJ – 01 号孔第 1 段透水率大于 1.0Lu，且大于要求的

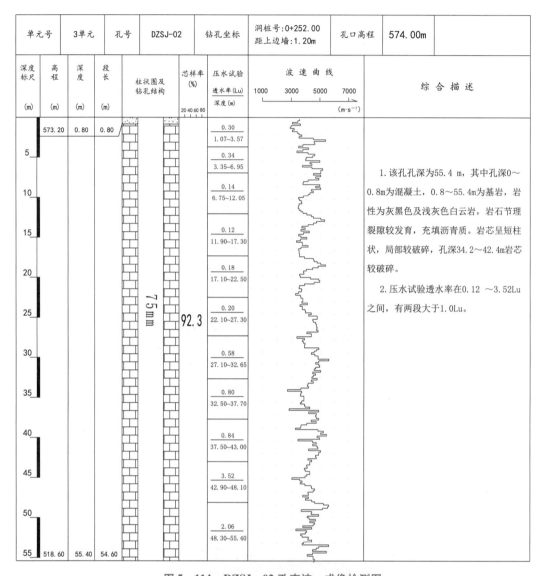

单元号	3单元	孔号	DZSJ-02	钻孔坐标	洞桩号：0+252.00 距上边墙：1.20m	孔口高程	574.00m	

图5-114 DZSJ-02孔声波、成像检测图

该孔孔深为55.4 m，其中孔深0~0.8m为混凝土，0.8~55.4m为基岩，岩性为灰黑色及浅灰色白云岩，岩石节理裂隙较发育，充填沥青质。岩芯呈短柱状，局部较破碎，孔深34.2~42.4m岩芯较破碎。

2. 压水试验透水率在0.12~3.52Lu之间，有两段大于1.0Lu。

200%，进行补强灌浆处理外，对16~17、19单元存在黏土夹卵石或砂充填的溶洞，进行补强灌浆处理。其余单元各孔段压水试验透水率均低于1.0Lu，满足设计要求。26单元 J-26-1号孔揭示的砂层分布在洞桩号136.4~131.8m、高程483.4~481.3m区域内，砂层横向长约4.6m、厚度在0.5~2.0m之间，进行补强灌浆处理；J-25-2号孔与 J-26-1号孔间发育一条近垂直裂隙，推测砂由26单元 J-26-1号孔经该裂隙流入25单元 J-25-2号孔；25单元 J-25-2号孔洞桩号140.0~137.6m、高程522.5~518.4m区域岩体破碎、强溶蚀，局部为砂，进行补强灌浆处理。搭接帷幕灌浆检测压水试验透水率在0.08~0.54Lu之间，均低于1.0Lu，满足设计要求。

右岸623、右岸660主帷幕均低于3.0Lu，满足设计要求。

综上所述，按武都水库工程帷幕灌浆质量评价标准判定，武都水库工程帷幕灌浆左

图 5－114　DZSJ－02 孔声波、成像检测图（续）

岸 574 主帷幕 3、8 单元，底层主廊道左 21、22、24 单元，右 34 单元不满足设计要求，其余部位均满足设计要求。不满足设计要求的各部位及右岸 574 主帷幕 16～17、19 单元存在黏土夹卵石或砂充填的溶洞和 26 单元的砂层，根据要求进行了处理。

5.6.4.2　灌前检测

左岸 F_{23} 断裂构造不发育，小溶洞、溶隙、溶孔较发育，裂隙中等发育，裂隙率 0.43 条/m，溶蚀裂隙占 20%，岩体以弱、微透水岩体为主，透水率小于 1Lu。坝基断裂构造不发育，裂隙中等发育，平均裂隙率 0.28 条/m，大多数宽 0.2～3.0cm，多数闭合，方解石胶结，溶蚀裂隙占 18%，岩体以弱、微透水岩体为主。右岸 F_5 断层影响带内，其透水率小于 3Lu，裂隙中等发育，平均裂隙率 0.24 条/m，大多宽 0.1~2.0cm，多闭合，方解石胶结，溶蚀裂隙占 18%。

调整左岸桩号 0+0m~0+234m 底层帷幕底限：桩号 0+0m~0+030m，高程 485m；桩号 0+030m~0+055m，高程 440m；桩号 0+055m~0+080m，高程 470m；桩号 0+080m~0+234m，高程 505m。

调整底层灌浆廊道桩号 0+0m~0+246.0m 底层帷幕底限：桩号 0+0m~0+016m，高程 485~425m；桩号 0+016m~0+040m，高程 425m；桩号 0+040m~0+050m，高程 425~440m；桩号 0+050m~0+140m，高程 440m；桩号 0+140m~0+160m，高程 440~480m；桩号 0+160m~0+242.4m，高程 480m。

调整右岸桩号 0+0m~0+368m 段底层帷幕防渗帷幕底限：桩号 0+0m~0+033m 段，高程 480m；桩号 0+033m~0+064m 段，高程 470~480m；桩号 0+064m~0+170m 段，高程 470m；桩号 0+170m~0+185m 段，高程 470~494m；桩号 0+185m~0+217m 段，高程 494m；桩号 0+217m~0+230m，高程 494~460m；桩号 0+230m~0+260m 段，高程 460m；桩号 0+260m~0+290m 段，高程 460~475m；桩号 0+290m~0+340m 段，高程 475m；桩号 0+340m~0+350m，高程 475~510m；桩号 0+350m~0+368m 段，高程 510m。

第**6**章

大坝检测

6.1 沙沱水电站大坝四级配碾压混凝土质量及裂缝检测

6.1.1 工程概况

乌江沙沱水电站为乌江第9个梯级电站，发电为主，航运为辅，兼顾防洪等综合开发任务。本工程为二等大（2）型工程，水库正常蓄水位365.00m，总库容9.21亿m^3；电站装机容量1120MW，多年平均发电量45.52亿kW·h；枢纽由碾压混凝土重力坝、坝身溢流表孔、左岸引水坝段、坝后厂房及右岸垂直升船机等建筑物组成。

沙沱水电站拦河大坝坝顶全长631m，最大坝高101m，分为左岸挡水坝段、引水坝段、电梯井坝段、河床溢流坝段、通航坝段和右岸挡水坝段。左岸挡水坝段长161.78m，引水坝段长130.10m，电梯井坝段长14.12m，河床溢流坝段长143m，通航坝段长48.50m，右岸挡水坝段长133.50m。在左岸1号、2号、3号、4号挡水坝段及右岸14号、15号、16号挡水坝段坝体330m高程以上内部采用C_{90}^{15}四级配碾压混凝土，上游面采用C_{90}^{20}三级配碾压混凝土及C_{90}^{20}三级配变态混凝土防渗。岸坡及坝体下游侧50cm范围内等不便碾压的部位采用C_{90}^{15}四级配变态混凝土。

6.1.2 大坝四级配碾压混凝土密实度检测

6.1.2.1 检测方法及工作布置

根据贵州乌江沙沱水电站大坝四级配碾压混凝土施工技术要求，采用双杆核子密度仪，每层（层厚50cm）总体按7m×7m的网格布置检测点，检测时通过对每一检测点的不同深度（10cm、25cm、40cm间隔）的压实容重进行测试，将以上测点值进行平均，该平均值与碾压混凝土配合比理论容重之比作为相对压实度。相对压实度达到98.5%和每一铺筑层80%的试样容重不小于设计值即为合格，当低于设计要求时，及时通知监理安排施工方采取加碾处理措施，直至合格为止。

双杆分层核子仪（见图6-1）的密度源和密度探测器

图6-1 MC-S-24双杆
分层核子仪

分别安装在两个探杆的端部内。两根探杆同步伸入到检测材料中，检测两探杆之间水平方向上的带状区域材料（图6-2中两根探测杆端部之间的阴影部分）是双杆分层核子仪检测密度时的试样核心。升降探测杆，就可以分别检测从地表到地下60cm范围内不同深度的材料密度。

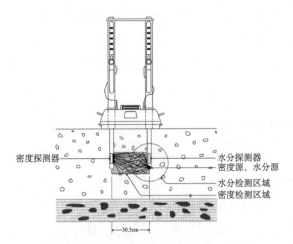

密度探测器　　　　　　　　　　　　　　　　水分探测器
　　　　　　　　　　　　　　　　　　　　　　密度源、水分源
　　　　　　　　　　　　　　　　　　　　　　水分检测区域
　　　　　　　　　　　　　　　　　　　　　　密度检测区域

30.5cm

图6-2　双杆分层核子仪检测密度和水分

双杆分层核子仪使用透射法检测密度。右侧探测杆端部内安装有一个密封的10mCi铯-137伽马源，左侧探测杆端部内安装有伽马射线探测器。伽马源向被测材料放射伽马射线，一部分射线被材料吸收，另一部分射线穿透材料而被探测器检测到。材料的密度越高，吸收的伽马射线就越多，穿透材料的伽马射线就越少，探测器的射线计数将越少；反之，材料的密度越低，探测器的射线计数就越多。伽马射线穿透被测材料的能力与材料中所有组成成分的总原子量成函数关系。如果被测材料的密度相同，只是粒度、级配、均匀度等因素不同，射线的计数结果不变。被测试材料的化学成分对射线计数有微弱的影响，通常可以忽略不计。双杆分层核子仪在制造时，厂家使用标准密度材料将射线计数与标准密度一一对应，建立检定关系。在实际检测时，仪器就可以根据射线的计数结果准确计算出被测材料的密度。

检测仪器采用美国CPN公司研制生产的MC-S-24双杆核子密/湿度检测仪。该仪器相对于单杆浅层核子仪，使用两根探测杆，检测深度可以达到60cm，满足碾压后的材料层检测厚度。分层核子仪在水平方向上检测两根探杆之间的一定层厚材料的平均密度，能够确定不同深度材料层的密度差异和不同深度的含水量，水分检测试样和密度检测试样总是一致的。图6-2所示为MC-S-24双杆核子密/湿度检测仪工作原理。

使用核子仪器进行密度检测具有以下优点：

（1）检测结果准确可靠，可以检测任何类型的土工材料，材料的化学成分对检测结果没有明显的影响。

（2）这是目前世界上唯一适用于机械化施工现场检测大层厚碾压材料的压实度检测方法。

（3）检测速度快，工作效率高。

（4）分层检测不同深度的材料的密度和湿度。

（5）检测时对被测试材料的扰动小，检测后检测孔不需要进行修复，属无损检测。

（6）检测深度地表至地下60cm，测量最小间隔5cm，大型液晶显示屏一次显示所有的测试数据和计算数据，包括湿（总）密度、干密度、总含水量、含水率、压实度、测试深度、精度等。

6.1.2.2　检测评价标准

根据贵州乌江沙沱水电站大坝四级配碾压混凝土施工技术要求：核子仪宜采用能够测试60cm深碾压混凝土压实容重的双杆分层核子仪，按7m×7m的网格布点，相对压实度（指仓面实测压实容重与碾压混凝土配合比设计容重之比）达到98.5%和每一铺筑层80%试样容重不小于设计值即为合格。当低于设计要求时，应及时通知监理人立即复检，查明原因，按指示采取补碾处理措施，直至合格为止；处理后仍达不到设计要求的，应进行挖除处理。

6.1.2.3　检测成果

1～4号坝段高程334.5～370.0m，共分27仓浇筑，碾压234层，总测点2944点，小于98.5%的测点110点，占3.7%。其中二级配测点39个，最小值2.367g/cm³、最大值2.462g/cm³、平均值2.443g/cm³，平均密实度99.2%，小于98.5%的测点2点，占5.1%；三级配测试681点，最小值2.335g/cm³、最大值2.482g/cm³、平均值2.455g/cm³，平均密实度99.0%，小于98.5%的测点4点，占0.6%；四级配测试2224点，最小值2.341g/cm³、最大值2.509g/cm³、平均值2.476g/cm³，平均密实度99.0%，小于98.5%的测点104点，占4.7%。检测数据表明1～4号坝段碾压混凝土密度满足设计要求。

14～16号坝段高程349.0～370.0m，共分16仓浇筑，碾压131层，总测点1100点，小于98.5%的测点24点，占2.2%。其中二级配测试6点，最小值2.441g/cm³、最大值2.462g/cm³、平均值2.447g/cm³，平均密实度99.4%，测点密实度均大于98.5%；三级配测试382点，最小值2.416g/cm³、最大值2.476g/cm³、平均值2.455g/cm³，平均密实度99.0%，小于98.5%的测点2点，占0.5%；四级配测试712点，最小值2.425g/cm³、最大值2.497g/cm³、平均值2.474g/cm³，平均密实度98.9%，小于98.5%的测点22点，占3.1%。检测数据表明14～16号坝段碾压混凝土密度满足设计要求。

6.1.3　大坝 4 号坝段下游面裂缝检测

6.1.3.1　检测方法

通过在裂缝两侧分别钻测试孔 A、B 进行测试，孔径 50mm，钻孔深度 4.0m，钻孔间距 0.9 ~ 1.7m。测试孔钻探完毕后，在孔 A 和 B 中注满水，检查相邻的孔是否有漏水现象，如果漏水较快，说明该孔与裂缝相交，不能用于测试。经检查测孔不漏水后，清理孔中的粉尘碎屑，将 T、R 换能器分别置于裂缝两侧孔中，以相同高程等间距从下到上同步移动，测点间距为 10cm，逐点读取声时、振幅和换能器所处的深度等参数。

混凝土为相对较单一的介质，当混凝土中存在裂缝时，超声波信号振幅、频谱和相位等将发生相应的变化，通过对其振幅、频谱及相位进行综合分析，即可确定裂缝深度。

裂缝深度的确定：绘制 $H - A$ 坐标图，如图 6 - 3 所示。随换能器位置下移，振幅逐渐增大，当换能器下移至某一位置后，振幅达到最大并基本稳定，该位置所对应的深度便是裂缝深度。

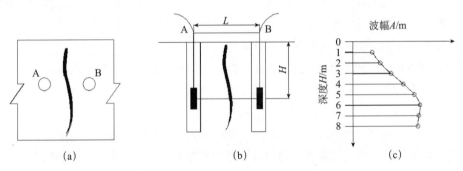

图 6 - 3　检测平面、剖面及 $H - A$ 坐标图

（a）测试平面；（b）测试剖面；（c）$H - A$ 坐标图

6.1.3.2　检测成果

4 号坝段下游面裂缝检测孔呈平面分布，钻孔深度均为 4.0m，各测试段平均振幅、波速值统计结果见表 6 - 1。

表 6 - 1　4 号坝段下游面裂缝声波穿透平均振幅、波速统计

序号	声波穿透测试孔号	孔距/m	测试深度/m	$v_p/\text{m} \cdot \text{s}^{-1}$	A/dB	裂缝深度/m
1	5 - 1 ~ 5 - 2	1.7	4.0	4870	80.0	0.8
2	6 - 1 ~ 6 - 2	1.2	4.0	4071	65.2	2.3

序号	声波穿透测试孔号	孔距/m	测试深度/m	$v_p/\text{m}\cdot\text{s}^{-1}$	A/dB	裂缝深度/m
3	6-3~6-4	1.4	4.0	4077	67.3	1.1
4	6-5~6-6	1.5	4.0	5093	83.8	1.2
5	7-1~7-2	0.9	4.0	3282	53.2	3.1
6	7-3~7-4	1.4	4.0	4459	73.4	2.5
7	7-5~7-6	1.7	4.0	4894	70.5	3.3
8	7-7~7-8	1.3	4.0	5100	83.9	0.9

5-1~5-2孔间距1.7m、测试孔深4.0m，两孔的连线与裂缝走向垂直，为跨缝穿透。穿透测试成果表明，振幅在孔深0.8m以上明显衰减，平均值为80.0dB，两孔间平均波速为4870m/s。裂缝发育深度为0.8m。

6-1~6-2孔间距1.2m、测试孔深4.0m，两孔的连线与裂缝走向垂直，为跨缝穿透。穿透测试成果表明，振幅在孔深2.3m以上明显衰减，平均值为65.2dB，两孔间平均波速为4071m/s。裂缝发育深度为2.3m。

6-3~6-4孔间距1.4m、测试孔深4.0m，两孔的连线与裂缝走向垂直，为跨缝穿透。穿透测试成果表明，振幅在孔深1.1m以上明显衰减，平均值为67.3dB，两孔间平均波速为4077m/s。裂缝发育深度为1.1m。

6-5~6-6孔间距1.5m、测试孔深4.0m，两孔的连线与裂缝走向垂直，为跨缝穿透。穿透测试成果表明，振幅在孔深1.2m以上明显衰减，平均值为83.8dB，两孔间平均波速为5093m/s。裂缝发育深度为1.2m。

7-1~7-2孔间距0.9m、测试孔深4.0m，两孔的连线与裂缝走向垂直，为跨缝穿透。穿透测试成果表明，振幅在孔深3.1m以上明显衰减，平均值为53.2dB，两孔间平均波速为3282m/s。裂缝发育深度为3.1m。

7-3~7-4孔间距1.4m、测试孔深4.0m，两孔的连线与裂缝走向垂直，为跨缝穿透。穿透测试成果表明，振幅在孔深2.5m以上明显衰减，平均值为73.4dB，两孔间平均波速为4459m/s。裂缝发育深度为2.5m。

7-5~7-6孔间距1.7m、测试孔深4.0m，两孔的连线与裂缝走向垂直，为跨缝穿透。穿透测试成果表明，振幅在孔深3.3m以上明显衰减，平均值为70.5dB，两孔间平均波速为4894m/s。裂缝发育深度为3.3m。

7-7~7-8孔间距1.3m、测试孔深4.0m，两孔的连线与裂缝走向垂直，为跨缝穿透。穿透测试成果表明，振幅在孔深0.9m以上明显衰减，平均值为83.9dB，两孔间平均波速为5100m/s。裂缝发育深度为0.9m。

6.1.3.3　检测结论

通过对4号坝段下游面裂缝测试成果进行声时、振幅、频谱等综合分析，其结论为：

（1）5 号裂缝深度为 0.8m。

（2）6 号裂缝深度为 1.1~2.3m。

（3）7 号裂缝深度为 0.9~3.3m。

6.2　武都水库大坝检测

6.2.1　大坝浇筑混凝土质量抽检

6.2.1.1　检测内容与目的

按水库大坝浇筑混凝土规范要求，为了正确全面评价混凝土质量、确保大坝运行安全，受四川省武都水利水电集团有限责任公司、四川省水利基本建设工程质量监督中心站武都水库工程项目质量监督站委托，贵阳院于 2010 年 9 月 6 日至 2012 年 11 月 10 日，完成了武都水库大坝 1~30 号坝段震后浇筑混凝土质量抽检任务。

检测采用钻孔取芯、混凝土芯样试验、钻孔全景数字成像、钻孔压水试验。通过对震后浇筑 $C_{180}15$ 三级配碾压混凝土、$C_{180}20$ 二级配碾压混凝土、$C_{180}20$ 常态混凝土的抗压强度、抗拉强度与极限拉伸、抗压弹性模量、抗渗等级、抗冻等级、层面结合抗剪参数、芯样干密度、湿密度相关参数的试验，评价大坝碾压混凝土是否达到设计要求；通过钻孔全景数字成像及钻孔压水试验评价混凝土的完整性、原位抗渗性。

6.2.1.2　检测方法及原理

（1）钻孔取芯。钻孔孔径 $\phi76mm$、$\phi275mm$，向下垂直钻孔，通过对所取的混凝土芯样的观察与描述，评价混凝土的完整理性、胶结情况、骨料分布情况，以及是否存在混凝土缺陷。

（2）钻孔全景数字成像。钻孔全景数字成像以视觉直接获取地质信息，结合钻孔岩芯原位直观了解孔内混凝土碾压密实性，骨料分布情况，内部是否存在离析、蜂窝、架空等缺陷，评价混凝土施工质量。

（3）钻孔压水试验。压水试验工作原理如图 6-4 所示。采用"单点法"压水，段长为 2.0m，压力为 0.5~0.8MPa。通过压水试验的透水率来评价防渗层混凝土的原位防渗性能。

（4）芯样试验。本次对大坝 1~30 号坝段混凝土芯样的质量进行检测，检测项目为抗压强度、静力抗压弹性模量、极限拉伸值、抗渗等级、抗冻等级、伺服抗剪、混凝土

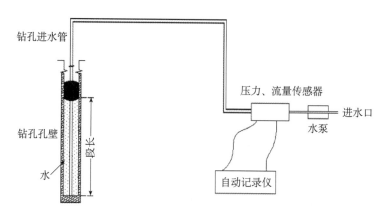

图 6-4 压水试验工作原理

密度。

6.2.1.3 检测成果

A 钻孔取芯

为正确评价震后新浇筑混凝土的碾压密实性、骨料分布情况，以及内部是否存在离析、蜂窝、胶结不良等缺陷，对 1~30 号坝段所有钻孔均进行芯样描述。由芯样描述可知：混凝土胶结较密实、骨料分布均匀，岩芯面较光滑，仅局部见气孔、胶结稍差等缺陷。

B 钻孔全景数字成像

为正确评价震后新浇筑混凝土的碾压密实性、骨料分布情况，以及内部是否存在离析、蜂窝、胶结不良等缺陷，对 1~30 号坝段大部分钻孔进行钻孔全景数字成像。钻孔全景数字成像揭示：混凝土胶结较密实、骨料分布均匀，仅局部见气孔、胶结欠密实等缺陷，详细成果见表 6-2。

表 6-2 1~30 号坝段震后浇筑混凝土质量抽检钻孔全景数字成像异常统计

区域	孔号	异常深度/m	异常描述
1~10 号坝段	Cj10-1	2.60~3.50	混凝土局部见气孔
		29.90	混凝土胶结欠密实
	Cj10-2	13.60	混凝土胶结欠密实
		18.60	混凝土胶结欠密实
	Cj10-3	2.00	混凝土胶结欠密实
		21.20	混凝土胶结欠密实
11~12 号坝段	Cj11-1	1.60~2.00	混凝土局部见气孔
	Cj12-1	24.60~26.00	混凝土局部见气孔

续表

区域	孔号	异常深度/m	异常描述
11～12 号坝段	Cj12－2	1.80、15.90	混凝土胶结欠密实
13～15 号坝段	Cj13－1	35.80～36.60	混凝土胶结欠密实
	Cj13－2	10.80、50.70	混凝土胶结欠密实
	Cj13－3	11.20～12.20	混凝土胶结欠密实
16～18 号坝段	Cj17－1	1.90～2.10	混凝土胶结欠密实
	Cj17－2	15.60～16.30	混凝土局部见气孔
	Cj17－3	12.00～12.20	混凝土胶结欠密实
19～20 号坝段	Cj19－1	9.10～9.30	混凝土胶结欠密实
	Cj19－2	0.30～1.10	混凝土局部见气孔
	Cj19－3	9.40～9.90	混凝土局部见气孔
21～30 号坝段	Cj25－1	2.10～2.70	混凝土局部见气孔
	Cj25－2	15.10～16.30	混凝土局部见气孔
	Cj25－3	12.60～13.10	混凝土局部见气孔

C 压水试验

为评价震后新浇筑混凝土原位抗渗性能，分别对位于1～30号坝段防渗层的 Cj10－3、Cj12－2、Cj13－3、Cj17－3、Cj19－3 及 Cj25－3 号孔进行压水试验，压水试验采用"单点法"，压力为 0.5MPa，段长 2.0～3.1m，共完成 122 段次压水试验。从压水成果上看，抽检区混凝土的透水率为 0.00～0.44Lu，防渗性良好。

D 混凝土芯样试验

本次混凝土芯样抽检试验按业主要求，对 1～30 号坝段的 $C_{180}15$ 三级配碾压混凝土、$C_{180}20$ 二级配碾压混凝土、$C_{180}20$ 常态混凝土的抗压强度、抗拉强度与极限拉伸、抗压弹性模量、抗渗等级、抗冻等级、层面结合抗剪参数、芯样干密度、湿密度相关参数进行试验。

a 抗压强度

1～30 号坝段取混凝土抗压强度芯样 14 组共 42 块。混凝土芯样的抗压强度试验结果表明：

（1）1～10 号坝段：设计指标为 $C_{180}20$ 的二级配碾压混凝土，芯样顶面高程范围在 611.7～636.7m，抗压强度在 26.3～32.0MPa 之间，平均值为 29.8MPa；设计指标为 $C_{180}15$ 的三级配碾压混凝土，芯样顶面高程范围在 602.2～633.8m，抗压强度在 16.1～34.4MPa 之间，平均值为 24.6MPa。

（2）11～12 号坝段：设计指标为 $C_{180}20$ 的二级配碾压混凝土，芯样顶面高程范围在 610.1～627.4m，抗压强度在 25.4～34.4MPa 之间，平均值为 30.2MPa；设计指标为

C_{180}^{15} 的三级配碾压混凝土，芯样顶面高程范围在 $596.8 \sim 607.1m$，抗压强度在 $24.2 \sim 29.4MPa$ 之间，平均值为 $26.6MPa$。

（3）13 ～ 15 号坝段：设计指标为 C_{180}^{20} 的常态混凝土，芯样顶面高程范围在 $611.9 \sim 623.8m$，抗压强度在 $34.8 \sim 52.0MPa$ 之间，平均值为 $46.2MPa$；设计指标为 C_{180}^{20} 的二级配碾压混凝土，芯样顶面高程范围在 $602.7 \sim 606.9m$，抗压强度在 $31.7 \sim 35.6MPa$ 之间，平均值为 $33.5MPa$；设计指标为 C_{180}^{15} 的三级配碾压混凝土，芯样顶面高程范围在 $576.6 \sim 600.3m$，抗压强度在 $23.5 \sim 43.5MPa$ 之间，平均值为 $30.8MPa$。

（4）16 ～ 18 号坝段：设计指标为 C_{180}^{20} 的变态混凝土，芯样顶面高程范围在 $603.0 \sim 617.2m$，抗压强度在 $26.7 \sim 29.6MPa$ 之间，平均值为 $27.7MPa$；设计指标为 C_{180}^{15} 的三级配碾压混凝土，芯样顶面高程范围在 $598.5 \sim 620.0m$，抗压强度在 $24.4 \sim 43.9MPa$ 之间，平均值为 $33.3MPa$。

（5）19 ～ 20 号坝段：设计指标为 C_{180}^{20} 的二级配碾压混凝土，芯样顶面高程范围在 $620.8 \sim 621.6m$，抗压强度在 $20.8 \sim 39.5MPa$ 之间，平均值为 $30.0MPa$；设计指标为 C_{180}^{15} 的三级配碾压混凝土，芯样顶面高程范围在 $594.4 \sim 608.1m$，抗压强度在 $26.6 \sim 32.2MPa$ 之间，平均值为 $28.7MPa$。

（6）21 ～ 30 号坝段：设计指标为 C_{180}^{20} 的常态混凝土，芯样顶面高程范围在 $620.1 \sim 631.2m$，抗压强度在 $38.3 \sim 50.6MPa$ 之间，平均值为 $44.4MPa$；设计指标为 C_{180}^{20} 的二级配碾压混凝土，芯样顶面高程范围在 $652.1 \sim 655.8m$，抗压强度在 $38.3 \sim 47.4MPa$ 之间，平均值为 $43.6MPa$；设计指标为 C_{180}^{15} 的三级配碾压混凝土，芯样顶面高程范围在 $642.5 \sim 652.7m$，抗压强度在 $30.0 \sim 46.2MPa$ 之间，平均值为 $39.4MPa$。

综上所述，各区域 C_{180}^{20} 二级配碾压混凝土抗压强度在 $20.8 \sim 47.4MPa$ 之间，平均值为 $32.3MPa$；C_{180}^{15} 三级配碾压混凝土抗压强度在 $16.1 \sim 46.2MPa$ 之间，平均值为 $30.6MPa$；C_{180}^{20} 常态混凝土抗压强度在 $34.8 \sim 52.0MPa$ 之间，平均值为 $45.4MPa$；C_{180}^{20} 变态混凝土抗压强度在 $26.7 \sim 29.6MPa$ 之间，平均值为 $27.7MPa$。可以看出，所有芯样抗压强度值均满足设计要求，21 ～ 30 号坝段芯样抗压强度较高；个别区域的抗压强度波动较大，如 16 ～ 18 号坝段芯样的最大抗压强度与最小抗压强度差值达到 $19.5MPa$。

b 抗拉强度及极限拉伸值

1 ～ 30 号坝段混凝土抗拉强度芯样 14 组共 55 块。采用长江科学院为本项目 250mm 直径芯样抗拉强度试验研发的新型夹具进行试验，混凝土抗拉强度的试验结果表明：

（1）1 ～ 10 号坝段：设计指标为 C_{180}^{20} 的二级配碾压混凝土，芯样顶面高程范围在 $594.2 \sim 636.4m$，抗拉强度在 $0.98 \sim 1.31MPa$ 之间，平均值为 $1.11MPa$，极限拉伸值在 $(77 \sim 83) \times 10^{-6}$ 之间，平均值为 80×10^{-6}；设计指标为 C_{180}^{15} 的三级配碾压混凝土，芯样顶面高程范围在 $606.6 \sim 636.0m$，抗拉强度在 $0.89 \sim 1.33MPa$ 之间，平均值为 $1.07MPa$，极限拉伸值在 $(69 \sim 81) \times 10^{-6}$ 之间、平均值为 74×10^{-6}。

（2）11 ～ 12 号坝段：设计指标为 C_{180}^{20} 的二级配碾压混凝土，芯样顶面高程范围在

593.1～636.1m，抗拉强度在1.09～1.34MPa之间，平均值为1.23MPa，极限拉伸值在（79～87）×10^{-6}之间，平均值为83×10^{-6}；设计指标为C_{180}^{15}的三级配碾压混凝土，芯样顶面高程范围在624.2～635.8m，抗拉强度在0.95～1.21MPa之间，平均值为1.08MPa，极限拉伸值在（68～83）×10^{-6}之间，平均值为74×10^{-6}。

（3）13～15号坝段：设计指标为C_{180}^{20}的常态混凝土，芯样顶面高程范围在609.9～617.8m，抗拉强度在1.22～1.42MPa之间，平均值为1.35MPa，极限拉伸值在（79～89）×10^{-6}之间，平均值为83×10^{-6}；设计指标为C_{180}^{20}的二级配碾压混凝土，芯样顶面高程范围在604.1～608.8m，抗拉强度在1.10～1.24MPa之间，平均值为1.16MPa，极限拉伸值在（73～82）×10^{-6}之间，平均值为78×10^{-6}；设计指标为C_{180}^{15}的三级配碾压混凝土，芯样顶面高程范围在583.7～599.5m，抗拉强度在0.99～1.25MPa之间，平均值为1.14MPa，极限拉伸值在（78～84）×10^{-6}之间，平均值为81×10^{-6}。

（4）16～18号坝段：设计指标为C_{180}^{20}的变态混凝土，芯样顶面高程范围在599.0～619.2m，抗拉强度在0.92～1.12MPa之间，平均值为1.04MPa，极限拉伸值在（69～79）×10^{-6}之间，平均值为75×10^{-6}；设计指标为C_{180}^{15}的三级配碾压混凝土，芯样顶面高程范围在603.9～619.2m，抗拉强度在1.19～1.38MPa之间，平均值为1.26MPa，极限拉伸值在（76～82）×10^{-6}之间，平均值为80×10^{-6}。

（5）19～20号坝段：设计指标为C_{180}^{20}的二级配碾压混凝土，芯样顶面高程范围在596.4～619.0m，抗拉强度在1.04～1.35MPa之间，平均值为1.16MPa，极限拉伸值在（77～85）×10^{-6}之间，平均值为80×10^{-6}；设计指标为C_{180}^{15}的三级配碾压混凝土，芯样顶面高程范围在599.9～615.7m，抗拉强度在0.98～1.16MPa之间，平均值为1.09MPa，极限拉伸值在（71～82）×10^{-6}之间，平均值为77×10^{-6}。

（6）21～30号坝段：设计指标为C_{180}^{20}的常态混凝土，芯样顶面高程范围在615.8～630.9m，抗拉强度在1.37～1.44MPa之间，平均值为1.40MPa，极限拉伸值在（81～92）×10^{-6}之间，平均值为85×10^{-6}；设计指标为C_{180}^{20}的二级配碾压混凝土，芯样顶面高程范围在638.7～657.3m，抗拉强度在1.37～1.56MPa之间，平均值为1.42MPa，极限拉伸值在（79～86）×10^{-6}之间，平均值为82×10^{-6}；设计指标为C_{180}^{15}的三级配碾压混凝土，芯样顶面高程范围在639.3～657.4m，抗拉强度在1.21～1.37MPa之间，平均值为1.30MPa，极限拉伸值在（81～96）×10^{-6}之间，平均值为85×10^{-6}。

综上所述，1～30号坝段C_{180}^{20}二级配碾压混凝土抗拉强度在0.98～1.56MPa之间，平均值为1.23MPa，极限拉伸值在（77～87）×10^{-6}之间，平均值为81×10^{-6}；C_{180}^{15}三级配碾压混凝土抗拉强度在0.89～1.38MPa之间，平均值为1.16MPa，极限拉伸值在（68～96）×10^{-6}之间，平均值为79×10^{-6}；C_{180}^{20}常态混凝土抗拉强度在1.22～1.44MPa之间，平均值为1.37MPa，极限拉伸值在（79～92）×10^{-6}之间，平均值为85×10^{-6}；变态混凝土抗拉强度在0.92～1.12MPa之间，平均值为1.04MPa，极限拉伸值在（69～79）×10^{-6}之间，平均值为75×10^{-6}。可以看出，芯样抗拉强度和极限拉伸值偏低，混凝土拉压比较小；21～30 号坝段芯样抗拉强度、极限拉伸值略高于其他区域。

c 抗压弹性模量

1～30 号坝段取混凝土抗压弹性模量芯样 14 组共 52 块，混凝土抗压弹性模量试验结果表明：

（1）1～10 号坝段：设计指标为 C_{180}^{20} 的二级配碾压混凝土，芯样顶面高程范围在594.7～636.2m，抗压弹性模量在 35.2～43.7GPa 之间，平均值为 41.1GPa；设计指标为 C_{180}^{15} 的三级配碾压混凝土，芯样顶面高程范围在 605.9～634.7m，抗压弹性模量在34.4～43.2GPa 之间，平均值为 38.8GPa。

（2）11～12 号坝段：设计指标为 C_{180}^{15} 的三级配碾压混凝土，芯样顶面高程范围在615.0～636.7m，抗压弹性模量在 23.8～37.7GPa 之间，平均值为 30.9GPa。

（3）13～15 号坝段：设计指标为 C_{180}^{20} 的常态混凝土，芯样顶面高程范围在616.4～622.8m，抗压弹性模量在 22.8～47.1GPa 之间，平均值为 39.2GPa；设计指标为 C_{180}^{20} 的二级配碾压混凝土，芯样顶面高程范围在604.1～608.5m，抗压弹性模量在 33.8～44.9GPa 之间，平均值为 42.0GPa；设计指标为 C_{180}^{15} 的三级配碾压混凝土，芯样顶面高程范围在 580.7～602.4m，抗压弹性模量在 38.3～44.4GPa 之间，平均值为 41.8GPa。

（4）16～18 号坝段：设计指标为 C_{180}^{20} 的变态混凝土，芯样顶面高程范围在600.8～618.3m，抗压弹性模量在 32.0～42.8GPa 之间，平均值为 36.3GPa；设计指标为 C_{180}^{15} 的三级配碾压混凝土，芯样顶面高程范围在 603.0～617.0m，抗压弹性模量在24.0～40.8GPa 之间，平均值为 34.0GPa。

（5）19～20 号坝段：设计指标为 C_{180}^{20} 的二级配碾压混凝土，芯样顶面高程范围在594.9～612.8m，抗压弹性模量在 29.0～46.2GPa 之间，平均值为 36.5GPa；设计指标为 C_{180}^{15} 的三级配碾压混凝土，芯样顶面高程范围在 596.0～619.0m，抗压弹性模量在20.0～34.2GPa 之间，平均值为 26.9GPa。

（6）21～30 号坝段：设计指标为 C_{180}^{20} 的常态混凝土，芯样顶面高程范围在614.7～622.5m，抗压弹性模量在 29.7～37.5GPa 之间，平均值为 32.1GPa；设计指标为 C_{180}^{20} 的二级配碾压混凝土，芯样顶面高程范围在 642.4～651.8m，抗压弹性模量在23.9～45.4GPa 之间，平均值为 33.6GPa；设计指标为 C_{180}^{15} 的三级配碾压混凝土，芯样顶面高程范围在 641.8～653.4m，抗压弹性模量在 19.9～25.6GPa 之间，平均值为 23.2GPa。

综上所述，C_{180}^{20} 二级配碾压混凝土抗压弹性模量在 23.9～46.2GPa 之间，平均值为 38.3GPa；C_{180}^{15} 三级配碾压混凝土抗压弹性模量在 19.9～44.4GPa 之间，平均值为33.2GPa；C_{180}^{20} 常态混凝土抗压弹性模量在 22.8～47.1GPa 之间，平均值为 35.2GPa；变态混凝土抗压弹性模量在 32.0～42.8GPa 之间，平均值为 36.3GPa。可以看出，芯样抗压弹性模量值均在正常范围，21～30 号坝段芯样抗压弹性模量略低于其他区域；个别区域的抗压弹性模量波动较大，如 13~15 号坝段芯样的最大抗压弹性模量与最小抗压弹性模量差值达到 20.3GPa。

d　抗渗等级

1~30 号坝段取混凝土抗渗等级芯样 14 组共 42 块，混凝土抗渗等级试验结果表明：

（1）1~10 号坝段：设计指标为 $C_{180}{}^{20}W8$ 的二级配碾压混凝土，芯样顶面高程范围在 613.2~636.4m，抗渗等级可达到 W8，芯样的渗水高度平均值为 80mm；设计指标为 $C_{180}{}^{15}W4$ 的三级配碾压混凝土，芯样顶面高程范围在 601.8~635.2m，抗渗等级可达到 W4，芯样的渗水高度平均值为 96mm。

（2）11~12 号坝段：设计指标为 $C_{180}{}^{20}W8$ 的二级配碾压混凝土，芯样顶面高程范围在 603.4~627.1m，抗渗等级可达到 W8，芯样的渗水高度平均值为 93mm；设计指标为 $C_{180}{}^{15}W4$ 的三级配碾压混凝土，芯样顶面高程范围在 597.1~617.2m，抗渗等级可达到 W4，芯样的渗水高度平均值为 55mm。

（3）13~15 号坝段：设计指标为 $C_{180}{}^{20}W8$ 的常态混凝土，芯样顶面高程范围在 609.1~623.8m，抗渗等级可达到 W8，芯样的渗水高度平均值为 89mm；设计指标为 $C_{180}{}^{20}W8$ 的二级配碾压混凝土，芯样顶面高程范围在 604.3~608.6m，抗渗等级可达到 W8，芯样的渗水高度平均值为 72mm；设计指标为 $C_{180}{}^{15}W4$ 的三级配碾压混凝土，芯样顶面高程范围在 576.2~597.7m，芯样抗渗等级均达到 W4，芯样的渗水高度平均值为 77mm。

（4）16~18 号坝段：设计指标为 $C_{180}{}^{20}W8$ 的变态混凝土，芯样顶面高程范围在 602.5~610.0m，抗渗等级可达到 W8，芯样的渗水高度平均值为 95mm；设计指标为 $C_{180}{}^{15}W4$ 的三级配碾压混凝土，芯样顶面高程范围在 604.2~608.0m，抗渗等级可达到 W4，芯样的渗水高度平均值为 50mm。

（5）19~20 号坝段：设计指标为 $C_{180}{}^{20}W8$ 的二级配碾压混凝土，芯样顶面高程范围在 595.8~609.7m，抗渗等级可达到 W8，芯样的渗水高度平均值为 97mm；设计指标为 $C_{180}{}^{15}W4$ 的三级配碾压混凝土，芯样顶面高程范围在 594.6~620.3m，抗渗等级可达到 W4，芯样的渗水高度平均值为 72mm。

（6）21~30 号坝段：设计指标为 $C_{180}{}^{20}W8$ 的常态混凝土，芯样顶面高程范围在 615.8~630.3m，1 块芯样在水压 0.7MPa 时透水，其余 2 块芯样抗渗压力均达到 0.9MPa，芯样的渗水高度平均值为 84mm；设计指标为 $C_{180}{}^{20}W8$ 的二级配碾压混凝土，芯样顶面高程范围在 640.0~650.4m，抗渗等级可达到 W8，芯样的渗水高度平均值为 71mm；设计指标为 $C_{180}{}^{15}W4$ 的三级配碾压混凝土，芯样顶面高程范围在 638.7~655.4m，抗渗等级可达到 W4，芯样的渗水高度平均值为 54mm。

综上所述，1~30 号坝段大部分芯样的抗渗等级满足设计要求，21~30 号坝段设计指标为 $C_{180}{}^{20}W8$ 的常态混凝土 3 个抗渗芯样中，2 个芯样抗渗等级达到 W8 的设计要求，1 个芯样抗渗等级未达到 W8。

需要说明的是，根据《水工混凝土试验规程》（SL/T 352—2020）中混凝土抗渗性试验的相关规定，每组混凝土抗渗性试验数目为6个，6个试件中有3个试件表面出现渗水时，或加至规定压力（设计抗渗等级）在8h内6个试件中表面渗水试件少于3个时，根据对应的水压力判断抗渗等级。由于本项目中芯样数目的限制，每个区域每种混凝土抗渗性能试验芯样取样数目为3个，因此试验结果不作为该区域混凝土抗渗等级评价依据，但可作为其抗渗性能的参考。

e 抗冻等级

1~30号坝段取混凝土抗冻等级芯样14组共42块，混凝土抗冻等级试验结果可以看出：

（1）1~10号坝段：二级配碾压混凝土芯样经过50次冻融循环后均未破坏；三级配碾压混凝土芯样中，有2块芯样经过50次冻融循环后未破坏，有1块芯样的抗冻性能经过50次冻融循环后破坏。

（2）11~12号坝段：二级配碾压混凝土芯样经过50次冻融循环后均未破坏；三级配碾压混凝土芯样中，有1块芯样经过50次冻融循环后未破坏，其余2块芯样经过50次冻融循环后破坏。

（3）13~15号坝段：常态混凝土芯样中有2块芯样经过50次冻融循环后未破坏，1块芯样经过50次冻融循环后破坏；二级配碾压混凝土芯样经过50次冻融循环后均未破坏；三级配碾压混凝土芯样经过50次冻融循环后均未破坏。

（4）16~18号坝段：变态混凝土芯样中有2块芯样经过50次冻融循环后未破坏，1块芯样经过50次冻融循环后破坏；三级配碾压混凝土芯样中，有2块芯样经过50次冻融循环后未破坏，1块芯样经过50次冻融循环后破坏。

（5）19~20号坝段：二级配碾压混凝土芯样经过50次冻融循环后均未破坏；三级配碾压混凝土芯样中，有2块芯样经过50次冻融循环后未破坏，有1块芯样经过50次冻融循环后破坏。

（6）21~30号坝段：常态混凝土、三级配碾压混凝土和二级配碾压混凝土芯样抗冻经过50次冻融循环后均未破坏。

根据《水工混凝土试验规程》（SL/T 352—2020）中混凝土抗冻性试验的相关规定，每组混凝土抗冻性能试件相对冻弹性模量平均值下降至初始值的60%或质量损失率平均值达到5%时，即认为该组试件已破坏，并以此相应的冻融循环次数作为该混凝土的抗冻等级。从1~30号坝段混凝土芯样设计龄期的混凝土抗冻等级试验统计结果看，1~10号、11~12号、16~18号、19~20号坝段三级配碾压混凝土及16~18号变态混凝土芯样抗冻等级未达到F50，其他区域的混凝土芯样均达到F50的设计要求。

f 层面结合抗剪参数

1~30号坝段取混凝土层面结合抗剪芯样共28组，其中冷缝层面结合芯样14组，热缝层面结合芯样14组，试验结果表明：

（1）1~30号坝段所取 C_{180}^{20} 二级配碾压混凝土冷缝层面结合抗剪芯样5组，极限抗剪强度的摩擦系数 f' 在 1.06~2.35 之间，平均值为1.74，黏聚力 c' 在 3.18~

4.55MPa 之间，平均值为 3.86MPa；残余抗剪强度的摩擦系数 $f_{残}$ 在 $0.93 \sim 1.43$ 之间，平均值为 1.16，黏聚力 $c_{残}$ 在 $0.85 \sim 1.91$MPa 之间，平均值为 1.47MPa；摩擦强度的摩擦系数 $f_{摩}$ 在 $0.62 \sim 1.14$ 之间，平均值为 0.87，黏聚力 $c_{摩}$ 在 $0.62 \sim 2.06$MPa 之间，平均值为 1.42MPa。

（2）1~30 号坝段所取 $C_{180}{}^{20}$ 二级配碾压混凝土热缝层面结合抗剪芯样 5 组，极限抗剪强度的摩擦系数 f' 在 $1.26 \sim 2.57$ 之间，平均值为 1.90，黏聚力 c' 在 $3.02 \sim 5.99$MPa 之间，平均值为 4.47MPa；残余抗剪强度的摩擦系数 $f_{残}$ 在 $0.90 \sim 1.43$ 之间，平均值为 1.16，黏聚力 $c_{残}$ 在 $0.93 \sim 2.05$MPa 之间，平均值为 1.56MPa；摩擦强度的摩擦系数 $f_{摩}$ 在 $0.71 \sim 1.26$ 之间，平均值为 1.00，黏聚力 $c_{摩}$ 在 $0.64 \sim 2.38$MPa 之间，平均值为 1.44MPa。

（3）1~30 号坝段所取 $C_{180}{}^{15}$ 三级配碾压混凝土冷缝层面结合抗剪芯样 6 组，极限抗剪强度的摩擦系数 f' 在 $1.29 \sim 2.48$ 之间，平均值为 1.90，黏聚力 c' 在 $2.44 \sim 3.84$MPa 之间，平均值为 3.13MPa；残余抗剪强度的摩擦系数 $f_{残}$ 在 $0.88 \sim 1.22$ 之间，平均值为 1.08，黏聚力 $c_{残}$ 在 $1.00 \sim 1.76$MPa 之间，平均值为 1.51MPa；摩擦强度的摩擦系数 $f_{摩}$ 在 $0.79 \sim 1.09$ 之间，平均值为 0.96，黏聚力 $c_{摩}$ 在 $0.70 \sim 2.01$MPa 之间，平均值为 1.49MPa。

（4）1~30 号坝段所取 $C_{180}{}^{15}$ 三级配碾压混凝土热缝层面结合抗剪芯样 6 组，极限抗剪强度的摩擦系数 f' 在 $1.41 \sim 2.89$ 之间，平均值为 2.05，黏聚力 c' 在 $2.79 \sim 4.13$MPa 之间，平均值为 3.67MPa；残余抗剪强度的摩擦系数 $f_{残}$ 在 $0.97 \sim 1.31$ 之间，平均值为 1.15，黏聚力 $c_{残}$ 在 $0.87 \sim 1.79$MPa 之间，平均值为 1.36MPa；摩擦强度的摩擦系数 $f_{摩}$ 在 $0.78 \sim 1.45$ 之间，平均值为 1.08，黏聚力 $c_{摩}$ 在 $0.65 \sim 1.70$MPa 之间，平均值为 1.26MPa。

（5）1~30 号坝段所取常态混凝土冷缝层面结合抗剪芯样 2 组，极限抗剪强度的摩擦系数 f' 在 $1.61 \sim 1.80$ 之间，平均值为 1.71，黏聚力 c' 在 $4.21 \sim 4.65$MPa 之间，平均值为 4.43MPa；残余抗剪强度的摩擦系数 $f_{残}$ 在 $0.79 \sim 0.81$ 之间，平均值为 0.80，黏聚力 $c_{残}$ 在 $1.22 \sim 2.05$MPa 之间，平均值为 1.64MPa；摩擦强度的摩擦系数 $f_{摩}$ 在 $0.49 \sim 0.78$ 之间，平均值为 0.64，黏聚力 $c_{摩}$ 在 $0.93 \sim 2.35$MPa 之间，平均值为 1.64。

（6）1~30 号坝段所取常态混凝土热缝层面结合抗剪芯样 2 组，极限抗剪强度的摩擦系数 f' 在 $1.58 \sim 1.97$ 之间，平均值为 1.78，黏聚力 c' 在 $4.03 \sim 4.75$MPa 之间，平均值为 4.39MPa；残余抗剪强度的摩擦系数 $f_{残}$ 在 $1.23 \sim 1.25$ 之间，平均值为 1.24，黏聚力 $c_{残}$ 在 $0.55 \sim 1.79$MPa 之间，平均值为 1.17MPa；摩擦强度的摩擦系数 $f_{摩}$ 在 $1.00 \sim 1.38$ 之间，平均值为 1.19，黏聚力 $c_{摩}$ 在 $0.67 \sim 1.20$MPa 之间，平均值为 0.64。

（7）1~30 号坝段所取变态混凝土冷缝层面结合抗剪芯样 1 组，极限抗剪强度的摩擦系数 f' 为 1.87，黏聚力 c' 为 4.01MPa；残余抗剪强度的摩擦系数 $f_{残}$ 为 1.06，黏聚力 $c_{残}$ 为 1.52MPa；摩擦强度的摩擦系数 $f_{摩}$ 为 1.25，黏聚力 $c_{摩}$ 为 1.10。

（8）1~30 号坝段所取变态混凝土热缝层面结合抗剪芯样 1 组，极限抗剪强度的摩

擦系数 f' 为 1.38，黏聚力 c' 为 4.99MPa；残余抗剪强度的摩擦系数 $f_残$ 为 1.18，黏聚力 $c_残$ 为 2.05MPa；摩擦强度的摩擦系数 $f_摩$ 为 0.92，黏聚力 $c_摩$ 为 2.35。

综上所述，1~30 号坝段各区域所取芯样的热缝层面结合芯样摩擦系数、黏聚力略高于冷缝层面结合芯样，符合一般规律。部分坝段所取混凝土冷缝层面结合芯样抗剪参数与热缝层面结合抗剪参数相当。一方面可能是由于该区域冷缝层面刷毛处理质量较高；另一方面可能是该区域所取部分冷缝层面结合抗剪芯样的层面位置不明显或层面不水平。

影响混凝土缝面抗剪断强度的因素主要为混凝土强度、冷缝铺筑砂浆厚度及强度等。冷缝层面结合抗剪芯样断面起伏差多数为 0.5~1.5cm，摩擦剪切擦痕明显；热缝层面结合抗剪芯样剪断后剪切面多数为不平整粗糙面，局部为混凝土被剪断破坏，骨料分布均匀，冷缝层面的断面起伏差多数为 0.5~2.0cm，热缝层面的断面起伏差多数为 1.5~3.5cm。

g 芯样干密度、湿密度

混凝土芯样的密度试验：

（1）1~30 号坝段常态混凝土取 2 组共计 6 个芯样测试密度，干密度最大值为 2556kg/m³，最小值为 2440kg/m³，平均值为 2512kg/m³；湿密度最大值为 2561kg/m³，最小值为 2445kg/m³，平均值为 2518kg/m³；吸水率最大值为 0.38%，最小值为 0.18%，平均值为 0.26%。

（2）1~30 号坝段 $C_{180}20$ 二级配碾压混凝土取 5 组共计 15 个芯样测试密度，干密度最大值为 2590kg/m³，最小值为 2439kg/m³，平均值为 2499kg/m³；湿密度最大值为 2599kg/m³，最小值为 2449kg/m³，平均值为 2508kg/m³；吸水率最大值为 0.50%，最小值为 0.17%，平均值为 0.36%。

（3）1~30 号坝段 $C_{180}15$ 三级配碾压混凝土取 6 组共计 18 个芯样测试密度，干密度最大值为 2607kg/m³，最小值为 2421kg/m³，平均值为 2515kg/m³；湿密度最大值为 2614kg/m³，最小值为 2430kg/m³，平均值为 2524kg/m³；吸水率最大值为 0.50%，最小值为 0.17%，平均值为 0.36%。

（4）1~30 号坝段变态混凝土取 1 组共计 3 个芯样测试密度，干密度最大值为 2560kg/m³，最小值为 2438kg/m³，平均值为 2515kg/m³；湿密度最大值为 2614kg/m³，最小值为 2430kg/m³，平均值为 2524kg/m³；吸水率最大值为 0.50%，最小值为 0.17%，平均值为 0.36%。

6.2.1.4 检测结论

A 混凝土完整性及原位抗渗

（1）抽检区混凝土胶结较密实，骨料分布均匀，局部存在气孔及欠密实等缺陷。

（2）抽检区混凝土的透水率为 0.00~0.44Lu，反映了混凝土原位抗渗性能良好。

B 混凝土芯样性能

（1）1~30 号坝段 $C_{180}20$ 二级配碾压混凝土、$C_{180}15$ 三级配碾压混凝土、$C_{180}20$ 常态混

凝土、变态混凝土芯样的抗压强度值均满足设计要求，但个别区域的抗压强度波动较大。

（2）1~30号坝段C_{180}^{20}二级配碾压混凝土、C_{180}^{15}三级配碾压混凝土、C_{180}^{20}常态混凝土、变态混凝土芯样的抗拉强度和极限拉伸值偏低，混凝土拉压比较小。

（3）1~30号坝段C_{180}^{20}二级配碾压混凝土、C_{180}^{15}三级配碾压混凝土、C_{180}^{20}常态混凝土、变态混凝土芯样的抗压弹性模量值均在正常范围，但个别区域的抗压弹性模量波动较大，如13~15号坝段芯样的最大抗压弹性模量与最小抗压弹性模量差值达到20.3GPa。

（4）1~30号坝段大部分区域的混凝土芯样抗渗性能满足设计要求，21~30号坝段设计指标为C_{180}^{20}W8的常态混凝土3个抗渗芯样中，2个芯样抗渗等级达到W8的设计要求，1个芯样抗渗等级未达到W8。由于本项目中芯样数目的限制，试验结果不作为该区域混凝土抗渗等级评价依据，但可作为其抗渗性能的参考。

（5）从1~30号坝段混凝土芯样设计龄期的混凝土抗冻等级试验统计结果看，1~10号、11~12号、16~18号、19~20号坝段三级配碾压混凝土及16~18号变态混凝土芯样抗冻等级未达到F50，其他区域的混凝土芯样均达到F50的设计要求。

（6）21~30号坝段的C_{180}^{20}二级配碾压混凝土、C_{180}^{15}三级配碾压混凝土、C_{180}^{20}常态混凝土芯样抗压强度、抗拉强度、抗压弹性模量、极限拉伸值、抗冻性能均略优于其他区域的同类别混凝土。

（7）1~30号坝段各区域所取芯样的热缝层面结合芯样摩擦系数、黏聚力略高于冷缝层面结合芯样，符合一般规律。部分坝段所取混凝土冷缝层面结合芯样抗剪参数与热缝层面结合抗剪参数相当。

（8）1~30号坝段各区域所取芯样所取混凝土芯样的干密度、湿密度及吸水率均在正常范围内。

综合来看，1~30号坝段所取C_{180}^{20}二级配碾压混凝土、C_{180}^{15}三级配碾压混凝土、C_{180}^{20}常态混凝土、C_{180}^{20}变态混凝土的抗压强度、抗拉强度、极限拉伸值、抗压弹性模量、抗剪特性参数均在合理范围，但部分参数波动较大，部分区域混凝土芯样抗冻等级未满足设计要求。

6.2.2　大坝震后裂缝检测

6.2.2.1　检测背景

勘察及开挖揭示，两岸坝肩、坝基岩溶水文及工程地质条件十分复杂，施工中已进行了相应处理，至5·12汶川8.0级地震发生当日，大坝浇筑至569.0~581.5m高程。5·12汶川8.0级地震对武都水库大坝及建基面岩体造成不同程度的影响，坝体出现20多条贯穿性裂缝，最长的可达50m，发育深度有待进一步查明。按照国务院发布的汶川地震灾后恢复重建条例和水利部支援四川震损水库应急除险方案设计指导小组专家和水电水利规划设计总院领导意见，须对大坝混凝土裂缝深度及延伸范围、坝体28天龄期内混凝土强度等进行检测。

武都水库碾压混凝土大坝于2007年2月进行开仓浇筑，至2008年5月12日地震前，先后对6~7号坝段、10~21号坝段、16号坝段的护坦进行了浇筑，现形成了549.5m、569.0m、572.0m、580.5m、581.5m、627.0m等混凝土坝面平台。其中，地震时13~15号坝段（高程581.4~581.7m）正在进行碾压混凝土施工，因此该层混凝土碾压未达到要求。高程581.4m以下层混凝土，特别是震前未达28天凝期的混凝土质量可能受到不同程度的损坏；6~7号坝段顶部（高程624~627m）在混凝土浇筑后12h就发生了地震，致使该部分混凝土局部拉裂，其余部分也可能受损。对于上述两种情况的混凝土，设计单位已提出了初步处理意见，即13~15号坝段顶层混凝土进行凿除处理；6~7号坝段顶部混凝土处理办法视检测结果而定。

6.2.2.2 检测成果

A 6~7号坝段

震后6~7号坝627混凝土层面，共发现裂缝13条，其中8条（LL6~LL13）裂缝在廊道上方，不具备检测条件，仅对LL1~LL5裂缝进行检测，共布设裂缝检测孔22个，完成声波穿透12对。裂缝编号及钻孔布置如图6-5所示，测试成果如图6-6所示。

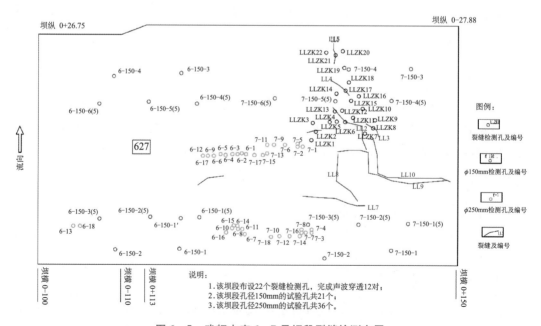

图6-5 武都水库6~7号坝段裂缝检测布置

a LL1裂缝

该裂缝表面长度为1.9m，缝宽0.5~2.0mm，共布设2对声波穿透（LLZK1~

LLZK3、LLZK3 ~ LLZK4）进行裂缝深度检测，声波穿透成果分析如下：

（1）LLZK1 ~ LLZK3 孔间距 2.01m、测试孔深 5.1m，两孔的连线与裂缝走向垂直，为跨缝穿透。穿透测试成果表明，振幅在孔深 0.8m 以上明显衰减，平均值为 68.2dB，其余段平均振幅为 71.2dB，两孔间平均波速为 5018m/s。由此可判断 LL1 裂缝在该处发育深度为 0.8m。

（2）LLZK3 ~ LLZK4 孔间距 2.0m、测试孔深 4.9m，两孔的连线与裂缝走向平行，为不跨缝穿透。穿透测试成果表明，振幅在全孔段无明显变化，平均值为 71.0dB，平均波速为 5018m/s。

b LL2 裂缝检测

该裂缝表面长度为 7.2m，缝宽 1.0 ~ 2.0mm，共布设 4 对（LLZK5 ~ LLZK11、LLZK11 ~ LLZK15、LLZK4 ~ LLZK12、LLZK12 ~ LLZK14）声波穿透来判断其发育深度，声波穿透成果分析如下：

（1）LLZK5 ~ LLZK11 孔间距 1.97m、测试孔深 4.1m，两孔的连线与裂缝走向垂直，为跨缝穿透。穿透测试成果表明，振幅在孔深 1.1m 以上明显衰减，平均值为 64.8dB，其余段平均振幅为 72.2dB，两孔间平均波速为 5001m/s。由此可判断 LL2 裂缝在该处发育深度为 1.1m。

（2）LLZK11 ~ LLZK15 孔间距 1.9m、测试孔深 3.9m，两孔的连线与裂缝走向平行，为不跨缝穿透，未发现裂缝。

（3）LLZK4 ~ LLZK12 孔间距 1.98m、测试孔深 3.6m，两孔的连线与裂缝走向垂直，为跨缝穿透。穿透测试成果表明，振幅在孔深 0.3m 以上明显衰减，平均值为 64.9dB，其余段平均振幅为 72.7dB，两孔间平均波速为 5106m/s。由此可判断 LL2 裂缝在该处发育深度为 0.3m。

（4）LLZK12 ~ LLZK14 孔间距 2.1m、测试孔深 3.6m，两孔的连线与裂缝走向平行，为不跨缝穿透，未发现裂缝。由上述成果推测，该裂缝的发育深度从上游至下游逐渐变浅。

c LL3 裂缝检测

该缝表面长度为 2.0m，缝宽 0.4 ~ 2.0mm，共布设 2 对（LZK7 ~ LLZK9、LLZK9 ~ LLZK10）声波穿透来判断其发育深度，声波穿透成果分析如下：

（1）LLZK7 ~ LLZK9 孔间距 1.96m、测试孔深 4.4m，两孔的连线与裂缝走向垂直，为跨缝穿透。穿透测试成果表明，振幅在孔深 0.3m 以上明显衰减，平均值为 67.5dB，其余段平均振幅为 72.9dB，两孔间平均波速为 5083m/s。由此可判断 LL3 裂缝在该处发育深度为 0.3m。

（2）LLZK9 ~ LLZK10 孔间距 1.98m、测试孔深 4.3m，两孔的连线与裂缝走向平行，为不跨缝穿透。

d LL4 裂缝检测

该缝表面长度为 2.8m，缝宽 0.5 ~ 2.0mm，共布设 2 对（LZK14 ~ LLZK18、LLZK16 ~

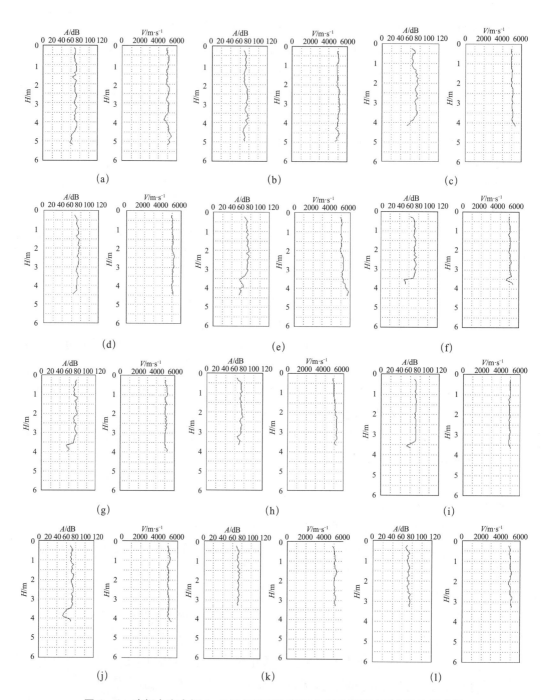

图 6-6　武都水库大坝 6~7 号坝段碾压混凝土震后裂缝检测声波穿透成果

（a）LLZK1~LLZK3；（b）LLZK3~LLZK4；（c）LLZK5~LLZK11；（d）LLZK7~LLZK9；

（e）LLZK9~LLZK10；（f）LLZK14~LLZK18；（g）LLZK11~LLZK15；（h）LLZK4~LLZK12；

（i）LLZK12~LLZK14；（j）LLZK16~LLZK18；（k）LLZK19~LLZK20；（l）LLZK20~LLZK22

LLZK18）声波穿透来判断其发育深度，声波穿透成果分析如下：

（1）LLZK14~LLZK18 孔间距 1.97m、测试孔深 3.7m，两孔的连线与裂缝走向垂直，为跨缝穿透。穿透测试成果表明，振幅在孔深 0.2m 以上明显衰减，平均值为 62.9dB，其余段平均振幅为 71.6dB，两孔间平均波速为 5056m/s。由此可判断 LL4 裂缝在该处发育深度为 0.2m。

（2）LLZK16～LLZK18 孔间距 2.0m、测试孔深 4.0m，两孔的连线与裂缝走向平行，为不跨缝穿透，未发现裂缝。

e LL5 裂缝检测

该缝表面长度为 2.4m，缝宽 0.5～2.0mm，共布设 2 对（LZK20～LLZK22、LLZK19～LLZK20）声波穿透来判断其发育深度，声波穿透成果分析如下：

（1）LLZK20～LLZK22 孔间距 1.98m、测试孔深 3.2m，两孔的连线与裂缝走向垂直，为跨缝穿透。穿透测试成果表明，振幅在孔深 0.4m 以上明显衰减，平均值为 8.2dB，其余段平均振幅为 72.8dB，两孔间平均波速为 4981m/s。由此可判断 LL5 裂缝在该处发育深度为 0.4m。

（2）LLZK19～LLZK20 孔间距 1.95m、测试孔深 4.0m，两孔的连线与裂缝走向平行，为不跨缝穿透，未发现裂缝。

B 10～11 号坝段

震后 10～11 号坝段 580.5 混凝土层面，共发现裂缝 5 条，共布设裂缝检测孔 35 个，裂缝编号及钻孔布置如图 6－7 所示；共完成声波穿透 16 对，测试成果详如图 6－8 所示。

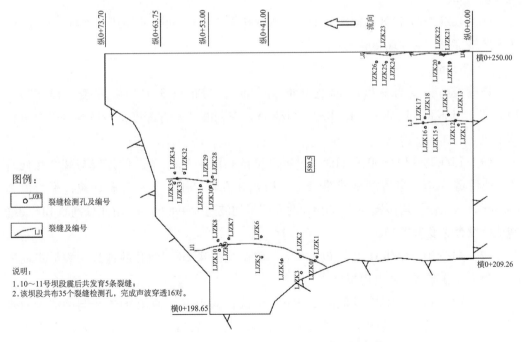

图 6－7 武都水库 10～11 号坝段裂缝检测布置

a LJ1 裂缝

该缝表面长度为 28.0m，缝宽 0.4～4.0mm，共布设 6 对声波穿透（LJZK1～

LJZK2、LJZK2 ~ LJZK3、LJZK5 ~ LJZK6、LJZK4 ~ LJZK5、LJZK8 ~ LJZK10、LJZK7 ~ LJZK8）来判断其发育深度，声波穿透成果分析如下：

（1）LJZK1 ~ LJZK2 孔间距 3.19m、测试孔深 2.1m，两孔的连线与裂缝走向垂直，为跨缝穿透。穿透测试成果表明，振幅在孔深 0.8m 以上明显衰减，平均值为 64.0dB，其余段平均振幅为 72.2dB，两孔间平均波速为 4985m/s。由此可判断 LJ1 裂缝在该处发育深度为 0.8m。

（2）LJZK2 ~ LJZK3 孔间距 3.24m、测试孔深 2.3m，两孔的连线与裂缝走向平行，为不跨缝穿透，未发现裂缝。

（3）LJZK5 ~ LJZK6 孔间距 3.97m、测试孔深 5.2m，两孔的连线与裂缝走向垂直，为跨缝穿透。穿透测试成果表明，振幅在孔深 2.7m 以上明显衰减，平均值为 61.4dB，其余段平均振幅为 77.8dB，两孔间平均波速为 5011m/s。由此可判断 LJ1 裂缝在该处发育深度为 2.7m。

（4）LJZK4 ~ LJZK5 孔间距 4.04m、测试孔深 5.1m，两孔的连线与裂缝走向平行，为不跨缝穿透，未发现裂缝。

（5）LJZK8 ~ LJZK10 孔间距 1.93m、测试孔深 5.0m，两孔的连线与裂缝走向垂直，为跨缝穿透。穿透测试成果表明，振幅在孔深 0.9m 以上明显衰减，平均值为 63.8dB，其余段平均振幅为 77.0dB，两孔间平均波速为 5029m/s。由此可判断 LJ1 裂缝在该处发育深度为 0.9m。

（6）LJZK7 ~ LJZK8 孔间距 2.18m、测试孔深 5.2m，两孔的连线与裂缝走向平行，为不跨缝穿透，未发现裂缝。

b LJ2 裂缝

该缝表面长度为 9.0m，缝宽 0.4 ~ 3.0mm，共布设 3 对声波穿透（LJZK28 ~ LJZK30、LJZK30 ~ LJZK31、LJZK33 ~ LJZK35）来判断其发育深度，声波穿透成果分析如下：

（1）LJZK28 ~ LJZK30 孔间距 1.97m、测试孔深 4.1m，两孔的连线与裂缝走向垂直，为跨缝穿透。穿透测试成果表明，振幅在孔深 2.1m 以上明显衰减，平均值为 69.6dB，其余段平均振幅为 85.2dB，两孔间平均波速为 4989m/s。由此可判断 LJ2 裂缝在该处发育深度为 2.1m。

（2）LJZK30 ~ LJZK31 孔间距 1.97m、测试孔深 4.2m，两孔的连线与裂缝走向平行，为不跨缝穿透，未发现裂缝。

（3）LJZK33 ~ LJZK35 孔间距 2.05m、测试孔深 4.2m，两孔的连线与裂缝走向垂直，为跨缝穿透。穿透测试成果表明，振幅在孔深 2.3m 以上明显衰减，平均值为 69.6dB，其余段平均振幅为 85.2dB，两孔间平均波速为 4989m/s。由此可判断 LJ2 裂缝在该处发育深度为 2.3m。

c LJ3 裂缝

该缝表面长度为 13.0m，缝宽 0.4～3.0mm，共布设 3 对声波穿透（LJZK11～LJZK13、LJZK13～LJZK14、LJZK15～LJZK8）来判断其发育深度，声波穿透成果分析如下：

（1）LJZK11～LJZK13 孔间距 2.0m、测试孔深 5.1m，两孔的连线与裂缝走向垂直，为跨缝穿透。穿透测试成果表明，振幅在孔深 3.4m 以上明显衰减，平均值为 76.5dB，其余段平均振幅为 85.5dB，两孔间平均波速为 5038m/s。由此可判断 LJ3 裂缝在该处发育深度为 3.4m。

（2）LJZK13～LJZK14 孔间距 2.04m、测试孔深 4.8m，两孔的连线与裂缝走向平行，为不跨缝穿透，未发现裂缝。

（3）LJZK15～LJZK18 孔间距 2.87m、测试孔深 2.0m，两孔的连线与裂缝走向斜交，为跨缝穿透。穿透测试成果表明，振幅在孔深 0.8m 以上明显衰减，平均值为 76.9dB，其余段平均振幅为 85.3dB，两孔间平均波速为 4957m/s。由此可判断 LJ3 裂缝在该处发育深度为 0.8m。

d LJ4 裂缝

该缝表面长度为 13.5m，缝宽 0.5～5.0mm，共布设 2 对声波穿透（LJZK20～LJZK22、LJZK19～LJZK20）来判断其发育深度，声波穿透成果分析如下：

（1）LJZK20～LJZK22 孔间距 2.1m、测试孔深 4.7m，两孔的连线与裂缝走向垂直，为跨缝穿透。穿透测试成果表明，振幅在孔深 1.9m 以上明显衰减，平均值为 48.5dB，其余段平均振幅为 59.6dB，两孔间平均波速为 5038m/s。由此可判断 LJ4 裂缝在该处发育深度为 1.9m。

（2）LJZK19～LJZK20 孔间距 1.9m、测试孔深 4.9m，两孔的连线与裂缝走向平行，为不跨缝穿透，未发现裂缝。

e LJ5 裂缝

该缝表面长度为 11.0m，缝宽 0.4～2.0mm，共布设 2 对声波穿透（LJZK23～LJZK25、LJZK25～LJZK26）来判断其发育深度，声波穿透成果分析如下：

（1）LJZK23～LJZK25 孔间距 1.92m、测试孔深 5.1m，两孔的连线与裂缝走向垂直，为跨缝穿透。穿透测试成果表明，振幅在孔深 3.3m 以上明显衰减，平均值为 47.6dB，其余段平均振幅为 59.9dB，两孔间平均波速为 5079m/s。由此可判断 LJ5 裂缝在该处发育深度为 3.3m。

（2）LJZK25～LJZK26 孔间距 1.92m、测试孔深 5.1m，两孔的连线与裂缝走向平行，为不跨缝穿透，未发现裂缝。

根据以上声波穿透资料分析，10～11 号坝段 LJ1～LJ5 裂缝多顺河流方向呈近直线延伸，长 9.0～18.0m，最大发育深度 3.4m，最小发育深度 0.8m，裂缝宽在 0.4～5.0mm 之间。

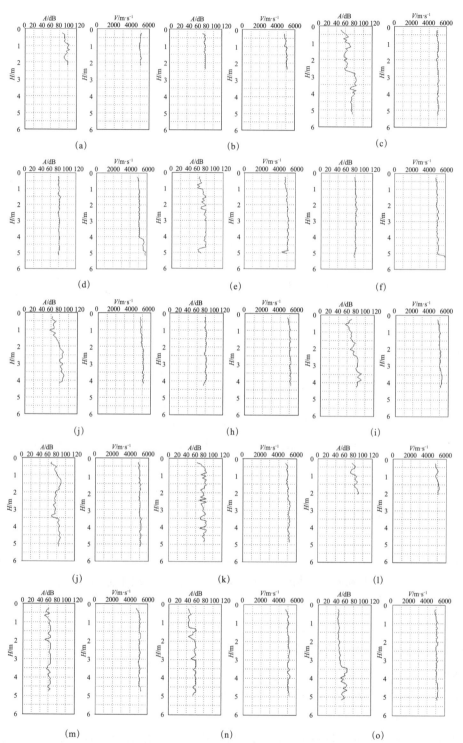

图 6 - 8　武都水库大坝 10 ~ 11 号坝段碾压混凝土震后裂缝检测声波穿透成果

（a）LJZK1 ~ LJZK2；（b）LJZK2 ~ LJZK3；（c）LJZK5 ~ LJZK6；（d）LJZK4 ~ LJZK5；（e）LJZK8 ~ LJZK10；（f）LJZK7 ~ LJZK8；（g）LJZK28 ~ LJZK30；（h）LJZK30 ~ LJZK31；（i）LJZK33 ~ LJZK35；（j）LJZK11 ~ LJZK13；（k）LJZK13 ~ LJZK14；（l）LJZK15 ~ LJZK18；（m）LJZK19 ~ LJZK20；（n）LJZK20 ~ LJZK22；（o）LJZK23 ~ LJZK25

C　15 号坝段

震后 15 号坝段 580.5 混凝土层面，共发现裂缝 1 条，共布设裂缝检测孔 6 个，裂缝编号及钻孔布置如图 6 - 9 所示，共完成声波穿透 2 对，测试成果如图 6 - 10 所示。

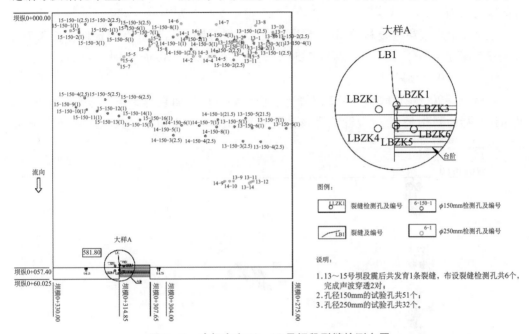

图 6 - 9　武都水库 13 ~ 15 号坝段裂缝检测布置

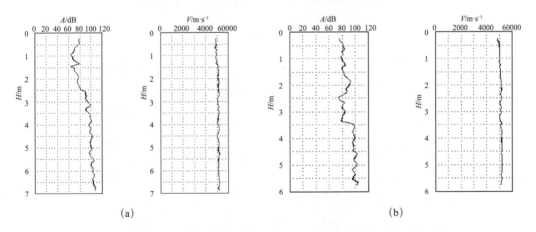

图 6 - 10　武都水库大坝 15 号坝段碾压混凝土震后裂缝检测声波穿透成果

（a）LBZK1 ~ LBZK3；（b）LBZK4 ~ LBZK6

LB 裂缝表面长度为 3.70m，缝宽 0.3 ~ 2.0mm，共布设 2 对跨缝声波穿透（LBZK1 ~ LBZK3、LBZK4 ~ LBZK6）来判断其发育深度，声波穿透成果分析如下：

（1）LBZK1 ~ LBZK3 孔间距 2.05m、测试孔深 6.8m，两孔的连线与裂缝走向垂直，为跨缝穿透。穿透测试成果表明，振幅在孔深 2.5m 以上明显衰减，平均值为 73.7dB，其余段平均振幅为 99.2dB，两孔间平均波速为 5082m/s。由此可判断 LB 裂缝在该处发育深度为 2.5m。

（2）LBZK4～LBZK6 孔间距 2.15m、测试孔深 5.7m，两孔的连线与裂缝走向垂直，为跨缝穿透。穿透测试成果表明，振幅在孔深 3.3m 以上明显衰减，平均值为 82.0dB，其余段平均振幅为 98.4dB，两孔间平均波速为 5087m/s。由此可判断 LB 裂缝在该处发育深度为 3.3m。

根据以上声波穿透资料分析，15 号坝段 LB 裂缝顺河向呈近直线延伸，长 3.7m，最大发育深度 3.3m，最小发育深度 2.5m，裂缝宽在 0.3～2.0mm 之间。

D 19～20 号坝段

震后 19～20 号坝段 569～572 混凝土层面，共发现坝面裂缝 5 条、劈头裂缝 8 条，共布设裂缝检测孔 58 个，裂缝编号及钻孔布置如图 6-11 所示，共完成声波穿透 43 对，测试成果如图 6-12 所示。

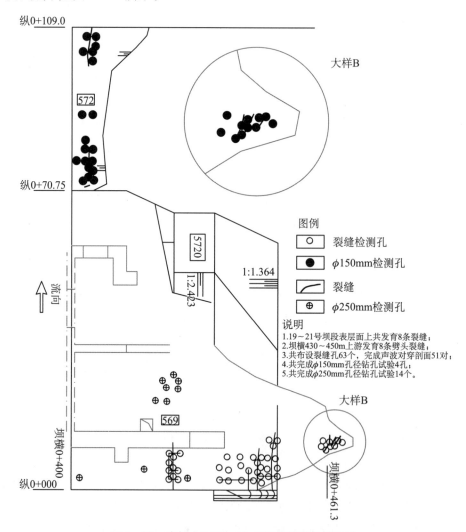

图 6-11　武都水库 19～21 号坝段裂缝检测布置

a LD1 裂缝

该缝表面长度为 7.5m，缝宽 0.3～3.0mm，共布设 10 对声波穿透（LDZK1～

LDZK2、LDZK2 ~ LDZK4、LDZK5 ~ LDZK6、LDZK4 ~ LDZK5、LDZK1 ~ LDZK22、LDZK6 ~ LDZK23、LDZK11 ~ LDZK24、LDZK12 ~ LDZK13）来判断其发育深度，声波穿透成果分析如下：

（1）LDZK1 ~ LDZK2 孔间距 2.39m、测试孔深 5.0m，两孔的连线与裂缝走向垂直，为跨缝穿透。穿透测试成果表明，振幅在孔深 3.2m 以上明显衰减，平均值为 89.9dB，其余段平均振幅为 103.1dB，两孔间平均波速为 4968m/s。由此可判断 LD1 裂缝在该处发育深度为 3.2m。

（2）LDZK2 ~ LDZK4 孔间距 2.47m、测试孔深 4.6m，两孔的连线与裂缝走向平行，为不跨缝穿透，未发现裂缝。

（3）LDZK5 ~ LDZK6 孔间距 1.97m、测试孔深 4.7m，两孔的连线与裂缝走向垂直，为跨缝穿透。穿透测试成果表明，振幅在孔深 3.8m 以上明显衰减，平均值为 84.9dB，其余段平均振幅为 106.7dB，两孔间平均波速为 5002m/s。由此可判断 LD1 裂缝在该处发育深度为 3.8m。

（4）LDZK4 ~ LDZK5 孔间距 1.99m、测试孔深 4.6m，两孔的连线与裂缝走向平行，为不跨缝穿透，未发现裂缝。

（5）LDZK8 ~ LDZK10 孔间距 2.04m、测试孔深 4.8m，两孔的连线与裂缝走向垂直，为跨缝穿透。穿透测试成果表明，振幅在孔深 4.4m 以上明显衰减，平均值为 85.5dB，其余段平均振幅为 105.8dB，两孔间平均波速为 5016m/s。由此可判断 LD1 裂缝在该处发育深度为 4.4m。

（6）LDZK8 ~ LDZK11 孔间距 2.02m、测试孔深 5.0m，两孔的连线与裂缝走向平行，为不跨缝穿透，未发现裂缝。

（7）LDZK1 ~ LDZK22 孔间距 1.5m、测试孔深 5.2m，两孔的连线与裂缝走向垂直，为追踪裂缝穿过 LLZK1 钻孔后的发育深度。穿透测试成果表明，振幅在孔深 3.8 ~ 4.7m 之间明显衰减，平均值为 98.0dB，其余段平均振幅为 109.8dB，两孔间平均波速为 4878m/s。由此可判断 LD1 裂缝在该处发育深度为 3.8 ~ 4.8m。

（8）LDZK6 ~ LDZK23 孔间距 1.65m、测试孔深 5.8m，两孔的连线与裂缝走向垂直，为追踪裂缝穿过 LLZK6 钻孔后的发育深度。穿透测试成果表明，振幅在孔深 4.2 ~ 4.8m 之间明显衰减，平均值为 86.7dB，其余段平均振幅为 107.4dB，两孔间平均波速为 5098m/s。由此可判断 LD1 裂缝在该处发育深度为 4.2 ~ 4.8m。

（9）LDZK11 ~ LDZK24 孔间距 1.78m、测试孔深 5.0m，两孔的连线与裂缝走向垂直，目的是追踪裂缝是否穿过 LLZK11 钻孔。测试成果并未反映出振幅具有明显变化，表明在这两对孔之间没有裂缝发育。

（10）LDZK12 ~ LDZK13 孔间距 2.0，测试孔深 5.8m，目的是查明裂缝 LD1 和 LD2 是否连通。测试成果并未反映出振幅具有明显变化，表明在这两对孔之间没有裂缝发育，从而判定裂缝 LD1 和 LD2 未连通。

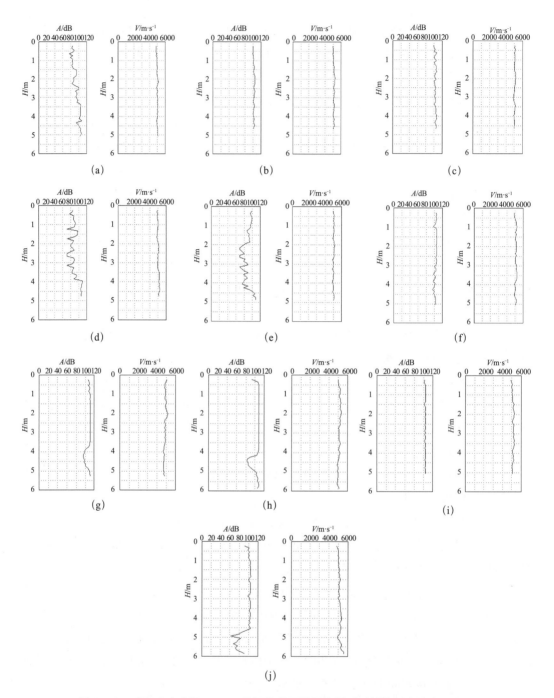

图 6 - 12　武都水库大坝 19 ~ 20 号坝段碾压混凝土震后裂缝检测声波穿透成果

（a）LDZK1 ~ LDZK2；（b）LDZK2 ~ LDZK4；（c）LDZK4 ~ LDZK5；（d）LDZK5 ~ LDZK6；

（e）LDZK8 ~ LDZK10；（f）LDZK8 ~ LDZK11；（g）LDZK1 ~ LDZK22；

（h）LDZK6 ~ LDZK23；（i）LDZK11 ~ LDZK24；（j）LDZK12 ~ LDZK13

　　根据以上声波穿透资料分析，19 ~ 20 号坝段 LD1 裂缝顺河向呈近直线延伸，长 7.5m，最大发育深度 4.8m，最小发育深度 3.2m，裂缝宽在 0.3 ~ 3.0mm 之间。

b LD2 裂缝

该缝表面长度为 8.5m，缝宽 0.3 ~ 2.0mm，共布设 4 对声波穿透（LDZK14 ~ LDZK15、LDZK14 ~ LDZK17、LDZK19 ~ LDZK21、LDZK18 ~ LDZK19）来判断其发育深度，声波穿透成果分析如下：

（1）LDZK14 ~ LDZK15 孔间距 2.05m、测试孔深 6.0m，两孔的连线与裂缝走向垂直，为跨缝穿透。穿透测试成果表明，振幅在孔深 5.3m 以上明显衰减，平均值为 79.1dB，其余段平均振幅为 93.4dB，两孔间平均波速为 5111m/s。由此可判断 LD2 裂缝在该处发育深度为 5.3m。

（2）LDZK14 ~ LDZK17 孔间距 2.08m、测试孔深 6.0m，两孔的连线与裂缝走向平行，为不跨缝穿透，未发现裂缝。

（3）LDZK19 ~ LDZK21 孔间距 2.05m、测试孔深 5.8m，两孔的连线与裂缝走向垂直，为跨缝穿透。穿透测试成果表明，振幅在孔深 4.3m 以上明显衰减，平均值为 86.1dB，其余段平均振幅为 91.0dB，两孔间平均波速为 5114m/s。由此可判断 LD2 裂缝在该处发育深度为 4.3m。

（4）LDZK18 ~ LDZK19 孔间距 2.15m、测试孔深 6.0m，两孔的连线与裂缝走向平行，为不跨缝穿透，未发现裂缝。

根据以上声波穿透资料分析，19 ~ 20 号坝段 LD2 裂缝顺河流方向呈近直线延伸，长 8.5m，最大发育深度 5.3m，最小发育深度 4.3m，裂缝宽在 0.3 ~ 2.0mm 之间，且由 LDZK12 ~ LDZK13 钻孔穿透未见裂缝，说明 LD2 与 LD1 裂缝未连通。

c LC 裂缝

该缝表面长度为 47.0m，缝宽 0.5 ~ 10.0mm，共布设 7 对声波穿透（LCZK1 ~ LCZK3、LCZK3 ~ LCZK5、LCZK1 ~ LCZK4、LCZK4 ~ LCZK5、LCZK5 ~ LCZK7、LCZK8 ~ LCZK10、LCZK7 ~ LCZK8）来判断其发育深度，声波穿透成果分析如下：

（1）LCZK1 ~ LCZK3 孔间距 1.95m、测试孔深 26.9m，两孔的连线与裂缝走向垂直，为跨缝穿透。穿透测试成果表明，振幅在孔深 10.5m 以上明显衰减，平均值为 87.8dB，其余段平均振幅为 104.3dB，两孔间平均波速为 5194m/s。由此可判断 LC 裂缝在该处发育深度为 10.5m。

（2）LCZK3 ~ LCZK5 孔间距 1.98m、测试孔深 9.7m，两孔的连线与裂缝走向平行，为不跨缝穿透，未发现裂缝。

（3）LCZK1 ~ LCZK4 孔间距 1.9m、测试孔深 9.6m，两孔的连线与裂缝走向平行，为不跨缝穿透，未发现裂缝。

（4）LCZK4 ~ LCZK5 孔间距 2.01m、测试孔深 9.6m，两孔的连线与裂缝走向垂直，为跨缝穿透。穿透测试成果表明，振幅在孔深 4.9m 以上明显衰减，平均值为 96.9dB，其余段平均振幅为 105.9dB，两孔间平均波速为 5026m/s。由此可判断 LC 裂缝在该处发育深度为 4.9m。

（5）LCZK5 ~ LCZK7 孔间距 1.99m、测试孔深 9.6m，两孔的连线与裂缝走向平行，为不跨缝穿透，未发现裂缝。

（6）LCZK8～LCZK10 孔间距 1.99m、测试孔深 9.6m，两孔的连线与裂缝走向垂直，为跨缝穿透。穿透测试成果表明，振幅在孔深 5.6m 以上明显衰减，平均值为 88.4dB，其余段平均振幅为 100.0dB，两孔间平均波速为 4960m/s。由此可判断 LC 裂缝在该处发育深度为 5.6m。

（7）LCZK7～LCZK8 孔间距 1.99m、测试孔深 9.6m，两孔的连线与裂缝走向平行，为不跨缝穿透，未发现裂缝。

各声波穿透的声波振幅成果如图 6-13 所示。

根据以上声波穿透资料分析，19～20 号坝段 LC 裂缝顺河向呈近直线延伸，长约 10.0m，最大发育深度 10.5m，最小发育深度 4.9m，裂缝宽在 0.5～10.0mm 之间。

d LR1、LR2 裂缝及劈头裂缝

由于 LR1、LR2 表面裂缝与其上游迎水面的 8 条劈头裂缝中的两条连通，因此该区布置了 22 对声波穿透（LRZK4～LRZK5、LRZK5～LRZK6、LRZK6～LRZK7、LRZK7～LRZK8、LRZK13～LRZK14、LRZK14～LRZK15、LRZK15～LRZK16、LRZK16～LRZK17、LRZK22～LRZK23、LRZK23～LRZK24、LRZK24～LRZK25、LRZK1～LRZK2、LRZK2～LRZK3、LRZK1～LRZK11、LRZK2～LRZK12、LRZK11～LRZK12、LRZK11～LRZK20、LRZK12～LRZK21、LRZK12～LRZK13、LRZK20～LRZK21、LRZK21～LRZK22、LRZK27～LRZK28）来判断其发育深度，声波穿透成果分析如下：

（1）LRZK4～LRZK5 孔间距 1.41m、测试孔深 4.6m，两孔的连线与裂缝走向垂直，为跨缝穿透。穿透测试成果表明，振幅在孔深 2.3m 以上明显衰减，平均值为 98.5dB，其余段平均振幅为 106.9dB，两孔间平均波速为 5015m/s。由此可判断 LR1 裂缝在该处发育深度为 2.3m。

（2）LRZK5～LRZK6 孔间距 3.05m、测试孔深 4.6m，主要目的是检测劈头裂缝纵向是否发育到该位置。测试成果并未有振幅明显的变化，说明劈头裂缝纵向发育深度并未到达此处。

（3）LRZK6～LRZK7 孔间距 3.08m、测试孔深 7.1m，主要目的是检测劈头裂缝纵向是否发育到该位置。测试成果并未有振幅明显的变化，说明劈头裂缝纵向发育深度并未到达此处。

（4）LRZK7～LRZK8 孔间距 1.95m、测试孔深 7.1m，主要目的是检测劈头裂缝纵向是否发育到该位置。测试成果并未有振幅明显的变化，说明劈头裂缝纵向发育深度并未到达此处。

（5）LRZK13～LRZK14 孔间距 1.47m、测试孔深 5.1m，两孔的连线与裂缝走向垂直，为跨缝穿透。穿透测试成果表明，振幅在孔深 2.8m 以上明显衰减，平均值为 95.0dB，其余段平均振幅为 111.0dB，两孔间平均波速为 5077m/s。由此可判断 LR1 裂缝在该处发育深度为 2.8m。

（6）LRZK14～LRZK15 孔间距 3.03m、测试孔深 8.1m，主要目的是检测劈头裂缝

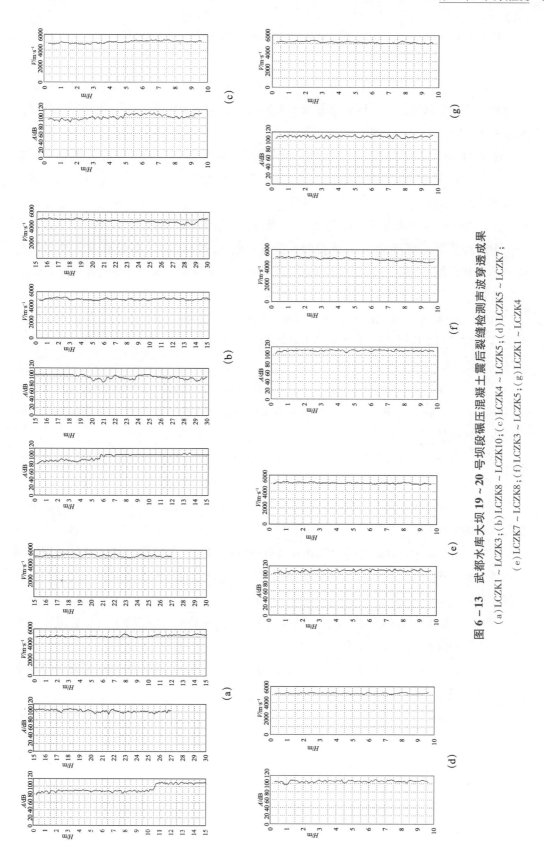

图 6-13　武都水库大坝 19～20 号坝段碾压混凝土震后裂缝检测声波穿透成果

(a) LCZK1～LCZK3；(b) LCZK8～LCZK10；(c) LCZK4～LCZK5；(d) LCZK5～LCZK7；

(e) LCZK7～LCZK8；(f) LCZK3～LCZK5；(g) LCZK1～LCZK4

纵向是否发育到该位置。测试成果并未有振幅明显的变化，说明劈头裂缝纵向发育深度并未到达此处。

（7）LRZK15～LRZK16 孔间距 3.04m、测试孔深 9.7m，主要目的是检测劈头裂缝纵向是否发育到该位置。测试成果并未有振幅明显的变化，说明劈头裂缝纵向发育深度并未到达此处。

（8）LRZK16～LRZK17 孔间距 2.03m、测试孔深 9.7m，主要目的是检测劈头裂缝纵向是否发育到该位置。测试成果并未有振幅明显的变化，说明劈头裂缝纵向发育深度并未到达此处。

（9）LRZK22～LRZK23 孔间距 2.0m、测试孔深 10.2m，两孔的连线与裂缝走向垂直，为跨缝穿透。穿透测试成果表明，振幅在孔深 3.1m 以上明显衰减，平均值为 87.4dB，其余段平均振幅为 104.2dB，两孔间平均波速为 5119m/s。由此可判断 LR1 裂缝在该处发育深度为 3.1m。

（10）LRZK23～LRZK24 孔间距 3.0m、测试孔深 11.4m，主要目的是检测劈头裂缝纵向是否发育到该位置。测试成果并未有振幅明显的变化，说明劈头裂缝纵向发育深度并未到达此处。

（11）LRZK24～LRZK25 孔间距 3.03m、测试孔深 10.2m，主要目的是检测劈头裂缝纵向是否发育到该位置。测试成果并未有振幅明显的变化，说明劈头裂缝纵向发育深度并未到达此处。

（12）LRZK1～LRZK2 孔间距 2.3m、测试孔深 3.8m，两孔的连线与裂缝走向垂直，为跨缝穿透。穿透测试成果表明，振幅在孔深 1.9m 以上明显衰减，平均值为 82.4dB，其余段平均振幅为 91.3dB，两孔间平均波速为 5104m/s。由此可判断 LR2 裂缝在该处发育深度为 1.9m。

（13）LRZK2～LRZK3 孔间距 2.0m、测试孔深 3.8m，主要目的是检测劈头裂缝纵向是否发育到该位置。测试成果并未有振幅明显的变化，说明劈头裂缝纵向发育深度并未到达此处。

（14）LRZK1～LRZK11 孔间距 2.16m、测试孔深 4.2m，两孔的连线与裂缝走向平行，为不跨缝穿透，未发现裂缝。

（15）LRZK2～LRZK12 孔间距 1.96m、测试孔深 3.8m，两孔的连线与裂缝走向平行，为不跨缝穿透，未发现裂缝。

（16）LRZK11～LRZK12 孔间距 2.56m、测试孔深 4.2m，两孔的连线与裂缝走向垂直，为跨缝穿透。穿透测试成果表明，振幅在孔深 2.0m 以上明显衰减，平均值为 81.2dB，其余段平均振幅为 96.2dB，两孔间平均波速为 5103m/s。由此可判断 LR2 裂缝在该处发育深度为 2.0m。

（17）LRZK11～LRZK20 孔间距 2.21m、测试孔深 4.2m，两孔的连线与裂缝走向平行，为不跨缝穿透，未发现裂缝。

（18）LRZK12～LRZK21孔间距2.3m、测试孔深6.1m，两孔的连线与裂缝走向平行，为不跨缝穿透，未发现裂缝。

（19）LRZK12～LRZK13孔间距1.82m、测试孔深5.1m，主要目的是检测劈头裂缝纵向是否发育到该位置。测试成果并未有振幅明显的变化，说明劈头裂缝纵向发育深度并未到达此处。

（20）LRZK20～LRZK21孔间距2.3m、测试孔深6.1m，两孔的连线与裂缝走向垂直，为跨缝穿透。穿透测试成果表明，振幅在孔深3.2m以上明显衰减，平均值为94.4dB，其余段平均振幅为106.1dB，两孔间平均波速为5135m/s。由此可判断LR2裂缝在该处发育深度为3.2m。

（21）LRZK21～LRZK22孔间距1.5m、测试孔深8.1m，主要目的是检测劈头裂缝纵向是否发育到该位置。测试成果并未有振幅明显的变化，说明劈头裂缝纵向发育深度并未到达此处。

（22）LRZK27～LRZK28孔间距2.3m、测试孔深12.8m，两孔的连线与裂缝走向垂直，为跨缝穿透。穿透测试成果表明，振幅在孔深8.4m以上明显衰减，平均值为75.1dB，其余段平均振幅为90.2dB，两孔间平均波速为5135m/s。由此可判断LR2裂缝在该处发育深度为8.4m。

各声波穿透的声波振幅成果如图6-14所示。

根据以上声波穿透资料分析，19～20号坝段LR1裂缝，顺河向呈近直线延伸，长10.0m，最大发育深度3.1m，最小发育深度2.3m，裂缝宽在0.4～3.0mm之间；LR2裂缝顺河向呈近直线延伸，长12.8m，最大发育深度8.4m，最小发育深度1.9m，裂缝宽在0.4～4.0mm之间。LRZK2～LRZK3、LRZK5～LRZK6、LRZK6～LRZK7、LRZK7～LRZK8、LRZK14～LRZK15、LRZK15～LRZK16、LRZK16～LRZK17、LRZK23～LRZK24、LRZK24～LRZK25声波穿透均未发现裂缝，说明上游迎水面的劈头裂缝发育深度除LR1和LR2外都小于2.0m，结合地表调查，其顺河流方向发育长度在40～70cm之间。

E　21号坝段

震后21号坝569混凝土层面，共发现裂缝3条，共布设裂缝检测孔11个，共完成声波穿透6对，测试成果如图6-15所示。

a LS1裂缝

该缝表面长度为2.5m，缝宽1.0～2.0mm，共布设2对声波穿透（LSZK1～LSZK3、LSZK9～LSZK11）来判断其发育深度，声波穿透成果分析如下：

（1）LSZK1～LSZK3孔间距1.96m、测试孔深1.3m，两孔的连线与裂缝走向垂直，为跨缝穿透。穿透测试成果表明，振幅在孔深0.5m以上明显衰减，平均值为81.1dB，其余段平均振幅为89.2dB，两孔间平均波速为5051m/s。由此可判断LS1裂缝在该处发育深度为0.5m。

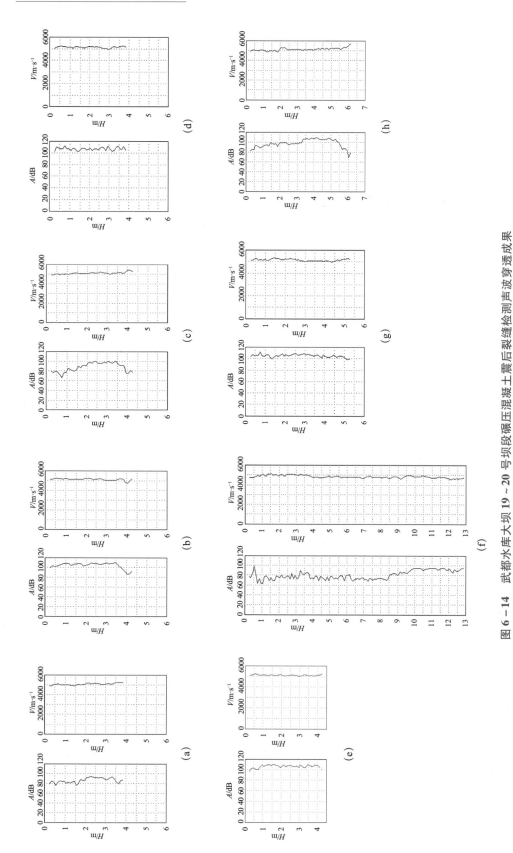

图 6 – 14 武都水库大坝 19 ~ 20 号坝段碾压混凝土震后裂缝检测声波穿透成果

(a) LRZK1 ~ LRZK2; (b) LRZK1 ~ LRZK11; (c) LRZK1 ~ LRZK12; (d) LRZK2 ~ LRZK12; (e) LRZK2 ~ LRZK12; (f) LRZK11 ~ LRZK20; (g) LRZK12 ~ LRZK28; (g) LRZK17 ~ LRZK21; (h) LRZK20 ~ LRZK21

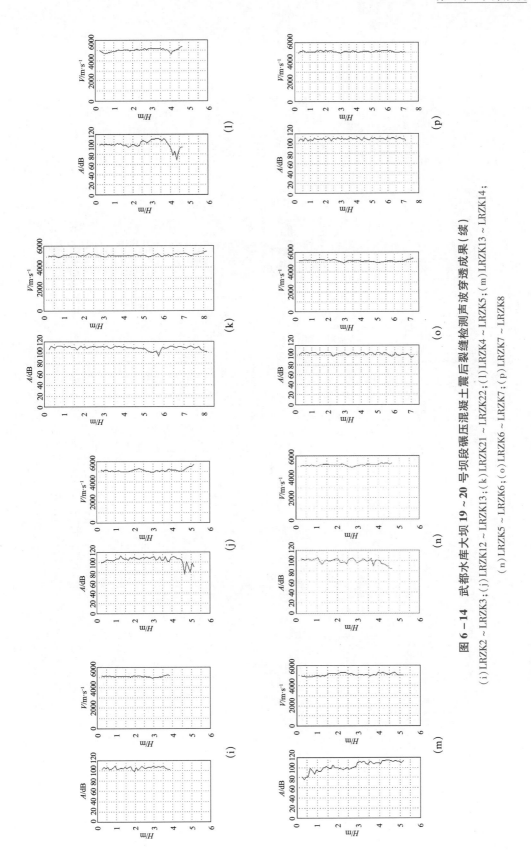

图 6－14 武都水库大坝 19～20 号坝段碾压混凝土震后裂缝检测声波穿透成果（续）

（i）LRZK2～LRZK3；（j）LRZK12～LRZK13；（k）LRZK13；（l）LRZK4～LRZK5；（m）LRZK13～LRZK14；

（n）LRZK5～LRZK6；（o）LRZK6～LRZK7；（p）LRZK7～LRZK8

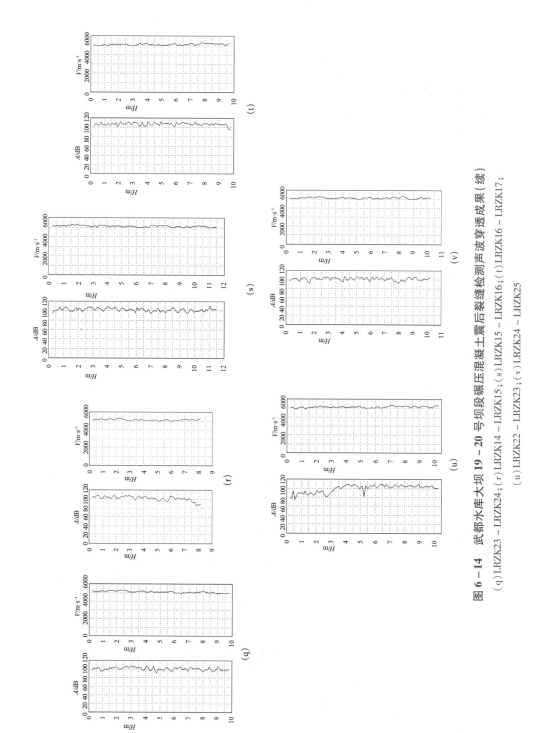

图 6 – 14　武都水库大坝 19 ~ 20 号坝段碾压混凝土震后裂缝检测声波穿透成果（续）

(q) LRZK23 ~ LRZK24；(r) LRZK14 ~ LRZK15；(s) LRZK15 ~ LRZK16；(t) LRZK16 ~ LRZK17；
(u) LRZK22 ~ LRZK23；(v) LRZK24 ~ LRZK25

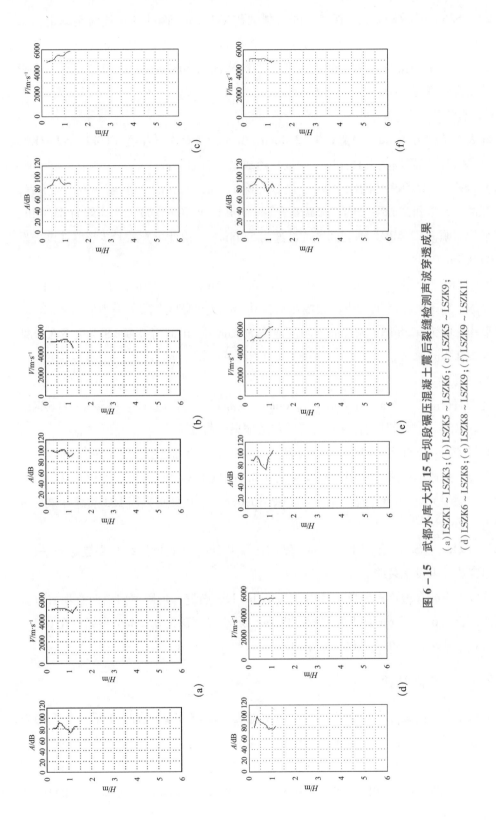

图 6-15 武都水库大坝 15 号坝段碾压混凝土震后裂缝检测声波穿透成果

(a)1SZK1～1SZK3；(b)1SZK5～1SZK6；(c)1SZK5～1SZK9；
(d)1SZK6～1SZK8；(e)1SZK8～1SZK9；(f)1SZK9～1SZK11

（2）LSZK9～LSZK11 孔间距 1.94m、测试孔深 1.2m，两孔的连线与裂缝走向垂直，为跨缝穿透。穿透测试成果表明，振幅在孔深 0.4m 以上明显衰减，平均值为 84.1dB，其余段平均振幅为 92.3dB，两孔间平均波速为 5087m/s。由此可判断 LS1 裂缝在该处发育深度为 0.4m。

b LS2 裂缝

该缝表面长度为 2.3m，缝宽 0.4～2.0mm，共布设 2 对声波穿透（LSZK5～LSZK9、LSZK8～LSZK9）来判断其发育深度，声波穿透成果分析如下：

（1）LSZK5～LSZK9 孔间距 1.0m、测试孔深 1.2m，两孔的连线与裂缝走向垂直，为跨缝穿透。穿透测试成果表明，振幅在孔深 0.4m 以上明显衰减，平均值为 83.4dB，其余段平均振幅为 92.5dB，两孔间平均波速为 5368m/s。由此可判断 LS2 裂缝在该处发育深度为 0.4m。

（2）LSZK8～LSZK9 孔间距 1.44m、测试孔深 1.1m，两孔的连线与裂缝走向垂直，为跨缝穿透。穿透测试成果表明，振幅在孔深 0.3m 以上明显衰减，平均值为 87.3dB，其余段平均振幅为 92.8dB，两孔间平均波速为 5540m/s。由此可判断 LS21 裂缝在该处发育深度为 0.3m。

c LS3 裂缝

该缝表面长度为 1.6m，缝宽 0.4～2.0mm，共布设 2 对声波穿透（LSZK6～LSZK8、LSZK5～LSZK6）来判断其发育深度，声波穿透成果分析如下：

（1）LSZK6～LSZK8 孔间距 1.44m、测试孔深 1.1m，两孔的连线与裂缝走向垂直，为跨缝穿透。穿透测试成果表明，振幅在孔深 0.2m 以上明显衰减，平均值为 81.3dB，其余段平均振幅为 90.4dB，两孔间平均波速为 5368m/s。由此可判断 LS3 裂缝在该处发育深度为 0.2m。

（2）LSZK5～LSZK6 孔间距 1.95m、测试孔深 1.2m，两孔的连线与裂缝走向平行，为不跨缝穿透，未发现裂缝。

根据以上声波穿透资料分析，21 号坝段 LS1～LS3 裂缝，均顺河向斜向右坝肩方呈直线延伸，长 1.6～2.5m，最大发育深度 0.5m，最小发育深度 0.2m，裂缝宽在 0.3～2.0mm 之间，主要发育在浅表层混凝土内。

6.2.2.3　检测结论

武都水库碾压混凝土大坝受 5·12 汶川大地震影响坝体混凝土产生不同程度的裂缝，其裂缝主要分布在 6～7 号坝段、10～11 号坝段、15 号坝段、19～21 号坝段。本次对裂缝检测主要采取地表调查、钻孔取芯、孔内电视及声波穿透等综合手段，基本查明了各坝段裂缝分布范围，发育长度、发育深度及裂缝宽度。现综合上述几种方法对裂缝的检测情况初步评价如下：

（1）6~7 号坝段：共发育裂缝 13 条，裂缝编号为 LL1~LL13，主要分布在 627m 高程混凝土平台坝横 0+100~0+150、坝纵 0+6.0~0+26.0 范围，其中以该范围内廊道顶部较集中。裂缝呈不规则状展布，总体延伸方向与坝轴线近平行略偏向左下游侧。裂缝延伸长度 1.9~16.0m，其中大于 10m 的有 3 条，分别为 LL13 长 15.0m、LL12 长 16.0m、LL9 长 13.3m，其次为 LL2 长 7.0m、LL8 长 9.2m、LL10 长 8.0m 和 LL11 长 7.0m，其余几条均短小，长度在 1.9~4.1m 之间；裂缝宽 0.4~3.0mm，向下发育深度 0.2~1.1m。该坝段裂缝主要表现为浅表层裂缝，裂缝之间有一定的连通性，如 6-150-2、6-150-1（5）、6-150-1'（5）、6-76-1（1）孔压水时出现有水从邻孔或地表渗出的现象。该坝段裂缝，主要是上层混凝土在地震发生时浇筑还不到 12h，待凝时间不足造成混凝土拉裂，并局部形成密集区，未发现有裂缝向 1.1m 以下的深部发育，同时也没有发现有贯穿性长大裂缝。此外，22 个裂缝孔有 17 个孔穿混凝土进入基岩，钻孔及录像资料反映混凝土与基岩接触面胶结均很好，未见有错动或被破坏痕迹，凡压水时透水率大于 0.00Lu 的孔段均是基岩段裂隙或层间渗水。

根据以上对裂缝的检测结果，初步认为，5·12 汶川大地震对 6~7 号坝段深部混凝土及混凝土与基岩之间的接触情况并未造成破坏。

（2）10~11 号坝段：混凝土坝体裂缝共 5 条，裂缝编号为 LJ1~LJ5，主要分布在 580.5m 高程混凝土平台坝横 0+210~0+230、坝纵 0+30.0~0+64.0 范围和坝横 0+230~0+250、坝纵 0+0.0~0+25.0 范围。裂缝呈顺河流方向近似直线向下游延伸，长 7.0~28.0m，其中大于 10m 的有 4 条，分别为 LJ1 长 28.0m、LJ3 长 13.0m、LJ4 长 13.5m、LJ5 长 11.0m。主要为浅层至较深层裂缝，检测部位最大发育深度 4.8m，最小发育深度 0.3m，宽在 0.2~4.0mm 之间，裂缝均呈近垂直状，裂面波状起伏，局部弯曲向下延伸，其中 LJZK23 号钻孔及录像均揭示 LJ3 裂缝呈陡倾角向右岸倾斜。4.8m 以下混凝土坝体，钻孔、录像及声波穿透均未发现有裂缝向坝体深部发育。此外，10~11 号坝段 35 个裂缝钻孔有 3 个孔穿混凝土进入基岩，钻孔及录像资料反映混凝土与基岩接触面胶结均较好，无明显错动或被破坏痕迹，揭示混凝土与混凝土有明显分层面的有 8 个孔，上下层混凝土胶结均较好，也无明显错动或被破坏迹象。

由此初步认为，地震对 10~11 号坝段 4.8m 以下混凝土及混凝土与混凝土的分层胶结程度、混凝土与建基面岩体之间的胶结程度并未造成破坏。

（3）15 号段：该坝段发现裂缝 1 条，编号 LB，出露于 15 号坝段下游侧 581.5m 高程混凝土层面上，顺河向呈直线延伸至下游陡坎，靠混凝土块体浇筑缝边缘发育。长 3.7m，宽 0.3~4.0mm，检测部位最大发育深度 3.3m，最小发育深度 0.4m，呈近垂直状向下延伸，裂面局部稍弯曲。该区域除该条裂缝外，未见另有裂缝。

（4）19~20 号坝段：混凝土表面裂缝共 5 条，编号为 LD1、LD2、LC、LR1、LR2，主要分布在 572m 高程混凝土平台坝横 0+400~0+410、坝纵 0+70.0~0+109.0 范围

和 569m 高程混凝土平台坝横 0 + 425 ~ 0 + 445、坝纵 0 + 0.0 ~ 0 + 15.0 范围。裂缝为较深至深层裂缝，裂缝呈顺河流方向近似直线向下游延伸，长 7.5 ~ 12.8m，其中大于 10m 的有 3 条，分别为 LC 长 10.0m、LR1 长 10.0m、LR2 长 12.8m，宽 0.3 ~ 10.0mm。检测部位裂缝发育深度为 LD1 裂缝 0.3 ~ 4.8m、LD2 裂缝 0.9 ~ 5.3m、LR1 裂缝 0.3 ~ 4.1m、LR2 裂缝 0.2 ~ 8.4m，以上 4 条裂缝宽均在 0.3 ~ 5.0mm 之间；LC 裂缝比较典型，该裂缝沿坝横 0 + 425 桩号混凝土坝块间浇筑缝边缘发育，裂缝发育深度 10.5m，宽 0.4 ~ 10.0mm。5 条坝面裂缝均呈近垂直发育，裂面局部弯曲，其中 LCZK3 钻孔录像揭示 LC 裂缝局部扭曲向下延伸，在孔深 13.85 ~ 14.15 段呈陡倾角通过该孔且有继续倾向左岸向下延伸的可能；LRZK13 钻孔录像揭示 LR1 呈陡倾角向右岸倾斜。迎水面劈头裂缝共 8 条，除 LR1、LR2 裂缝外，裂缝垂向深度 0.40 ~ 2.48m、宽度 0.2mm、顺河向发育长度 40.0 ~ 70.0cm。由此看，19 ~ 20 号坝段受地震影响产生的裂缝较其他坝段深，其原因可能是多方面的，有待于分析。19 ~ 20 号坝段 66 个钻孔（包括 ϕ76mm 和 ϕ150mm 孔）有 24 个孔穿混凝土进入基岩，钻孔及录像资料反映混凝土与基岩接触面除 LRZK4 和 LRZK11 两个孔胶结较差外，其余孔胶结均较好，无明显错动或被破坏痕迹。混凝土与混凝土有明显分层面的有 9 个孔，录像资料反映，上下层混凝土胶结均较好，无明显错动或被破坏痕迹，从 3 个 ϕ150mm 压水孔压水资料看，透水率均为 0.00Lu，也验证了混凝土分层间胶结密实，无缝隙。

（5）21 号坝段：该坝段共发育 3 条裂缝，编号为 LS1、LS2、LS3，集中分布在 21 号坝段靠右坝肩部位，均顺河向斜向右坝肩方向呈直线延伸，长 1.6 ~ 2.5m，宽 0.3 ~ 2.0mm，发育于混凝土浅表层，检测部位最大发育深度 0.5m，最小发育深度 0.4m。该坝段 11 个钻孔均穿混凝土进入基岩，混凝土与基岩胶结较差的有 3 个，分别是 LSZK2、LSZK9、LSZK10，3 个孔均反映下伏基岩裂隙较发育，混凝土与基岩接触面上清基不是很干净，还残留有泥质和铁质物质。

6.3 DG 水电站大坝检测

6.3.1 工程概况

DG 水电站位于西藏自治区山南市桑日县境内，工程区距桑日县城公路里程约 43km，距山南地区行署泽当镇约 78km，距拉萨市约 263km。DG 水电站为二等大（2）型工程，开发任务以发电为主，水库正常蓄水位 3447.00m，相应库容 0.5528 亿 m^3，电站装机容量为 660MW，多年平均发电量 32.05 亿 kW·h，保证出力（P = 95%）173.43MW。电站枢纽建筑物主要由挡水建筑物、泄洪消能建筑物、引水发电系统及升压站等组成。拦河坝为混凝土重力坝，坝顶高程 3451.00m，最大坝高 118.0m，坝顶长 389.0m。发电厂房采用坝后式布置，主要由主厂房、副厂房、变电站等组成，安装 4 台单机容量 165MW 的混流式水轮发电机组。

6.3.2　大坝碾压密实度检测

6.3.2.1　检测方法及原理

碾压混凝土浇筑过程中的密度、密实度检测是其质量控制的关键因素，为保证大坝碾压混凝土的质量，需要对每层碾压混凝土进行碾压密度检测。碾压混凝土密度检测采用无核密度仪检测方法。

研究发现建筑用的材料如土、砂子、石子、沥青、水泥的密度与它们在电磁特性相关。无核密度仪工作原理为根据不同材料特性通过扫频方式确定材料的电磁共振率。首先向材料发射共振频率电磁波，通过接收电路测量材料反馈电磁波。分析发射与接收电磁波的频率、品质因子、衰减等参数解析 MAXWELL 方程求得密度。对于不同层材料可以通过两个平面圆环传感器探测。

检测中采用混凝土无核密度仪，首先将测试仪的天线一面放置到被测材料的表面，为了尽可能地减小误差，要求测试仪天线一面与被测材料表面尽量贴合。按下测量按键，控制电路的射频部分通过发射天线发射特定频率的电磁波，电磁波经过被测材料返回到接收天线，接收天线经过控制电路前端信号处理之后送入主控单元，计算出信号的幅度和相位变化，进而计算出被测材料的密度值，然后显示测量结果。

使用无核密度仪进行检测具有以下优点：

（1）检测速度快，工作效率高。

（2）检测时对被测试材料的扰动小，检测后不需要进行修复，属无损检测。

6.3.2.2　抽检工作量及评定标准

本项工作于 2019 年 6 月开始，2020 年 11 月完成，根据施工进度对不同的碾压仓面进行碾压密度实时抽检，共计完成 2005 个测点。

根据《西藏 DG 水电站碾压混凝土施工技术要求》，大坝碾压混凝土相对密实度不应小于 97%。

6.3.2.3　检测成果及结论

自 2019 年 6 月至 2020 年 11 月，共完成了 24 个仓面的碾压混凝土第三方密实度检测，具体检测成果见表 6 - 3。

表6-3　DG水电站大坝碾压混凝土浇筑质量检测成果统计

序号	报告编号	二级配			三级配		
		测点	湿密度/ $g \cdot cm^{-3}$	压实度/ %	测点	湿密度/ $g \cdot cm^{-3}$	压实度/ %
1	DG－DB－MDJC－001	22	2.359	99.5	88	2.380	98.3
2	DG－DB－MDJC－002	38	2.361	99.6	76	2.379	98.3
3	DG－DB－MDJC－003	8	2.361	99.6	16	2.367	97.8
4	DG－DB－MDJC－004	54	2.341	98.8	108	2.380	98.3
5	DG－DB－MDJC－005	13	2.343	98.9	26	2.376	98.2
6	DG－DB－MDJC－006	15	2.358	99.5	30	2.379	98.3
7	DG－DB－MDJC－007	38	2.357	99.5	76	2.384	98.5
8	DG－DB－MDJC－008	30	2.352	99.2	60	2.384	98.5
9	DG－DB－MDJC－009	—	—	—	27	2.373	98.1
10	DG－DB－MDJC－010	40	2.354	99.3	80	2.373	98.1
11	DG－DB－MDJC－011	20	2.350	99.1	60	2.368	97.8
12	DG－DB－MDJC－012	18	2.349	99.1	36	2.382	98.4
13	DG－DB－MDJC－013	14	2.352	98.9	28	2.388	98.7
14	DG－DB－MDJC－014	20	2.356	99.4	40	2.387	98.6
15	DG－DB－MDJC－015	40	2.351	99.2	80	2.392	98.8
16	DG－DB－MDJC－016	40	2.354	99.3	80	2.391	98.8
17	DG－DB－MDJC－017	18	2.352	99.2	36	2.392	98.8
18	DG－DB－MDJC－018	46	2.354	99.3	92	2.390	98.8
19	DG－DB－MDJC－019	16	2.358	99.5	64	2.381	98.4
20	DG－DB－MDJC－020	—	—	—	42	2.387	98.6
21	DG－DB－MDJC－021	13	2.360	99.6	91	2.389	98.7
22	DG－DB－MDJC－022	22	2.353	99.0	44	2.381	98.4
23	DG－DB－MDJC－023	20	2.347	99.0	40	2.387	98.6
24	DG－DB－MDJC－024	160	2.348	99.0	—	—	—

采用无核密度测试仪对西藏DG水电站大坝碾压混凝土浇筑期间密实度进行检测，发现均满足要求。

6.3.3　大坝混凝土浇筑质量检测

6.3.3.1　检测方法与布置

采用单孔声波、跨孔声波、钻孔全景图像、钻孔取芯等方法对大坝混凝土浇筑质量进行评价，监督施工质量，为工程竣工验收提供基础资料。

根据合同文件及设计要求，检测工作在 9 号坝段与 10 号坝段（高程 3352.0m）、6 号坝段~9 号坝段（高程 3347.0m）、厂引坝段（高程 3356.35m）共进行了 18 个钻孔的检测工作，共计完成单孔声波 216.6m，跨孔声波 61.0m，钻孔全景图像 174.2m，钻孔取芯 223.5m。

6.3.3.2 检测成果

A 9 号坝段与 10 号坝段（高程 3352.0m）

9 号坝段与 10 号坝段（高程 3352.0m）共完成 4 个检测孔的物探测试工作，单孔声波/跨孔声波波速特征值及波速概率统计见表 6-4 和表 6-5，钻孔全景图像成果解释见表 6-6，钻孔岩芯照片如图 6-16 所示。

表 6-4 9 号坝段与 10 号坝段（高程 3352.0m）混凝土浇筑质量检测声波测试波速特征值

位置	孔号/孔对	波速特征值		
		最大值	最小值	平均值
9 号坝段	$ZK_9^{3352.0}-1$	5300	3800	4270
	$ZK_9^{3352.0}-2$	5170	3460	4070
	$ZK_9^{3352.0}-1 \sim ZK_9^{3352.0}-2$	4221	3421	3950
10 号坝段	$ZK_{10}^{3352.0}-1$	4480	3800	4240
	$ZK_{10}^{3352.0}-2$	4480	3800	4110
	$ZK_{10}^{3352.0}-1 \sim ZK_{10}^{3352.0}-2$	4434	4023	4150

表 6-5 9 号坝段与 10 号坝段（高程 3352.0m）混凝土浇筑质量检测声波测试波速概率统计

孔号/孔对	总测点	$2.5km/s \leq v_p < 3.65km/s$		$3.65km/s \leq v_p < 4.05km/s$		$4.05km/s \leq v_p < 4.5km/s$		$4.5km/s \leq v_p < 5.3km/s$		$v_p \geq 5.3km/s$	
		测点	比例/%	测点	比例/%	测点	比例/%	测点	比例/%	测点	比例/%
$ZK_9^{3352.0}-1$	79	0	0.0	19	24.1	48	60.8	11	13.9	1	1.3
$ZK_9^{3352.0}-2$	84	4	4.8	45	53.6	29	34.5	6	7.1	0	0.0
$ZK_9^{3352.0}-1 \sim ZK_9^{3352.0}-2$	70	0	0.0	43	61.4	18	25.7	0	0.0	0	0.0
$ZK_{10}^{3352.0}-1$	65	0	0.0	9	13.8	56	86.2	0	0.0	0	0.0
$ZK_{10}^{3352.0}-2$	70	0	0.0	26	37.1	44	62.9	0	0.0	0	0.0
$ZK_{10}^{3352.0}-1 \sim ZK_{10}^{3352.0}-2$	65	0	0.0	4	6.2	61	93.8	0	0.0	0	0.0

表 6-6　9 号坝段与 10 号坝段（高程 3352.0m）混凝土浇筑质量检测钻孔全景图像解释成果

孔号	深度/m	高程/m	解释说明
ZK$_9^{3352.0}$-1	0.20~0.30	3351.80~3351.70	局部胶结不密实
	2.25~2.35	3349.75~3349.65	局部胶结不密实
	5.70~5.80	3346.30~3346.20	骨料集中，胶结不密实
	10.00~10.10	3342.00~3341.90	胶结不密实，形成架空
	15.00~15.10	3337.00~3336.90	裂隙中可见固结灌浆浆液充填
ZK$_9^{3352.0}$-2	1.40~1.50	3350.60~3350.50	局部胶结不密实
	2.25~2.30	3349.75~3349.70	局部胶结不密实
	5.00~5.10	3347.00~3346.90	局部胶结不密实
	5.85~6.00	3346.15~3346.00	局部胶结不密实
	6.75~6.85	3345.25~3345.15	局部胶结不密实
	7.80~7.90	3344.20~3344.10	胶结不密实，形成架空
	9.30~9.45	3342.70~3342.55	局部胶结不密实
	12.10~12.30	3339.90~3339.70	胶结不密实，形成架空
	16.40	3335.60	裂隙可见固结灌浆浆液充填

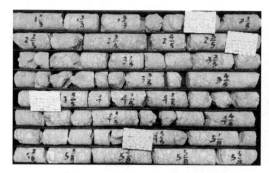

图 6-16　9 号坝段与 10 号坝段（高程 3352.0m）混凝土浇筑质量检测钻孔芯样照片

综合以上检测成果，对 9 号坝段与 10 号坝段（高程 3352.0m）混凝土浇筑质量检测得出如下结论：

（1）检测范围内高程 3344m 左右及高程 3340~3339m 存在缺陷，推测局部形成架空。

（2）10 号坝段检测范围内未见明显异常。

建议根据设计要求，对 9 号坝段发现的缺陷位置进行针对性处理。

B　6~9 号坝段（高程 3347.0m）

6~9 号坝段（高程 3347.0m）共完成 8 个检测孔的物探测试工作，单孔声波波速特征值及波速概率统计见表 6-7 和表 6-8，钻孔全景图像成果解释见表 6-9，钻孔岩芯照片如图 6 – 17 所示。

表 6 – 7　6 ~ 9 号坝段（高程 3347.0m）混凝土浇筑质量检测声波测试波速特征值

位置	孔号	波速特征值		
		最大值	最小值	平均值
6 号坝段	$ZK_6^{3347.0} - 1$	5830	3680	4410
	$ZK_6^{3347.0} - 2$	4200	3800	3950
7 号坝段	$ZK_7^{3347.0} - 1$	5930	3800	4180
	$ZK_7^{3347.0} - 2$	5860	3800	4270
8 号坝段	$ZK_8^{3347.0} - 1$	5840	3760	4270
	$ZK_8^{3347.0} - 2$	5980	3800	4300
9 号坝段	$ZK_9^{3347.0} - 1$	5790	3800	4150
	$ZK_9^{3347.0} - 2$	5820	3620	4160

表 6 – 8　6 ~ 9 号坝段（高程 3347.0m）混凝土浇筑质量检测声波测试波速概率统计

孔号	总测点	$2.5km/s \leqslant v_p < 3.65km/s$		$3.65km/s \leqslant v_p < 4.05km/s$		$4.05km/s \leqslant v_p < 4.5km/s$		$4.5km/s \leqslant v_p < 5.3km/s$		$v_p \geqslant 5.3km/s$	
		测点	比例/%	测点	比例/%	测点	比例/%	测点	比例/%	测点	比例/%
$ZK_6^{3347.0} - 1$	50	0	0.0	28	56.0	8	16.0	0	0.0	14	28.0
$ZK_6^{3347.0} - 2$	35	0	0.0	28	80.0	7	20.0	0	0.0	0	0.0
$ZK_7^{3347.0} - 1$	58	0	0.0	43	74.1	8	13.8	0	0.0	7	12.1
$ZK_7^{3347.0} - 2$	58	0	0.0	37	63.8	10	17.2	1	1.7	10	17.2
$ZK_8^{3347.0} - 1$	57	0	0.0	37	64.9	8	14.0	3	5.3	9	15.8
$ZK_8^{3347.0} - 2$	55	0	0.0	30	54.5	15	27.3	0	0.0	10	18.2
$ZK_9^{3347.0} - 1$	50	1	2.0	37	74.0	5	10.0	1	2.0	6	12.0
$ZK_9^{3347.0} - 2$	50	0	0.0	34	68.0	9	18.0	2	4.0	5	10.0

表 6 – 9　6 ~ 9 号坝段（高程 3347.0m）混凝土浇筑质量检测钻孔全景图像解释成果

孔号	深度/m	高程/m	解释说明
$ZK_6^{3347.0} - 1$	0.15 ~ 0.25	3346.85 ~ 3346.75	局部胶结不密实
	0.80 ~ 0.90	3346.20 ~ 3346.10	局部胶结不密实
	1.70 ~ 1.85	3345.30 ~ 3345.15	胶结不密实，形成架空
	9.15	3337.85	裂隙中可见固结灌浆浆液充填
	9.25	3337.70	裂隙中可见固结灌浆浆液充填

续表

孔号	深度/m	高程/m	解释说明
$ZK_7^{3347.0}-1$	10.85	3336.15	裂隙中可见固结灌浆浆液充填
$ZK_8^{3347.0}-1$	5.70~5.75	3341.30~3341.25	胶结不密实
	9.30~9.50	3337.70~3337.50	岩体较破碎
	9.65	3337.35	裂隙中可见固结灌浆浆液充填
	9.80	3337.20	裂隙中可见固结灌浆浆液充填
	10.55	3336.45	裂隙中可见固结灌浆浆液充填
$ZK_9^{3347.0}-1$	1.40	3345.60	胶结不密实
	3.20~3.30	3343.80~3343.70	胶结不密实,形成架空
	8.80~9.80	3338.20~3337.20	局部岩体较破碎,局部裂隙中可见浆液充填

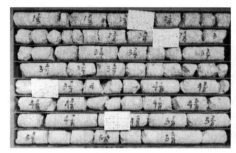

图 6-17　6~9 号坝段（高程 3347.0m）混凝土浇筑质量检测钻孔芯样照片

综合以上检测成果,对 6~9 号坝段（高程 3347.0m）混凝土浇筑质量检测得出如下结论:检测范围内在 6 号、8 号、9 号坝段局部存在缺陷,推测局部形成架空;7 号坝段检测范围内未见明显异常;建议根据设计要求,对 6 号、8 号、9 号坝段发现的缺陷位置进行针对性处理。

C　12~14 号坝段（高程 3356.35m）

12~14 号坝段（高程 3356.35m）共完成 6 个检测孔的物探测试工作,单孔声波/跨孔声波波速特征值及波速概率统计见表 6-10 和表 6-11,钻孔全景图像成果解释见表 6-12,钻孔岩芯照片如图 6-18 所示。

表 6-10　12~14 号坝段（高程 3356.35m）混凝土浇筑质量检测声波测试波速特征值

位置	孔号	波速特征值		
		最大值	最小值	平均值
12 号坝段	$ZK_{12}^{3356.35}-1$	5260	3730	3990
	$ZK_{12}^{3356.35}-2$	5490	3730	4030
	$ZK_{12}^{3356.35}-1 \sim ZK_{12}^{3356.35}-2$	5230	3700	3930

续表

位置	孔号	波速特征值		
		最大值	最小值	平均值
13号坝段	$ZK_{13}^{3356.35}-1$	5350	3730	3990
	$ZK_{13}^{3356.35}-2$	5520	3750	4030
	$ZK_{13}^{3356.35}-1 \sim ZK_{13}^{3356.35}-2$	4440	3750	3900
14号坝段	$ZK_{14}^{3356.35}-1$	5260	3730	4010
	$ZK_{14}^{3356.35}-2$	5040	3730	4000
	$ZK_{14}^{3356.35}-1 \sim ZK_{14}^{3356.35}-2$	4140	3740	3900

表6-11 12~14号坝段（高程3356.35m）混凝土浇筑质量检测声波测试波速概率统计

孔号/孔对	总测点	$2.5km/s \leqslant v_p < 3.65km/s$		$3.65km/s \leqslant v_p < 4.05km/s$		$4.05km/s \leqslant v_p < 4.5km/s$		$4.5km/s \leqslant v_p < 5.3km/s$		$v_p \geqslant 5.3km/s$	
		测点	比例/%	测点	比例/%	测点	比例/%	测点	比例/%	测点	比例/%
$ZK_{12}^{3356.35}-1$	62	0	0.0	50	80.6	9	14.5	3	4.8	0	0.0
$ZK_{12}^{3356.35}-2$	64	0	0.0	50	78.1	8	12.5	4	6.3	2	3.1
$ZK_{12}^{3356.35}-1 \sim ZK_{12}^{3356.35}-2$	61	0	0.0	51	83.6	7	11.5	3	4.9	0	0.0
$ZK_{13}^{3356.35}-1$	60	0	0.0	49	81.7	8	13.3	2	3.3	1	1.7
$ZK_{13}^{3356.35}-2$	62	0	0.0	52	83.9	6	9.7	0	0.0	4	6.5
$ZK_{13}^{3356.35}-1 \sim ZK_{13}^{3356.35}-2$	58	0	0.0	52	89.7	6	10.3	0	0.0	0	0.0
$ZK_{14}^{3356.35}-1$	59	0	0.0	42	71.2	15	25.4	2	3.4	0	0.0
$ZK_{14}^{3356.35}-2$	60	0	0.0	42	70.0	15	25.0	3	5.0	0	0.0
$ZK_{14}^{3356.35}-1 \sim ZK_{14}^{3356.35}-2$	51	0	0.0	39	76.5	12	23.5	0	0.0	0	0.0

表6-12 12~14号坝段（高程3356.35m）混凝土浇筑质量检测钻孔全景图像解释成果

孔号	深度/m	高程/m	解释说明
$ZK_{12}^{3356.35}-1$	5.50	3350.85	局部胶结不密实
	12.10~12.25	3344.25~3344.10	裂隙发育，局部可见固结灌浆浆液充填

孔号	深度/m	高程/m	解释说明
$ZK_{12}^{3356.35}-2$	4.55~4.75	3351.80~3351.60	局部胶结不密实
	11.20~11.30	3345.15~3345.05	局部胶结不密实
	11.90	3344.45	基岩与混凝土胶结密实
	12.10	3344.25	发育一条陡倾角裂隙，可见浆液充填
	12.45	3343.90	发育一条陡倾角裂隙，可见浆液充填
	12.75	3343.60	发育一条陡倾角裂隙，可见浆液充填
$ZK_{13}^{3356.35}-1$	11.50	3344.85	基岩与混凝土胶结密实
$ZK_{13}^{3356.35}-2$	7.80~7.95	3348.55~3348.40	局部胶结不密实
	11.70	3344.65	基岩与混凝土胶结密实
$ZK_{14}^{3356.35}-1$	11.60	3344.75	基岩与混凝土胶结密实
$ZK_{14}^{3356.35}-2$	9.05~9.20	3347.30~3347.15	局部胶结不密实

图 6-18　12~14 号坝段（高程 3356.35m）混凝土浇筑质量检测钻孔芯样照片

综合以上检测成果，对 12~14 号坝段（高程 3356.35m）混凝土浇筑质量检测得出如下结论：检测范围内整体无较大缺陷，局部存在胶结不密实的现象；建议根据设计要求，对缺陷位置进行针对性处理。

6.3.3.3　检测结论

通过采用单孔声波、跨孔声波、钻孔全景图像、钻孔取芯等方法对西藏 DG 水电站大坝混凝土浇筑质量进行的检测工作，得出如下结论：

（1）整个检测范围内 9 号坝段与 10 号坝段（高程 3352.0m）高程 3344.0m 左右及高程 3340.0~3339.0m，6~9 号坝段（高程 3347.0m）6 号、8 号、9 号坝段，存在缺陷，推测局部形成架空；12~14 号坝段（高程 3356.35m）整体无较大缺陷，局部存在胶结不密实的现象。

（2）建议根据设计要求，对缺陷位置进行针对性处理。

6.4　GD 水电站大坝渗漏检测

6.4.1　工程概况

GD 水电站位于四川省凉山彝族自治州，电站装机容量 2400MW，多年平均发电量 111.29 亿 kW·h。水库正常蓄水位 1330.0m，总库容 7.6 亿 m³，回水长度约 58km。电站枢纽主要由拦河碾压混凝土重力坝、泄洪消能建筑物、引水发电建筑物等组成，枢纽布置为碾压混凝土重力坝挡水、右岸首部地下厂房、坝身 5 个表孔 +2 个中孔，采用底流消能的枢纽布置方案。水库正常蓄水位 1330.0m，设计洪水位 1330.18m，校核洪水位 1330.44m，死水位 1328.0m，极限死水位 1321.0m。该工程为一等大（1）型工程，大坝、引水发电系统等永久性主要建筑物为 1 级建筑物，永久性次要建筑物为 3 级建筑物。

6.4.2　物探检测方法与布置

灌前利用大坝高程 1205m、高程 1254m 廊道内的部分排水孔进行声波 CT、钻孔全景数字成像、压水试验、水温与流量检测。具体钻孔布置如图 6 - 19 所示。

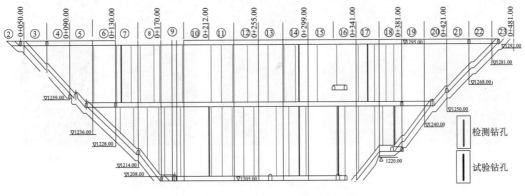

图 6 - 19　大坝渗水分析检测孔布置

渗漏处理施工期检测工作布置如图 6 - 20 所示。

6.4.3　质量评判依据与分类

6.4.3.1　混凝土胶结情况分类

结合本工程实际，检测中钻孔全景数字成像按照孔壁的光滑程度、混凝土致密程

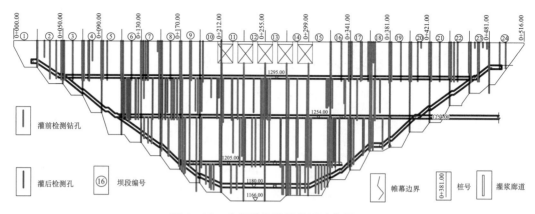

图 6-20　大坝灌浆质量检测孔布置图

度、骨料分布的均匀性、碾压层面的结合效果等，将混凝土胶结情况分为"好、较好、一般、较差、差"五种，后三种情况判为混凝土缺陷。

（1）"好"一般指孔壁光滑、密实、骨料分布均匀。

（2）"较好"一般指孔壁较光滑、密实、骨料分布较均匀，无明显不良缺陷。

（3）"一般"指孔壁粗糙、密实度差或局部不密实，存在轻微不良缺陷。

（4）"较差"指不密实、孔壁粗糙、局部较破碎，存在明显缺陷。

（5）"差"指疏松或沙石分离、孔壁破碎，存在较大以上缺陷。

混凝土胶结情况钻孔全景数字成像如图 6-21 所示。

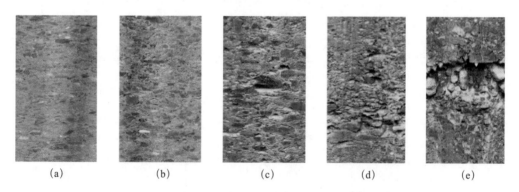

（a）　　　　　　（b）　　　　　　（c）　　　　　　（d）　　　　　　（e）

图 6-21　混凝土胶结情况钻孔全景数字成像典型图

（a）好；（b）较好；（c）一般；（d）较差；（e）差

6.4.3.2　浆液充填情况分类

根据化灌浆液的充填程度，化灌浆液充填情况可分为"无充填、局部充填、充填较饱满、充填饱满"四种。"局部充填"指混凝土缺陷中仅有零星化灌浆液充填；"充填较饱满"指缺陷大部分已被化灌浆液充填较密实；"充填饱满"指混凝土缺陷均被化灌浆液充填密实。化灌浆液充填情况钻孔全景数字成像如图 6-22 所示。

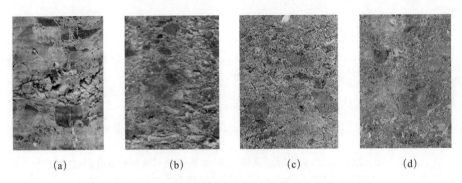

图 6 - 22　化灌浆液充填情况钻孔全景数字成像典型图
（a）无充填；（b）局部充填；（c）充填较饱满；（d）充填饱满

6.4.3.3　渗水情况分类

根据钻孔内混凝土缺陷渗水量的大小，孔内渗水情况可分为"股状水、线状水、分散水"三种。三种渗水情况的钻孔全景数字成像如图 6 - 23 所示。

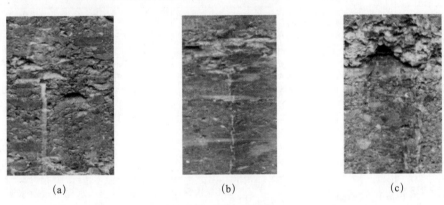

图 6 - 23　孔内渗水情况钻孔全景数字成像典型图
（a）股状水；（b）线状水；（c）分散水

6.4.3.4　缺陷直线率的定义

缺陷直线率是指每个钻孔在垂直深度上全景数字成像检测揭示的一般及其以上的混凝土缺陷累计厚度占该孔检测长度的百分比。

6.4.4　坝体渗漏检测

6.4.4.1　排水口现状

（1）高程 1295m 廊道物探检测利用的 20 个排水孔中有 7 个排水孔是完好的；有 3 个排水孔局部被堵，取出的芯样主要为水垢；有 10 个排水孔严重堵塞，取出的芯样为水泥结石。

（2）高程1254m廊道物探检测利用的20个排水孔中有9个排水孔是完好的；有4个排水孔局部被堵，取出的芯样主要为水垢；有7个排水孔严重堵塞，取出的芯样有6个孔为水泥结石；1个孔为排水盲管。

（3）被堵塞的排水孔主要集中在坝轴线右侧。

排水孔详细情况见表6-13，部分排水孔芯样照片如图6-24和图6-25所示。

表6-13　高程1295m廊道、高程1254m廊道物探检测排水孔现状统计

编号	桩号	位置	排水孔情况	开挖面积（长×宽）/m×m	疏通要求	芯样情况
1	111		通	2.0×0.5	是	无
2	131		18m后局部被堵	3.0×0.5	是	少量水垢
3	144		通	2.0×0.5	是	无
4	152		通	2.0×0.5	是	无
5	164		22m后局部被堵	0.3×0.5	是	少量水垢
6	169		通	0.5×0.5	是	无
7	189		11m后被堵	3.0×0.5	是	少量水垢
8	214		通	3.0×0.5	是	无
9	223		堵	1.5×0.5	是	水泥结石及水泥浆
10	233	高程1295m廊道	堵	2.0×0.5	是	水泥结石及水泥浆
11	246		堵	5.0×0.5	是	水泥结石及水泥浆
12	264		堵	3.0×0.5	是	水泥结石及水泥浆
13	278		堵	0.5×0.5	是	水泥结石及水泥浆
14	288		堵	4.0×0.5	是	水泥结石及水泥浆
15	307		通	3.0×0.5	是	少量水垢
16	321		堵	1.0×0.5	是	水泥结石及水泥浆
17	343		通	1.0×0.5	是	少量水垢
18	357		堵	4.0×0.5	是	水泥结石及水泥浆
19	365		堵	2.0×0.5	是	水泥结石及水泥浆
20	374		堵	2.0×0.5	是	水泥结石及水泥浆

续表

编号	桩号	位置	排水孔情况	开挖面积（长×宽）/m×m	疏通要求	芯样情况
1	134		通	11.0×0.2	是	无
2	146		通	0.5×0.5	是	无
3	158		通	3.0×0.5	是	无
4	168		通	0.5×0.5	是	无
5	173		通	1.0×0.5	是	无
6	187		8m后被堵	1.0×0.5	是	少量水垢
7	214		12m后被堵	1.0×0.5	是	少量水垢
8	223		通	0.5×0.5	是	无
9	232		10m后被堵	0.5×0.5	是	少量水垢
10	242		3m以后被封堵	1.0×0.5	是	少量水垢
11	251	高程1254m廊道	通	1.5×0.5	是	无
12	271		通	2.0×0.5	是	无
13	282		堵	1.5×0.5	是	水泥结石及水泥浆
14	297		内有盲管	1.0×0.5	是	塑料盲管
15	324		堵	4.0×0.5	是	水泥结石及水泥浆
16	331		堵	1.5×0.5	是	水泥结石及水泥浆
17	343		堵	1.5×0.5	是	塑料盲管、水泥结石及水泥浆
18	356		堵	1.5×0.5	是	水泥结石及水泥浆
19	364		通	0.5×0.5	是	无
20	375		堵	3.0×0.5	是	水泥结石及水泥浆

 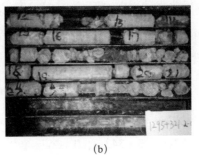

（a）　　　　　　　　　　　　　（b）

图6-24　高程1295m廊道0+365排水孔芯样照片

（a）1295+321（1）；（b）1295+321（2）

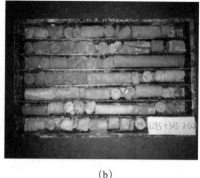

(a)   (b)

图 6 – 25 高程 1254m 廊道部分排水孔芯样照片

（a）1295 + 365（1）；（b）1295 + 365（2）

6.4.4.2 **声波** CT

A 高程 1295m 廊道

高程 1295m 廊道 0 + 111m ~ 0 + 374m 段共完成 20 个排水孔 19 对声波 CT 的测试。排水孔桩号分别为 0 + 111m、0 + 131m、0 + 144m、0 + 152m、0 + 164m、0 + 169m、0 + 189m、0 + 214m、0 + 223m、0 + 233m、0 + 246m、0 + 264m、0 + 278m、0 + 288m、0 + 307m、0 + 324m、0 + 343m、0 + 357m、0 + 367m、0 + 374m。为便于分析，将这 20 个孔 19 对 CT 成果连成一个剖面。从该剖面声波波速色谱及解释成果图可知：

（1）该剖面位于高程 1254 ~ 1295m 廊道之间 0 + 111m ~ 0 + 374m 桩号段，剖面长 263m。

（2）该剖面声波 CT 波速在 3200 ~ 4500m/s 之间，大部分集中在 3900 ~ 4300m/s 之间；波速小于 3500m/s 的占整个剖面的 5.1%，波速在 3500 ~ 3900m/s 的占 20.7%，波速大于 3900m/s 的占 74.2%。

（3）该剖面发现 29 处低波速带，其波速在 3200 ~ 3500m/s 之间，综合前期物探资料并结合工程实际，推测这些低波速带主要为胶结不密实，施工缝面接触不良等混凝土缺陷，在这些区域出现渗漏的可能性比较大。

（4）该剖面波速分段百分比及累计百分比统计如图 6 – 26 所示。

B 高程 1254m 廊道

高程 1254m 廊道 0 + 134m ~ 0 + 375m 段共完成 20 个排水孔 19 对声波 CT 的测试。排水孔桩号分别为 0 + 134m、0 + 146m、0 + 158m、0 + 168m、0 + 173m、0 + 187m、0 + 214m、0 + 223m、0 + 232m、0 + 242m、0 + 251m、0 + 271m、0 + 282m、0 + 297m、0 + 324m、0 + 331m、0 + 343m、0 + 357m、0 + 364m、0 + 375m。为便于分析，将这 20 个孔 19 对 CT 成果连成一个剖面。从该剖面声波波速色谱及解释成果图可知：

（1）该剖面位于高程 1205 ~ 1254m 廊道之间 0 + 134m ~ 0 + 375m 桩号段，剖面长 241m。

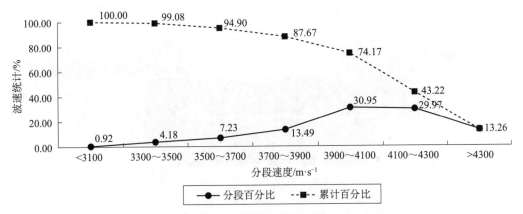

图 6 - 26　高程 1295m 廊道声波 CT 波速分段百分比统计及累计百分比

（2）该剖面声波 CT 波速在 3200 ~ 4500m/s 之间，大部分集中在 3900 ~ 4300m/s 之间；波速小于 3500m/s 的占整个剖面的 8.5%，波速在 3500 ~ 3900m/s 的占 23.9%，波速大于 3900m/s 的占 67.69%。

（3）该剖面发现 26 处低波速带，其波速在 3200 ~ 3500m/s 之间，综合前期物探资料并结合工程实际，推测这些低波速带主要为胶结不密实，施工缝面接触不良等混凝土缺陷，在这些区域出现渗漏的可能性比较大。

（4）该剖面波速分段百分比及累计百分比统计如图 6 - 27 所示，声波 CT 图像如图 6 - 28 所示。

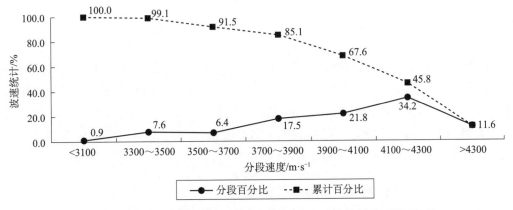

图 6 - 27　高程 1254m 廊道声波 CT 波速分段百分比统计及累计百分比

6.4.4.3　钻孔全景成像

本次在高程 1295m 廊道和高程 1254m 廊道分别进行了 19 个和 20 个排水孔的钻孔全景成像工作，完成工作量分别为 722m 和 797m。从成像成果可知：混凝土缺陷主要为施工缝胶结不良、局部不密实等。混凝土有缺陷的位置普遍存在渗水情况，缺陷规模一般为 5 ~ 15cm，部分渗水位置，孔壁附有明显的钙化物。成像成果如图 6 - 29 所示。

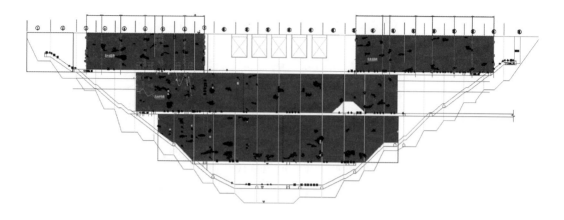

图 6 – 28　高程 1254m 廊道声波 CT 图像

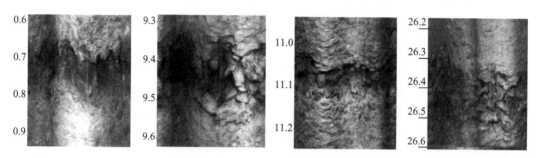

图 6 – 29　钻孔全景成像成果

6.4.4.4　钻孔压水试验

高程 1295m 廊道和高程 1254m 廊道分别进行了 8 个排水孔 64 段和 66 段钻孔压水试验。高程 1295m 廊道最大透水率为 1. 17Lu，位于 7 号坝段 0 + 144 钻孔 20 ~ 25m 段；最小透水率为 0. 15Lu，位于 11 号坝段 0 + 223 钻孔 20. 3 ~ 25. 3m 段。高程 1254m 廊道最大透水率为 1. 67Lu，位于 14 号坝段 0 + 297 钻孔 25. 4 ~ 30. 4m 段；最小透水率为 0. 21Lu，位于 8 号坝段 0 + 168 钻孔 25. 3 ~ 30. 3m 段。

6.4.4.5　排水孔流量及水温测试

本次检测工作期间，分别于 2014 年 9 月 10 日、2014 年 9 月 28 日对测试区域廊道内的排水孔流量及水温进行了测量，测量结果如下：

（1）高程 1254m 廊道单个排水孔最大流量位于 8 号坝段内的 15 号排水孔，流量为 50mL/s；最高温度位于 8 号坝段内的 17 号排水孔，为 17℃；最低水温位于 7 号坝段内的 10 号排水，为 15. 4℃（由于 69 号排水孔水流来自高程 1264.8m 廊道排水沟，排除在统计外）。

（2）高程 1205m 廊道单个排水孔最大流量位于 10 号坝段内的 7 号排水孔，流量为

107.1mL/s。最高温度位于 13 号坝段内的 23 号排水孔，为17.1℃；最低水温位于 10 号坝段内的 7 号排水孔，为12.5℃，该排水孔水温明显较其他排水孔水温低，说明该排水孔的水与其他排水孔的水不是来自同一水温层。

6.4.5　检测成果验证

通过物探检测，大坝在高程 1295m 廊道 0 + 111m ~ 0 + 374m 段存在 29 处、高程 1254m 廊道 0 + 134m ~ 0 + 374m 段存在 26 处声波 CT 低波速异常带。为了验证物探检测成果的准确性和进一步查验大坝混凝土的渗漏情况，根据《四川省雅砻江 GD 水电站大坝渗水分析研究及处理方案设计询价报价文件澄清备忘录》的相关要求，项目部在高程 1295m 廊道 0 + 135、0 + 291、0 + 351 桩号处；高程 1254m 廊道 0 + 212、0 + 291、0 + 325、0 + 374 桩号处进行钻孔勘验工作，勘验成果如下。

6.4.5.1　高程 1295m 廊道 0 + 135 桩号

钻孔声波 CT 成果显示该桩号在 1280.5 ~ 1277.2m 高程（孔深 14.5 ~ 17.8m）范围内为低波速异常区（声波 CT 异常编号为 1295 – 5）。勘验钻孔芯样及钻孔全景数字成像揭示，该钻孔在高程 1278.9m（孔深 16.1m）、高程 1276.7m（孔深 18.3m）深度混凝土胶结不密实或施工缝接触不良。钻孔全景数字成像显示，该钻孔在其他深度还存在 3 处混凝土局部胶结不密实或施工缝接触不良现象（缺陷位置详见表 6 – 14），因为这些缺陷规模均较小，所以声波 CT 成果未能揭示。

表 6 – 14　高程 1295m 廊道 0 + 135 桩号钻孔全景数字成像缺陷统计

编号	深度/m	高程/m	缺陷性质	备注
1	16.1	1278.9		CT 异常范围内
2	18.3	1276.7		CT 异常范围内
3	10.9 ~ 11.2	1284.4 ~ 1283.8	混凝土胶结不密实或施工缝接触不良	—
4	30.4 ~ 30.5	1264.6 ~ 1264.5		—
5	32.9 ~ 33.0	1262.1 ~ 1262.0		—

6.4.5.2　高程 1295m 廊道 0 + 291 桩号

钻孔声波 CT 成果显示该桩号在 1286.9 ~ 1283.1m 高程（孔深 8.1 ~ 11.9m）范围内为低波速异常带（声波 CT 异常编号为 1295 – 20）。勘验钻孔芯样及钻孔全景数字成像揭示，该钻孔在 1288.9 ~ 1288.6m（孔深 6.1 ~ 6.4m）、1287.5 ~ 1287.0m（孔深 7.5 ~ 8.0m）、1286.4 ~ 1281.0m（孔深 8.6 ~ 14.0m）高程范围内混凝土胶结不密实，尤其是 1286.4 ~ 1281.0m 段，混凝土胶结极差。钻孔全景数字成像揭示，该钻孔在其他高程还存在 3 处混凝土胶结不密实或施工缝接触不良（缺陷位置详见表 6 – 15），因为这些缺陷规模均较小，所以声波 CT 成果未能揭示。

表 6 – 15　高程 1295m 廊道 0 +291 桩号钻孔全景数字成像缺陷统计

编号	深度/m	高程/m	缺陷性质	备注
1	6. 1 ~6. 4	1288. 9 ~ 1288. 6	混凝土胶结不密实或施工缝接触不良	CT 异常范围内
2	7. 5 ~ 8. 0	1287. 5 ~ 1287. 0		CT 异常范围内
3	8. 6 ~ 14. 0	1286. 4 ~ 1281. 0		—
4	16. 8 ~ 17. 2	1278. 2 ~ 1277. 8		—
5	19. 6 ~ 20. 0	1275. 4 ~ 1275. 0		—
6	21. 1 ~ 21. 4	1273. 9 ~ 1273. 6		—

6.4.5.3　高程 1295m 廊道 0 +351 桩号

钻孔声波 CT 成果显示该桩号在 1274. 8 ~ 1273. 0m（孔深 20. 2 ~22m）高程范围内为低波速异常区（声波 CT 异常编号为 1295 – 25）。勘验钻孔芯样及钻孔全景数字成像揭示，该钻孔在 1274. 7 ~ 1273. 6m（孔深 20. 3 ~ 21. 4m）深度范围内混凝土胶结不密实。钻孔全景数字成像揭示，该钻孔在 1284. 5 ~ 1284. 1m（孔深 10. 5 ~ 10. 9m）、1282. 5 ~ 1281. 8m（孔深 12. 5 ~ 13. 2m）、1269. 9 ~ 1269. 5m（孔深 25. 1 ~ 25. 5m）、1262. 7 ~ 1261. 9m（孔深 32. 3 ~33. 1m）深度范围还存在混凝土胶结不密实或施工缝接触不良现象（缺陷位置详见表 6 – 16），因为这些缺陷规模均较小，所以声波 CT 成果未能揭示。

表 6 – 16　高程 1295m 廊道 0 +351 桩号钻孔全景数字成像缺陷统计

编号	深度/m	高程/m	缺陷性质	备注
1	10. 5 ~ 10. 9	1284. 5 ~ 1284. 1	混凝土胶结不密实或施工缝接触不良	—
2	12. 5 ~ 13. 2	1282. 5 ~ 1281. 8		—
3	20. 3 ~ 21. 4	1274. 7 ~ 1273. 6		CT 异常范围内
4	25. 1 ~ 25. 5	1269. 9 ~ 1269. 5		—
5	32. 3 ~ 33. 1	1262. 7 ~ 1261. 9		—

6.4.5.4　高程 1254m 廊道 0 +212 桩号

该钻孔原设计在 0 +208 桩号处，因该位置附近埋设有监测设备，经业主同意后将该孔移至 0 +212 桩号处。该钻孔全景数字成像显示，该钻孔存在 7 处混凝土胶结不密实或施工缝接触不良现象（缺陷位置详见表 6 – 17），因为这些缺陷规模均较小，所以声波 CT 成果未能揭示。

表6-17 高程1254m廊道0+212桩号钻孔全景数字成像缺陷统计

编号	深度/m	高程/m	缺陷性质
1	21.6~22.0	1232.4~1232.0	
2	26.5~26.6	1227.5~1227.4	
3	31.3~32.0	1222.7~1222.0	
4	32.8~33.0	1221.2~1221.0	混凝土胶结不密实或施工缝接触不良
5	37.5~37.8	1216.5~1216.2	
6	38.8~39.0	1215.2~1254.0	
7	44.9~45.1	1209.1~1208.9	

6.4.5.5 高程1254m廊道0+291桩号

声波CT成果显示该桩号在1224.4~1222.6m（孔深29.4~31.6m）高程范围内为低波速区（声波CT异常编号为1254-19）。该钻孔芯样及钻孔全景数字成像揭示，该钻孔在1224.9~1224.2m（孔深29.1~29.8m）、1222.8~1222.2m（孔深31.2~31.8m）高程范围内混凝土胶结不密实。该钻孔全景数字成像显示，该钻孔在其他5个区域还存在混凝土胶结不密实或施工缝接触不良现象（缺陷位置详见表6-18），因为这些缺陷规模较小，所以声波CT成果未能揭示。

表6-18 高程1254m廊道0+291桩号钻孔全景数字成像缺陷统计

编号	深度/m	高程/m	缺陷性质	备注
1	12.5~12.8	1241.5~1241.2		—
2	29.1~29.8	1224.9~1224.2		CT异常范围内
3	31.2~31.8	1222.8~1222.2		
4	22.2~22.6	1231.8~1231.4	混凝土胶结不密实或施工缝接触不良	—
5	25.3~25.6	1228.7~1228.4		—
6	27.1~27.3	1226.9~1226.7		—
7	33.0~33.2	1221.0~1220.8		—

6.4.5.6 高程1254m廊道0+325桩号

该钻孔声波CT成果显示在1219.4~1212.8m高程（孔深34.6~41.2m）范围内为低波速异常带（声波CT异常编号为1254-24）。该钻孔芯样及钻孔全景数字成像揭示，在钻孔在1217.4~1217.2m（孔深36.6~36.8m）、1214.4~1212.5m（孔深39.6~41.5m）高程存在混凝土胶结不密实。该钻孔全景数字成像显示，该钻孔还存在3处混凝土胶结不密实或施工缝接触不良现象（缺陷位置详见表6-19），因为这些缺陷规模均较小，所以声波 CT 成果未揭示。

表 6 −19　高程 1254m 廊道 0 +325 桩号钻孔全景数字成像缺陷统计

编号	深度/m	高程/m	缺陷性质	备注
1	18.6	1235.5	混凝土胶结不密实或施工缝接触不良	—
2	29.2 ~ 29.5	1224.8 ~ 1224.5		—
3	30.4 ~ 30.8	1223.6 ~ 1223.2		—
4	33.6	1220.4		—
5	36.6 ~ 36.8	1217.4 ~ 1217.2		CT 异常范围内
6	39.6 ~ 41.5	1214.4 ~ 1212.5		

6.4.5.7　高程 1254m 廊道 0 +374 桩号

该钻孔范围内无声波 CT 低波速带，全景数字录像成果显示该孔也无混凝土缺陷，CT 成果与钻孔全景数字成像结果一致。

6.4.6　坝体渗漏分析

GD 水电站高程 1295m 廊道 0 + 111m ~ 0 + 374m 段、高程 1254m 廊道 0 + 134m ~ 0 + 375m 段通过进行声波 CT、钻孔全景成像及钻孔压水试验检测，基本查明了检测区域的渗漏情况。结论如下：

（1）测区混凝土缺陷主要为混凝土胶结不密实或施工缝接触不良，表现为声波 CT 测试波速小于 3500m/s，透水率及流量相对较大。其中，高程 1295m 廊道声波 CT 波速小于 3500m/s 的区域占整个剖面的 5.1%，压水试验透水率大于 1Lu 的占整个试验段数的 8.1%，主要分布在 6 ~ 9 号坝段、14 号坝段及 17 ~ 18 号坝段；高程 1254m 廊道声波 CT 波速小于 3500m/s 的区域占整个剖面的 8.5%，压水试验透水率大于 1Lu 的占整个试验段数的 10.4%，主要分布在 8 ~ 10 号坝段、14 号坝段及 16 号坝段。

（2）钻孔勘验结果表明对于规模相对较大的混凝土缺陷，声波 CT 成果均显示为低波速异常带，说明本次检测成果准确性较高。CT 成果全面反映了目前大坝混凝土的缺陷状况，为大坝混凝土缺陷的处理提供了可靠的科学依据。

6.4.7　大坝渗漏处理施工过程灌前检测

6.4.7.1　高程 1334m 坝顶灌前检测

完成了高程 1334m 坝顶 2 ~ 9 号坝段、16 ~ 23 号坝段共计 53 个钻孔的全景数字成像检测和 44 个钻孔的单孔声波检测。

A 钻孔全景数字成像混凝土缺陷情况

53 个钻孔全景数字成像成果显示，混凝土胶结总体为较好至好，局部存在一般、较差和差的缺陷，各孔缺陷统计如图 6 - 30 所示。

(1) 53 个钻孔共存在 414 处缺陷，其中一般缺陷有 241 处，占缺陷总数的 58.2%；较差至差的缺陷 173 处，占缺陷总数的 41.8%。

(2) 单个缺陷厚度在 0.05 ~ 1.4m 之间，大部分集中在 0.1 ~ 0.3m 之间，少量在 0.3 ~ 1.4m 之间。

(3) 单个钻孔缺陷累计厚度在 0.1 ~ 6.9m 之间，大部分集中在 1.0 ~ 2.0m 之间，少量在 2.0 ~ 6.9m 之间。

(4) 单个钻孔缺陷直线率在 0.2% ~ 17.3% 之间，大部分集中在 2.0% ~ 5.0% 之间，其中胶结较差至差的在 0% ~ 11.8% 之间，大部分集中在 1.0% ~ 5.0% 之间。

(5) 单个钻孔缺陷分布个数在 1 ~ 10 处的有 36 个钻孔，11 ~ 20 处的有 15 个钻孔，20 处以上的有 2 个孔，其中最多是 6 - JC - 1，有 22 处。

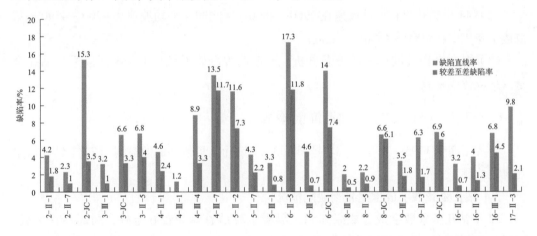

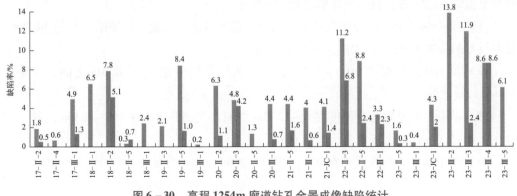

图 6 - 30 高程 1254m 廊道钻孔全景成像缺陷统计

B 钻孔全景数字成像视频观察渗漏水情况

58 个检测钻孔全景数字成像视频观察显示，部分钻孔有渗水现象，主要表现为股状水、线状水和分散水三种形式，具体如下：

（1）58 个钻孔中有 5 个钻孔 6 处股状水，分别为 3 号坝段 3 - JC - 1 号钻孔 1306.2 ~ 1306.0m 高程；5 号坝段 5 - Ⅱ - 2 钻孔 1308.0 ~ 1307.65m 高程和 1304.8m 高程；6 号坝段 6 - Ⅲ - 1 钻孔 1305.5m 高程；9 号坝段 9 - JC - 1 钻孔 1321.6 ~ 1321.4m 高程；18 号坝段 18 - Ⅲ - 1 钻孔 1309.7m 高程。

（2）58 个钻孔中有 3 个钻孔 4 处线状水，另外还有 10 个钻孔 26 处分散水。

（3）除 6 处股状水水量相对较大外，其余部位出水点水量均较小，出水部位多数在混凝土缺陷部位，也有少部分分散水位置混凝土缺陷不明显。

C 单孔声波成果

完成高程 1334m 坝顶 2 ~ 9 号坝段、16 ~ 23 号坝段 44 个钻孔单孔声波检测，从 44 个钻孔单孔声波检测成果可以得出如下结论：

（1）从全部钻孔波速分布区间来看，波速小于 3500m/s 的占 1.1%，波速在 3500 ~ 4000m/s 的占 5.5%，波速在 4000 ~ 4500m/s 的占 50.7%，波速大于 4500m/s 的占 42.7%。

（2）44 个钻孔单孔声波波速在 2960 ~ 4860m/s 之间，平均波速为 4200 ~ 4590m/s，波速主要集中在 4000 ~ 4500m/s 之间。

（3）从单孔声波波速曲线形态分析，波速曲线总体平稳，单孔声波成果与钻孔全景数字成像成果较吻合。

6.4.7.2 高程 1295m 廊道灌前检测

完成了高程 1295m 廊道 3 ~ 18 号坝段 32 个钻孔全景数字成像检测和 22 个钻孔的单孔声波检测。

A 钻孔全景数字成像混凝土缺陷情况

32 个钻孔全景数字成像成果显示，混凝土胶结总体为较好至好，局部存在一般、较差至差的缺陷，各孔缺陷统计如图 6 - 31 所示。

（1）32 个钻孔共存在 202 处缺陷，其中一般性缺陷 109 处，占缺陷总数的 54.0%；较差至差的缺陷 93 处，占缺陷总数的 46.0%。

（2）单个缺陷厚度在 0.03 ~ 1.2m 之间，大部分集中在 0.1 ~ 0.3m 之间，少量在 0.3 ~ 1.2m 之间。

（3）单个钻孔缺陷累计厚度在 0 ~ 12.3m 之间，大部分集中在 1.0 ~ 2.0m 之间，少量在 2.0 ~ 5.0m 之间，极个别大于 5.0m。

（4）单个钻孔缺陷直线率在 0% ~ 29.3% 之间，大部分集中在 3.0% ~ 8.0% 之间；其中胶结较差至差在 0% ~ 14% 之间，大部分集中在 0% ~ 4.0% 之间。

（5）缺陷分布个数在 1 ~ 10 处的有 26 个钻孔，11 ~ 20 处的有 4 个钻孔，20 处以上的有 1 个孔，其中最多是 13 - Ⅱ - 1，有 34 处。

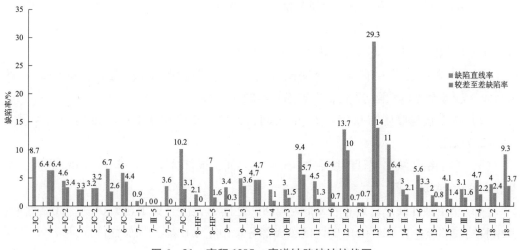

图6-31　高程1295m廊道缺陷统计柱状图

B　钻孔全景数字成像视频观察渗水情况

32个检测孔全景数字成像视频观察结果显示，部分钻孔有渗水现象，主要表现为股状水、线状水和分散水三种形式。

（1）32个钻孔中有9个钻孔有渗水情况。其中有2个钻孔2处股状水，分别为6号坝段6-HF-1号钻孔1259.3m高程和8号坝段8-Ⅱ-2钻孔1288.6~1287.9m高程。

（2）32个钻孔中有1个钻孔1处线状水，另外还有8个钻孔13处分散水。

（3）除个别单点渗水量相对较大外，大部分渗水点水量均较小，出水部位大多是混凝土缺陷部位，也有少部分出水点位置混凝土缺陷不明显。

C　单孔声波成果

完成了高程1295m廊道2~9号坝段、16~23号坝段22个钻孔单孔声波检测，从22个钻孔单孔声波检测成果可以得出如下结论：

（1）从全部钻孔波速分布来看，波速小于3500m/s的占1.8%，波速在3500~4000m/s的占11.1%，波速在4000~4500m/s的占43.1%，波速大于4500m/s的占44.0%。

（2）22个钻孔单孔声波波速在3310~4800m/s之间，平均波速在4210~4610m/s之间，波速主要集中在4200~4600m/s之间。

（3）从单孔声波波速曲线形态分析，波速曲线总体平稳，单孔声波成果与钻孔全景数字成像成果较吻合。

6.4.7.3　高程1254m廊道灌前检测

完成了高程1254m廊道7~18号坝段34个钻孔全景数字成像和31个钻孔的单孔声波检测。

A 钻孔全景数字成像混凝土缺陷情况

34个钻孔全景数字成像成果显示，混凝土胶结总体为较好至好，局部存在一般、较差至差的缺陷，各孔缺陷统计如图6-32所示。

（1）34个钻孔共存在149处缺陷。其中，一般性缺陷102处，占缺陷总数的68.5%；较差至差的缺陷47处，占缺陷总数的31.5%。

（2）单个缺陷厚度在0.05~2.7m之间，大部分集中在0.1~0.3m之间，少量在0.3~2.7m之间。

（3）单个钻孔缺陷累计厚度在0~6.45m之间，大部分集中在1.0~2.0m之间，少量在2.0~6.45m之间。

（4）单个钻孔缺陷直线率在0%~12.8%之间，大部分集中在2.0%~4.0%之间；其中胶结较差至差在0%~8.1%之间，大部分集中在1.0%~2.0%之间。

（5）单个钻孔缺陷分布个数在0~10处的有31个钻孔，11~20处的有3个钻孔，缺陷最多是14-Ⅱ-1和17-Ⅱ-1号钻孔，有14处。

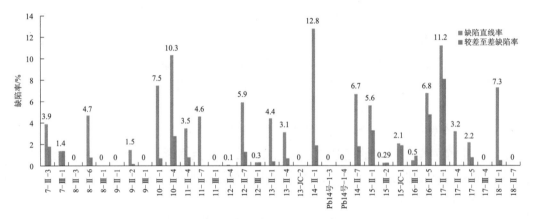

图6-32 高程1295m廊道缺陷统计柱状图

B 钻孔全景数字成像视频观察渗水情况

34个检测孔钻孔全景数字成像视频观察结果显示，有6个钻孔有渗水现象，主要表现为股状水和分散水两种形式。

（1）34个钻孔中有6个钻孔有渗水情况，28个钻孔渗水情况不明显。其中有1个钻孔1处股状渗水，为10号坝段10-Ⅱ-4号钻孔1227.5m高程。

（2）34个钻孔中无线状水，有5个钻孔8处分散水。

（3）除10号坝段10-Ⅱ-4号钻孔单点渗水量相对较大外，其他渗水点水量均较小；渗水部位大多是混凝土缺陷部位，也有少部分渗水点位置混凝土缺陷不明显。

C 单孔声波成果

完成了7~8号坝段共31个孔的单孔声波检测，从31个钻孔单孔声波检测成果可以得出如下结论：

（1）从全部钻孔波速分布来看，波速小于3500m/s的占0.3%，波速在3500~

4000m/s 的占 4.4%，波速在 4000～4500m/s 的占 35.7%，波速大于 4500m/s 的占 59.6%。

（2）31 个钻孔单孔声波波速在 3360～4800m/s 之间，平均波速在 4320～4650m/s 之间，大部分波速主要集中在 4200～4600m/s 之间。

（3）从单孔声波波速曲线形态分析，波速曲线总体平稳，单孔声波成果与钻孔全景数字成像成果较吻合。

6.4.7.4　**高程 1205m 廊道灌前检测**

完成了 10～14 号坝段 15 个钻孔全景数字成像检测和 5 个钻孔的单孔声波检测，各孔缺陷统计如图 6-33 所示。

A　钻孔全景数字成像混凝土缺陷情况

15 个钻孔全景数字成像成果显示，混凝土胶结总体为较好至好，局部存在一般、较差至差的缺陷。

（1）14 个钻孔共存在 21 处缺陷，其中缺陷性质为一般的 16 处，占缺陷总数的 76.2%；较差至差的 5 处，占缺陷总数的 23.8%。

（2）单个缺陷厚度在 0.1～0.3m 之间。

（3）单个钻孔缺陷累计厚度在 0～2.8m 之间，大部分集中在 0.8～1.5m 之间，少量在 1.5～2.8m 之间。

（4）单个钻孔缺陷直线率在 0%～9% 之间，大部分集中在 1.0%～2.9% 之间；其中胶结较差至差在 0%～4.2% 之间，大部分集中在 2.0%～3.0% 之间。

（5）单个钻孔缺陷分布个数在 0～10 处的有 13 个钻孔，11～20 处的有 1 个钻孔，缺陷最多是 14-Ⅱ-1 号钻孔，有 16 处。

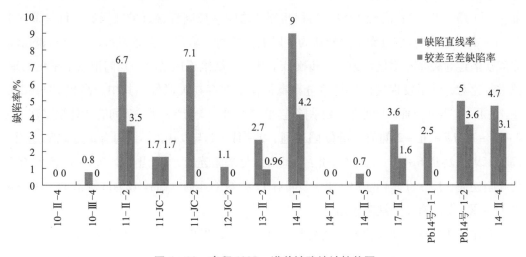

图 6-33　高程 1205m 灌前缺陷统计柱状图

B　钻孔全景数字成像视频观察渗水情况

14 个检测孔钻孔全景数字成像视频观察发现有部分钻孔有渗水现象，主要表现为线状水和分散水两种形式。

（1）14 个钻孔中有 1 个钻孔有渗水情况，13 个钻孔渗漏水情况不明显。

（2）14 个钻孔中有 1 处为线状出水，1 处分散渗水，均为 13 - Ⅱ - 2 号钻孔；出水量较小，出水部位均为混凝土缺陷部位。

C　单孔声波成果

完成了 10 ~ 14 号坝段 5 个钻孔单孔声波检测。从 5 个钻孔单孔声波检测成果可以得出如下结论：

（1）从全部钻孔波速分布来看，波速小于 3500m/s 的占 1.6%，波速在 3500 ~ 4000m/s 的占 5.7%，波速在 4000 ~ 4500m/s 的占 57.5%，波速大于 4500m/s 的占 35.2%。

（2）5 个钻孔单孔声波波速在 3270 ~ 4800m/s 之间，大部分在 4200 ~ 4600m/s 之间，平均波速在 4260 ~ 4550m/s 之间。

（3）从单孔声波波速曲线形态分析，波速曲线总体平稳，单孔声波成果与钻孔全景数字成像成果较吻合。

6.4.7.5　缺陷关联性分析

各检测孔缺陷关联性分析主要从孔与孔之间孔内缺陷分布高程和规模大小、钻孔全景数字成像观察的水位变化情况，并结合相关资料进行。

高程 1334m 高程相邻孔之间水位高程接近的孔段有：4 - Ⅱ - 1 与 4 - Ⅲ - 1、5 - Ⅱ - 2 与 5 - Ⅱ - 7、7 - Ⅱ - 1 与 7 - Ⅱ - 2、9 - Ⅲ - 1 与 9 - JC - 1；高程 1295m 高程相邻孔之间水位高程接近的孔段有：6 - Ⅱ - 1 与 6 - Ⅱ - 2、8 - Ⅱ - 2 与 8 - Ⅰ - 5、13 - Ⅱ - 1 与 13 - Ⅱ - 2；高程 1254m 高程相邻孔之间水位高程接近的孔段有：11 - Ⅱ - 4 与 11 - Ⅱ - 7。从水位分布上分析认为，以上孔段间缺陷存在连通关系，其余相邻孔段之间缺陷连通关系不明显。为进一步确认上述钻孔缺陷连通情况，我们把以上钻孔的缺陷进行比对，结果发现它们的缺陷分布在横向上并存在关联性。其中，高程 1334m 坝顶 4 - Ⅱ - 1 与 4 - Ⅲ - 1 间有 1 处缺陷连通，5 - Ⅱ - 2 与 5 - Ⅱ - 7 间有 2 处缺陷连通，7 - Ⅱ - 1 与 7 - Ⅱ - 2 间有 3 处缺陷连通，9 - Ⅲ - 1 与 9 - JC - 1 间有 1 处缺陷连通；高程 1295m 廊道 6 - Ⅱ - 1 与 6 - Ⅱ - 2 间有 3 处缺陷连通，8 - Ⅱ - 2 与 8 - Ⅰ - 5 间有 1 处缺陷连通，13 - Ⅱ - 1 与 13 - Ⅱ - 2 间有 11 处缺陷连通；高程 1254m 廊道 11 - Ⅱ - 4 与 11 - Ⅱ - 7 间有 2 处缺陷连通。

对比分析各检测孔孔内水位变情况及缺陷分布，发现各坝段混凝土缺陷总体呈零星分布，与混凝土碾压层间间歇对应不明显，同时相邻孔与孔间检测发现的缺陷大多数关联性不大，只有少数孔段的部分缺陷存在连通对应关系。

6.4.8 渗漏施工处理质量检测

6.4.8.1 高程 1334m 坝顶灌后检测

完成了坝顶 2~7 号坝段、17~23 号坝段 6 个钻孔全景数字成像检测和 2 个钻孔的单孔声波检测。化灌材料充填统计成果如图 6 – 34 所示。

6 个钻孔全景数字成像成果显示，化灌材料在缺陷部位充填情况一般表现为：无充填、局部充填、充填较饱满、充填饱满。

6 个钻孔全景数字成像成果共存在缺陷 50 处，有充填的占 98%。其中，局部充填的占 36.0%；充填较饱满的占 42.0%；充填饱满的占 20.0%。

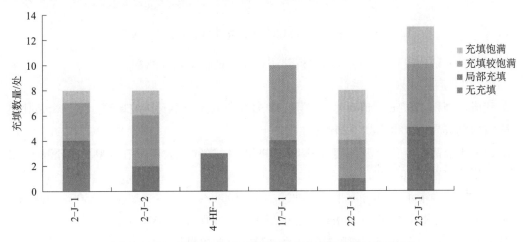

图 6 – 34 高程 334m 坝顶化灌材料充填情况统计柱状图

6.4.8.2 高程 1295m 廊道灌后检测

完成了高程 1295m 廊道 6~18 号坝段 22 个钻孔全景数字成像检测及 3 个钻孔的单孔声波检测，化灌材料充填统计如图 6 – 35 所示。

A 钻孔全景数字成像混凝土缺陷情况

22 个钻孔全景数字成像成果显示，化灌材料在缺陷部位充填情况一般表现为：无充填、局部充填、充填较饱满、充填饱满。

22 个钻孔全景数字成像成果共存在缺陷 184 处，有充填的占 91.8%。其中，局部充填的占 42.4%；充填较饱满的占 18.5%；充填饱满的占 31.0%。

B 钻孔全景数字成像视频观察渗水情况

完成了 25 个检测孔钻孔全景数字成像视频观察发现部分钻孔有渗水现象，主要表现为股状水、线状水和分散水三种形式。

（1）4 个钻孔中有 1 处股状水，为 10 号坝段 10 – HF – 4 号钻孔 1257.8m 高程。

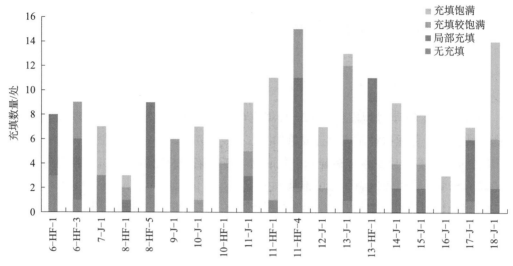

图 6-35　高程 1295m 廊道化灌材料充填情况统计柱状图

（2）4 个钻孔中有 1 处线状水，另外还有 2 个钻孔 2 处分散水。

C　单孔声波成果

完成了高程 1295m 廊道 6 号、8 号、12 号坝段共 3 个单孔声波检测，从 6 个钻孔单孔声波检测成果可以得出如下结论：

（1）3 个钻孔单孔声波波速在 3380～4840m/s 之间，大部分在 4000～4550m/s 之间，平均波速在 4350～4570m/s 之间。

（2）从全部钻孔波速分布来看，波速小于 3500m/s 的为零，波速在 3500～4000m/s 的占 3.8%，波速在 4000～4500m/s 的占 25.9%，波速大于 4500m/s 的占 70.30%。波速曲线总体平稳，单孔声波成果与钻孔全景数字成像成果较吻合。

D　灌前灌后声波波速对比

灌前高程 1295m 廊道完成了 22 个单孔声波的测试，灌后高程 1295 只完成了 8 号、12 号、18 号坝段 3 个单孔声波的测试工作。由于灌后单孔声波波速工作量较少，因此灌前灌后声波对比性不强。但总体来讲，灌后小于 4000m/s 的波速明显减少，由灌前的 13.5% 减少到了灌后的 6.3%，说明灌浆对混凝土质量有一定的提高，尤其是对存在缺陷部位的混凝土效果较明显。

6.4.8.3　高程 1254m 廊道灌后检测

完成了高程 1254m 廊道 7～18 号坝段 20 个钻孔全景数字成像检测，各孔缺陷充填统计如图 6-36 所示。

A　钻孔全景数字成像混凝土缺陷情况

20 个钻孔全景数字成像成果显示，化灌材料在缺陷部位充填情况一般表现为：无充填、局部充填、充填较饱满、充填饱满。

20 个钻孔全景数字成像成果共发现缺陷 155 处，有充填的占 93.5%。其中，局部充填的占 19.3%；充填较饱满的占 27.1%；充填饱满的占 47.1%。

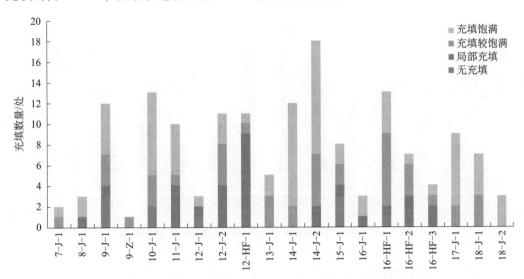

图 6 – 36　高程 1254m 廊道化灌材料充填情况统计图

B　钻孔全景数字成像视频观察渗水情况

完成了高程 1254m 廊道 4 个检测孔钻孔全景数字成像视频观察，发现部分钻孔有渗水现象，主要表现为股状水、线状水和分散水三种形式。

（1）4 个钻孔中有 7 处股状水，分别为 12 号坝段 12 – HF – 1 号钻孔 1216.9m 高程，16 号坝段 16 – HF – 1 钻孔 1215.1m 高程和 1214.1m 高程、16 – HF – 2 钻孔 1214.5m 高程和 1213.9m 高程、16 – HF – 3 钻孔 1216.8m 高程和 1216.0m 高程。

（2）4 个钻孔中有 1 个钻孔 2 处线状水。

6.4.8.4　高程 1205m 廊道灌后检测

完成了高程 1205m 廊道 10 ~ 16 号坝段 13 个钻孔全景数字成像，各孔缺陷充填统计如图 6 – 37 所示。

A　钻孔全景数字成像混凝土缺陷情况

13 个钻孔全景数字成像成果显示，化灌材料在缺陷部位充填情况一般表现为：局部充填、充填较饱满、充填饱满。

13 个钻孔全景数字成像成果共存在缺陷 67 处，有充填的占 100%。其中，局部充填的占 26.9%；充填较饱满的占 35.8%；充填饱满的占 37.3%。

B　钻孔全景数字成像视频观察渗水情况

完成高程 1205m 廊道 2 个检测孔钻孔全景数字成像视频观察，发现部分钻孔有渗水现象，主要表现为股状水和线状水两种形式。

（1）2 个钻孔中有 2 处股状水，分别为 10 号坝段 10 – HF – 7 号钻孔 1186.7m 高程、16 号坝段 16 – HF – 1 钻孔 1201.2m 高程。

（2）4 个钻孔中有 1 个钻孔 2 处线状水。

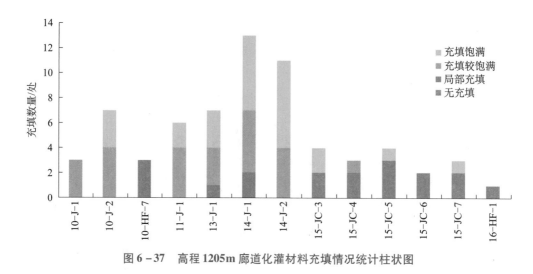

图6-37 高程1205m廊道化灌材料充填情况统计柱状图

6.4.8.5 检测结论

灌后完成了61个钻孔2364.4m全景数字成像及3个钻孔105m的单孔声波检测，大坝补漏完工检测质量综合图如图6-38所示。通过分析总结，检测结论如下：

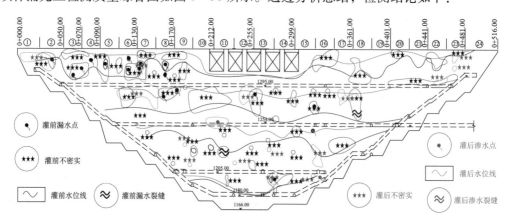

图6-38 大坝渗水处理前后缺陷分布图

（1）高程1334m坝顶6个钻孔存在缺陷50处，有充填的占98%。其中，局部充填的占36.0%；充填较饱满的占42.0%；充填饱满的占20.0%。高程1295m廊道22个钻孔全景数字成像成果共存在缺陷184处，有充填的占91.8%。其中，局部充填的占42.4%；充填较饱满的占18.5%；充填饱满的占31.0%。高程1254m廊道20个钻孔全景数字成像成果共发现缺陷155处，有充填的占93.5%。其中，局部充填的占19.3%；充填较饱满的占27.1%；充填饱满的占47.1%。高程1205m廊道13个钻孔全景数字成像成果共存在缺陷67处，有充填的占100%。其中，局部充填的占26.9%；充填较饱满的占35.8%；充填饱满的占37.3%。

（2）灌后完成了高程1295m廊道3个孔单孔声波检测，其声波波速在3700～4840m/s之间，平均波速在4490～4600m/s之间。波速小于3500m/s的区域所占比为

2.5%。波速曲线总体平稳，声波波速与钻孔全景数字成像反映的混凝土缺陷基本一致。

（3）对比分析单孔声波灌前灌后波速，灌后单孔声波低波速区减少了 0.65%，说明灌浆对混凝土质量有一定的提高，尤其是对存在缺陷部位的混凝土较明显。

6.5　河南天池抽水蓄能电站堆石坝检测

6.5.1　工程概况

河南天池抽水蓄能电站枢纽工程主要由上水库、下水库、引水发电系统等部分组成。上、下水库均采用面板堆石坝。坝体堆石料分区从上游至下游依次为特殊垫层区、垫层区、过渡区、主堆石区、次堆石区。垫层区及过渡区坡比均为 1:1.4，其水平宽度分别为 3m 和 4m；趾板下游设特殊垫层区。过渡料下侧为主堆石区，上游坡比为 1:1.4，在主堆石区下游设置下游堆石区，下游堆石区的上游坡比为 1:0.25，下游坡比为 1:1.4。大坝下游坝坡采用网格梁植草护坡。采用附加质量法对上、下水库大坝主/次堆石料、过渡料（含接坡料）进行检测。

6.5.2　检测部位

（1）过渡区（3A）。坝体过渡层水平宽度为 400cm，采用微风化 - 新鲜的花岗岩石料，最大粒径为 300mm，粒径小于 5mm 的含量不大于 20%，粒径小于 0.075mm 的含量控制在 5% 以内。曲率系数为 1~3，不均匀系数大于 5。设计压实后指标：干密度不小于 2.16g/cm³，孔隙率不大于 19%。

（2）主堆石区（3B）。主堆石区采用微风化 - 新鲜或弱风化花岗岩石料，最大粒径 800mm，粒径小于 5mm 的含量不超过 20%，粒径小于 0.075mm 的含量不超过 5%。曲率系数为 1~3，不均匀系数大于 5。设计压实后指标：干密度不小于 2.11g/cm³，孔隙率不大于 20%。

（3）下游堆石区（3C）。下游堆石采用弱风化及强风化下部花岗岩石料，最大粒径 800mm，粒径小于 5mm 的含量不超过 20%，粒径小于 0.075mm 的含量不大于 5%。曲率系数为 1~3，不均匀系数大于 5。设计压实指标：干密度不小于 2.08g/cm³，孔隙率不大于 22%。

根据《河南天池抽水蓄能电站面板堆石坝填筑施工技术要求》（ZNY2018（设）- 020 号）过渡料干密度测试按 1 次/（3000m³），堆石料干密度测试按 1 次/（10000m³）的频次进行检测。天池电站 TCP/C1 标大坝填筑检测方案专题讨论会（京监专会字〔2019〕TCP/C1 - 007）会议纪要：附加质量检测法检测频次占总检测频次的 2/3。附加质量法总检测点数约为 300 点。

设备配置按照检测内容和技术要求，检测过程中 TCP/C1 标提供相关机械设备进行质量块搬运等相关工作。

6.5.3　数据率定

在下库次堆料、过渡料、主堆料各选 5 测点，进行附加质量法测试（见图 6 - 39），随后在原点位进行坑测法测试。用坑测法所得密度值来堆附加质量法进行率定，求取系数 N。经与坑测法对比，求得次堆料的 N 值为 3.720，过渡料的 N 值为 3.543，主堆料

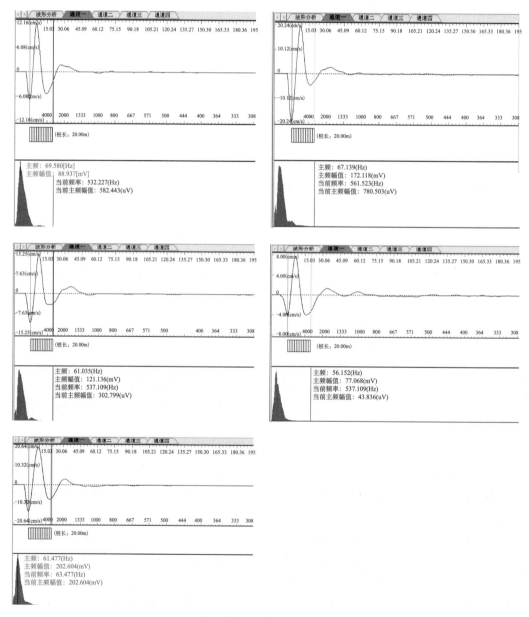

图 6 - 39　附加质量法频率测试波形图

的 N 值为 3.670。

6.5.4　成果分析

各附加质量测试点成果见表 6-20，时空数据分布如图 6-40 所示。下库主堆料从 2019 年 7 月 10 日开始检测。截至 2020 年 8 月 31 日，下库主堆料共测试 61 点，干密度平均值为 2.16g/cm³，标准差为 0.03g/cm³。下库次堆料从 2019 年 11 月 7 日开始检测。截至 2020 年 8 月 31 日，下库次堆料共测试 51 点，干密度平均值为 2.14g/cm³，标准差为 0.03g/cm³。下库过渡料从 2019 年 11 月 7 日开始检测。截至 2020 年 8 月 31 日，下库过渡料共测试 59 点，干密度平均值为 2.19g/cm³，标准差为 0.01g/cm³。过渡料的密度最大，主堆料次之，次堆料的密度最小。过渡料密度曲线较主堆料和次堆料的曲线平缓，且分布区间小。说明粒径的均一，更能保证填筑质量。

表 6-20　下库附加质量法率定试验成果

点号	初算干密度 ($N=3.773$)/ g·cm⁻³	坑测干密度/ g·cm⁻³	根据坑测法 求 N 值	计算干密度 ($N=3.720$)/ g·cm⁻³	绝对误差/ g·cm⁻³	相对误差/%
过渡 1	2.36	2.28	3.645	2.21	-0.07	3.07
过渡 2	2.40	2.22	3.490	2.24	0.02	0.90
过渡 3	2.33	2.18	3.530	2.18	0.00	0.00
过渡 4	2.39	2.19	3.457	2.24	0.05	2.28
过渡 5	2.35	2.24	3.596	2.20	-0.04	1.79
平均值	2.37	2.22	3.543	2.22	—	—
主堆 1	2.27	2.14	3.560	2.20	0.06	2.80
主堆 2	2.24	2.25	3.790	2.18	-0.07	3.11
主堆 3	2.38	2.28	3.612	2.31	0.03	1.32
主堆 4	2.22	2.16	3.679	2.15	-0.01	0.46
主堆 5	2.16	2.12	3.711	2.09	-0.03	1.42
平均值	2.25	2.19	3.670	2.19	—	—
次堆 1	2.32	2.24	3.646	2.28	0.04	1.79
次堆 2	2.16	2.16	3.775	2.13	-0.03	1.39
次堆 3	2.18	2.10	3.635	2.15	0.05	2.38
次堆 4	2.15	2.10	3.693	2.11	0.01	0.48
次堆 5	2.26	2.31	3.853	2.23	-0.08	3.46
平均值	2.21	2.18	3.720	2.18	—	—

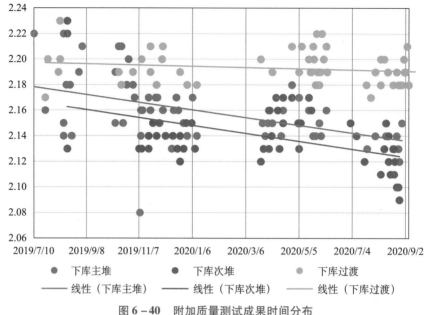

图 6 – 40　附加质量测试成果时间分布

6.5.5　综合分析

为评判附加质量法的准确性，在进行附加质量法的过程中交叉进行坑测法。将坑测法的检测成果和附加质量法的检测成果进行综合分析。

下库过渡料（附加质量法）从 2019 年 11 月 7 日开始检测。截至 2020 年 8 月 31 日，下库过渡料共测试 59 点，干密度平均值为 2.19g/cm³，标准差为 0.01g/cm³。下库过渡料（坑测法）从 2018 年 9 月 30 日开始检测。截至 2020 年 8 月 31 日，下库过渡料共测试 61 点，干密度平均值为 2.22g/cm³，标准差为 0.06g/cm³。下库过渡料主堆附加质量与坑测密度对比如图 6 – 41 所示。

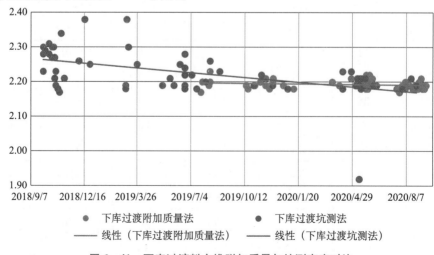

图 6 – 41　下库过渡料主堆附加质量与坑测密度对比

下库主堆料（附加质量法）从 2019 年 7 月 10 日开始检测。截至 2020 年 8 月 31 日，下库主堆料共测试 61 点，干密度平均值为 2.16g/cm³，标准差为 0.03g/cm³。下库主堆料（坑测法）从 2018 年 11 月 3 日开始检测。截至 2020 年 8 月 31 日，下库主堆料共测试 56 点，干密度平均值为 2.17g/cm³，标准差为 0.07g/cm³。下库主堆附加质量与坑测密度对比如图 6-42 所示。

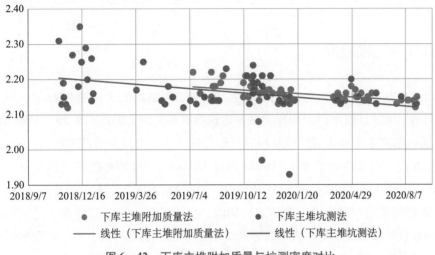

图 6-42　下库主堆附加质量与坑测密度对比

下库次堆料（附加质量法）从 2019 年 11 月 7 日开始检测。截至 2020 年 8 月 31 日，下库次堆料共测试 51 点，干密度平均值为 2.14g/cm³，标准差为 0.03g/cm³。下库次堆料（坑测法）从 2019 年 1 月 12 日开始检测。截至 2020 年 8 月 31 日，下库次堆料共测试 32 点，干密度平均值为 2.14g/cm³，标准差为 0.05g/cm³。下库次堆料主堆附加质量与坑测密度对比如图 6-43 所示。

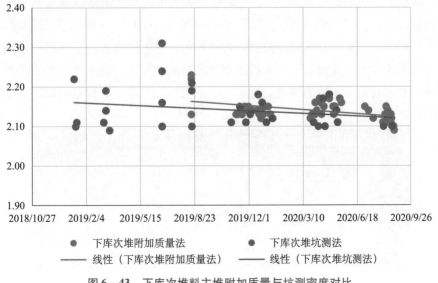

图 6-43　下库次堆料主堆附加质量与坑测密度对比

经坑测法和附加质量法对比，两种方法所测密度值一致性较好。随着施工进度的推进，所测密度值趋于收敛。说明施工技术得到提高，填筑质量趋于平稳、可靠。

6.6 贵州某水电站大坝迎水面表面检测

6.6.1 工程概况

贵州某水电站以发电为主，兼顾其他。枢纽工程由混凝土面板堆石坝、左岸溢洪道、右岸引水系统、发电厂房和开关站等建筑物组成。最大坝高129.5m，坝体填筑310万 m^3，填筑用料主要利用溢洪道及坝肩基础开挖石渣，未设专用填筑料场。采用1洞3机的供水方式，引水隧洞长874.718m，内径10.5m，下接圆形阻抗式调压井，井身直径18.5m。安装3台120MW水轮发电机组，总装机360MW。水库总库容3.31亿 m^3，已于2003年实现投产发电。水电站运行期间，引水隧洞为电站重要水工建筑物，但受设计结构布置和检测通道等客观条件限制，自投运以来从未对水下水工建筑物进行巡视检测。为确保电站安全稳定运行，对水电站水下水工建筑物缺陷进行检测。通过对大坝迎水面混凝土进行检测，掌握大坝迎水面状况及是否存在受损等缺陷情况。

6.6.2 检测成果

以大坝上0点桩号为横坐标原点，横右为正，以大坝迎水面顶部为纵坐标原点，下为正，三维模型和裂缝统计如图6-44~图6-47所示。同时根据裂缝与横坐标的夹角对裂缝进行分类，-50~50夹角为横缝，60~840和-60~-840夹角为斜缝，850~900夹角和-850~-900为纵缝，角度顺时针为正，逆时针为负。大坝迎水面水上部分主要通过无人机对迎水面混凝土面板按照规划轨迹进行拍摄，然后通过拍摄的照片建立模型，在模型上对混凝土缺陷位置、类型、缺陷长度、宽度、面积等参数进行描述，并统计缺陷分布规律。

图6-44 大坝迎水面水上部分三维建模成果

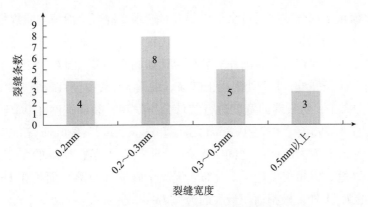

图 6 - 45　迎水面混凝土面板水上部分裂缝宽度柱状图

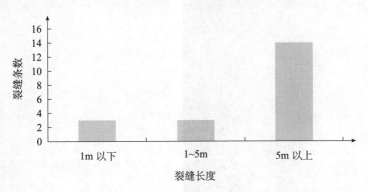

图 6 - 46　迎水面混凝土面板水上部分裂缝长度柱状图

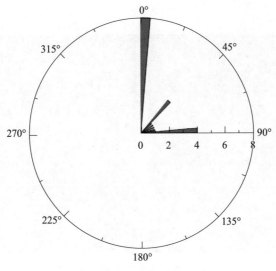

图 6 - 47　迎水面混凝土面板水上部分裂缝
角度玫瑰花图

　　大坝迎水面水下部分主要通过水下机器人对迎水面混凝土面板按照规划轨迹进行拍摄，然后通过拍摄的视频图片分析混凝土缺陷位置、类型、缺陷长度、宽度、面积等参数，并统计缺陷分布规律。表面图片、裂缝统计如图 6 - 48 ~ 图 6 - 53 所示。经统计分析发现，共有357 条裂缝，137 处混凝土破损（脱落）。其中竖直裂缝14 条，水平裂缝160 条，斜缝183 条；对裂缝的宽度进行统计分析发现，裂缝宽度在0.03 ~ 0.35mm 之间，0.2mm 以下有293 条，0.2 ~ 0.3mm 之间有63 条，0.3 ~ 0.5mm 之间有1 条；裂缝长度在1m 以下225 条，1 ~ 5m 之间131 条，5m 以上1 条；裂缝的角度主要在0°左右，为近水平裂缝，大角度裂缝零星分布。混凝土破损（脱落）面积在1m² 以下的116 处，1m² 以上的为21 处，破损面积最大的为5.7m²。

图 6 - 48　大坝迎水面水下部分混凝土破损典型图片

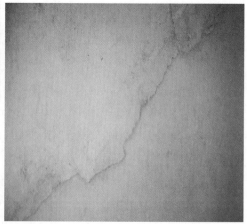

图 6 - 49　大坝迎水面水下部分混凝土裂缝典型图片

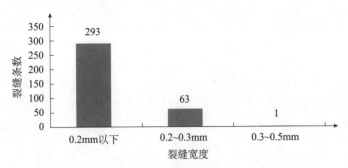

图6-50 迎水面混凝土面板水下部分裂缝宽度柱状图

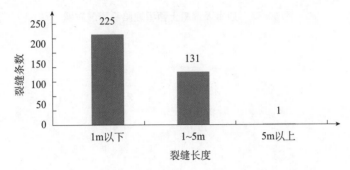

图6-51 迎水面混凝土面板水下部分裂缝长度柱状图

图6-52 迎水面混凝土面板水下部分裂缝
角度玫瑰花图

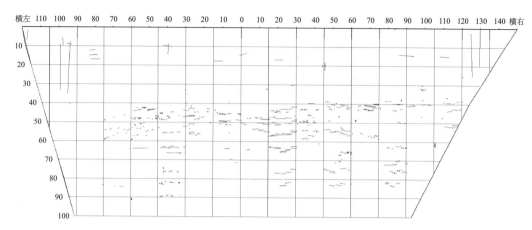

图 6 – 53　迎水面混凝土面板缺陷平面展布图

第 **7** 章

引水发电系统检测

7.1 隧洞施工超前地质预报

7.1.1 工程概况

某水电站辅助洞全长 17.5km，一般埋深 1500~2000m，最大埋深 2375m。由两条平行、中心距 35m，净宽 5.5m 和 6m，净高 4.5m 和 5m 的单车道 A、B 隧洞组成。方位为 S121°56′E，纵断面为人字坡形，最大纵坡 2.5%，最小为 0.2%。隧洞西端进口位于某水电站闸址上游约 1km，高程 1657.1m；东端出口位于二级电站厂房以南约 4km，高程 1566m。

工程区内出露的地层为前泥盆系－侏罗系的一套浅海－滨海相、海陆交替相地层。区内三叠系地层广布，构成河弯内的雄伟山体。中、下统地层为变质程度不同的巨厚－厚层状碳酸盐岩地层，以及绿片岩和变质火山岩地层，上统为碎屑岩地层。三叠系地层为辅助洞的主要围岩。

隧洞处于高山峡谷的岩溶地区，穿越的地层岩性主要为三叠系变质大理岩、砂板岩、绿泥石片岩。区内主要受 NWW－SEE 向应力场控制，形成一系列近 SN 向紧密复式褶皱和高倾角的压性断层，并伴有 NWW 向张性、张扭性结构面发育，地质条件复杂，具有埋深大、洞线长的特点。主要工程地质问题有高地应力、岩爆、涌水、高地温、有害气体、围岩稳定及隧洞所穿越的断层破碎带等。

7.1.2 预报体系

根据本隧洞的工程地质和水文地质条件，本隧洞地质复杂等级为很复杂，相应的预报等级为重点预报，以地质分析为主线，根据预报目的与内容，采取多种预报方法和手段查明隧洞开挖掌子面前方的不良地质问题，如图 7-1 所示。

（1）宏观预报：查阅大量的勘察资料，设计图纸，对工程区的地质情况进行较全面的了解，通过对前期资料的分析，并结合已挖洞段的预报和开挖实际对比总结，总体上把握不同洞段可能存在的不良地质缺陷。

（2）中长距离预报：主要采用 TSP 超前预报系统，初步判断掌子面前方 0~150m 范围内可能存在的较大异常情况及岩体的完整状况。

（3）短期预报：主要以地质雷达预报为主，BEAM 等其他预报方法为辅，每次预报掌子面前方 0~25m 范围内的地质情况，在宏观预报和中长距离预报基础上，针对重点部位，加强预报频度和洞内地质素描。

（4）特殊方法预报：当发现较大含水层带或通道时，通过孔内雷达测试查明其形态、规模及发育方向；在掌子面打超前探孔进行钻孔雷达预报时，所打超前孔深度一般不大于 50m，孔径大于 56mm，采用一孔或多孔布置，探测半径为 15m；一般情况只作一孔探测，如发现较大含水构造，另增加 2～3 孔，以对目标体进行精确定位。

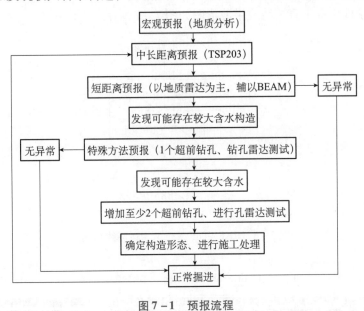

图 7-1　预报流程

7.1.3　预报成果

辅助洞 BK5 +019 掌子面 TSP203 预报成果如图 7 - 2 所示。BK5 +026 ~032 段岩体横波波速 v_s 相对较低，纵横波波速比 v_p/v_s、泊松比 σ 相对较高；密度 ρ、静态杨氏模量相对较低，解释该段岩体破碎并富水。BK5 +062 ~072 段体横波波速 v_s 相对较低，纵横波波速比 v_p/v_s、泊松 σ 比相对较高；密度 ρ、静态杨氏模量相对较低，解释该段裂隙发育并富水。

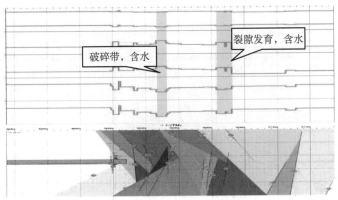

图 7 -2　TSP 岩石物理力学参数及二维平面（2D）显示结果

BK5 +065 掌子面短距离雷达预报测线布置如图 7 – 3 所示。BK5 +038 ~ BK5 +058
段左右壁底部及 BK5 +058 掌子面底部雷达测试成果色谱图如图 7 – 4 所示。BK5 +045 ~
BK5 +065 段左右壁底部及 BK5 +065 掌子面底部雷达测试成果波形图如图 7 – 5 所示。
地质雷达在 BK5 +065 掌子面中部水平测线成果波形图如图 7 – 6 所示。地质雷达在
BK5 +065 掌子面中部垂直测线成果波形图如图 7 – 7 所示。

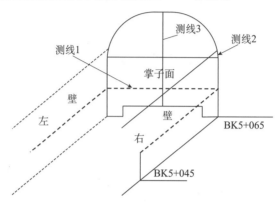

图 7 – 3 BK5 +065 掌子面雷达测线布置

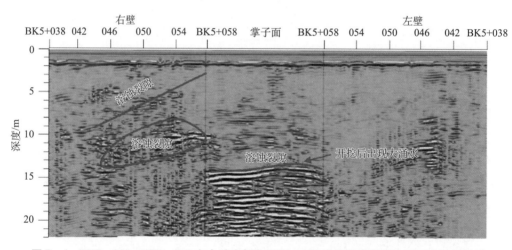

图 7 – 4 BK5 +038 ~ BK5 +058 左右壁底部及 BK5 +058 掌子面底部雷达测试成果色谱图

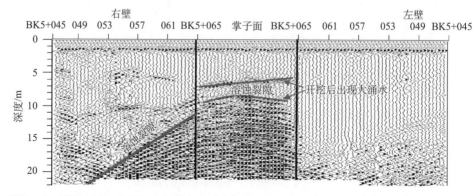

图 7 – 5 BK5 +045 ~ BK5 +065 段左右壁底部及 BK5 +065 掌子面底部雷达测线成果波形图

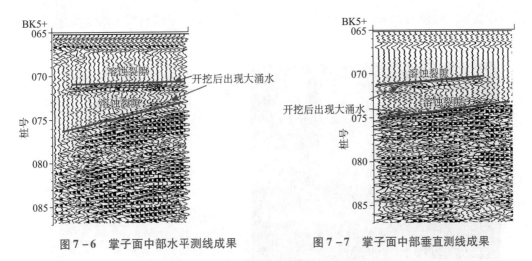

图 7-6　掌子面中部水平测线成果　　　　图 7-7　掌子面中部垂直测线成果

图 7-8 所示为 BK5+060~BK5+090 段的 BEAM 预报成果。从 BK5+067 开始，岩体的 PFE 值、视电阻率都明显下降，且值在 BK5+072 处已经小于零，在 BK5+074 处达到最低；从 BK5+074 开始 PFE 值、视电阻率又逐渐缓慢上升，并在 BK5+079 处值大于零。

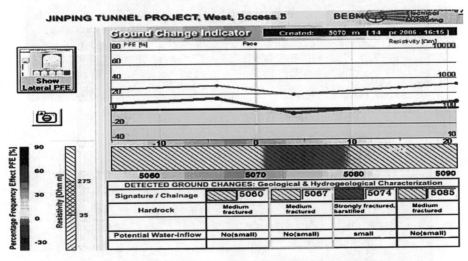

图 7-8　辅助洞 BK5+060~BK5+090 段 BEAM 预报成果

地质雷达及 BEAM 综合预报成果：在 BK5+072 附近发现一条富水溶蚀裂隙，在 BK5+074~BK5+087 发现一条含水破碎带；在 BK5+049~BK065 段右壁有一条含水溶蚀裂隙，并延伸至 BK5+089 与隧洞相交。

在隧洞开挖到 BK5+072 掌子面时，掌子面未发现明显不良地质缺陷，也未发现明显涌水，但在 BK5+072 掌子面钻孔过程中，掌子面底部一钻孔在钻进 1m 后出现了大涌水，如图 7-9 所示。为探明掌子面前方的富水情况，在掌子面上布置了两个超前钻孔，超前钻孔深 15m，钻孔布置如图 7-10 所示。超前钻孔钻进 1m 后出现涌水，但水压不大，随后预报项目部在超前钻孔中进行了钻孔雷达测试，以便探明掌子面邻近区域是否存在较大规模的含水构造，钻孔雷达成果如图 7-11、图 7-12 所示。钻孔雷达探测至掌子面前方 BK5 +072 ~ BK5 +085 段有两条富水裂隙。

图 7-9　掌子面炮孔涌水照片

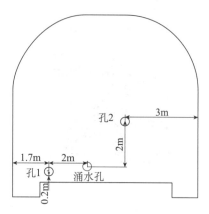

图 7-10　掌子面超前钻孔布置

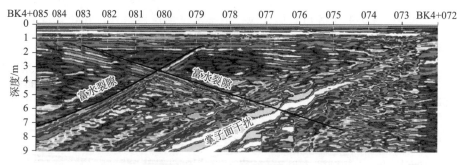

图 7-11　孔 1 钻孔雷达成果

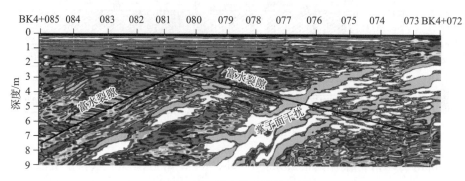

图 7-12　孔 3 钻孔雷达成果

图 7-13 是 A 洞 AK5 +034 掌子面底部及 AK5 +014 ~ AK5 +034 段左右壁底部雷达测试成果色谱图，AK5 +039 左右和 AK5 +054 为溶蚀裂隙，在 AK5 +039 后存在富水裂隙，同时在桩号 AK5 +053 边墙发育一条走向为 N20°E/NW∠80°的大裂隙。

图 7-14 是 AK4 +473 掌子面雷达测试成果图，该测线在掌子面底部有溶蚀裂隙。图 7-15 为 AK4 +452 ~ AK4 +490 段 BEAM 预报成果图，在 AK4 +469 处岩石的视电阻率较低，PFE 值下降，地层含水量逐渐增大。

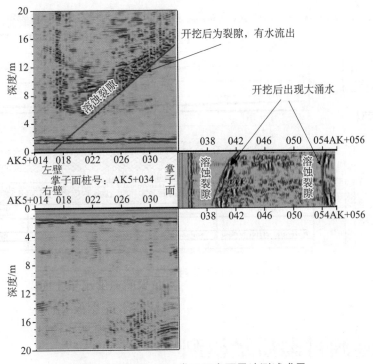

图 7 - 13　AK5 + 034 掌子面表面雷达测试成果

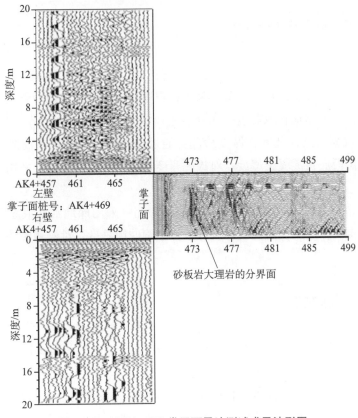

图 7 - 14　AK4 + 469 掌子面雷达测试成果波形图

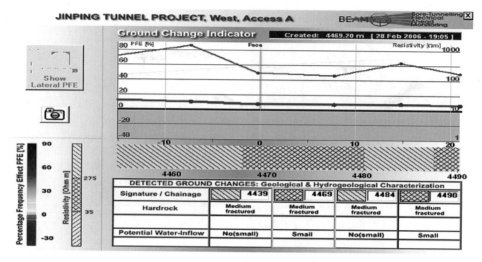

图 7 – 15　PFE、视电阻率值与岩体类型、含水情况可视化

7.2　隧洞衬砌质量检测

7.2.1　检测内容与目的

（1）混凝土衬砌段拱顶回填灌浆脱空检测：通过探地雷达检测拱顶衬砌背后回填灌浆脱空情况，雷达检测出现异常部位采用超声横波反射三维成像检测。对物探检测出的疑似脱空部位，采用钻孔取芯进行部分验证。

（2）衬砌混凝土拱顶及底板厚度检测：通过探地雷达扫描衬砌混凝土洞段拱顶混凝土厚度及全洞段底板混凝土厚度。对检测厚度超厚和不足的部位，采用钻孔取芯进行部分验证。

（3）衬砌段及非衬段初期支护钢支撑间距检测：采用探地雷达或超声横波反射三维成像检测型钢支撑间距，对比设计文件估算型钢使用总量。对检测成果采用钻孔取芯进行部位验证。

7.2.2　测线布置

分别布置纵向测线和横向测线进行检测。横向测线只布置于衬砌段，布置 5 条测线（见图 7 – 16），其中顶拱布置 3 条测线，衬砌段重点关注钢支撑间距、回填脱空情况、混凝土厚度，非衬段重点关注钢支撑间距，底板布置 2 条测线，重点关注混凝土厚度。对于雷达异常部位采用超声横波反射三维成像复核，典型异常采用钻孔取芯验证。在衬砌段范围内，按每隔 10m 布置一个断面进行横向扫描检测，原则上均匀布置，不足 10m 时布置一个断面，当断面遇钢支撑时，避开钢支撑。

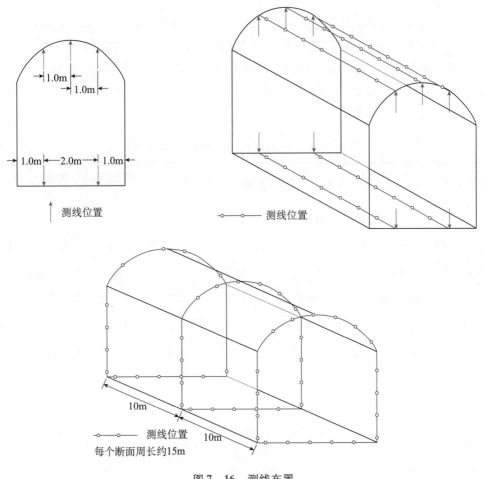

图 7 - 16   测线布置

7.2.3   介电常数现场标定

探地雷达在现场进行介电常数标定，流程如下：

（1）选取隧洞进口、出口进行标定，当进出口不满足检测条件时，可选取其他已知混凝土厚度的部位，每处实测不少于 3 次，取平均值为该隧道的介电常数。

（2）选定进行标定的部位，用卷尺测量混凝土实际厚度，且厚度不小于 15cm。

（3）标定记录中界面反射信号应清晰、准确。

（4）标定结果按 $\varepsilon_r = \left(\dfrac{0.3t}{2d}\right)^2$ 和 $v = \dfrac{2d}{t} \times 10^9$ 计算。式中，ε_r 为相对介电常数；v 为电磁波速度，m/s；t 为双程旅行时间，ns；d 为标定目标体厚度或距离，m。

7.2.4　隧洞衬砌回填灌浆质量检测

使用雷达天线为500MHz收发一体天线，检测时采用连续测量方式。参数设置：扫描长度2048采样/扫描，扫描率60扫描/s，测试深度1m，介电常数取9。

测试洞段内回填灌浆缺陷共10处，缺陷累计长度24.5m，占检测测线的4.48%，缺陷长度在1.4~3.6m之间，缺陷面积在0.5~2m²之间。缺陷的具体位置与参数见表7-1，检测成果如图7-17所示。

表7-1　排水洞衬砌回填灌浆质量检测成果统计

缺陷编号	桩号位置/m	检测结果	缺陷长度/m	缺陷面积/m²	围岩类别	衬砌型式
HT-JC-09	排0+272.00~0+275.60	脱空或不密实	3.6	0.5~2	Ⅲ类	C1型
HT-JC-10	排0+292.40~0+294.30	脱空或不密实	1.9	<1	Ⅳ类	C1型
HT-JC-11	排0+390.00~0+392.20	不密实	2.2	<1	Ⅳ类为主	C1型
HT-JC-12	排0+412.20~0+414.90	不密实	2.7	1~2	Ⅳ类为主	C1型
HT-JC-13	排0+419.20~0+421.80	不密实	2.6	1~2	Ⅳ类为主	C1型
HT-JC-14	排0+436.00~0+438.80	不密实	2.8	1~2	Ⅳ类为主	C1型
HT-JC-15	排0+442.60~0+445.40	不密实	2.8	1~2	Ⅳ类为主	C1型
HT-JC-16	排0+468.70~0+471.00	不密实	2.3	<1	Ⅳ类为主	C1型
HT-JC-17	排0+849.40~0+850.80	脱空或不密实	1.4	<1	Ⅳ类为主	C1型
HT-JC-18	排0+864.10~0+866.30	不密实	2.2	<1	Ⅳ类为主	C1型

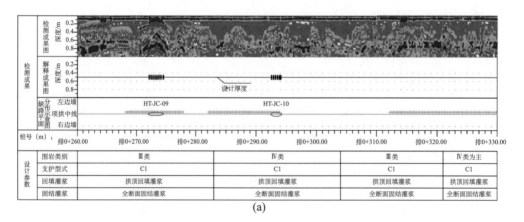

(a)

图7-17　排水洞衬砌回填灌浆质量雷达检测成果

（a）排0+260.00~0+330.00段

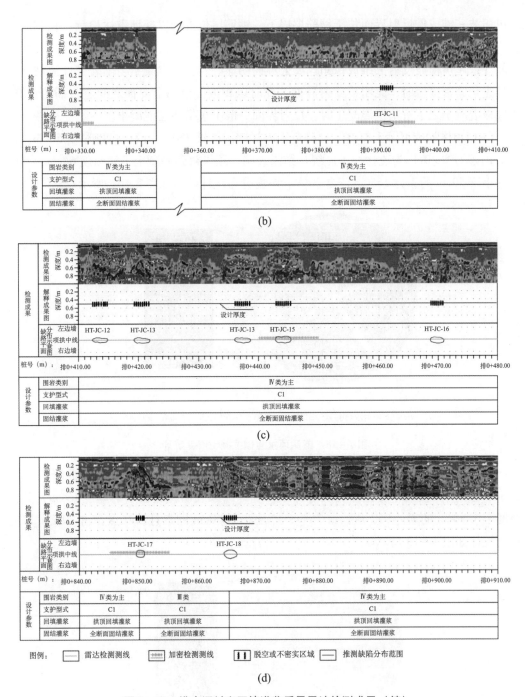

图 7 - 17　排水洞衬砌回填灌浆质量雷达检测成果（续）

（b）排 0 + 330.00 ~ 0 + 410.00 段；（c）排 0 + 410.00 ~ 0 + 480.00 段；（d）排 0 + 840.00 ~ 0 + 910.00 段

7.2.5　隧洞混凝土衬砌质量检测

隧洞衬砌混凝土厚度主要采用超声横波反射三维成像、探地雷达方法。衬砌混凝土超声横波三维成像反射界面位于钢筋层以下，钢筋层位置辅以探地雷达检测。顶拱混凝土收缩形成细微空隙、底板混凝土清基不彻底、混凝土与围岩弹性波波速差异明显时，均能导致超声横波反射三维成像图像反射界面明显。当衬砌混凝土与围岩弹性波波速相近且完全紧密接触时，无明显反射界面，此时以相近部位明显界面之间进行插值计算。当底板混凝土之下有垫层混凝土时，反射界面一般不包括垫层混凝土。

（1）顶拱衬砌混凝土厚度。检测范围内衬砌洞段长750m，设计衬砌厚度50cm，按每1m读取厚度值作为统计样本。统计结果表明，顶拱衬砌混凝土平均厚度64cm，其中厚度小于50cm的累计155点，占20%。厚度分布统计结果如图7－18所示。

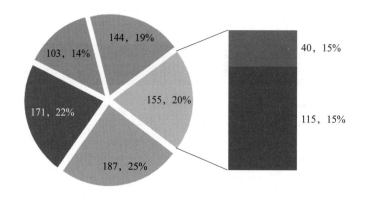

图7－18　隧洞顶拱衬砌混凝土厚度统计

（2）隧洞底板混凝土厚度检测。检测范围内隧洞段长1250m，设计混凝土厚度80cm，按每1m读取厚度值作为统计样本。统计结果表明，底板平均厚度69cm，其中厚度小于80cm的累计952点，占76%，厚度小于60cm的累计360点，占29%。厚度检测统计如图7－19所示。

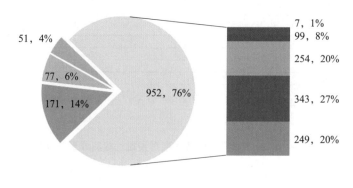

图7－19　隧洞底板混凝土厚度统计

7.2.6　隧洞支护拱架及衬砌配筋质量检测

衬砌配筋及初期支护拱架主要采用探地雷达和超声横波反射三维成像检测方法，判别原则如下：初期支护拱架图像为分散的月牙形强反射信号，间距明显大于钢筋间距；钢筋图像为连续的小双曲线形强反射信号。

7.2.6.1　初期支护拱架

检测范围内衬砌洞段长 750m。其中，502m 范围钢拱架影像较明显，可判别出 122榀；248m 由于结构钢筋等因素影响严重，钢拱架无法准确判别；另外非衬段有 11 榀，总计 133 榀。

7.2.6.2　底板混凝土配筋

底板混凝土配筋检测长 1250m，检测范围内局部缺失结构钢筋，缺失钢筋段累计长69.0m，占检测洞段长 5.5%。缺失钢筋部位统计详见表 7－2。

表 7－2　隧洞底板缺失钢筋部位统计

序号	桩号/m	长度/m	钢筋情况	平均厚度/cm	围岩类别
1	排 0 + 346.00 ~ 0 + 353.40	7.4	缺失钢筋	67	Ⅲ
2	排 0 + 385.00 ~ 0 + 391.00	6.0	缺失钢筋	88	Ⅳ
3	排 0 + 465.40 ~ 0 + 480.40	15.0	缺失钢筋	47	Ⅳ
4	排 0 + 520.00 ~ 0 + 538.00	18.0	缺失钢筋	70	Ⅳ
5	排 0 + 688.40 ~ 0 + 696.20	7.8	缺失钢筋	61	Ⅲ
6	排 0 + 749.80 ~ 0 + 755.00	5.2	缺失钢筋	59	Ⅳ
7	排 0 + 777.40 ~ 0 + 787.00	9.6	缺失钢筋	72	Ⅲ
8	合计	69.0	—	—	—

7.2.6.3　顶拱混凝土配筋

顶拱检测段长 750m，检测范围内局部缺失结构钢筋，缺失钢筋段累计长 227.4m，占检测洞段长 29.9%。检测结果：

（1）检测衬砌洞段长 750m，检测范围内衬砌段顶拱脱空或不密实缺陷共 12 处，累计长度 23.9m，占检测洞段长度 3.2%，缺陷长度在 1.2 ~ 3.6m 之间。

（2）对厚度检测结果以每米取 1 个样本进行统计，检测范围内衬砌洞段长 750m。

顶拱设计衬砌厚度 50cm，检测厚度平均 64cm，其中厚度小于 50cm 的累计 155 点，占 20%；底板段长 1250m，设计混凝土厚度 80cm，检测厚度平均 69cm。其中，厚度小于 80cm 的累计 952 点，占 76%；厚度小于 60cm 的累计 360 点，占 29%。

（3）检测范围内衬砌洞段长 750m。其中，502m 范围钢拱架影像较明显，可判别出 122 榀；248m 由于结构钢筋等因素影响严重，钢拱架无法准确判别；另外非衬段有 11 榀，总计 133 榀。

（4）检测范围内局部缺失结构钢筋。底板检测段长 1250m，缺失钢筋段累计长 69m，占检测洞段长 5.5%；顶拱检测段长 750m，缺失钢筋段累计长 227.4m，占检测衬砌洞段长 29.9%。

7.3 洞室围岩质量检测

7.3.1 洞室围岩松弛圈检测

7.3.1.1 引水隧洞压力管道段围岩松弛圈检测

被检测隧洞为四川省双江口水电站，坝址区两岸山体雄厚，河谷深切，谷坡陡峻，呈略不对称的峡谷状 V 形谷，出露地层岩性主要为花岗岩。压力管道管径 8.3m，压力管道沿纵剖面可分为渐变段、上压坡段、上弯段、斜井段、下弯段、下平段、锥管段及过渡段。其中，上压坡段长度为 211.617～123.711m，斜井段长度为 200.989～209.083m，下平段长度为 89.679m。压力管道上平段、斜管段及下平段均置于地应力增高带～平缓带内，岩性为灰白色似斑状黑云钾长花岗岩，局部伟晶岩脉较发育，岩体新鲜。岩体中主要发育三组裂隙，裂隙间距较大。岩体主要呈整体－块状结构，局部次块状－镶嵌结构，以Ⅲ类围岩为主，深埋洞段地应力高。

围岩松动圈检测采用单孔声波和钻孔全景图像检测。分别在 1～4 号管道上压坡段和下平段各布置一个检测断面，每断面布置 6 个检测孔，左右边墙各 3 个，孔深一般 12m。每个钻孔均进行单孔声波测试，每个断面选 2 个钻孔进行钻孔全景图像检测。上压坡段考虑不同埋深松弛深度情况，1 号、4 号管道布置在接近上弯段位置，2 号管道布置在进口渐变段以后，3 号管道布置在空间转弯段，下平段布置在锥管段以前不同位置。布置断面如图 7－20 所示。

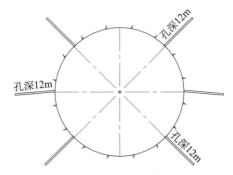

图 7－20 压力管道典型断面钻孔布置

7.3.1.2 地下厂房洞室群围岩松弛圈检测

地下厂房三大洞室水平埋深和垂直埋深均达300m以上，主机间、副厂房和安装间呈一字形布置，主机洞室顶拱跨度28.30m，最大开挖高度67.32m，长度134.08m；安装间跨度与主机间相同，最大高度29.22m，长度54.01；副厂房跨度25.30m，高度42.72m，长度26.61m。主变室断面为圆拱直墙式，跨度20.0m，高度25.69m，总长度142.20m。洞室围岩为花岗岩，岩体新鲜坚硬，完整性较好，围岩以Ⅲ类岩为主，局部小断层和煌斑岩脉影响区为Ⅳ~Ⅴ类围岩。厂房松动圈检测断面位置布置如图7-21所示。

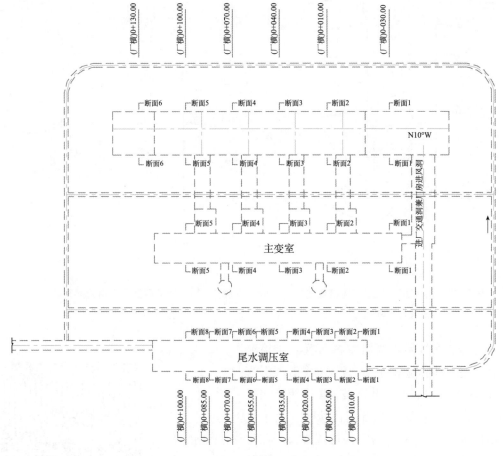

图7-21 厂房松动圈检测断面位置布置

主机间每台机组中心附近位置布置1个检测断面，每断面布置14孔，孔深20m；安装间、副厂房各布置1个断面，每断面8孔，孔深20m。所有钻孔进行单孔声波检测，重点部位检测孔同时进行钻孔全景图像检测（其中每个断面顶拱必选一个钻孔）。主厂房检测孔位布置典型断面如图7-22所示。

主变室按一定间距布置5个检测断面，每一断面布置8个检测孔，孔深20m。所有钻孔进行单孔声波检测，重点部位检测孔同时进行钻孔全景图像检测（其中每个断面顶拱必选一个钻孔）。主变室检测孔位布置典型断面如图 7-23 所示。

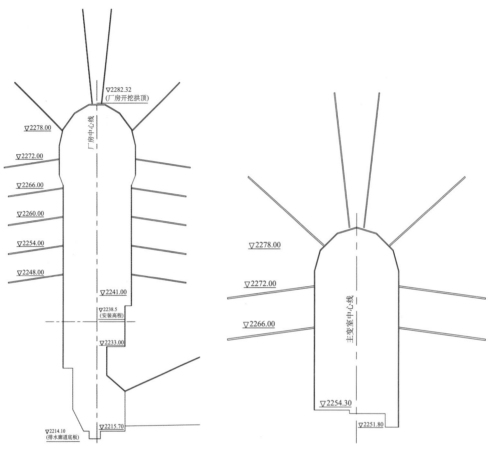

图 7-22　地下厂区主厂房检测孔位
布置典型断面

图 7-23　地下厂区主变室检测孔位
布置典型断面

①号、②号尾水调压室各布置 4 个检测断面，每一断面布置 16 个检测孔，孔深 20m。所有钻孔进行单孔声波检测，重点部位检测孔同时进行钻孔全景图像检测（其中每个断面顶拱必选一个钻孔）。尾调室检测孔位布置典型断面如图 7-24 所示。

7.3.1.3　长观孔设置

（1）主厂房选取每个断面顶拱位置 2 个钻孔，在厂房中导洞开挖成型后进行一次观测，扩挖完成后再进行一次观测；选取每个断面左右起拱位置 2 个钻孔，在中导洞扩挖

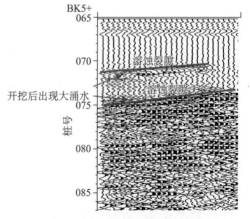

图 7-24　地下厂区尾调室物探检测孔
位布置典型断面

完成后进行一次观测，在厂房第Ⅱ层完成第一轮向下扩挖后再进行一次观测；选取每个断面高程最低的 2 个钻孔，在母线洞开挖前进行一次观测，在母线洞开挖后再进行一次观测，在主厂房开挖完毕静置期间可再进行两次观测。现场可根据开挖揭示岩体实际情况，对已有观测资料进行分析后，增加或减少检测频次，对观测的孔位进一步进行优化。

（2）主变室选取每个断面顶拱位置 2 个钻孔，在主变中导洞开挖成型后进行一次观测，扩挖完成后再进行一次观测；选取每个断面左右起拱位置 2 个钻孔，在中导洞扩挖完成后进行一次观测，在主变室第Ⅱ层完成第一轮向下扩挖后再进行一次观测；选取每个断面高程最低的 2 个钻孔，在母线洞开挖前进行一次观测，在母线洞开挖后再进行一次观测，在主变室开挖完毕静置期间可再进行两次观测。现场可根据开挖揭示岩体实际情况，对已有观测资料进行分析后，增加或减少检测频次，对观测的孔位进一步进行优化。

（3）尾调室选取每个断面顶拱位置 2 个钻孔，在尾调中导洞开挖成型后进行一次观测，扩挖完成后再进行一次观测；选取每个断面左右起拱位置 2 个钻孔，在中导洞扩挖完成后进行一次观测，在尾调室第Ⅱ层完成第一轮向下扩挖后再进行一次观测；选取每个断面高程最低的 2 个钻孔，在母线洞开挖前进行一次观测，在母线洞开挖后再进行一次观测，在尾调室开挖完毕静置期间可再进行两次观测。

根据检测成果统计，各部位钻孔在开挖揭露初期，松弛深度大多在 2.0m 以内，松动圈平均波速较未松动岩体平均波速大多小于 10%，其波速值仍在 3500m/s 以上，总体松动圈岩体并未严重劣化。以长观次数较多的 0 + 070m 位置拱肩 2276.5m 上游侧钻孔为例：刚开挖完成时，松弛深度为 0.8m；随着开挖的进行，爆破扰动的影响及应力重新分布，松弛深度在两年之后发展到 3.0m 并趋于稳定，且劣化程度未见明显加重。

7.3.1.4　尾水隧洞布置与检测

尾水隧洞采用二机一室一洞的布置格局。两条尾水隧洞平行布置，洞轴线间距 41.932m，岩柱厚度 30.932m，岩柱厚度与开挖跨度之比为 2.38。尾水隧洞断面为三心圆，断面尺寸为 9.70m × 11.97m（宽 × 高），①、②尾水隧洞长度分别为 989.98m、883.88m。尾水隧洞围岩为花岗岩，岩石致密坚硬，以Ⅲ类围岩为主，局部洞段发育小断层，部分发育缓倾裂隙和顺洞向中陡倾角裂隙，高地应力。

根据设计要求，对①、②尾水隧洞开挖后进行单孔声波和钻孔全景图像检测。分别在①、②尾水隧洞各布置三个检测断面，其中在 1 号和 2 号尾水支洞交汇为①尾水隧洞的位置与 3 号和 4 号尾水支洞交汇为②尾水隧洞的位置必须布置一个断面，其他断面近似均匀布置；每断面布置 6 个检测孔，左右拱肩各 1 个，左右边墙各 2 个，孔深一般 20m。每个钻孔均进行单孔声波测试，每个断面选 3 个钻孔进行钻孔全景图像检测。断面的钻孔布置如图 7-25 所示。

根据检测成果统计，尾水隧洞松弛深度在 0.6~3.2m 之间，其平均波速值在 4100~4930m/s 之间，未松弛岩体平均波速在 5100~5560m/s 之间，松动圈平均波速较未松动

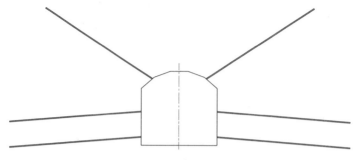

图 7 – 25　尾水洞单个断面钻孔布置

岩体平均波速小于 10%，总体松动圈岩体并未严重劣化。

7.3.2　洞室围岩质量检测

YM 水电站位于西藏昌都，处于勘察设计阶段，设计水库总库容 36.02 亿 m³，最大坝高约 315m，装机容量 2100MW，枢纽布置由心墙堆石坝、右岸引水系统＋地下厂房、左岸开敞式溢洪道、左岸泄洪洞、放空洞等组成。测试地段位于电站上坝址 PD13、PD27、PD29 的 3 个平洞内，测试方法为平洞地震波测试，其主要目的就是通过对岩体地震波波速测试，了解岩体完整性。PDF13 平洞地震波测试成果如图 7 – 26 所示。

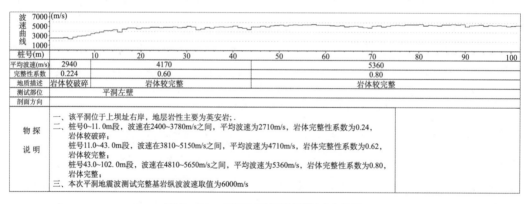

图 7 – 26　PDF13 平洞地震波测试成果

7.4　洞室环境放射性及有毒有害气体检测

7.4.1　检测项目概况

测试工程为 YM 水电站，测试位于 PDZ06 主平洞及支洞、PDZ01、PD14、PD35、

PD23 中，岩体放射性射线、氡浓度、有毒有害气体含量检测的主要目的是了解平洞岩体放射性、氡浓度含量、有害气体含量情况。根据测试结果作出合理分析，为设计及后期的工程施工等提供基础数据。

中坝区的地下厂房区平洞（PDZ06 主洞及支洞、PDZ01）掘进于中晚三叠纪侵入体中，岩性为肉红色花岗岩，有辉绿岩脉穿插其中，岩体总体比较完整。下坝区的辅助平洞（PD14、PD35、PD23）掘进于三叠系竹卡组（T_2z）火山岩中，岩性主要为浅灰色英安岩、流纹岩，受断裂影响岩性及颜色会发生变化。PD23 平洞 102m 处有区域断裂 F_1（竹卡断层）穿过，20m 处有与 F_1（竹卡断层）平行断裂 F_4 穿过，断裂宽约 10 ~ 20m，走向为北东，倾向北西，断裂岩性主要为碎裂岩、角砾岩含少量断层泥。其他平洞无区域大断裂穿过，各平洞内次级断裂、裂隙及岩脉较发育，断裂宽约 0.1 ~ 0.5m，断裂岩性亦主要以碎裂岩、角砾岩为主，裂隙宽 0.01 ~ 0.20m 不等，裂隙面平直粗糙，主要充填岩屑及碎石。

7.4.2　环境氡浓度检测

空气中氡浓度检测采用 α 能谱测氡仪，执行《环境空气中氡的标准测量方法》（GB/T 14582—1993）规定，测量方式为逐点测量，测点高度距洞底约 0.5m，每点重复测量 3 次，每次测量时间为 5min，两次测量间隔净化时间 10 ~ 15min，每点测量值取 3 次取均值。

检测点布置在地下厂房区的 PDZ06 平洞主洞及各支洞、PDZ01 平洞、PD14 平洞、PD23 平洞，测点间距 20m 或 50m。同时为检测煌斑岩脉、辉绿岩脉揭露点氡气含量，在煌斑岩脉及辉绿岩脉揭露点分别布置 2 个测点。本次氡气测量共计 59 个测点，具体工作量见表 7 - 3 所示，地下厂房区平洞测点位置如图 7 - 27 所示。

表 7 - 3　氡浓度检测测点工作量

测试类别	测点位置	测点间距	检测条件	测点数/个	合计/个
氡气测量	PDZ06 主洞及各支洞	20m 或 50m	不通风条件下	40	59
	PDZ01			5	
	PD14			7	
	PD23			7	

PDZ06 主平洞氡浓度平均值为 8303Bq/m³，PDZ06 支洞氡浓度平均值为 10 321Bq/m³，分别为洞外氡浓度本底值的 157 倍、195 倍。由于主洞与支洞间为连通关系，因此浓度间相差不大，但 PDZ06 主平洞有些测点更为接近洞口，因此整体氡浓度平均值略低于支洞。PDZ01 平洞与 PDZ06 主平洞及支洞分别位于 YM 水电站中坝澜沧江左右两斜对岸，处于同样中晚三叠世花岗岩地质环境中，但 PDZ01 平洞 168 ~ 252m 间氡浓度平均

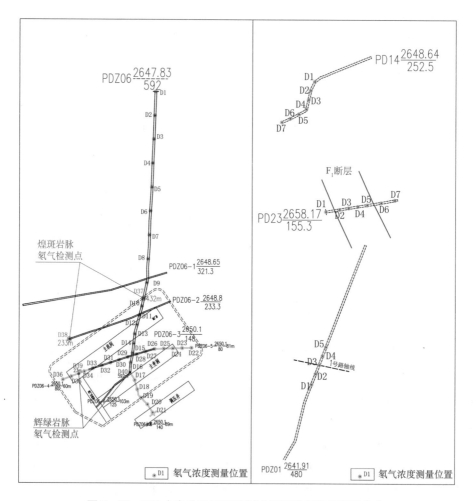

图 7 - 27　YM 水电站地下厂房区平洞环境氡浓度检测布点

值为 $80\,352\mathrm{Bq/m^3}$，是洞外氡浓度本底值的 1515 倍，将近是 PDZ06 平洞的 10 倍。这是因为 PDZ06 检测时间与施工完工时间相隔较短，施工时平洞进行了通风处理，洞内的聚集的氡浓度大部分被扩散到了洞外，所以洞内浓度检测结果远远低于同一地质环境的 PDZ01 平洞，说明通风利用气体的扩散作用可以有效降低氡浓度。PD14 平洞内空气氡浓度平均值为 $7823\mathrm{Bq/m^3}$，是洞外氡浓度本底值的 148 倍。PD23 平洞内氡浓度平均值为 $13\,068\mathrm{Bq/m^3}$，是洞外氡浓度本底值的 247 倍。两者均位于三叠系竹卡组火山岩地质环境中，两者浓度值均远远小于中晚三叠世花岗岩地质环境中 PDZ01 平洞氡浓度平均值，说明酸性花岗岩中放射性物质含量大于基性火山岩，同时 PD23 平洞氡浓度大于 PD14 平洞氡浓度。这是因为 PD23 平洞内断裂发育，渗水性强，为地层深部氡浓度的运移提供了通道，而 PD14 平洞内干燥，无水流作用，通风性好，因此 PD14 平洞氡浓度较低。综上可知，PDZ06 主平洞及支洞、PDZ01、PD14，以及 PD23 平洞空气中氡浓度均远远超出《公共地下建筑及地热水应用中氡的放射防护要求》（WS/T 668—2019）中规定的参考水平 $400\mathrm{Bq/m^3}$。

从 PD23 平洞氡浓度曲线图（见图 7-28~图 7-32）可知，同一平洞内岩性的变化与洞室氡浓度变化无明显规律。这是因为洞室气体是相通的，岩性分布范围广，均一岩性产生的氡气较平均差异小，受扩散作用会分布在洞中。氡的来源主要为洞内部环境的岩石、土壤、地下水天然放射性物质。铀为亲石元素，极易形成氧化物，常赋存在断裂、裂隙等部位，洞室内岩石放射性含量高低不一，但经长时间的衰变，其产生的子体氡聚集在洞室内；同时断裂、裂隙为氡迁移的主要通道，外加地下水流的作用，地层深部的岩石析出的氡加速带入洞室内，因此造成洞室内氡浓度的偏高。

氡浓度与洞深有一定的正比例线性关系，随着洞深加深，氡浓度缓慢上升，平洞 PDZ06、PDZ01、PD23 均反映了同一变化规律；与外界距离较远，氡浓度整体呈高值特征，且有一拟合的比例系数。其原因为洞室内不通风，而影响浓度变化的主要要素为气体的扩散、对流作用，因此洞口氡浓度低，洞内的氡浓度缓慢地向洞口扩散。但平洞 PD14 体现相反的特征，比例系数为负值，这是因为洞内无水流作用，氡浓度主要为断裂将地层深处的氡浓度带入洞内；平洞断裂带主要位于 120m 左右，因此氡浓度高值点位于 120m 附近，往洞两处扩散，离断裂越远浓度越低。

PD06 主平洞 432m、592m 处，PD06-3、PD06-4 支洞 140m、253m 处及 PD23 平洞 120m 等处的个别测点出现相对的高值或低值点，同时 PDZ06-2 支洞 233m 煌斑岩脉处氡浓度高于主洞平均值，反映了煌斑岩脉处氡浓度有增高现象，辉绿岩处氡浓度呈现下降趋势，断裂带处氡浓度偏高。这均为地质环境的影响，影响范围较小；说明断裂带、煌斑岩脉带入的氡浓度更高，而辉绿岩脉因其杂质少放射物质含量低，因此其低于周围岩石释放的氡浓度；另外，接近主洞口处氡浓度由于对流扩散作用浓度变低。

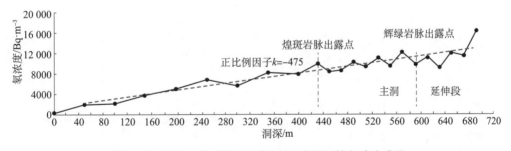

图 7-28　YM 水电站地下厂房 PD06 主洞环境氡浓度成果

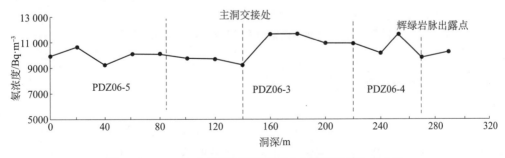

图 7-29　YM 水电站地下厂房 PD06 支洞环境氡浓度成果

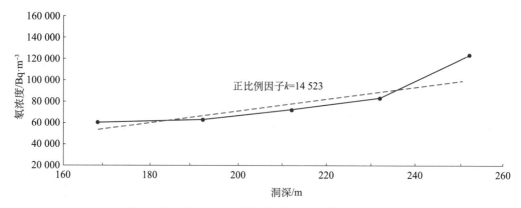

图7-30　YM水电站辅助平洞PD01环境氡浓度成果

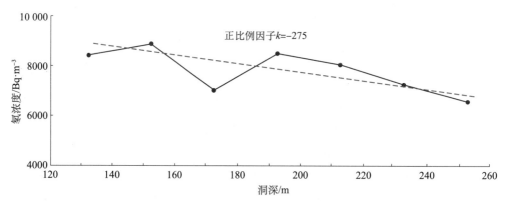

图7-31　YM水电站辅助平洞PD14环境氡浓度成果

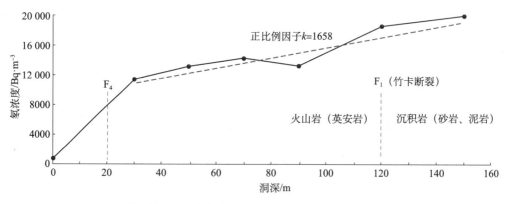

图7-32　YM水电站辅助平洞PD23环境氡浓度成果

7.4.3　放射性射线检测

检测采用放射性表面污染监测仪，检测依据《环境γ辐射剂量率测量技术规范》（HJ 1157—2021）、《表面污染测定　第1部分　β发射体（$E_{\beta max} > 0.15\text{MeV}$）和α发射体》（GB/T 14056.1—2008），本次测量放射性射线按相关单位要求布设点位，逐点在岩石表面测量，测量时间 30s，测量读数稳定后进行记录，连续测量 3 次，最终测量结果取均值。

为查明地下厂房平洞中天然放射性射线（α、β、γ 及 X 射线）的赋存情况，利用已有的勘探平洞，在指定检测点位置进行放射性射线检测。检测位置主要布置于地下厂房区平洞（PDZ06 主洞及各支洞）、PDZ01 平洞、PD14 平洞及 PD23 平洞，测点间距10m 或 50m，测点位置与氡气测量位置相同，测点数共计 99 个。具体工作量见表 7 - 4所示，地下厂房区平洞测点位置如图 7 - 33 所示。

表 7 - 4　项目平洞内放射性射线检测工作量统计一览表

测试类别	测点位置	测点间距	测点数/个	合计/个
放射性总量检测	PDZ06 主洞及各支洞	10m 或 50m	67	99
	PDZ01		7	
	PD14		13	
	PD23		12	

注：进行地下厂房平洞内总射线测量时，需在中坝址索桥右岸锚墩处检测环境中总辐射值，即完全敞开状态下辐射值，作为坝址区总辐射量本底值。

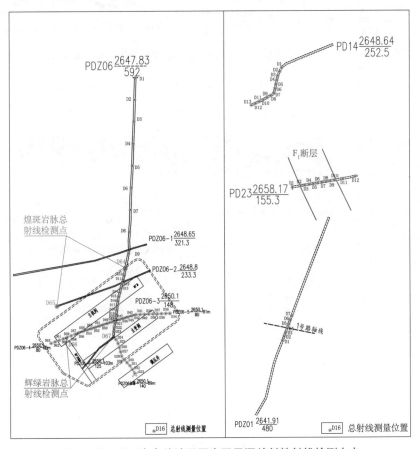

图 7 - 33　YM 水电站地下厂房区平洞放射性射线检测布点

图 7 - 34 ~ 图 7 - 38 表明：PD23 平洞内 α 射线变化范围为 0.00 ~ 1.17Bq/cm²，平均值为 0.66Bq/cm²；β 射线变化范围为 0.44 ~ 7.07Bq/cm²，平均值为 2.37Bq/cm²；X、γ 射线变化范围为 0.137 ~ 0.236μSv/h，平均值为 0.190μSv/h，比洞外（背景值）X、γ 辐射本底略高。PD14 平洞内 α 射线变化范围为 0.10 ~ 0.23Bq/cm²，平均值为 0.18Bq/cm²；β 射线变化范围为 1.22 ~ 1.63Bq/cm²，平均值为 1.40Bq/cm²；X、γ 射线变化范围为 0.339 ~ 0.376μSv/h，平均值为 0.355μSv/h，比洞外（背景值）X、γ 辐射本底略高。PDZ01 平洞内 α 射线变化范围为 0.84 ~ 3.13Bq/cm²，平均值为 1.89Bq/cm²；β 射线变化范围为 8.17 ~ 46.44Bq/cm²，平均值为 23.93Bq/cm²；X、γ 射线变化范围为 0.543 ~ 0.958μSv/h，平均值为 0.704μSv/h，比洞外（背景值）X、γ 辐射本底高。PDZ06 主平洞及支洞内 α 射线变化范围为 0 ~ 0.57Bq/cm²，平均值为 0.33Bq/cm²；β 射线变化范围为 0.96 ~ 2.89Bq/cm²，平均值为 2.13Bq/cm²；X、γ 射线变化范围为 0.274 ~ 0.441μSv/h，平均值为 0.389μSv/h，比洞外（背景值）X、γ 辐射本底略高。

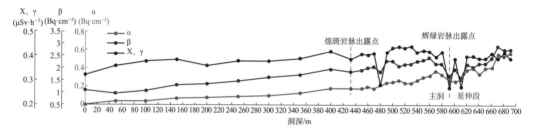

图 7 - 34　YM 水电站地下厂房 PDZ06 主洞放射性射线测量成果

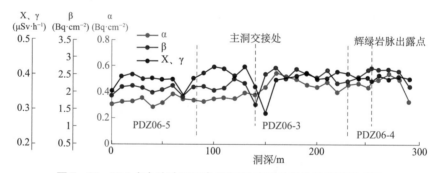

图 7 - 35　YM 水电站地下厂房 PDZ06 支洞放射性射线测量成果

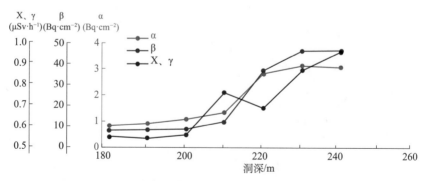

图 7 - 36　YM 水电站辅助平洞 PDZ01 放射性射线测量成果

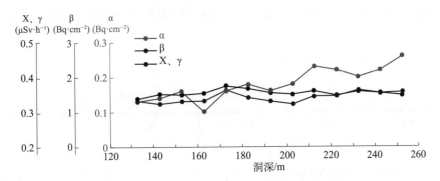

图 7 – 37　YM 水电站辅助平洞 PD14 放射性射线测量成果

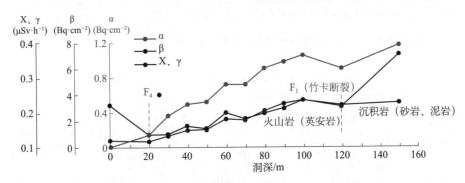

图 7 – 38　YM 水电站辅助平洞 PD23 放射性射线测量成果

通过以上数据统计可知，PDZ06 平洞及支洞、PD23、PD14、PDZ01 平洞 α、β 射线均超过标准值，其主要原因来自洞内岩石放射性核素的衰变，以及平洞中空气中氡的衰变。从所有平洞放射性射线图可知，放射射线值的变化与氡浓度的变化形态存在高度吻合，说明氡衰变为放射性射线强度偏高的主要因素，因为氡的半衰期仅为 3.8 天，因此洞室内的氡在衰变时会产生较多的 α 射线。此外其子体衰变产生 β 射线及 γ 射线，但衰变产生 β 射线的子体相比 γ 射线较多。由各图对比可知，PDZ01 平洞较其他平洞 α、β 射线远远高于其他平洞值，而 PDZ01 平洞的氡浓度明显高于其他平洞的氡浓度，因此 PDZ01 平洞的放射性射线强度整体高于其他平洞。

洞内的岩性含放射性物质成分与含量也影响了放射性射线强度的大小。本次测量采用贴壁方式进行，平洞岩石放射性物质含量不一造成了测量值的不规律变化：首先 PDZ06 主洞及支洞放射性曲线存在个别突变点，如辉绿岩处出现低谷值，进一步说明辉绿岩岩脉含放射性杂质少；其次平洞断裂带处亦存在突变点，因为裂隙发育且含放射性物质高的测点放射性射线值更高，呈现尖峰异常，若断裂硅质含量较高其余杂质较少，造成其放射性低于正常围岩；其余洞内的测点主要为氡衰变的影响。

7.4.4　地下水放射性检测

检测采用本底 α、β 测量仪。检测依据《生活饮用水卫生标准》（GB 5749—2022）、

《地下水质量标准》（GB/T 14848—2017）。现利用坝址区平洞已揭露的地下水进行取样检测，检测位置主要布置于地下厂房区平洞 PDZ06 主平洞口、PDZ01 平洞口、PD35 平洞口，共计 3 组。具体工作量见表 7-5。

表 7-5　项目平洞地下水放射性检测工作量统计一览表

测试类别	测点位置	组数/组	合计/组	备注
地下水放射性检测	PDZ06 主平洞口	1	3	根据《生活饮用水卫生标准》（GB 5749—2022）进行检测及评价
	PDZ01 平洞口	1		
	PD35 平洞口	1		

注：放射性指标超过指导值时，应进行核素分析和评价，判断能否饮用。

坝址区地下水总 α、总 β 放射性检测结果详见表 7-6。

表 7-6　平洞口地下水总 α、总 β 放射性检测结果一览表

平洞名称	测点位置	样品编号	总 α Bq/L	总 β Bq/L
PDZ06	主平洞口	PDZ06	<0.016	<0.028
PDZ01	平洞口	PDZ01	<0.016	<0.028
PD35	平洞口	PD35	<0.016	<0.028
评价标准：《生活饮用水卫生标准》（GB 5749—2022）			0.5	1.0

7.4.5　有毒有害气体含量检测

深埋地下洞室施工开挖机后期运行过程中，洞室围岩中析出有毒有害气体主要包括 CO、CO_2、NO_2、SO_2、NH_3、H_2S、CH_4 等对人体健康有危害的气体，检测采用有害气体检测仪。依据《工作场所空气中有害物质监测的采样规范》（GBZ 159—2019），检测测点间距 30m，工作量总计为 20 点，工作量及测点分布见表 7-7、图 7-39。

表 7-7　项目平洞有害有毒气体含量检测工作量统计一览表

测试类别	测点位置	测点间距	测点数/个	合计/个	备注
有毒有害气体检测	PDZ06 主洞及各支洞	30m	6	20	每个测点数据均采用"测量 3 次，取平均值"的原则，平均值为该测点最终检测值
	PDZ01		3		
	PD14		5	20	
	PD23		6		

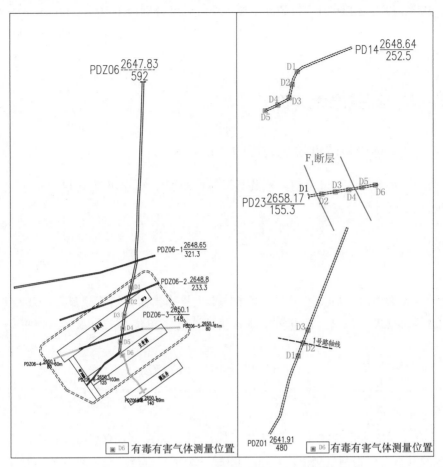

图 7 - 39　地下厂房区平洞有毒有害气体含量检测布点

在未通风的条件下，各检测点的一氧化碳、二氧化氮、二氧化硫、氨、硫化氢浓度均符合《工作场所有害因素职业接触限值　第 1 部分：化学有害因素》（GBZ 2.1—2019）职业接触限值要求及《水电工程地下建筑物工程地质勘察规程》（NB/T 10241—2019）中第 6.5.2 条的相应规定。在未通风的条件下，PD14、PDZ01、PDZ06 平洞内二氧化碳浓度分别为（266 ~ 300）× 10^{-6}、（4033 ~ 4933）× 10^{-6}、（2200 ~ 3166）× 10^{-6}，符合 GBZ 2.1—2019 职业接触限值要求及 NB/T 10241—2019 中第 6.5.2 条的相应规定。其中未通风的条件下 PD23 平洞内的二氧化碳浓度为（300 ~ 13166）× 10^{-6}，不符合 GBZ 2.1 - 2019 职业接触限值要求及 NB/T 10241—2019 中第 6.5.2 条的相应规定。推测原因可能是二氧化碳在平洞局部积聚；二氧化碳溶解度较大，可以和碳酸钙反应生成碳酸氢钙，因此平洞中也会积聚碳酸氢钙分解生成的二氧化碳，并通过洞穴上基岩裂隙，扩散到洞穴内综合所致。

在未通风的条件下，PD23、PD14、PDZ01、PDZ06 平洞氧气体积分数分别为 18.2% ~ 20.2%、19.4% ~ 19.7%、18.1% ~ 18.7%、19.0% ~ 19.2%，未到达地下洞室工作面空气成分中氧气的体积含量 20%，推测可能是平洞中空气不流通所致。在未通风的条件下，PD23、PD14、PDZ01、PDZ06 平洞内甲烷浓度分别为 1.50 ~ 1.60mg/m³、1.32 ~ 1.76mg/m³、1.68 ~ 1.76mg/m³、16.0 ~ 53.43mg/m³，符合 NB/T 10241—2019 中第 6.5.2 条的相应规定。

7.4.6　检测与影响评价

7.4.6.1　环境氡浓度检测与影响评价

平衡当量氡浓度估算按《室内氡及其子体控制要求》（GB/T 16146—2015）进行，平衡当量氡浓度计算公式为：

$$C_{eq} = C_{Rn} \times F \tag{7-1}$$

式中，C_{eq} 为平衡当量氡浓度，Bq/m³；F 为平衡因子，取值为 0.5；C_{Rn} 为氡浓度，Bq/m³。

氡子体 α 潜能浓度估算按《矿工氡子体个人累积暴露量估算规范》（GBZ/T 270—2016）进行，按式（7-2）计算氡子体 α 潜能浓度（单位为工作水平 WL1WL = 2.1 × 10⁻⁵J/m³）：

$$C_{RnP} = 2.67 \times 10^{-4} \times F \times C_{Rn} \tag{7-2}$$

式中，C_{RnP} 为氡子体 α 潜能浓度，WL；F 为平衡因子，取值为 0.5；C_{Rn} 为氡浓度，Bq/m³。

年均有效剂量估算按《室内氡及其子体控制要求》（GB/T 16146—2015），以及《室内氡及其衰变产物测量规范》（GBZ/T 182—2006）进行，吸入氡及子体对相关人员产生的年均有效剂量的估算公式为：

$$E_{Rn} = C_{Rn} \times (DCF_{Rn} + F \times DCF_{RnD}) \times t \tag{7-3}$$

式中，E_{Rn} 为年均有效剂量，mSv；C_{Rn} 为氡浓度，Bq/m³；DCF_{Rn} 为氡浓度的剂量转换因子，暂推荐使用 UNSCEAR2000 年报告给出的数值：0.17×10^{-6} mSv/（Bq·h·m⁻³）；DCF_{RnD} 为氡子体的剂量转换因子，暂推荐使用 UNSCEAR2000 年报告给出的数值：9×10^{-6} mSv/（Bq·h·m⁻³）；F 为平衡因子，取值为 0.5；t 为年停留时间，h 取值为 2000h。

PDZ06 及支洞，PDZ01、PD14、PD23 平洞内氡浓度为 299 ~ 122 852Bq/m³，平衡当量氡浓度为 150 ~ 61 426Bq/m³，平均氡浓度为 7260 ~ 80 352Bq/m³，超过《公共地下建筑及地热水应用中氡的放射防护要求》（WS/T 668—2019）中第 7.4.2 条的相应规定"地下建筑中，其平均氡浓度的参考水平为 400Bq/m³"；工作人员所受吸入氡及子体照射附加年均有效剂量估算值为 67.32 ~ 749.99mSv/a，超过了《电离辐射防护与辐射源安全基本标准》（GB 18871—2002）中"职业照射剂量限值 5mSv/a"限值要求。

氡照射防护建议：

（1）工作人员施工作业前，工作场所应先进行通风，通风时间达到氡平衡的通风时间后再进入，并在停留期间连续通风，同时应对工作场所开展氡及子体浓度监测工作。

（2）工作人员施工作业时必须配备安全帽、工作服和防尘防氡面具等，以有效降低氡及子体对工作人员造成的内照射。

（3）加强施工作业场所洒水降尘，可有效降低空气中氡子体浓度。

（4）工作人员只有在通风装置正常运行情况下，才可以进入地下工作场所施工作业，应始终保证工作场所空气清新，保证工作场所空气中氡及其子体 α 潜能与洞外本底值比较接近。在新开隧洞或平洞时一定要安装通风设备，尤其是在洞比较深或有较大拐弯后，更要有通风设施；因此，应加强机械通风，保证地下每个工作点都有足量的新风（通风系统的取风口和排风口尽可能分开并远离），尽量减少粉尘和氡暴露，这是降低地下工作场所氡及子体浓度最简单最有效的方法。换气次数可以参照 GBZ 139—2019 附录 A 等标准执行，3 ~ 4 次/h，尽可能使工作场所氡及子体浓度接近环境本底水平；同时对于拟建中的地下厂房，应首先安装必须的排风换气系统，必须将洞中地下水纳入封闭的管道或暗沟，以减少氡气的散发。

（5）氡子体是粒径为 0.005 ~ 0.35um 的带电金属微粒，可采用除氡设备净化空气，降低氡子体浓度。

7.4.6.2　放射性射线测量及影响评价

PD14 平洞岩石表面 α 射线水平范围值为 0.10 ~ 0.23Bq/cm^2，β 射线水平范围值为 1.22 ~ 1.63Bq/cm^2；PDZ06 主平洞及支洞岩石表面 α 射线水平范围值为 0 ~ 0.57Bq/cm^2，β 射线水平范围值为 0.96 ~ 2.89Bq/cm^2。对于平洞施工人员，PDZ06、PD14 平洞工作场所（墙壁）α、β 射线水平满足《电离辐射防护与辐射源安全基本标准》（GB 18871—2002）中"α 放射性（其他）表面污染不超过 7.4.0Bq/cm^2，β 放射性物质表面污染不超过 7.4.0Bq/cm^2"的限值要求。

PD23 平洞内岩石表面 α 射线水平范围值为 0 ~ 1.17Bq/cm^2，β 射线水平范围值为 0.44 ~ 7.07Bq/cm^2；PDZ01 平洞内岩石表面 α 射线水平范围值为 0.84 ~ 3.13Bq/cm^2，β 射线水平范围值为 8.17 ~ 46.44Bq/cm^2。对于隧道或平洞施工人员，PD23、PDZ01 平洞工作场所（墙壁）α、β 射线水平超过《电离辐射防护与辐射源安全基本标准》（GB 18871—2002）中"α 放射性（其他）表面污染不超过 7.4.0Bq/cm^2，β 放射性物质表面污染不超过 7.4.0Bq/cm^2"的限值要求。

对于需在水电站地下厂房中长期工作的人员，PD14 平洞、PDZ06 主平洞及支洞、PD23 平洞、PDZ01 平洞工作场所（墙壁）α、β 射线水平均超过《电离辐射防护与辐射源安全基本标准》（GB 18871—2002）中"α 放射性（其他）表面污染不超过 0.08Bq/cm^2，β 放射性物质表面污染不超过 0.08Bq/cm^2"的限值要求，需要采取相关措施进行处理。

α、β 射线照射防护建议：

（1）加强机械通风，尽最大可能降低地下工作场所氡及子体浓度，以有效降低地下工作场所 α、β 射线强度。

（2）对地下工作场所墙壁（地面）进行喷水泥处理，这是由于 α、β 射线穿透能力较弱，对地下工作场所墙壁（地面）表面喷水泥可以有效屏蔽 α、β 射线。

（3）项目施工作业期间，工作人员应穿戴好个人防护用品，比如工作服、手套、工作鞋等。若工作人员个人防护用品受污染时，应及时换洗，并进行去污；若工作人员手、皮肤、内衣、工作袜受污染时，应及时清洗，尽最大可能清洗到本底水平；同时做好 α、β 射线测量监测工作。

（4）项目施工作业期间，用人单位应为工作人员就近设置洗浴设施，每次进出（包括休息、吃饭前等）应洗浴并更换衣服，工作服等用品不允许带出工作场所。

X、γ 射线外照射剂量估算按式（7-4）计算：

$$H_e = D_\gamma \times t \times 10^{-3} \tag{7-4}$$

式中，H_e 为外照射有效剂量当量，mSv/a；D_γ 为周围剂量当量率，μSv/h；t 为年工作总小时数，取值为 2000h。

PD23 平洞内岩石周围剂量当量率范围值为 0.137~0.236μSv/h，外照射有效剂量当量（扣除当地本底值）为 0.107mSv/a，由此可知，PD23 平洞 X、γ 射线（周围剂量当量率）对工作人员产生外照射影响很小。PD14 平洞内岩石周围剂量当量率范围值为 0.339~0.376μSv/h，外照射有效剂量当量（扣除当地本底值）为 0.436mSv/a，由此可知，PD14 平洞 X、γ 射线（周围剂量当量率）对工作人员产生外照射影响较小。PDZ01 平洞内岩石周围剂量当量率范围值为 0.543~0.958μSv/h，外照射有效剂量当量（扣除当地本底值）为 1.135mSv/a，由此可知，PDZ01 平洞 X、γ 射线（周围剂量当量率）对工作人员产生外照射影响较大。PDZ06 主平洞及支洞内岩石周围剂量当量率范围值为 0.274~0.441μSv/h，外照射有效剂量当量（扣除当地本底值）为 0.436mSv/a，由此可知，PDZ06 主平洞及支洞 X、γ 射线（周围剂量当量率）对工作人员产生外照射影响较小。

X、γ 射线外照射防护建议：

（1）项目施工期间，做好 γ 辐射空气比释动能率或周围剂量当量率监测工作。

（2）项目施工作业期间，工作人员应穿戴好个人防护用品。

（3）若工作场所 γ 辐射空气比释动能率超过 1μGy/h（或周围剂量当量率超过 1μSv/h），应制定严格措施，限值工作人员在此场所停留时间，并对场所 γ 外照射进行长期监测。

7.4.6.3 地下水放射性检测及影响评价

地下水总 α、总 β 放射性均满足《生活饮用水卫生标准》（GB 5749—2022）中"总 α 放射性不超过 0.5Bq/L、总 β 放射性不超过 1.0Bq/L"的限量要求。

7.4.6.4　有毒有害气体含量检测及影响评价

未通风的条件下，各测点的一氧化碳、二氧化氮、二氧化硫、氨、硫化氢检测浓度均符合《工作场所有害因素职业接触限值　第 1 部分：化学有害因素》（GBZ 2.1—2019）职业接触限值要求及《水电工程地下建筑物工程地质勘察规程》（NB/T 10241—2019）中第 6.5.2 条的相应规定。PD14、PDZ01、PDZ06 平洞内二氧化碳浓度分别为（266 ~ 300）×10^{-6}、（4033 ~ 4933）×10^{-6}、（2200 ~ 3166）×10^{-6}，符合 GBZ 2.1—2019 职业接触限值要求及 NB/T 10241—2019 中第 6.5.2 条的相应规定。其中未通风的条件下检测的二氧化碳在 PD23 平洞内浓度为（300 ~ 13 166）×10^{-6}，不符合 GBZ 2.1—2019 职业接触限值要求及 NB/T 10241—2019 中第 6.5.2 条的相应规定。

在未通风的条件下，PD23、PD14、PDZ01、PDZ06 平洞内氧气体积分数分别为 18.2% ~ 20.2%、19.4% ~ 19.7%、18.1% ~ 18.7%、19.0% ~ 19.2%，未到达地下洞室工作面空气成分中氧气的体积含量 20%。

在未通风的条件下，PD23、PD14、PDZ01、PDZ06 平洞内可燃气体甲烷的检测浓度分别为 1.50 ~ 1.60mg/m^3、1.32 ~ 1.76mg/m^3、1.68 ~ 1.76mg/m^3、16.0 ~ 53.43mg/m^3，符合 NB/T 10241—2019 中第 6.5.2 条的相应规定。

有毒有害气体防护建议：

（1）项目施工期间，做好有毒有害气体监测工作。

（2）加强机械通风，尽最大可能降低地下工作场所二氧化碳浓度，同时可以提高地下工作场所氧气含量，应保证同时工作的最多人数计算，每人每分钟供给风量不得小于 4m^3。

（3）项目施工作业期间，工作人员应穿戴好个人防护用品。

7.5　长大引水隧道运行期的安检定检

7.5.1　工程概况

天生桥二级（坝索）水电站位于红水河上游干流的南盘江上，为低坝长引水式，最大坝高 60.7m，坝顶全长 470.97m，正常库容 1646 万 m^3。

引水隧洞共有三条，单条长度 9.56km，总长 29km，若包括三条施工支洞，总长 31km。隧洞直径衬后 8.7 ~ 9.8m，局部加厚后内径为 7.7m。调压井三个，衬后直径 31m。高压钢管道 6 条，单条平均长度 600m，直径 5.7m。三条引水系统分别于 1992 年、1997 年、2000 年通水发电。

7.5.2 检测方法与技术

长大流道运行期安检定检目的是查明流道衬砌混凝土密实程度、脱空情况，了解原有缺陷或隐患是否存在恶化和发展；检测衬砌混凝土强度、部分不良地质段围岩质量；同时对流道表面裂缝、破损等结构情况进行外观描述，形成外观素描图，为设计、安全运行合理评价提供资料。

采用的检测方法包括地质雷达法、瞬态面波法、脉冲回波法、超声回弹法及外观素描等综合检测方法，检测工作量和布置见表 7－8 和图 7－40。图 7－40 中需要说明的是：

（1）尾水锥管测线 1、测线 2 为位于锥管底部斜坡位置，分别距底板 1m、1.5m；测线 3、测线 4 位于锥管顶拱，距钢墩帽分别 0.5m、1m。

（2）由于锥管底部积水较深，正底部未布置测线。

（3）4 号蜗壳布置了 3 条测线，分别位于蜗壳正底部、正顶部及外腰部，3 号蜗壳布置了 6 条测线，底部及顶部各 3 条。

表 7－8 Ⅱ号引水隧洞安全检测测线/测点布置

序号	检测方法	检测部位	测点及测线布置
1	地质雷达	引水隧洞 0＋200m～9＋700m 顶部	测点距为 0.2m
2	瞬态面波	0＋882、0＋901、2＋110、2＋130、2＋880、2＋898、7＋808、8＋412、2＋370、1＋750 共 10 个横断面	每断面 12 个测点，分别位于 0°、30°、60°、90°、120°、150°、180°、210°、240°、270°、300°、330°
3	脉冲回波	压力钢管	正底及正顶各布置一条测线，测点点距为 0.5m
		蜗壳	4 号蜗壳正底、正顶及外腰各布置一条测线，测点点距为 0.5m；3 号蜗壳正底、正顶各布置三条测线，测线间距为 1m，测点点距为 0.5m
		尾水锥管	底部及顶拱各布置两条测线，测点点距为 0.5m
4	超声回弹	隧洞两侧腰部	沿引水隧洞两侧腰部每 50m 做 1 组混凝土超声回弹值测试
5	外观素描	引水隧洞 0＋200m～9＋700m	对隧洞全洞段的裂隙、渗水点、涌水、灌浆孔破坏情况、分缝止水、衬砌混凝土表面缺陷等情况进行素描

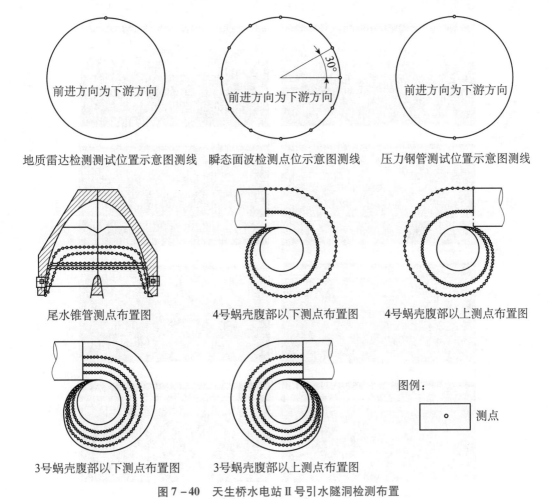

地质雷达检测测试位置示意图测线　瞬态面波检测点位示意图测线　压力钢管测试位置示意图测线

尾水锥管测点布置图　　4号蜗壳腹部以下测点布置图　　4号蜗壳腹部以上测点布置图

3号蜗壳腹部以下测点布置图　　3号蜗壳腹部以上测点布置图

图例：

○　测点

图 7 - 40　天生桥水电站Ⅱ号引水隧洞检测布置

7.5.3　检测成果

（1）顶拱混凝土脱空探地雷达检测成果如图 7 - 41 所示。共发现 24 处雷达异常带，其中有 5 处解释为脱空，19 处解释为混凝土与围岩胶结较差，局部脱空。混凝土与围岩胶结较差或脱空总长为 226m，占隧洞总长的 2.4%。4 处雷达异常带，大小不一且分布无规律，沿轴线延伸长度在 2～44m 之间；其中长度大于 10m 的有 9 处，最长的为 3+250m～3+294m 段的 44m。24 处雷达异常中有 22 处异常与上次检测成果基本一致，不能完全对应是由于测线不完全重合等造成，在误差范围内。

（2）顶拱混凝土厚度探地雷达和超声横波反射三维成像的典型检测成果如图 7 - 42 所示。衬砌混凝土与基岩反射面起伏比较明显，衬砌厚度基本满足设计要求，仅 29 个测点混凝土实测厚度略小于设计结构混凝土厚度，占总测点数的 1.5%，最大欠厚深度为 8cm，欠厚深度及规模均较小。在部分地质异常洞段采用混凝土回填灌浆，局部混凝土厚度超过 200cm。

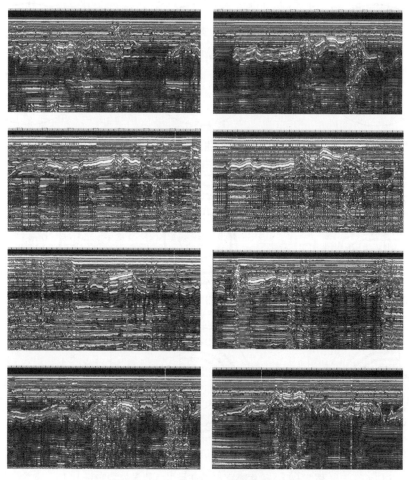

图7-41 部分脱空雷达典型成果

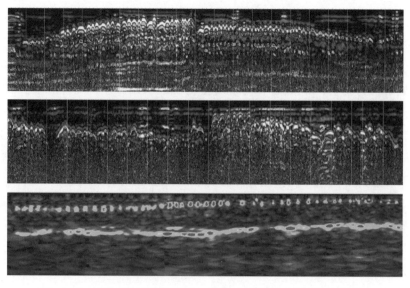

图7-42 地质雷达及超声反射三维横波检测混凝土厚度典型成果

混凝土回弹值在 33.7 ~ 44.5 之间，混凝土平均超声波速度在 3890 ~ 4680m/s 之间，混凝土换算强度在 22.1 ~ 36.8MPa 之间。

（3）围岩浅部不良地质缺陷检测。隧洞 8m 围岩范围内不存在明显不良地质缺陷，原开挖揭露的不良地质缺陷经过高压灌浆处理后，围岩质量得到了较大程度的提高，典型成果如图 7-43 所示。

图 7-43　围岩浅部不良地质缺陷雷达成果

（4）围岩面波波速及密实度测试。围岩面波波速在 170 ~ 3310m/s 之间，其中较完整灰岩、白云岩的面波波速主要集中在 2000 ~ 3000m/s 之间；回填土层波速在 170 ~ 190m/s 之间；溶洞充填物、砂岩、角砾岩及较破碎灰岩、白云岩面波波速在 1000 ~ 2000m/s 之间。围岩的动弹性模量不超过 7.35×10^4 MPa，其中较完整灰岩、白云岩的弹性模量主要集中在 $4.0 \times 10^4 ~ 6.0 \times 10^4$ MPa 之间；溶洞充填物、砂岩、角砾岩及较破碎灰岩、白云岩弹性模量主要集中在 $1.0 \times 10^4 ~ 2.0 \times 10^4$ MPa 之间；回填土的弹性模量为 0MPa。通过对比上次检测成果，两次检测成果基本吻合，典型成果如图 7-44 所示。

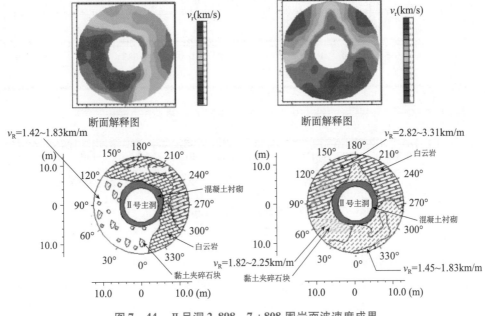

图 7-44　Ⅱ号洞 2.898、7+808 围岩面波速度成果

（5）3号、4号压力钢管脱空检测。3号压力钢管底板781个测点中脱空点59个，占7.6%，脱空深度均小于2.0mm；轻微脱空点34个，占4.4%；非脱空点688个，占88.0%。顶拱781个测点中脱空点45个点，占5.8%，脱空深度均小于2.0mm；轻微脱空点42个，占5.4%；非脱空点694个，占88.8%。4号压力钢管底板781个测点中脱空点64个，占8.2%，脱空深度均小于2.0mm；轻微脱空点43个，占5.5%；非脱空点674个，占86.3%。顶拱测线781个测点中脱空点37个点，占4.7%，脱空深度均小于2.0mm；轻微脱空点50个，占6.4%；非脱空点694个，占88.9%。部分成果如图7-45所示。

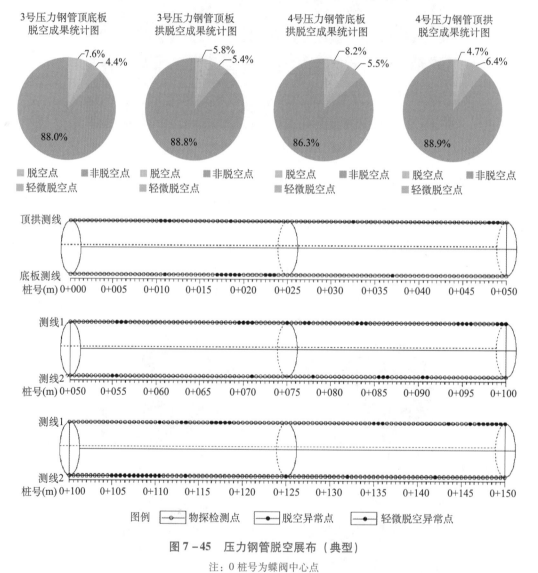

图7-45 压力钢管脱空展布（典型）

注：0桩号为蝶阀中心点

（6）3号、4号蜗壳脱空检测。3号蜗壳底板测线213个测点中脱空点20个，占9.4%；轻微脱空点24个，占11.3%；非脱空点169个，占79.3%；脱空区域有10个，脱空面积大约11.8m²，单个脱空区域最大面积大约1.7m²。3号蜗壳顶板测线213个测点中有脱空点 10 个，占 4.7%；轻微脱空点 17 个，占 8.0%；非脱空点 184 个，占 87.3%；主要脱空区域有 5 个，脱空面积大约 4.2m²，单个脱空区域最大面积大约 1.4m²。4 号蜗壳底板测线 73 个测点中有脱空点 12 个，占 16.4%；轻微脱空点 10 个，占 13.7%；非脱空点 51 个，占 69.9%。4 号蜗壳顶板测线 73 个测点中脱空点 8 个，占 11.0%；轻微脱空点 7 个，占 9.6%；非脱空点 58 个，占 79.4%。腰部测试无脱空及轻微脱空。详细成果如图 7−46 所示。

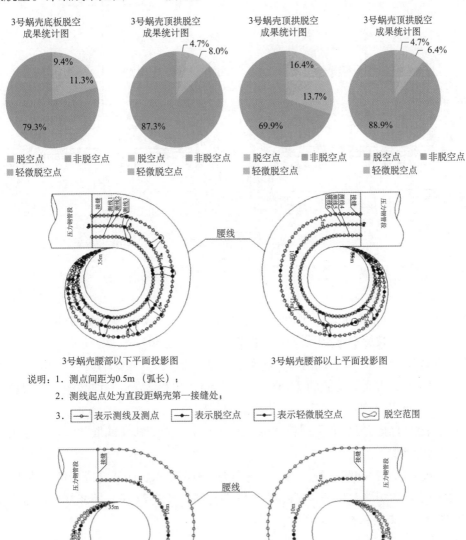

图 7−46　蜗壳脱空展布

（7）3号、4号尾水锥管脱空检测。3号尾椎管脱空点4个，占3.2%，脱空深度均小于2.0mm；轻微脱空点6个，占4.8%；非脱空点124个，占92.0%。4号尾椎管脱空点9个，占7.1%，脱空深度均小于2.0mm；无轻微脱空点；非脱空点117个，占92.8%。详细成果如图7-47所示。

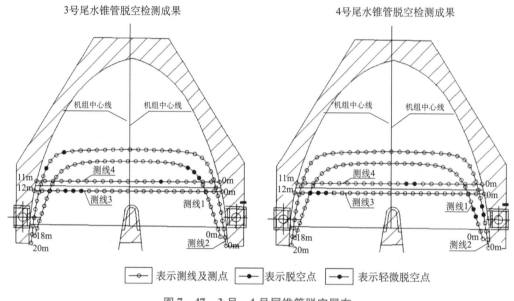

图7-47 3号、4号尾锥管脱空展布

（8）混凝土裂缝。

1）全洞共发现混凝土裂缝518条，其中横向裂缝330条，纵向裂缝84条，斜向裂缝104条，在这些裂缝中有19条为贯穿性裂缝，施工缝363条。

2）裂缝宽0.3mm以下的有56条，占裂缝总数的10.8%；0.3～1.0mm（包括1mm）有384条，占裂缝总数的74.1%；1～2mm（包括2mm）有65条，占裂缝总数的12.5%；2mm以上的有13条，占裂缝总数的2.6%。

3）沿裂缝和施工缝均有不同程度的渗水或滴水，局部线状或股状水。裂缝及施工缝多见白色析出物。

4）通过对比两次检测资料，共发现重合裂缝有206条，未重合或新增裂缝312条。重合裂缝中有横向裂缝150条，纵向裂缝33条，斜向裂缝23条。裂缝规模前后发生变化的有74条，132条基本无变化。

（9）渗水检测。

1）共发现96个渗、出水点。出水部位主要是沿部分混凝土裂缝、横向施工缝、混凝土面及固结灌浆或回填灌浆孔。出水性质有渗水、滴水、线状水、针状射水、小股状喷水、柱状水等。

2）出水量大于1L/s的有5处，分别为桩号3+845、3+897、4+610、6+457、7+625。其中最大的为3+845桩号，流量在3～4L/s。

3）出水部位多数有析出物，析出物多为白色的钙化物，少数析出物为灰色或灰黑色。

4）在间隔 5 天后对 47 个主要渗水点流量变化进行重新观察，有 27 个出水点流量略减小，18 个渗水点流量基本不变，2 个出水点无水。详细成果如图 7 - 48 所示。

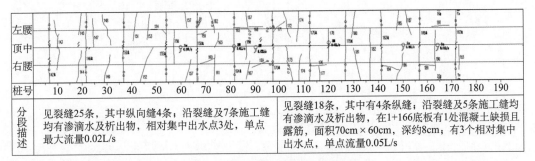

左腰 顶中 右腰																			
桩号	10	20	30	40	50	60	70	80	90	100	110	120	130	140	150	160	170	180	190
分段描述	见裂缝25条，其中纵向缝4条；沿裂缝及7条施工缝均有渗滴水及析出物，相对集中出水点3处，单点最大流量0.02L/s									见裂缝18条，其中有4条纵缝；沿裂缝及5条施工缝均有渗滴水及析出物，在1+166底板有1处混凝土缺损且露筋，面积70cm×60cm，深约8cm；有3个相对集中出水点，单点流量0.05L/s									

图 7 - 48　部分裂缝及渗、出水展布

（10）混凝土缺损情况。共发现 63 处混凝土缺损，主要分布在 2 + 000 ~ 4 + 000 段，6 + 050 ~ 8 + 000 段，缺损形式主要表现为混凝土脱落、混凝土麻面、混凝土剥落等。

第 **8** 章

水电工程其他建筑检测

8.1 YT 水电站消力池检测

8.1.1 工程概况

YT 水电站为河床式电站，电站总库容 3259 万 m^3，工程规模为中型，电站装机容量 70MW；枢纽主要由挡水建筑物、泄水消能建筑物、发电引水建筑物、发电厂房和升压站等组成，最大坝高 66.4m，坝顶宽度为 6.0m。

2021 年 9 月 17 日，芙蓉江流域普降大到暴雨，电站大坝坝区 24h 最大降雨量 55.67mm，同时受上游来水影响，库水位迅速上涨，最大入库流量 $3900m^3/s$，大坝开启 2 号弧门泄洪，另 4 孔弧门因水位过高无法开启，导致库水位超过校核洪水位，达 387.44m。洪水过后发现消能区右岸岸体有约 $20m^3$ 的塌方，消力池水下部分结构完整性和破损情况未知。为保证电站安全平稳运行，通过采用多波束、水下机器人的检测手段，对消力池水下结构完整性和破损情况进行检测和评估。检测区域长约 89m，宽约 77.2m，扫测总面积为 10 834m^2。YT 水电站消力池现场及检测范围如图 8-1 所示。

图 8-1 YT 水电站消力池照片及检测范围

8.1.2　多波束声呐三维检测

（1）消力池水底形态检测。多波束检测对整体曲面图进行特征位置标识，以便更好地结合现场情况来理解测量结果。图 8－2 中用白色标识标有河道的水流方向、左岸、右岸、上游坝面、下游河床、消力墩位置、乱石堆位置、尾水挡墙位置，以及因洪水导致的左岸山体垮塌的位置，用红色方框标识缺陷位置以及注明缺陷情况。

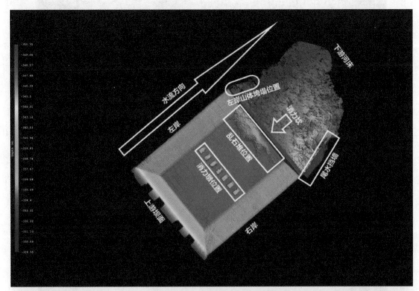

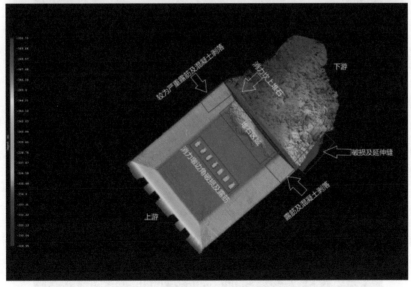

图 8－2　消力池水下声呐三维点云图

（2）消力池底部堆积物检测。堆石顶点相对于消力池底部高度为 3.15m。堆石最宽处约为 12.58m，长度约为 43.35m，如图 8－3 所示。

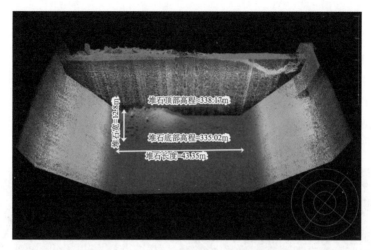

图 8 - 3　消力池水下堆积物声呐三维点云图

（3）消力墩检测。如图 8 - 4 所示，7 个消力墩整体轮廓完整清晰可见，消力墩上游侧为垂直立面，未发现有大的缺陷，墩体局部有少量露筋和混凝土剥落的情况。

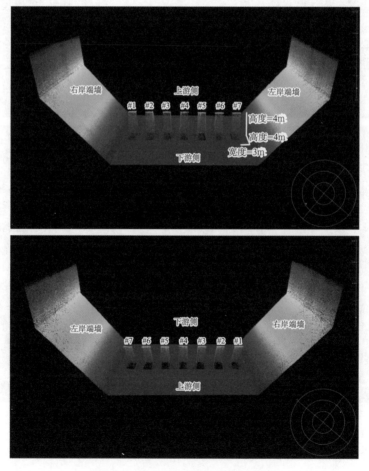

图 8 - 4　消力墩水下声呐三维点云图

（4）消力坎检测。消力坎整体结构完整，无明显结构性破损。消力坎左岸侧顶部有堆石，长度约为 30m。右岸侧靠近顶部位置有混凝土脱落和露筋，面积约为 88m²，如图 8 − 5 所示。

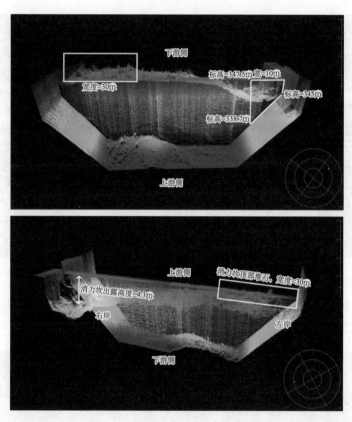

图 8 − 5　消力坎水下声呐三维点云图

（5）左岸端墙检测。如图 8 − 6 所示，左岸端墙整体结构完整，靠下游侧端墙中部有较大面积露筋情况，露筋范围宽度约为 20m，高差为 8.2m（标高 337.3 ~ 345.5m），总面积约为 160.4m²。

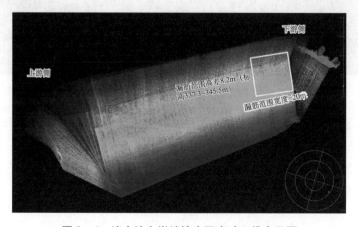

图 8 − 6　消力池左岸端墙水下声呐三维点云图

（6）右岸端墙检测。如图8-7所示，消力池右岸端墙整体结构完整，无明显结构性破损。右岸端墙下游侧有两处小面积露筋，上部露筋位置高度约2.1m，宽度10m，下部露筋位置高度约6.18m，宽度9m。

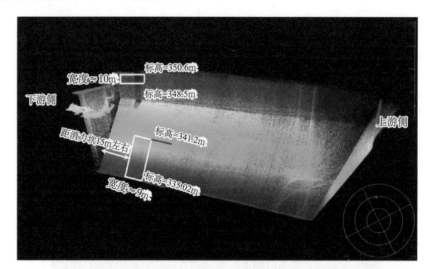

图8-7　消力池右岸端墙水下声呐三维点云图

（7）坝面端墙检测。如图8-8所示，坝面端墙整体结构完整，4个墩体与坝面连接良好，无明显结构性破损。

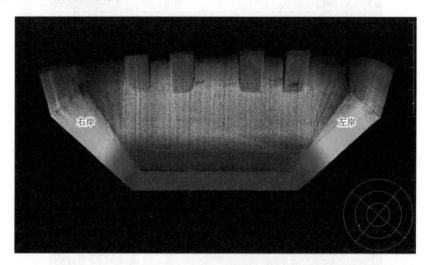

图8-8　消力池坝面端墙水下声呐三维点云图

（8）消力池底面检测。如图8-9所示，消力池底面下游侧有大面积堆石，右岸下游侧角落有约50m²露筋和少量混凝土剥落，未发现其他破损。

（9）消力池左岸下游侧山体垮落检测。消力池左岸山体垮塌位置正下方河床如图8-10白色圈所示，有大量乱石堆积，河床与山体连接处自然平滑，无掏空和倒扣情况。

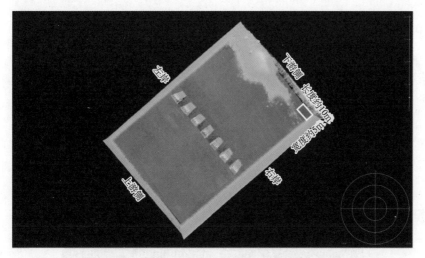

图 8-9　消力池底面水下声呐三维点云图

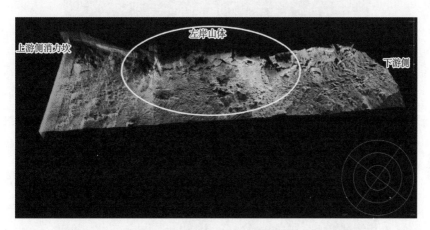

图 8-10　消力池左岸下游侧山体垮塌水下声呐三维点云图

（10）尾水挡墙检测。尾水挡墙中部有疑似延伸缝，长度约 15.08m。尾水挡墙靠近消力坎位置有疑似坑洞，面积约为 6m²，如图 8-11 所示。

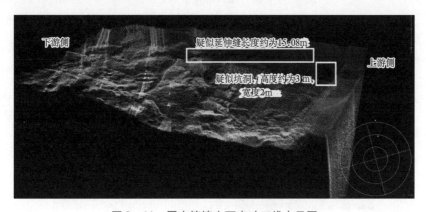

图 8-11　尾水挡墙水下声呐三维点云图

8.1.3 水下机器人检查

水下机器人检测图像如图 8-12~图 8-21 所示。

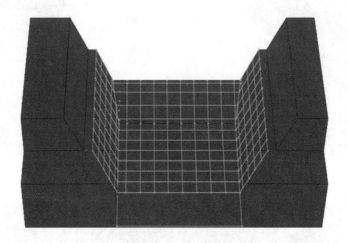

图 8-12 消力池水下检测行进路线

图 8-13 消力池底部堆石水下检测图像

图 8-14 1号消力墩破损水下检测图像

图 8 – 15　2 号消力墩破损水下检测图像

图 8 – 16　4 号、5 号消力墩破损水下检测图像

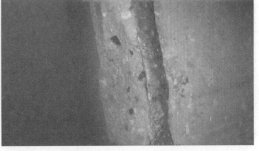

图 8 – 17　6 号消力墩破损水下检测图像

图 8 – 18　消力坎右岸顶部露筋水下检测图像

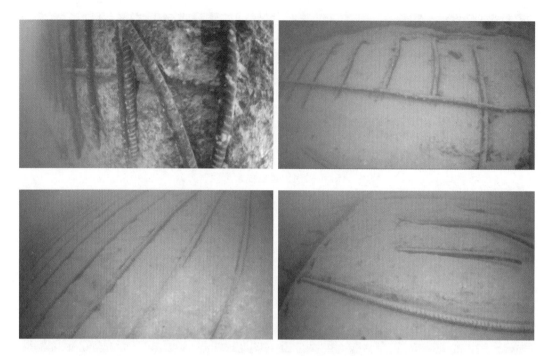

图 8 – 19　消力池左岸端墙露筋水下检测图像

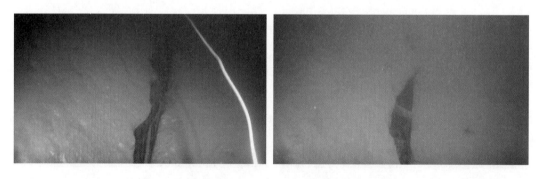

图 8 – 20　消力池左岸端墙与底板交接水下检测图像

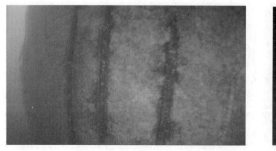

图 8 – 21　消力池右岸端墙上、下部露筋位置水下检测图像

8.2　MJH 水电站消力池检测

8.2.1　工程概况

MJH 水电站工程等级为二等大（2）型工程，工程枢纽由碾压混凝土重力坝、坝身溢流表孔、左岸引水系统、左岸地下厂房及右岸预留通航建筑物等组成。电站装机容量 558MW （3 × 180MW + 1 × 18MW），水库正常蓄水位 585m，库容 1.365 亿 m³。水电站于 2014 年 11 月下闸蓄水，2015 年泄洪累计 12 次（2016 年截至 10 月底未泄洪），最大下泄流量 850m³/s，设计标准 8770 m³/s（百年一遇），目前已经历了 2 个主汛期的运行。为了解和掌握消力池的运行工况，满足水电站安全平稳运行要求，需要对水电站消力池结构完整性和破损情况进行检测评估。MJH 水电站消力池检测部位卫星照片如图 8 – 22 所示。

图 8 – 22　MJH 水电站消力池检测部位卫星照片

8.2.2　侧扫声呐检测

侧扫声呐检测在消力池底部进行。共得到有效数据 5 组，侧扫拖鱼两侧范围为 50m，扫描频率为 400kHz。从成像结果看，消力池底部可分为 6 个区域，各区域描述如下：

（1）1 号区域、2 号区域。这两区域位于边墙与底板连接处向外 1 ~ 2m 位置，在声呐图像上显示纯黑色，为近垂直异常（边墙与底板连接处近似垂直）对侧扫声呐探测的影响。

（2）3号区域。本区域位于坝纵0+081.4m～0+099m及坝横0+133.55m～0+185.05m范围内，声呐图像上颜色较区域1、区域2浅，但团块状异常反应较多，解释为石块堆积区。

（3）4号区域。本区域可分为4个小区域，4-1号区域位于消力池上游面坝前方向，4-2号区域位于消力池右岸，4-3号区域位于消力池左岸，4-4号区域位于消力池下游面。声呐图像上颜色较区域3浅，且团块状异常明显减少，解释为石块夹杂泥沙堆积区。

（4）5号区域、6号区域：5号区域位于消力池中部（坝纵0+099.6m～0+121m及坝横0+138m～0+177m），6号区域位于消力池尾部（坝纵0+134m～0+146m及坝横0+133m～0+186m）。这两个区域声呐图像颜色均匀，且无团块状异常，解释为泥沙夹杂轻质沉积物堆积区。

消力池侧扫声呐图像和侧扫声呐成果解译如图8-23、图8-24所示。

 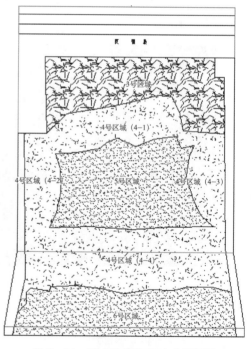

图8-23 消力池侧扫声呐图像　　　　　图8-24 消力池侧扫声呐成果解译

8.2.3　高清水下视频检测

3号区域位于消力池靠近大坝一侧，底部堆积大量的卵石、石块，如图8-25所示。

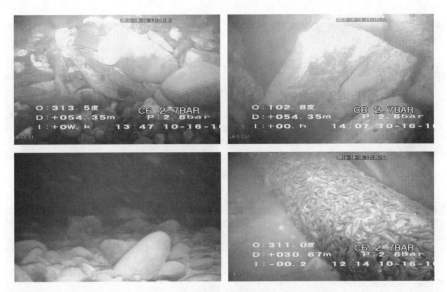

图 8 – 25　3 号区域底板堆积物水下视频图片

　　4 号区域位于消力池周边。从视频核对结果看，4 号区域内部均堆积有卵石并夹杂泥沙，某些部位泥沙较厚（从图 8 – 25 可以看出水下机器人的轮子有一小半陷入泥沙中），且零星散落有一些杂物，如图 8 – 26 ~ 图 8 – 28 所示。视频核对结果显示将此区域解释为石块夹杂泥沙堆积区合理。

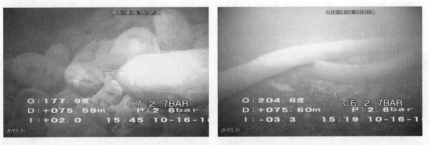

图 8 – 26　4 – 1 号区域堆积物水下视频图片

图 8 – 27　4 – 2 号、4 – 3 号区域堆积物水下视频图片

　　5 号区域位于消力池中部。从视频核对结果看，5 号区域内部沉积有少量的泥沙、轻质沉积物（如树叶、树枝等）及少量的杂物，如图 8 – 29 所示。视频核对结果显示将此区域解释为泥沙夹杂轻质沉积物堆积区合理。

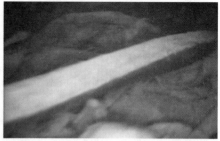

图 8 - 28　4 - 4 号区域堆积物水下视频图片

图 8 - 29　5 号区域堆积物水下视频图片

6 号区域位于消力池尾部。从视频核对结果看，6 号区域内部沉积有少量的泥沙、轻质沉积物（如树叶、树枝等）及少量的杂物，如图 8 - 30 所示。视频核对结果显示将此区域解释为泥沙夹杂轻质沉积物堆积区合理。

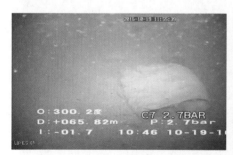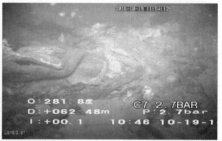

图 8 - 30　6 号区域堆积物水下视频图片

结合侧扫声呐检测结果及高清水下视频检测结果，3 号区域、4 号区域堆积有石块，且某些部位有大型杂物，无法进行冲砂处理；6 号区域为斜坡，无法进行冲砂处理；5 号区域为泥沙夹杂轻质沉积物堆积区，可以进行冲砂处理。5 号区域冲砂效果如图 8 - 31 所示。从图可以看出，经过冲砂处理之后，泥沙堆积在两侧，可以清晰地看到中间混凝土底板。冲砂效果理想。

底板检测异常统计，通过冲砂前视频检测及冲砂后视频检测共发现 5 处钢筋露头，分别位于坝纵 0 + 112m 坝横 0 + 164m、坝纵 0 + 112m 坝横 0 + 170m、坝纵 0 + 122m 坝横 0 + 135m、坝纵 0 + 113m 坝横 0 + 145m 及坝纵 0 + 113m 坝横 0 + 174m，如图 8 - 32 所示。

检测一处区域混凝土表面钢筋出露、混凝土破损，位于消力池坝纵 0 + 104m ～ 0 +

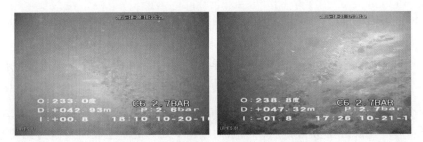

图 8 – 31　5 号区域冲砂水下视频图片

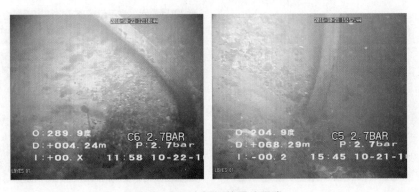

图 8 – 32　底板钢筋露头异常

110m 及坝横 0 + 151m ~ 0 + 161m 范围内，如图 8 – 33 所示。

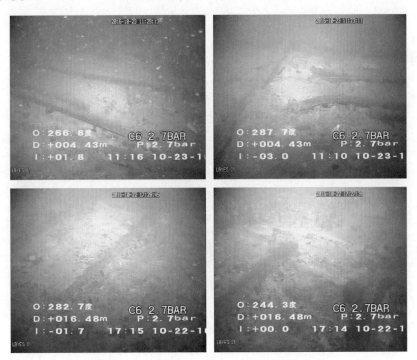

图 8 – 33　底板钢筋出露、混凝土破损异常

左边墙高清视频检测从左岸 518 平台下方高清摄像头进行。左边墙长度为 60m（坝

纵 0 +086m ~ 0 +146m），检测之前将左边墙沿坝横方向等分为 100 份，间隔 0.6m 下放一次摄像头进行检测。由于坝纵 0 +086m ~ 坝纵 0 +090.2m 处不具备检测条件（有水流出），因此未进行检测。检测共发现 78 处异常。其中，14 处异常位于边墙底部，均为异物；64 处位于混凝土表面。位于混凝土表面的异常中，31 处为钢筋露头，16 处为混凝土表面不平整，14 处为孔洞（根据现场情况，推测为排水孔），1 处为混凝土表面异物（见图 8 -34，根据现场视频推测为泡沫块），1 处为混凝土表面裂缝（见图 8 -35），1 处为混凝土表面划痕。异常数量统计如图 8 -36 所示。

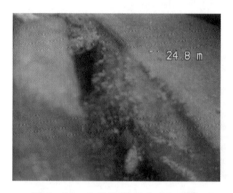

图 8 -34　左边墙混凝土表面异物

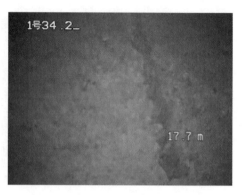

图 8 -35　左边墙混凝土表面裂缝

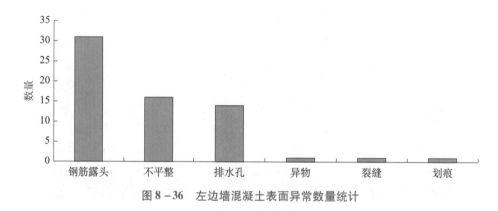

图 8 -36　左边墙混凝土表面异常数量统计

8.3　XP 水电站泄洪消能系统检测

8.3.1　工程概况

XP 水电站枢纽建筑物自左至右依次布置 3 孔泄洪闸、1 孔排污闸、河床式厂房和两条泄洪冲沙洞等建筑物。电站泄洪洞、消力池经过多年运行，流道部分区域有冲蚀破坏现象。2018 年 11 月，采用综合水下检测技术对水电站泄洪洞出口及下游消能区进行了综合检测作业，本项目成果可为后期水电站维护和检修工作部署提供重要依据。图 8 - 37 所示为水电站泄洪洞出口外景，图 8 - 38 所示为检测测线布置。

图 8 - 37　电站泄洪洞出口外景

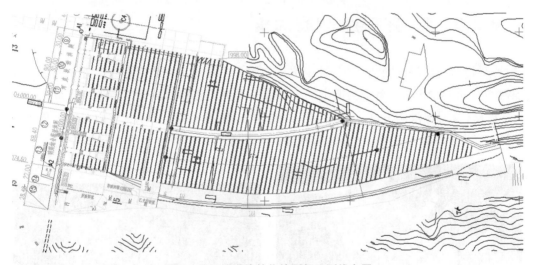

图 8 - 38　泄洪建筑物检测船只测线布置

8.3.2　泄洪消能系统多波束检测

按照"面积普查 + 重点部位详查"的总体思路，利用多波束、水下机器人和水下三维声呐检测技术相结合的方法，对水电站泄洪洞出口及下游消能区进行了水下综合检测。成果数据显示水电站泄洪洞出口及下游消能区存在消能影响区护岸脚淘刷、泄洪洞护坦混凝土下游冲刷坑发育、泄洪洞门槽缺陷等。电站泄洪洞下游消能区多波束检测成果数据整体三维模型如图 8 - 39 所示。

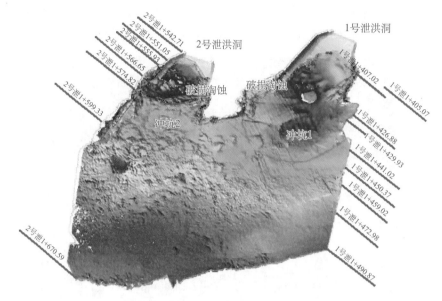

图 8-39　多波束检测三维点云图像

8.3.3　泄洪洞下游护坦检测成果

1 号泄洪洞出口冲刷坑（1 号冲刷坑）如图 8-40 所示，坑内存有一规则巨石状堆积物（7m×5m×3m），疑似为泄洪洞出口混凝土护坦破损冲刷遗落所致，其余未见较大堆积物。2 号泄洪洞出口冲刷坑（2 号冲刷坑）如图 8-41 所示，坑内存有大量碎石堆积，应为泄洪洞出口混凝土护坦破损冲刷遗落所致。

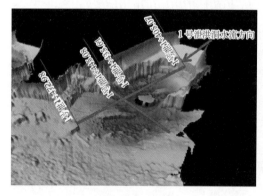 

图 8-40　1 号冲刷坑（61.5m×37.8m，
　　　　　面积约 2045m²）

图 8-41　2 号冲刷坑（30.9m×21.6m，
　　　　　面积约 620m²）

以 1 号泄洪洞出口闸室底板处为起点，沿泄洪洞轴线方向做 3 条横向剖面线，以冲刷坑上游为起点，沿下游方向做 3 条纵向剖面线（见图 8-42），获取 1 号泄洪洞出口下游冲刷坑附近水下地形剖面线，如图 8-43 所示。

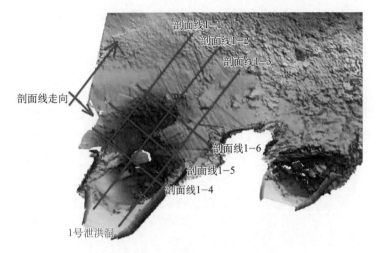

图 8 - 42　1 号冲刷坑周边水下地形剖面线位置

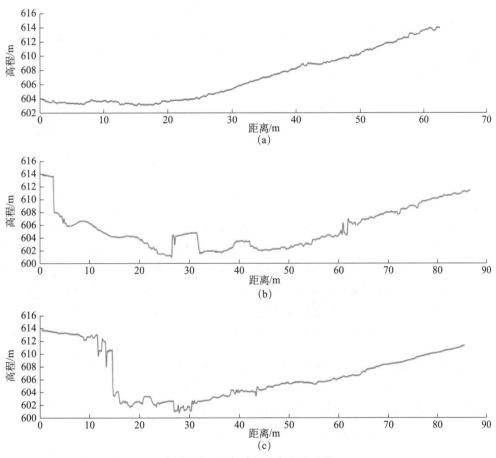

图 8 - 43　1 号冲刷坑各剖面形态

（a）1 - 1 泄洪洞冲刷坑距离 - 高程剖面图：1 号泄 1 + 425. 90 ~ 1 号泄 1 + 488. 12；（b）1 - 2
泄洪洞冲刷坑距离 - 高程剖面图：1 号泄 1 + 401. 37 ~ 1 号泄 1 + 488. 48；（c）1 - 3 泄洪洞
冲刷坑距离 - 高程剖面图：1 号泄 1 + 401. 94 ~ 1 号泄 1 + 488. 42

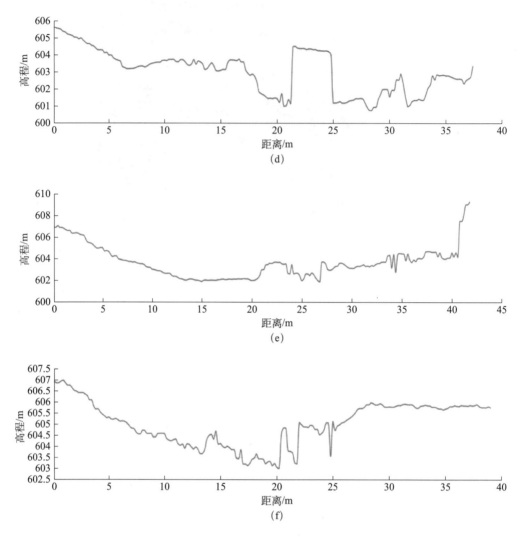

图 8 – 43　1 号冲刷坑各剖面形态（续）

（d）1 – 4 泄洪洞冲刷坑距离 – 高程剖面图：1 号泄 1 + 427. 79 ~ 1 号泄 1 + 429. 35；（e）1 – 5 泄
洪洞冲刷坑距离 – 高程剖面图：1 号泄 1 + 439. 88 ~ 1 号泄 1 + 442. 59；（f）1 – 6 泄
洪洞冲刷坑距离 – 高程剖面图：1 号泄 1 + 456. 09 ~ 1 号泄 1 + 456. 54

将点云数据导出，通过 CASS 软件绘制测区域内水底及边坡地形图，如图 8 – 44
所示。

根据多波束检测结果，采用二维声呐对冲刷区进行详查，结果如图 8 – 45 中所示红
色区域。其中，1 号冲刷坑水平宽约 23m，坑底有一巨石；2 号冲刷坑水平宽约 26m。

多波束检测成果数据显示，1 号和 2 号泄洪洞下游消能区均发现护岸脚混凝土冲刷
淘蚀。1 号冲刷淘蚀（1 号泄 1 + 407. 02 ~ 1 号泄 1 + 426. 88），1 号泄洪洞下游消能区左
岸护坦发现护岸脚冲刷淘蚀缺陷，多波束检测成果数据显示，受冲刷破损淘蚀护坦长度
约 27m。1 左 – 1 剖面长 7. 67m，淘刷高度约为 8m；1 左 – 2 剖面长 8. 36m，淘刷高度约

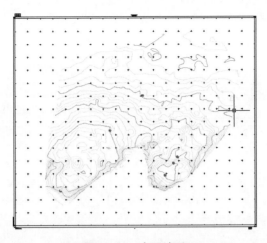

图 8 - 44　水下地形

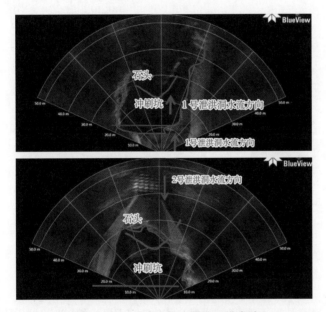

图 8 - 45　1 号、2 号冲刷坑二维声呐

为 7m；1 左 - 3 剖面长 9.78m，淘刷高度约为 6m，如图 8 - 46 和图 8 - 47 所示。

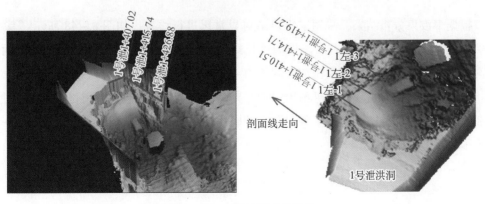

图 8 - 46　1 号冲刷声呐图像

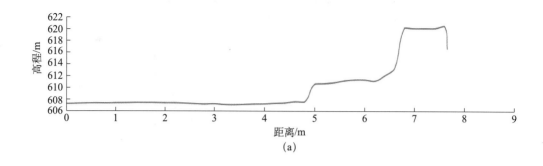

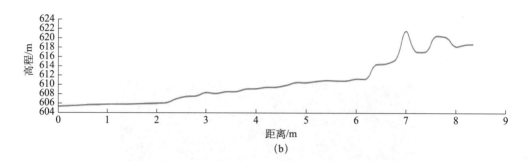

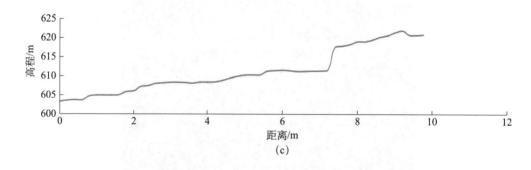

图 8 - 47　1 号池各剖面形态

（a）1 号泄洪洞左 - 1 剖面图：1 号泄 1 + 410. 51 ~ 1 号泄 1 + 411. 28；（b）1 号泄洪洞

左 - 2 剖面图：1 号泄 1 + 414. 71 ~ 1 号泄 1 + 416. 10；（c）1 号泄洪洞左 - 3 剖面图：

1 号泄 1 + 419. 27 ~ 1 号泄 1 + 421. 05

　　根据多波束分析结果，采用二维声呐对异常区进行详查，如图 8 - 48 所示。其中，1 号泄洪洞下游消能区护坦右岸破损淘蚀长约 30m，左岸破损淘蚀缺陷约 27m；2 号泄洪洞下游消能区护坦右岸破损淘蚀长度约为 40m，左岸淘蚀长约 19m。

　　根据多波束检测发现，泄洪洞出口护坦异常主要表现为：泄洪洞出口护坦混凝土均存在发现较大范围冲刷坑，护岸脚混凝土冲刷淘蚀。图 8 - 49 为缺陷平面图，表 8 - 1、表 8 - 2 为异常统计表。

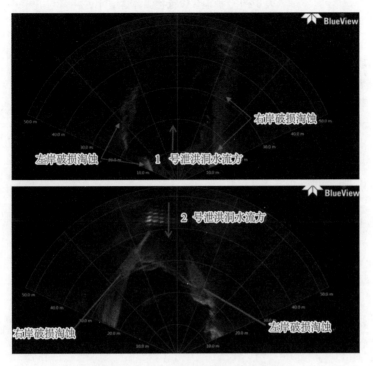

图 8 - 48　1 号、2 号泄洪洞缺陷二维声呐

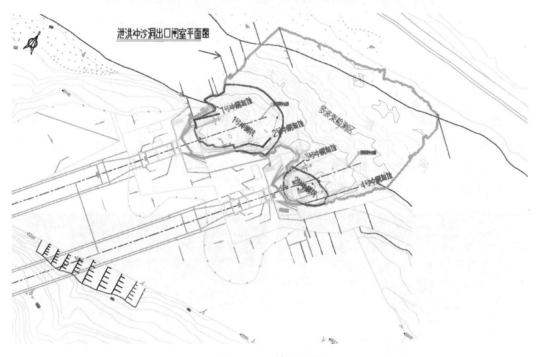

图 8 - 49　缺陷平面

表 8 - 1　护坦多波束检测异常统计

异常编号	异常性质	异常位置	异常描述
CS - 01	1 号冲刷坑	1 号泄洪洞护坦混凝土下游出口 （1 号泄 1 + 405.07 ~ 1 号泄 1 + 472.68）	1 号冲刷坑约 61.5m × 37.8m， 冲坑发育规模约为 2045m²
CS - 02	2 号冲刷坑	2 号泄洪洞护坦混凝土下游出口 （2 号泄 1 + 542.71 ~ 2 号泄 1 + 574.82）	2 号冲刷坑约 30.9m × 21.6m， 冲坑发育规模约为 620m²
TS - 01	1 号冲刷淘蚀	1 号泄洪洞下游消能区护坦左岸 （1 号泄 1 + 407.02 ~ 1 号泄 1 + 426.88）	受冲刷破损淘蚀护坦长度 约 27m
TS - 02	2 号冲刷淘蚀	1 号泄洪洞下游消能区护坦右岸 （1 号泄 1 + 429.93 ~ 1 号泄 1 + 459.02）	受冲刷破损淘蚀护坦长度 约 30m
TS - 03	3 号冲刷淘蚀	2 号泄洪洞下游消能区左岸护坦 （2 号泄 1 + 551.05 ~ 2 号泄 1 + 566.65）	受冲刷破损淘蚀护坦长度 约 19m
TS - 04	4 号冲刷淘蚀	2 号泄洪洞下游消能区右岸护坦 （2 号泄 1 + 555.93 ~ 2 号泄 1 + 599.33）	受冲刷破损淘蚀护坦长度 约 40m

表 8 - 2　护坦多波束检测异常数量统计

缺陷类型	1 号泄洪洞	2 号泄洪洞	异常小计
冲刷坑	1	1	2
冲刷淘蚀	2	2	4
异常合计	3	3	6

8.3.4　泄洪洞门槽检测成果

使用水下机器人对 1 号和 2 号泄洪洞左、右门槽检测任务进行了水下检测。通过 RTK 测量，水面高程为 624.4m，检测发现有墙面混凝土结构剥落、露筋、表观不平整及钢衬金属结构锈蚀等缺陷存在。图 8 - 50、图 8 - 51 为门槽缺陷图片和分布图。表 8 - 3为泄洪洞门槽检测成果缺陷数量统计。

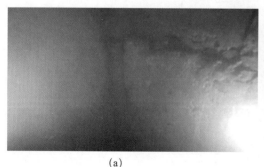

（a）　　　　　　　　　　　　　　　　　　（b）

图 8 - 50　门槽缺陷图片

（a）门槽边墙墙角露筋；（b）墙面混凝土剥落

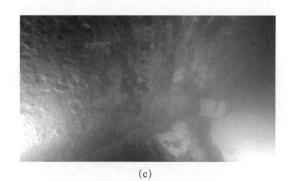

(c)

图 8 – 50　门槽缺陷图片（续）

（c）墙体钢衬锈蚀

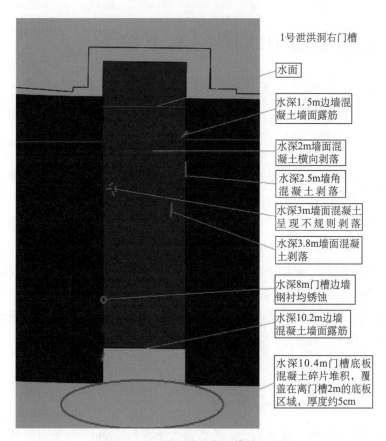

图 8 – 51　1 号泄洪洞右门槽缺陷分布

表 8 – 3　泄洪洞门槽检测成果缺陷数量统计

检测项目	1 号泄洪洞左门槽	1 号泄洪洞右门槽	2 号泄洪洞左门槽	2 号泄洪洞右门槽	缺陷小计
混凝土剥落	2	4	2	2	10
混凝土结构露筋	4	2	—	—	6

续表

检测项目	1号泄洪洞 左门槽	1号泄洪洞 右门槽	2号泄洪洞 左门槽	2号泄洪洞 右门槽	缺陷小计
墙面混凝土结构表观不平整	—	—	—	2	2
钢衬锈蚀/圆孔	3	1	2	1	7
混凝土碎片堆积	—	3	—	—	3
底板混凝土破损	—	—	1	—	1
底板拼接缝	—	—	—	3	3

8.4 某水电站引水隧洞水下检测

8.4.1 工程概况

某水电站进水口为岸塔式，位于大坝上游约100m处的左岸山坡，由6条直径为9m的引水隧洞平行布置，进水口平台高程为1207m，依次设置拦污栅、检修闸门、快速闸门及相应启闭设备。电站引水隧洞由渐变段、上平段、上弯段（$R=30m$）、竖井段（高70m）、下弯段（$R=30m$）、下平段等组成。引水隧洞上平段底板高程1128m，下平段底板高程998m，最大水深超200m。隧洞衬砌采用两种型式：进口渐变段至竖井段末端为钢筋混凝土衬砌结构（衬砌厚度渐变段为1.5m，其他为0.8m）；下弯段起点至下平段为双层衬砌结构，表层为钢衬，内层回填混凝土。该电站已运行15年有余，为全面掌握引水及尾水建筑物结构现状，分析评价其运行状态，确保电站运行安全和发电机组安全稳定运行，特开展此次检查。

8.4.2 检测内容

引水隧洞检查范围为全覆盖检查，检查最大水深约200m。每条引水隧洞包括从流道渐变段起点开始的渐变段、上平段、上弯段、竖井段、下弯段。重点检查内容包括：引水隧洞混凝土内表面有无破损、剥落、露筋、开裂、裂缝、冲蚀等缺陷，内表面附着物情况，底板磨损情况，混凝土衬砌结构与钢衬结合部位完好性，钢衬完整性等。对尾调室底板和边墙水下部分进行全覆盖扫描，对尾水隧洞的全洞段进行全覆盖扫描。重点检查内容包括：混凝土内表面有无破损、剥落、露筋、开裂、裂缝、冲蚀等缺陷，内表面附着物情况，底板磨损情况，结合部位完好性等。

8.4.3　检测成果

钢衬进口与混凝土接触部位水下测试成果如图 8 – 52 所示。避碰声呐显示，水下机器人位于引水隧洞底部区域，洞室截面回波整体呈圆形，未见明显缺陷。图像声呐显示，水下机器人前部区域（10m 量程近距离范围之内）无明显回波异常，未见缺陷异常区域。高清视频截图显示，钢衬进口与混凝土接触部位局部凹凸不平整，但整体接触紧密、光滑，无明显冲蚀破坏缺陷。

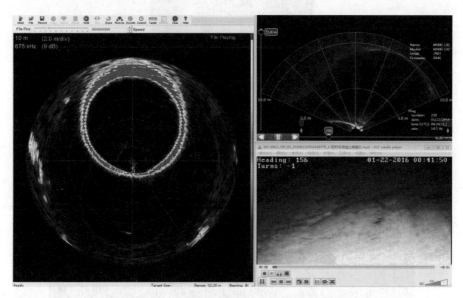

图 8 –52　钢衬进口与混凝土接触部位检测成果

尾水隧洞底板典型水下声呐检查成果如图 8 – 53 ~ 图 8 – 56 所示。尾水洞城门洞进口区域，图像声呐回波反射显示边界规则、表面光滑、截面特征明显，与设计图纸一致性好；未见明显声呐回波反射异常区域，无明显冲蚀破坏缺陷；城门洞周围天然山体锚索的锚固头声呐回波反射清晰可见，呈规则排列，未见明显冲蚀破坏缺陷。尾水隧洞进口平直段底板整体平整光滑，未见明显声呐回波反射异常区域，无明显冲蚀破坏；两条结构缝清晰可见，垂直洞壁方向呈直线型，间隔 8m，与设计图纸吻合，未见其他裂隙发育；两侧边墙平直规则，未见明显回波反射异常区域，无明显冲蚀破坏；局部可见多次反射异常，在水下机器人前进过程中逐渐消失。尾水隧洞环形段底板整体平整光滑，未见明显声呐回波反射异常区域，无明显冲蚀破坏；一条结构缝清晰可见，垂直洞壁方向呈直线型，未见其他裂隙发育；两侧边墙呈弧状，未见明显回波反射异常区域，无明显冲蚀破坏。环形段整体与设计图纸吻合，未见明显冲蚀破坏区域。在 0 + 240m 底板靠近左侧边墙的区域，水下声呐成像探测发现一处高强度反射异常区域，反射异常呈长方形状，经声呐信息测量，长约 3.5m，宽约 0.5m。对该异常区域，采取高清视频水下验证。

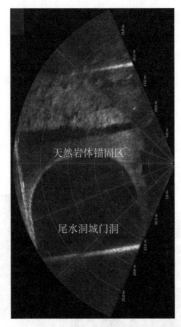

图 8 – 53　尾水洞进口图像声呐水下检查成果

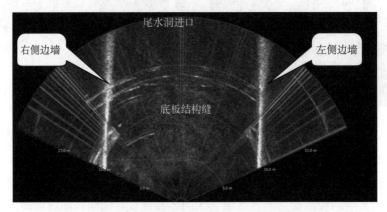

图 8 – 54　尾水隧洞平直段典型水下声呐检查成果

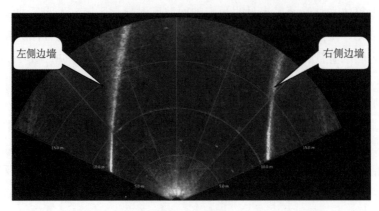

图 8 – 55　尾水隧洞环形段典型水下声呐检查成果

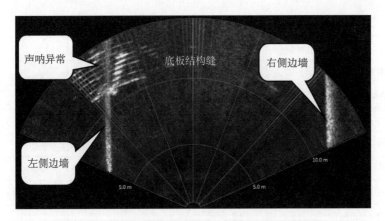

图 8 – 56　尾水隧洞 0 + 240m 底板水下声呐检查成果

尾水隧洞底板水下光学视频局部精细检查路径及成果如图 8 – 57、图 8 – 58 所示。

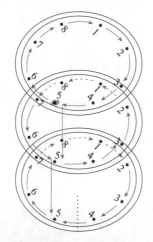

图 8 – 57　引水隧洞水下检测 ROV 环向行进路线

由图 8 – 58（a）可见，底板混凝土结构缝清晰，无明显凹陷冲蚀，结构缝两侧底板混凝土整体平整。由图 8 – 58（b）可见，底板与左侧边墙交界区域有顺洞室方向的钢筋构件，底板与边墙混凝土整体平整。由图 8 – 58（c）可见，底板混凝土存在小孔，孔内有疑似电线芯装铁丝，孔周边区域底板混凝土整体平整。

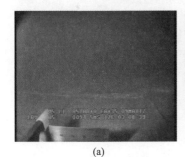
(a)

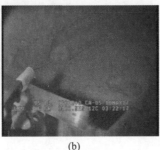
(b)

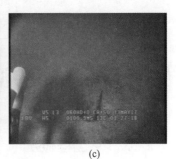
(c)

图 8 – 58　尾水隧洞底板典型水下光学视频检查成果

（a）结构缝；（b）底板左侧构件；（c）底板小孔

表 8 – 4　尾水隧洞底板与边墙交界区域的异物统计

桩号	方形钢筋	圆形钢筋	钢管	方块	槽钢	角钢	螺丝	树枝
0 + 0m ~ 0 + 0m	—	—	—	—	—	—	—	—
0 + 20m ~ 0 + 100m	2	12	—	—	—	—	—	—
0 + 100m ~ 0 + 200m	2	10	—	—	—	—	—	—
0 + 200m ~ 0 + 300m	23	13	—	—	2	—	—	—
0 + 300m ~ 0 + 400m	18	11	—	3	1	—	—	—
0 + 400m ~ 0 + 500m	29	12	2	—	—	1	—	—
0 + 500m ~ 0 + 600m	15	10	—	—	2	1	—	—
0 + 600m ~ 0 + 700m	7	9	—	—	—	3	—	—
0 + 700m ~ 0 + 800m	21	11	—	3	—	1	1	1
0 + 700m ~ 0 + 840m	3	4	1	2	—	—	—	—
0 + 840m ~ 0 + 867.66m	—	—	—	—	—	—	—	—
合计	120	92	3	8	5	6	1	1
	236（件）							

对 0 + 240m 底板处声呐探测异常进行视频精细检查，洞口两端向中间进行的两次检查方式均进行了相应的视频检查，检查成果如图 8 – 59 所示。根据光学视频检查的整体分析总结，判断该构件为用于锁定闸门的锁定梁。

图 8 – 59　尾水隧洞 0 + 240m 底板水下光学视频检查成果

8.5　某水库渗漏水下检测

8.5.1　工程概况

某水库工程位于贵州省遵义市中心城区东北面，地处湘江左岸支流仁江下游新田湾河段内，坝址距遵义市城区 28.0km，工程对外交通方便。坝址以上流域面积 598.2km² ，多年平均径流量 31 980万 m³ 。水库正常蓄水位 812.00m，总库容 7380 万 m³ ，主要功能是城市供水、农田灌溉兼集镇及农村人畜饮水，工程规模为中型。工程大坝为混凝土面板堆石坝，最大坝高 56m，其他主要建筑物有溢洪道、放水洞等。该水库于2014 年 4 月完成蓄水安全鉴定，2014 年6 月 14 日正式下闸蓄水，如图 8 - 60 所示。水库水位一般在 801.00 ~812.00m

图 8 - 60　水库坝体外观

内运行，2015 年 12 月 31 日达到最高库水位 812.30m，超过正常蓄水位 0.3m。

8.5.2　检测内容

2019 年 10 月 15 日至 18 日，采用伪随机流场法发现的异常区域，采用水下机器人对异常区域进行高清影像拍摄，拍摄区域如图 8 - 61 蓝色圈范围所示，并利用搭载的自动喷墨示踪情况来判断重点位置的渗漏情况。为了水下机器人对异常区域进行较好定位，本次工作时，将大坝面板从右岸到左岸依次从 1 ~ 11 进行了编号，如图 8 - 61 所示。

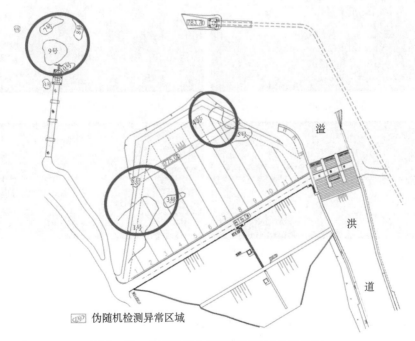

伪随机检测异常区域

图 8 - 61　水下机器人系统检测区域位置分布

8.5.3　检测成果

本项目水下机器人搭载一个喷墨系统，喷墨系统处于摄像镜头视野下，对检测区域进行渗漏验证。水下机器人下水现场位置如图 8-62 所示。当水下机器人平滑地经过检测区域时，如果监测区域无渗漏，挤出的喷墨会漂浮然后缓慢溶于水中。如果监测区域存在渗漏，挤出的喷墨会随着渗漏水流吸入渗漏处。根据这个现象可以检测该区域是否存在渗漏。为确保喷墨的墨汁对水质环境不造成污染，专门定制食用色素作为喷墨测试的墨汁。

从摄像成果可见：

（1）导流洞水工建筑混凝土结构表面完整，未见较大裂隙和缺陷。

（2）喷墨墨汁未见明显吸入等情况。

图 8-62　水下机器人下水现场位置

（3）导流洞闸门及 F_3 断层附近底部整体均有沉积泥沙，局部沉积植物及杂物，水下机器人靠近底部时，水体变浑导致视线受阻。不同高程位置典型成果如图 8-63 所示。

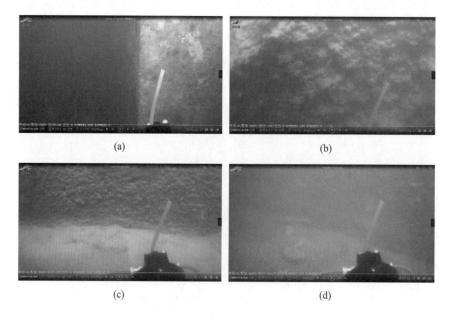

（a）　　　　　　　　　　　　　　（b）

（c）　　　　　　　　　　　　　　（d）

图 8-63　7 号、9 号异常右岸 F_3 断层及导流洞闸门附近区域水下机器人检测成果

（a）7 号、9 号异常导流洞闸门附近水工建筑墙壁；（b）7 号、9 号异常导流洞闸门附近水工建筑底部；
（c）7 号、9 号异常导流洞闸门附近底部；（d）7 号、9 号异常导流洞闸门附近底部

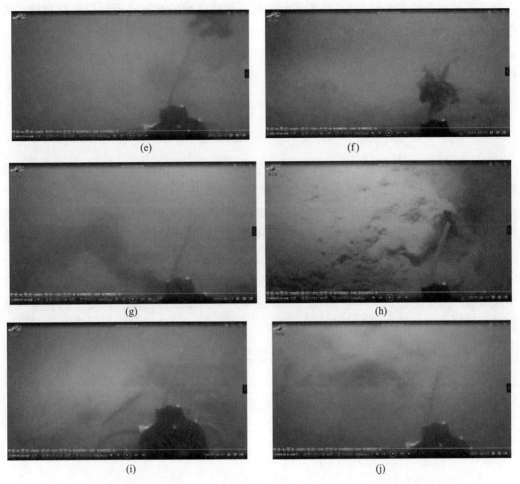

图 8 – 63　7 号、9 号异常右岸 F_3 断层及导流洞闸门附近区域水下机器人检测成果（续）

（e）7 号、9 号异常导流洞闸门附近底面；（f）7 号、9 号异常导流洞闸门附近底面；（g）7 号、9 号异常右岸 F_3 断层附近；（h）7 号、9 号异常右岸 F_3 断层附近；（i）7 号、9 号异常右岸 F_3 断层附近；（j）7 号、9 号异常右岸 F_3 断层附近

8.6　XRD 水电站水库水下检测

8.6.1　工程概况

XRD 电站采用堤坝式开发，枢纽主要由拦河坝、引水发电系统、泄洪深孔、泄洪表孔、泄洪隧洞等建筑物组成，拦河坝为混凝土双曲拱坝。

目前，水电站坝前河床经过长期的水流冲刷和泥沙沉积，水下地形已发生演变，有必要摸清和总结进水口 518m 高程平台区域、坝前区域的水下地形情况变化规律，为电站下一步调度运行提供依据。本次水下检测首先采用三维多波束声呐方法对测量区域进行全覆盖地形测量，然后采用水下机器人对疑似缺陷和冲坑等进行水下高清摄像检查。

8.6.2　检测方法与工作布置

本项目投入使用的多波束测深系统通过采用波动物理原理的"相控阵"方法精确定位（或称为指向）512 个波束中每个波束的精确指向（位置），指向性可控制到 0.5度，根据每个波束位置上的回波信号用振幅和相位方法确定深度。同时，该系统具备 TruePix 功能，可以直观地得到水下地貌及其类型等特征。三维多波束声呐系统对测量区域进行全覆盖扫测时，遵循测线尽量保持直线的原则，特殊情况下，测线可以缓慢弯曲；同时，相邻测线覆盖范围重合至少 20%，且重点部位（如进水口区域等）需进行多次覆盖扫测（见图 8-64）。根据三维多波束声呐测量初步成果，对发现的异常区域及重点区域进行水下机器人测量。

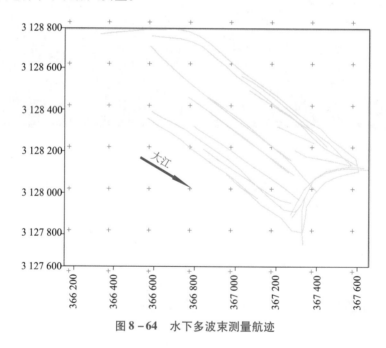

图 8-64　水下多波束测量航迹

8.6.3　检测成果

将三维多波束的三维点云数据进行建模并着色，以等高程色谱色块和等深线图形式呈现。大坝坝前区域水下三维多波束成果总览如图 8-65 所示。通过分析可知：大坝坝前区域河道、围堰、进水口、泄洪洞、坝体等水下地形地貌特征清晰，水工建筑整体完整性好，未见明显的破坏变形等；该段河道河床底部地形起伏变化较大，围堰区域高程略高，河底高程为 365.9～437m；河底施工期导流洞、施工期上游围堰及其中部拆除痕迹均清晰可见，其中施工期上游围堰将河床分为上下两段，分别为大坝至围堰区形成的坝前低洼区域和围堰上游天然河床区域；该河段左、右两岸边坡陡峻，浅层泥沙沉积，多见粗糙不平的基岩块体；该段河床底部底质泥沙沉积，多为粗砂等，表层较为粗糙。

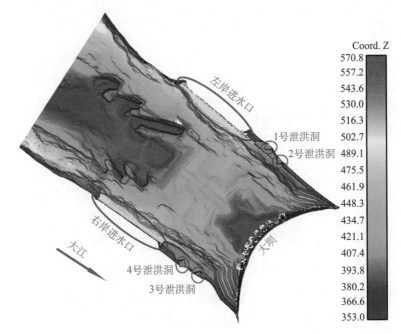

图 8-65　水下多波束检测大坝坝前区域总览

左岸进水口多波束测量成果如图 8-66 所示。通过分析可知：左岸进水口拦污栅完整，未见明显缺陷；左岸进水口 518m 高程平台及其轮廓清晰可以见，整体较平整，高程为 518～518.1m，未见明显淤积现象；左岸进水口前部 516m 高程平台清晰可见，整体较平整，现高程为 516.6～516.7m，存在浅层河沙淤积，淤积厚度约 0.6～0.7m。

图 8-66　水下多波束左岸进水口检测成果

为进一步分析左岸 9 个进水口区域 518m 高程平台淤积情况，进行断面分析。以左岸 1 号进水口断面为例。左岸 1 号进水口拦污栅点云与设计线基本重合，未见明显缺陷；518m 高程平台点云与设计线基本重合，高程为 518m，未见明显缺陷；进水口前部 516m 高程平台清晰可见，整体较平整，高程为 516.4～516.7m，存在少量河沙淤积，淤积厚度 0.4～0.7m（见图 8-67）。

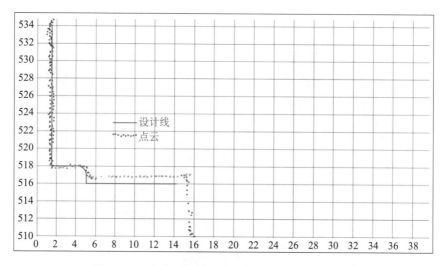

图 8-67　左岸 1 号进水口多波束测量断面点云成果

右岸进水口三维多波束声呐测量成果如图 8-68 所示。通过分析可知：右岸进水口拦污栅完整，未见明显缺陷；右岸进水口 518m 高程平台高程为 518m，未见明显淤积现象；右岸进水口前部 516m 高程平坦清晰可见，整体较平整，现高程为 516.4～516.5m，存在少量河沙淤积，淤积厚度 0.4～0.5m。

图 8-68　水下多波束右岸进水口检测成果

为进一步分析右岸 9 个进水口区域 518 平台淤积情况，进行断面分析。以右岸 10 号进水口断面为例。右岸 10 号进水口拦污栅点云与设计线基本重合，未见明显缺陷；518m 高程平台点云与设计线基本重合，高程为 518m，未见明显缺陷；进水口前部 516m 高程平台清晰可见，整体较平整，高程为 516.4～517m，存在河沙淤积，淤积厚度 0.4 ~ 1m（见图 8 - 69）。

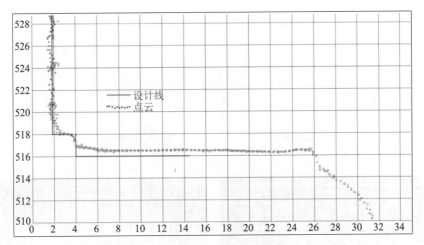

图 8 - 69　右岸 10 号进水口多波束测量断面点云成果

以左岸 1 号泄洪洞为例。本部位采用三维声呐系统结合水下机器人系统对 1 号泄洪洞进行了全方位扫描和高清视频摄像检测。左岸 1 号泄洪洞进口水下多波束检测成果如图 8 - 70。通过分析可知：左岸 1 号泄洪洞底板表面光滑平整，未见明显缺陷，高程为 545.05m，与设计高程 545.0m 相比，底板存在约 5cm 厚的淤泥沉积；左岸 1 号泄洪洞四周边墙表面光滑平整，未见明显缺陷；左岸 1 号泄洪洞前部底板表面光滑平整，未见明显缺陷，高程为 543.1m。

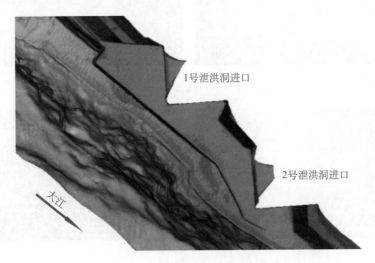

图 8 - 70　左岸 1 号泄洪洞多波束测量断面点云成果

水下机器人搭载高清摄像头对 1 号泄洪洞各结构交界处、结构面板等部位进行了详细测量。结构交界处测量成果典型图片如图 8 - 71 所示，通过分析可知：泄洪洞门槽轨道规整，未见明显变形等缺陷；泄洪洞混凝土结构转角处规整，未见明显缺陷等。

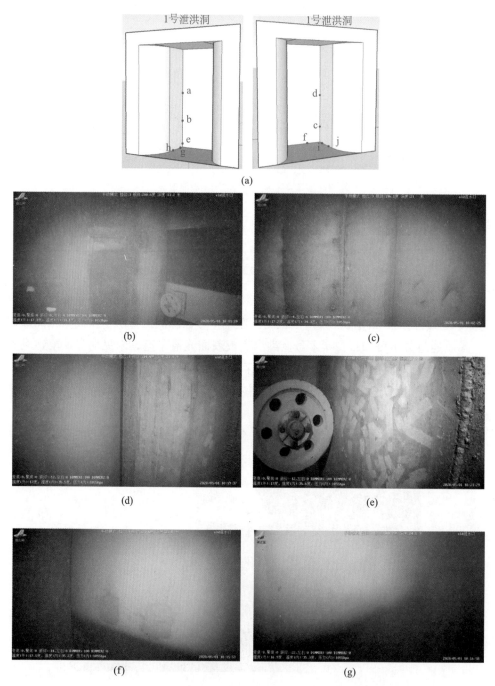

图 8-71　左岸 1 号泄洪洞进口结构交界处水下机器人测量成果

（a）特征点位置；（b）闸门与左侧门槽交界处 a 点；（c）闸门与左侧门槽交界处 b 点；

（d）闸门与右侧门槽交界处 c 点；（e）闸门与右侧门槽交界处 d 点；

（f）闸门底部与门槽交界处 e 点；（g）闸门底部 f 点

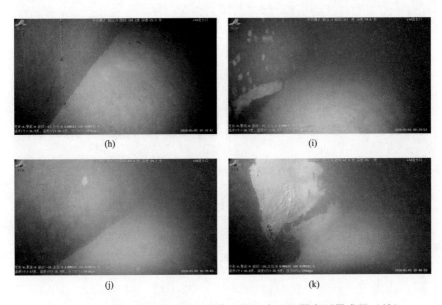

图 8-71　左岸 1 号泄洪洞进口结构交界处水下机器人测量成果（续）

（h）左边墙与底板交界处 g 点；（i）左边墙与底板交界处 h 点；

（j）右边墙与底板交界处 i 点；（k）右边墙与底板交界处 j 点

　　结构面板测量成果典型图片如图 8-72 所示。通过分析可知：泄洪洞底板平整，存在一定厚度的淤泥淤积；泄洪洞左右边墙混凝土表面平整规则，表面光滑，未见明显缺陷；泄洪洞左右边墙钢衬与混凝土接触密实，钢衬表面平整规则等。

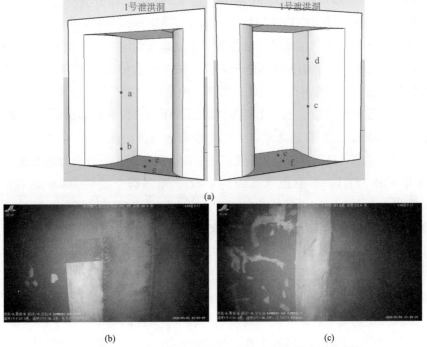

图 8-72　左岸 1 号泄洪洞进口结构面水下机器人测量成果

（a）特征点位；（b）左侧边墙与钢衬交界处 a 点；（c）左侧边墙与钢衬交界处 b 点

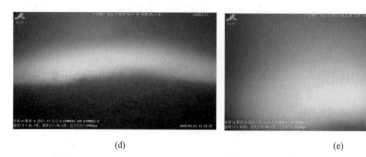

图 8 – 72　左岸 1 号泄洪洞进口结构面水下机器人测量成果（续）

（d）底板 e 点；（e）底板 f 点

8.7　泸定水电站渗漏检测

8.7.1　工程概况

泸定水电站位于四川省泸定县境内，为大渡河干流水电梯级开发的第 12 级电站，工程任务主要为发电，总库容 2.195 亿 m³，装机容量 920MW。工程规模为大（2）型。电站枢纽主要由黏土心墙堆石坝、两岸泄洪洞和右岸引水发电建筑物等组成。黏土心墙坝最大坝高 79.50m，坝顶长 526.7m，坝顶宽度 12.0m。坝体分为心墙、坝壳堆石、反滤层、过渡层四大区，坝体防渗采用黏土心墙。坝基河床段采用 110m 深防渗墙下接帷幕灌浆，两岸采用封闭式防渗墙的防渗方案。泄洪建筑物由三条泄洪洞组成，1 号泄洪洞布置于左岸，2 号、3 号泄洪洞布置于右岸，从左至右依次为 1 号、2 号、3 号泄洪洞。1 号泄洪洞由 1 号导流洞改建而成，采用洞内消能方式，总长度 537.346m，由岸塔式进水口、上平段、竖井段、洞内消能改建段、无压结合段和出口改建段组成。2 号泄洪洞总长 1431.00m，由短有压进水口、洞身段和出口消力池组成。3 号泄洪洞（兼景观生态下泄洞）总长 1432.14m，由开敞式进水口、洞身段和出口消力池组成。

2013 年 3 月 31 日，下游距坝轴线约 448m、距坝脚下游约 200m 的右岸河道约 1306m 高程发现渗水，对应坝桩号约 0＋240。涌水初期流量约 5L/s，至 2013 年 4 月 15 日涌水区地面发生塌陷，流量目测增至约 200L/s，且有较多的灰黑色细颗粒涌出，以后流量在 188～212L/s。涌水点附近出现地面开裂、河床塌陷等变形。鉴于以上情况，对泸定水电站先后进行了伪随机流场法测试、水下多波束检查、水下机器人检测工作。伪随机流场法测试的目的是查明库区渗漏情况；对近坝库区进行水下多波束检查，目的是探测水下三维地形与地貌特征，更为直观地判断库水可能的集中入渗位置；对库区进行疑似集中渗漏点的水下机器人摄像工作，目的是检测水下三维地形与地貌特征中呈现异常的区域，更为直观地判断库水入渗位置，为后续制定进一步处理方案提供依据。

8.7.2　检测方法与工作布置

由于 16 号长观孔水位情况和库区相关性较好，本次测试在 16 号长观孔放入供电电极至孔底，形成坝后高压供电 A 极，进行整体库区渗漏入水点的普查；无穷远供电电极 B 布置在库区内，需设置在距离最近探测点在 200m 以外区域。通过右岸施工交通便道进入，在距离大坝轴线约 720m 处进入库区，到达库区中心后经救生衣漂浮和沉石固定在水下 50m 处，如图 8 - 73 所示。

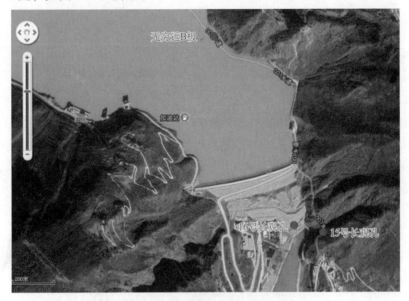

图 8 - 73　供电点总体布置位置

16 号长观孔位坝后相对左右岸位于中间区域，供电探测期间，高压供电机供电电压为 110V，供电电流为 0.3A。

本项目测试在库区平行坝轴线方向布置物探探测剖面，测线采用网格状布置，测线线距 3m，每条测线上点距 3m，在 100 条测线后的库区点距 6m。

本项目投入使用的多波束测深系统通过采用波动物理原理的"相控阵"方法精确定位（或称为指向）512 个波束中每个波束的精确指向（位置），指向性可控制到 0.5 度，根据每个波束位置上的回波信号用振幅和相位方法确定深度。同时，该系统具备 TruePix 功能，可以直观地得到水下地貌及其类型等特征。多波束探测系统进行全覆盖扫测时，遵循测线尽量保持直线的原则，特殊情况下，测线可以缓慢弯曲，同时，相邻测线覆盖范围重合至少 20%，且对于重点部位（如伪随机测试异常区域）需进行多次覆盖扫测。实际测量航迹如图 8 - 74 所示。

8.7.3　检测成果

伪随机流场法探测正常场测值通常在 2 ~ 5mV，异常场测值通常都在 10mV 以上，

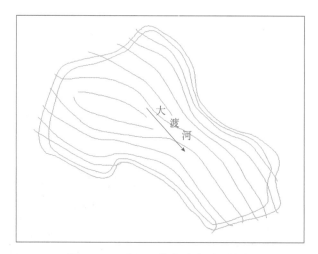

图 8 - 74　库区三维多波束测深航迹

异常极大值甚至可以达到 50mV 以上，正常场与异常场差异非常明显。根据库区伪随机探测数据所绘制的平面色谱图，可以明显分辨出 3 个渗漏入水点，分别是坝体左岸1359m 高程附近区域、上游围堰区域、1 号泄洪洞进口及原导流洞进口区域，详见图8 - 75。其中：

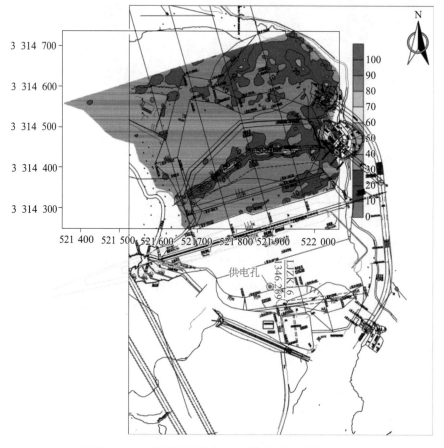

图 8 - 75　16 号长观孔供电库区伪随机流场法探测成果

（1）坝体左岸 1359m 高程区域，异常值一般在 20～45mV 之间，属中度渗漏。

（2）上游围堰区域异常区域面积约 5050 m²，异常值一般在 20～60mV 之间，属中度渗漏。

（3）1 号泄洪洞进口及原导流洞进口区域面积约 900 m²，异常值一般在 20～60mV 之间，属中度渗漏。

坝体左岸 1359m 高程区域。该区域伪随机异常值一般在 20～45mV 之间，属中度渗漏（见图 8－76）。水下多波束探测在该区域亦存在多处较大凹陷，凹陷直径 1～2m、深度 0.5～1m（见图 8－77）。

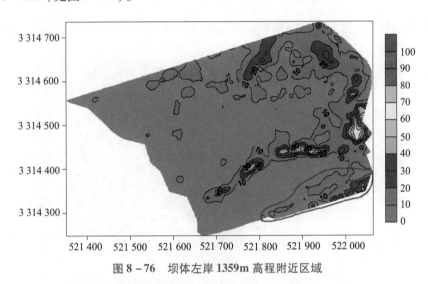

图 8－76　坝体左岸 1359m 高程附近区域

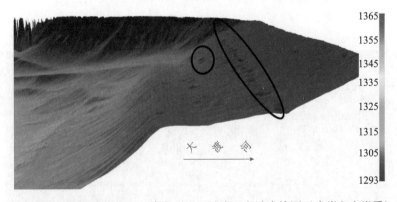

图 8－77　坝体左岸 1359m 高程附近区域水下多波束检测（右岸向左岸看）

水下机器人在坝体桩号 0+41m、1368m 高程处，发现明显渗漏区域，喷墨墨汁明显下渗，异常为一个圆形渗洞，呈张开状（见图 8－78）。该处伪随机流场法渗漏检测异常值为相对大值集中区域，伪随机流场法、水下多波束、水下机器人检测的异常区域一致性较好。

伪随机流场法检测成果表明，上游围堰区域存在渗漏入水点。该区域中心位置位于围堰中心轴线偏下游方向，异常值一般在 20～40mV 之间，属中度渗漏（见图 8－79）。上游围堰下游侧区域明显呈陡坎状，压重区高程呈缓坡状向下游方向上升；上游围堰下

图 8-78 坝体左岸 1359m 高程附近区域水下机器人喷墨检测

游侧表面凹凸不平，推测沉积细颗粒物质可能已经被下渗水流带走（见图 8-80）。

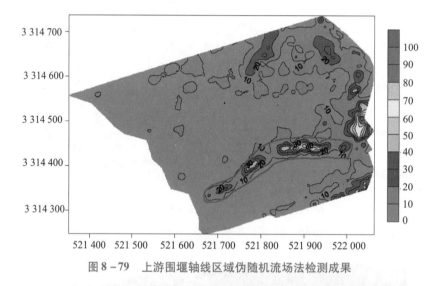

图 8-79 上游围堰轴线区域伪随机流场法检测成果

图 8-80 上游围堰轴线下游侧区域局部三维声呐成果（从右岸向左岸看）

向左岸沿上游围堰轴线方向观测发现，桩号 0 + 150m ~ 0 + 200m 区域连续性存在多处直径为 10 ~ 20cm 的凹陷，喷墨后显示墨汁未见明显向下吸附，墨汁缓慢向扩散于库水中（见图 8 - 81）。

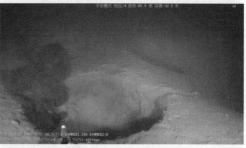

图 8 - 81　上游围堰桩号 0 + 150m ~ 0 + 200m 区域水下机器人喷墨检测

伪随机流场法检测成果表明，1 号泄洪洞进口及原导流洞进口区域存在渗漏入水点。1 号泄洪洞进口区域异常值一般在 20 ~ 60mV 之间，属中度渗漏（见图 8 - 82）。水下三维多波束声呐探测成果表明：1 号泄洪洞进口区域，靠近河床侧未见明显渗漏凹陷区域，底板与河床接触部位呈浅凹槽状，底板靠近河床侧里面较平整规则，局部可见凹凸粗糙不平状；原导流洞进口闸门区域周边较平整规则，未见明显渗漏凹陷区域，局部轻微凹凸不平（见图 8 - 83）。

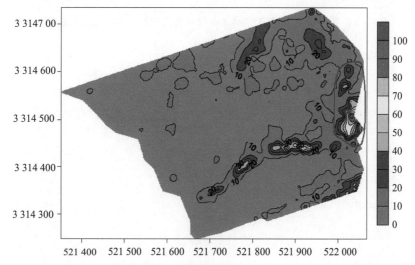

图 8 - 82　1 号泄洪洞进口及原导流洞进口区域伪随机流场法检测成果

水下机器人视频检查发现，1 号泄洪洞进口区域，1344.5m 高程边坡区域存在碎石堆积区。该碎石堆积区表面无泥沙沉积；喷墨后显示墨汁明显向碎石内部入渗，墨汁未向四周库水扩散中（见图 8 - 84）。原导流洞进口区域表层凹凸不平，无新近泥沙沉积，局部存在 10 ~ 20cm 和 2 ~ 3cm 凹陷，因边柱影响机器人运行，未进行全面检查。

图 8 - 83 1 号泄洪洞进口区域三维声呐成果

图 8 - 84 1 号泄洪洞进口 1344.5m 高程边坡区域水下机器人喷墨检测

第 **9** 章

物探检测的信息化与可视化

9.1 概述

早在 2000 年 10 月 11 日通过的《中共中央关于制定国民经济和社会发展第十个五年计划的建议》指出：信息化是当前世界经济和社会发展的大趋势，也是我国产业优化升级和实现工业化、现代化的关键环节。国内部分企业经过近年来的信息网络建设虽然已具备了一定的规模，技术应用也取得了一定突破，但同世界一流企业相比，计算机技术应用的差距可能比其他方面差距要大得多。国外著名的石油公司，由于计算机技术广泛应用于生产、管理、办公自动化及勘探开发新技术研究等方方面面，因此已显示出明显的竞争优势。2021 年 3 月，《中华人民共和国国民经济和社会发展第十四个五年规划和 2035 年远景目标纲要（草案）》指出，迎接数字时代，激活数据要素潜能，推进网络强国建设，加快建设数字经济、数字社会、数字政府，以数字化转型整体驱动生产方式、生活方式和治理方式变革，对企业的信息化管理、数字化转型提出更为明确的要求。

首先，水电工程物探检测工作是水电工程建设及运营管理，具有项目周期长、涉及工作面广、使用检测方法多、检测环境多样等特点。物探检测成果作为水电工程施工验收的主要依据之一，对评价建设质量、运行期缺陷管理等具有十分重要的作用。但由于检测工作周期长、检测环境的变化、项目人员的更替等诸多原因，检测成果重现性、可溯源性、检测资料缺失的事件时有发生。其次，水电工程物探检测工作面广，水工建筑物结构复杂，大坝、灌浆廊道、引水隧洞、厂房等形状各异，检测成果多，纸质化生产已完全不满足当下高质量发展的客观要求。再次，物探检测成果作为评价水电工程建设质量、运营期缺陷管理的一手资料，提高检测成果的可读性，展示检测目标的现状、缺陷发展规律，可为电站运行管理和设计单位提供可靠的评价依据。物探检测工作在水电工程中的重要性和电站智慧运行管理的要求，都对加强物探检测的信息化管理、提高检测工作全周期管理水平、提高检测成果的数字化率、加强成果可视化，提出了更高要求。

9.2 检测项目的信息化管理

9.2.1 基本概念

项目管理的两个层次主要表现在企业层次和项目层次。从项目的不同主体角度看，涉及业主，各承包商（设计、施工、供应等），监理和用户。从项目的生命周期角度看，包括概念阶段、开发阶段、实施阶段和收尾阶段。从项目管理的基本过程看，包括启动过程、计划过程、执行过程、控制过程和结束过程。从项目管理的职能看，包括范围管理、时间管理、费用管理、质量管理、人力资源管理、风险管理、沟通管理、采购管理和综合管理。对于物探检测工作而言，项目质量管理是检测工作的重中之重，是检测工作达到客户所规定的质量要求所实施的一系列管理过程，它包括质量规划，质量控制和质量保证等。

　　什么是信息化？简单地说，信息化就是业务在物理世界里开展，信息系统提供支撑。信息化是一种管理手段，是业务过程数据化，它是将传统业务交由信息系统来管理，即将业务从线下搬到线上，信息技术对业务起着提升效率的作用。对于水电工程物探检测工作而言，信息化工作主要涉及信息化管理，包括工程相关信息、结构设计、地质、施工情况、检测设备、现场检测环境、检测过程、检测成果等。信息化应用需将物探检测过程中的资料、数据采集、存储、分析、检测成果等，通过信息系统、数据库、网络等进行信息化管理，使各级人员清楚地了解业务开展状态、流程进展、成果等业务信息，从而为检测工作的开展提供支撑。

　　信息化可采用 ASP 建立动态网页，通过浏览器实现对数据库的访问，及时了解生产工作进展，查阅已有生产数据，统筹安排下一步工作。互联网、5G 技术的日趋成熟，运用大数据、云计算、物联网、3S 技术，构建生产过程全周期信息化管理，都为物探检测、探测生产工作全周期信息化管理提供了可能。物探检测工作中，实现项目方案设计、数据采集、方案调整、项目人员配置优化、数据审核与评价、数据处理、成果提交与资料归档，以及后期数据资产的管理等全过程信息化管理，对提高生产过程质量管控、提高生产效率、实现提质增效，具有极为重要作用。

9.2.2　发展概况

　　信息化的概念起源于 20 世纪 60 年代的日本，首先是由日本学者梅棹忠夫提出来的，而后被译成英文传播到西方。西方社会普遍使用"信息社会"和"信息化"的概念是从 20 世纪 70 年代后期才开始的。我国信息技术发展比国外较晚。1997 年召开的首届全国信息化工作会议对信息化和国家信息化定义为："信息化是指培育、发展以智能化工具为代表的新的生产力并使之造福于社会的历史过程。国家信息化就是在国家统一规划和组织下，在农业、工业、科学技术、国防及社会生活各个方面应用现代信息技术，深入开发广泛利用信息资源，加速实现国家现代化进程。"2021 年 12 月 30 日，工业和信息化部发布了《制造业质量管理数字化实施指南（试行）》要求：推进制造业质量管理数字化是一项系统性工程，要以提高质量和效益、推动质量变革为目标，按照"围绕一条主线、加快三大转变、把握四项原则"进行布局。企业要发挥主体作用，强化数字化思维，持续深化数字技术在制造业质量管理中的应用，创新开展质量管理活动。专业机构要以提升服务为重点，加快质量管理数字化工具和方法的研发与应用，提供软件平台等公共服务。各地工业和信息化主管部门要以完善政策保障和支撑环境为重点，做好组织实施，强调发挥数字化系统的作用，深化全过程数据挖掘，开展数字化设计验证、质量控制、质量检验、质量分析，提高质量检测过程控制的精细化、智能化水平。企业根据质量管理数字化要求，完善检验测试的方法和程序，推动在线检测、计量等仪器仪表升级，促进制造装备与检验测试设备互联互通，提高质量检验效率，提升测量精密度和动态感知水平，运用机器视觉、人工智能等技术，提高生产质量检测全面性、精确性和预判预警水平。

近年来，随着互联网、5G 技术的日趋成熟，以及大数据、云计算、物联网、3S 技术的运用，物探行业生产全周期信息化管理研究与应用日渐广泛。唐山市迁西渠道事务中心杨立刚等人（2021）将质量验评标准化工作流引擎、验评表单数字化自动生成、BIM 轻量化引擎和 BIM 模型、表单与分部工程、单位工程、单元工程自动匹配等相关数字化技术手段整合研发验评管理平台，创新性地应用到黄藏寺水利枢纽工程项目验评管理中，提升了质量验评管理的水平和能力，起到了提高工作效率和工程质量的作用。王洪玉等人（2018）结合信息化手段开发了工程质量验收结构化评定系统。田继荣等人（2019）应用数字化技术研发了 EPC 模式下大型水电站质量管理平台，在电站项目上进行了初步应用，一定程度上提高了工作效率，起到了提升工程质量的作用。目前水利水电工程运维期投入并建设了较多信息化应用系统，但在建设期，尤其是针对施工质量管理的信息化应用较少，并缺少对管理业务的有效融合，没有充分发挥信息化技术的优势（皇甫泽华等人，2019）。

地球物理领域中，信息过程相对较好的是石油地球物理勘探工作。吴经龙（2003）从地理信息系统的角度出发，研究了基于 MapInfo 平台的胜利油田生产可视化查询，实现了可视化用户平台、图层控制、施工工区的详细资料查询、基于测线的查询，以及其他项目的查询与管理等[1]。东方公司开发的项目管理系统以物探生产作业为主线，围绕生产作业、现场管理、生产监控、资源调配、专家支持和决策指挥等生产活动，充分利用物联网、数据挖掘，地理信息系统（Geographic Information System，GIS）等 IT 技术，融合先进的项目管理、知识管理、协同等理念，搭建了规范、统一的物探生产管理平台。物探生产管理平台作为物探现场生产、后方管理单位生产运行管理、领导层经营决策一体化的管理工作平台，统一了作业现场数据采集和传输，实现了业务数据一体化存储，覆盖了物探生产业务过程中从市场活动到项目评价的全生命周期的应用需求，为项目运作、资源配置、管理决策提供了全方位支持，对探索扁平化运行管理模式起到了积极的推动作用。中国地质大学（北京）编制的包含数据采集模块，查询统计模块，GIS 可视化模块，数据监管模块，GM（1，1）模型预测模块等多功能为一体的动态信息化平台[2]，将物探作业过程的资料收集、现场工作、工作记录、资料采集观测记录、野外验收、施工方案调整变更等集为一体。工程物探方面，山东正元编制的城市管网调查成果管理系统应用广泛，其他方面成熟的信息管理平台少见。在水电水利工程中检测中，由于水工建筑物结构复杂，大坝、灌浆廊道、引水隧洞、厂房等形状各异，受检测环境限制较大，各项目管理水平及要求不一，部分项目实行了资料和数据表单化管理，但与检测全过程的信息化管理还相去甚远[3]。目前，尚未见到真正进行检测项目全过程信息化管理工作的案例。

9.2.3　应用现状

水电工程物探检测项目与其他项目并无二致，同样涉及范围管理、时间管理、费用管理、质量管理、人力资源管理、风险管理、沟通管理、采购管理和综合管理等各个环节，部分管理环节可通过类似 OA 系统实现。部分环节，如设备管理，由于工程物探检测设备种类多，使用过程中损失率也较大，设备的采购、保管、维护、率定、检验、出借、使用、归还、报废等流程流转频繁，计量管理要求高，因此建立信息化管理系统十分必要。图 9-1 为贵阳院自行编制的设备管理平台，该平台实现了物探设备的全周期的信息化管理。

图 9-1　设备管理平台

水电工程物探检测项目周期长、检测内容多，检测部位涉及水电工程大坝基础、防渗系统、引水发电系统、金属结构、边坡等方方面面，检测资料多，加之项目检测人员流动以及监理、业主单位管理人员升迁、调动等，都对水电工程物探检测工作全过程的管理提出了更多高要求，水电工程物探检测工作实行信息化管理势在必行。贵阳院采用

NAS 技术，建立了基于私有云的项目全过程资料集中存储和分享解决方案，实现了所有在建项目的全过程信息表单化管理，部分界面如图 9 - 2 所示。平台中，可根据不同权限，编辑、查看、修改项目，解决了因项目工期长，期间项目参与人员多次调动、项目负责人变更，业主、监理等人员升迁、调离等原因，导致检测资料查询困难、竣工资料整编和结算时难以理清的问题。

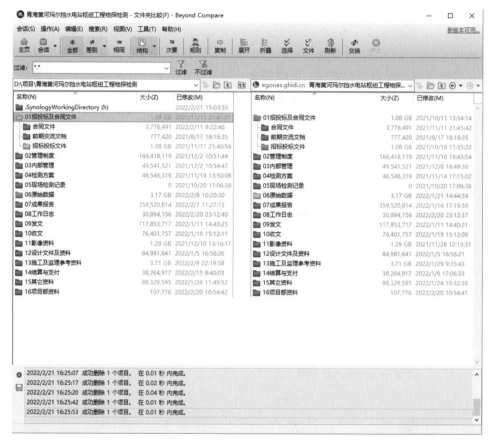

图 9 - 2　项目管理平台

　　水电工程地下洞室众多，长距离引水的隧洞十分常见，各种隧洞埋深不一，且多位于地下水位以下，受地形条件、勘察技术、资源投入、工期等诸多因素影响，前期勘察工作不可能完全查明隧洞沿线地质情况，因此在隧洞开挖过程中，隧洞开挖后实际揭露出来的情况与前期勘察成果有较大出入，突泥涌水、塌方等事件时有发生。为了解掌子面前方地质情况，防范岩溶、突泥涌水、塌方、有害气体等地质灾害，降低施工安全风险，超前地质预报工作成为解决这类问题的必要手段，铁路隧洞施工更是将其作为一项强制性要求。而超前地质预报工作一般需结合施工进度进行，预报成果的解译精度严重依赖于技术人员对预报区域地质情况的掌握程度，因此，对超前地质预报工作实行信息化管理，对检测成果进行数字化、可视化处理，对深度挖掘检测数据、提高预报成果精度具有十分重要的意义。贵阳院采用 Java 技术平台研制的超前地质预报项目管理平台

（部分界面如图9-3所示），实现了预报工作全程表单化、预报成果数字化和可视化，以及预报信息的自动化推送，极大提高了预报工作成效与实用性。

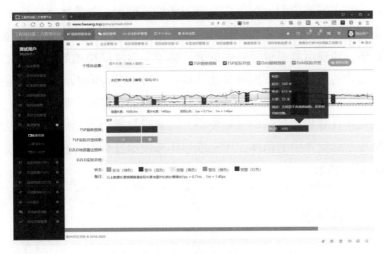

图9-3　超前地质预报项目管理平台

物探现场检测工作由于受现场检测环境限制较大，部分检测工作面存在大量交叉作业，且检测工作面不会一直存在，需根据建设施工进度而定，检测现场信息化采集不具备条件，难以实施。如大坝建基面物探检测，通常是在施工开挖至某个特定工作面后适时开展，且留给检测时间、空间均相当有限；再如，隧洞工程的检测，受通信条件限制，检测工作现场实时数据上传存在极大困难。

9.3　检测成果的可视化技术

9.3.1　基本概念

自20世纪90年代以来，得益于计算机技术的广泛应用，物探检测成果的数字化、可视化技术得到了普及，大多数成果均以数字化、可视化方式呈现。水电工程检测项目随着我国西部大开发及西电东送项目的实施而日渐形成地球物理学的一个分支。

数字化就是业务在数字世界里开展，物理元素响应。数字化以软件和平台为工具，将纸质记录转换成数据记录。物探成果数字化应用极为广泛，绝大部分检测成果均实现了数字化，将数字化成果通过计算软件进行可视化呈现。它是基于数字孪生技术（Digital Twin）建立工程整体结构、检测对象及检测成果为一体统一信息物理模型，便于将检测成果在模型上直观展示，并且随着工程运行时间的增长，可将周期性检测成果进行对比分析，实现检测缺陷的动态管理，为缺陷修复决策提供基础依据。

可视化（又称科学计算可视化）是通过计算机图形图像技术将插值得到的规则数

据体映射成屏幕上显示的二维图像的过程。可视化始于 20 世纪 80 年代后期，当时作为一门新的研究科学被提出。可视化涉及计算机图形图像、人机交互、计算机视觉，以及计算机辅助设计等多领域内容，应用广泛分布于地质勘探、气象水文、医学成像等各个方面。目前正在飞速发展的虚拟现实技术也是以图形图像的可视化技术为依托的。计算机方面，图形学、地理信息系统等技术的突飞猛进，为地球物理数据可视化提供了有力的技术支撑。现代的地球物理数据可视化（Geo – Data Visualization）技术指的是运用计算机图形学和地理信息系统等技术，将数据转换为图形在屏幕上显示出来，并进行交互处理[4]。最近几年计算机图形学的发展使得三维表现技术得以形成，这些三维表现技术使我们能够再现三维世界中的物体，用三维形体来表示复杂的信息，这种技术也是可视化（Visualization）技术。

9.3.2 发展概况

20 世纪 70 年代以前，人们处理数据主要依靠手工计算和绘图。计算机出现之后，人们开始利用计算机处理各种数据，尤其是数据可视化技术的出现，大大提高了数据处理的工作效率。数据可视化是指通过计算机的图像显示和交互技术，完成从复杂数据中提取出符合特定需求信息的方法。随着计算机技术的迅猛发展，以计算机为主要数据处理手段的应用已深入到各行各业，地球物理勘探领域也不例外。在数据处理中，常常通过计算机先进的计算能力对海量数据进行处理，完成各种复杂的计算。然而，计算机的处理能力不仅局限于计算，而且还能通过建立二维、三维的数据可视化模型，将数据转换成可以在屏幕上显示的图形图像，从而实现数据处理的图形化、立体化，并允许用户与图像进行实时的交互，达到对大量数据的有效处理和解释，提高数据处理的效率。当前，"数据可视化"是一个极为关键的技术，它在各个领域都有重要的应用，已经成为当今信息社会发展的一个主流趋势。

数据可视化技术涉及计算机图形学、计算机辅助设计、数字图像处理、模式识别等多个领域，是数据处理、数据展示、数据分析、人机交互等众多问题的综合体。在数据可视化模型中，原始数据被依次转化成数据表、可视化结构，最后形成视图，从而被人们所识别。在此模型转换过程中，人机交互的操作贯穿其中，从原始数据到数据表会经过数据交换操作，从数据表再到可视化结构会经过可视化映射，从可视化结构到人们能够识别的视图会经过一系列的视图变换等。在地球物理勘探领域，可视化技术的应用超越了人工处理勘探数据的能力，如大型的图形、图形显示、高速的数据成像、三维动画的生成、复杂空间几何体的建模、数据与图形的交互、剖面和断层的显示、复杂条件下切片的显示等。因此，数据可视化已经成为地球物理勘探中一个重要的研究方向。

数字化是可视化的基础。为了更好地表达地球物理研究成果，同时也为了更好地认识所研究的区域或对象，对地球物理反演成果进行完善的可视化表达已经成为必需。地球物理的野外数据一般是以测线的形式得到的，各测线经过室内整理和数据格式的转换等，作多种方法的反演，然后综合反演结果和其他地质资料，进行地球物理综合解释，然后在电脑中进行反演成果的可视化表达。

可视化技术方面，国内起步较晚。物探检测工作目前应用较多的商业化可视化软件有 Surfer、Voxler、MATLAB、Tecplot、CAD、Corel DRAW 等。在国内，许多学者经过大量研究，也开发了一些软件。例如，成都理工大学柴贺军等人开发的矿山采场岩土工程模型软件系统；天津大学钟登华院士等人研发的基于 NUR RBS 算法的岩体结构三维可视化软件；中国地质大学（武汉）国土资源信息系统研究所研制的 Geo View。中国地质大学（武汉）中地信息工程有限公司开发出的是 MAPGIS 平台，并以 MAPGIS 为基础平台，开发出了用于城市规划、通信管网及配线、城镇供水管网、城镇煤气管网、综合管网、电力配网、地籍管理、土地详查、GPS 导航与监控、作战指挥、公安报警、环保监测、大众地理信息制作等一系列应用系统。中国地质大学（北京）（魏广明，2007）以地球物理原始采集数据为研究对象和出发点，借助三维图形接口 Open GL 与 C++ 开发语言中功能和效率同样出色的 STL，完成了可视化领域的绘制和控制两个重要组成部分。油气资源与勘探技术教育部重点实验室（长江大学）（张翔，2011）编制的工程地球物理数据管理与可视化系统，充分利用了 Visual C++ 可视化开发工具的灵活性和执行效率高的特点，并结合 Access 数据库在数据管理方面的优点，使得软件数据层交互的稳定性得到了保证；同时，基于 GDI 和 Open GL 的一维、二维及三维图形开发技术，在具有自主知识产权的同时使得软件的进一步扩展开发更容易进行。中国地质大学（北京）（尚景涛，2015）选取 Sharp GL 作为可视化平台的基础图形库，并结合井中物探数据的可视化处理需求，对相关的二维、三维可视化组件进行了设计与实现[5]；针对地质勘察中文档格式要求的不同，通过 MapGIS 和 Auto CAD 相关的二次开发技术，实现了井中物探成果图件信息的无损导出功能[3][6-7]。在软件应用方面，国内的 MapGIS 系统广泛用于地球物理勘察相关的制图中，它是中地数码集团自主研发的大型基础信息系统软件平台（杨永明，2004）（陈丽娟等人，2008），实现了遥感与 GIS 的融合。MapGIS 提供了三维图形的绘制功能，可以对 Grd、Tin 等数据进行三维光照绘制，并提供了三维彩色立体图、三维地表的相关绘制功能[4]。

近几年日趋成熟的三维地质建模技术为水电工程物探检测的数字化、可视工作提供了另一种实现手段，可通过计算机技术实现对检测数据的描述和在计算机屏幕中的交互式显示，避免了以传统文本或平面图表解释检测数据过程中存在的大量重复生产和资料繁杂混乱的问题。三维地质建模可以更好地确定检测目标的形态、异常空间分布，使对检测目标的研究变得更加准确、直观。三维地质建模这一概念最早由 S. W. Houlding 提出，最初的目的主要是为了满足地球物理、矿业工程和油藏工程等地质模拟与辅助工程设计需要而展开的。2008 年，加拿大卡尔加里大学的 Steven Lynch 博士受游戏中三维虚拟场景的启发，首次提出了二维地震数据三维可视化方法，有效提高了对微观结构的揭示能力，方便了地震解释与分析，但在网格顶点着色方面对比度较低，在顶点镶嵌方面不能根据地震样点的倾斜方式对其进行正确的自适应镶嵌。随着相应理论基础的研究和深入，以及计算机技术的迅速发展，国内外众多专家学者广泛关注三维地质建模技术，在三维数据结构、三维建模方法及空间数据的插值方法等方面取得了诸多重要研究成果；同时国外在相关领域已经出现一些三维地质建模可视化软件[8]，如 GOCAD、LYNX、EarthVsion、Geo France 3D、Minemap、3DGMS 等。国内许多学者结合所属领域也开展了三维地质建模和可视化研究，许多单位在相关设计中已广泛应用 CATIA 进行三维地质建模[9]，有些学者还进行了二次开发，如中南大学钱骅等人开发了适用于水利水电三维地质建模的平台等[10-11]。

9.3.3　应用现状

地球物理信息可视化的任务就是利用有限的离散空间信息尽量恢复地球物理数据信息变量的分布状态，以研究它们在空间上的变化规律和分布特征。可视化技术主要是通过数字化成果，采用插值、圆滑等处理手段，对数字化成果进行渲染。物探检测工作中，数字化、可视化成果随处可见。目前，使用最多的是二维可视化剖面。

钻孔声波波速测试是水电工程质量检测中常规且重要的工作，是大坝建基面岩体质量检测、固结灌浆质量检测等的必备检测手段。图 9-4 是采用贵阳院用 Excel 编制的程序绘制的声波检测成果图。成果图中，罗列了各检测点灌浆前后的声波波速值，还能对检测孔内各测点波速进行常规性分析、统计，以满足正常声波检测成果图要求。

防渗帷幕的防渗漏处理事关水电工程能否正常蓄水，因此，防渗帷幕线的物探检测工作是水电工程建设中的另一重要环节。防渗帷幕线的检测可采用电磁波 CT、声波 CT、压水试验、钻孔全景成像等。图 9-5 是采用贵阳院自主研发的电磁波 CT 成像系统进行数据采集与处理后，用 sufer 呈现的某水电站一段防渗帷幕检测成果。从图中可直观地通过检测数值的大小或是色彩判断防渗帷幕线上岩体质量好坏、不良地质段的分布范围。

图 9-6 为大坝建基面采用贵阳院自主研发的孔间大功率声波 CT 仪进行二维剖面检测后形成的 CT 检测成果三维视图。从三维视图中可直观、有效区分坝基岩体波速分布、不良地质体的分布情况，进而判断坝基岩体质量整体水平。

近几年来，三维建模技术在岩土工程勘察中的得到了较为广泛的应用，但在水电工程物探检测工程中，受检测环境限制，在水电工程建设期的应用较为少见。在水电站运行期，完全有条件开展三维建模，将检测成数字化、可视化，以便于业主、设计人员及有关专家对检测范围内的缺陷进行直观查看。某水电站自下闸蓄水以来，工程总体运行情况良好。但中孔出口闸墩自施工期以来，巡视检查中发现多条裂缝，部分已进行处理。在 2017—2018 年间，两个中孔闸墩裂缝发育多条，既有平行锚索方向的裂缝，也有坝体与闸墩之间的裂缝，中孔孔身段发育有环向裂缝，孔身段裂缝部分孔段微渗水，闸墩裂缝多析出钙化物。裂缝的成因较为复杂，难以通过同类工程对比得到比较清晰明

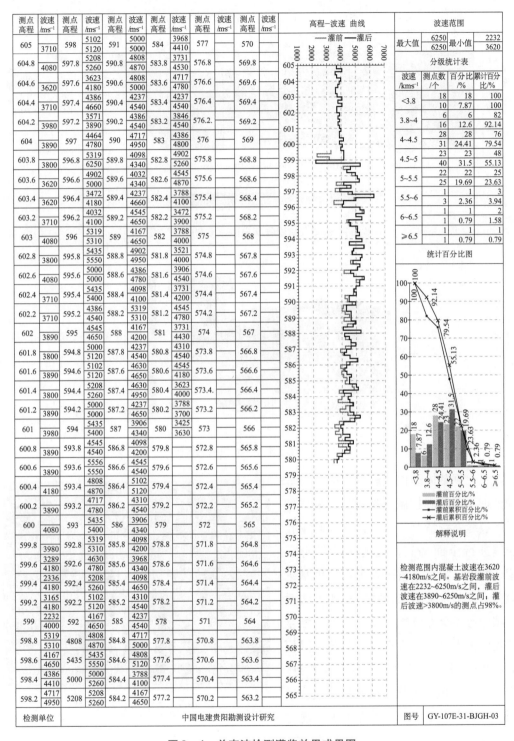

图 9-4　单声波检测灌浆效果成果图

确的结论，裂缝对大坝及泄洪系统结构影响性态、裂缝的后期发展与影响情况也难以评估。为全面掌握中孔裂缝发育形态，分析裂缝形成机理及后续影响情况，了解裂缝对中

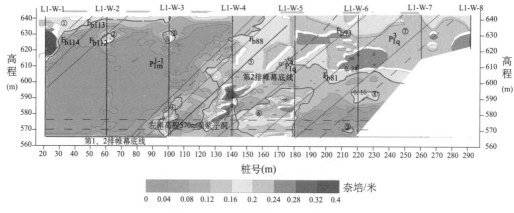

图 9 - 5　防渗帷幕电磁波 CT 成果

图 9 - 6　坝基声波 CT 检测三维图

孔乃至大坝整体结构的影响，提出裂缝的处理、预防和控制开裂措施，需详细了解裂缝发育情况。本案目的即对中孔裂缝进行全面调查，检测裂缝发育长度、宽度、深度，为研究工作提供基础数据。贵阳院采用综合物探检测方法对大坝进行了全方位检测，并采用三维全景建模技术对大坝进行了实景建，以便对中孔各侧墙裂缝情况进行整体普查。图 9 - 7为该电站大坝三维实景建模成果图。三维实景模型为业主提供了可视化

图 9 - 7　大坝三维实景模型

直观成果，既可直观了解大坝表面裂缝分布范围，还可以直接在图像上对裂缝进行量测裂缝发育走向、宽度等信息。

9.4　展望

近年来我国的水利信息化已取得长足进步，智慧水利建设即将步入高潮。信息化是当今世界发展的大趋势，也是产业优化升级、实现现代化的关键环节。近年来，以水利信息化带动水利现代化已成为共识并全面落地。信息是智慧水利的基础。对工程物探检测而言，全信息化包括工程相关信息设计、地质、施工、环境、结构状态、运管、模型相关信息等的全面收集和管理，以及从生产过程组织、现场安全管理、数据采集、资料处理与分析、检测成果提交与成果验收等环节。

随着信息技术的不断发展和应用，各行各业信息化的脚步也在变快，物探行业在信息化的发展上也提出了新的目标，加快信息化建设步伐，建设全面覆盖、安全可靠、集成高效和先进实用的信息系统平台，充分利用物联网等技术，实现生产经营过程数字化管理。随着我国地理信息系统国产化商业软件如 GeoStar、MapGIS 和 ViewGIs 等日趋成熟，物探检测工作的数字化、可视化水平必将取得长足进步与快速发展。

模型化是智能化的核心。水电工程物探检测智能化最重要的基础模型，应是基于数字孪生技术建立水电工程水工建筑、地质模型及检测目标的统一信息物理模型，以利于将检测成果用于仿真分析、预测、诊断，为设计、业主方提供优化和决策依据。随着北斗卫星导航系统、5G 技术的成熟与广泛应用，在物探检测工作全过程中，人人都是信息员，生产动态"实时化""图表化"，实现水电工程全周期检测工作的信息化不再遥不可及。但实现跨部门的信息化整合与集成，除将现有检测成果数字化、可视化外，破除部门墙、数据墙，实现跨部门的系统互通、数据互联，全线打通数据融合，充分挖掘检测数据价值，更好地为业务赋能，仍然任重道远。

参考文献

[1] 吴经龙. 物探生产综合信息可视化管理系统的开发与应用 [D]. 青岛：中国海洋大学，2003.

[2] 孙焕英. 勘探工程数字地质编录系统的研究与实现 [D]. 北京：中国地质大学，2014.

[3] 尚景涛. 井中物探可视化关键技术及软件实现方法研究 [D]. 北京：中国地质大学，2015.

[4] 宋俊海. 信息化技术在地震勘探项目安全管理中的应用 [J]. 信息化技术应用，2018，18(8)：51－53.

[5] 王洪玉，王小军，魏春雷，等. 论工程质量验收结构化评定系统在抽水蓄能电站的信息化应用 [J]. 计算机工程与应用，2018，54（S）：100－103.

［6］田继荣，张帅，熊保锋，等．基于数字化技术的工程质量管理模式在大型水电工程EPC项目中的应用研究［J］．四川水利，2019（4）：36－41.

［7］李晓光，吴潇.2019地球物理技术发展动向与展望［J］．世界石油工业，2019，26（6）：50－57.

［8］刘学军，周燕，陈文，等．油气田勘探生产流程管理信息化建设研究［J］．中国管理信息化，2019，22（19）：67－69.

［9］皇甫泽华，史亚军，张玉明，等．大型水库工程建设期管理系统设计与应用［J］．人民黄河，2019，41（2）：111－114，118.

［10］刘向武．岩土工程勘察中物探技术及数字化发展研究［J］．世界有色金属，2020（23）：153－154.

［11］杨立刚，郑会春，王楠．水利枢纽工程质量验评平台数字化技术研究［J］．人民黄河，2021（11）：154－158.